安徽省高等学校一流教材

供生物学、临床医学、基础医学、医学技术
和药学类专业本科生、研究生使用

分子生物学

主　编　杨清玲　朱华庆

副主编　徐　蕾　王文锐　耿　建

编　委（按姓氏笔画排序）

马彩云(蚌埠医学院)　　　王文锐(蚌埠医学院)

方基勇(皖南医学院)　　　石玉荣(蚌埠医学院)

朱华庆(安徽医科大学)　　刘　影(皖南医学院)

刘建红(蚌埠医学院)　　　汤必奎(蚌埠医学院)

孙玲玲(皖南医学院)　　　李　钰(蚌埠医学院)

李　强(蚌埠医学院)　　　杨清玲(蚌埠医学院)

吴凤娇(蚌埠医学院)　　　陈昌杰(蚌埠医学院)

周继红(蚌埠医学院)　　　孟　宇(皖南医学院)

胡若磊(安徽医科大学)　　耿　建(蚌埠医学院)

徐　蕾(皖南医学院)　　　郭　俣(蚌埠医学院)

席　珺(蚌埠医学院)　　　章华兵(安徽医科大学)

梁　猛(蚌埠医学院)

中国科学技术大学出版社

内 容 简 介

本书从分子生物学的定义、发展简史和研究内容出发,以核酸和蛋白质这两类生物大分子为主线,从基因组的角度讲述了生物分子的结构与功能及原核基因与真核基因的表达调控等过程。本书分为3篇,共19章,既全面地阐述了分子生物学的核心内容,又突出介绍了学科发展的前沿研究概况;既包含分子生物学的理论知识,又介绍了基因和蛋白两个层次的常见实验技术;既分析了信号机制等基础内容,又介绍了分子生物学理论和技术在常见、重大或复杂性疾病中的作用和应用。

本书可作为综合性大学、医科院校、师范院校等生命科学领域本科生、研究生的分子生物学的教材,也可供生命科学类的研究人员、教师等参考使用。

图书在版编目(CIP)数据

分子生物学/杨清玲,朱华庆主编.—合肥:中国科学技术大学出版社,2021.10
ISBN 978-7-312-05290-3

Ⅰ.分… Ⅱ.①杨… ②朱… Ⅲ.分子生物学—高等学校—教材 Ⅳ.Q7

中国版本图书馆 CIP 数据核字(2021)第 156289 号

分子生物学
FENZI SHENGWUXUE

出版	中国科学技术大学出版社
	安徽省合肥市金寨路 96 号,230026
	http://press.ustc.edu.cn
	https://zgkxjsdxcbs.tmall.com
印刷	安徽国文彩印有限公司
发行	中国科学技术大学出版社
经销	全国新华书店
开本	787 mm×1092 mm 1/16
印张	28.75
插页	2
字数	703 千
版次	2021 年 10 月第 1 版
印次	2021 年 10 月第 1 次印刷
定价	78.00 元

前　言

　　分子生物学是在分子水平上研究基因的结构和功能的学科,一方面,随着现代生物科技发展的日新月异,分子生物学的理论与技术也在飞速发展与完善;另一方面,伴随科技的进步和发展,社会对生命科学领域学生的培养目标也提出了新的要求,教学模式也在不断更新,生命科学相关学科对分子生物学知识的需求不断增加,掌握分子生物学的理论知识和实验技术将为科学研究工作的开展奠定坚实的基础。因此,为适应生命科学领域高等教育教学改革的需要,本教学团队联合相关院校的医学和生物学领域教学及科研一线的资深教师组织编写了本书。本书主要服务于医学、生物学、药学等生命科学领域本科生和研究生的教学工作,满足创新型人才培养的需求。

　　本书共分为遗传物质的结构基础,遗传信息的复制、损伤与修复,常用分子生物学技术及原理3篇,共18章。第1篇遗传物质的结构基础主要介绍基因与基因组,同源重组与转座。第2篇遗传信息的复制、损伤与修复主要介绍DNA的合成、损伤与修复,原核生物基因表达与调控,真核生物基因表达与调控,细胞信号转导,细胞周期、凋亡与自噬,免疫分子生物学以及新的进展,如非编码RNA。第3篇常用分子生物学技术及其原理主要介绍了核酸的基本操作技术,蛋白质与蛋白质组学技术,DNA重组基因诊断与基因治疗,肿瘤发生和转移,病毒分子生物学,衰老的分子机制,退行性疾病的分子机制以及生物信息学。

　　本书的编写得到安徽省教学质量工程项目的支持,得到中国科学技术大学出版社的支持和指导,各参编院校均对本书的编写工作给予了大力支持,再次一并表示衷心的感谢。

　　虽然编委们以严谨的治学态度和科学的作风进行编写,但由于水平及经验有限,书中难免有疏漏之处,敬请读者以及同仁批评指正。

编　者

2021 年 5 月

目　　录

第1篇　遗传物质的结构基础

第2篇　遗传信息的复制、损伤与修复

第 3 篇　常用分子生物学技术及原理

0 导　　论

0.1　分子生物学简史

分子生物学是从分子水平以研究生命本质为目的的一门新兴边缘学科，主要研究核酸、蛋白质等所有生物大分子的形态、结构特征及其重要性、规律性和相互关系，从而揭示生命的本质。以核酸和蛋白质等生物大分子的结构及其在遗传信息和细胞信息传递中的作用为研究对象，分子生物学阐明了 DNA 的结构与功能、RNA 在蛋白质合成和表达调控中的作用、蛋白质的结构与功能以及基因表达调控的机制等。核酸和蛋白质均由简单的小分子核苷酸或氨基酸排列组合而成，它们具有较大的分子量，通过化学键形成复杂的空间结构以及精确的相互作用系统，由此构成生物的多样性和生物个体精确的生长发育以及代谢调节控制系统。分子水平的生物学研究是当前生命科学中发展最快，并与其他学科广泛交叉与渗透的重要前沿领域，为现代生物学最具活力的研究领域。

分子生物学研究生命的本质，主要是对生长、发育和遗传等生命基本特征发生发展的分子机制的阐明，为利用和改造生物奠定了理论基础，并提供了新的技术和方法。因此，分子生物学的发展为人类认识生命现象带来了前所未有的机会，也为人类利用和改造生物创造了极为广阔的前景。

本书将尽可能系统性地提供有关分子生物学及其各分支的基本理论和主要进展，介绍现代生物学的新技术、新方法以及所衍生的新学科。

0.1.1　经典生物化学和遗传学

1859 年，英国生物学家 Charles Darwin 出版了《物种起源》一书，打破了上帝造人的传统观念，确定了进化论的概念，并逐步阐述了生物进化的观点，提出了"物竞天择，适者生存"的进化论思想，使生物学迈入实证自然科学的行列。

17 世纪末，荷兰显微镜专家 Leeuwenhoek 成功制作了世界上首架光学显微镜，并看到了一系列肉眼无法见的单细胞生物。同时代的 Hooke，第一次用"细胞"的概念形容组成软木的最基本单元。直到 19 世纪中叶，科学界才接受这一概念。随着显微技术、超薄切片技术和组织保存技术的不断发展，科学家证实各种动物、植物的基本单元是细胞，并发现细胞是可以分裂的，每个细胞都含有生命的全部特征，是一个单独的活的实体。1847 年，德国植物学家 Schwann 及其同事 Schleiden 共同创立了 19 世纪三大发现之一的"细胞学说",该"学说"指出动物、植物的基本单元是细胞,从而奠定了生物科学的基础理论,后续细胞生物学和分子细胞生物学逐步发展起来。

进化论和细胞学说相结合,产生了现代生物学。遗传学和生物化学是其两大支柱。生物化学以分离纯化、鉴定细胞的组成成分为目标,并分析这些成分与细胞生命现象间的联系。早在 19 世纪中叶,人们就发现动物、植物细胞的提取液中含有大量等摩尔浓度碳、氢、氧、氮的物质,当时命名为蛋白质。生物化学家 Buchner 第一个实现了酵母无细胞提取液和葡萄糖的氧化反应,并生成乙醇,从而证明了不需要完整细胞,细胞中的某些成分就可完成化学物质的转换。后续更多的研究证实:蛋白质是活细胞中化学反应的催化剂和执行者。19 世纪中叶到 20 世纪初是生物化学早期大发展阶段,科学家们相继发现了组成蛋白质的20 种氨基酸,生物化学家 Fisher 证实"肽键"是连接相邻氨基酸的化学键。同一时期,脂质、糖类和核酸等细胞其他组成成分相继被认识并纯化。但当时,科学家们尚无法解释细胞成分是如何世代相传的。

1861 年,奥地利科学家、经典遗传学创始人 Gregor Mendel 通过豌豆杂交实验,揭示了遗传的物质性,发现并提出生物遗传的两条基本定律:

第一,统一规律。当两种不同植物杂交时,它们的下一代与其中一个亲本完全相同。根据实验结果,Gregor Mendel 认为,生物的每一种性状都是由遗传因子控制的,在体细胞内,遗传因子成对存在,其中一条来自父本,另一条来自母本。

第二,分离规律。当不同植物杂交后的 F1 种子,再进行杂交或自交,下一代会按照一定的比例发生分离,而具有不同的性状。

由于 Gregor Mendel 的研究方法和结论远超当时的科学认知水平,其科学发现和结论并没有引起生物学界的注意。直到 1900 年,孟德尔遗传学规律才由荷兰科学家 H. de Vries 等予以证实,成为近代遗传学的基础。从此,Gregor Mendel 被人们公认为是近代遗传学的奠基人。

0.1.2　基因学说的创立

1909 年,丹麦科学家 Johannsen 创造了"基因"(gene)代表遗传物质的最基本单位名词,但基因的组成物质并不清楚。1910 年,美国科学家 T. H. Morgan 利用果蝇实验证实了基因存在于染色体上,并提出遗传学的第三大定律:连锁规律。

1928 年,英国科学家 Griffith 等人通过肺炎球菌感染实验,发现肺炎球菌的毒性(致病力)是由细胞表面荚膜中的多糖决定的(荚膜多糖能保护细菌免受白细胞的攻击)。由于具有光滑外表的 S 型肺炎链球菌带有荚膜多糖,会使小鼠引起肺炎而死亡;没有荚膜多糖,外表粗糙的 R 型肺炎链球菌失去致病力,小鼠存活。

虽然 F. Miescher 在 1868 年就发现了核素(nuclein),但半个多世纪未曾引起大家的重视。至 20 世纪二三十年代时,科学家发现了自然界有核糖核酸(RNA)和脱氧核糖核酸(DNA)两类,并阐明了这两类核酸组成单位核苷酸的化学组成。基于当时定量分析结果证实 DNA 中 A、G、C、T 含量是大致相等的,科学家认为 DNA 结构是"四核苷酸"单位的重复,不能携带更多的信息,因而当时对携带遗传信息的候选分子更多的是考虑蛋白质。

1944 年,美国微生物学家 Avery 用实验证明基因就是 DNA 分子,研究发现,将光滑型致病菌(S 型)烧煮杀灭活性后感染小鼠,小鼠存活,这些杀死的细菌丧失了致病性。然而,将经煮沸杀死的 S 型细菌与活的无致病力的 R 型细菌混合后再感染小鼠,小鼠死亡。因而,科学家们推测,灭活后的 S 型细菌中的某一成分可将无致病力的 R 型细菌转化为有致病力的 S 型细菌。

1952 年,美国冷泉港卡内基遗传学实验室 Hershey 和 M. Chase 通过噬菌体侵染实验,进一步证实了 DNA 是噬菌体遗传物质,有力地证明了 DNA 是噬菌体遗传信息的载体,明确阐明了基因的化学本质。噬菌体是一种寄生在细菌的细胞里的病毒,体积小,组成简单,由蛋白质和 DNA 组成。噬菌体头、尾部均有蛋白质组成的外壳,头内部主要是 DNA。噬菌体在细菌细胞内大量繁殖,噬菌体侵染细菌的过程主要包括 5 个步骤:① 噬菌体通过尾部的尾丝吸附在细菌表面。② 通过头部收缩作用,噬菌体将 DNA 通过尾轴注入细菌细胞内,而噬菌体的蛋白质外壳留在细胞外。③ 进入细菌体内的噬菌体的 DNA 分子利用细菌的原材料,合成噬菌体的 DNA 和蛋白质。④ 新合成的噬菌体 DNA 和蛋白质,可组装成更多与亲代相同的子代噬菌体。⑤ 子代噬菌体由于细菌的解体而被释放出来,可再侵染其他细菌。

构成蛋白质的氨基酸中,甲硫氨酸和半胱氨酸含有硫,DNA 中不含硫,所以硫只存在于噬菌体的蛋白质中。而磷主要存在于 DNA 中。A. D. Hershey 和 M. Chase 用放射性同位素 ^{35}S 标记蛋白质, ^{32}P 标记 DNA。宿主菌细胞分别放在含 ^{35}S 或含 ^{32}P 的培养基中,宿主细胞在生长过程中就可被 ^{35}S 或 ^{32}P 标记上,然后让噬菌体去感染分别被 ^{35}S 或 ^{32}P 标记的细菌,并在这些细菌中复制增殖,子代噬菌体也被标记上 ^{35}S 或 ^{32}P,宿主菌裂解释放出子代噬菌体。最后,用分别被 ^{35}S 或 ^{32}P 标记的噬菌体去感染没有被放射性同位素标记的宿主菌,将噬菌体与细菌的悬浮液剧烈地震荡以除去附着在细菌表面的噬菌体,再测定宿主菌细胞和上清中的同位素。实验发现,被 ^{35}S 标记的噬菌体感染宿主菌细胞后,大多数 ^{35}S 出现在宿主菌细胞的外面,而细胞内很少有 ^{35}S,表明感染宿主菌细胞后, ^{35}S 标记的噬菌体蛋白质外壳未进入宿主菌细胞内部。被 ^{32}P 标记的噬菌体感染宿主菌细胞后,发现大部分 ^{32}P 存在于宿主菌细胞内,而细胞外很少。由此可以得出结论:噬菌体注入宿主菌细胞内的物质是 DNA,而不是蛋白质,噬菌体的 DNA 主导着噬菌体生命的繁衍,DNA 是噬菌体遗传物质的载体。由于噬菌体小组 M. Delbriik、S. Luria 和 A. D. Hershey 在噬菌体生物学方面的出色工作,三人于 1969 年一同获得了诺贝尔医学奖。

1956 年,美国学者 Fraemkel-Courat 用烟草花叶病毒(TMV)的感染和重建实验也证明 RNA 是遗传的物质。TMV 由蛋白质外壳和一条单螺旋的 RNA 核心组成,呈杆状。TMV 有很多株系,在烟叶上引起的病斑具有种的特异性,而且这些特性是遗传的,可以根据病斑的差异来加以区别。他们将具有病斑的 TMV 放在水和苯酚中震荡,把病毒的 RNA 与蛋白质外壳分离,分别去感染烟草,烟草花叶病毒的 RNA 成分在接种后的烟草叶片中能够诱导合成出新的烟草花叶病毒,形成杂种病毒,当杂种病毒感染烟草时,病斑总是跟亲代 RNA 的病斑一样,但用核糖核酸酶处理 RNA 后,就完全失去感染力,再与 TMV 的蛋白质外壳重新组合,烟草叶子上并未出现病斑。因此,证实了在不含有 DNA 的病毒中,复制和形成新病毒的颗粒所必需的遗传信息是携带在 RNA 上。

0.1.3　分子遗传学

尽管基因学说在 20 世纪初就得到了普遍承认,但人们对于基因的理解仍然是抽象的、概念化的,缺乏准确的实质性内容,遗传学家未能探明基因的结构特征,不能解释位于细胞核中的染色体和基因如何控制细胞质中的各种生化过程,也不能解释基因在细胞繁殖过程中如何准确地复制和代代相传。直到 1953 年,Watson 和 Crick 基于 Franklin 对 DNA 晶体结构解析的 X 射线衍射图,提出了 DNA 双螺旋模型,为充分揭示遗传信息的传递提供了理论基础,并与 Wilkins 分享了 1962 年的诺贝尔生理学或医学奖,而英年早逝的 Wilkins 为这一成就提供了关键数据。

作为现代分子生物学诞生的里程碑,DNA 双螺旋结构模型开创了分子遗传学建立和发展的黄金时代,其意义在于:确立了信息分子的结构基础是核酸,提出了碱基配对是核酸复制、遗传信息传递的基本方式;为认识核酸与蛋白质的关系及其在生命中的作用奠定了重要的物质基础。在此基础上,后续主要进展包括以下几点。

1. 完善了对 DNA 复制机理的认识

1956 年,A. Kornbery 首先发现 DNA 聚合酶;1958 年,Meselson 及 Stahl 用同位素标记实验提出了 DNA 半保留复制模型;1968 年,Okazaki(冈崎)提出了 DNA 不连续复制模型;1972 年,Randy Schekman 等证实了 DNA 复制起始需要 RNA 作为引物,并确定了 DNA 拓扑异构酶。

2. 阐明了 RNA 转录的机理

1958 年,Crick 建立了遗传信息传递中心法则,提出了 RNA 在遗传信息从 DNA 传到蛋白质过程中起着中介作用;1958 年,Weiss 及 Hurwitz 等发现了依赖 DNA 的 RNA 聚合酶;1961 年,Hall 和 Spiegelman 证明了 mRNA 与 DNA 序列互补,从而为 RNA 转录奠定了酶学基础;1965 年,法国科学家 Jacob 和 Monod 由于提出并证实了操纵子(operon)作为调节细菌细胞代谢的分子机制,证明了原核生物基因表达调控模型,与 Lwoff 分享了诺贝尔生理学或医学奖;1970 年,美国科学家 Temin、Dulbecco 和 Baltimore 在鸡肉瘤病毒颗粒中发现了逆转录酶,并提出这些病毒是以 RNA 为模板,通过逆转录酶的作用,反转录生成DNA,进一步补充和完善了遗传中心法则,三人于 1975 年获得诺贝尔生理学或医学奖。

3. 认识了蛋白质翻译的基本过程

1957 年,Hoagland 和 Zamecnik 等分离出了 tRNA,并发现在蛋白质合成过程中,tRNA 发挥了转运氨基酸的功能;1961 年,Brenner 及 Gross 等发现在蛋白质合成过程中,mRNA 与核糖体结合的过程;1965 年,Holley 首次测出了酵母丙氨酸 tRNA 的一级结构;Nirenberg、Ochoa、Khorana 等科学家破译了 RNA 上指导蛋白质合成的遗传密码。

上述重要发现共同建立了以中心法则为基础的分子遗传学基本理论体系。随后,生命科学进入快速发展的时期,取得了一系列重大成就。

1983年,美国遗传学家McClintock由于发现了可移动的遗传因子而获得诺贝尔生理学或医学奖。

1984年,德国科学家Kohler、美国科学家Milstein和丹麦科学家Jeme由于建立了单克隆抗体技术而分享诺贝尔生理学或医学奖。

1989年,美国科学家Altman和Cech由于发现某些RNA具有酶的功能(称为核酶)而共享诺贝尔化学奖。Bishop和Varmus由于发现正常细胞带有原癌基因而分享当年的诺贝尔生理学或医学奖。

1993年,美国科学家Roberts和Sharp由于发现断裂基因而荣获诺贝尔生理学或医学奖,发明多聚酶链式反应技术的美国科学家Mullis与第一个设计基因定点突变的Smith共享诺贝尔化学奖,以表彰他们对分子生物学研究方法所做出的卓越贡献。

1994年,美国科学家Gilman和Rodhell由于发现了G蛋白在细胞内信息传导中的作用而分享诺贝尔生理学或医学奖。

1995年,美国科学家Lewis、Wieschaus和德国科学家Nusslein-Volhard由于先后独立鉴定了控制果蝇体节发育的基因而分享诺贝尔生理学或医学奖。

1996年,澳大利亚科学家Doherty和瑞士科学家Zinkernagel阐明了T淋巴细胞的免疫机制,发现白细胞只有同时识别入侵病原物和主要组织不相容抗原,才能准确识别受病原侵害的细胞并将其清除,因此两人分享了诺贝尔生理学或医学奖。

1997年,美国科学家Prusiner由于发现朊病毒(prion virus)作为早老年痴呆症等疾病的病原并能直接在宿主细胞中繁殖传播而获得诺贝尔生理学或医学奖。

2006年,美国科学家Kornberg由于揭示了真核细胞转录机制而获得诺贝尔化学奖。美国科学家Fire和Mello由于揭示RNA干扰机制而获得诺贝尔生理学或医学奖。

2009年,澳籍美国科学家Elizabeth Blackburn由于揭示了端粒和端粒酶(telomere and telomerarse)在保护染色体免遭降解方面的贡献,与其博士生Carol Greider和Jack Szostal共同获得诺贝尔生理学或医学奖。

2010年,英国科学家Bobert G. Edwards因为在试管婴儿和体外授精方面的杰出贡献而获得诺贝尔生理学或医学奖。

2013年,美国科学家James E. Rothman、Randy W. Schekman和德国生物学学家Thomas C. Südhof,由于阐明细胞囊泡交通的运行与调节机制而获得诺贝尔生理学或医学奖。

2016年,日本科学家Yoshinori Ohsumi(大隅良典)由于对细胞的自噬机制的发现和相关研究获得诺贝尔生理学或医学奖。

2017年,美国科学家Jeffrey C. Hall、Michael Rosbash和Michael W. Young因发现控制昼夜节律的分子机制而获得诺贝尔生理学或医学奖。

我国生物科学家吴宪于20世纪20年代初在北京协和医学院生化系与汪猷、张昌颖等人一起完成了蛋白质变性理论、血液生化检测和免疫化学等一系列有重大影响的研究,成为我国生物化学界的先驱。20世纪60年代、70年代和80年代,我国科学家相继实现了人工合成有生物学活性的结晶牛胰岛素,解出了三方二锌猪胰岛素的晶体结构,采用有机合成与酶促相结合的方法完成了酵母丙氨酸转移核糖核酸的人工全合成,在酶学研究、蛋白质结构及生物膜结构与功能等方面都有举世瞩目的建树。

近半个世纪分子生物学的发展过程表明其在生命科学领域发展最为迅速,并推动着整个生命科学的发展,至今分子生物学及其技术的新成果、新技术仍不断涌现。地球上的生物携带着庞大的生命信息,迄今人类所了解的只是极少的一部分,80%以上不编码蛋白质的序列作用仍不清楚,还要经历漫长的研究道路。

0.2 分子生物学主要研究内容

现代生物学研究发现,所有生物体中的有机大分子都是分别由完全相同的单体所组成的,如蛋白质分子由 20 种氨基酸组成,RNA 由核糖核苷酸组成,DNA 由脱氧核糖核苷酸组成;而 DNA 及 RNA 中的核苷酸是由 8 种碱基组合而成的。因此,总体来说,生物体中的有机大分子都是以碳原子为核心,并与氢、氧、氮、磷等以共价键的形式组合成,由此产生了分子生物学的 3 条基本原理:

(1) 构成生物体各类有机大分子的单体都是相同的。

(2) 生物遗传信息表达的中心法则是相同的。

(3) 核酸及蛋白质分子的一级结构决定了其空间构象和功能的特异性。

因此,现代分子生物学主要包括以下 5 个方面的研究:基因及基因组的结构与功能、DNA 复制基因表达、基因表达调控、DNA 重组技术和结构分子生物学。

0.2.1 基因及基因组的结构与功能

核酸的主要作用是携带和传递遗传信息,生物体的遗传信息都储存于核酸分子中,以基因作为基本单位。从分子生物学的意义上说,基因是贮存有功能的蛋白质多肽链或 RNA 序列信息及表达这些信息所必需的全部核苷酸序列。

随着生命科学研究技术的发展及新技术的出现,目前分子生物学已经从研究单个基因发展到研究生物整个基因组的结构与功能,从整体角度阐明生物体内各种分子的结构和功能,以及它们之间的相互联系。基因组核酸的全序列测定对理解生物的生命信息及其功能具有重大的意义。1977 年,Sanger 测定了 φX174-DNA 全部核苷酸的序列;1978 年,Fiers 等测出 SV-40 DNA 的核苷酸序列;1982 年,Sanger 及我国学者洪国藩等人测出 λ 噬菌体 DNA 全序列,以及一些小的病毒包括乙型肝炎病毒、艾滋病毒等基因组的全序列;1996 年,经许多科学家共同努力,测出了大肠杆菌(*Escherichia coli*,*E. coli*)基因组 4×10^6 碱基对的 DNA 全序列。

基因组(genome)是指一个细胞或一种生物体所包含的全部遗传信息。这些信息决定了生物体的发生、发展和各种生命现象的产生。1990 年,人类基因组计划(Human Genome Project)开始实施,这是生命科学领域有史以来最庞大的研究计划。2001 年,人类基因组全序列的发表为确定基因对人类生长发育和疾病的预防治疗提供了一个前所未有的大舞台，加快了人类认识自然和改造自然的步伐。基因组全序列的完成不仅提供了庞大的基因组序列信息，而且定位了大部分蛋白质编码基因，基于 cDNA 克隆和芯片技术的转录组学可全面了解基因组的转录和调控规律。虽然基因组计划可以使人类掌握相关物种所有遗传密码，但基因组不能预测该基因所编码蛋白质的功能与活性。科学家提出了"蛋白质组计划"（又称"后基因组计划"或"功能基因组计划"），旨在快速、高效、大规模鉴定基因的产物和功能。因此，分子生物学的研究意义在于如何全面解读这些序列或序列信息中所蕴含的生物学意义，理解生命体的复杂性，进而为保障人类的健康服务。

0.2.2　DNA 复制基因表达

DNA 复制（DNA replication）是指通过依赖于 DNA 的 DNA 聚合酶，将 1 个 DNA 分子变成 2 个同样的 DNA 分子的过程，从而将 DNA 分子携带的遗传信息传给子代。基因表达是基因指导下的 RNA 分子和蛋白质合成过程。DNA 指导合成 RNA 链的反应过程称为转录（transcription）；RNA 指导下，将核苷酸顺序转变为蛋白质组成单位氨基酸顺序的过程称为翻译（translation）。遗传信息传递的中心法则是这一过程的核心，是目前分子生物学内容最丰富的一个领域，也是分子生物学研究的重点和发展的主流。主要研究内容包括核酸、基因组的结构，遗传信息的复制、转录与翻译，DNA 损伤与修复等。

0.2.3　基因表达调控

生物体的遗传物质是 DNA 或者 RNA，对于单细胞原核生物来说，基因组长度为 4.6×10^6 bp，编码约 4300 个蛋白质；低等的真核生物酵母，基因组长度为 1.3×10^7 bp，携带约 5800 个基因。而高等的真核生物（如人类），每个细胞基因组长度约为 3.0×10^9 bp，至少编码几十万种蛋白质。即使携带相同的基因，同一个有机体的各个细胞形态和功能不尽相同，基因表达的水平也会根据环境的变化和生长发育阶段的不同而有所改变，这种在不同条件和不同时期，基因表达开启和关闭的调控就叫作基因表达调控。

在个体生长发育过程中，生物体遗传信息的表达是按照一定的空间和时序发生变化，并随着内外环境的变化而不断加以修正的。蛋白质分子参与并调控这一过程，而决定蛋白质结构和功能，以及合成的信息都是由核酸分子所编码的，所以基因表达的调控主要发生在转录水平或翻译水平上。

原核生物的基因组和染色体结构都比真核生物简单，转录和翻译是偶联的，在同一时间和空间内发生，原核生物基因表达的调控主要发生在转录水平。Jacob 和 Monod 最早提出操纵子学说，建立了分子遗传学基本理论，并打开了认识基因表达调控的窗口，发现了原核生物基因表达调控的一些规律。真核生物由于具有细胞核结构，其转录和翻译过程在时间和空间上是被分隔开的，且在转录和翻译后都有复杂的信息加工过程，因此，真核生物的基因表达调控可以发生在各种不同的水平上。1977 年，科学家最先在猴病毒（simian virus 40，SV40）和腺病毒中发现编码蛋白质的基因序列是不连续的，进而发现了真核生物中存在断裂基因(split gene),并证实断裂基因在真核基因组中是普遍存在的。1981年,Cech等发现四膜虫rRNA具有自我剪接功能,从而发现了核酶(ribozyme)。20世纪八九十年代,科学家们逐步发现了真核生物调控是由基因的顺式调控元件与反式转录因子、核酸与蛋白质间的分子识别与相互作用实现的。因此,后续基因表达调控研究主要集中在信号转导和转录因子以及RNA剪辑等方面。信号转导是指细胞外信号通过细胞膜上的受体蛋白传到细胞内,活化了某些蛋白质分子,使之发生构型变化,从而直接作用于靶位点,打开或关闭某些基因。例如蛋白质分子的磷酸化,以及蛋白质构象的转变和蛋白质相互作用的改变等,可使细胞生长状态,如增殖和分化等发生改变,从而适应内外环境的需要。对信号转导的研究有助于阐明上述这些变化的分子机制,并明确信号转导的途径及参与该途径的所有分子的作用和调控方式,是当前分子生物学发展最迅速的领域之一。转录因子是一群能与基因5′端上游特定序列专一结合,从而调控目的基因在特定的时间与空间表达的蛋白质分子。

0.2.4　DNA重组技术

DNA重组技术,也称基因工程或分子克隆,是将不同来源的DNA片段按照人们的设计定向连接起来,在特定的受体细胞中与载体同时复制并得到表达,产生影响受体细胞的新的遗传性状。DNA重组技术是核酸化学、蛋白质化学、遗传学、细胞生物学、酶工程及微生物学等长期深入研究的结晶。

这时期DNA重组技术的迅速进步得益于许多分子生物学新技术的不断涌现。1967～1970年,R. Yuan和H. O. Smith等发现的限制性核酸内切酶为DNA重组技术提供了有力的工具;1972年,Berg等在体外成功重组SV40 DNA与噬菌体DNA,并将重组后的DNA转化大肠杆菌,实现了在细菌中合成真核细胞蛋白质,从而打破了种属界限;1975～1977年,Sanger、Maxam和Gilbert先后发明了三种DNA序列的快速测定法,20世纪90年代全自动核酸序列测定仪的问世,使核酸的化学合成从手工发展到全自动合成,成为分子生物学最重要的研究手段之一;1985年Cetus公司Mullis等发明的聚合酶链式反应(PCR)的特定核酸序列扩增技术,更以其高灵敏度和特异性被广泛应用,对分子生物学的发展起到了重大的推动作用。

重组DNA技术有着广阔的应用前景。

(1) 重组DNA技术可被用于大量生产某些在正常细胞代谢中产量很低的多肽,如激素、抗生素、酶类及抗体等,提高产量,降低成本,从而得到广泛应用。1977年,Boyer等首先成功地在大肠杆菌中合成得到生长激素释放抑制因子;1978年,Itakura(板仓)等在大肠杆菌中成功表达人生长激素;1979年,美国基因技术公司成功地在大肠杆菌中合成人胰岛素。至今我国已有人干扰素、人集落刺激因子、人白介素2、重组人乙型肝炎疫苗等多种基因工程药物和疫苗进入临床应用。

(2) 重组DNA技术可用于定向改造某些生物的基因组结构,从而获得具有特殊经济效益和应用价值的产品。如可分解石油,净化被石油污染的海域或土壤的超级细菌;从织网蜘蛛中分离可合成蜘蛛丝的基因,利用该技术将这一基因转移到细菌内,实现在实验室内生产出一种可溶性丝蛋白,经浓缩后纺成一种强度超过钢的特殊纤维,从而用于生产防弹背心、帽子、降落伞绳索和其他高强度的轻型装备。此外，人们还利用 DNA 重组技术拓展了转基因动植物和基因剔除动植物的应用范围。我国水生生物研究所在鱼受精卵中转入生长激素基因，得到转基因鱼，发现该转基因鱼的生长显著加快。利用转基因动物可获得一些蛋白质，用于人类疾病的治疗，如将凝血因子 Ⅸ 的基因导入绵羊体内，转基因绵羊分泌的乳汁中则含有丰富的凝血因子 Ⅸ，可有效地用于血友病的治疗。在转基因植物方面，转基因玉米、转基因西红柿和转基因大豆等相继投入商品生产，我国科学家将蛋白酶抑制剂基因转入棉花获得抗棉铃虫的棉花株。

（3）重组 DNA 技术可用于生命科学的基础研究和临床诊疗应用与分析。分子生物学研究的核心是遗传信息的传递和控制，从 DNA 转录到 RNA，再翻译到蛋白质的过程是基因表达的过程，这一过程的调控，如启动子的序列分析、转录因子的克隆与分析等，都离不开重组 DNA 技术的应用。基因诊断与基因治疗是 DNA 重组技术在医学领域发展的一个重要方面。1991 年，美国将重组的 *ADA* 基因导入一位患先天性免疫缺陷病（遗传性腺苷脱氨酶 *ADA* 基因缺陷）的女孩体内并获得成功。1994 年，我国用导入人凝血因子 Ⅸ 基因的方法成功治疗了乙型血友病的患者。

0.2.5　结构分子生物学

结构分子生物学是近代生物学发展过程中，以生物大分子三级结构的确定作为手段，研究生物大分子的结构与功能的关系，探讨生物大分子的作用机制和原理。核酸、蛋白质或多糖均属于生物大分子，在发挥生物学功能时，必须具备两个前提：第一，这些分子具有特定的、相对稳定的空间结构（三维结构）；第二，其在发挥生物学活性的过程中存在着结构运动和构象变化。结构分子生物学就是研究生物大分子特定的空间结构及结构的运动变化与其生物学功能关系的科学，其研究领域涵盖了遗传学、生物化学和生物物理学等学科。结构分子生物学主要包括三个研究方向：结构的测定、结构运动变化规律的探索及结构与功能相互关系的建立。结构生物学主要运用的是物理的手段，最常见的是 X 射线衍射的晶体学（蛋白质晶体学）或二维或多维核磁共振研究液相结构。目前，还可采用冷冻电子显微镜技术研究生物大分子的空间结构，阐明这些大分子相互作用中的机制。

0.3　分子生物学发展趋势及与其他学科的关系

20 世纪中期以来，生物学研究不断深入，并逐步向其他学科广泛渗透，与相关学科相互促进，从而不断地深入和发展。生命的多样性和生命本质的一致性是辩证统一的，生命活动是高度一致的，因此，分子生物学研究从分子水平、细胞水平、个体和群体等不同层次日益渗透到生命科学的各个领域，逐步揭开生命的奥秘。

分子生物学是由生物化学、遗传学、生物物理学、细胞学、微生物学、生物信息学等多学科相互渗透、融会贯通而产生并发展起来的，已逐步形成独特的理论体系和研究手段，成为一门独立的学科。

1. 分子生物学与医学

由于分子生物学涉及认识生命的本质,因此,其理论和技术发展广泛地渗透到医学各学科领域中,成为现代医学重要的基础知识和应用技术。在医学各个学科中,包括生理学、免疫学、病理学、微生物学、药理学以及神经生物学、肿瘤等临床各学科,分子生物学都正在广泛地形成交叉与渗透,形成了一些交叉学科,如分子免疫学、分子肿瘤学、分子病毒学、分子病理学和分子药理学等,极大地促进了医学的发展。

2. 分子生物学与生物化学

生物化学与分子生物学的关系最为密切,两者同在一个二级学科中,称为“生物化学与分子生物学”,但两者存在区别。生物化学主要从化学角度研究生命现象,着重研究生物体内各种生物分子的结构与新陈代谢。传统的生物化学研究的主要内容是代谢,包括一些大分子,如糖、脂类、氨基酸和核苷酸,以及能量代谢等。而分子生物学主要的研究目的是阐明生命的本质,主要研究生物大分子的结构与功能以及遗传信息的传递和调控。

3. 分子生物学与细胞生物学

分子生物学、细胞生物学和神经生物学被认为是当代生物学研究的三大主题,分子生物学推动了细胞生物学和神经生物学的发展。细胞作为生物体基本的构成单位是由许多分子组成的复杂体系,传统的细胞生物学主要研究细胞以及亚细胞器的形态、结构与功能,探讨细胞的结构与功能的关联性;分子生物学则是从研究各个生物大分子的结构入手,研究各种生物大分子间的相互作用,尤其是细胞整体反应的分子机理,因此产生了分子细胞学或细胞分子生物学,促进了现代细胞生物学的发展。

4. 分子生物学与遗传学

分子生物学对遗传学发展影响最大。Mendel 豌豆杂交实验以及由此得到的遗传规律,在分子生物学理论和技术发展中逐步得到分子水平上的解释。越来越多的遗传学原理被分子水平的实验所证实或摒弃;利用分子生物学技术,阐明许多遗传病的分子机制以及诊疗靶点,使其得到控制或矫正,分子遗传学已成为人类了解、阐明和改造自然界的重要武器之一。

此外,分子生物学的发展也为发育生物学、考古学、数学、物理学、化学、信息与材料科学提出了许多新概念和新思路,促使这些学科在理论和方法上得到发展。

目前,基因组学、转录组学、蛋白质组学和代谢组学等不同层次“组学”的丰硕成果也极大地推动了分子生物学的发展,更深入的是研究有机体中所有组成成分(基因、mRNA、蛋白质等)的变化规律,以及在特定遗传或环境条件下的相互关系。分子生物学已成为自然科学领域中进展最迅速、最具活力的学科。

(陈昌杰)

第1篇

遗传物质的结构基础

第1章 基因与基因组

蛋白质是生命活动的执行者,没有蛋白质就没有生命,但从简单的病毒到复杂的人类,蛋白质的结构信息都以基因的形式贮存在 DNA(少部分生物是 RNA)中。基因信息传递涉及个体的生长、发育、遗传、变异等生命过程,与人类各种疾病的发生密切相关。

1.1 基　　因

1.1.1 基因的分子特性

1. 基因的概念

1866 年,奥地利生物学家 Mendel 在《植物杂交试验》一书中提出生物体的特定性状受遗传因子(genetic factor)控制。1909 年,丹麦遗传学家 W. Johannsen 首次用"基因"一词代替遗传因子。1926 年,Morgan 发表了《基因论》,提出基因是直线排列在染色体上的遗传颗粒,一个基因控制一个性状。1941 年,Beadle 和 Tatum 研究链孢霉菌的突变株,认为一个基因的缺陷导致一种酶的缺陷,提出了"一个基因一种酶"的学说。1957 年,美国分子生物学家 Benzer 在研究大肠杆菌 T4 噬菌体的基因突变时,提出了"顺反子"(cistron)的概念,一个顺反子决定一条多肽链。但实际上基因和顺反子的概念并不能完全等同,基因还必须在分子基础上加以理解。

在 20 世纪 50 年代以前,蛋白质一直被认为是遗传的物质基础,因此,基因只是遗传学上推理的物质。自 20 世纪 50 年代以来,随着分子生物学的迅猛发展,科学家们揭示了基因的本质是核酸。在绝大多数生物中,遗传的物质基础是脱氧核糖核酸(deoxyribonucleic acid,DNA),在某些病毒中,核糖核酸(ribonucleic acid,RNA)也可作为遗传信息的载体。基因除了编码蛋白质外,有些基因只转录生成转运 RNA(transfer RNA,tRNA)、核糖体 RNA(ribosomal RNA,rRNA)等有功能的 RNA,并不编码蛋白质。

从分子生物学的角度给基因下个定义:基因是合成有功能的蛋白质多肽链或 RNA 所必需的全部核酸序列(通常是 DNA,少数生物是 RNA)。一个基因不仅包括编码蛋白质的多肽链和 RNA 核酸序列,还包括调控基因表达的序列和编码区之间的间隔序列。

2. DNA 是主要的遗传物质

1869 年,瑞士外科医生 F. Miescher 从脓细胞的细胞核中提取出了酸性物质,命名为核质(nuclein)。随后,又有许多研究者从多种组织细胞中发现了类似的物质,人们把这种从细胞核中提取的酸性物质称为核酸(nucleic acid)。但早期的研究并没有将核酸同遗传物质联系起来。

1928 年,英国生理学家 Griffith 首先发现了肺炎球菌的转化作用,将无致病力的 R 型细菌与已被高温杀死的 S 型细菌一起注入小鼠体内,引起小鼠死亡,从死亡小鼠的血液中发现 S 型活菌。这意味着 S 型死细菌内的某种物质可转化 R 型细菌,使它们转变成有致病力的细菌(图 1.1)。1944 年,Avery 等重复了肺炎球菌转化实验,并证实了转化因子是 DNA。若预先将 DNA 用 DNA 酶降解,则转化现象不能发生,这充分证明了 DNA 就是遗传物质。但是这样重要的发现仍然没有被当时的科学界所接受。1952 年,美国生理学家 Delbuck 等用同位素标记研究噬菌体感染大肠杆菌,进一步证实 DNA 是遗传物质。

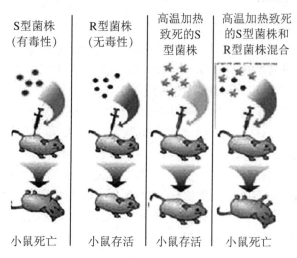

S型菌株 R型菌株 高温加热 高温加热致死
(有毒性) (无毒性) 致死的S型 的S型菌株和
 菌株 R型菌株混合

小鼠死亡 小鼠存活 小鼠存活 小鼠死亡

图 1.1 肺炎球菌转化实验

DNA 是遗传信息的载体真正被人们接受是在 1953 年,Watson 和 Crick 提出 DNA 双螺旋结构模型(图 1.2)之后。双螺旋结构模型的提出,不仅揭示了 DNA 的分子结构,还揭示了 DNA 复制、控制遗传性状和发生突变的机制。双螺旋结构的提出使生命科学的研究进入到分子层次,"生命之谜"被打开,是现代分子生物学的重要里程碑。

有些病毒没有 DNA,只含有 RNA 和蛋白质,如烟草花叶病毒、艾滋病(human immunodeficiency virus,HIV)病毒、重症急性呼吸综合征(severe acute respiratory syndrome,SARS)病毒等,它们的遗传物

图 1.2 DNA 双螺旋结构模型的发现

质是什么呢? 1956 年,Gierer 和 Schraman 发现从烟草花叶病毒分离的 RNA 也能感染植物,产生特异性的病斑。如用 RNA 酶处理,病毒失去感染能力,而从病毒分离的蛋白质部分则无感染能力(图 1.3),这证实了 RNA 也可作为遗传物质。

烟草花叶　　　　　提取病毒的　　　　　提取病毒的
病毒感染烟草　　　RNA 感染烟草　　　蛋白质感染烟草

图 1.3　烟草花叶病毒感染烟草实验

3. 基因的结构与性质

(1) 核酸的化学组成和一级结构

DNA 和 RNA 均为生物大分子,是由基本组成单位核苷酸(nucleotide)按一定的顺序和方式连接而成的。核苷酸由核苷(nucleoside)和磷酸基团连接而成,核苷由碱基(base)和戊糖(pentose)通过糖苷键相连构成。RNA 中的戊糖为核糖(ribose),DNA 中的戊糖为脱氧核糖。RNA 中的四种碱基为腺嘌呤(adenine,A)、鸟嘌呤(guanine,G)、胞嘧啶(cytosine,C)和尿嘧啶(uracil,U),而 DNA 的四种碱基为 A、G、C 和胸腺嘧啶(thymine,T)。

四种脱氧核苷酸(dAMP、dGMP、dCMP、dTMP)按一定顺序排列,以 3′,5′-磷酸二酯键相连,构成了 DNA 分子的一级结构。遗传信息贮存在 DNA 分子的碱基排列顺序之中,以千变万化的排列组合形成复杂的遗传信息。DNA 分子的大小差别很大,小的只有几千碱基对,大的可达几百万甚至几千万碱基对。RNA 由四种核糖核苷酸(AMP、GMP、CMP、UMP)通过 3′,5′-磷酸二酯键相连,一般比 DNA 分子小。RNA 病毒则以 RNA 作为遗传信息的载体。

(2) 核酸的空间结构

① DNA 的空间结构。

1951 年,英国帝国学院的 M. Wilkins 和 R. Franklin 采用 X 线衍射技术分析 DNA 晶体,获得了高质量的 DNA 衍射照片,显示 DNA 是螺旋状分子。1952 年,美国生物化学家 E. Chargaff 测定了不同生物 DNA 四种碱基的含量,发现 A 与 T 的数量相等,G 与 C 的数量相等。1953 年 2 月,Watson 和 Crick 通过 M. Wilkins 看到了 R. Franklin 在 1951 年 11 月拍摄的一张十分漂亮的 DNA 晶体 X 射线衍射照片,激发了他们的灵感。他们不仅确认了 DNA 一定是螺旋结构,而且分析得出了螺旋参数。一连几天,Watson 和 Crick 在他们的办公室里兴高采烈地用铁皮和铁丝搭建着模型。1953 年 2 月 28 日,第一个 DNA 双螺旋结构的分子模型终于诞生了,Waston 和 Crick 的论文发表在 1953 年 4 月 25 日的《自然》杂志上。DNA 双螺旋结构模型具有以下特征:DNA 分子是由两条反向平行的多聚脱氧核苷酸链围绕同一中心轴形成的右手螺旋;脱氧核糖和磷酸构成的亲水骨架位于双螺旋外侧,疏水的碱基位于双螺旋内侧；双链之间的碱基形成互补配对，A 与 T 之间形成 2 对氢键，G 与 C 之间形成 3 对氢键配对（图 1.4）；互补碱基对之间的氢键和碱基的疏水作用力共同维持双螺旋结构的稳定。

生物体 DNA 分子长度较大，在双螺旋的基础上，要经过进一步的盘绕折叠才能组装在细胞内。原核生物的 DNA 绝大部分是环状分子，在双螺旋结构的基础上形成超螺旋。如大肠杆菌的 DNA，平均每 200 bp 长度的 DNA 就会形成一个负超螺旋。真核生物的 DNA 分子长度一般远大于原核生物，需要经过多次盘绕折叠压缩，形成染色质（chromatin）或染色体（chromosome）结构，以非常有序的形式组装在细胞核内。

核小体（nucleosome）是真核生物染色质或染色体的基本组成单位，核小体由 DNA 双螺旋和 H1、H2A、H2B、H3、H4 五种组蛋白（histone，H）构成。核心组蛋白 H2A、H2B、H3、H4 各 2 分子组成八聚体，长度约为 150 bp 的 DNA 双螺旋缠绕组蛋白八聚体 1.75 圈，形成组蛋白的核心颗粒。长度约为 60 bp 的 DNA 双螺旋和连接组蛋白 H1 将核心颗粒连接起来，形成了核小体的串珠样结构（图 1.5）。6 个核小体围绕一中心轴形成直径约为 30 nm 的中空螺线管，螺线管进一步卷曲折叠形成超螺线管，组成染色质纤维，在分裂期超螺线管进

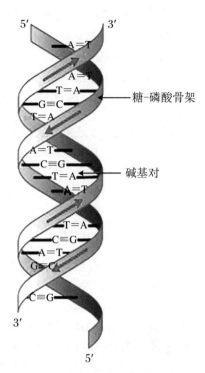

图 1.4　DNA 双螺旋结构示意图
（引自周春燕等，2018）

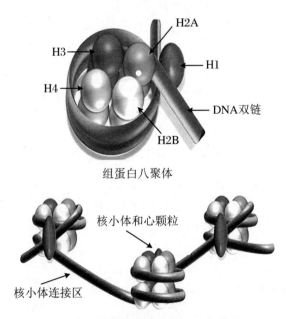

图 1.5　核小体的串珠样结构（引自周春燕等，2018）

一步压缩形成染色体结构。从而将长度可达数米的 DNA 分子组装在直径只有几微米的细胞核中。

② RNA 的空间结构。

RNA 通常以单链形式存在,但可通过链内碱基配对形成部分双螺旋。RNA 通常比 DNA 小得多,但它的结构、种类更复杂,功能更多样(表 1.1)。

表 1.1　三种主要的 RNA 及功能

RNA 种类	缩写	功能
信使 RNA	mRNA	蛋白质合成的模板
转运 RNA	tRNA	携带转运氨基酸
核糖体 RNA	rRNA	核糖体组成部分

(3) 核酸的变性、复性和分子杂交

DNA 双螺旋互补碱基对之间的氢键在某些理化因素的作用下会发生断裂,DNA 双链变成两股单链,称为 DNA 变性(DNA denaturation)。变性 DNA 的核苷酸序列没有发生改变。当变性因素缓慢去除后,两条互补链的碱基可重新配对结合,恢复原来的双螺旋结构,称为复性(renaturation)。加热变性的 DNA 缓慢冷却后可以复性,称为退火(annealing)。RNA 的部分双螺旋也可发生变性和复性。

在一定条件下,将不同来源的单链 DNA 或 RNA 放在同一溶液中,如果这两条单链之间有一定程度的碱基配对关系,它们就会配对结合,形成杂交双链(图 1.6),称为核酸分子杂交(nucleic acid hybridization)。核酸分子杂交是分子生物学常用技术,DNA 印迹、RNA 印迹、基因芯片等都利用了核酸分子杂交的原理(具体内容见第 10 章)。

图 1.6　核酸分子变性、复性和分子杂交示意图(引自周春燕等,2018)

(4) 核酸分子大小的表示方法

单链核酸分子的大小一般用核苷酸(nucleotide, nt)数目表示,双链核酸的大小常用碱基对(base pair, bp)或千碱基对(kilobase pair, kb)数目表示。小于 50 bp(或 nt)的核酸片段称为寡核苷酸。

1.1.2　基因的功能

作为大多数生物遗传信息的载体,DNA 具有高度稳定的特点,可保持生物体系遗传的相对稳定性。同时 DNA 也可发生各种重组和突变，为自然选择提供机会。DNA 通过精准地复制，将亲代的遗传信息高度忠实地传递给子代细胞（具体内容见第 3 章），DNA 可作为模板，转录生成 RNA，以 mRNA 为模板，tRNA 携带氨基酸，在核糖体上合成蛋白质多肽链（具体内容见第 4 章）。蛋白质是生命活动的功能执行者。基因的功能通过其结构中的两部分信息完成：一是基因中编码蛋白质或功能 RNA 的编码区（coding region）序列；二是基因表达所需要的调节序列（regulatory sequence），又称为非编码序列（non-coding sequence）。

原核生物的调节序列主要是启动子（promoter，P），真核生物的调节序列较原核生物复杂，除了启动子外，还包括上游调控元件、增强子（enhancer）、沉默子（silencer）、绝缘子（insulator）、加尾信号等，统称为顺式作用元件（cis-acting element）（图 1.7）。

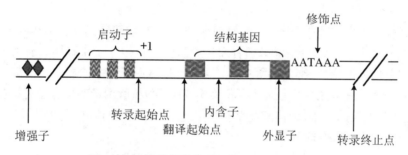

图 1.7　真核生物基因及调节序列的一般结构

启动子是启动转录的关键 DNA 序列。以开始转录的 5′端第一个核苷酸为 +1，用负数表示其上游的核苷酸序列。原核生物的启动子保守序列主要是 −35 区 TTGACA 和 −10 区 TATAAT，是原核生物 RNA 聚合酶辨认结合 DNA 模板并启动转录的关键序列。真核生物的启动子大部分也位于转录起始点的上游，自身一般不转录。但也有些基因的启动子位于起始点下游，可被转录。增强子可增强启动子的工作效率，是真核生物基因重要的调节序列。大部分增强子位于启动子上游，但可以在启动子的任何方向和位置（上游或者下游）发挥增强作用，有时增强子序列可位于内含子之中。增强子序列距离所调控基因近者有几十个碱基对，远者可达几千个碱基对。沉默子是抑制基因转录的特定 DNA 序列，对基因的转录起阻遏作用，使基因沉默。绝缘子可阻碍增强子对启动子的作用或保护基因不受附近染色质环境的影响。

1958 年，提出 DNA 双螺旋结构的科学家 Crick 把遗传信息传递的方式总结为中心法则（central dogma）：DNA 通过复制传递遗传信息，DNA 转录生成 RNA，RNA 合成有功能的蛋白质。1970 年，Temin 等发现 RNA 病毒可以复制病毒 RNA，而且可以逆转录合成 DNA，对中心法则进行了修正（图 1.8）。大多数生物的遗传物质是 DNA，遗传信息传递的方向通常是从 DNA 到 RNA，但在逆转录病毒中方向相反，可以以 RNA 为模板合成 DNA。RNA 翻译产生蛋白质，蛋白质不能反过来合成 RNA，RNA 翻译成蛋白质是不可逆的。

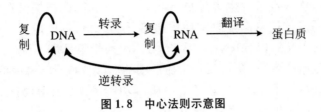

图 1.8 中心法则示意图

1.2 基 因 组

基因组(genome)最早在 1920 年由德国汉堡大学的植物学家 H. Winkles 首次提出，"genome"由"gene"和"chromosome"组合而来。基因组是指一个生物体具有的所有遗传信息的总和，即单倍体细胞核、细胞器等所含的全部 DNA 分子或 RNA 分子。如人类基因组包含 22 条常染色体和 2 条性染色体 DNA 及线粒体 DNA 所携带的所有遗传物质。

不同生物基因组的大小、结构和复杂程度各不相同。一般情况下，生物进化程度越高，基因组越大(表 1.2)，结构越复杂。

表 1.2 不同生物基因组的大小(引自周春燕等, 2018)

物种	基因组大小(Mb)	基因数	染色体数
支原体 *M. genitalium*	0.58	487	无
流感嗜血杆菌 *H. influrnzae*	1.85	1726	无
枯草芽孢杆菌 *B. subtilis*	4.13	4049	无
大肠杆菌 *E. coli*	5.14	4996	无
酿酒酵母 *S. cerevisiae*	12.12	5409	16
裂殖酵母 *S. pombe*	12.59	5132	16
燕麦 *O. sativa*	374.42	36376	21
果蝇 *D. melanogaster*	143.92	14700	4
秀丽隐杆线虫 *C. elegans*	101.17	20000	6
小鼠 *M. musculus*	2671.82	22000	20
人 *H. sapiens*	2996.43	20000	24

1.2.1 原核生物生物基因组的结构及其特点

原核生物没有完整的细胞核，基因组的结构比真核生物简单。细菌、支原体、立克次体等微生物属于原核生物。病毒和噬菌体没有细胞结构，由核酸和蛋白质外壳构成，比原核生物结构更简单，它们的基因组结构特点在第 16 章介绍。某些细菌还有质粒等其他携带遗传物质的 DNA。

1. 原核生物的基因组结构特点

（1）原核生物的基因组较小，通常是环状双链 DNA 分子，DNA 并不形成真正的染色体结构，但习惯上仍将其称为染色体。细菌的染色体 DNA 相对聚集，在细胞内形成的致密区域称为类核（nucleoid）。类核的中央为 RNA 和支架蛋白，外周是超螺旋 DNA，通常与细胞膜相连。

（2）原核生物功能相关的几个基因常常串联在一起，受共同的调节序列调控，以操纵子（operon）的形式存在。一个操纵子内的几个串联排列的结构基因共用一个启动子，转录生成的一条 mRNA 可作为模板合成几个功能相关的蛋白质，形成多顺反子 mRNA。如大肠杆菌的乳糖操纵子（*lac* operon）含 Z、Y、A 三个基因（图 1.9），分别编码代谢乳糖的 3 种酶：β-半乳糖苷酶（β-galactosidase）、透酶（permease）和乙酰基转移酶（transacetylase）；调节区有启动子 P、操纵序列 O（operator，O）、分解代谢物基因激活蛋白（catabolite gene activator protein，CAP）结合位点，共同调节三个基因的转录，实现基因的协调表达。

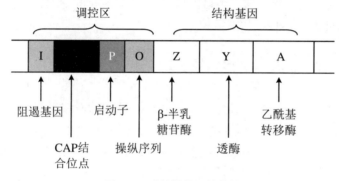

图 1.9　乳糖操纵子的结构

（3）原核生物基因的编码区是连续的，没有内含子（intron），转录后不需要剪接。但个别细菌（如鼠伤寒沙门氏菌、犬螺杆菌、古生菌）的 tRNA 和 rRNA 中也发现有内含子。

（4）原核生物的 DNA 约有一半以上用于编码蛋白质或 tRNA 和 rRNA，不编码的序列为基因间的 DNA，多为调节序列。

（5）原核生物的基因大多是单拷贝，但编码 tRNA 和 rRNA 的基因往往是多拷贝的。

（6）原核生物一般无基因重叠现象，即同一部分 DNA 序列不编码两种以上蛋白质多肽链。重叠基因（overlapping gene）是指两个或两个以上的基因共有一段核苷酸序列，编码不同的蛋白质。基因的重叠不仅可以节约碱基、有效利用遗传信息，可能还对基因表达具有调控作用。重叠基因常常存在于噬菌体和病毒（如 φX174 噬菌体、HIV 病毒等）中，但在细菌和真核生物中也有发现。如大肠杆菌色氨酸操纵子的 trpE 和 trpB，果蝇蛹的上皮蛋白基因，人类染色体 6p21.3 的 HLA 复合体Ⅲ区，都有重叠基因的存在。

（7）原核生物除了细胞的染色体 DNA 以外，常常还含有各种质粒（plasmid）和转座因子（具体内容见第 2 章）。

2. 原核生物中的质粒 DNA

质粒是细菌染色体以外能独立复制的共价闭合的环状 DNA 分子。质粒的大小差别很大,最小的质粒长度只有 1 kb,大的可达 250 kb,一般为 1.5~15 kb。

质粒虽然有自己的复制起始区,可以自主复制和扩增,但必须在宿主细胞内进行复制,离开宿主,质粒 DNA 就无法复制。质粒不是宿主细胞生存所必需的,没有质粒,宿主细胞依然能够生长、繁殖,但质粒所携带的遗传信息能够赋予宿主细胞一些特定的遗传性状。如抗性质粒(R 质粒)携带耐药基因,使宿主细胞对某些抗生素产生耐药性;致育性质粒(F 质粒)可以决定细菌的菌毛蛋白;大肠杆菌素质粒(Col 质粒)编码大肠杆菌素,可杀死不含 Col 质粒的亲缘细菌。

质粒自身带有复制调控系统,能够在细菌中以一定的拷贝数稳定遗传。有的质粒在细菌中只有一至几个拷贝,称为严紧型质粒(stringent plasmid)。有的质粒在细菌内的拷贝数可达十个至几十个,甚至更多,称为松弛型质粒(relaxed plasmid)。具有相同复制起始点和分配区的两种质粒,不能共存于同一个宿主细胞中,称为质粒的不相容性。

质粒是 DNA 重组技术中常用的载体。

1.2.2 真核生物基因组的结构及其特点

真核生物基因组较大,长度一般为 10^8~10^9 bp。遗传物质多为双链线性 DNA 分子,在细胞核中 DNA 与组蛋白形成核小体结构,盘绕折叠形成致密的染色质或染色体。除了细胞核的染色体基因组外,真核生物常常还含有核外的基因组,如线粒体基因组、叶绿体基因组等。真核生物基因组的结构特点与原核生物有很大差异(表 1.3)。

表 1.3　真核生物和原核生物基因组的差异(引自徐晋麟等,2010)

特征	原核生物	真核生物
大小	小,10^6 bp 左右	大,一般在 10^8~10^9 bp
形态结构	单个环状,形成类核	多条线状染色体,有核小体
重复序列	少	多
编码序列比例	编码序列占 50% 以上	编码序列占 10% 以下
基因簇	相关基因组成操纵子	相似的基因组成基因家族
基因长度	平均长度为 1 kb	平均长度为 8~10 kb
细胞器 DNA	无	有细胞器基因组
质粒	多有环状质粒	除真菌和植物外,一般无质粒
内含子	一般无内含子	一般有内含子

1. 真核生物基因组的 C 值矛盾

生物体基因组所含 DNA 的总量称为 C 值(C-value),每种生物都有其特定的 C 值。一般情况下,生物进化程度越高,C 值越大。但在真核生物中,基因组大小同遗传复杂度之间并不完全相关甚至矛盾,称为 C 值矛盾(C-value paradox)。一些植物和两栖类动物,它们的 C 值可高达 $10^{10} \sim 10^{11}$ bp,比人类高出几十倍。同一种类的生物,进化程度相差不大,但有些 C 值差别可在 10 倍以上,如两栖类生物,最小的基因组小于 10^9 bp,最大的可达 10^{11} bp。

真核生物基因组 DNA 的量远大于编码蛋白质所需要的量。哺乳类动物基因组中只有不超过 10%的核酸序列编码蛋白质、tRNA、rRNA 等,其余 90%的序列功能至今尚不清楚,可能与基因表达调控有关。

2. 真核生物的基因是断裂基因

原核生物基因编码序列是连续排列的,科学家们原来认为真核生物也是如此。但在1977 年发现真核生物基因的编码序列是不连续的,被非编码序列分隔开,称为断裂基因(split gene)。

将真核生物成熟的 mRNA 分子与其编码基因的 DNA 序列进行比较,发现成熟的mRNA 分子只保留了基因的部分 DNA 序列,有一些序列在成熟的 mRNA 分子中被去除(图 1.10)。存在于基因序列中,在成熟的 mRNA 分子中保留的序列称为外显子(exon);内含子(intron)则位于外显子之间,是与 mRNA 剪接过程中被删除部分相对应的间隔序列。

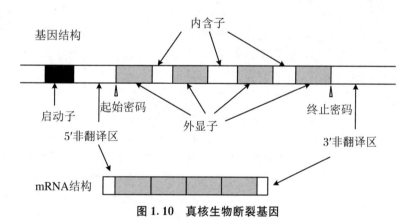

图 1.10　真核生物断裂基因

原核生物编码蛋白质的基因基本没有内含子,大部分真核生物的基因都有内含子。但真核生物中不同基因的内含子的数量不同,少的只有几个,多的可达几十个。如鸡卵清蛋白基因有 7 个内含子,8 个外显子,全长 7.7 kb,成熟的 mRNA 内含子被切除,全长仅 1.2 kb。也有个别真核生物基因没有内含子,如组蛋白编码基因。

内含子和外显子在断裂基因上间隔排列,但又连续镶嵌,基因表达时一同转录下来,生成的 RNA 前体与相应的断裂基因是等长的。但在转录后加工时,内含子被切除,将外显子连接起来,成为成熟的 mRNA,作为蛋白质合成的模板。

3. 真核生物基因组中有大量重复序列

真核生物基因组中存在大量重复序列,根据重复次数的不同,分为高度重复序列

(highly repetitive sequence)、中度重复序列(moderately repetitive sequence)、单拷贝序列(single copy sequence)或低度重复序列(lowly repetitive sequence)。

(1) 高度重复序列

高度重复序列在基因组中的重复频率可达几百万次,不编码蛋白质或 RNA。哺乳动物中高度重复序列在基因组中占很大比例,例如在人类基因组中,高度重复序列约占基因组总长度的 20%。卫星 DNA(satellite DNA)和反向重复序列(inverted repeat sequence)属于高度重复序列。

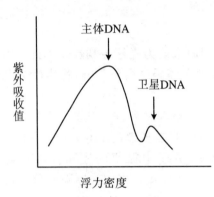

主体DNA

卫星DNA

紫外吸收值

浮力密度

图 1.11　主体 DNA 与卫星 DNA

① 卫星 DNA:是一类串联排列的高度重复序列,在人类基因组中占 5%～6%,主要存在于染色体的着丝粒区。卫星 DNA 的碱基组成和基因组的其他主体部分不同。将基因组 DNA 切成约 10^4 bp 大小的片段,用氯化铯密度梯度离心,原核生物只有一条覆盖一定浮力密度范围的宽带。而真核生物在主体 DNA 宽带的附近,常常单独形成一条较窄的带,这些小带在主带边上像卫星一样,称为卫星 DNA(图 1.11)。

根据卫星 DNA 重复单位的长度和分布位置,可分为 α 卫星 DNA 和 β 卫星 DNA。α 卫星 DNA 重复单位长度为 171 bp,分布在染色体的着丝粒区。β 卫星 DNA 重复单位为 68 bp,富含 GC,位于着丝粒附近和核仁形成区附近。卫星 DNA 在真核生物中分布广、数量多、检测快速方便,常作为遗传标记,应用于基因定位、连锁分析、血缘关系鉴定等。

在哺乳动物中还有另一类串联重复序列,它们的重复单位比卫星 DNA 短,分布也与卫星 DNA 不同,称为小卫星 DNA(minisatellite DNA)和微卫星 DNA(microsatellite DNA)。小卫星 DNA 又称为可变数目串联重复(variable number tandem repeat,VNTR),重复单位一般为 6～40 bp,重复次数高度可变,多位于染色体端粒附近。小卫星 DNA 重复次数具有高度的个体特异性,可用于亲子鉴定、法医鉴定等。微卫星 DNA 又称为简单串联重复(simple tandem repeat,STR),重复单位为 2～6 bp,分布于基因间的间隔序列和内含子等非编码区。微卫星 DNA 在真核生物中种类多、分布广且均匀、检测方便、多态信息含量高,广泛应用于基因定位、连锁分析、遗传多态性评估、系统发生树构建等。

② 反向重复序列:由两段方向相反、序列相同的 DNA 序列构成。两段序列之间可以被不相关的序列隔开,也可以没有间隔,形成回文结构(palindrome structure)。反向重复序列变性后再退火时,每条链可以形成自己的碱基配对。电镜下可以看到发夹式或“十”字形结构,有间隔的反向重复序列发夹式或“十”字形结构两头形成两个小环(图 1.12)。

高度重复序列不编码蛋白质、tRNA 和 rRNA,其功能可能是:调节 DNA 的复制,如反向重复序列常位于 DNA 复制的起始区,是一些复制相关蛋白质的结合位点;参与调节基因表达,有的反向重复序列可形成发夹结构,稳定 RNA 分子结构;与染色体配对相关,如 α 卫星 DNA 分布于着丝粒附近,与减数分裂时染色体配对相关。

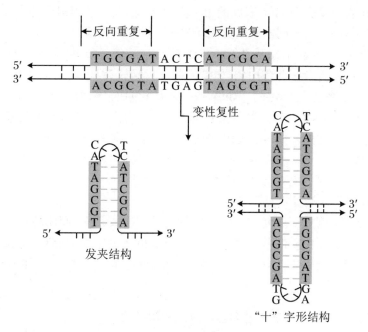

图 1.12　反向重复序列

（2）中度重复序列

中度重复序列一般重复次数为几十至几千次,占基因组的 1%～30%。大多数在基因组中散在分布,与单拷贝序列间隔排列,少数在基因组中串联排列。根据重复序列的长度,中度重复序列分为短分散重复片段（short interspersed repeated segments,SINES）和长分散重复片段（long interspersed repeated segments,LINES）。中度重复序列多为非编码序列,如 *Alu* 家族、*Kpn* I 家族等,但也有些编码 rRNA、tRNA、组蛋白等。

① 短分散重复片段:重复片段的平均长度为 300～500 bp,与长度为 1000 bp 的单拷贝序列间隔排列。有的短分散片段拷贝数可达数十万次。因此,也有人把它们列入高度重复序列,例如 *Alu* 家族等。

Alu 家族是哺乳动物基因组中含量最丰富的短分散重复序列,平均约 6 kb 就有一个 *Alu* 序列,占人类基因组的 3%～6%。每个 *Alu* 家族长度约为 300 bp,含有限制性内切酶 *Alu* 的识别位点,可将其切割成长度为 130 bp 和 170 bp 的两段 DNA。许多 mRNA 前体中含有 *Alu* 序列,但成熟 mRNA 极少含有 *Alu* 序列。在 *Alu* 序列中含有与某些真核生物内含子剪接信号相似的序列,推测 *Alu* 序列可能参与 mRNA 前体的加工与成熟。*Alu* 序列在人类基因组中大量存在,还可能与 DNA 重组、染色体稳定性及转录调节有关。

Hinf 家族重复序列中含有限制性内切酶 *Hinf* I 的酶切位点,以长度为 319 bp 的串联重复序列存在于人类基因组中。

② 长分散重复片段:重复序列的平均长度为 3500～5000 bp,与平均长度为 13000 bp 的单拷贝序列间隔排列。

人类和灵长类动物的 DNA 用限制性核酸内切酶 *Kpn* I 酶切后,可得到长度为 1.2 kb、1.5 kb、1.8 kb 和 1.9 kb 的四个 DNA 片段,因此这些重复序列称为 *Kpn* I 家族。*Kpn* I 家族是中度重复序列中仅次于 *Alu* 家族的第二大家族,在人类基因组中约占 1%。家族成员散在分布,高度不均一,但不同家族成员 3′端具有广泛的同源性。

中度重复序列大多数不编码蛋白质,功能可能类似于高度重复序列。但真核生物 rRNA 和 tRNA 的基因及某些蛋白质(如组蛋白)的编码基因也属于中度重复序列。rRNA 基因通常成簇存在,各重复单位的 rRNA 基因都是相同的,称为 rDNA 区。人类的 rDNA 位于 13 号、14 号、15 号、21 号和 22 号染色体的核仁组织区。5S rRNA 的基因位于 1 号染色体上,约有 1000 个拷贝。tRNA 基因在真核生物中一般有几百个至一千个拷贝,人类约有 1300 个 tRNA 基因。同种 tRNA 基因往往串联排列,形成基因簇,基因之间有非转录间隔序列。有的 tRNA 基因有内含子,有些则没有内含子。

(3) 单拷贝序列或低度重复序列

单拷贝序列或低度重复序列在基因组中只出现一次或几次,两侧通常为散在分布的重复序列。大多数编码蛋白质的基因属于此类。由于单拷贝序列中储存了大量的遗传信息,编码各种不同功能的蛋白质,体现了生物的各种性状和功能,对这些序列的研究具有特别重要的意义。

4. 真核生物基因组中存在大量多基因家族和假基因

多基因家族(multigene family)是一组功能相似,核苷酸序列又具有同源性的基因。多基因家族是由同一个祖先基因经过重复和变异产生的。根据编码产物不同,多基因家族可分为编码 RNA 的多基因家族(如 tRNA、rRNA、snRNA 等)和编码蛋白质的多基因家族(如组蛋白基因家族、珠蛋白基因家族等)。根据基因家族在基因组中的分布,多基因家族也可分为两类:一类基因家族成簇分布在某一染色体上,可同时发挥作用,合成某些蛋白质或 RNA,如 rRNA、tRNA、组蛋白基因等;另一类基因家族的不同成员分散在不同的染色体上,编码一组功能相关的蛋白质,如干扰素、珠蛋白、生长激素等的基因。

在多基因家族中,有些家族成员并不产生有功能的基因表达产物,称为假基因(pseudo-gene),用"ψ"表示。假基因在核苷酸序列上与有功能的基因相似,但它们不能转录,或者转录后生成无功能的基因产物。假基因形成的原因可能是某些多基因家族在进化过程中,有些基因的关键部位发生了突变,如缺失(deletion)、倒位(inversion)或点突变(point muta-tion)等,引起转录调控失灵、阅读框架改变或氨基酸密码子变成终止密码子等,形成了假基因。

由某些多基因家族和单基因可组成更大的基因家族,称为超基因家族。超基因家族在结构上有不同程度的同源性,可能源于共同的祖先基因,但它们的功能有时并不相同,如免疫球蛋白基因家族、丝氨酸蛋白酶基因家族、*ras* 基因家族等。

5. 真核生物线粒体基因组的结构

线粒体是细胞的能量工厂,一个细胞可以有几百个甚至上千个线粒体。线粒体 DNA (mitochondrial DNA,mtDNA)是细胞核外的遗传物质,可独立编码线粒体中的一些蛋白质。mtDNA 是环状双链 DNA 分子,结构特点与原核生物 DNA 相似,但线粒体 DNA 是母系遗传。哺乳动物线粒体 DNA 没有内含子,有些还有重叠基因的存在。人类线粒体 DNA

全长 16569 bp,编码 37 个基因,其中 13 个编码组成线粒体呼吸链复合体的蛋白质,2 个编码线粒体 rRNA,22 个编码线粒体 tRNA(图 1.13)。线粒体 DNA 的遗传密码与生物界通用密码不完全相同,不同物种的线粒体密码也不完全相同。

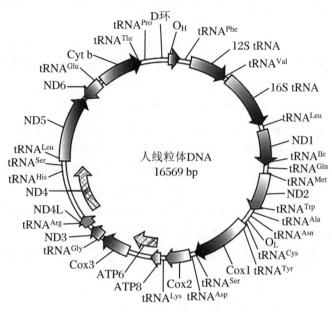

图 1.13　人的线粒体基因组(引自周春燕等,2018)

线粒体 DNA 为环状双螺旋,缺乏蛋白质保护和损伤修复系统,容易受到损伤,发生突变。另外,线粒体 DNA 上基因排列紧密,没有内含子,突变对 DNA 和蛋白质功能的影响更为明显。但因为每个细胞有很多线粒体,每个线粒体又有多个 DNA 拷贝,因此线粒体 DNA 突变所致疾病的严重程度取决于突变的性质及突变 DNA 在总 DNA 中所占比例,呈数量性状。线粒体 DNA 病影响较大的是对能量需求较高的组织和细胞,如神经、肌肉等。随着年龄的增长,线粒体 DNA 突变的累积,可导致帕金森病、老年痴呆症等退行性疾病。

1.3　基 因 组 学

1.3.1　基因组学的概念

基因组学(genomics)的概念于 1986 年由美国科学家 T. Roderick 提出。基因组学是研究基因组的结构、功能、结构与功能的关系以及基因之间相互作用的学科。基因组学以分子生物学技术、计算机技术和信息网络技术为手段,以生物体内的全部基因为研究对象,从整体水平上探索基因在生命活动中的作用及其内在规律和内外环境影响机制。基因组学从全基因组的整体水平研究生命,认识生命活动的规律。

基因组学的研究主要包括三个不同的领域:以全基因组测序为目标的结构基因组学(structural genomics)、以基因功能鉴定为目标的功能基因组学(functional genomics)和比较基因组学(comparative genomics)。基因组学研究的最终目标是获得生物体基因组全部基因的碱基序列,鉴定全部基因的功能,明确基因之间的相互作用关系并且阐明基因的进化规律。

结构基因组学是研究基因组的物理特点。结构基因组学通过全基因组测序,确定基因组的基因数量,基因在染色体上的位置和距离及每个基因编码区和基因间隔区的 DNA 序列结构,建立高分辨率的遗传图谱(genetic map)、物理图谱(physical map)、转录图谱(transcription map)和序列图谱(sequence map)。结构基因组学为功能基因组学做准备。

功能基因组学研究基因组中所有基因的功能,又称后基因组学(post-genomics)。从整体水平研究一种细胞或组织在某一条件下所表达基因的种类、数量、功能,或同一细胞、组织在不同条件下基因表达的差异。研究内容包括基因的表达、基因表达产物蛋白质的功能、基因组多样性研究、疾病相关基因的再测序、基因组功能注释(genome annotation)等。

基因序列像一本由 4 个字母的字母表印出来的书,没有空格也没有标点符号。基因组注释利用生物信息学手段,对基因组所有基因和其他结构进行高通量注释,鉴定出基因组内的基因,确定基因的结构并推断出基因可能的功能。注释还包括识别重复序列、预测非编码RNA、识别假基因等。

1.3.2　人类基因组计划

人类基因组包括细胞核染色体基因组和线粒体基因组所携带的全部 DNA 序列(图1.14)。如果知道人类基因组中 30 亿个核苷酸的全部奥秘,就可以解开人体的奥秘,了解人类生老病死的规律。

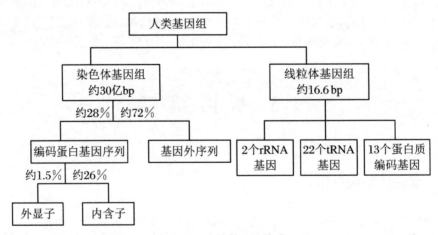

图 1.14　人的基因组构成

1985 年,美国科学家率先提出测定人类基因组全序列的计划,1990 年人类基因组计划(Human Genome Project,HGP)正式启动。HGP 的目标是测定人类基因组的所有碱基序列,绘制人类基因组图谱,发现人类所有基因,破译人类所有遗传信息。

人类基因组计划是一项非常庞大的工程,美国、法国、德国、英国、日本和中国科学家共同参与了人类基因组计划。1998 年,我国在上海和北京成立了人类基因组研究中心,1999年正式成为 HGP 合作研究国,承担 HGP 1%的测序工作。2001 年,人类基因组计划工作草图发表,2003 年完成了人类基因组序列测定。

1. 人类基因组计划的研究内容

人类基因组计划的主要研究内容是通过基因组作图和大规模测序,构建人类基因组图谱,即遗传图谱、物理图谱、序列图谱和转录图谱。

(1) 遗传图谱

遗传图谱又称连锁图谱(linkage map)。遗传图谱以基因组中一些特殊位点作为标记,以遗传学距离为图距,利用杂交所得到的重组值确定遗传标记之间的相对位置和距离。遗传标记在基因组中具有多态性(polymorphism,一个遗传位点上具有两个以上的等位基因,每种等位基因在人群中的频率均大于 1%)的位点。遗传学距离用厘摩尔根(centi-Morgan,cM)表示,两个遗传标记之间的重组频率为 1%时,图距为 1 cM。

HGP 实施后先后采用了第一代、第二代和第三代遗传标记。第一代遗传标记是限制性片段长度多态性(restriction fragment length polymorphism,RFLP),利用特定的限制性核酸内切酶切割 DNA,得到不同长度的 DNA 片段。DNA 片段的数目和长度反应不同酶切位点的分布情况,以 RFLP 作为遗传标记,构建基因与遗传标记的连锁关系,确定基因的位置。第二代遗传标记是微卫星 DNA,微卫星 DNA 在基因组中含量丰富,检测方便。第三代遗传标记具有单核苷酸多态性(single nucleotide polymorphism,SNP),SNP 是人类可遗传变异中最常见的,也是最稳定的,用 SNP 作遗传标记,精确度最高。

(2) 物理图谱

物理图谱以物理尺度(bp 或 kb)描绘 DNA 上可识别的遗传标记的位置和相互之间的距离。这些可识别的遗传标记包括限制性内切酶的酶切位点、基因等,其中较常用的是基因组序列标签位点(sequence tagged site,STS)。STS 是在染色体上定位明确,序列已知的DNA 片段,平均每 100 kb 就有一个 STS 标记。先用载体将人类基因组 DNA 分段克隆,再将含 STS 的对应克隆相互重叠连接,明确它们在染色体上的位置和相互之间的距离。遗传图谱上 1cM 的距离大约相当于物理图谱的 1000 kb(图 1.15)。

(3) 序列图谱

序列图谱测定人类基因组的全部碱基序列,是最详尽的物理图谱。DNA 分子量巨大,无法将一个完整的 DNA 分子一次测序。因此首先需将庞大的 DNA 分区克隆,赋予遗传图谱或物理图谱的标记,再进行逐段测序。然后根据标记将序列拼接起来,获得完整 DNA 分子的碱基序列。

(4) 转录图谱

转录图谱又称表达图谱(expression map)。将 mRNA 逆转录生成与其互补的 DNA(complementary DNA,cDNA),以 cDNA 为探针与人类基因组 DNA 进行分子杂交,标记转录基因,绘制可表达基因的转录图谱。转录图谱可提供基因的序列和位置,了解不同环境下基因表达状况,推断基因的分子生物学功能。

在人类基因组研究中发现人类基因约有 3 万个,远低于科学家原先估计的数目,说明人类在使用基因上具有高效性。基因组中存在着基因密度较高的"热点区"和不携带基因的"荒漠区",17 号、19 号和 22 号染色体基因密度较高,4 号、18 号、X 和 Y 染色体上基因密度较小。个体基因差异非常小,人与人之间的基因 99.99%是相同的。

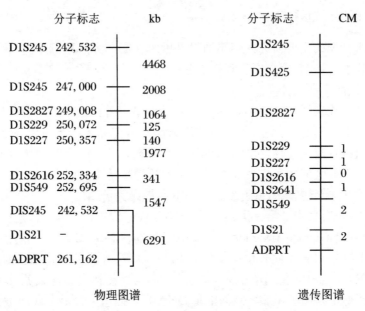

图 1.15 物理图谱与遗传图谱示意图

2. 人类基因组计划的意义

人类基因组计划是人类历史上第一次全球各国科学家一起合作的科研项目,意义深远,对生命科学、医药学等都具有重要的影响。人类基因组计划将大大加速生命科学领域的研究进展,阐明基因定位、结构与功能的关系,明确细胞生长、分化和个体发育及疾病发生发展的分子机制,为疾病的诊断和治疗提供依据。人类基因组计划促进了生命科学与信息科学相结合,带动了一批新兴的高科技产业。基因组研究中发展起来的技术、数据库及生物学资源,还推动了农业、畜牧业、能源、环境等相关产业的发展,改变了人类生产、生活和环境等诸多领域。

人类基因组计划的实施大大促进了医学的发展,获得人类全部基因序列将有助于人类认识许多遗传疾病以及癌症等疾病的致病机理。对常见多基因疾病(如高血压、糖尿病、肿瘤、自身免疫性疾病等)的基因位点做全基因组扫描,使确定致病基因的工作更为容易。研究病理状态下的表达图谱为人类认识疾病的分子机制,提出新的诊断和治疗策略提供了重要线索。人类基因组计划促进了新的药物与疫苗的开发上市,为疾病的预防、诊断和治疗提供了有效工具。

21 世纪的医学将会是个体化医疗时代,以每个患者的基因信息为基础决定治疗方针,从基因组成或表达变化的差异把握治疗效果,对每个患者进行最适宜药物的治疗。以个体的基因图作为生活中饮食起居的"参考书",使人们的生活方式和生活环境与自己的基因更为和谐,在一定程度上预防疾病的发生、延长人类的寿命。

人类基因组计划提供了人类基因组的序列信息,定位了大部分蛋白质编码基因,取得了极大的成功。但如何解密这些序列信息的意义,详细了解基因组的功能和调节,仍然是一项十分繁重而艰巨的任务。

1.3.3　基因文库的构建

虽然 HGP 已完成,但许多基因的功能尚不清楚。如果要研究某一基因的结构与功能,首先要获得这个基因,其中比较简捷的方法就是从基因文库(gene library)中获得。基因文库是一个包含了某一生物全部 DNA 的不同 DNA 片段所构成的克隆群体。基因文库可分为基因组 DNA 文库(genomic library)和 cDNA 文库(cDNA library)。

1. 基因组 DNA 文库的构建

基因组 DNA 文库是包含某一生物全部基因组 DNA 序列的克隆群体,以 DNA 片段的形式贮存了全部基因组 DNA 的遗传信息,包括基因的外显子、内含子、调控区及基因间的间隔区。典型的基因组文库应该能代表整个基因组的 DNA 片段,这些片段和原来基因组中存在的所有 DNA 序列一致,并保持原有的丰度。当需要时,可以从文库中分离感兴趣的基因。

构建基因组 DNA 文库的简要过程包括以下步骤(图 1.16):从组织或细胞中提取基因组 DNA;用限制性核酸内切酶切割成适当长度的 DNA 片段,经分级分离选出大小合适克隆的 DNA 片段;选择合适容量的克隆载体,在适当位点将载体切开;将基因组 DNA 片段与载体进行体外连接,形成重组 DNA 分子;将重组体 DNA 转入受体细胞进行扩增,得到携带重

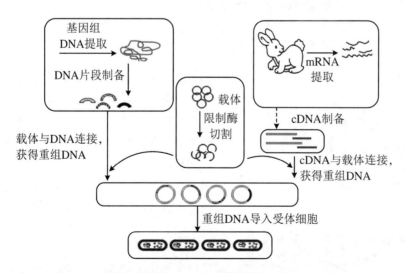

图 1.16　基因组文库和 cDNA 文库的构建(引自贾弘禔等,2013)

组 DNA 的受体细胞,即构成基因组文库。

基因组 DNA 文库就像图书馆库存的万卷书一样,涵盖了一个细胞或组织的全部遗传信息,包括我们要研究的基因。但基因组 DNA 文库没有图书目录,文库建立之后需要用适当的方法从众多转化菌落中筛选含有某一基因的菌落进行扩增,将重组 DNA 分离、回收,获得目的基因的克隆群体。从基因组文库中筛选目的基因可以用核酸分子杂交的方法。

2. cDNA 文库的构建

cDNA 是与 mRNA 互补的 DNA,由某一组织细胞在一定条件下表达的全部 mRNA 经逆转录生成总 cDNA,构建形成的含有生物体全部 mRNA 的 cDNA 克隆总体,称为 cDNA 文库。cDNA 文库贮存了该组织细胞在某一条件下的全部基因表达信息。

cDNA 的构建过程包括以下步骤(图 1.16):从生物体组织或细胞中提取总 mRNA;利用逆转录酶,以 mRNA 为模板合成单链 cDNA,再以单链 cDNA 为模板,合成双链 cDNA;将 cDNA 与合适的载体进行体外连接,形成重组 DNA;将重组 DNA 导入受体细胞进行扩增,得到了包含某一组织细胞在一定条件下表达的全部 mRNA 逆转录而合成的 cDNA 序列的克隆群体,即 cDNA 文库。从 cDNA 文库中筛选目的基因也可用核酸分子杂交的方法,用表达型载体构建的 cDNA 文库也可用特异性抗体或结合蛋白进行筛选。

cDNA 文库所包含的遗传信息少于基因组文库,只能反映 mRNA 的分子结构,不包括编码区外侧的调节序列和基因之间的间隔序列,不能用于研究调节序列的结构与功能。另外,有些 mRNA 的丰度较低,对于这些低丰度的 cDNA 克隆,目的基因的筛选较为困难。但 cDNA 文库适合研究 mRNA 的结构与功能,cDNA 分子较小,文库的筛选较为简单。每种 cDNA 克隆都包含一种 mRNA 序列,筛选时出现假阳性的概率较低。

1.3.4 单核苷酸多态性(SNP)研究

1. 单核苷酸多态性概念

单核苷酸多态性是指同一物种不同个体之间在基因组 DNA 分子的某个特定核苷酸位点上单个核苷酸存在差异,从而在群体中形成了多态性。例如,在某个特定的核苷酸位点,群体中有些个体的 DNA 上可能具有 A-T 碱基对,而其他个体在同一位点上可能是 G-C 配对,这一差异就构成了一个 SNP(图 1.17)。群体中 SNP 的频率不小于1%,若小于1%,则称为突变。

SNP 反映的不是 DNA 片段的长度,而是等位序列单个碱基的差异,这种差异可以由碱基的转换(transition)或颠换(transversion)所

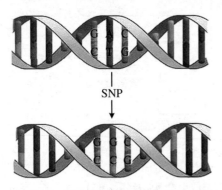

图 1.17 单核苷酸多态性(SNP)示意图

致,也可由碱基的插入(insertion)或缺失(deletion)导致。尽管 DNA 分子由 4 种碱基组成,但 SNP 通常是二等位多态性。这种变异可能是转换(C↔T,G↔A),也可能是颠换(C↔A,G↔T,C↔G,A↔T)。转换的发生率明显高于颠换。

SNP 在基因组中存在较高的频率,人类基因组大约每 1000 个碱基就有一个 SNP,整个基因组有 3 百万至 30 百万个 SNPs。但 SNP 在基因组中的分布是不均匀的,编码区较少,非编码区和基因之间的间隔序列较多。根据对生物的遗传性状的影响,编码区 SNP 又可分为两种:一种是同义 SNP,即 SNP 所致的编码序列改变不影响其表达的蛋白质氨基酸序列;另一种是非同义 SNP,指碱基序列的改变可使其表达的蛋白质氨基酸序列发生改变,从而可能影响蛋白质的结构与功能。

2. SNP 的应用

SNP 是人类可遗传变异最常见的一种,占所有已知多态的 90% 以上。SNP 以其数量多、分布广、易于批量检测等优点成为第三代遗传标记,具有广阔的应用前景。一部分 SNP 直接或间接与个体的表型差异和对疾病易感性及药物反应差异性相关。在人类群体中,已鉴定了大约 1 千万个常见的 SNPs,其中 30 万至 60 万个 SNPs 常用于糖尿病、高血压、肿瘤等复杂性疾病相关的 SNP 检索。另外,比较物种间单核苷酸多态性的差异可以了解物种间的亲缘关系和生物进化的信息。

3. 国际人类基因组单体型计划

在染色体的某些片段,尽管 SNP 的变化巨大,但它们的组合方式却只有几种,这些组合方式称为 SNP 单体型。国际人类基因组单体型计划(HapMap Project)是继国际人类基因组计划之后人类基因组研究领域的又一个重大研究计划。HapMap 计划以染色体上的 SNP 结构为基础,确定人类经世代遗传仍保持完整的单体型图。根据不同种群中单体型的类型和分布,为人类不同群体的遗传多态性研究、致病基因鉴定、药物疗效和毒副作用、疾病预后分析等研究提供重要依据。

1.3.5　比较基因组学

1. 比较基因组学的概念

随着人类基因组计划的完成和基因组学研究的不断深入,相关信息量出现了爆炸性增长,需要对大量基因组数据进行处理,比较基因组学应运而生。比较基因组学是在基因组图谱和测序的基础上,通过对已知基因和基因组结构进行比较,揭示基因的功能、表达机制和进化规律的一门学科。常用的序列对比工具有 BLAST、FASTA、Clustal W 等(具体内容见第 19 章)。

比较基因组学可以在不同物种之间进行,也可以在同一物种内进行。种间比较基因组学比较不同亲缘关系物种的基因组序列,可鉴别出编码序列和调节序列,了解不同物种在基因构成、核苷酸序列方面的异同,可用于基因定位,预测基因功能,为阐明生物进化关系提供依据。种内比较基因组学主要比较同种群体内不同个体基因组的差异,推测不同个体对疾病的易感性,对药物和环境的反应。

2. 比较基因组学的应用

(1) 分析染色体的同线性

染色体的同线性(synteny)是指不同物种相同染色体的某些区域具有相同的基因和排列顺序。例如,小鼠与人类的基因组具有很高的相似性。小鼠基因组有 27 亿碱基对,人类约有 30 亿碱基对,基因的数目约有 3 万个,在小鼠基因组中也存在与人类基因组类似的重复序列。人类和小鼠约 40% 的基因完全相同,80% 的人类基因在小鼠基因组中可以找到对应的部分。从染色体数目看,小鼠有 30 对染色体,而人类有 23 对染色体。比较小鼠和人类基因组的精细图谱,发现人类很多紧密连锁的染色体区段在小鼠中也是紧密连锁的,小鼠和人类的染色体具有同线性。染色体同线性图显示一个物种中一些区段在染色体上的定位与另一物种相应区段的关系。利用同线性图,从已知基因组的组图信息可以定位其他基因组的基因,揭示基因的潜在功能,阐明物种进化关系。

(2) 构建进化树,揭示基因组进化规律

比较物种间基因序列的相似性和差异性,可以判断物种间的亲缘关系,构建生物进化树。通过不同生物基因组的比较,发现随着生物的进化,基因组也会进化,包括基因组的结构进化和功能进化。基因组的结构进化是指基因组 DNA 含量和基因数目增加,重复序列增加;功能进化是指编码基因家族增大,基因增加新的功能,基因组模式发生改变。

(3) 鉴别调控元件

鉴别基因表达所需要的增强子、启动子等调控元件是一项十分复杂和艰巨的工作。利用比较基因组学,比较相关物种的种间同源基因,可以方便地鉴别基因编码区外最保守的序列,只有具有高度保守且多功能的序列才能在两个基因中同时存在。

(4) 寻找致病基因

单基因疾病由一种基因改变所致,其致病基因鉴定较容易,而多基因疾病由数目不等、作用不同的若干种基因相互协作引起,比较基因组学为鉴定多基因疾病的易感基因找到最好的策略。比较基因组学还可以为多基因疾病的病因研究提供相关信息。比较不同人群基因组的多态性,可用于寻找致病基因,确定各种疾病的遗传学基础,探寻疾病发生的机制,为疾病的诊断和治疗提供新的方法和手段。

(孙玲玲)

参考文献

[1] 查锡良. 生物化学[M]. 北京:人民卫生出版社,2008.

[2] 药立波. 医学分子生物学[M]. 北京:人民卫生出版社,2005.

[3] 徐晋麟,徐沁,陈淳. 现代遗传原理[M]. 3 版. 北京:科学出版社,2011.

[4] 张玉彬. 生物化学与分子生物学[M]. 北京:人民卫生出版社,2015.

[5] 贾弘褆,冯作化. 生物化学与分子生物学[M]. 北京:人民卫生出版社,2013.

［6］　本杰明·卢因. 基因Ⅷ精要［M］. 赵寿元,译. 北京:科学出版社,2007.

［7］　陈诗书,汤雪明. 医学细胞与分子生物学［M］. 北京:科学出版社,2004.

［8］　查锡良,药立波. 生物化学与分子生物学［M］. 北京:人民卫生出版社,2013.

［9］　D.L.哈特尔,M.鲁沃洛. 遗传学:基因和基因组分析［M］. 杨明,译. 北京:科学出版社,2015.

［10］　周春燕,药立波. 生物化学与分子生物学［M］. 北京:人民卫生出版社,2018.

第 2 章　同源重组与转座

在 DNA 分子内或者分子间可能发生遗传信息的重新组合,这种变异类型称为基因重组(gene recombination)或者遗传重组。虽然基因重组和基因突变是生物体发生遗传变异的两大主要因素,但是二者的机制却完全不同。重组是指控制不同性状的基因重新组合,能产生大量的变异类型。而基因突变指的是 DNA 分子发生碱基对的替换、增添和缺失而引起的基因结构的改变,从而导致遗传信息的改变。

但有时,基因的顺序会发生改变。一种被称为转座子(transposon)的可移动 DNA 片段通过随机出现在不同染色体的不同部位进而促进 DNA 的重排,改变了染色体的结构,这种转座子位置变化引起的基因重排的重组机制与基因重组不同,本书将在后面的章节详细讨论这些现象。

基因重组是生物体的一个基本过程,无论是高等动物,还是细菌病毒中,都存在基因重组,受到专门合成且专门调控的酶的催化调节。基因重组除了造成遗传多态性外,还能用未损伤的同源染色体 DNA 链修复损伤而失去的染色体序列,重启被停止或者损伤的复制叉。此外,特殊类型的基因重组还能调控某些基因的表达。例如细胞中本来休眠的基因,通过交换染色体的特定部分,可以将其置于可表达的区域。可以说,基因重组也是生物进化的主要推动力。

2.1　同　源　重　组

同源重组(homologous recombination)是指发生在非姐妹染色单体之间或同一染色体上含有同源序列的 DNA 分子之间或分子之内的重新组合。同源重组过程依赖一系列蛋白酶类的催化,且真核生物和原核生物之间所需的酶的种类也不一致。虽然理论上只要两条 DNA 序列相近似,都可以在这一序列的任何位置发生同源重组,但是,却有同源重组的热点存在,即某些类型的序列相较于其他序列,发生同源重组的概率要高。例如,人类男性基因重组频率为女性的一半。发生同源重组的序列的长度一般在 20~300 bp 范围。减数分裂时同源重组发生在非姐妹染色单体之间,而在细菌中,同源重组为单向的类型,供体 DNA 不产生变化,但是受体 DNA 会发生改变。

1. 同源重组的分子的模型

(1) 同源重组的发现与条件

同源重组最早的理论是由比利时细胞学家 Janssens 于 1909 年提出的。他在观察直翅目昆虫和蝶螈的减数分裂时发现了二价体的交叉,并以此提出了交叉型学说(chiasmatype hypothesis)。该学说认为每次交叉都表明父母的一条染色单体接触,断裂和重接,形成一个新的组合,其他两条染色体仍然保持完整状态。但是由于缺乏断裂和重接的直接证据,因此遭到细胞学家的反对。

为了补充和完善这一学说,Belling 在 1928 年提出,交换发生于减数分裂的早期,这一时期同源染色体紧密相连,双线期观察到的只是交换的结果,并不是交换的过程。这一理论的提出,结束了近十年的争论。随后人们发现,交叉点的数目总是处于变化之中的,这与交叉型学说认为的交叉数目是固定的观点大相径庭。为了继续完善这一学说,英国植物学家 Darlington 在 1931 年提出交叉数目是由于交叉的歧化导致的。随后在 1937 年,Darlington 又提出了重组断裂和重接模型,这个模型认为同源染色体发生分离时,会发生犹如两条绳子的两股分开似的扭曲,为了消除这种张力,必须依靠两姐妹染色体在相应的位点发生断裂才行,然后非姐妹染色单体才会互相重接,产生同源重组。

按照此模型,同源重组的产物应该是对称的,且发生在四线期。同源重组过程必定会涉及参与重组的两个 DNA 分子间的同源区域交换,且排列起来还能够改变彼此构象,以便断裂和重接的发生。该过程的发生主要依赖如下条件:

① 相似或者相同的序列存在于交换区:同一物种不同个体间的 DNA 序列基本一样,因此两条同源染色体的 DNA 一般相同。如果两条染色体间发生了非等位点的重组,则称为异位重组。异位重组会导致倒位易位,甚至 DNA 的缺失和重复,一些细胞中有特定机制阻止这一事件的发生。

② 双链分子间必须互补配对:所有同源重组都会涉及 DNA 分子的联会,即双链 DNA 之间也需发生互补配对。

③ 需要重组酶:同源重组会发生 DNA 的断裂和重接,这些重要的过程都需要在酶的催化下完成。

④ 形成异源双链区:当两个异源 DNA 发生互补配对时,发生配对的这一区域称为异源双链区。

(2) 同源重组的分子机制

① Holliday 模型(Holliday model):由 Holliday 于 1964 年提出,并得到广泛认可。该模型指出,发生断裂后,两个游离单链的末端彼此交换形成两个异源双链。随后末端彼此连接,产生类似"十"字形的结构。这一"十"字形结构又被称为交联桥结构(cross-bridged structure)。在交联桥位置,一条亲本链和另一条亲本链间通过碱基互补配对形成氢键,进而在两个亲本 DNA 之间形成一段异源双链 DNA。这一结构便称为 Holliday 连接体(Holliday junction)。由于该结构类似于希腊字母 χ(读作 Chi),因此又被称作 Chi 结构(Chi structure)。DNA 则依靠拉链作用沿着 DNA 分子左右移动,这一移动过程称为分支迁移(branch migration)。在迁移过程中,会发生氢键的断裂和再生,当有 ATP 水解酶存在提供额外能量时,会加快氢键的断裂和再生速度,从而加速分支迁移过程。

Holliday 连接体形成的瞬间,会绕着交联桥旋转 180°生成异构体,这一过程称为 Holliday 连接体的异构化。由于这一转化过程不涉及氢键的断裂,因此不需要能量的供给,也就是说 Holliday 连接体有两种构象,且每种构象的存在概率为 50%。在 Holliday 连接体形成后,会进入拆分(resolution)过程。若按照水平方式切割,则不会发生重组,但是会留下一段遗传信息发生变化的 DNA 片段;若按照垂直方向切割,则会发生重组,两侧 DNA 序列发生交换(图 2.1)。这种重组方式又称为交互重组(reciprocal recombination)。

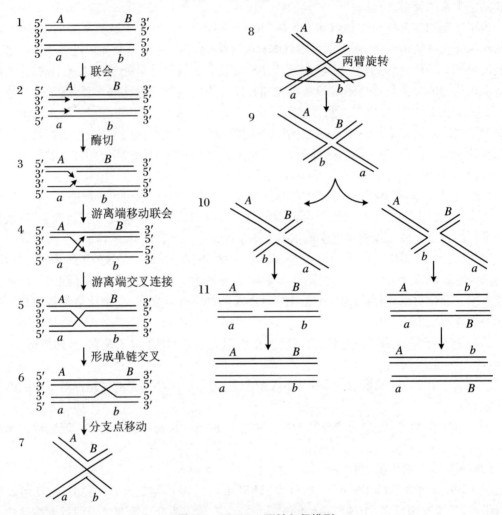

图 2.1 Holliday 双链入侵模型

由于亲本的每一个 DNA 分子的单链会侵入另一个 DNA 分子之中,因此 Holliday 模型又被称为双链侵入模型。Holliday 模型认为重组发生在同一部位,也就很好地解释了重组的两个 DNA 分子都是异源双链的现象,但是为何两个相似 DNA 分子在切断前就配对排列在一起,如果两个相似的 DNA 分子不被排列在一起,为何能够在同一部位发生切割,此外,若碱基埋藏在 DNA 双螺旋内部而无法和另一个 DNA 发生配对,则重组过程又是如何发生的。这些问题 Holliday 模型都无法解释。随着研究的深入,科学家还发现重组事实上随机发生在 DNA 上的任何部位。尽管 Holliday 模型有着不少缺陷,但还是被认为是一个标准模型,后续模型的提出都基于 Holliday 连接体和分支迁移,区别主要在 Holliday 连接体是如何形成之前。

② Meselson-Radding 模型:1975 年,Meselson 和 Radding 经过长时间的研究后,对 Holliday 模型进行了大胆的修正。在他们修正的模型中,两个 DNA 分子的一条单链的切断是随机发生在 DNA 上的某个部位的,切断暴露的末端侵入到另一个双链 DNA 分子中,直至发现与之互补配对的序列,在 DNA 聚合酶的作用下以配对链为模板将侵入链留下的缺口填充,被替代的链则会被降解。被替代链的残留末端则会与侵入链新合成的 DNA 链在连接酶的作用下相连接,形成 Holliday 中间体。Holliday 中间体形成后,会和 Holliday 模型一样,进行后续的分支迁移,异构化和拆分(图 2.2)。这种异源双链在两个 DNA 分子中的一个形成的模型又称为单链侵入模型。

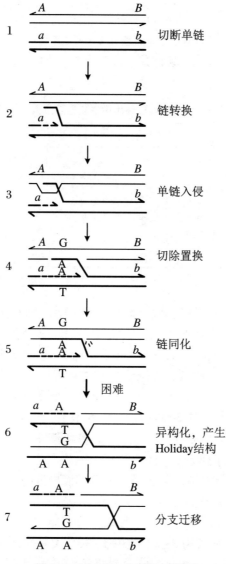

图 2.2 Meselson-Radding 模型

③ 双链断裂修复模型:在 DNA 分子中,如果两条 DNA 链都发生断裂,细胞将死亡,但

是酵母遗传实验发现,双链断裂也能引发重组,该机制称为双链断裂修复模型(double-strand break-repair model)。

该模型认为,双链在被内切酶切断后,在核酸外切酶的作用下扩展为一个缺口,再在其他外切酶的作用下切割产生3′黏性末端。这两个3′黏性末端中的一个入侵到双螺旋的同源区域,通过置换形成一条异源双链DNA,同时产生一个D环。3′黏性末端此时作为引物,在DNA聚合酶以及分支迁移作用下延伸,形成Holiday连接体,复制DNA,随后进一步取代起始断裂处的DNA,最后在特殊核酸酶断裂下,产生两个重组产物。由于双链断裂后容易造成遗传信息的丢失,因此在修复过程中,任何错误都有可能是致命的。

2. 同源重组的酶学机制

如前所述,同源重组的切割和连接都需要蛋白酶的参与,表2.1列出了细菌和真核细胞中催化关键重组步骤的蛋白质。大肠杆菌相较于真核生物,其参与遗传重组的酶研究的比较清楚,因此下面将着重介绍。

表 2.1　原核和真核细胞中催化重组步骤的因子

重组步骤	大肠杆菌中的催化蛋白	真核细胞中的催化蛋白
同源 DNA 联会与侵入	RecA	Rad51,Dcm1
引入双链断裂	无	Spo11
使 DNA 断裂产生侵入单链	RecBCD	MRX
链交换与蛋白组装	RecBCD 和 RecFOR	Rad52 和 Rad59
Holiday 连接体识别和分支迁移	RuvAB 复合体	未知
Holiday 连接体拆分	RuvC	可能是 Rad51-XRCC3 复合体

（1）RecBCD

RecBCD由三条肽链组成,这三条多肽链分别由基因 *recB*、*recC* 和 *recD* 编码而来,并具有DNA核酸酶和解旋酶的两种活性。而RecBCD的活性则依赖前面提到的 *Chi* 位点。

RecBCD具体作用机制如下:RecBCD蛋白通过双链断裂处进入DNA分子中,随着RecBCD蛋白沿着DNA链移动,DNA双链也随之被解旋。这一过程依赖水解ATP产生的能量。其中RecB具有3′-5′解旋酶活性并且携带一个多功能的DNA核酸酶的结构域,RecD是一个5′-3′的解旋酶,无核酸酶活性。RecC具有识别 *Chi* 位点的能力。当RecBCD遇到 *Chi* 位点后,其活性发生变化,3′-5′方向的剪切停止,而5′-3′剪切继续。这是由于RecC在识别到 *Chi* 位点(序列为CGTGGTGG)后,会与之牢牢结合,竞争性抑制了RecD的解旋酶活性,同时抑制了3′尾部继续被核酸酶降解而导致的。此时形成的结构利于RecA蛋白的组装与结合,从而引发链的交换。

（2）RecA

RecA是一个相对分子质量为38000的单肽链,是大肠杆菌同源重组中最重要的酶,也是"链交换蛋白"(strand-exchange protein)酶家族的基本成员。这些蛋白能够催化同源DNA分子的配对,而这一配对过程涉及寻找相配的序列以及随后的两个分子间产生的进行配对的区域。

　　RecA 的具体作用机制如下：RecA 组装到能够组装的单链 DNA 区（如前所述），形成具有活性的 RecA 蛋白质 DNA 纤丝。这种单链 DNA 区段作为底物，进行后续的重组交换。值得注意的是 RecA 蛋白质 DNA 纤丝非常大，通常包括约 100 个 RecA 亚基和 300 个核苷酸的 DNA。同时这一蛋白丝还能容纳 1～4 条 DNA 链。RecA 催化的链交换过程可以分为如下几个阶段。首先组装好的 RecA-单链 DNA 复合体在 RecA 的催化作用下，寻找能够与蛋白丝内的 DNA 碱基互补配对的新的 DNA 分子，这一过程主要依赖蛋白丝结构中的两个不同的 DNA 结合部位实现。这两个部位一个称为主要位点（结合第一个 DNA 分子），一个称为次要位点（结合第二个 DNA 分子）。次要位点结合 DNA 分子时，具有微弱迅速且短暂的特性，保证结合非同源区时，能够迅速解离并继续"搜寻"，直到寻找到同源区为止。只是 RecA 如何检测识别同源序列的具体机制还不够清楚。

　　随后，当 RecA 蛋白丝发现同源区后，RecA 会促进这两个 DNA 分子形成稳定的复合体，此时形成的三链结构称为连接分子（joint molecule）。原先 DNA 链之间的碱基对断开一对，在主要位点和次要位点上的双链 DNA 形成新的同样的碱基配对，开始链的交换（图2.3）。在完成链交换的同时，新配对的碱基链互相缠绕，形成正确的双螺旋。

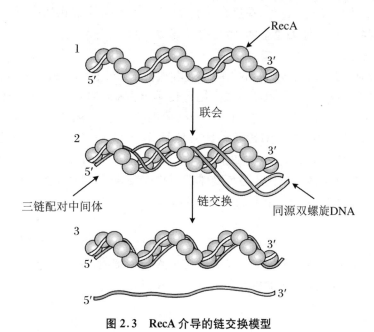

图 2.3　RecA 介导的链交换模型

（3）RuvABC

　　当重组链侵入完成后，两个重组 DNA 分子便会形成 Holliday 连接体，Holliday 连接体后续拆分过程依赖 RuvABC 复合体的功能。RuvABC 是由 RuvA，RuvB 和 RuvC 三种蛋白组成的功能单位，三个蛋白协同完成 Holiday 连接体的拆分。其中 RuvA 通过识别 Holiday 连接体结构，与交叉处的四条 DNA 单链结合，RuvB 是一种六聚体 ATP 酶，它能够提供分支迁移的动力，RuvA 和 RuvB 一起促进了异源双链的形成。而 RuvC 是一种内切酶，它能够特异性的识别 Holiday 连接体，打开同一方向的同源 DNA 链，完成拆分。

3. 细菌的同源重组

细菌的同源重组主要分为转化、结合和转导三种,这些重组过程发生在一个单链或双链DNA 分子片段和基因组 DNA 之间。

(1) 细菌转化

细菌转化是指某一受体细菌通过直接吸收来自另一供体细菌的含有特定基因的脱氧核糖核酸(DNA)片段,从而获得了供体细菌的相应遗传性状,这种现象称为细菌转化。来自于供体细菌的 DNA 吸附于受体细菌的 DNA 后,发生解链。在类似于 RecA 的某种因子的作用下,供体细菌的单链 DNA 入侵受体细菌的同源 DNA 区,取代原来的同源单链并与互补链形成双链结构,被取代的同源单链发生降解。供体细菌的 DNA 单链入侵过程可能与DNA 的呼吸作用有关。当入侵发生后,会出现分支迁移,进而使得供体单链 DNA 取代的区域逐渐扩大,在 DNA 连接酶的作用下,与受体互补链 DNA 形成异源双链区。此时供体和受体的 DNA 序列一般不能完全互补,因此会发生碱基错配。转化结果取决于错配碱基的修复,若切除的是受体 DNA 单链,则发生重组,相应的后代均为重组体,若切除的是供体DNA 单链,则无重组发生。此外,在进行转化实验时,往往都会提供选择压力,只允许重组体生长,最终得到的菌落便为重组体,转化得以成功。

(2) 细菌结合

细菌结合指的是细菌通过细胞的暂时沟通和遗传物质转移而导致基因重组的过程。英国微生物遗传学家 W. Hayes 和美国微生物遗传学家 Joshua Lederberg 等在 1952 年各自证明大肠杆菌细胞也有性别,这种性别与大肠杆菌细胞中是否存在被称为 F 因子的质粒有关,这种质粒又称为性因子或致育因子。具有 F 因子的细菌(F^+)是染色体的供体(雄性)细菌,没有 F 因子的细菌(F^-)是染色体的受体(雌性)细菌,F 因子决定了细菌细胞表面是否会形成性伞毛。供体细菌通过性伞毛与受体细菌相连接,随后供体 DNA 向受体细菌转移,完成后续的 DNA 重组,重组机制和转化的机制类似。

(3) 细菌转导

在遗传学上,转导是指以噬菌体为媒介,将细菌的小片段染色体或基因从一个细菌转移到另一个细菌的过程。转导 DNA 以双链形式进入受体细菌,同样以双链形式结合到受体DNA 上,但是人们目前对相应的机制了解的还不够透彻。

2.2　位点特异性重组

位点特异性重组(site-specific recombination)是遗传重组的一类,指的是发生在两条特异性 DNA 序列间的重组。这段序列的长度为 15 bp,可以被重组酶识别,该酶具有很强的特异性,不会催化其他任何两条同源或者非同源 DNA 的重组,因此能够保证 DNA 整合方向的保守性和特异性。

1. 噬菌体 DNA 的整合与切除

位点特异性重组中较为经典的是大肠杆菌的 DNA 和 λ 噬菌体 DNA 之间重组。噬菌体 DNA 有环形和线形这两种形式。环形是线形的营养体,线形则具有感染性。噬菌体 DNA 侵入到大肠杆菌后,要么整合到宿主的基因组中,进入溶源化途径;要么迅速环化,进入裂解途径。进入何种途径受到自身 *red* 和 *gam* 基因的表达调控。当游离的 λ 噬菌体 DNA 整合到宿主细菌的 DNA 中后,还可以通过切除的方式再次转化成裂解状态。这种整合和切除的过程是在特定位点进行的,科学家们习惯上把这些特定位点称为附着位点(attachment site,att)。噬菌体 DNA 的 att 位点称为 attP(P 为噬菌体),由 P、O、P′三个序列构成,大肠杆菌的 att 位点称为 attB(B 为细菌),由 B、O、B′三种序列构成,这两者之中的 O 序列完全一致,称为核心序列(core sequence),该序列为位点特异性重组发生的地方。O 序列两侧的 B、B′、P、P′称为臂(arm),它们彼此间的序列不一致。

整合反应是由噬菌体中 *int* 基因编码的整合酶(integrase,Int)介导的。该酶只催化 POP′和 BOB′之间的重组,此外整合反应还需要来源于宿主的整合作用宿主因子(integration host factor,IHF)的参与。整合完成后,原噬菌体右边的 att 位点称为 attR,由 POB′构成,左边的 att 位点称为 attL,由 BOP′构成(图 2.4)。

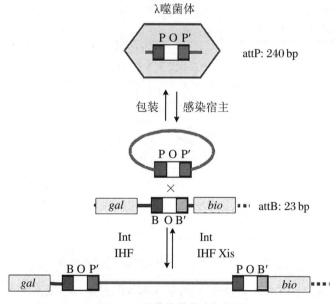

图 2.4　噬菌体的整合与切除

然而,如果噬菌体受到诱导(induction),则整合作用将被逆转。此过程称为切除(excision)。催化切除反应除了需要 Int 和 IHF 外,还需要噬菌体经诱导产生的酶,称为切除酶(excisionase),该酶由噬菌体上的 *Xis* 基因编码合成,通过和 Int 形成复合体,与 BOP′和 POB′结合,催化它们之间的重组。由于 XIS 和 INT 复合体催化的专一性,当其大量存在时,切除过程是不可逆的。

λ 噬菌体 DNA 的整合和切除反应受到严格的遗传学调控,噬菌体 DNA 进入宿主菌后,

Int 的合成与否决定了整合反应能否发生。而 Int 的合成受到编码阻遏蛋白的 *cII* 基因的调控，当 cII 大量表达时，会促进阻遏蛋白的表达，随后与 *Int* 基因的启动子 P_I 结合，促进 Int 的产生。P_I 同时也位于 *Xis* 基因中，阻遏蛋白与 P_I 结合的同时抑制了 *Xis* 基因的活性，从而保证了整合反应的单向性。当噬菌体诱导产生的 DNA 受到严重损伤做出应激反应（SOS response）时，RecA 蛋白会促进阻遏蛋白水解，从启动子的 P_L 处同时促进 *Int* 基因和 *Xis* 基因转录产生 INT 和 XIS 复合体，催化切除反应的进行。这种调控方式保证了整合过程并不会被切除过程所逆转，反之亦然，整合和切除反应得以单向进行。

2. 位点特异性重组的分子机制

核心 O 序列是噬菌体 DNA 的整合和切除反应发生的场所，该序列全长 15 bp，无回文和对称结构，断裂发生在双链的不同位置，断裂后产生参差不齐的黏性末端，而两臂序列长度则影响重组效率，且 attP 比 attB 要长很多。以 O 序列中心为起点（零点），attP 序列下限为 +88 bp，上限为 −152 bp，整个影响效率的长度为 240 bp。attB 序列下限为 +11 bp，上限为 −12 bp，整个影响效率的长度为 23 bp（图 2.5）。说明 attB 和 attP 在重组过程中发挥了不同的作用，O 序列也不是蛋白质因子的核心序列。

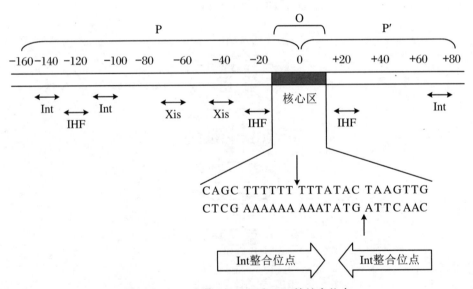

图 2.5　attP 上的 Int, IHF 和 Xis 的结合位点

整个重组过程既没有 DNA 的合成，也没有 DNA 的分解，实质是 Int 将两个 DNA 分子的单链断裂后，瞬间旋转连接成半交叉的重组中间体，也就是 Holiday 连接体，接着另外两条单链以相同的方式完成重组过程。离体实验发现，每个重组分子的产生需要 70 个 IHF、20~40 个的 Int，表明这两个蛋白的功能是结构性调节的，而非催化性调节。此外 attP 位点上有 4 个 Int 结合位点、3 个 IHF 结合位点，且靠得很近。而 attB 上仅有 1 个 Int 结合位点，说明噬菌体 DNA 重组位点是专一的且特异的。

2.3　DNA 转座

虽然基因组 DNA 的序列基本是固定不变的,但是转座子(transposon,Tn)可以引起基因序列改变。转座子,又称易位子,是指存在于染色体 DNA 上可以自主复制和位移的一段 DNA 顺序。转座子可以在不同复制子之间转移,以非正常重组方式从一个位点插入到另外一个位点,这个过程称为转座(transposition)。转座可以对新位点基因的结构与表达产生多种遗传效应。

转座是在 1950 年由 McClintock 在研究玉米籽粒颜色遗传时发现并提出的,并将这些可移动的控制某种基因表达进而控制籽粒颜色变化的基因命名为跳跃基因(jumping gene)。由于当时人们的认知有限,相关分析技术还不够成熟,因此这一发现并没有引起科学界的重视。直到 1967 年 Shapiro 在 *E. coli* 中发现了转座因子(transposable element),人们才意识到插入序列(insertion sequence,IS)的存在,并在 1983 年将诺贝尔生理学或医学奖颁给 McClintock。

质粒或者某些病毒整合到宿主 DNA 后,会被动的随着 DNA 的复制而复制。而转座子不同,它整合到 DNA 是一个主动过程,且不仅可以在一条 DNA 上移动,还能从一条 DNA 跳跃至另一条 DNA 上,甚至是从一个细胞到另一个细胞中。转座子普遍存在于各种真核细胞和原核细胞中,发生频率比同源重组低,可以调控基因的表达,导致 DNA 的断裂和重接,进而引起插入突变,新的基因诞生以及生物进化等遗传效应的发生。

2.3.1　原核生物转座子类型

1. IS

插入序列是最简单的转座元件,因为最初是从细菌的乳糖操纵子中发现了一段自发的插入序列,阻止了被插入的基因的转录,所以称为插入序列。插入序列的命名都是以 IS 开头,后面加上表明发现先后的顺序数字,如 IS1,IS2 等。IS 两端由短的 5~9 bp 的正向重复序列(direct repeats,DR),略长的 15~25 bp 的反向重复序列(inverted repeats,IR)和 1 kb 左右编码和转座有关的转座酶的编码区构成。IS 对靶点有两种选择方式,区域优先(region preference)和热点(hot spot)。所谓区域优先,指的是 IS 倾向于优先插入 DNA 上某些较大的区段(可以长达 3 kb),但是插入位点是随机的。热点指的是 IS 倾向于插入特定靶点序列。此外,插入片段精确切离后,可使 IS 诱发的突变回复为野生型,但这种概率很低,而不精确切离可使插入位置附近的宿主基因发生缺失。细菌中一些常见的 IS 见表 2.2。

表 2.2 细菌中一些常见的 IS

转座子	长度(bp)	IR(bp)	DR(bp)	可编码蛋白数	靶点选择
IS1	768	23	9	2	区域优先
IS2	1327	41	5	2	热点
IS3	1428	18	11~12	2	$AAN_{20}TT$
IS4	1195	16	4	4	热点

2. 复合转座子

复合转座子(composite transposon)的两端往往是由两个相同或高度同源的 IS 和类 IS 组成的,中间夹着一个或多个结构基因如某些抗药性基因和其他基因,不同的复合转座子抗性标记基因不同。其命名方式为以 Tn 开头,后面加上不同的数字(表 2.3)。

表 2.3 常见复合转座子的基本特征

转座子	长度(bp)	遗传标记	末端组件	组件排向	组件关系	组件功能
Tn10	9300	TetR	IS10R/IS10L	反向	2.5%差异	完整/减弱
Tn5	5700	KanR	IS50R/IS50L	反向	1 bp 差异	完整/无
Tn903	3100	KanR	IS903	反向	相同	均有功能
Tn9	2500	CamR	IS1	同向	可能相同	可能有
Tn1681	2086	EntR	IS1	反向	相同	均有功能

下面以研究较为透彻的 Tn10 为例阐述复合转座子的调控机制。Tn10 的靶点为一段 9 bp 的 NGCYNAGCN 序列,两端 IR 长度为 22 bp,外侧的 13 bp 长度的序列为转座所必须,如果改变这一核心序列,则会导致 Tn10 转座功能的丧失。Tn10 的中间为抗四环素的抗性标记基因,其调控方式有两种。一种是通过反义 RNA 的翻译水平控制的,具体机制如下:IS10R 外侧边缘有两个启动子,P_{IN} 为弱启动子,控制 IS10R 的转录;P_{OUT} 为强启动子,可以右向转录宿主 DNA。转录产物 RNA_{OUT} 的稳定性高于 RNA_{IN} 的。RNA_{IN} 和 RNA_{OUT} 有 36 bp 的重叠,因此转录产物因互补而限制了转座必要蛋白的合成,且随着 Tn10 拷贝数增多,调控作用越明显,表现为多拷贝抑制效应(multi copy inhibition effect),即 Tn10 越多,转录出来 RNA_{OUT} 的越多,进而抑制了 Tn10 的转座作用,避免了宿主细胞因转座子过多而死亡的现象发生(图 2.6)。另一种为甲基化作用控制转座酶合成及其与 DNA 的结合,具体机制如下:Tn10 上有 2 个甲基化位点,一个位点在 IS10R 末端的 IR 中,这是转座酶结合的地方,此位点的甲基化抑制了转录酶和 DNA 的结合。另一个位点是在 *Pin* 中,这是启动子转录转座酶基因,该位点的甲基化抑制转录合成。RNA_{IN} 和 RNA_{OUT} 同样有重叠序列,过量的 RNA_{OUT} 和 RNA_{IN} 配对,阻止了转录的进行。

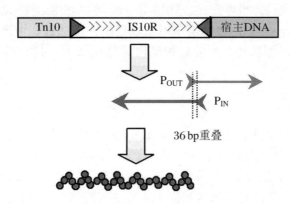

图 2.6　IS10R 结构及启动子位置

2.3.2　转座机制

1. 转座类型

转座子插入到 DNA 新位点前,靶点 DNA 先由转座酶交错切开,然后靶点上凸出来的 DNA 单链和转座子连接,随后将空缺填补,完成整个转座过程,DR 的长度由交错切开的碱基长度决定。而供体转座子是否保留存在明显差异,据此可以将转座分为三大类(图 2.7)。

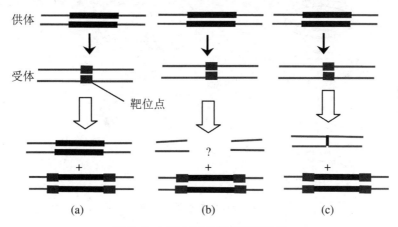

图 2.7　三种不同类型的转座机制

(1) 复制型转座(replicative transposition):转座子在转座中会复制,其中一个拷贝插入到新的靶点上,另一个保留在原地。TnA 家族的转座属于这种,该转座过程分为共合体形成和共合体分离两个阶段,转座与末端 IR 有关,内部具有特殊的解离序列,共合体形成和分离涉及两种酶的参与:一是作用于原转座子的末端的解离酶,二是作用于复制拷贝元件上的解离酶。

(2) 非复制型转座(non-replicative transposition):该转座过程不存在转座元件的复制,而是依靠转移酶直接从一个部位转移到另一个部位,供体元件可能被破坏分解,也可能被宿主的修复系统识别进而得以修复。Tn10 和 Tn5 可以利用这种机制完成转座。

（3）保守转座（conservative transposition）：转座元件从供体切割分离后，插入新的靶点，属于另一种非复制型转座。一般这种转座元件比较大，可以介导一种供体细菌上的 DNA 转移到另一种细菌中。

2. 复制型转座机制

复制型转座采用的是共合体机制，是 Shapiro 在 1979 年提出的。该机制认为复制型转座始于单链切割，在受体靶点和供体转座子两侧各一条单链上产生切口，然后靶点的凸出末端和供体转座子切口末端在转座子编码的转座酶催化下相连接，形成连锁分子，又称 X 型连锁分子。类似于复制叉的分叉结构形成于转座子两侧，以半保留复制的方式复制新的转座子，并由连接酶连接形成共合体。随后经过同源重组和解离酶催化的解离完成整个转座过程。这个机制模型很好地阐述了复制型转座如何在原位置上保留原有的转座子，且在新的位置上出现正向重复的靶序列以及共合体（图 2.8）。

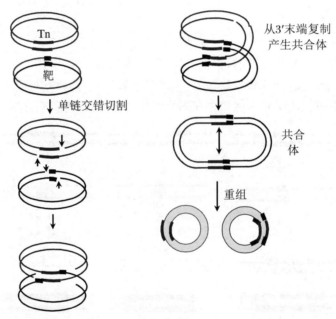

图 2.8　复制型转座机制

3. 非复制型转座机制

非复制型转座最大的特点是供体单链一旦被切开，便与另一侧的靶点序列直接相连，转座子和 DR 一起插入靶点序列中，而供体 DNA 原来的转座子位置会形成一个缺口，不会与受体 DNA 相连，因此不能形成复合体。

4. 转座频率的调节

转座频率不能太高，不然容易损伤宿主细胞，因此转座频率的调节对供体在保全自己时具有很重要的意义。Tn10 以转座酶的数量进行转座频率的调节，且具有多向性，下面以 Tn10 为例进行介绍。

（1）多拷贝抑制：RNA_{OUT} 和 RNA_{IN} 互补序列结合，从而限制 RNA_{IN} 的翻译并影响转座。虽然单拷贝时影响不大，但当供体拷贝数大于 5 时，该效果尤为明显。

（2）顺式优先：IS10R 的 RNA_{IN} 编码转座酶，转座酶蛋白的量决定转座频率。该基因的突变体可以和另一个野生型 IS10 元件发生不完全的反向互补，说明转座酶的功能与 DNA 模板有关，表现出较强的顺式作用，即只有转录并翻译这种酶的 DNA 模板链存在时，它才能发挥有效作用。顺式优先性是插入元件编码转座酶的普遍特征，它限制了 Tn10 的转座频率，使得 Tn10 多拷贝存在时并不能增加转座酶浓度，保证了转座发生的低频性及稳定性。

（3）Dam 甲基化：如前所述，两个甲基化位点为转座提供了更为重要的调控，甲基化不仅抑制了转座酶与 DNA 的结合，也抑制了 RNA_{IN} 的转录活性。

5．转座作用的遗传效应

转座作用可以引起多种遗传效应，例如各种 IS，Tn 介导的插入突变。靶基因因转座子上的抗性基因的插入产生了新的耐药表型。因复制型转座发生在宿主 DNA 原有位点附近时导致的同源重组，引发宿主 DNA 的畸变。原本相距较远的基因组整合到一起，构成了新的表达单元，进而产生生物进化。这些使得转座对生物体发育有着较为深远的影响。

2.3.3　真核生物转座子

1．玉米控制因子

植物生长过程中，控制元件的转座会对植物的表型产生明显的调控作用。玉米上的控制元件以解离因子（dissociation，Ds）为代表，通过转座插入到 C 基因（色素）中，使之突变成无色素基因。另一个可移动的控制元件是激活因子（activator，Ac）。Ac 能激活 Ds 转座进入 C 基因或其他基因，也能使 Ds 从基因中转出，使突变基因回复，这就是由 McClintock 发现的著名的玉米 Ac-Ds 系统（图 2.9）。McClintock 还发现了 Ds 存在于玉米 9 号染色体的一条臂上，并会引发染色体的断裂，造成染色体的缺失、破坏等位基因的显隐性，使得隐性得以表达。该染色臂的断裂与否可以通过显微镜直接观察得知。

除了 Ac-Ds 系统，还有其他如 Spm-dSpm 等系统的存在。由于这些系统的成员、类型和位置都是特异的，因此可以将其分为两大类：① 自主性元件：指的是有自主切除和转座能力的元件。它们可以插入到任何位点产生可"突变"的或者一个不稳定的等位基因。这些成分具有持续活性，若丢失会使可变的等位基因变成稳定的等位基因。② 非自主性元件：来源于失去反式作用功能的自主成分，单独存在是稳定的。它们自己并不能转座或自发地改变条件，当基因组中存在与非自主性元件同家族的自主性元件时，它才具备转座功能，成为与自主性因子相同的转座子，且不论自主元件位于何处。

玉米转座因子的特点整体与原核细胞的转座因子相似，在其两端有 IR，在与靶 DNA 连接处有短的 DR。区别在于不同玉米品系中的转座子大小和基因编码特性不一样。在 Ac-

Ds 系统中，大部分自主因子 Ac 中含编码转座酶的具有 5 个外显子的单个基因，末端为 8 bp 的 DR 和 11 bp 的 IR。各种 Ds 均为自主成分，但各个因子的序列和长度都不相同，其末端同样有 11 bp 的 IR。Ds 比 Ac 短，其缺失的长度不同，一个极端的例子是 Ds9 因子仅缺失 194 bp，另一个例子是 Ds6 因子仅有 2 kb 长，相当于 Ac 两端各 1 kb。Ac-Ds 通过非复制机制完成转座，并伴随着它们从供体消失。

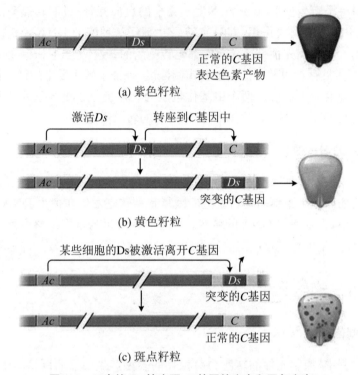

图 2.9 玉米的 Ds 转座预 C 基因的突变和回复突变

2. 果蝇的 P 因子

黑腹果蝇(*D. melanogaster*)的某些品系的杂种繁育遇到困难，表现为当两个品系果蝇进行杂交后，子代果蝇会出现"败育性状"，产生了诸如染色体畸变、突变、减数分裂异常分离等缺陷。较为经典的杂种败育系统为 P-M 系统。果蝇分为 P 型(paternal contributing，父系贡献型)和 M 型(maternal contributing，母系贡献型)，P 型父系和 M 型母系杂交获得不育型，但是反交可育。这主要是因为 P 型果蝇上存在大量的 P 因子(30～50 个拷贝)，由 P 因子的插入形成的转座作用而导致的。该转座机制类似于 Tn10 的非复制型转座机制，P 因子作为基因组无活力元件被携带，但只在生殖细胞中被激活，因为在体细胞中，P 因子剪接形成的 mRNA 翻译成转座激活阻遏物。而在生殖细胞中，P 因子剪接的 mRNA 翻译成转座酶。这种特异性剪接是由体细胞中的一种蛋白调控的。

果蝇的杂交不育还依赖于性别取向，说明细胞质也同样重要，细胞质发挥的作用称为细胞型(cytotype)。含有 P 因子的称为 P 细胞型，不含有 P 因子的称为 M 细胞型。细胞型的作用机制如图 2.10 所示，当含有 P 因子的雌果蝇和无论是否含有 P 因子的雄果蝇杂交时，P

细胞型抑制了转座酶的合成和激活,子代可育。当雄性 P 因子进入 M 细胞型时,由于卵中无阻遏物,P 因子使转座酶活化,子代为不育。当杂交通过 P 细胞型发生时(母本含 P 元件),杂种败育可以在以后的几代内都被 M 母本抑制,说明 P 细胞型存在一种可随传代减弱的成分抑制了杂种败育。

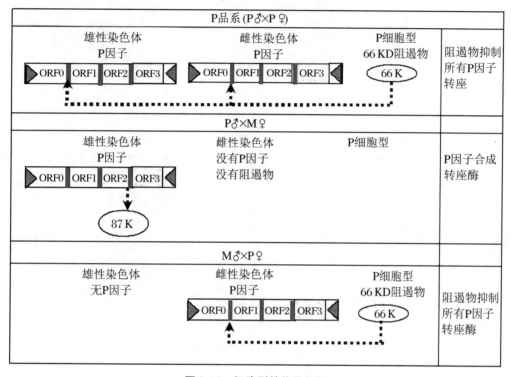

图 2.10　细胞型的作用机制

（李　　强）

第2篇

遗传信息的复制、损伤与修复

第 3 章　DNA 的合成、损伤与修复

3.1　DNA 的合成

生物体或者细胞内进行的 DNA 合成主要包括 DNA 的复制、DNA 修复合成以及逆转录合成 DNA 等过程。

DNA 复制（replication）是指以 DNA 为模板的 DNA 合成，是基因族的复制过程。在这一过程中，亲代 DNA 作为合成模板，按照碱基配对的原则合成子代分子，其化学本质是酶促脱氧核苷酸聚合反应。DNA 的复制以碱基配对规律为分子基础，酶促修复系统可以对复制中可能出现的错误进行校正。原核生物与真核生物 DNA 复制的基本规律和过程比较相似，但是具体在细节上仍有许多差别，真核生物 DNA 复制过程以及参与复制的分子更加复杂。

3.1.1　DNA 复制的基本特征

DNA 复制的主要特征包括：半保留复制（semi-conservative replication）、双向复制（bi-directional replication）和半不连续复制（semi-discontinuous replication）。DNA 的复制具有高保真性（high fidelity）。

1. DNA 以半保留方式进行复制

DNA 生物合成半保留复制的规律是遗传信息传递机制中的重要研究。在复制的过程中，亲代 DNA 双链解开成单链，各自作为模板，按照碱基互补配对的规律，合成子代 DNA 双链，子代 DNA 双链序列互补。亲代 DNA 模板在子代 DNA 中的存留有 3 种可能方式：全保留复制、半保留或混合式复制（图 3.1）。

DNA 的半保留复制假说最早由前苏联生物学家 Nikolai Koltsov 于 1927 年提出。1953 年 Watson 和 Crick 发表的 DNA 双螺旋结构为此假说提供了结构上的依据。1958 年美国科学家 Matthew Meselson 和 Franklin Stahl 的 DNA 同位素标记试验证实了 DNA 的双螺旋结构和半保留复制机制。他们利用细菌能够以 NH_4Cl 为氮源合成 DNA 的生物特性，将细菌在还有 $^{15}NH_4Cl$ 的培养液中培养若干代，此时的细菌 DNA 便是全部还有 ^{15}N 的"重"DNA，再将细菌放回普通的 $^{14}NH_4Cl$ 培养液中培养，合成的 DNA 则是有 ^{14}N 掺入的；提

取不同的培养代数的细菌做 DNA 密度梯度的离心实验,结果发现,细菌在 $^{15}NH_4Cl$ 重培养基中生长繁殖合成的 ^{15}N-DNA 是 1 条致密带;转入普通培养基中培养后得到 1 条中密度带,提示其是 ^{15}N-DNA 链/^{14}N-DNA 链的杂交分子;在第二代时可以见到的是中密度和低密度 2 条带,表明它们是 ^{15}N-DNA 链/^{14}N-DNA 链、^{14}N-DNA 链/^{14}N-DNA 链组成的分子。随着在普通培养基中传代次数的增加,低密度带增强,中密度带保持不变,这一实验结果证明,亲代 DNA 复制是以半保留形式存在于子代 DNA 分子中(图 3.2,彩图 1)。

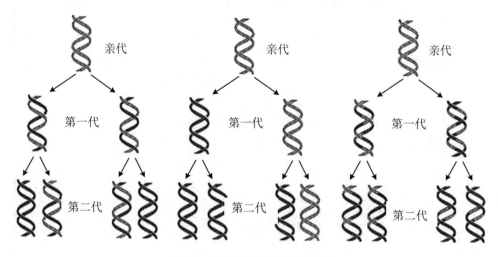

图 3.1　DNA 复制的 3 种可能性

遗传的保守性是相对的而不是绝对的,自然界还存在着普遍的变异现象。遗传信息的相对稳定是物种稳定的分子基础,但并不意味着同一物种个体与个体之间没有区别。例如病毒是简单的生物,流感病毒就有很多不同的毒株,不同毒株的感染方式、毒性差别可能很大,在预防上有相当大的难度。又如,地球上曾有过的人口和现有的几十亿人,除了单卵双胞胎之外,两个人之间不可能有完全一样的 DNA 分子组成(基因型)。因此,在强调遗传保守性的同时,不应忽视其变异性。

半保留复制规律的阐明,对于 DNA 功能的理解和物种延续性有着重要的意义,依据半保留的方式,子代 DNA 中保留了亲代的全部遗传信息,亲代和子代 DNA 之间的碱基序列是高度一致的。但是,大家要明白的是遗传的保守性是相对的,自然界还存在着普遍的变异现象,遗传信息的相对稳定是物种延续与稳定的基础,但是并不意味着同一物种个体与个体之间没有任何区别。比如,在地球上除了单卵双胞胎外,两个人之间不可能有完全一样的 DNA 分子组成,一个简单的生物体病毒,如流感病毒有很多不同的毒株,不同毒株的感染方式、毒性可能有很大的差别,所以从病毒的传播和感染这些方面进行预防难度较大。所以在强调遗传保守性的同时,不可忽略其存在的变异性。

2. DNA 复制是从起点开始的双向复制

原核生物基因组是一个环状的 DNA,只有一个复制起始点(origin)。复制从复制起点开始,向两个方向进行解链,进行的是单点起始的双向复制。复制过程中的模板 DNA 形成

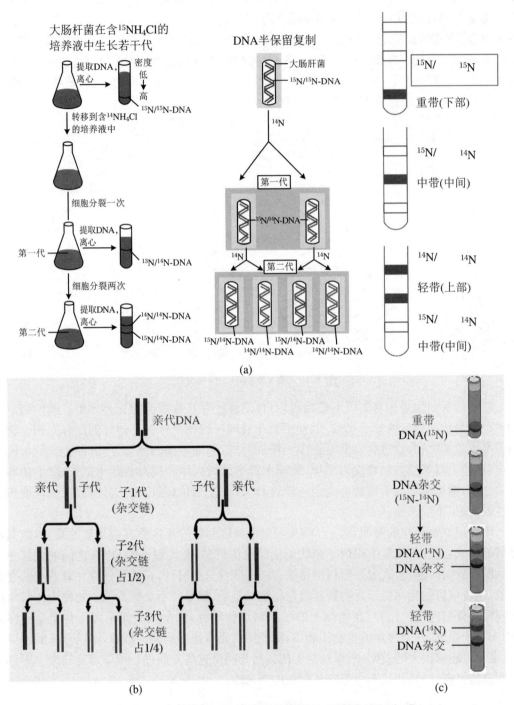

图 3.2　半保留复制保证子代和亲代 DNA 碱基序列一致
（证明 DNA 半保留复制的经典假设实验）
绿色线来自母链，红色线是新合成的子链。

2 个延伸方向相反的开链区域,称为复制叉(replication fork)[图 3.3(a)]。复制叉就是正在进行复制的双链 DNA 分子所形成的"Y"形区域,其中,已经进行解链的两条模板单链以及正在进行合成的新链构成了"Y"形的头部,尚未进行解旋的 DNA 模板构成了"Y"形的尾部。

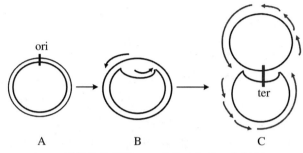

(a) 原核生物环状DNA的单点起始双向复制

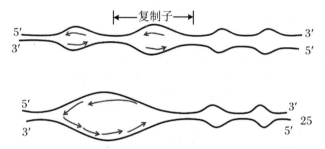

(b) 真核生物DNA边解旋边复制,呈多起点复制

图 3.3　DNA 复制是从起点开始的双向复制

真核生物基因组结构是非常庞大和复杂的,由多个染色体组成,全部染色体均需要复制,每个染色体又有多个起点,呈现多起点双复制的特征。如图 3.3(b)所示,每个起点会产生两个与移动方向相反的复制叉,复制完成时,复制叉相遇并汇合连接。从一个 DNA 复制起点开始的 DNA 复制区域称为复制子。复制子是含有一个复制起点的能独立完成复制功能的单位。高等生物是多复制子复制。

3. DNA 复制是以半不连续方式进行

DNA 双螺旋结构由两条方向相反的单链组成,复制起始,双链打开,形成一个复制叉(replicative fork)或一个复制泡(replicative bubble),以两条单链分别做模板,各自合成一条新的 DNA 链。由于 DNA 一条链的走向是 5′→3′,另一条链的走向是 3′→5′,但生物体内 DNA 聚合酶只能催化 DNA 从 5′→3′ 的方向合成。那么,两条方向不同的链怎样才能做模板呢? 日本学者冈崎先生解决了这个问题。原来,在以 3′→5′ 方向的母链为模板时,复制合成出一条 5′→3′ 方向的前导链(leading strand),前导链的前进方向与复制叉打开方向是一致的,因此前导链的合成是连续进行的,而另一条母链 DNA 是 5′→3′ 方向,它作为模板时,复制合成许多 5′→3′ 方向的短链,叫作随从链(lagging strand),随从链的前进方向与复制叉的打开方向相反。随从链只能先以片段的形式合成,这些片段就叫作冈崎片段(Okazaki

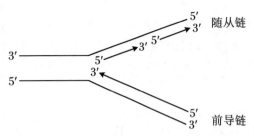

图 3.4　DNA 复制过程中连续合成的前导链
和不连续合成的冈崎片段

fragments)(图 3.4)。原核生物冈崎片段含有 100～200 核苷酸,真核生物一般含有 1000～2000 个核苷酸。最后再将多个冈崎片段连接成一条完整的链。由于前导链的合成是连续进行的,而随从链的合成是不连续进行的,所以从总体上看 DNA 的复制是半不连续复制的。

DNA 复制的全过程可人为地分为三个步骤。第一阶段是 DNA 复制的起始阶段,这个阶段包括起始点,复制方向以及引发体的形成。第二阶段是 DNA 链的延长,包括前导链及随从链的形成和切除 RNA 引物后填补空缺及连接冈崎片段。第三阶段是 DNA 复制的终止阶段。在 DNA 复制的整个过程中需要 30 多种酶及蛋白质分子参加,我们将在 DNA 复制的各个阶段中着重介绍它们的作用。

4. DNA 复制的高保真性

DNA 复制具有高度的保真性,错配率大概在 10^{-10}。保证复制保真性的机制之一是高保真 DNA 聚合酶可以利用严格的碱基配对原则,而且,体内复制叉的复杂结构也提高了复制的准确性。错配的纠正以 DNA 聚合酶的核酸外切酶活性及校读功能和修复系统为主。几种机制协同提高了复制保真性。

细菌复制酶有多个错误修复系统。真核细胞有许多 DNA 聚合酶,复制酶以高保真度运作。复制酶有复杂的结构,不同亚基具有不同功能(表 3.1)。除了 B 酶,修复酶都有低保真度,修复酶的结构相对简单。

表 3.1　部分真核生物 DNA 聚合酶功能和结构

DNA 聚合酶	功能	结构
	高保真复制	
α	核 DNA 复制	350 kDa 四聚体
δ	后随链合成	250 kDa 四聚体
ε	前导链合成	350 kDa 四聚体
γ	线粒体 DNA 复制	200 kDa 四聚体
	高保真修复	
β	碱基切除修复	39 kDa 单体
	低保真修复	
ζ	碱基损伤旁路	异聚体
η	胸腺嘧啶二聚体旁路	单体
ι	减数分裂相关	单体
κ	碱基替换与缺失	单体

3.1.2 DNA 复制的酶学和拓扑学

DNA 复制是酶促核苷酸聚合反应,底物是 dATP、dGTP、dCTP 和 dTTP,总称 dNTP。dNTP 底物有 3 个磷酸基团,最靠近核糖的称为 α-P,向外依次为 β-P 和 y-P。在聚合反应中,α-P 与子链末端核糖的 3′—OH 连接。

模板是指解开成单链的 DNA 母链,遵照碱基互补规律,按模板指引合成子链,子链延长有方向性。引物提供 3′—OH 末端使 dNTP 可以依次聚合。由于底物的 5′-P 是加合到延长中的子链(或引物)3′-端核糖的 3′—OH 基上生成磷酸二酯键的,因此新链的延长只可沿 5′→3′方向进行。核苷酸和核苷酸之间生成 3′,5′-磷酸二酯键而逐一聚合,是复制的基本化学反应(图 3.5)。这一步的反应可简示为:$(dNMP)n + dNTP \rightarrow (dNMP)_{n+1} + PPi$。N 代表 4 种碱基的任何一种。

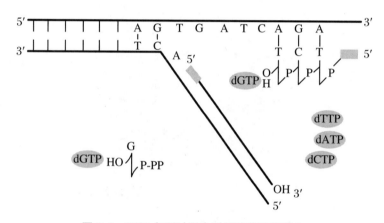

图 3.5 DNA 复制过程中脱氧核苷酸的聚合

1. DNA 聚合酶催化脱氧核糖核苷酸间的聚合

DNA 聚合酶全称是依赖 DNA 的 DNA 聚合酶(DNA-dependent DNA polymerase,DNA pol)。DNA pol 是 1958 年由 Komberg A 在 *E. coli* 中首先发现的。他从细菌沉渣中提取得到纯酶,在试管内加入模板 DNA、dNTP 和引物,该酶可催化新链 DNA 生成。这一结果直接证明了 DNA 是可以复制的,这是继 DNA 双螺旋模型确立后的又一重大发现。当时将此酶称为复制酶(replicase)。在发现其他种类的 DNA pol 后,Komberg A 发现的 DNA 聚合酶被称为 DNA pol Ⅰ。

(1)原核生物至少有 5 种 DNA 聚合酶

大肠杆菌经人工处理和筛选,可培育出基因变异菌株。DNA pol Ⅰ基因缺陷的菌株,经实验证明依然可进行 DNA 复制。DNA pol Ⅰ由 polA 编码,主要在 DNA 损伤修复中发挥作用,在半保留复制中起到辅助作用。从变异菌株中相继提取到的其他 DNA pol 被分别称为 DNA pol Ⅱ 和 DNA pol Ⅲ。DNA pol Ⅱ由 pol B 编码,当复制过程被损伤的 DNA 阻碍时重新启动复制叉。这三种聚合酶都有 5′→3′延长脱氧核苷酸链的聚合活性及 3′→5′核酸外切酶活性。

DNA pol N 和 DNA pol V 分别由 clinB 和 umu′$_2$C 编码,属于跨损伤合成 DNA 聚合酶。

DNA pol Ⅲ由 pol C 编码,聚合反应与活性远高 polⅠ,每分钟可以催化多达 10^5 次聚合反应,因此 DNA pol Ⅲ是原核生物复制延长中真正起催化作用的酶。DNA pol Ⅲ是由 10 种(17 个)亚基组成的不对称异聚合体(图 3.6),由 2 个核心酶(core enzyme)通过 1 对 β 亚基构成的滑动夹(sliding clamp)与 γ 复合物(γ-complex)、即夹子加载复合体(clamp-loading complex)连接组成。核心酶由 α、ε、θ 亚基共同组成,主要作用是合成 DNA,有 $5′{\rightarrow}3′$ 聚合活性;ε 亚基为复制的保真性所必需;β 亚基发挥夹稳 DNA 模板链,并使酶沿模板滑动的作用;其余的 7 个亚基统称 γ 复合物,包括 γ、δ、δ′、ψ、χ 和 2 个 τ,有促进滑动夹加载、全酶组装至模板上及增强核心酶活性的作用。DNA pol Ⅰ的二级结构以 α 螺旋为主,只能催化延长约 20 个核苷酸,说明它不是复制延长过程中起主要作用的酶。DNA pol Ⅰ在活细胞内的功能主要是对复制中的错误进行校对,对复制和修复中出现的空隙进行填补。

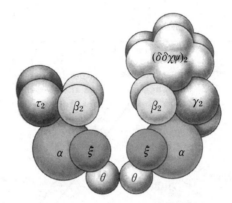

图 3.6 *E. Coli* DNA pol Ⅲ全酶的分子结构

用特异的蛋白酶可以将 DNA pol Ⅰ水解为 2 个片段,小片段共 323 个氨基酸残基,有 $5′{\rightarrow}3′$ 核酸外切酶活性。大片段共 604 个氨基酸残基,被称为 Klenow 片段,具有 DNA 聚合酶活性和 $3′{\rightarrow}5′$ 核酸外切酶活性。Klenow 片段是实验室合成 DNA 和进行分子生物学研究常用的工具酶。

DNA pol Ⅱ基因发生突变,细菌依然能存活,推想它是在 polⅠ和 polⅢ缺失情况下暂时起作用的酶。DNA pol Ⅱ对模板的特异性不高,即使在已发生损伤的 DNA 模板上,它也能催化核苷酸聚合。因此认为,它参与 DNA 损伤的应急状态修复。

(2) 常见的真核细胞 DNA 聚合酶有 5 种

真核细胞的 DNA 聚合酶至少有 15 种,常见的有 5 种,它们在功能上与原核细胞的比较见表 3.2。

DNA polα 合成引物,然后迅速被具有连续合成能力的 DNA pol δ 和 DNA pol ε 所替换,这一过程称为聚合酶转换(polymerase switching)。DNA pol δ 负责合成后随链,DNA pol ε 负责合成前导链。至今高等生物中是否还有独立的解旋酶和引物酶,目前还未能确定。但是,在病毒感染培养细胞(HeLa/SV40)的复制体系中,发现 SV40 的 T 抗原有解旋酶活性。DNA pol α 催化新链延长的长度有限,但它能催化 RNA 链的合成,因此认为它具有引物酶活性。DNA pol β 复制的保真度低,可能是参与应急修复复制的酶。DNA pol γ 是线粒体 DNA 复制的酶。

表 3.2　真核生物和原核生物 DNA 聚合酶的比较

$E.\ Coli$	真核细胞	功能
I		去除 RNA 引物，填补复制中的 DNA 空隙，DNA 修复和重组
II		复制中的校对，DNA 修复
	β	DNA 修复
	γ	线粒体 DNA 合成
III	ε	前导链合成
	α	引导酶
	δ	后随链合成

2. DNA 聚合酶的碱基选择和校读功能

DNA 复制的保真性是遗传信息稳定传代的保证。生物体至少有 3 种机制实现保真性：① 遵守严格的碱基配对规律。② 聚合酶在复制延长中对碱基的选择功能。③ 复制出错时有即时的校对功能。

（1）复制的保真性依赖正确的碱基选择

DNA 复制保真的关键是正确的碱基配对，而碱基配对的关键又在于氢键的形成。G 和 C 以 3 个氢键、A 和 T 以 2 个氢键维持配对，错配碱基之间难以形成氢键。除化学结构限制外，DNA 聚合酶对配对碱基具有选择作用。

DNA pol 是在 DNA 链延长中起催化作用的酶。利用"错配"实验发现，DNA pol III 对核苷酸的掺入（incorporation）具有选择功能。例如，用 21 聚腺苷酸 poly(dA)21 作模板，用 poly(dT)20 作复制引物，观察引物的 3′—OH 端连上的是否为胸苷酸（T）。尽管反应体系中 4 种核苷酸都存在，第 21 位也只会出现 T。若仅仅加入单一种类的 dNTP 作底物，就会"迫使"引物在第 21 位延长中出现错配。用柱层析技术可以把 DNA pol III 各个亚基组分分离，然后再重新组合。如果重新组合的 DNA pol III 不含 ε 亚基，复制错配频率出现较高，说明 ε 亚基是执行碱基选择功能的。

DNA 中脱氧核糖以糖苷键与碱基连接，此键有顺式（syn）和反式（anti）两种构象（conformation）。在 B-DNA（右手双螺旋）中，如果碱基是嘌呤，DNA 糖苷键总是反式，与相应的嘧啶形成氢键配对。而要形成嘌呤-嘌呤配对，则其中一个嘌呤必须旋转 180°，DNA pol III 对不同构型糖苷键表现不同亲和力，因此实现其选择功能。

前已述及，DNA pol III 的 10 个亚基中，以 α、ε 和 θ 作为核心酶并组成较大的不对称二聚体。核心酶中，α 亚基有 5′→3′ 聚合酶活性，ε 有 3′→5′ 核酸外切酶活性以及碱基选择功能。θ 亚基未发现有催化活性，可能起维系二聚体的作用。

（2）聚合酶中的核酸外切酶活性在复制中辨认切除错配碱基并加以校正

原核生物的 DNA pol I、真核生物的 DNA pol δ 和 DNA pol ε 的 3′→5′ 核酸外切酶活性都很强，可以在复制过程中辨认并切除错配的碱基，对复制错误进行校正，此过程又称错配修复（mismatch repair）。

以 DNA pol I 为例(图 3.7)。图中的模板链是 G,新链错配成 A 而不是 C。DNA pol I 的 3′→5′外切酶活性将错配的 A 水解下来,同时利用 5′→3′聚合酶活性补回正确配对的 C,复制可以继续下去,这种功能称为校对(proofreading)。实验也证明:如果是正确的配对,3′→5′外切酶活性是不表现的。DNA pol I 还有 5′→3′外切酶活性,实施切除引物、切除突变片段的功能。

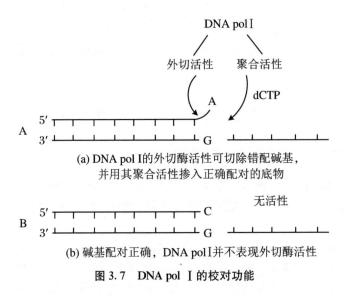

(a) DNA pol I的外切酶活性可切除错配碱基,
并用其聚合活性掺入正确配对的底物

(b) 碱基配对正确,DNA polI并不表现外切酶活性

图 3.7   DNA pol I 的校对功能

3. 复制中 DNA 分子拓扑学变化

DNA 分子的碱基埋在双螺旋内部,只有解成单链,才能发挥模板作用。Watson 和 Crick 在建立 DNA 双螺旋结构模型时曾指出,生物细胞如何解开 DNA 双链是理解复制机制的关键。目前已知,多种酶和蛋白质分子共同完成 DNA 的解链。

(1) 多种酶参与 DNA 解链和稳定单链状态

复制起始时,需多种酶和辅助蛋白质因子(表 3.3),共同解开并理顺 DNA 双链,且维持 DNA 分子在一段时间内处于单链状态。大肠杆菌(*Escherichia coli*,*E. coli*)结构简单,繁殖速度快,是较早用于分子遗传学研究的模式生物。对大肠杆菌变异株进行分析,可以阐明各种基因的功能。早期发现的与 DNA 复制相关的基因曾被命名为 dnaA、dnaB⋯⋯dnaX,分别编码 DnaA、DnaB 等蛋白质分子。

表 3.3   原核生物复制中参与 DNA 解链的相关蛋白质

蛋白质(基因)	通用名	功能
DnaA(*dnaA*)		辨认复制起点
DnaB(*dnaB*)	解旋酶	解开 DNA 双链
DnaC(*dnaC*)		运送和协同 DnaB
DnaG(*dnaG*)	引物酶	催化 RNA 引物生成
SSB	单链结合蛋白/DNA 结合蛋白	稳定已解开的单链 DNA
拓扑异构酶	拓扑异构酶 II 又称促旋酶	理顺 DNA 链

　　DnaB 作用是利用 ATP 供能来解开 DNA 双链，为解旋酶(helicase)。*E. coli* DNA 复制起始的解链是由 DnaA、DnaB 和 DnaC 共同起作用而发生的。

　　DNA 分子只要碱基配对，就会有形成双链的倾向。单链结合蛋白(single strand DNA-binding protien，SSB)具有结合单链 DNA 的能力，维持模板的单链稳定状态并使其免受细胞内广泛存在的核酸酶的降解。SSB 作用时表现协同效应，保证 SSB 在下游区段的继续结合。可见，它不像聚合酶那样沿着复制方向向前移动，而是不断地结合、脱离。

　　(2) DNA 拓扑异构酶改变 DNA 超螺旋状态

　　DNA 拓扑异构酶(DNA topoisomerase)简称拓扑酶，广泛存在于原核及真核生物中，分为Ⅰ型和Ⅱ型两种，最近还发现了拓扑酶Ⅲ。原核生物拓扑异构酶Ⅱ又称为促旋酶(gyrase)，真核生物的拓扑酶Ⅱ还有几种不同亚型。

　　拓扑一词，在物理学上是指物体或图像可做弹性移位而保持物体原有的性质。DNA 双螺旋沿轴旋绕，复制解链也沿同一轴反向旋转，复制速度快，旋转达 100 次/秒，会造成复制叉前方的 DNA 分子打结、缠绕、连环现象。DNA 在复制解链过程中形成超螺旋结构的形态如图 3.8 所示。这种超螺旋及局部松弛等过渡状态，需要拓扑酶作用以改变 DNA 分子的

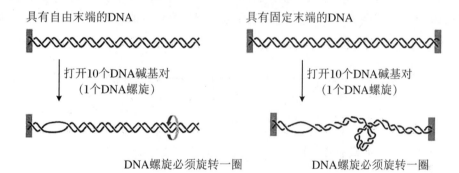

(a) 代表螺旋一端固定，通过自由　　　　(b) 代表螺旋两端固定，螺旋局部解
　　旋转不形成超螺旋结构　　　　　　　　　开后，形成一个超螺旋

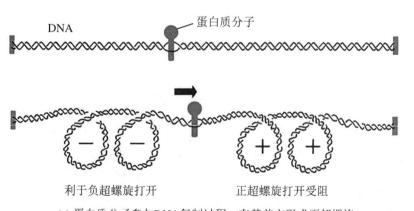

利于负超螺旋打开　　　　　　　正超螺旋打开受阻

(c) 蛋白质分子参与 DNA 复制过程，在其前方形成正超螺旋，
在其后方形成负超螺旋

图 3.8　DNA 复制过程中超螺旋的形成

拓扑构象,理顺 DNA 链结构来配合复制进程。

拓扑酶既能水解,又能连接 DNA 分子中磷酸二酯键,可在将要打结或已打结处做切口,下游的 DNA 穿越切口并做一定程度旋转,把结打开或松解,然后旋转复位连接。主要有两类拓扑酶在复制中用于松解超螺旋结构。拓扑酶 I 可以切断 DNA 双链中的一股,使 DNA 解链旋转中不致打结,适当时候又把切口封闭,使 DNA 变为松弛状态,这一反应无需 ATP。拓扑酶 II 可在一定位置上,切断处于正超螺旋状态的 DNA 双链,使超螺旋松弛,然后利用 ATP 供能,松弛状态 DNA 的断端在同一个酶的催化下连接恢复。这些作用均可使复制中的 DNA 解开螺旋、连环或解连环,达到适度盘绕。母链 DNA 与新合成链也会互相缠绕,形成打结或连环,也需拓扑异构酶 II 的作用。DNA 分子一边解链,一边复制,所以复制全过程都需要拓扑酶。

4. DNA 连接酶连接复制中产生的单链缺口

DNA 连接酶(DNA ligase)连接 DNA 链 3′—OH 末端和另一 DNA 链的 5′-P 末端,两者间生成磷酸二酯键,从而将两段相邻的 DNA 链连接成完整的链。连接酶的催化作用需要消耗 ATP。实验证明:连接酶只能连接双链中的单链缺口,它并没有连接单独存在的 DNA 单链或 RNA 单链的作用。复制中的后随链是分段合成的,产生的冈崎片段之间的缺口,要靠连接酶接合(图 3.9)。

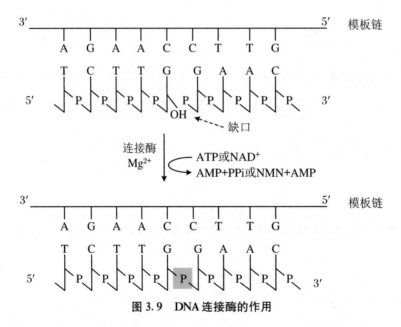

图 3.9　DNA 连接酶的作用

DNA 连接酶不但在复制中起最后接合缺口的作用,在 DNA 修复、重组中也起接合缺口的作用。如果 DNA 两股都有单链缺口,只要缺口前后的碱基互补,连接酶也可连接。因此它也是基因工程的重要工具酶之一。

3.1.3 原核生物 DNA 复制过程

原核生物染色体 DNA 和质粒都是共价环状闭合的 DNA 分子，复制的过程有共同的特点，但并非绝对的一致，以大肠杆菌 DNA 复制为例，介绍原核生物 DNA 复制的过程和特点。

1. 复制的起始

起始环节是复制中较为复杂的环节，各种酶和蛋白质因子在复制起点处装配引发体，形成复制叉，并合成了 RNA 的引物。

大肠杆菌的复制起点称为 *oriC*，由 245 个 bp 构成，调控元件与序列在细菌复制起点中比较保守，关键序列在于两组短的重复：3 个 13 bp 的序列和 4 个 9 bp 序列。复制起点上的 4 个 9 bp 重复序列为 DnaA 蛋白的结合位点，20～40 个 DnaA 蛋白各带一个 ATP 结合在此位点，并聚集在一起，DNA 缠绕其上，形成起始复合物。HU 蛋白是细菌的类组蛋白，可与 DNA 结合，促进双链 DNA 弯曲。受其影响，邻近 3 个成串富含 AT 的 13 bp 序列被变性，变成开链复合物，由 ATP 供给能量。DnaB 六聚体随即在 DnaC 帮助下结合于解链区，借助水解 ATP 产生的能量沿 DNA 链 $5'→3'$ 方向移动，解开 DNA 的双链，此时就构成了前引发复合体。SSB（单链结合蛋白）在这个时候结合到 DNA 单链上，一定时间内使得复制叉保持适当长度，利于核苷酸的掺入。解链是一种高速的反向旋转，其下游势必发生打结现象。拓扑异构酶 Ⅱ 通过切断、扭转再连接，实现 DNA 超螺旋的转型，这样就可以使正超螺旋变成负超螺旋（图 3.10）。

复制起始过程需要先合成引物（primer），引物是由引物酶（primase）催化合成的短链 RNA 分子。母链 DNA 解成单链后，不会立即按照模板序列将 dNTP 聚合形成 DNA 子链。这是因为 DNA 聚合酶不具备催化两个游离 dNTP 并形成磷酸二酯键的能力，只能催化核酸片段的 $3'$—OH 末端与 dNTP 间的聚合。但是 RNA 聚合酶不需要 $3'$—OH 便可催化 NTP 的聚合，而引物酶就是属于 RNA 聚合酶，故复制起始部位合成的短链引物 RNA 可以为 DNA 的合成提供 $3'$—OH 末端，在 DNA 聚合酶催化下逐一加入 dNTP 而形成子链。引物酶是复制起始时催化 RNA 引物合成的酶，它与催化转录的 RNA 聚合酶不同。利福平（rifampicin）是转录用 RNA 聚合酶的特异性抑制剂，但是引物酶对利福平就不敏感。基于 DNA 双链解链的基础上，形成了 DnaB、DnaC 蛋白与 DNA 复制起点相结合的复合体，此时引物酶进入，形成含有解旋酶 DnaB、DnaC、引物酶和 DNA 的复制起始区域共同构成的起始复合物结构，该结构称为引发体（primosome）。ATP 提供起始复合物蛋白质组分在 DNA 链上移动所需的能量。在适当位置上，引物酶依据模板的碱基序列，从 $5'→3'$ 方向催化核糖核苷酸的聚合，生成短链的 RNA 引物。引物长度为 5～10 个核苷酸不等。引物合成的方向也是 $5'→3'$ 方向。已经合成的引物必然会保留 $3'$—OH 末端，此时就可以进入 DNA 的复制延长。在 DNA pol Ⅲ 催化下，引物末端与新进入的配对 dNTP 生成了磷酸二酯键。所以每次新链的生成都会留下 $3'$—OH 末端，这样复制就可持续下去。

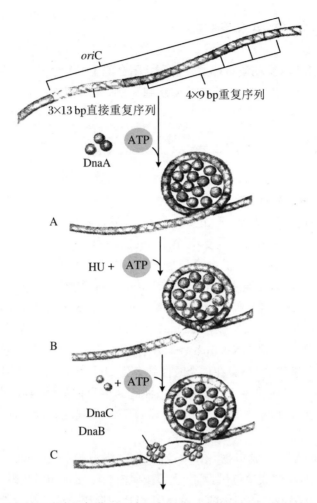

图 3.10 由大肠杆菌 oriC 复制起始点处引发的 DNA 复制过程

A. 大约 20 个 DnaA 蛋白在 ATP 的作用下与 *oriC* 处的 4 个 9 bp 保守序列相结合；

B. 在 HU 蛋白和 ATP 的共同作用下，DnaA 复制起始复合物使 3×13 bp 直接重读序列变形，形成开链；

C. DnaB（解链酶）六聚体分别与单链 DNA 结合，（需 DnaC 的帮助）进一步解开 DNA 双链，

并与引物结合，起始 DNA 复制。

2. DNA 链的延长

复制中 DNA 链的延长在 DNA pol 的催化下进行。原核生物催化延长反应的酶是 DNA pol Ⅲ。底物 dNTP 的 α-磷酸基团与引物或延长中子链上的 3′—OH 反应后，dNMP 的 3′—OH 又成为链的末端，使下一个底物可以掺入。复制沿 5′→3′ 方向延长，指的是子链合成的方向。前导链沿着 5′→3′ 方向进行延长是连续的，而后随链沿着 5′→3′ 方向呈不连续延长（图 3.11）。

当引物酶在适当位置合成出 RNA 引物后，β 夹子的两亚基在 γ 复合物（γδδ′χψ）帮助下将引物与模板双链夹住，并与聚合酶核心酶结合。β 亚基的二聚体就如同一个环，使得聚合

酶可以被束缚，并在环上进行移动，完成冈崎片段合成后，β 夹子即从 DNA 双链上拆卸下来，γ 复合物参与此过程。β 夹子与 γ 复合物的 δ 还有核心酶 α 亚基都有高的亲和力，两者的结合位点也相同，但是随着 β 夹子状态的改变，对两者的亲和力大小也发生了改变，得以推动功能循环。DnaB 有两个功能：其一是解旋酶，以解开 DNA 的双螺旋，另一个是活化引物酶，促使其合成 RNA 引物。由 DnaB 解旋酶和 DnaG 引物合成酶构成了复制体的一个基本功能单位，称为引发体（primosome）。在某些噬菌体 DNA 的复制过程中，引发体还包括一些辅助蛋白质。但是不管是何种引发体，都能依赖 ATP 沿着复制叉运动的方向在 DNA 链上进行移动，并合成冈崎片段的 RNA 引物。引物的合成方向与复制叉前进方向是

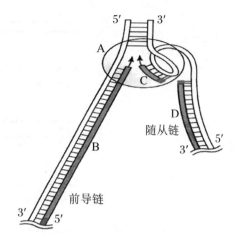

图 3.11　同一复制叉上前导链和随从链由相同的 DNA pol 催化延长

A 为 DNA pol Ⅲ 的核心酶和 β 亚基；B、C、D 分别是后随链的已复制、正在复制和未复制的片段。

反向的。DNA pol Ⅲ 在模板链上合成冈崎片段，遇到上一个冈崎片段时即停止合成，β 亚基随即脱开 DNA 链。可能正是这个停顿成为合成 RNA 引物的信号，由引物酶沿着反方向合成引物，并且被 β 夹子带到核心酶上，开始又一个冈崎片段的合成。

DNA 复制延长速度很快。以 $E.\ coli$ 为例，在条件适宜的情况下，20 min 左右就可以繁殖一代。$E.\ coli$ 基因组的 DNA 全称大约 3000 kb，照此计算，每秒钟能够渗入 3000 多个核苷酸。

3. 复制的终止

复制的终止过程，包括切除复制的终止过程，包括切除引物、填补空缺和连接切口。原核生物基因是环状 DNA，DNA 复制是双向复制，从起点开始各进行延长，同时在终止点处汇合。大肠杆菌有 6 个终止子位点，称为 ter A-ter F。与 ter 位点结合的蛋白质称为 Tus。Tus-ter 复合物只可以阻止一个方向的复制叉前移，是指不让对侧复制叉超过中点后进行过多的复制。

由于复制的半不连续性，在后随链上出现许多冈崎片段。每个冈崎片段上的引物是 RNA 而不是 DNA。复制的完成还包括去除 RNA 引物和换成 DNA，最后把 DNA 片段连接成完整的子链。实际上此过程在子链延长中已陆续进行，不必等到最后的终止才连接。细胞核内的 DNA pol Ⅰ 可以水解引物，水解后留下的空隙依然被 DNA pol Ⅰ 填补，从 5′ 端向 3′ 端生成 DNA 链，长度与引物长度一致，dNTP 的掺入要有 3′—OH 端，需要在原来的引物相邻的子链片段提供的 3′—OH 端再进行延伸，当延伸至足够长度时，就会留下 3′—OH 和 5′-P 的缺口，由连接酶进行缺口的连接（图 3.12）。按这种方法，所有的冈崎片段在环状 DNA 上连接成完整的 DNA 子链。

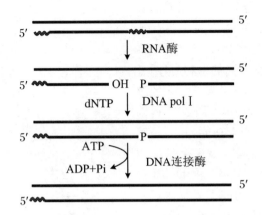

图 3.12 子链中的 RNA 引物被取代，齿状线代表引物

3.1.4 真核生物 DNA 复制过程

对于真核生物，基因组复制是在细胞分裂周期中 DNA 合成期即 S 期进行的。细胞周期进程在体内受到微环境中的增殖信号、营养条件等诸多因素影响，多种蛋白质因子和酶控制细胞进入 S 期的时机和 DNA 合成的速度。真核生物 DNA 合成的基本机制和特征与原核生物相似，但是由于基因组的庞大及核小体的存在，反应体系、反应过程和调节均更为复杂。

1. 真核生物 DNA 复制的起始与原核生物基本相似

真核生物 DNA 分布在染色体上，各自进行着复制。每个染色体有上千个复制子，复制的起点很多。复制是有时序性的，就是说复制子是分组方式激活而不是同步启动的。转录活性高的 DNA 在 S 期早期就可以进行复制。高度重复的序列如卫星 DNA、连接染色体双倍体的部位即中心体（centrosome）和线性染色体两端即端粒（telomere）都是在 S 期的最后阶段才复制的。

真核生物复制起点序列较 *E. coli* 的 *oriC* 复杂。酵母 DNA 复制起点是 11 bp 的富含 AT 的核心序列：A(T)TTTATA(G)TTTA(T)，称作自主复制序列（autonomously replication sequence，ARS）。同时还发现了比 *E. coli* 的 *oriC* 序列长的真核生物复制起始点。

真核生物复制起始也是打开双链形成复制叉，再形成引发体并合成 RNA 引物。但详细而又具体的机制，包括酶及各种辅助蛋白质起作用的先后顺序，目前尚未完全明了。

复制的起始需要 DNA pol α、DNA pol δ 和 DNA pol ε 的参与。此外还需要解旋酶，拓扑酶和复制因子（replication factor，RF），如 RFA、RFC 等的参与。

增殖细胞核抗原（proliferating cell nuclear antigen，PCNA）在复制起始和延长过程中发挥关键作用。PCNA 为同源三聚体，具有与 *E. coli* DNA pol Ⅲ 的 β 亚基相同的功能和相似的构象，即形成闭合环形的可滑动的 DNA 夹子，在 RFC 的作用下 PCNA 结合到引物-模板链；并且 PCNA 也使得 pol δ 获得持续合成的能力。PCNA 具有促进核小体生成的作用。PCNA 的蛋白质水平也是检验细胞增殖能力的重要指标之一。

2. 真核生物 DNA 复制延长过程中发生 DNA 聚合酶转换

现在认为 DNA pol α 主要催化合成引物,然后迅速被具有连续合成能力的 DNA pol δ 和 DNA pol ε 所替换,这一过程称为聚合酶转换。DNA pol δ 主要负责合成后随链,DNA pol ε 主要负责合成前导链。真核生物是以复制子为单位各自进行复制的,所以引物和后随链的冈崎片段都比原核生物的短。

实验证明,真核生物的冈崎片段长度大致与一个核小体(nucleosome)所含 DNA 碱基数(135 bp)或其若干倍相等。可见后随链合成到核小体单位之末时,DNA pol δ 会脱落,DNA pol ε 再引发下游引物合成,引物的引发频率是相当高的。pol ε 与 pol δ 之间的转换频率高,PCNA 在全过程也要多次发挥作用。以上描述实际是真核生物复制子内后随链的起始和延长交错进行的复制过程。前导链的连续复制,亦只限于半个复制子的长度。当后随链延长了一个或若干个核小体的长度后,要重新合成引物。FEN l 和 RNase H 等负责去除真核复制 RNA 引物。

真核生物 DNA 合成,就酶的催化速率而言,远比原核生物慢,估算为 50 个 dNTP/S。但真核生物是多复制子复制,总体速度是不慢的。原核生物复制速度与其培养(营养)条件有关。真核生物在不同器官组织、不同发育时期和不同生理状况下,复制速度大不一样。

3. 真核生物 DNA 合成后立即组装成核小体

复制后的 DNA 需要重新装配。原有的组蛋白及新合成的组蛋白结合到复制叉后的 DNA 链上,真核生物 DNA 合成后立即组装成核小体。生化分析和复制叉的图像一致表明,核小体的破坏仅局限在紧邻复制叉的一段短的区域内,复制叉的移动使核小体破坏,但是复制叉向前移动时,核小体在子链上迅速形成。

核小体组蛋白八聚体的数量是同期合成的一个核小体 DNA 长度的两倍,核素标记实验证明,原有组蛋白大部分可重新组装至 DNA 链上,但在 S 期细胞也大量、迅速地合成新的组蛋白。

4. 端粒酶参与解决染色体末端复制问题

真核生物 DNA 复制与核小体装配同步进行,复制完成后随即组成染色体并从 G2 期过渡到 M 期。染色体 DNA 是线性结构。复制中冈崎片段的连接,复制子之间的连接,都易于理解,因为均在线性 DNA 的内部完成。

染色体两端 DNA 子链上最后复制的 RNA 引物,去除后留下空隙。剩下的 DNA 单链母链如果不填补成双链,就会被核内 DNase 酶解。某些低等生物作为少数特例,染色体经多次复制会变得越来越短(图 3.13)。早期的研究者们在研究真核生物复制终止时,曾假定有一种过渡性的环状结构帮助染色体末端复制的完成,后来一直未能证实这种环状结构的存在。然而,染色体在正常生理状况下复制,是可以保持其应有长度的。

端粒是真核生物的染色体 DNA 线性分子的末端结构。染色体 DNA 的末端膨大呈现粒状的结构,这是因为 DNA 和结合蛋白质紧密结合,就如同两顶帽子盖在染色体两端,这种形态也是它名字的由来。在某些情况下,染色体可以断裂,这时,染色体断端之间会发生融合或断端并被 DNA 酶降解。但正常染色体不会整体地互相融合，TCCCAA5′也不会在末端出现遗传信息的丢失。可见，端粒在维持染色体的稳定性和 DNA 复制的完整性中有着重要的作用。DNA 测序发现端粒结构的共同特点是富含 T-G 短序列的多次重复。如仓鼠端粒酶和人类端粒 DNA 都有重复序列(TnGn)，重复达数十至上百次，并能反折成二级结构。

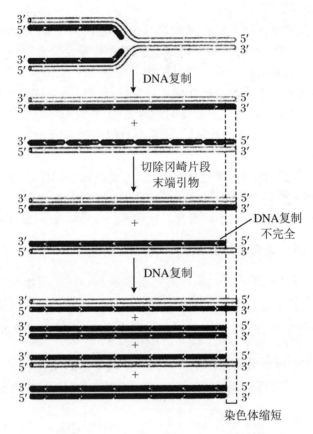

图 3.13　线性 DNA 复制一次后端粒缩短

　　20 世纪 80 年代中期，科学家们发现了端粒酶(telomerase)。1997 年，人类的端粒酶基因被成功的克隆出来，并且发现该酶由三个部分构成：约 45l 核苷酸单位的端粒酶 RNA(human telomerase RNA,hTR)、端粒酶协同蛋白 1(human telomerase-associated protein l, hTP l)和端粒酶逆转录酶(human telomerase reverse transcriptase,hTRT)。此酶同时有 RNA 模板还有催化逆转录的功能。复制终止时，染色体端粒区域的 DNA 确有可能缩短或断裂。端粒酶合成端粒 DNA 是通过爬行模型(inchworm model)(图 3.14)的机制进行的。端粒酶依靠 hTR(AnCn)x 辨认并且结合母链 DNA(TnGn)x 的重复序列并移至其 3′端，开始以逆转录的方式复制；复制了一段长度之后，hTR(AnCn)x 爬行移位新合成的母链 3′—OH 端，以逆转录的方式进行母链的延伸；延伸至足够长度后，端粒酶脱离下来，随后 RNA 引物酶以母链为模板合成引物，招募 DNA 聚合酶，在 DNA 聚合酶催化下填充子链，最后引物被去除。研究发现，培养的人成纤维细胞随着培养传代次数增加，端粒长度逐渐缩短。生殖细胞中端粒长于体细胞,成年人细胞中的端粒比胚胎细胞中的端粒短。据上述的实验结果,可能认为在细胞水平,老化与端粒酶活性下降有关。当然,生物个体的老化,受多种环境因素和体内生理条件的影响,不能简单地归为某一个单一因素。对端粒以及端粒酶的研究,在肿瘤学发病机制、寻找治疗靶点上,已经成为一个重要领域。

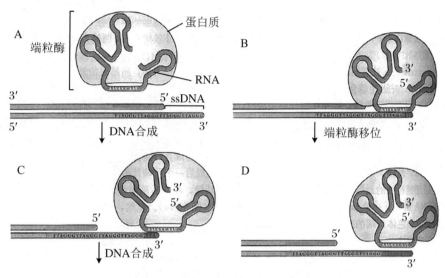

图 3.14　端粒酶催化作用的爬行模式

5. 真核生物染色体 DNA 在每个细胞周期中只能复制一次

真核染色体 DNA 复制的一个重要特征是复制仅仅出现在细胞周期的 S 期,且只可以复制一次。染色体的任何一部分的不完全复制,均可能导致子代染色体分离时发生断裂和丢失。不适当的 DNA 复制也可能产生严重后果,如增加基因组中基因调控区的拷贝数,从而可能在基因表达、细胞分裂、对环境信号的应答等方面产生副作用。

真核细胞 DNA 复制的起始分两步,即复制基因的选择还有复制起点的激活,这两步分别出现在细胞周期的特定阶段。复制基因(replicator)指的是 DNA 复制起始所必需的全部 DNA 序列。复制基因的选择出现于 G_1 期,在这一阶段,基因组的每个复制基因位点均组装前复制复合物(pre-replicative complex,pre-RC)。复制起点的激活仅出现在细胞进入 S 期后,这一阶段将激活 pre-RC,募集若干复制基因结合蛋白和 DNA 聚合酶,并起始 DNA解旋。

复制起点的激活与细胞周期进程一致。细胞周期蛋白 D 的水平在 G_1 后期升高,激活 S 期的 CDK(cyclin-dependent kinase,CDK)。复制许可因子(replication licensing factor)是 CDK 的底物,为发动 DNA 复制所必需。复制许可因子一般不能通过核膜进入核内,但是在有丝分裂的末期、核膜重组之前可以进入细胞核,与 DNA 的复制起点结合。等待被刺激进入 S 期的 CDK 激活,启动复制。一旦复制启动,复制许可因子即失去活性或被降解。在细胞周期的其他时间内,新的复制许可因子不能进入细胞核内,保证在一个细胞周期内只能进行一次基因组的复制。

在原核细胞中,复制基因的识别与DNA解旋、募集DNA聚合酶偶联进行。*E. coli* 的复制基因是*oriC*。而在真核细胞中,这两个阶段相分离可以确保每个染色体在每个细胞周期中仅复制一次。

6. 真核生物线粒体DNA按D环方式复制

D环复制(D-loop replication)是线粒体DNA的复制方式,复制时需合成引物。mtDNA为闭合环状双链结构,第一个引物以内环为模板延伸,至第二个复制起点时,又合成另一个反向引物,以外环为模板进行反向的延伸。最后完成两个双链环状DNA的复制(图3.15),复制因呈字母D形状而得名。D环复制的特点是复制起点不在双链DNA同一位点,内、外环复制有时序差别。真核生物的DNA pol γ是线粒体催化DNA复制的DNA聚合酶。20世纪50年代以前,科学家们只知道DNA存在于细胞核染色体中,后来他们在细菌染色体外也发现能进行自我复制的DNA,例如质粒,以后科学家们就利用质粒作为基因工程的常用载体。真核生物细胞器——线粒体,也发现存在mtDNA。人类的mtDNA已知有37个基因。线粒体的功能是进行生物氧化和氧化磷酸化。其中13个mtDNA基因就是为ATP合成有关的蛋白质和酶编码的,其余24个基因转录为tRNA(22个)和rRNA(2个),参与线粒体蛋白质的合成。

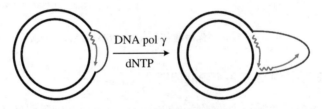

图3.15　进行中的D环复制

mtDNA容易发生突变,损伤后的修复较困难。mtDNA的突变和衰老与自然现象有关,也和一些疾病的发生有关。所以mtDNA的突变与修复,成为在医学研究上引起科学家们兴趣的科学问题。线粒体内蛋白质翻译时,使用的遗传密码和通用密码有一些差别。

3.1.5　逆转录

双链DNA是大多数生物的遗传物质。然而,某些病毒的遗传物质是RNA。原核生物的质粒,真核生物的线粒体DNA,都是染色体外存在的DNA。这些非染色体基因组采用特殊的方式进行复制。

1. 逆转录病毒的基因组RNA以逆转录机制复制

RNA病毒的基因组是RNA而不是DNA,其复制方式是逆转录(reversetranscription),因此也称为逆转录病毒(retrovirus)。但是并非所有的RNA病毒都是逆转录病毒。逆转录的信息流动方向(RNA→DNA)与转录过程(DNA→RNA)相反,是一种特殊的复制方式。1970年,H. Temin和D. Baltimore分别从RNA病毒中发现能催化以RNA为模板合成双链 DNA 的酶,称为逆转录酶(reversetran-scriptase),全称是依赖 RNA 的 DNA 聚合酶(RNA-dependent DNA polymerase),从单链 RNA 到双链 DNA 的生成可分为三步(图3.16):首先是逆转录酶以病毒基因组 RNA 为模板,催化 dNTP 聚合生成 DNA 互补链,产物是 RNA/DNA 杂化双链。然后,杂化双链中的 RNA 被逆转录酶中有 RNase 活性的组分水解,被感染细胞内的 RNase H(Hybrid)也可水解 RNA 链。RNA 分解后剩下的单链DNA 再用作模板,由逆转录酶催化合成第二条 DNA 互补链。逆转录酶有三种活性:RNA指导的 DNA 聚合酶活性,DNA 指导的 DNA 聚合酶活性和 RNase H 活性,作用需以 Zn^{2+}为辅因子,合成反应也按照 $5' \rightarrow 3'$ 延长的规律。有研究发现,病毒自身的 tRNA 可用作复制引物。

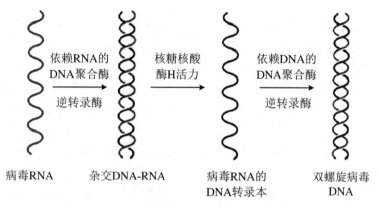

图 3.16　反转录病毒 RNA 转变成双链 cDNA 的过程

按上述方式,RNA 病毒在细胞内复制成双链 DNA 的前病毒(provirus)。前病毒保留了 RNA 病毒全部遗传信息,并可在细胞内独立繁殖。在某些情况下,前病毒基因组通过基因重组(gene recombina-tion),插入细胞基因组内,并随宿主基因一起复制和表达。这种重组方式称为整合(integration)。前病毒独立繁殖或整合,可成为致病的原因。

2. 逆转录的发现发展了中心法则

逆转录酶还有逆转录现象的发现可以说是分子生物学研究领域中的里程碑事件。中心法则学说阐述,DNA 的作用是遗传信息的传代和表达,因此 DNA 处于生命活动的中心位置。逆转录现象却说明至少对于某些生物体,RNA 同样兼有遗传信息传代功能。这就是对传统的中心法则学说的挑战。

对逆转录病毒的研究,拓宽了科学家们 20 世纪初已注意到的病毒致癌理论,至 20 世纪70 年代初,从逆转录病毒中发现了癌基因。至今,癌基因的研究仍是病毒学、肿瘤学和分子生物学领域的研究重点。比如艾滋病病毒即人类免疫缺陷病毒也是 RNA 病毒,有逆转录活性。

分子生物学研究还应用逆转录酶作为获取基因工程目的基因的重要方法之一,此法称为 cDNA 法。在人类这样庞大的基因组 DNA(3.2×109 bp)中,要选取其中一个目的基因,有相当大的难度。对 RNA 进行提取、纯化,相对较为可行。取得 RNA 后,可以通过逆转录方式在试管内操作。用逆转录酶催化 dNTP 在 RNA 模板指引下的聚合,生成 RNA/DNA

杂化双链。用酶或碱把杂化双链上的 RNA 除去,剩下的 DNA 单链再作为第二链合成的模板。在试管内以 DNA pol Ⅰ的大片段,即 Klenow 片段催化 dNTP 聚合。第二次合成的双链 DNA,称为 cDNA。c 是互补(complementary)的意思。cDNA 就是编码蛋白质的基因,通过转录又得到原来的模板 RNA,科学家们现在已利用该方法建立了多种不同种属和细胞来源的含所有表达基因的 cDNA 文库,方便人们从中获取目的基因。

3.2　DNA 损伤与修复

生物体的遗传物质——DNA,它的遗传保守性是维持生物物种相对稳定的最主要的因素。但在长期的生物进化过程中,生物体时刻受到来自内部和外部环境中各种因素的影响,DNA 的改变不可避免。各种体内外因素所导致的 DNA 组成与结构的变化称为DNA 损伤(DNA damage)。DNA 损伤可产生两种后果:一种是损伤导致 DNA 的结构发生永久性改变,即突变;另外一种是损伤导致 DNA 失去了其作为复制和(或)转录的模板的功能。

长期的生物进化中,无论低等生物还是高等生物都形成了一套自己的 DNA 损伤修复系统,可随时修复损伤的 DNA,恢复其正常结构,保持细胞的正常功能。实际上,DNA 损伤的同时即伴有 DNA 损伤修复系统的启动。受损细胞的转归,在很大程度上,取决于 DNA损伤的修复效果,如损伤被正确修复,细胞的 DNA 的结构恢复正常,细胞就能够维持正常状态;如果受到的损伤比较严重,DNA 不能被修复,极有可能通过凋亡的方式,清除这些DNA 受损的细胞,有效地降低了 DNA 损伤对生物体遗传信息稳定性的影响。另外,当DNA 的损伤发生不完全修复时,DNA 发生突变,染色体发生畸变,可诱导细胞出现功能改变,甚至出现衰老、细胞恶性转化等生理病理变化。当然,如果遗传物质具有绝对的稳定性,那么生物就会失去了进化的基础。因此,自然界生物的多样性依赖于 DNA 损伤与 DNA 损伤修复之间的一种良好的平衡关系。

3.2.1　DNA 损伤

导致 DNA 损伤的因素很多,一般可分为体内因素与体外因素。体内因素主要包括机体代谢过程中产生的某些活性代谢物,DNA 复制过程中发生的碱基错配,以及 DNA 本身的热不稳定性等,均可诱发 DNA"自发"损伤。体外因素则主要包括辐射、化学毒物、药物、病毒感染、植物以及微生物的代谢产物等。值得注意的是,体内因素与体外因素的作用,往往是紧密联系在一起的。通常,体外因素是通过体内因素引发 DNA 损伤的。然而,不同因素所引发的 DNA 损伤的机制往往又是不相同的。

1. 多种因素通过不同机制导致 DNA 损伤

（1）体内因素

① DNA 复制错误。在 DNA 复制过程中，碱基的异构互变，4 种 dNTP 之间浓度的不平衡等均可能引起碱基的错配，即产生非 Watson-Crick 碱基对。尽管绝大多数错配的碱基会被 DNA 聚合酶的即时校读功能所纠正，但依然不可避免地有极少数的碱基错配被保留下来。DNA 复制的错配率约为 $1/10^{10}$。此外，复制错误还表现为片段的缺失或插入。特别是 DNA 上的短片段重复序列，在真核细胞基因组上广泛分布，导致 DNA 复制系统工作时可能出现"打滑"现象，使得新生 DNA 上的重复序列的拷贝数发生变化。DNA 重复片段在长度方面表现出的高度的多态性，在遗传性疾病的研究上有重大价值。亨廷顿病（Huntington's disease）、脆性 X 综合征（fragile X syndrome）、肌强直性营养不良（myotonic dystrophy）等神经退行性疾病均属于此类。

② DNA 自身的不稳定性。在 DNA 自发性损伤中，DNA 结构自身的不稳定性是最频繁发挥作用的因素。当 DNA 受热或所处环境的 pH 发生改变时，DNA 分子上连接碱基和核糖之间的糖苷键可自发发生水解，导致碱基的丢失或脱落，其中以脱嘌呤最为普遍。另外，含有氨基的碱基可能自发发生脱氨基反应，转变为另一种碱基，如 C 转变为 U，A 转变为 I（次黄嘌呤）等。

③ 机体代谢过程中产生的活性氧。机体代谢过程中产生的活性氧（reactive oxygen species，ROS）可以直接修饰碱基，如修饰鸟嘌呤，产生 8-羟基脱氧鸟嘌呤等。

（2）体外因素

① 物理因素。物理因素中最常见的是电磁辐射。根据作用原理的不同，通常将电磁辐射分为电离辐射和非电离辐射。α 粒子、β 粒子、X 射线、Y 射线等直接或间接引起被穿透组织发生电离，属于电离损伤；紫外线和波长长于紫外线的电磁辐射属于非电离辐射。

a. 电离辐射导致 DNA 损伤：电离辐射可直接作用于 DNA 等生物大分子，破坏其分子结构，如断裂 DNA 分子的化学键等，使 DNA 链断裂或发生交联。与此同时，电离辐射还可以激发细胞产生自由基反应，发挥间接作用，导致 DNA 分子发生碱基氧化修饰，破坏了碱基环的结构，使其脱落。

b. 紫外线照射导致 DNA 损伤：紫外线（ultraviolet，UV）属于非电离辐射。按波长的不同，紫外线可分为 UVA（320~400 nm）、UVB（290~320 nm）和 UVC（100~290 nm）三种。UVA 的能量较低，一般不造成 DNA 等生物大分子损伤。260 nm 左右的紫外线，其波长正好在 DNA 和蛋白质的吸收峰附近，容易导致 DNA 等生物大分子损伤。大气臭氧层可吸收 320 nm 以下的大部分的紫外线，一般不会造成地球上生物的损害。但是近几年随着环境上的污染越来越严重，臭氧层的破坏程度日趋明显，来自大气层外的 UV 对地球生物的影响越来越受到世界的关注。

低波长紫外线的吸收，可使 DNA 分子中同一条链相邻的两个胸腺嘧啶碱基（T），以共价键形式连接形成胸腺嘧啶二聚体结构（TT），也称为环丁烷型嘧啶二聚体，如图 3.17 所示。另外，紫外线也可导致其他嘧啶之间形成类似的二聚体，如 CT 和 CC 二聚体等。二聚体的形成可使 DNA 产生弯曲和扭结，影响 DNA 的双螺旋结构，使复制与转录受阻。另外紫外线还会引起 DNA 链间的其他交联或者 DNA 链的断裂等损伤发生。

② 化学因素。引起 DNA 损伤的化学因素的种类非常多,主要包括自由基、碱基类似物、碱基修饰物和特定染料等。值得注意的是,许多肿瘤化疗药物是通过诱导 DNA 损伤,包括碱基改变、单双链 DNA 断裂等方式阻断 DNA 复制或 RNA 转录的,进而抑制肿瘤细胞的增殖。因此,研究 DNA 损伤的化学因素有助于人们对后继的肿瘤细胞死亡机制的认识,有助于人们对肿瘤化疗药物的改进。

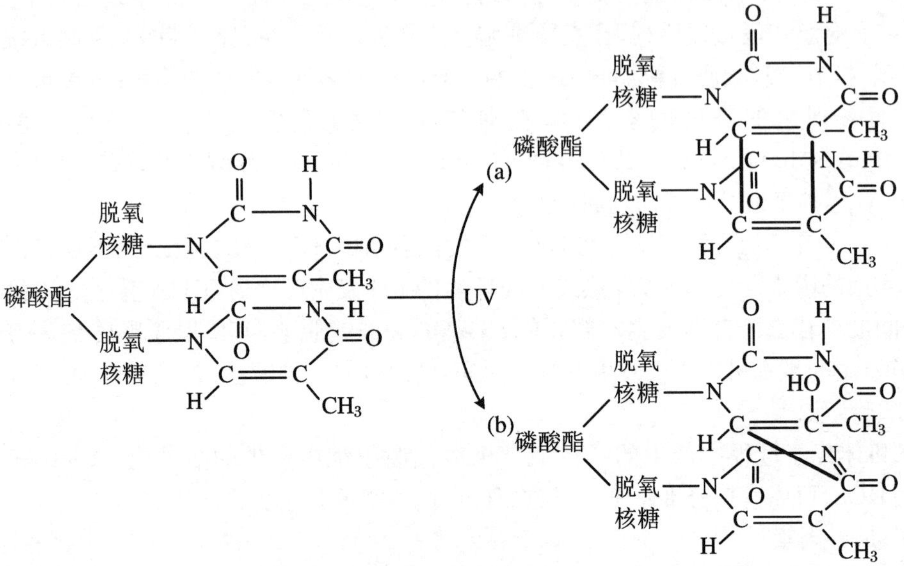

图 3.17   胸腺嘧啶二聚体的形成过程

a. 自由基导致 DNA 损伤:自由基是指能够独立存在,外层轨道带有未配对电子的原子、原子团或分子。自由基的化学性质是异常活跃的,可能产生多种化学反应,影响细胞功能。自由基的产生可以是体外因素与体内因素相互作用的结果,如电离辐射产生羟自由基(·OH)和氢自由基(H·),而生物体内的代谢过程可产生活性氧自由基。·OH 具有极强的氧化性质,而 H· 则具有极强的还原性质。这些自由基可与 DNA 分子发生反应,导致碱基、核糖和磷酸基损伤,引发 DNA 的结构与功能异常。

b. 碱基类似物导致 DNA 损伤:碱基类似物是一种人工合成的可以与 DNA 正常碱基结构类似的化合物,通常被用作抗癌药物或促突变剂。在 DNA 复制时,因结构类似,碱基类似物可取代正常碱基掺入到 DNA 链中,并与互补链上的碱基进行配对,引发碱基对之间的置换。比如,5-溴尿嘧啶(5-bromouracil,5-BU)是胸腺嘧啶的类似物,有酮式和烯醇式两种结构,前者与腺嘌呤配对,后者与鸟嘌呤配对,可导致 AT 配对与 GC 配对间的相互转变。

c. 碱基修饰剂等导致 DNA 损伤:这是一类通过对 DNA 的碱基中一些基团进行修饰,改变被修饰碱基的配对方式,进而改变 DNA 结构的化合物。例如亚硝酸能脱去碱基上的氨基,腺嘌呤脱氨后成为次黄嘌呤,不能与原来的胸腺嘧啶配对,转而与胞嘧啶配对;胞嘧啶脱氨基成为尿嘧啶,不能与原来的鸟嘌呤配对,转而与腺嘌呤配对。这些都可以改变碱基的序列。此外,众多的烷化剂如氮芥、硫芥、二乙基亚硝胺等可导致 DNA 碱基上的氮原子烷基化,引起 DNA 分子上的电荷变化,也可改变碱基配对,或者烷基化的鸟嘌呤脱落导致无碱基位点,或者引起 DNA 链中的鸟嘌呤连接成二聚体,或者导致 DNA 链交联与断裂。这些变化都可以引起 DNA 序列或结构异常,阻止正常的修复进行。

　　d. 嵌入性染料导致 DNA 损伤:如溴化乙锭、吖啶橙等染料进行损伤的机制是直接插入到 DNA 碱基对中,导致碱基对间的距离增大一倍,极易造成 DNA 两条链的错位,在 DNA 复制过程中往往引发核苷酸的缺失、移码或者插入。

　　物理因素和化学因素对 DNA 的损伤作用如图 3.18 所示。

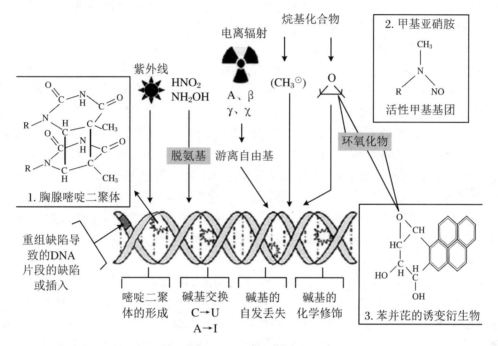

图 3.18　物理及化学因素对 DNA 的损伤作用

　　③ 生物因素。生物因素中最主要的是病毒和霉菌,例如麻疹病毒、风疹病毒、疱疹病毒、黄曲霉、寄生曲霉等,其蛋白质表达产物或产生的毒素和代谢产物,如黄曲霉素等有诱变作用。黄曲霉素主要由黄曲霉产生。在湿热地区的食品和饲料中出现黄曲霉毒素的概率最高。它们存在于土壤、动植物、各种坚果中,特别是容易污染花生、玉米、稻米、大豆、小麦等粮油产品,是霉菌毒素中毒性最大、对人类健康危害极为突出的一类霉菌毒素。

2. DNA 损伤包括多种类型

　　DNA 分子中的碱基、核糖与磷酸二酯键都是 DNA 损伤因素作用的靶点。DNA 分子结构改变的类型不同,DNA 损伤包括碱基脱落、碱基结构破坏、嘧啶二聚体形成、DNA 单链或双链断裂、DNA 交联等多种类型。

　　(1) 碱基损伤与糖基破坏

　　化学毒物可通过对碱基的某些基团进行修饰而改变碱基的理化性质,破坏碱基的结构。比如:① 亚硝酸等会导致碱基脱氨。②在羟自由基的攻击下,嘧啶碱基易发生加成、脱氢等反应,导致碱基环的破裂。③ 具有氧化活性的物质可造成 DNA 中嘌呤或嘧啶碱基的氧化修饰,形成 8-羟基脱氧鸟苷或 6-甲基尿嘧啶等氧化代谢物。DNA 分子中的戊糖基的碳原子和羟基上的氢可能与自由基反应,由此戊糖基的正常结构被破坏。

由于碱基损伤或糖基破坏,在 DNA 链上可能会形成一些不稳定点,最终导致 DNA 链的断裂。

(2) 碱基之间发生错配

如前所述,例如碱基类似物的掺入、一些碱基修饰剂可改变碱基的性质,导致 DNA 序列中的错误配对。在正常的 DNA 复制过程中,存在着一定程度自发的碱基错配,最常见的是组成 RNA 的尿嘧啶替代胸腺嘧啶掺入到 DNA 分子中。

(3) DNA 链发生断裂

DNA 链断裂是电离辐射致 DNA 损伤的主要形式。某些化学毒剂也可导致 DNA 链断裂。戊糖环的破坏、碱基的损伤和脱落都是引起 DNA 断裂的原因。碱基损伤或糖基的破坏可引起 DNA 双螺旋局部变性,形成酶的敏感性位点,特异性的核酸内切酶能识别并切割这样的位点,造成 DNA 链断裂。DNA 链上的受损碱基也可以被另一种特异的 DNA-糖苷酶切除,形成无嘌呤或嘧啶的空位点(apurinic-apyrimidinic site, AP site),或称无碱基位点,这些位点在内切酶等的作用下可造成 DNA 链的断裂。DNA 断裂可以发生在单链或双链上,单链断裂能迅速在细胞中以另一条互补链为模板重新合成,完成修复;而双链断裂在原位修复的概率很小,需依赖重组修复,这种修复导致染色体畸变的可能性很大。因此,一般认为双链断裂的 DNA 损伤与细胞的致死性效应有直接联系。

(4) DNA 链的共价交联

受到损伤的 DNA 分子中有许多种 DNA 的交联形式。DNA 分子中同一条链中的两个碱基以共价键结合,称为 DNA 链内交联(DNA intrastrand cross-linking)。DNA 链内交联的最典型的例子就是低波长紫外线照射后形成的嘧啶二聚体。DNA 分子一条链上的碱基与另一条链上的碱基以共价键结合,称为链间交联(DNA interstrand cross-linking)。DNA 分子与蛋白质以共价键结合的情况,称为 DNA-蛋白质交联(DNA protein cross-linking)。

但在实际生活中,DNA 损伤是相当复杂的。当 DNA 受到严重损伤时,在其局部范围所发生的损伤通常会有多种,而多种类型的损伤是复合存在的。最常见的类型是碱基损伤、糖基破坏和链断裂可能同时存在。这样的损伤部位称为局部多样性损伤部位。

上述 DNA 损伤可能导致 DNA 模板发生碱基置换、插入、缺失、链的断裂等变化,并且可能会影响到染色体的高级结构。就碱基置换来讲,DNA 链中的一种嘌呤被另一种嘌呤取代,或者一种嘧啶被另一种嘧啶取代,称为转换;而嘌呤被嘧啶取代或反之,则称为颠换。转换和颠换在 DNA 复制时可引起碱基错配,导致基因突变。碱基的插入和缺失可引起移码突变。DNA 断裂可以改变 RNA 合成过程中链的延伸。而 DNA 损伤所引起的染色质结构变化也可以造成转录的异常。所有这些变化均可造成某种或某些基因信息发生改变或丢失,进而导致其表达产物的量与质的变化,对细胞的功能造成不同程度的影响。

需要指出的是,由于密码子的简并性,上述的碱基置换并不一定会发生氨基酸编码的改变。碱基置换可以导致改变氨基酸编码的错义突变(missense mutation)、变为终止密码子的无义突变(nonsense mutation)和不改变氨基酸编码的同义突变(samesense mutation)。

3.2.2　DNA 修复

生命的各种活动中，生物体发生 DNA 损伤不可避免。这种损伤所导致的结果取决于 DNA 损伤的严重程度，以及细胞对损伤的 DNA 的修复能力。DNA 损伤修复是指纠正 DNA 两条单链间错配的碱基、清除 DNA 链上受损的碱基或糖基、恢复 DNA 的正常结构的过程。DNA 修复（DNA repair）是机体维持 DNA 结构完整性与稳定性，保证物种稳定及生命延续的重要环节。细胞内存在多种修复 DNA 损伤的途径或系统。常见的 DNA 损伤修复途径或系统包括直接修复、切除修复、重组修复和损伤跨越修复等（表 3.4）。值得注意的是，一种 DNA 的损伤可以通过多种途径进行修复，而一种修复途径也可以同时参与多种 DNA 损伤的修复过程。

表 3.4　常见的 DNA 损伤修复途径

修复途径	修复对象	参与修复过程的酶或蛋白质
光复活修复	嘧啶二聚体	DNA 光裂合酶
碱基切除修复	受损伤的碱基	DNA 糖苷酶、AP 核酸内切酶
核苷酸切除修复	嘧啶二聚体、DNA 螺旋结构的改变	大肠杆菌中 UvrA、UvrB、UvrC 和 UvrD，人 XP 系列蛋白质 XPA、XPB、XPC……XPG
错配修复	复制或重组中的碱基配对错误	大肠杆菌中的 MutH、MutL、MutS，人的 MLHI、MSH2、MSH3、MSH6 等
重组修复	双链断裂	RecA 蛋白、Ku 蛋白、DNA-PKcs、XRCC4
损伤跨越修复	大范围的损伤或者复制中来不及修复的损伤	RecA 蛋白、LexA 蛋白、其他类型的 DNA 聚合酶

1. 有些 DNA 损伤可以直接修复

直接修复是最简单的一种 DNA 损伤的修复方式。修复酶直接作用在受损的 DNA 上，将之恢复为原来的结构。

（1）嘧啶二聚体的直接修复

嘧啶二聚体的直接修复又称为光复活修复或者光复活作用。生物体内存在着一种 DNA 光复合酶（DNA photolyase），能够直接识别和结合于 DNA 链上的嘧啶二聚体部位。在可见光（400 nm）激发下，DNA 光复合酶可将嘧啶二聚体解聚为原来的单体核苷酸形式，完成修复（图 3.19）。DNA 光复合酶最开始是在低等生物中发现的，有两个与吸收光子有关的生色基团，次甲基四氢叶酸和 $FADH_2$。次甲基四氢叶酸吸收光子后将 $FADH_2$ 激活，再由激活的 $FADH_2$ 将电子转移给嘧啶二聚体，使其还原。鸟类等高等生物虽然体内也有 DNA 光复合酶，但是光复活修复并不是高等生物修复嘧啶二聚体的主要方式。哺乳动物细胞缺乏 DNA 光复合酶。

（2）烷基化碱基的直接修复

催化此类直接修复的酶是一类特异的烷基转移酶，可以将烷基从核苷酸上直接转移到自身肽链上,修复DNA的同时自身发生不可逆转的失活。比如,人类O⁶-甲基鸟嘌呤-DNA甲基转移酶,能够将O⁶位的甲基转移到酶自身的半胱氨酸残基上,使甲基化的鸟嘌呤恢复正常结构(图3.20)。

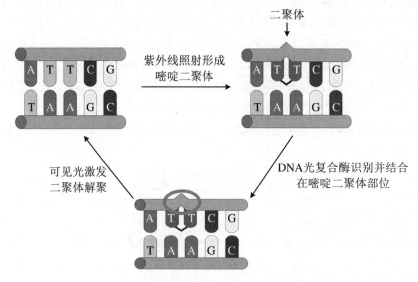

图 3.19　胸腺嘧啶二聚体的 DNA 光复合修复图

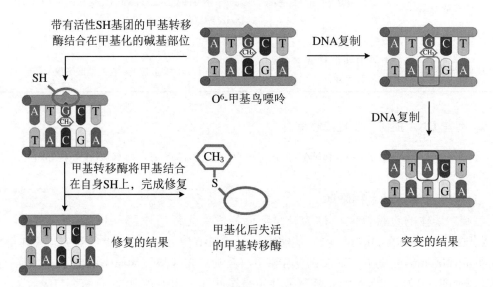

图 3.20　烷基化碱基的直接修复

（3）单链断裂的直接修复

DNA连接酶能够催化DNA双螺旋结构中一条链上缺口处的5′—磷酸基团与相邻片段的3′—OH之间形成磷酸二酯键,再直接参与DNA单链断裂的修复,如电离辐射造成的DNA单链上的切口。

2. 切除修复是最普遍的 DNA 损伤修复方式

切除修复是生物界最为普遍存在的一种 DNA 损伤修复方式。通过此修复方式,可将不正常的碱基或核苷酸除去并替换掉。依据识别损伤机制的不同,又分为碱基切除修复和核苷酸切除修复两种类型。

(1) 碱基切除修复

碱基切除修复(base-excision repair,BER)依赖于生物体内存在的一类特异的 DNA 糖苷酶。整个修复过程包括:① 识别水解:DNA 糖苷酶特异性识别 DNA 链中已经受损的碱基将其水解后去除,产生一个无碱基位点。② 切除:在此位点的 5′端,无碱基位点的核酸内切酶将 DNA 链的磷酸二酯键切开,同时去除剩余的磷酸核糖部分。③ 合成:DNA 聚合酶在缺口处以另一条链为模板修补合成互补序列。④ 连接:由 DNA 连接酶将切口重新连接,使 DNA 恢复正常结构(图 3.21)。

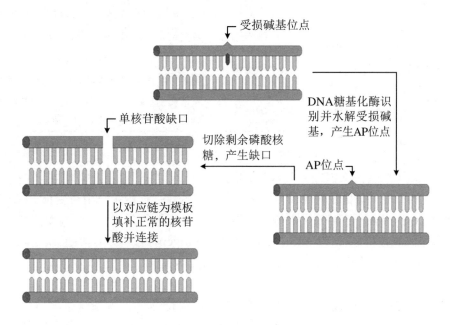

图 3.21　单个碱基的切除修复

(2) 核苷酸切除修复

与碱基切除修复不同,核苷酸切除修复(nucleotideexcisionrepair,NER)系统并不识别具体的损伤,而是识别损伤对 DNA 双螺旋结构所造成的扭曲,但修复过程与碱基切除修复过程类似。① 由一个酶系统识别 DNA 损伤部位。② 在损伤部位两侧切开 DNA 链,去除两个切口之间的一段受损的寡核苷酸。③ 在 DNA 聚合酶的作用下,以另一条链为模板,合成一段新的 DNA,填补缺损区。④ 由连接酶进行连接,完成损伤修复的整个过程。

切除修复是 DNA 损伤修复的一种很普遍的形式,它并不局限由于某些特殊原因造成的损伤,而能一般性地识别和纠正 DNA 链的变化,修复系统能够使用相同的机制和一套修复蛋白质去修复一系列性质各异的损伤。

遗传性着色性干皮病（xeroderma pigmentosum，XP）的发病是由于 DNA 损伤核苷酸切除修复系统基因缺陷所致。人类 XP 相关的 DNA 损伤核苷酸切除修复系统缺陷基因的情况见表 3.5。

表 3.5 人类 XP 相关的 DNA 损伤核苷酸切除修复系统缺陷基因

基因名称	基因的染色体定位	编码蛋白的氨基酸数	编码蛋白质细胞定位	编码蛋白质的主要功能
XPA	9q22.3	273	细胞核	可能结合受损的 DNA，为切除修复复合体其他因子到达 DNA 受损部位指示方向
XPB	2q21	782	细胞核	在 DNA 切除修复中，发挥解螺旋酶的功能
XPC	3p25	940	细胞核	可能是受损 DNA 的识别蛋白质
XPD	19q13.3	760	细胞核	转录因子 TFⅡH 的一个亚单位，与 XPB 一起，在受损 DNA 修复中，发挥解螺旋酶的功能
XPE	11q12-13 11p11-12	1140 427	细胞核	主要结合受损 DNA 的嘧啶二聚体处
XPF	16p13.12	905	细胞核	结构专一性 DNA 修复核酸内切酶，在 DNA 损伤切除修复中，在受损 DNA 的 5′-端切口
XPG	13q33	1186	细胞核	镁依赖的单链核酸内切酶，在 DNA 损伤切除修复中，在受损 DNA 的 3′-端切口

人类的 DNA 损伤核苷酸切除修复需要大约 30 多种蛋白质的参与。其修复过程如下：① 由损伤部位识别蛋白 XPC 和 XPA 等，再加上 DNA 复制所需的 SSB，结合在损伤 DNA 的部位。② XPB 和 XPD 发挥解旋酶的活性，与上述蛋白质共同作用在受损 DNA 周围形成一个凸起。③ XPG 与 XPF 发生构象改变，分别在凸起的 3′-端和 5′-端发挥核酸内切酶活性，在增殖细胞核抗原（proliferatingcellnuclearantigen，PCNA）的帮助下，切除并释放受损的寡核苷酸。④ 遗留的缺损区由 DNA pol δ 或 DNA pol ε 进行修补合成。⑤ 由连接酶完成连接。

核苷酸切除修复不仅能够修复整个基因组中的损伤，而且能够修复那些正在工作的基因模板链上的损伤，后者又称为转录偶联修复（transcription-coupled repair），因此，更具积极意义。在此修复中，所不同的是由 RNA 聚合酶承担起识别损伤部位的任务。

（3）碱基错配修复

错配是指不是 Watson-Crick 碱基配对的形式。碱基错配修复也可被看作是碱基切除修复的一种特殊形式，是维持细胞中 DNA 结构完整稳定的重要方式，主要负责纠正以下错误：① 新复制与重组中出现的碱基配对错误。② 因碱基损伤所致的碱基配对错误。③ 碱基插入。④ 碱基缺失。从低等生物到高等生物，均拥有保守的碱基错配修复系统或途径。大肠杆菌参与 DNA 复制中错配修复的蛋白质包括 Mut（mutase）H、MutL、MutS、DNA 解旋酶、单链 DNA 结合蛋白、核酸外切酶Ⅰ、DNA polⅢ，以及 DNA 连接酶等十余种蛋白质或相关酶成分，修复的机制很复杂。修复过程中面临的主要问题是如何区分母链和子链。在细菌 DNA 中甲基化修饰是一个重要标志，母链是高度甲基化的，主要是其腺嘌呤 A 发生甲基化修饰,而新合成子链中的腺嘌呤 A 的甲基化修饰尚未进行,这提示错配修复应在此链上进行。首先由 MutS 蛋白识别错配碱基,随后由 MutL 和 MutH 等蛋白质协同相应的核酸外切酶,将包含错配点在内的一小段 DNA 进行水解、切除,经修补、连接后,恢复 DNA 正确的碱基配对。

继细菌错配修复的机制被发现之后,真核细胞的错配修复机制在近几年也取得了很大进展。现已发现多种与大肠杆菌的 MutS 和 MutL 高度同源的参与错配修复的蛋白质,如与大肠杆菌 MutS 高度同源的人类的 MSH2(mutS homolog 2)、MSH6 和 MSH3 等。MSH2 和 MSH6 的复合物可识别包括碱基错配、插入、缺失等 DNA 损伤,而由 MSH2 和 MSH3 形成的蛋白质复合物则主要识别碱基的插入与缺失。真核细胞并不像原核细胞那样以甲基化来区分母链和子链,可能是依赖修复酶与复制复合体之间的联合作用识别新合成的子链。有关人类错配修复系统成员的一般情况见表 3.6。

表 3.6　人类错配修复系统成员的一般情况

基因名称	染色体定位	cDNA 全长(bp)	蛋白质全长氨基酸数	主要功能	细胞定位	组织分布
MLH1	3p21.3	2484	756	错配修复	细胞核	大肠、乳腺、肺、脾、睾丸、前列腺、甲状腺、胆囊、心肌
MLH3	14q24.3	4895	1453	错配修复	细胞核	广泛,尤多见于消化道上皮
PMS1	2q31-33	3121	932	错配修复	细胞核	与 MLHl 组织分布一致
PMS2	7p22	2859	862	错配修复	细胞核	与 MLHl 组织分布一致
MSH2	2p22-21	3181	934	错配修复	细胞核	广泛,在肠道表达多限于隐窝
MSH1	Sql1-12	3187	1137	错配修复	细胞核	在非小细胞肺癌和造血系统恶性肿瘤中表达减少
MSH4	lp31	3085	936	染色体重组	细胞核	睾丸、卵巢
MSH5	6p21.3	2883	834	染色体重组	细胞核	广泛,尤其在睾丸、胸腺和免疫系统中高表达
MSH6	2p16	4263	1360	错配修复	细胞核	

3. DNA 严重损伤时需要重组修复

双链 DNA 分子中的一条链断裂,可被模板依赖的 DNA 修复系统修复,不会给细胞带来严重后果。但 DNA 分子的双链断裂是一种极为严重的损伤。与其他修复方式不同的是,双链断裂修复由于没有互补链可言,因此难以直接提供修复断裂所必需的互补序列信息。为此,需要另外一种更加复杂的机制,即重组修复来完成 DNA 双链断裂的修复。重组修复是指依靠重组酶系,将另一段没有受到损伤的 DNA 移到损伤部位,提供正确的模板,进行修复的过程。依据机制的不同,重组修复可分为同源重组修复和非同源末端连接重组修复。

（1）同源重组修复

所谓的同源重组修复（homologous recombination repair）是参加重组的两段双链 DNA 在相当长的范围内序列相同（≥200 bp），这样就能保证重组后生成的新序列是正确的。大肠杆菌同源重组的分子机制已经研究得比较清楚,起关键作用的是 RecA 蛋白,也被称作重组酶,它是一个由 352 个氨基酸组成的蛋白质。多个 RecA 单体在 DNA 上聚集,形成右手螺旋的核蛋白细丝,细丝中具有深的螺旋凹槽,可以识别和容纳 DNA 链。在 ATP 存在的情况下,RecA 可与损伤的 DNA 单链区结合,使 DNA 伸展,同时 RecA 可识别与受损 DNA 序列相同的姐妹链,并使之与受损 DNA 链并排排列,交叉互补,并分别以结构正常的两条 DNA 链为模板重建损伤链。最后在其他酶的作用下,解开交叉互补连接新合成的链,完成同源重组。同源重组生成的新片段具有很高的忠实性。有关酵母同源重组的分子机制也已被研究揭示,与大肠杆菌机制类似,具体见图 3.22（彩图 2）。在酵母的重组修复过程中先后有 Mre、Nbs、Rad50、Rad52、Rad51B、Rad51C、Rad51D、XRCC2、XRCC3 和 RPA 等相关蛋白质或酶参与。

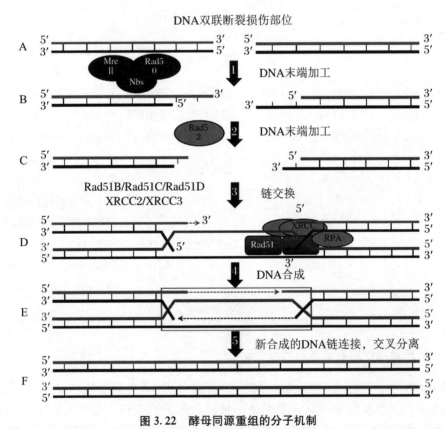

图 3.22 酵母同源重组的分子机制

① 由黑色与灰色线条组成的 DNA 双链为断裂损伤的 DNA 双链。② 由深蓝色与浅蓝色线条组成的 DNA 双链为完好 DNA 双链,与断裂损伤的 DNA 双链序列同源。③ 上图 D,两个方向的重组合成的 DNA 中,只有右侧的酶或相关蛋白被标示出来。④ 上图 E,红色线条框所示的4 条 DNA 单链的交叉互补中,灰色的 DNA 单链与浅蓝色的 DNA 单链互补,后者是前者合成的模板;黑色的 DNA 单链与深蓝色的 DNA 单链互补,同样后者是前者合成的模板。

（2）非同源末端连接的重组修复

非同源末端连接重组修复（non homologous end joining recombination repair）是哺乳动物细胞 DNA 双链断裂的一种修复方式，顾名思义，即两段 DNA 链的末端不需要同源性就能相互替代连接。因此，非同源末端连接重组修复的 DNA 链的同源性不高，修复的 DNA 序列中可存在一定的差异。对于拥有巨大基因组的哺乳动物细胞来说，发生错误的位置可能并不在必需基因上，这样依然可以维持受损细胞的存在。非同源末端连接重组修复中起关键作用的蛋白质分子是 DNA 依赖的蛋白激酶（DNA-dependent protein kinase，DNA-PK），是一种核内的丝氨酸/苏氨酸蛋白激酶，由一个分子量大约为 465 kDa 的催化亚基（DNA-PKcs）和一个能结合 DNA 游离端的杂二聚体蛋白 Ku 组成。DNA-PKcs 的作用是介导 DNA-PK 的催化功能，而 Ku 蛋白可与双链 DNA 的断端连接，促进双链断裂的重接。

另一个参与非同源末端连接重组修复的重要蛋白质是 XRCC4（X-ray repair cross complementing 4），它可以和 DNA 连接酶形成复合物，增强连接酶的活力，在 DNA 连接酶与组装在 DNA 末端的 DNA-PK 复合物相结合的过程中起中间体作用。非同源末端连接重组修复既是修复 DNA 损伤的一种方式，又可作为一种生理性基因重组的策略，将原来并没有连在一起的基因或片段连接产生新的组合，如 B 淋巴细胞、T 淋巴细胞的受体基因、免疫球蛋白基因的构建与重排等。

4. 跨越损伤 DNA 合成是一种差错倾向性 DNA 损伤修复

当 DNA 双链发生大范围的损伤，DNA 损伤部位失去其模板作用，或复制又已解开母链，修复系统无法通过以上方式进行有效的修复，此时，细胞可以诱导一个或多个应急途径，通过跨过损伤部位先进行复制，再设法修复。而根据损伤部位跨越机制的不同，这种跨越损伤 DNA 的修复又被分为重组跨越损伤修复与合成跨越损伤修复两种类型。

（1）重组跨越损伤修复

当 DNA 链的损伤较大，致使损伤链不能作为模板复制时，细胞利用同源重组的方式，将 DNA 模板进行重组交换，使复制能够继续下去。然而，在大肠杆菌中，还有某些新的机制，当复制进行到损伤部位时，DNA 聚合酶Ⅲ停止移动，并从模板上脱离下来，然后在损伤部位的下游重新启动复制，从而在子链 DNA 上产生一个缺口。RecA 重组蛋白将另一股健康母链上对应的序列重组到子链 DNA 的缺口处填补。通过重组跨越，解决了有损伤的 DNA 分子的复制问题，但其损伤并没有真正地被修复，只是转移到了另一个新合成的子代的 DNA 分子上，由细胞内其他修复系统来进行后继修复。

（2）合成跨越损伤修复

当 DNA 双链发生大片段、高频率的损伤时，大肠杆菌可以紧急启动应急修复系统，诱导产生新的 DNA 聚合酶（DNA 聚合酶 W 或 DNA 聚合酶 V），替换停留在损伤位点的原来的 DNA 聚合酶Ⅲ，在子链上以随机方式插入正确或错误的核苷酸使复制继续，越过损伤部位之后，这些新的 DNA 聚合酶完成使命后从 DNA 链上脱离，再由原来的 DNA 聚合酶Ⅲ继续复制。因为诱导产生的这些新的 DNA 聚合酶的活性低，识别碱基的精确度差，一般无校对功能，所以这种合成跨越损伤复制过程的出错率会大大增加，是大肠杆菌 SOS 反应或 SOS 修复的一部分。

在大肠杆菌等原核细胞中,SOS修复反应是由RecA蛋白与LexA阻遏物的相互作用引发的,有近30个SOS相关基因编码蛋白质参与此修复反应。正常情况下,*RecA*基因以及其他的SOS相关的可诱导基因的上游,有一段共同的操纵序列(5′-CTG-N10-CAG-3′)被LexA阻遏蛋白所阻遏,只有低水平的转录和翻译,产生少量的相应蛋白质。当DNA严重损伤时,RecA蛋白表达,激活LexA的自水解酶活性,当LexA阻遏蛋白因水解从*RecA*基因以及SOS相关的可诱导基因的操纵序列上解离下来后,一系列受LexA阻遏的基因得以表达,参与SOS修复活动。完成修复后,LexA阻遏蛋白重新合成,SOS相关的可诱导基因重新关闭(图3.23)。需要指出的是,SOS反应诱导的产物可参与重组修复、切除修复和错配修复等过程。这种修复机制因海空紧急呼救信号"SOS"而得名。

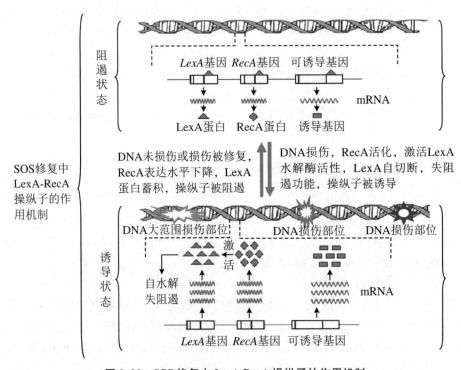

图3.23 SOS修复中LexA-RecA操纵子的作用机制

此外,对于受损的DNA分子,除了启动上述诸多的修复途径修复损伤之外,细胞还可以通过其他的途径将损伤的后果降至最低。例如,通过DNA损伤应激反应活化的细胞周期检查点机制,延迟或阻断细胞周期进程,为损伤修复提供充足的时间,诱导修复基因转录翻译,加强损伤的修复,使细胞能够安全进入新一轮的细胞周期。与此同时,细胞还可以激活凋亡机制,诱导严重受损的细胞凋亡,在整体上维持生物体基因组的稳定。

3.2.3 DNA损伤及其修复的意义

遗传物质的稳定性代代相传是维持物种稳定的最主要因素。然而,如果遗传物质是绝对一成不变的话,自然界便失去了进化的基础,新物种也就不会再出现。因此,生物多样性依赖于 DNA 损伤与损伤修复之间良好的动态平衡。

1. DNA 损伤具有双重效应

一般认为 DNA 损伤是有害的。然而,就损伤的结果而言,DNA 损伤是一把双刃剑,DNA 损伤是基因突变的基础。通常,DNA 损伤有两种生物学后果:一是给 DNA 带来永久性的改变,即突变,可能改变基因的编码序列或基因的调控序列。二是 DNA 的这些改变使得 DNA 不能用作复制和转录的模板,使细胞的功能出现障碍,重则死亡。

从长久的生物史来看,进化是遗传物质不断突变的过程。可以说没有突变就没有今天生物物种的多样性。当然在短暂的某一段历史时期,我们往往无法看到一个物种的自然演变,只能看见长期突变的累积结果,适者生存。因此突变是进化的分子基础。

DNA 突变可能只改变基因型,而不影响其表型,并表现出个体差异。目前,基因的多态性已被广泛应用于亲子鉴定、器官移植和疾病易感性的分析等。DNA 损伤若发生在与生命活动密切相关的基因上,可能导致细胞甚至于个体的死亡。人类常利用此性质杀死某些病原微生物。

DNA 突变可能也是某些遗传性疾病的发病基础,尤其是有遗传倾向的疾病,像高血压和糖尿病均是多种基因与环境因素共同作用产生的结果。

2. DNA 损伤修复障碍与多种疾病相关

细胞中 DNA 损伤的生物学后果,主要取决于 DNA 损伤的程度和细胞的修复能力。如果损伤得不到及时正确的修复,有可能会导致细胞功能的异常。DNA 碱基的损伤可能会导致遗传密码子的变化,经转录和翻译产生功能异常的 RNA 与蛋白质,引起细胞功能的衰退、凋亡,甚至发生恶性转化。双链 DNA 的断裂可通过同源或非同源重组修复途径加以修复,但非同源重组修复的忠实性差,修复过程中可能会得到或缺少核苷酸,造成染色体畸形,导致严重后果。DNA 交联影响染色体的高级结构,妨碍基因的正常表达,对细胞的功能同样产生影响。因此,DNA 损伤与肿瘤、衰老以及免疫性疾病等多种疾病的发生有着非常密切的关系(表 3.7)。

表 3.7　DNA 损伤修复系统缺陷相关的人类疾病

疾病	易患肿瘤或疾病	修复系统缺陷
着色性干皮病	皮肤癌、黑色素瘤	核苷酸切除修复
遗传性非息肉性结肠癌	结肠癌、卵巢癌	错配修复,转录偶联修复
遗传性乳腺癌	乳腺癌、卵巢癌	同源重组修复
Bloom 综合征	白血病、淋巴瘤	非同源末端连接重组修复
范科尼贫血	再生障碍性贫血、白血病、生长迟缓	重组跨越损伤修复
Cockyne 综合征	视网膜萎缩、侏儒、耳聋、早衰、对 UV 敏感	核苷酸切除修复,转录偶联修复
毛发低硫营养不良	毛发易断、生长迟缓	核苷酸切除修复

（1）DNA 损伤修复系统缺陷与肿瘤

先天性 DNA 损伤修复系统缺陷的病人容易发生恶性肿瘤。肿瘤发生是 DNA 损伤对机体的远期效应之一。众多研究表明，DNA 损伤后修复异常，导致基因突变后发生肿瘤，是贯穿肿瘤发生发展的重要环节。DNA 损伤可导致原癌基因的激活，也可使抑癌基因失活。癌基因与抑癌基因的表达失衡是细胞恶变的重要机制。参与 DNA 损伤修复的多种基因具有抑癌基因的功能，目前已发现这些基因在多种肿瘤中发生突变而失活。1993 年，有研究发现，人类遗传性非息肉性结肠癌（hereditary non-polyposis colorectal cancer，HNPCC）细胞存在错配修复与转录偶联修复缺陷，造成细胞基因组的不稳定性，进而引起调控细胞生长的基因发生突变，引发细胞恶变。在 HNPCC 中，*MLHJ* 和 *MSH2* 基因的突变时有发生。*MLHI* 基因的突变形式主要有错义突变、无义突变、缺失和移码突变等。而 *MSH2* 基因的突变形式主要有移码突变、无义突变、错义突变以及缺失或插入等；其中以第 622 位密码子发生 ClT 转换，导致脯氨酸突变为亮氨酸最为常见，结果使 MSH2 蛋白的功能丧失。

BRCA 基因（breast cancer gene）参与 DNA 损伤修复的启动与细胞周期的调控。*BRCA* 基因的失活可以使得细胞对辐射的敏感度增加，导致细胞对双链 DNA 断裂修复能力的下降。现已发现 *BRCAJ* 基因在 70% 的家族遗传性乳腺癌和卵巢癌病例中发生突变而失活。

值得注意的是，DNA 修复功能缺陷虽然可引起肿瘤的发生，但癌变的细胞本身 DNA 修复功能并不是十分低下的，相反会显著升高，使得癌细胞能够充分修复化疗药物引起的 DNA 的损伤，这也是大多数抗癌药物不能奏效的直接原因，所以关于 DNA 修复的研究可为肿瘤联合化疗提供新的思路。

（2）DNA 损伤修复缺陷与遗传性疾病

着色性干皮病（XP）病人的皮肤对阳光非常敏感，照射后出现红斑、水肿，继而出现色素沉着、干燥、过度角化，甚至会出现黑色素瘤、基底细胞癌、鳞状上皮癌及棘状上皮瘤等瘤变发生。具有不同临床表现的 XP 病人存在明显的遗传异质性，表现为不同程度的核酸内切酶缺失引发的切除修复功能的缺陷，所以患者的肺、胃肠道等器官在受到有害环境因素刺激时，会有较高的肿瘤发生率。然而，在对 XP 的进一步研究中发现，某些患者虽具有明显的临床症状，但在紫外线照射后的核苷酸切除修复中却没有明显的缺陷表型，故将其定名为"XP 变种"（XP variant，XPV）。这类病人的细胞在培养中表现出对紫外线照射的敏感性略微增强，变种的切除修复功能正常，但复制后修复功能有一定缺陷。最新的研究发现，某些XP 变种的分子病理学机制是由它对 DNA 碱基损伤耐受的缺陷所致，而不是修复方面的缺陷。

共济失调毛细血管扩张症（ataxia telangiectasia，AT）是一种常染色体隐性遗传病，主要影响机体的神经系统、免疫系统还有皮肤。AT 病人的细胞对射线及拟辐射的化学因子，如博来霉素等比较敏感，具有极高的染色体自发畸变率，以及对辐射所致的 DNA 损伤的修复缺陷。病人的肿瘤发病率相当高。AT 的发生与在 DNA 损伤信号转导网络中发挥关键作用的 ATM 分子的突变有关。

此外，DNA 损伤核苷酸切除修复的缺陷可以导致人毛发低硫营养不良（trichothiodys-trophy，TTD）、Cockayne 综合征（Cockayne syndrome，CS）和范科尼贫血（Fanconi anemia,FA)等遗传疾病。

（3）DNA 损伤修复缺陷与免疫性疾病

DNA 修复功能先天性缺陷病人，其免疫系统常有缺陷，主要是 T 淋巴细胞功能缺陷。随着年龄的增长，细胞中的 DNA 修复功能逐渐衰退，如果同时发生免疫监视功能的障碍，便不能及时清除突变的细胞，甚至导致肿瘤的发生。因此，DNA 损伤修复、免疫和肿瘤的关系是紧密相关的。

（4）DNA 损伤修复与衰老

有关 DNA 损伤修复能力的比较，寿命长的动物如象、牛等的 DNA 损伤的修复能力较强；寿命短的动物如小白鼠、仓鼠等的 DNA 损伤的修复能力比较弱。人的 DNA 修复能力也很强，但到一定年龄后会逐渐减弱，突变细胞数与染色体畸变率相应增加。如人类常染色体隐性遗传的早老症和韦尔纳综合征病人，其体细胞极易衰老，一般早年死于心血管疾病或恶性肿瘤。

（李　钰）

第 4 章 原核生物基因表达与调控

4.1 原核生物基因转录特点

4.1.1 转录模板与 RNA 聚合酶

转录（transcription）是生物体以 DNA 的一条链为模板，通过碱基配对的方式合成出与模板链互补的 RNA 的过程，其本质是由 RNA 聚合酶催化核苷酸之间的聚合酶促反应，把 DNA 分子中的碱基序列（遗传信息）转成 RNA 分子中的碱基序列。在生物界，RNA 的生物合成有两种方式：一是 DNA 指导的 RNA 合成（DNA-dependent RNA synthesis），也称为转录，这种方式是生物体内主要合成 RNA 的方式，也是本章介绍的主要内容。转录产物除 mRNA、rRNA 和 tRNA 外，在真核细胞内还有 snRNA、miRNA、piRNA 等非编码 RNA。另一种是 RNA 指导的 RNA 合成（RNA-dependent RNA synthesis），也称为 RNA 复制（RNA replication），由 RNA 依赖的 RNA 聚合酶（RNA-dependent RNA polymerase）催化，常见于病毒，是逆转录病毒以外的 RNA 病毒在宿主细胞以病毒的单链 RNA 为模板合成 RNA 的方式。

1. 原核生物转录的模板

RNA 的生物合成需要 DNA 作为模板，所合成的 RNA 分子中的核苷酸（或碱基）排列顺序与模板 DNA 的碱基排列顺序是互补关系（图 4.1）。但是转录的模板和复制的模板有很大的差异，复制发生在整个基因组 DNA，但是转录是机体根据不同的发育时期、生成条件及生理需要，启动相关基因转录。因此在某些特定的生理条件下或者机体发育的特定时期，只是某些特定基因发生转录，而其他基因不被转录。在体外，RNA 聚合酶能使 DNA 的两条链同时转录，但在体内 DNA 分子双链中仅一股链作为模板指导转录生成 RNA，另一股链不转录；不同基因的模板链并非总是在同一 DNA 单链上（图 4.2）。DNA 分子上转录出 RNA 的区段，称为结构基因（structural gene）。

DNA 双链中按碱基配对规律能指引转录生成 RNA 的那股 DNA 单链，称为模板链（template strand）或负链（－链），也称为反义链或 Watson 链。相对的另一股 DNA 单链是编码链（coding strand）或正链（＋链），也称为有义链或 Crick 链。

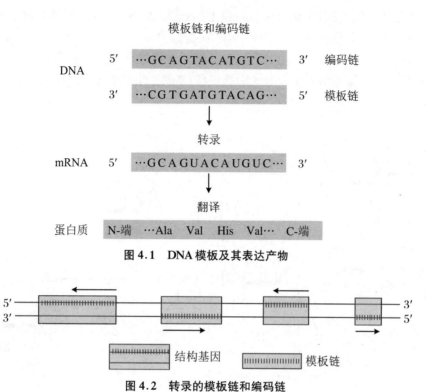

图 4.1　DNA 模板及其表达产物

图 4.2　转录的模板链和编码链

2. RNA 聚合酶

第一种被发现的合成核酸的酶是多聚核苷酸磷酸化酶(polynucleotide phosphorylase，PNP)，是 1955 年由 Marianne Grunberg-Manago 和 Severo Ochoa 首先报道的一种催化 RNA 合成的酶。因此 Ochoa 和 Arthur Kornberg 荣获 1959 年的诺贝尔医学、生理学奖。真正的大肠杆菌 RNA 聚合酶，是在 1960 年由 4 个独立的研究小组(Sam Weiss，Jerard Hurwitz，A. Stevens 和 J. Bonner)几乎同时从大肠杆菌中得到，并发现此酶需要模板，使用 4 种核糖核苷三磷酸(rNTPs)为底物(其中 N 代表 A、G、C、U)，合成和模板链互补的序列，并需要 Mg^{2+}。催化的总反应式表示为

$$NTP + (NMP)_n \xrightarrow[\text{RNA 聚合酶，}Mg^{2+}]{\text{DNA 模板}} (NMP)_{n+1} + PP_i$$

（1）RNA 聚合酶能从头启动 RNA 链的合成

RNA 聚合酶也称为 DNA 依赖的 RNA 聚合酶(DNA-dependent RNA polymerase，DDRP)或者 DNA 指导的 RNA 聚合酶(DNA-directed RNA polymerase，DDRP)。RNA 聚合酶能从头启动 RNA 链的合成。该反应以 DNA 为模板，以 ATP、GTP、UTP 和 CTP 为原料，同时还需要 Mg^{2+} 和 Zn^{2+} 作为辅基。其化学合成机制与 DNA 的复制相似，其化学本质都是 3′,5′-磷酸二酯键的生成(图 4.3)。与 DNA 聚合酶不同，RNA 聚合酶能直接将两个游离的核苷三磷酸聚合在一起，并随之在第 2 个核苷酸的 3′—OH 上继续聚合底物，延伸 RNA 链，因此，在进行 RNA 合成时不需要引物；此外，RNA 聚合酶缺乏 3′→5′外切酶活性，

所以它没有校读功能。RNA 聚合酶与双链 DNA 结合时活性最高,但是只以 DNA 双链中的一股链作为模板,其催化的聚合反应中 RNA 链的前一个核苷酸分子的 3′—OH 与下一个核苷三磷酸分子的 α-磷酸基发生亲核反应,其结果是释放出一分子焦磷酸,形成 3′,5′-磷酸二酯键,焦磷酸进一步水解产生 2 分子无机磷酸,水解产生的能量推动反应的进行。

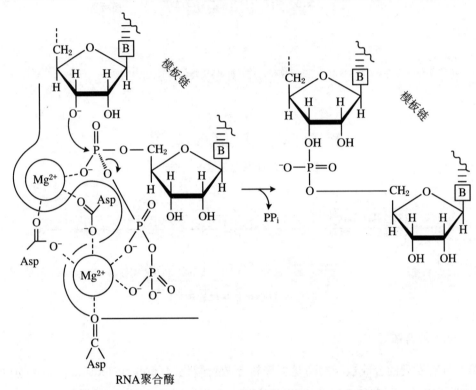

RNA聚合酶

图 4.3　DNA 依赖的 RNA 聚合酶催化 RNA 合成的机制

(2) RNA 聚合酶由多个亚基组成

RNA 聚合酶广泛存在于原核生物与真核生物中,原核生物总体比真核生物简单,原核生物只有一种 RNA 聚合酶,但具有复杂的多亚基结构。该酶几乎负责所有 mRNA、tRNA 和 rRNA 的合成。大多数原核生物的 RNA 聚合酶具有很高的保守性,在组成、相对分子质量及功能上都很相似。大肠杆菌($E.\ coli$)的 RNA 聚合酶是目前研究得比较清楚的分子。其全酶包括 6 个亚基($\alpha_2\beta\beta'\omega\sigma$),分子量高达 480 kDa,其中($\alpha_2\beta\beta'\omega$)4 种亚基组成的结构称为核心酶(core enzyme)(图 4.4)。各亚基的性质和功能见表 4.1。

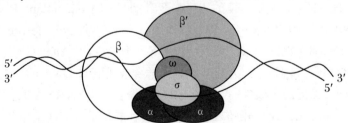

图 4.4　原核生物 RNA 聚合酶组成

表 4.1 大肠杆菌 RNA 聚合酶组分

亚基	分子量	基因	亚基数目	功能
α	36512	rpoA	2	决定哪些基因被转录
β	150618	rpoB	1	与转录全过程有关(催化)
β′	155613	rpoC	1	结合 DNA 模板(开链)
σ	70263	rpoD	1	辨认起始点
ω	11000	rpoZ	1	募集 σ 因子,β′折叠和稳定性

核心酶能够在体外或者试管中独立催化模板指导 RNA 的合成,但是合成 RNA 时没有固定的起始位点;若加入含有 σ 亚基的全酶,则合成能在特定的起始点开始转录,可见 σ 亚基具有识别转录起始点的功能,其功能是辅助核心酶识别并结合启动子区域的特定寡聚核苷酸序列,形成转录起始复合物。在不同的细菌中,α、β 和 β′亚基的大小比较恒定,其差异主要是 σ 亚基的不同。目前已发现多种 σ 亚基,并用其分子量命名区别,不同的 σ 因子与核心酶组成全酶,识别不同基因

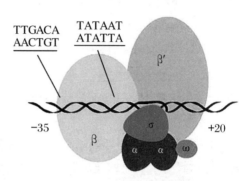

图 4.5　原核生物 RNA 聚合酶全酶在转录起始区的结合

启动子,因此转录不同的基因 RNA 聚合酶可选择不同的 σ 亚基。最常见的是 σ70(分子量为 70 kDa)。σ70 是辨认典型转录起始点的蛋白质,大肠杆菌中的绝大多数启动子可被含有 σ70 因子的全酶所识别并激活。基因转录起始需要全酶来启动,使得转录在特异的起始区开始;转录启动后,σ 亚基便与核心酶脱离,转录延长阶段仅需要核心酶。图 4.5 表示原核生物 RNA 聚合酶全酶在转录起始区的结合。

但有些基因的启动子,如热激蛋白(heat shock proteins,HSP)也为另外的 σ 亚基(σ32)识别,可见,σ32 是应答热刺激而被诱导产生的,它本身也属于一种 HSP。原核生物 RNA 聚合酶的活性可被某些抗生素特异性地抑制。如利福平(rifampicin)和利福霉素(rifamycin)是临床常用的抗结核分枝杆菌药物,它们能够与 RNA 聚合酶的 β 亚基结合并抑制其活性,从而选择性地抑制结核分枝杆菌的生长。

4.1.2　原核生物启动子结构

对于整个基因组来讲,转录是分区段进行的。每一个转录区段可视为一个转录单位,称为操纵子。操纵子由若干个结构基因及其上游的调控序列所构成。调控序列中的启动子(promoter)是 RNA 聚合酶结合模板 DNA 的部位,是控制转录的关键结构。原核生物是以 RNA 聚合酶全酶结合到启动子上而启动转录的,其中 σ 亚基辨认启动子,其他亚基相互配合。启动子具有方向性,它决定转录的方向。

通过 RNA 聚合酶保护法可测定启动子的碱基序列,先把一段基因分离出来,然后与提

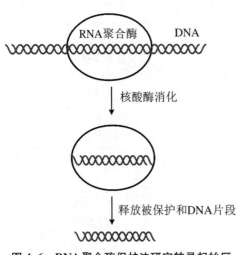

核酸酶消化

释放被保护和DNA片段

图4.6 RNA聚合酶保护法研究转录起始区

纯的 RNA 聚合酶混合,再通过外切核酸酶处理以上混合物一定时间后,在 DNA 结构基因上游总有一段 40～60 bp 的区域,由于受到 RNA 聚合酶的保护而不受 DNA 外切酶的水解。这段 RNA 聚合酶辨认和结合的 DNA 区域即是转录起始部位,即启动子(图 4.6)。通过该种方法已经鉴定出包括 *E. coli* 的乳糖和色氨酸操纵子等 100 多个启动子的序列,通过分析发现不同基因的启动子在序列上具有保守性,也称为共有序列(consensus sequence)。原核生物启动子序列包含 3 个不同的功能部位,在 DNA 片段中有转录起始部位(start site),是 DNA 分子上开始转录的作用位点,通常以 DNA 模板链上转录产生 RNA 链 5′端的第一位核苷酸的碱基为 +1,以此位点沿下游的碱基数常以正数表示,依次计为 +1、+2、+3 等,用负数表示上游的碱基序数,依次计为 −1、−2、−3 等。从转录起始点转录出的第一个核苷酸通常为嘌呤核苷酸,即 A 或 G。转录是从转录起始点开始向模板链的 3′→5′方向进行。

4.1.3 原核生物 RNA 聚合酶对启动子的识别和结合

1. 识别(recognition)

识别的中心部位位于转录起始点上游 −35 bp 处,该区域具有高度的保守性和一致性,−35 区的共有序列为 5′-TTGACA-3′,RNA 聚合酶的 σ 亚基识别结合该区域。一个基因的启动子序列与该序列一致程度越高,启动转录的能力越强。

2. 结合(binding)部位

即 RNA 聚合酶的核心酶与 DNA 启动子结合的部位,其长度约为 7 bp,结合部位的中心位于上游 −10 bp 处,称为 −10 区。1975 年,David Pribnow 和 Heinz Schaller 首先发现 −10 区的共有序列为 5′-TATAAT-3′,也称为 TATA 盒(TATA box)或 Pribnow 盒(Pribnow box)。在 −10 区段 DNA 富含 A-T 碱基,缺少 G-C 碱基(图 4.7),因为 A-T 配对只有两个氢键维系,故 Tm 值较低,易于解链,有利于 RNA 聚合酶的作用,促使转录的起始。

4.1.4 原核生物初级转录物的加工修饰

在细胞内,由 RNA 聚合酶转录后的产物是初级转录本(primary transcript),包括 mRNA、rRNA 以及 tRNA 等各种类型的 RNA 前体,初级转录本不具有生物活性,需要经过一系列的加工、修饰才能转变成有功能的 RNA,表现出相应的生物学功能。原核生物与真核生物相比,转录后的产物加工相对简单,而真核生物相对比较复杂。原核生物的 RNA 加工包括 RNA 链的裂解、5′端与 3′端的切除和特殊结构的形成、核苷的修饰和糖苷键的改变以及拼接和编辑等过程。以上过程统称为转录后加工(post-transcriptional processing),或称为 RNA 的成熟。原核生物的 mRNA 一经转录通常立即进行翻译,除少数外,一般不进行转录后加工。但是 rRNA 和 tRNA 都要经过一系列加工才能成为有活性的分子。

	−35区	间隔	−10区	间隔	+1
rrnB P1	TTGTCA	N_{16}	TATAAT	N_8	A
trp	TTGACA	N_{17}	TTAACT	N_7	A
lac	TTTACA	N_{17}	TATGTT	N_6	A
recA	TTGATA	N_{16}	TATAAT	N_7	A
araBAD	CTGACG	N_{18}	TACTGT	N_6	A

图 4.7　原核生物启动子序列特征

1. mRNA 前体的加工

原核生物没有成形的细胞核,细胞核和细胞质没有完全分开,因此原核生物的 mRNA 的转录和翻译过程是偶联进行的,通常情况下原核生物是一经转录即可直接翻译,转录和翻译过程在时间和空间上没有完全分隔开。绝大多数原核生物 mRNA 不需加工就可以直接作为蛋白质合成的模板。当转录形成 mRNA 后,核蛋白体直接附着在 mRNA 上进行蛋白质的合成。但是也有少数多顺反子 mRNA(polycistron mRNA)须经核酸内切酶裂解成较小的单位后进行翻译。例如,构成原核生物 RNA 聚合酶的 β 亚基与核糖体大亚基蛋白基因组成混合操纵子,转录后形成的初级转录本需由 RNase Ⅲ 切开后才能作为蛋白质合成的模板进行翻译。

2. tRNA 前体的加工

原核或真核生物中的 tRNA 基因通常成簇存在,*E. coli* 中某些 tRNA 基因聚集形成操纵子,这种多顺反子形式的 DNA 由一个启动子转录成一条长的 tRNA 前体。这种 tRNA 前体也需要进行加工才能成功发挥生物学功能。tRNA 前体的加工包括:① 由内切核酸酶 RNase P(tRNA 5′成熟酶)特异剪切 tRNA 前体 5′端多余的核苷酸序列。② 由外切核酸酶 RNase D(tRNA 3′成熟酶)从 3′端逐个切去附加序列。③ 在 tRNA 核苷酸转移酶催化下,在 tRNA 3′端加上特有的—CCA—OH 结构,形成完整的 tRNA 分子中的氨基酸臂。④ 成熟的 tRNA 分子中一些核苷酸碱基经过化学修饰成为稀有碱基,包括甲基化、脱氨基、转位及还原反应,如嘌呤甲基化生成甲基嘌呤、尿嘧啶还原为二氢尿嘧啶、尿嘧啶核苷转变为假尿嘧啶核苷(ψ)、腺苷酸脱氨基成为次黄嘌呤核苷酸(I)等。前体 tRNA 分子必须折叠成特殊的二级结构,剪接反应才能发生,内含子一般都位于前体 tRNA 分子的反密码子环。

3. rRNA 前体的加工

原核生物的基因特点是多顺反子(polycistron)。rRNA 的基因与某些 tRNA 的基因组成混合操纵子,其余 tRNA 基因也成簇存在,并与编码蛋白质的基因组成操纵子。它们在形成多顺反子转录产物后,经断链为 rRNA 和 tRNA 的前体,然后进一步加工成熟。

大肠埃希菌基因组共有 7 个编码 rRNA 的转录单位,它们分散在基因组中。这些转录单位的组成基本相同,均含有 16S、23S 及 5S 3 种 rRNA 分子及一个或几个 tRNA 的基因(图 4.8)。16S rRNA 与 23S rRNA 的基因之间常插入 1 个或者 2 个 tRNA 的基因。每个操纵子都可转录生成初级转录产物 30S 的 rRNA 前体,经切割加工成为成熟的 rRNA 分子。原核生物的 rRNA 基因和某些 tRNA 的基因组成混合操纵子,转录后形成多顺反子转录产物(约 6500 nt),然后通过切割成为 rRNA 和 tRNA 前体,再进一步加工成熟。不同细菌 rRNA 前体的加工过程并不完全相同,但基本过程类似:① rRNA 在修饰酶催化下进行碱基的甲基化修饰。② rRNA 前体被 RNase Ⅲ、RNase E、RNase P、RNase F 等剪切成一定链长的成熟的 rRNA 分子。③ rRNA 与蛋白质结合形成核糖体的大、小亚基。

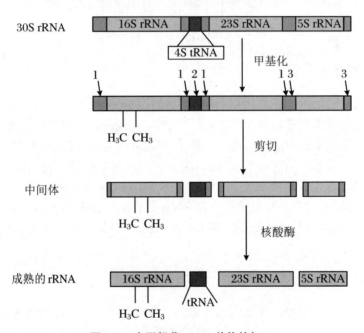

图 4.8　大肠杆菌 rRNA 前体的加工

原核生物 rRNA 含有多个甲基化修饰成分,包括甲基化碱基和甲基化核糖,尤其常见的是核糖 2′—OH 甲基化。16S rRNA 约含有 10 个甲基,23S rRNA 约含有 20 个甲基,5S rRNA 中无修饰成分,一般不进行甲基化反应。

4.2　原核生物蛋白质合成特点

4.2.1　蛋白质合成概述

生物体内的蛋白质以 mRNA 为模板合成。在这一过程中,mRNA 上来自 DNA 基因编码的核苷酸序列信息转换为蛋白质中的氨基酸序列,即将 mRNA 分子中 4 种核苷酸序列所编码的遗传信息转换为蛋白质一级结构中 20 种氨基酸排列顺序的过程,故又称为翻译(translation)。蛋白质生物合成是细胞最为复杂的活动之一。参与细胞内蛋白质合成的原料是 20 种常见的 L-α-氨基酸;此外,还需要 mRNA 作为合成的直接模板,tRNA 作为特异氨基酸的运载工具,携带活化的氨基酸,核蛋白体作为蛋白质合成的装配场所,同时需要相关的酶与蛋白质因子参与反应,并且需要 ATP 或 GTP 提供能量及 Mg^{2+} 和 K^+ 等。

1. mRNA 是蛋白质合成的直接模板

在遗传信息传递过程中,DNA 并不直接指导蛋白质的生物合成,由 DNA 转录而来的 mRNA 才是细胞内蛋白质合成的直接模板,mRNA 中的编码区存在开放性阅读框,阅读框中的核苷酸序列作为遗传密码(genetic code),在蛋白质合成过程中 RNA 中的核苷酸序列信息被翻译为蛋白质的氨基酸序列。在生物体细胞中 mRNA 种类多种多样、大小不一,占细胞中总 RNA 量的 1%～2%,且半寿期最短。每个 mRNA 分子都包括 5′端非翻译区(5′-untranslated region,5′-UTR)、开放性阅读框(open reading frame,ORF)和 3′端非翻译区(3′-untranslated region,3′-UTR)。研究证明,在 mRNA 分子中核苷酸序列的翻译以 3 个相邻核苷酸为单位进行。在 mRNA 的可读框区域,每 3 个相邻的核苷酸组成一个三联体的遗传密码(genetic code)(表 4.3),编码一种氨基酸或肽链合成的起始/终止信息,这种存在于 mRNA 的可读框的三联体形式的核苷酸序列称为密码子(codon)。例如,UUU 是苯丙氨酸的密码子,UCU 是丝氨酸的密码子,GCA 是丙氨酸的密码子。由于构成 mRNA 的核苷酸分子有 4 种核苷酸,经排列组合可产生 64 个密码子,其中的 61 个编码 20 种氨基酸作为蛋白质合成的原料,另有 3 个(UAA、UAG、UGA)不编码任何氨基酸,而是作为肽链合成的终止密码子(termination codon)。需要注意的是,AUG 具有特殊性,不仅代表甲硫氨酸,又作为多肽链合成的起始信号,如果位于 mRNA 的翻译起始部位,它还代表肽链合成的起始密码子(initiation codon)。从 mRNA 5′端的起始密码子 AUG 到 3′端终止密码子之间的核苷酸序列,称为可读框。

表 4.3 遗传密码表

第一碱基(5′)	第二碱基				第三碱基(3′)
	U	C	A	G	
U	苯丙氨酸	丝氨酸	酪氨酸	半胱氨酸	U
	苯丙氨酸	丝氨酸	酪氨酸	半胱氨酸	C
	亮氨酸	丝氨酸	终止密码子	终止密码子	A
	亮氨酸	丝氨酸	终止密码子	色氨酸	G
C	亮氨酸	脯氨酸	组氨酸	精氨酸	U
	亮氨酸	脯氨酸	组氨酸	精氨酸	C
	亮氨酸	脯氨酸	谷氨酰胺	精氨酸	A
	亮氨酸	脯氨酸	谷氨酰胺	精氨酸	G
A	异亮氨酸	苏氨酸	天冬氨酸	丝氨酸	U
	异亮氨酸	苏氨酸	天冬氨酸	丝氨酸	C
	异亮氨酸	苏氨酸	赖氨酸	精氨酸	A
	甲硫氨酸	苏氨酸	赖氨酸	精氨酸	G
G	缬氨酸	丙氨酸	天冬氨酸	甘氨酸	U
	缬氨酸	丙氨酸	天冬氨酸	甘氨酸	C
	缬氨酸	丙氨酸	谷氨酸	甘氨酸	A
	缬氨酸	丙氨酸	谷氨酸	甘氨酸	G

遗传密码具有以下几个重要特点：

（1）方向性

遗传密码的方向性（directionality）是指在 mRNA 中遗传密码的排列具有方向性。翻译时的阅读方向只能从 5′端至 3′端，即从 mRNA 的起始密码子 AUG 开始，按 5′→3′的方向逐一阅读，直至终止密码子。mRNA 可读框中从 5′端到 3′端排列的核苷酸顺序决定了多肽链中从 N-端到 C-端的氨基酸排列顺序（图 4.9）。

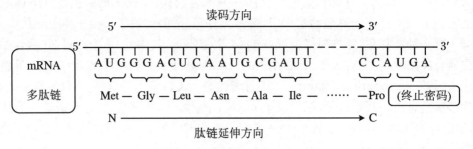

图 4.9 遗传密码的方向性、连续性

（2）连续性

遗传密码的连续性是指 mRNA 分子中密码子之间没有间隔核苷酸，是连续排列的，即具有无标点性（non-punctuation），翻译时从起始密码子开始，每 3 个碱基为一组向 3′端方向连续阅读，直至终止密码子出现。因密码子具有连续性，若可读框中插入或缺失了一个或者两个核苷酸,将会引起 mRNA 可读框发生移动,产生错义,称为移码突变(frameshift muta-tion)(图 4.10)。移码导致后续氨基酸编码序列改变,使得其编码的蛋白质彻底丧失或改变原有功能,由此引起的突变称为移码突变。若连续插入或缺失 3 个核苷酸,则只会在多肽链产物中增加或缺失 1 个氨基酸残基,但不会导致可读框移位。

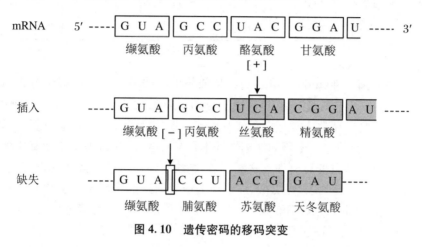

图 4.10　遗传密码的移码突变

(3) 简并性

三联体密码子一共有 64 个,其中有 61 个密码子编码氨基酸,而构成蛋白质的氨基酸只有 20 种,因此某些氨基酸可具有两个或者两个以上的密码子为其编码,即多个密码子编码同一种氨基酸,这种现象称为简并性(degeneracy)。例如,UUU 和 UUC 都是苯丙氨酸的密码子,UCU、UCC、UCA、UCG、AGU 和 AGC 都是丝氨酸的密码子。

对应于同一种氨基酸编码的各密码子称为简并性密码子,也称同义密码子。只有色氨酸与甲硫氨酸密码子无简并性。多数情况下,同义密码子的前两位碱基相同,仅第三位碱基有差异,即密码子的特异性主要由前两位氨基酸决定,如苏氨酸的密码子是 ACU、ACC、ACA、ACG。这意味着密码子第三位核苷酸的改变通常不影响其编码的氨基酸,合成的蛋白质具有相同的一级结构。因此,遗传密码的简并性具有重要的生物学意义,可减少基因突变所带来的生物学效应。密码子的简并性也可使 DNA 上碱基组成有较大的变动余地,不同种细菌的 DNA 中 G+C 含量变动很大,但却可以编码出相同的多肽链。所以密码子的简并性在一定程度上对物种的稳定起着重要作用。

(4) 摆动性

mRNA 序列中的密码子通过与 tRNA 的反密码子配对而发挥翻译作用,但这种配对有时并不严格遵循 Watson-Crick 碱基配对原则,出现摆动(wobble)。摆动性主要体现在密码子的第 3 位碱基和反密码子的第 1 位碱基上。此时 mRNA 密码子的第 1 位和第 2 位碱基(5′→3′)与 tRNA 反密码子的第 3 位和第 2 位碱基(5′→3′)之间仍为 Watson-Crick 配对,而反密码子的第 1 位碱基与密码子的第 3 位碱基配对有时存在摆动现象。例如,反密码子第 1 位碱基为次黄嘌呤(inosine,I),可与密码子第 3 位的 A、C 或 U 配对;反密码子第 1 位的 U 可与密码子第 3 位的 A 或 G 配对;反密码子第 1 位的 G 可与密码子第 3 位的 C 或 U 配对(表 4.4)。由此可见,密码子的摆动性能使一种 tRNA 识别 mRNA 中的多种简并性密码子,因此细胞内只需要 32 种 tRNA 就能识别 61 个编码氨基酸的密码子。

表 4.4 密码子与反密码子的摆动配对

	摆动配对				
tRNA 反密码子第 1 位碱基	I	U	G	A	C
mRNA 密码子第 3 位碱基	U、C、A	A、G	U、C	U	G

(5) 通用性

遗传密码具有通用性(universality),即从低等生物如细菌到人类都使用着同一套遗传密码,说明其十分保守,这为地球上的生物来自同一起源的进化论提供了有力证据,另外也使得利用细菌等生物来制造人类蛋白质成为可能。遗传密码表中的这套"通用密码"基本适用于生物界所有物种,但遗传密码的通用性并不是绝对的,某些低等生物和真核生物细胞器基因的密码仍发现一些改变。例如,在哺乳类动物线粒体内,UGA 除了代表终止信号,也代表色氨酸;而 AUA 不再代表异亮氨酸,而是作为甲硫氨酸的密码子。正常的色氨酸密码子为 UGG。此外,蛋白质中的氨基酸修饰一般都是翻译后进行的;但有些例外,含有硒代半胱氨酸(selenocysteine)的蛋白质其硒代半胱氨酸是在翻译过程中进入的。

2. tRNA 是氨基酸和密码子之间的特异连接物

作为蛋白质合成原料的 20 种氨基酸,翻译时由其各自特定的 tRNA 负责转运至核糖体。tRNA 具有三叶草形二级结构,并借助茎环结构之间的作用力折叠形成倒 L 形三级结构。tRNA 通过其反密码子环上特异的反密码子与 mRNA 上的密码子相互配对,将其携带的氨基酸在核糖体上准确对号入座。虽然已发现的 tRNA 多达数十种,一种氨基酸通常与多种 tRNA 特异结合(与密码子的简并性相适应),但是一种 tRNA 只能转运一种特定的氨基酸。因此细胞内 tRNA 的种类数目要比氨基酸的种类数目多。通常在 tRNA 的右上角标注氨基酸的三字母符号,以代表其特异转运的氨基酸,如 tRNATyr 表示这是一种特异转运酪氨酸的 tRNA。

tRNA 上有两个重要的功能部位:一个是氨基酸结合部位,另一个是 mRNA 结合部位。与氨基酸结合的部位是 tRNA 的氨基酸臂的—CCA 末端的腺苷酸 3′—OH;与mRNA结合的部位是 tRNA 反密码环中的反密码子,tRNA 的二级结构如图 4.11 所示。参与肽链合成的氨基酸需要与相应tRNA结合,形成各种氨酰-tRNA(aminoacyl-tRNA),再运载至核糖体,通过其反密码子与 mRNA 中对应的密码子互补结合,从而按

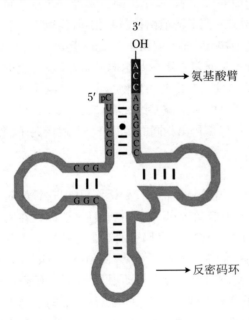

图 4.11 tRNA 的二级结构

照 mRNA 的密码子顺序依次加入氨基酸。

（1）氨酰-tRNA 合成酶识别特定氨基酸和 tRNA

参与链合成的氨基酸需要与相应 tRNA 结合，形成各种氨酰-tRNA。该过程是由氨酰-tRNA 合成酶（aminoacyl-tRNA synthetase）所催化的耗能反应。氨基酸与特异的 tRNA 结合形成氨酰-tRNA 的过程称为氨基酸的活化。蛋白质合成的第一阶段发生在细胞质中，氨基酸在形成肽键前必须活化以获得能量。mRNA 密码子与 tRNA 反密码子间的识别主要由 tRNA 决定，而与氨基酸无关，tRNA 上的反密码子和 mRNA 上的密码子配对后，tRNA 将会把其上携带的氨基酸放在相应的位置。即使连接错误的氨基酸仍将依据 tRNA 的种类进入多肽链导致合成出错。因此氨基酸与 tRNA 连接的准确性是正确合成蛋白质的关键。

氨基酸与 tRNA 连接的准确性由氨酰-tRNA 合成酶决定，该酶对底物氨基酸和 tRNA 都有高度特异性，可催化 tRNA 的 3′ 末端 CCA—OH 与氨基酸的羧基之间形成酯键，生成氨酰-tRNA。目前发现氨酰-tRNA 合成酶至少有 23 种，分别与组成蛋白质的各种氨基酸一一对应，并能准确识别相应的 tRNA。在组成蛋白质的常见 20 种氨基酸中，除了赖氨酸有两种氨酰-tRNA 合成酶与其对应，其他氨基酸各自对应一种氨酰-tRNA 合成酶，另外还有识别磷酸化丝氨酸和吡咯酪氨酸的氨酰-tRNA 合成酶。

每个氨基酸活化为氨酰-tRNA 时需消耗 2 个来自 ATP 的高能磷酸键，其总反应式如下：

$$氨基酸 + tRNA + ATP \xrightarrow[\text{氨酰 tRNA 合成酶}]{Mg^{2+}} 氨酰\text{-}tRNA + AMP + PPi$$

氨酰-tRNA 合成酶所催化反应的主要步骤包括：① 氨酰-tRNA 合成酶催化 ATP 分解为焦磷酸与 AMP。② AMP、酶、氨基酸三者结合为中间复合物（氨酰-AMP-酶），其中氨基酸的羧基与磷酸腺苷的磷酸以酐键相连而活化。③ 活化氨基酸与专一性 tRNA 3′—CCA 末端的腺苷酸的核糖 2′ 或 3′ 位的游离羟基以酯键结合，形成相应的氨酰-tRNA，作为蛋白质合成中的活化中间体。腺苷一磷酸（AMP）以游离形式被释放出来，氨基酰-tRNA 的形成如图 4.12 所示。

已经结合了不同氨基酸的氨酰-tRNA 用前缀氨基酸三字母代号表示，如 Tyr-tRNATyr 代表 tRNATyr 的氨基酸臂上已经结合有酪氨酸。

氨酰-tRNA 合成酶还有校对活性（proofreading activity），该酶具有专一性，每种氨基酸都有一个专一的酶，这种特性使其能识别特异的氨基酸，并且只能作用于 L-氨基酸，形成氨基酰-tRNA。由于这种严格的专一性，因此可大大减少多肽链合成中的差错。此外，氨酰-tRNA 合成酶具有酯酶的活性，能将错误结合的氨基酸水解释放，再换上正确的氨基酸，以改正合成过程中出现的错配，从而保证氨基酸和 tRNA 结合反应的误差小于 10^{-4}，并使得蛋白质生物合成具有极高的准确性。不同的氨酰-tRNA 合成酶其相对分子质量不完全相等，大多数在 10 万左右。真核生物中的氨酰-tRNA 合成酶常以多聚体形式存在。

（2）链合成的起始需要特殊的起始氨酰-tRNA

从遗传密码表中可见，编码甲硫氨酸的密码子在原核生物与真核生物中同时又作为起始密码子，因此与该氨基酸结合的 tRNA 也至少有两种。目前已知，尽管都携带着甲硫氨酸，但结合在起始密码子处的氨酰-tRNA，与结合可读框内部甲硫氨酸密码子的氨酰-tRNA

在结构上是有差别的。结合于起始密码子的属于专门的起始氨酰-tRNA,在原核生物为 fMet-tRNA^{fMet},其中的甲硫氨酸被甲酰化,成为 N-甲酰甲硫氨酸(N-formyl methionine, fMet),该反应由转甲酰基酶催化完成,从 N10-甲酰四氢叶酸转移甲酰基到甲硫氨酸的 α 氨基上。在肽链延长中携带甲硫氨酸的 tRNA 称为延长 tRNA(elongation tRNA),简写为 tRNA$_e^{Met}$。在真核生物,具有起始功能的是 tRNA$_i^{Met}$(initiator tRNA),它与甲硫氨酸结合后,可以在 mRNA 的起始密码子 AUG 处就位,参与形成翻译起始复合物。Met-tRNA$_i^{Met}$ 和 Met-tRNA$_e^{Met}$ 可分别被起始或延长过程起催化作用的酶和蛋白质因子识别。

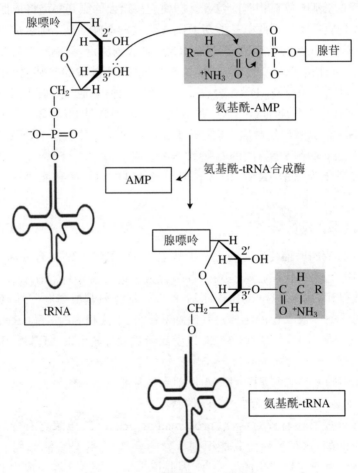

图 4.12 氨基酰-tRNA 的形成

3. 核糖体是蛋白质合成的场所

合成肽链时 mRNA 与 tRNA 的相互识别、肽键形成、肽链延长等过程全部在核糖体上完成。大肠杆菌核糖体近似一个不规则椭圆球体,沉降系数 70S,由大小两个亚基组成,小亚基 30S,由一个 16S rRNA 和 21 种不同蛋白质组成(称为 S 蛋白)(图 4.13)。大亚基 50S,含有一个 5S 和一个 23S rRNA 及 36 种蛋白质(称为 L 蛋白)。平均每个原核细胞约有 20000个核糖体,包括游离形式和与 mRNA 结合形成串珠状的多核糖体。核糖体 RNA 约占细胞

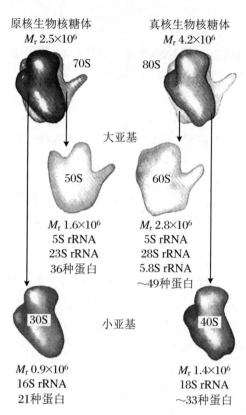

原核生物核糖体
$M_r\ 2.5\times10^6$

70S

真核生物核糖体
$M_r\ 4.2\times10^6$

80S

大亚基

50S

60S

$M_r\ 1.6\times10^6$
5S rRNA
23S rRNA
36种蛋白

$M_r\ 2.8\times10^6$
5S rRNA
28S rRNA
5.8S rRNA
～49种蛋白

30S

小亚基

40S

$M_r\ 0.9\times10^6$
16S rRNA
21种蛋白

$M_r\ 1.4\times10^6$
18S rRNA
～33种蛋白

图 4.13　核糖体的组成

总的 RNA 的 80%,核糖体蛋白质约占细胞总蛋白质的 10%。其蛋白质和 rRNA 在体外可以自动组装成核糖体。核糖体类似于一个移动的多肽链"装配厂",沿着模板 mRNA 链从 5′端向 3′端移动。在此期间,携带着各种氨基酸的 tRNA 分子依据密码子与反密码子配对关系快速进出其中,为延长肽链提供氨基酸原料。肽链合成完毕,核糖体立刻离开 mRNA 分子。

目前已知在核糖体上存在着若干功能活性部位。无论是原核生物还是真核生物的核糖体上均存在 A 位、P 位和 E 位这 3 个重要的功能部位(图 4.14)。A 位结合氨酰-tRNA,称为氨酰位(aminoacyl site);P 位结合肽酰-tRNA,称为肽酰位(peptidyl site);E 位释放已经卸载了氨基酸的 tRNA,称为排出位(exit site)。此外,在核糖体上还存在容纳 mRNA 的部位和肽酰转移酶所在部位以及转位酶作用位点。与原核生物相比,真核生物核糖体结构与原核生物相似,但组分更复杂。

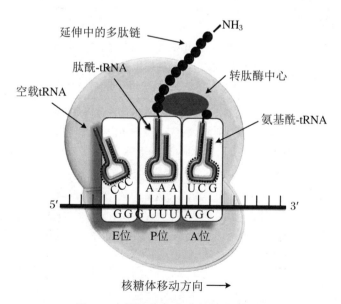

延伸中的多肽链

NH₃

肽酰-tRNA

转肽酶中心

空载tRNA

氨基酰-tRNA

CCC　AAA　UCG

5′　　　GGG　UUU　AGC　　　3′

E位　P位　A位

核糖体移动方向 ⟶

图 4.14　核糖体在翻译中的功能部位

4. 参与蛋白质合成的酶类和蛋白质因子

肽链的合成除了需要以上3种RNA外,还包括参与氨基酸活化及肽链合成起始、延长和终止阶段的多种酶类和蛋白质因子,以及ATP、GTP等供能物质与Mg^{2+}等。

（1）参与肽链合成的酶类

参与肽链合成的酶类主要包括:① 氨酰-tRNA合成酶,催化氨基酰-tRNA的合成。该酶除了有催化功能外还有校读活性(proofreading activity),能把错误的氨基酸水解下来,再换上与反密码子对应的氨基酸。② 肽酰转移酶(peptidyl transferase),又称转肽酶,催化肽键的生成,目前证实肽酰转移酶的化学本质是RNA,即核酶。原核生物中23S rRNA能够催化肽键的形成,起着肽酰转移酶的作用,而真核生物中28S rRNA起到催化肽键的作用。③ 转位酶(translocase),该酶催化核糖体沿$5'→3'$方向移动。原核生物中的转位酶是延长因子-G(EF-G),真核生物中为延长因子-2(eEF-2)。

（2）参与肽链合成的蛋白质因子

在肽链合成过程中需要多种蛋白质因子的参与,包括起始、延长和终止阶段。参与肽链合成起始阶段的蛋白因子称为起始因子(initiation factor,IF),原核生物和真核生物的起始因子分别以IF和eIF表示;参与肽链合成延长阶段的蛋白质因子称为延长因子(elongation factor,EF),原核生物和真核生物的延长因子分别以EF和eEF表示;在肽链合成终止阶段起作用的因子称为终止因子(termination factor,TF),又称为释放因子(release factor,RF),原核生物和真核生物的释放因子分别以RF和eRF表示。原核生物和真核生物参与肽链合成的各种蛋白质因子及生物学功能分别见表4.5和表4.6。

表4.5 原核生物肽链合成所需的蛋白质因子及其功能

类别	名称	生物学功能
起始因子	IF1	占据核糖体A位,防止氨酰-tRNA过早进入A位;促进IF2和IF3的活性
	IF2	促进fMet-tRNA$_i^{fMet}$与核糖体小亚基结合
	IF3	防止大、小亚基过早结合;促进mRNA与小亚基结合
延长因子	EF-Tu	携带氨基酰-tRNA进入A位;结合并分解GTP
	EF-TS	EF-Tu的调节亚基,是GTP交换蛋白,使EF-Tu上的GDP交换成GFP
	EF-G	单体G蛋白,有转位酶活性,水解GTP,促进m-RNA-肽酰-tRNA由A位移至P位;促进tRNA卸载与释放
释放因子	RF1	特异性识别终止密码子UAA、UAG;诱导肽酰转移酶转变为酯酶
	RF2	特异性识别终止密码子UAA、UGA;诱导肽酰转移酶转变为酯酶
	RF3	具有GTPase活性;当新生肽链从核糖体上释放后,促进RF1或RF2与核糖体分离

表 4.6　真核生物肽链合成所需的蛋白质因子及其功能

类别	名称	生物学功能
起始因子	eIF-1	结合小亚基的 E 位,促进 GTP-eIF2-tRNA 复合物与核糖体小亚基相互作用
	eIF-1A	原核 IF-1 的同源物,防止氨酰-tRNA 过早进入 A 位
	eIF-2	具有 GTPase 活性,促进 Met-tRNA$_i^{Met}$ 与小亚基结合
	eIF-2B	结合小亚基,促进大、小亚基分离
	eIF-3	结合小亚基,促进大、小亚基分离;介导 eIF-4F 复合物-mRNA 与小亚基结合
	eIF-4A	eIF-4F 复合物成分;有 RNA 解螺旋酶活性,解除 mRNA 5′-端的发夹结构,使其与小亚基结合
	eIF-4B	结合 mRNA,促进 mRNA 扫描定位起始 AUG
	eIF-4E	eIF-4F 复合物成分,识别结合 mRNA 的 5′-帽结构
	eIF-4G	eIF-4F 复合物成分,结合 eIF-4E、eIF-3 和 PAB
	eIF-5	促进各种起始因子从小亚基解离,进而使大、小亚基结合
	eIF-5B	具有 GFPase 活性,促进各种起始因子与小亚基解离,进而使大、小亚基结合
	eIF-6	促进大、小亚基分离
延长因子	eEF-1α	促进氨基酰-tRNA 进入 A 位,结合分解 GTP,相当于 EF-Tu
	eEF-1βγ	调节亚基,相当于原核生物 EF-Ts
	eEF-2	与原核生物 EF-G 功能相似
释放因子	eRF	识别所有终止密码子

4.2.2　原核生物蛋白质合成的过程概述

在翻译过程中,核糖体从开放性阅读框的 5′-AUG 开始向 3′端阅读 mRNA 上的三联体遗传密码,直到遇见终止密码。由于核糖体阅读方向为 mRNA 5′→3′方向,从而决定多肽链的合成方向是从 N 端到 C 端。翻译过程包括起始(initiation)、延长(elongation)和终止(termination)三个阶段。真核生物的肽链合成过程与原核生物的肽链合成过程基本相似,只是反应更复杂、涉及的蛋白质因子更多。

1. 翻译起始复合物的装配启动肽链合成

翻译的起始是指 mRNA、起始氨酰-tRNA 分别与核糖体结合而形成 70S 翻译起始复合物(translation initiation complex)的过程。起始阶段需要起始因子 IF1、IF2 和 IF3 的参与,在起始因子帮助下,有 30S 小亚基、mRNA、fMet-tRNA^{fMet} 和 50S 大亚基依次结合,形成起始复合物。在此过程中还需 GTP 提供能量,并需要 Mg^{2+} 的参与。

原核生物翻译起始复合物的形成主要包括以下步骤:

(1) 核糖体大小亚基分离

蛋白质的肽链合成是连续进行的,在肽链延长过程中,核糖体大小亚基是聚合的。完整核糖体在 IF 的帮助下,大、小亚基解离,为结合 mRNA 和 fMet-tRNA^{fMet} 做好准备。IF3、

IF1 与小亚基结合,IF 的作用是稳定大、小亚基的分离状态,如没有 IF 存在,大、小亚基极易重新聚合。其中 IF1 占据小亚基的 A 位点,空出的 P 位点等待 fMet-tRNA$_i^{fMet}$ 的进入。

(2) mRNA 与核糖体小亚基结合

在原核生物中,mRNA 是多顺反子,在其上可以有多个 AUG 翻译起始位点,翻译形成多个蛋白质分子。然而小亚基与 mRNA 结合时,可准确识别可读框的起始密码子 AUG,而不会结合内部的 AUG,从而正确地翻译出所编码蛋白质。保证这一结合准确性的机制如下:mRNA 起始密码子 AUG 上游有一段被称为核糖体结合位点(ribosome-binding site,RBS)的序列。该序列距 AUG 上游约 10 个核苷酸处通常含有一段富含嘌呤碱基序列 5′-AGGAGG-3′,该序列由澳大利亚科学家 John Shine 和 Lynn Dalgarno 发现,所以也称 Shine-Dalgarno 序列(S-D 序列),该序列可与原核生物核糖体小亚基 16S rRNA 3′端富含嘧啶的短序列(3′-UCCUCC-5′)通过碱基互补而精确识别,从而将核糖体小亚基准确定位于 mRNA。此外,mRNA 上紧接 S-D 序列之后的一小段核苷酸序列,又可被核糖体小亚基蛋白 rpS1 识别结合(图 4.15)。原核生物通过上述的核酸-核酸、核酸-蛋白质的相互作用从而把 mRNA 准确结合在核糖体小亚基上,并在起始密码 AUG 处准确定位,形成复合物。

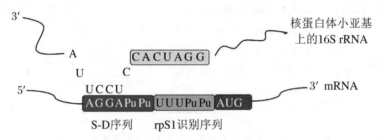

图 4.15 原核生物 mRNA 与核糖体小亚基的辨认结合

(3) fMet-tRNA^{fMet} 结合在核糖体 P 位

fMet-tRNA^{fMet} 与核糖体的结合受 IF2 的控制。原核生物核糖体上有 3 个 tRNA 结合位点,分别为 A 位、P 位和 E 位。fMet-tRNA^{fMet} 与结合了 GTP 的 IF2 一起,在 IF2 的帮助下,fMet-tRNA^{fMet} 识别并结合对应于小亚基 P 位的 mRNA 的起始密码子 AUG 处,这也促进了 mRNA 的准确定位。此时,A 位被 IF1 占据,不与任何氨酰-tRNA 结合,还可阻止 30S 小亚基与 50S 大亚基的结合。

(4) 翻译起始复合物形成

IF2 具有核糖体依赖的 GFP 酶活性。当结合了 mRNA、fMet-tRNA^{fMet} 的小亚基与 50S 大亚基结合形成完整核糖体时,结合于 IF2 的 GTP 被水解,释放的能量促使 3 种 IF 释放,推动核糖体构象改变,使其成为活化的起始复合物。大亚基与结合了 mRNA、fMet-tRNA^{fMet} 的小亚基结合,形成由完整核糖体、mRNA、fMet-tRNA^{fMet} 组成的 70S 翻译起始复合物(图 4.16)。

如前所述,核糖体上存在着 A 位、P 位和 E 位这 3 个重要的功能部位。在肽链合成过程中,新的氨酰-tRNA 首先进入 A 位,形成肽键后移至 P 位。但是在翻译起始复合物装配时,结合起始密码子的 fMet-tRNA^{fMet} 直接占据核糖体的 P 位,而留空 A 位,对应于 AUG 后的第二个三联体密码子,为下一个氨酰-tRNA 的进入及肽链延长做好准备。

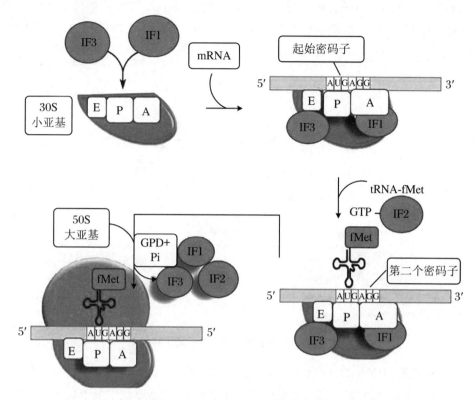

图 4.16　原核生物的翻译起始过程

2. 在核糖体上重复进行的三步反应延长肽链

翻译的延长是指在 mRNA 密码序列的指导下,由特异 tRNA 携带相应氨基酸运至核糖体特异位点,翻译起始复合物形成后,核糖体从 mRNA 的 5′端向 3′端移动,依据密码子顺序,从 N 端开始向 C 端合成多肽链。这是一个在核糖体上重复进行的进位、成肽和转位的循环过程,每循环 1 次,肽链上即可增加 1 个氨基酸残基。这一过程除了需要 mRNA、tRNA 和核糖体外,还需要延长因子 EF-T(EF-Tu 和 EF-Ts)和 EF-G,此外,翻译的延长还需要 GTP 等参与。由于翻译延长过程是在核糖体上连续循环进行的,又称为核糖体循环(ribosomal cycle)。原核生物与真核生物的肽链延长过程基本相似,只是反应体系和延长因子不同。这里主要介绍原核生物的肽链延长过程。每个循环分为以下 3 个步骤:

(1) 进位

指氨酰-tRNA 按照 mRNA 模板的指令进入核糖体 A 位的过程,又称为注册(registration)。翻译起始复合物中的 A 位是空闲的,并对应着起始密码子 AUG 后的第二个密码子,进入 A 位的氨酰-tRNA 种类即由该密码子决定。这一过程需要延长因子 EF-T 的参与。EF-T 包含 EF-Tu 和 EF-Ts 两个亚基,其中 EF-Tu 为单体 G 蛋白,其活性受鸟苷酸状态的调节。所有的氨酰-tRNA 都是在 EF-Tu 的帮助下,进入到核糖体结合在 A 位点。当 EF-Tu 与 GFP 结合时,便与 EF-Ts 分离,此时,GFP-EF-Tu 处于活性状态,而当 GFP 水解为 GDP 时,EF-Tu-GDP 就处于无活性状态。结合了 GFP 的 EF-Tu 可与氨酰-tRNA 形成三元复合物(氨酰-tRNA· EF-Tu · GFP),GFP-EF-Tu 将氨酰-tRNA 带入核糖体 A 位,EF-Tu 的 GTPase 活性使 GTP 随之水解变成 GDP,驱动 EF-Tu-GDP 从核糖体释放,继而 EF-Ts 取代 GDP 与 EF-Tu 结合,并重新形成 EF-Tu-Ts 二聚体,GTP-EF-Tu 又可循环生成(图 4.17)。

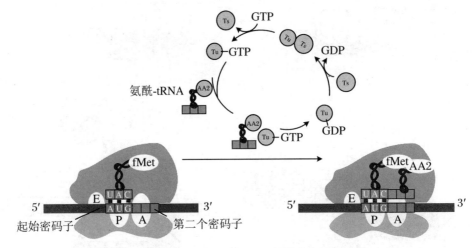

图 4.17　原核生物翻译延长的进位过程

核糖体对氨酰-tRNA 的进位有校正作用。肽链生物合成以很高速度进行,延长阶段的每一过程都有时限。在此时限内只有正确的氨酰-tRNA 能迅速发生反密码子-密码子互补配对而进入 A 位。反之,错误的氨酰-tRNA 因反密码子-密码子不能配对结合而从 A 位解离。这是维持肽链生物合成的高度保真性的机制之一。

(2) 成肽

指核糖体 A 位和 P 位上的 tRNA 所携带的氨基酸缩合成肽的过程。在起始复合物中,P 位上起始 tRNA 所携带的甲酰甲硫氨酸 α-羧基与 A 位上新进位的氨酰 tRNA 的 α-氨基缩合形成二肽,此成肽过程无须能量供应,其实质是使起始氨酰基(fMet)或肽酰基(pepti-dyl)的酯键转变成肽键。第一个肽键形成后,二肽酰-tRNA 占据核糖体 A 位,而卸载了氨基酸的 tRNA 仍在 P 位(图 4.18)。成肽(peptide bond formation)过程由肽酰转移酶

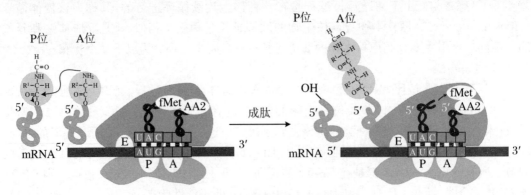

图 4.18　原核生物翻译延长的成肽过程

（peptidyl transferase）催化，该酶的化学本质不是蛋白质，而是 RNA，在原核生物为 23S rRNA，在真核生物为 28S rRNA。因此肽酰转移酶属于一种核酶（ribozyme）。

（3）转位

成肽反应后，核糖体沿 mRNA 由 $5' \rightarrow 3'$ 端移动一个密码子的距离，方可阅读下一个密码子，此过程为转位（translocation）。核糖体的移位依赖于延长因子 EF-G（即转位酶），并需要 GTP 水解供能。核糖体不能同时结合 EF-Tu 和 EF-G，必须在 EF-Tu · GDP 离开后 EF-G · GTP 才能结合上去。EF-G 有转位酶活性，可结合并水解 1 分子 GTP，促进核糖体向 mRNA 的 $3'$ 端移动（图 4.19）。转位的结果如下：① P 位上的 tRNA 所携带的氨基酸或肽在成肽后交给 A 位上的氨基酸，此时肽酰-tRNA 占据核糖体的 A 位，而卸载的 tRNA 从 P 位转位后进入 E 位，然后从核糖体脱落。② 成肽后位于 A 位的肽酰-tRNA 移至 P 位。③ A 位空出并对应下一个三联体密码，准确定位在 mRNA 的下一个密码子，以接受下一个氨酰-tRNA 进位。

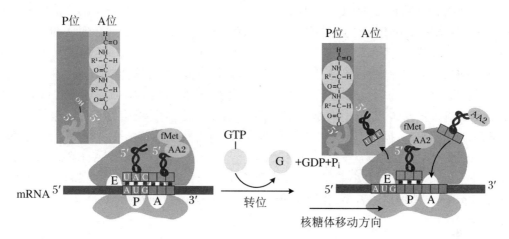

图 4.19　原核生物翻译延长的转位过程

经过第二轮的进位—成肽—转位，P 位出现三肽酰-tRNA，A 位空留并对应于第 4 个氨酰-tRNA 进位，再进行第三轮循环。重复此过程，则有四肽酰-tRNA、五肽酰-tRNA 等陆续出现于核糖体 P 位，A 位空留，接受下一个氨酰-tRNA 进位。这样，核糖体从 mRNA 的 $5'$ 端向 $3'$ 端顺序阅读密码子，进位、成肽和转位三步反应循环进行，这样每循环一次，肽链将增加一个氨基酸残基，肽链由 N 端向 C 端逐渐延长。

在肽链延长阶段，每生成一个肽键，都需要水解 2 分子 GTP（进位与转位各 1 分子）获取能量，即消耗 2 个高能磷酸键。若出现不正确氨基酸进入肽链，也需要消耗能量来水解清除；此外，氨基酸活化为氨酰-tRNA 时需消耗 2 个高能磷酸键。因此，在蛋白质合成过程中，每生成 1 个肽键，至少需消耗 4 个高能磷酸键。并且在肽链延长连续循环时，核糖体空间构象也发生着周期性的改变，转位时卸载的 tRNA 进入 E 位，可使核糖体构象发生改变，有利于下一个氨酰-tRNA 进入 A 位，而氨酰-tRNA 的进位又进一步诱导核糖体构象发生变化，促使卸载 tRNA 从 E 位排出。

3. 终止密码子和释放因子导致肽链合成终止

翻译的终止涉及两个步骤:① 终止反应本身需要识别终止密码子,并从最后一个肽酰-tRNA 中释放肽链。② 终止反应后需要释放 tRNA 和 mRNA,核糖体大小亚基解离。多肽链合成的终止需要释放因子(release factor,RF)参与作用。

链上每增加一个氨基酸残基,就需要经过一次进位、成肽和转位反应。如此往复,当核糖体的 A 位与 mRNA 的终止密码子对应时,多肽链合成即停止。终止密码子不被任何氨酰-tRNA 识别,由相应释放因子 RF 识别终止密码子并进入 A 位,这一识别过程需要水解GTP。因此,翻译终止的关键因素是终止密码子和识别终止密码子的组分。RF 的结合可触发核糖体构象改变,将肽酰转移酶转变为酯酶,水解 P 位上肽酰-tRNA 中肽链与 tRNA 之间的酯键,新生肽链随之释放,mRNA、tRNA 及 RF 从核糖体脱离,核糖体大小亚基分离。mRNA 模板、各种蛋白质因子及其他组分都可被重新利用。

原核生物有 3 种 RF。RF1 能特异识别终止密码子 UAA 或 UAG。RF2 能特异识别UAA 或 UGA,RF1 和 RF2 三级结构的形状与 tRNA 十分类似,它们结合到 A 位点后均可诱导肽酰转移酶转变为酯酶。RF3 是一个 GFP 结合蛋白,结合到核糖体后引起 GFP 水解,当新生肽链从核糖体释放后,促进 RF1 或 RF2 与核糖体分离。真核生物仅有一种释放因子eRF,3 种终止密码子均可被其识别。原核生物翻译终止具体过程为:肽链延长至 mRNA 的终止密码子进入核糖体 A 位时,释放因子 RF1 或者 RF2 识别并结合终止密码子并占据 A位。RF1 或者 RF2 占据 A 位后诱导核糖体构象改变,将肽酰转移酶变为酯酶活性,水解肽酰-tRNA 的酯键,把多肽链从 P 位肽酰-tRNA 上释放出来。最终 mRNA、tRNA 及 RF 从核糖体释放出来,核糖体大小亚基分离,并开始新一轮核糖体循环(图 4.20)。核糖体与tRNA 和 mRNA 的解离还需要核糖体再循环因子(ribosome recycling factor,RRF)、EF-G和 IF3 参与作用。

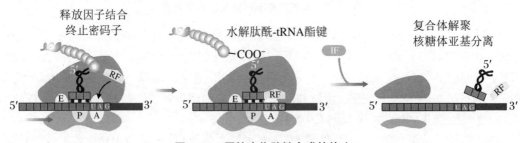

图 4.20　原核生物肽链合成的终止

无论在原核细胞还是真核细胞内,1 条 mRNA 模板链上都可附着 10～100 个核糖体。这些核糖体依次结合起始密码子并沿 mRNA 5′→3′方向移动,同时进行同一条肽链的合成。多个核糖体结合在 1 条 mRNA 链上所形成的聚合物称为多聚核糖体(polyribosome 或polysome)。多聚核糖体的形成可以使肽链合成高速度、高效率进行。

原核生物的转录和翻译过程紧密偶联,转录未完成时已有核糖体结合于 mRNA 分子的5′端开始翻译。真核生物的转录发生在细胞核,翻译在细胞质,因此这两个过程分隔进行。

4.3　原核生物基因表达调控

基因表达就是基因转录及翻译的过程,是储存在 DNA 序列中的遗传信息经过转录和翻译产生具有生物学功能的 RNA 或蛋白质的过程。但并非所有基因都处于相同的表达状态或表达水平。在某一特定时期或特定组织,只有一部分基因处于高表达状态,大部分基因处于低表达或不表达状态。例如,$E.\ coli$ 约有 5% 的基因处于高水平表达状态,其余大多数基因以极低的速率进行表达,或处于不表达的静息状态。哪些基因表达,哪些基因低表达或不表达,这是由细胞的基因表达调控过程来控制的。生物体为适应内外环境变化和维持自身生长、发育和繁殖的需要,通过特定的 DNA-蛋白质以及蛋白质-蛋白质之间的相互作用来控制基因是否表达或表达程度的过程,即为基因表达调控(regulation of gene expression)。

生物体内存在对基因表达的精细调控,使得有些基因得以表达,而有些基因保持沉默。一般而言,越高等的物种,其基因表达调控的过程也就越复杂和越精细。在对基因表达的精细调控下,生物体的基因呈现有规律地、选择性地、程序性地适度表达。基因表达调控过程发生异常往往会导致某些疾病的发生,如肿瘤。因此,基因表达调控的分子机制研究是认识生命本质以及疾病病理生理机制的不可或缺的重要内容。

4.3.1　概述

原核生物体系和真核生物体系在基因组结构以及细胞结构上的差异使得它们的基因表达方式有所不同。原核生物的特点是,生长快、效率高、多种多样;真核生物的特点是,进化潜力大、调节精确、适应性强。原核生物没有细胞核,转录和翻译在空间上没有分开,并以偶联的方式进行。而真核生物由于具有细胞核,因此转录和翻译在时间和空间上分隔开,具有时间特异性。但是它们的基因表达调控仍然遵循一些共同的基本规律。生物体可通过调控基因表达,改变体内代谢过程或生物体功能状态。基因表达过程是遗传信息传递的过程,影响遗传信息传递过程的任何因素都会导致基因表达的变化,从基因活化到翻译后加工以及蛋白质降解的任何环节都会影响基因表达。随着环境和机体生物功能需要的变化,基因能够有规律性地、适时地、选择性地、程序性地表达,是因为基因表达调控有其自身的基本规律与基本方式,并且依赖于生物大分子的相互作用。下面就基因表达的基本原理做一简单介绍。

1. 基因表达具有不同的调控层次

基因表达是一个十分复杂的过程,是指基因表达产生基因产物(蛋白质和 RNA)的过程,基因表达是生物分子,主要是生物大分子(DNA、RNA 和蛋白质)相互作用的结果。基因表达的每一个步骤都受到精确的调控,包括染色质水平、转录水平(包括转录前、转录和转录后)和翻译水平(包括翻译和翻译后)的调控。染色质水平的调控如 DNA 扩增、DNA 重排、DNA 甲基化和组蛋白修饰,以及组蛋白和 DNA 相互作用对染色质活化的影响。活化状态的基因表现为染色质结构松散、对 DNA 酶作用敏感、非组蛋白及修饰的组蛋白与 DNA 结合并呈现低甲基化状态。转录水平的调控存在于转录的起始、延长、终止,以及 RNA 的加工修饰、RNA 的核外运输和 mRNA 降解的全过程。转录起始是基因表达调控的最主要环节,主要通过调控蛋白与 DNA 调控序列相互作用来调控基因转录。翻译水平的调控主要包括对模板 mRNA 的识别、多肽链的延长与终止,以及对翻译后蛋白质的加工修饰和降解等过程的调控。可见,基因表达过程受到多层次、复杂的、协调的精密调控。

2. 基因表达调控具有时间和空间特异性

所有生物的基因表达都具有严格的规律性,即表现为时间特异性和空间特异性。

基因表达的时间特异性(temporal specificity)是指基因表达过程严格按照时间顺序进行。基因表达的时间、空间特异性是由特异的基因启动子和调节序列与调节蛋白相互作用决定的。在多细胞生物个体发育的各个阶段,都会有不同的基因严格按细胞分化、个体发育的顺序开启或关闭,表现为与分化、发育阶段一致的时间性,因此多细胞生物基因表达的时间特异性又称阶段特异性(stage specificity)。按照功能需要,某一特定基因的表达严格按照一定的时间顺序发生。例如,成人红细胞中的血红蛋白(Hb)约 97% 为 HbA1($\alpha_2\beta_2$),而胎儿期(3~9 个月)红细胞中的 Hb 约 90% 为 HbF($\alpha_2\gamma_2$),这是因为在人体发育的不同阶段 β-珠蛋白基因簇中 β 基因和 γ 基因表达的差异。另外如编码甲胎蛋白(α-fetoprotein,α-AFP)的基因在胎儿肝细胞中高表达,合成大量的甲胎蛋白,然而该基因在成年后表达水平很低,几乎检测不到 AFP。但是当肝细胞发生癌变时,编码 AFP 的基因又被重新激活,大量表达合成 AFP。因此血浆中 AFP 的表达水平可以作为肝癌早期诊断的一个重要指标。

基因表达的空间特异性(spatial specificity)是指个体生长发育过程中,一种基因产物在个体的不同组织或器官表达,即在个体的不同空间出现。例如,血红蛋白的 α-珠蛋白和 β-珠蛋白基因主要在红细胞中表达,苯丙氨酸羟化酶基因特异地在肝细胞中表达,乳酸脱氢酶同工酶不同亚基(H 亚基、M 亚基)的编码基因在心肌和骨骼肌中的表达不同(心肌主要表达 H 亚基、骨骼肌主要表达 M 亚基),使得相应组织的同工酶谱也不相同,编码胰岛素的基因只在胰岛 β 细胞中表达,从而指导胰岛素的合成,而编码胰蛋白酶的基因几乎不在胰岛细胞中表达,而在胰腺腺泡细胞中高水平表达。基因表达的这种空间分布差异,实际上是由细胞在器官的分布决定的,因此基因表达的空间特异性又称细胞特异性(cell specificity)或组织特异性(tissue specificity)。

多细胞生物的同一组织器官在不同的生长发育阶段,基因的表达是不同的,即差异基因表达(differential gene expression),而在同一生长发育阶段,在不同的组织器官,基因的表达也不相同。因此,在个体内决定细胞类型的不是基因本身,而是基因表达模式。

3. 基因表达调控具有正调节和负调节

在研究蛋白质合成的调节机制时发现,有些酶只在需要时才被诱导合成(inducible synthesis),不需要时合成即抑制,这种类型的酶称为适应酶(adaptive enzyme),而这种适应酶在各种类型的生物中几乎都存在。因此,随着外环境的变化,某些基因的表达水平可以出现升高或者降低的现象。基因表达的正调控是指调控因子促进基因的表达,例如,当有 DNA 损伤时,修复酶基因就会在细菌体内被激活,导致修复酶合成增加,即正调控。基因表达的负调控则是指调控因子抑制基因的表达,例如,当细菌生活在色氨酸含量丰富的培养基中时,细菌体内与色氨酸合成有关的酶的编码基因表达就会受到抑制,即负调控。对于原核生物,正调控和负调控共同存在于调控机制中,从不同方面发挥着调控作用。例如,分解代谢物基因激活蛋白促进 *E. coli* 乳糖操纵子基因转录,而阻遏蛋白则阻遏乳糖操纵子基因转录。原核生物在转录水平上的调控以负调控方式为主。在真核生物的转录水平,多种调控蛋白与 RNA 聚合酶一起参与催化转录的起始,调控蛋白结合于启动子附近,与 RNA 聚合酶形成转录起始复合物,才能起始转录,因此正调控的方式是真核生物基因表达的主要方式。

4.3.2　基因表达方式可有三种基本类型

不同种类的生物遗传背景不同,同种生物不同个体的生活环境也存在差异,不同的基因功能和性质也不相同。因此,不同的基因对生物体内、外环境信号刺激的反应性不同。有些基因的表达不受外界环境的影响,在生命过程中持续表达,有些基因的表达受环境影响。按照基因对外界环境刺激的反应性,基因表达的方式可以分为以下几类:

1. 组成性表达

某些基因几乎在所有细胞中都以适当恒定的速率持续表达,这些基因的表达产物对生命的全过程都是必需的,这种表达方式称为基因的组成性表达(constitutive expression)。这类基因在一个生物个体的几乎所有细胞中持续表达,采用这种表达方式的基因被称为持家基因或管家基因(housekeeping gene)。管家基因的表达较少受环境因素变化的影响,一般只受启动子和 RNA 聚合酶等因素相互作用的影响,而基本不受其他机制调节。例如,糖酵解、三羧酸循环代谢途径编码物质代谢所需的酶编码基因,以及核糖体蛋白、微管蛋白编码基因等都属于管家基因,其基因表达方式为组成性表达。但实际上基因表达并非绝对"一成不变",其"不变"是相对的,表达也是在一定机制控制下进行的,根据基因功能不同,不同的管家基因的表达水平有高有低。

2. 适应性表达

适应性表达即基因的表达受到环境变化的诱导和阻遏。与管家基因不同,适应性表达的基因,其表达情况都受到内外环境变化的影响。随着内外环境信号的变化,这类基因的表达水平可以出现升高(诱导)或降低(阻遏)的现象,以便与内外环境的变化相适应。诱导表达(induction expression)和阻遏表达(repression expression)是基因表达适应内外环境变化的两种表达形式,普遍存在于生物界。诱导表达是指某些基因在通常情况下不表达或表达水平很低,但在特定环境因素刺激下,蛋白基因被激活,使某些基因的表达被启动或增强,基因表达产物增加,即这种基因表达是可诱导的,可被诱导表达的基因称为可诱导基因(inducible gene)。例如,当体内有 DNA 损伤时,参与 DNA 修复的蛋白因子(UvrA、UvrB、UvrC 等)基因就会在细菌体内被诱导,导致修复酶反应性地增加。相反,阻遏表达是指在特定环境因素刺激下,阻遏蛋白基因被激活,使某些基因的表达受到抑制,基因表达产物水平降低,可被阻遏表达的基因称为可阻遏基因(repressible gene)。例如,当 *E. coli* 培养基中的色氨酸供给充分时,细菌可直接利用环境中的色氨酸,而此时细菌体内与色氨酸合成有关的酶编码基因表达就会被抑制,使得与色氨酸合成有关的酶基因表达水平降低。通常这类基因的调控序列含有针对特异刺激的反应元件。

3. 协调表达

在生物体内,物质代谢过程通常是由一系列化学反应组成的,需要多种酶共同作用;此外,还需要很多其他蛋白质参与作用物在细胞内外区间的转运。因此,在功能上相关的一组基因的表达调控需协调一致,相互配合,共同表达,以确保代谢途径有条不紊地进行,这种多基因的共同表达即为协调表达(coordinate expression)。协调表达产生的协调调节作用称为协调调节(coordinate regulation)。基因的协调表达体现在生物体生长发育的全过程,协调调节对生物体的整体代谢和功能具有重要意义。生物体通过协调调节不同基因的表达以适应环境、维持生长和增殖。生物体所处的内外环境是在不断变化的。所以生物体的所有活细胞需要对内外环境的变化做出适当反应,以使其能更好地适应环境的变化。原核生物、单细胞生物调节基因的表达就是为适应环境、维持生长和细胞分裂。例如,细菌在葡萄糖含量充足的培养基中生长时,细菌中参与葡萄糖代谢相关的酶编码基因表达增加,而参与利用其他糖代谢相关的酶编码基因关闭,当葡萄糖消耗完而有乳糖存在时,细菌中与乳糖代谢相关的酶基因开始表达,此时细菌可以通过利用乳糖作为碳源,并以此生长和增殖。

如果调控蛋白特异识别并结合自身基因的 DNA 调控序列,调节自身基因的开启和关闭,这种分子内的协调调节方式称为顺式调节(cis regulation);如果调控蛋白特异识别并结合另一基因的 DNA 调控序列,调节另一基因的开启和关闭,这种分子间的协调调节方式称为反式调节(trans regulation)。绝大多数真核转录调控蛋白都起反式调节作用,所以又称为反式作用因子。

4.3.3 基因表达调控的分子要件

无论是原核生物还是真核生物,基因表达调控总是通过反式作用因子与顺式作用元件之间的作用来完成的。前者是蛋白质或 RNA,后者是一段 DNA 或一段 RNA。一般而言,如果调控序列与被调控的编码序列位于同一条 DNA 链上,就称为顺式作用元件(cis-acting element)。一个生物体的基因组中既有携带遗传信息的基因编码序列,又有能够影响基因表达的调控序列(regulatory sequence)。DNA 调控序列、调控蛋白和小分子 RNA 是参与基因表达调控的主要分子。DNA 调控序列与调控蛋白相互作用是多级调控过程的重要分子基础,主要参与基因转录起始的调控,而小分子 RNA 在转录后调控中发挥重要作用。

1. DNA 调控序列

DNA 调控序列是 DNA 分子中能与转录调控蛋白或 RNA 聚合酶相互作用,进而控制基因转录的一些特异 DNA 片段。

原核生物的 DNA 调控序列包括位于结构基因上游的启动子、阻遏蛋白结合序列和激活蛋白结合序列等。一组功能相关的酶或蛋白编码基因与其上游的启动子操纵序列以及其他调节序列串联排列构成一个操纵子（operon）（图 4.21），是原核生物基因转录调控的基本单位，该模式也见于低等真核生物。

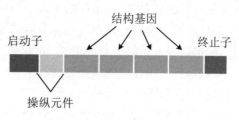

图 4.21　操纵子的一般结构

（1）启动子

启动子（promoter）是 RNA 聚合酶全酶特异识别与结合的位点，通常位于转录起始点的上游，具有严格的方向性，是决定基因表达效率的关键元件。

原核生物 RNA 聚合酶的 σ 亚基（又称 σ 因子）识别启动子 -35 区的 TTGACA 共有序列，进而 RNA 聚合酶结合启动子 -10 区的 TATAAT 共有序列，A-T 配对相对集中，使得该区域 DNA 易于解链形成单链，因为 A-T 配对只有两个氢键维系。 -35 区与 -10 区相隔 16~18 个核苷酸， -10 区与转录起点相距 6 个或 7 个核苷酸。启动子启动基因转录的强度主要与 -35 区的序列有关，也与 -35 区到 -10 区的距离以及它们与转录起始点的距离相关，而启动子结合 RNA 聚合酶以及启动转录的效率很大程度上取决于这些共有序列。研究证实， -35 区是 RNA 聚合酶对转录起始的识别序列（recognition sequence）。RNA 聚合酶结合识别序列后，继续向下游移动，达到 -10 区，与 DNA 形成相对稳定的 RNA 聚合酶-DNA 复合物，就可以开始转录。启动子碱基突变或变异将影响 RNA 聚合酶的结合和转录活性。此外，某些高表达基因在 -60~ -40 区域还存在富含 AT 的共有序列，称为上游启动子元件（upstream promoter element，UPE）。

（2）操纵序列

操纵序列（operator）并非结构基因，它是原核生物阻遏蛋白识别和结合的位点，位于转录起始点与启动子之间，是结构基因转录的开关，与启动序列毗邻或接近，在序列上常与启动子交错、重叠。当阻遏蛋白与操纵序列结合后，可阻碍 RNA 聚合酶与启动子结合，或阻碍已与启动子结合的 RNA 聚合酶向下游的结构基因移动，抑制转录的启动。因此，操纵序列是原核基因转录的负性调节元件。

（3）激活蛋白结合序列

激活蛋白结合序列是激活蛋白的结合位点，通常位于启动子上游。例如，*E. coli* 乳糖操纵子的分解代谢物基因激活蛋白（CAP）结合位点。CAP 首先与 cAMP 结合成 CAP-cAMP 复合物，然后该复合物再与 CAP 结合位点结合，结合后 RNA 聚合酶活性增强，使转录激活。因此，激活蛋白结合序列是原核基因转录的正性调节元件。

2. 调控蛋白

转录调节蛋白多为 DNA 结合蛋白，能够与 DNA 调控序列结合，增强或阻遏 RNA 聚合酶的活性。

原核基因转录调控蛋白包括特异的 σ 因子、阻遏蛋白和激活蛋白。σ 因子是原核生物

RNA 聚合酶的亚基之一,不同的 σ 因子识别不同基因的启动子,调控不同基因的转录。

起抑制转录作用的调控蛋白称为阻遏蛋白(repressor)。阻遏蛋白与操纵子的操纵序列结合,阻遏转录起始复合物的形成,介导基因转录的负性调控,是原核基因转录调控的主要方式。起增强转录作用的调控蛋白称为激活蛋白(activator)。激活蛋白与 cAMP 形成复合物后结合于激活蛋白结合位点,增强 RNA 聚合酶的转录活性,介导基因转录的正性调控。例如,分解代谢物基因激活蛋白(CAP)对乳糖操纵子的作用。

4.3.4 操纵子的结构

原核生物的基因表达调控主要发生在转录起始阶段,以操纵子为转录调控单位。原核生物大多数基因的表达调控都是通过操纵子机制实现的。一个典型的操纵子主要由结构基因、调控序列和调节基因组成。

前述已经介绍大肠杆菌的 RNA 聚合酶由 σ 亚基和核心酶构成,其中 σ 亚基可以识别并结合在 DNA 模板的启动序列,启动转录过程。一个操纵子只有一个启动子和一个转录终止信号序列,该启动子可控制数个编码基因的转录,因此转录合成时仅产生一条 mRNA 长链,称为多顺反子 mRNA(polycistronic mRNA)。这样的 mRNA 分子携带了几条多肽链的编码信息,为几种不同蛋白质编码。调控序列主要包括启动子和操纵元件(operator)。启动子是 RNA 聚合酶结合位点,是决定基因表达效率的关键元件。原核基因通过单启动调控的方式,完成多基因产物的表达,这种操纵子调控机制在原核基因调控中具有普遍性。

操纵元件并非结构基因,而是一段能被阻遏蛋白特异识别和结合的 DNA 序列。操纵序列和启动序列毗邻或接近,其 DNA 序列常与启动子交错、重叠,在原核生物中是阻遏蛋白的结合位点。在原核生物操纵子中,特异的阻遏蛋白是控制原核生物启动序列活性的重要因子,阻遏蛋白与操纵子中的操纵序列结合或解聚,使特异基因关闭或开放,因而无论是编码阻遏蛋白的基因发生突变,还是操纵序列发生突变,都会导致阻遏蛋白无法与操纵基因结合,而使原核基因表达失控(图 4.22)。因此,原核生物的基因表达调控以负性调控为主要特征。原核操纵子调控序列中还有一种特异的 DNA 序列可结合激活蛋白(activator),结合后 RNA 聚合酶活性增强,使转录激活,介导正性调节。

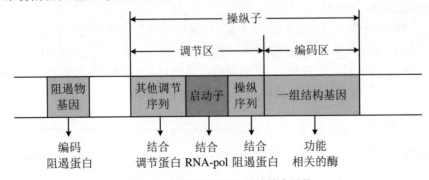

图 4.22 原核生物操作子的基本结构

调节基因(regulatory gene)编码的蛋白质是能够与操纵元件结合的阻遏蛋白。阻遏蛋白可以识别、结合特异的操纵序列,抑制基因的转录,阻遏蛋白介导的是负性调节(negative regulation)。由阻遏蛋白介导的负性调节机制在原核生物中普遍存在。

4.3.5　乳糖操纵子

操纵子在原核基因表达调控中具有普遍意义。1961 年,法国著名科学家 Jacob(1920～2013)和 Monod(1910～1976)首次阐明了细菌基因表达的操纵子调控机制。他们发现细菌可根据培养基中的营养成分调控乳糖代谢酶基因表达,当培养基中富含葡萄糖时,*E. coli* 可利用葡萄糖作为代谢能源,乳糖代谢酶基因处于关闭状态;当培养基中富含乳糖(lactose,lac)时,这些基因被诱导表达,合成代谢乳糖相关的酶,此时 *E. coli* 可利用乳糖作为能量来源;当葡萄糖和乳糖都存在时,*E. coli* 优先利用葡萄糖,葡萄糖利用完毕后,才利用乳糖。雅各布和莫诺通过实验研究证实,乳糖(真正的诱导剂是别乳糖)可诱导分解代谢乳糖的酶基因表达,从而建立了"乳糖操纵子学说",解释了分解代谢乳糖的酶基因表达调控机制,成为原核生物基因调控的主要学说之一。由于建立了该学说,Jacob 和 Monod 以及 André M. Lwoff (1902～1994,发现了某些病毒在感染细菌时的基因表达调控机制)共同分享了1965 年的诺贝尔生理学或医学奖。

Jacob 和 Monod 在实验中首先获得两株 *E. coli* 突变体,这两株突变体不管培养基中是否存在乳糖,都能组成性表达代谢乳糖的 β-半乳糖苷酶。两株突变体中,其一是表达阻遏蛋白的基因发生失活突变(*lacI* 缺陷突变体);其二是在 *lac* 操纵子结构基因上游的 DNA 序列发生缺陷突变(*lacO* 缺陷突变体)。Jacob 和 Monod 用带有野生型 *lac* 操纵子和 *lacI* 基因 DNA 片段的质粒(野生型质粒),分别共转染上述两株突变体。结果显示,野生型质粒与 *lacI* 缺陷突变体共转染,无 β-半乳糖苷酶的组成性表达[图 4.23(a)];野生型质粒与 *lacO* 缺陷突变体共转染,仍然组成性表达 β-半乳糖苷酶[图 4.23(b)]。这一实验结果表明,*lacI* 基因产物阻遏蛋白(repressor)负调控 *lac* 的基因表达,野生型 *lacI* 基因产物阻遏蛋白,能替代 *lacI* 缺陷突变体缺失的 *lacI* 基因产物蛋白,起阻遏 β-半乳糖苷酶表达的作用;但野生型 *Lac* 阻遏蛋白不能阻遏 *lacO* 缺陷突变体的基因表达。经过进一步的实验研究,Jacob 和 Monod 提出了乳糖操纵子的结构及其调控机制。

1. *lac* 操纵子的结构

lac 操纵子是原核生物基因调控的经典模式,*E. coli* 乳糖操纵子的基本结构如图 4.24所示。乳糖操纵子含 *lacZ*、*lacY* 和 *lacA* 三个结构基因,分别编码 β-半乳糖苷酶(β-galactosidase,催化乳糖产生葡萄糖和半乳糖)、通透酶(permease,催化乳糖进入细胞)和 β-半乳糖乙酰基转移酶(galactoside acetyltransferase,催化半乳糖与乙酰 CoA 反应生成乙酰半乳糖),它们是细菌细胞分解乳糖代谢所必需的酶。此外 *E. coli* 乳糖操纵子还含有一个启动子(promoter,P)、一个操纵序列(operator,O)、分解代谢物基因激活蛋白(CAP)结合位点以及一个调节基因(I),由 P 序列、O 序列和 CAP 结合位点共同构成乳糖操纵子的调控区,而由调节基因控制合成的阻遏蛋白通过与操作序列的结合使操纵子处于关闭状态。编码阻遏

蛋白的 *lacI* 基因位于乳糖操纵子的上游。

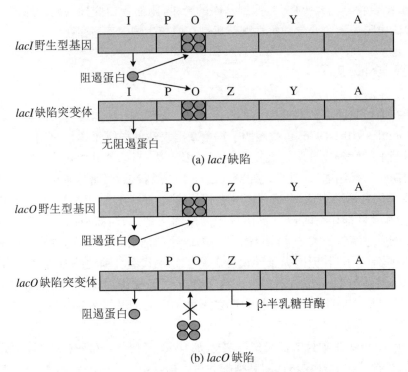

(a) *lacI* 缺陷

(b) *lacO* 缺陷

图 4.23   *lacI* 缺陷和 *lacO* 缺陷对基因表达的影响

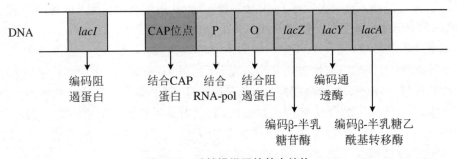

图 4.24   乳糖操纵子的基本结构

2. *lac* 操纵子的调控机制

　　lac 基因表达受阻遏蛋白和 CAP 的双重调控，两种调控由外部信号控制，即根据培养基的性质、组分及其含量，通过两种调控蛋白介导两种能源信号。基因表达是正调节还是负调节，决定于调节蛋白的作用机制是激活还是抑制，不取决于调节的结果是诱导还是阻遏。其一是 Lac 阻遏蛋白（Lac repressor，LacR），起负调控作用，介导乳糖信号。LacR 由 *lacI* 基因编码，有自身独立的启动转录机制；其二是 CAP 蛋白，起正调控作用，CAP 蛋白介导葡萄糖信号。两种调控蛋白通过蛋白质-DNA 相互作用，结合于 *lac* 操纵子调控区，调控 *lac* 基因的表达。

（1）*lac* 操纵子的负调控

当培养基缺乏乳糖时，*lac* 操纵子处于阻遏状态，此时 I 序列在 PI 启动子的作用下表达 LacR，LacR 与 O 序列结合，*lac* 操纵子的 P 序列与 O 序列有重叠区，LacR 阻止了 RNA 聚合酶与 P 序列的结合或阻止了 RNA 聚合酶向下游移动，抑制转录启动，阻遏 *lac* 基因的表达。

当乳糖成为细菌生成培养基的主要碳源时，乳糖在基础表达量的通透酶（5~6 个通透酶分子/*E. coli* 细胞）的作用下进入细胞内，并在细胞中原先少量存在的 β-半乳糖苷酶的作用下生成葡萄糖和半乳糖，该酶进一步催化葡萄糖和半乳糖生成别乳糖（allolactose）。别乳糖作为一种诱导分子与 LacR 结合，引起 LacR 的构象发生变化，导致 LacR 与 O 序列发生解离，从而不能结合于操纵序列，失去阻遏作用。结果，RNA 聚合酶可以有效地启动转录，细胞利用乳糖所需要的三种酶得以表达，使得细菌可以大量地利用乳糖。

因此，别乳糖被称为诱导剂（inducer），诱导利用乳糖代谢酶基因的表达。别乳糖的类似物异丙基硫代半乳糖苷（isopropyl thiogalactoside，IPTG）的作用机制与别乳糖相似，作为一种极强的诱导剂，它不被 β-半乳糖苷酶分解，而与阻遏蛋白结合，使其不能发挥作用，因此在基因工程领域和分子生物学实验中被广泛应用（图 4.25）。

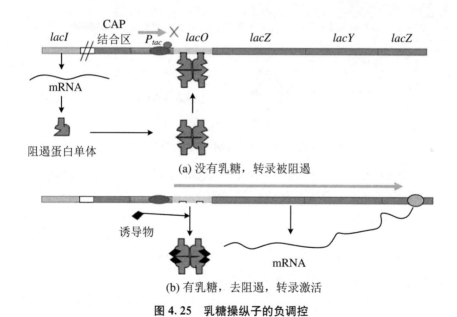

图 4.25　乳糖操纵子的负调控

（2）*lac* 操纵子的正调控

lac 操纵子启动子序列为 TTTACA/TATGTT，与典型的共有序列 TTGACA/TATA-AT 相比，是一个弱启动子，因此 RNA 聚合酶不能与启动子紧密地结合，需要一个正性调控机制促使转录启动。

lac 操纵子由 CAP 蛋白与 CAP 位点结合起正调控作用。CAP 蛋白为同源二聚体，在其分子内有 DNA 结合区和 cAMP 结合位点。每个单体都有 cAMP 结合结构域，CAP 蛋白只有与 cAMP 结合形成复合物后，才能结合于位于 *lac* 启动序列附件的 CAP 位点，可刺激

RNA 聚合酶转录活性，使转录水平提高约 50 倍。当葡萄糖存在时，葡萄糖分解代谢产物降低腺苷酸环化酶（adenylate cyclase，AC）活性并活化磷酸二酯酶，因而降低 cAMP 浓度，CAP 蛋白处于非活化状态，不能起正调控作用，*lac* 基因表达下降，这种现象称为降解物阻遏（catabolite repression）。当缺乏葡萄糖时，腺苷酸环化酶活性增强，cAMP 浓度升高，cAMP 与 CAP 蛋白结合而活化，然后结合于 CAP 结合位点，起正调控作用，*lac* 基因高表达（图 4.26）。

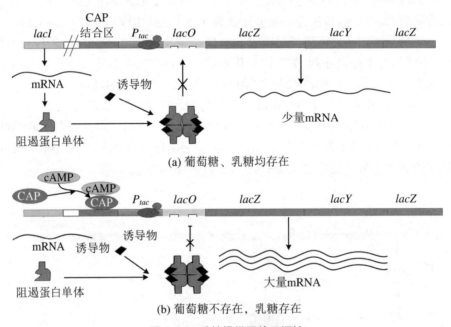

图 4.26 乳糖操纵子的正调控

为什么 CAP-cAMP 复合物能推动 RNA 聚合酶沿下游转录方向移动呢？RNA 聚合酶突变实验结果表明，RNA 聚合酶 α 亚基 C 端结构域（a-carboxy terminal domain，α-CTD）缺失时，CAP-cAMP 的激活作用丧失，这提示 CAP-cAMP 复合物通过与 RNA 聚合酶 α 亚基 α-CTD 结合发挥作用。

由此可见，对于 *lac* 操纵子来讲，CAP 是正性调节因素，LacR 是负性调节因素。

（3）阻遏蛋白和 CAP 共同参与协同调控

阻遏蛋白介导的负性调控和 CAP 介导的正性调控两种机制协同合作，共同担负着原核细胞内碳源的协调利用。当 *E. coli* 处在富含葡萄糖的环境中时，细胞内 cAMP 浓度低，细胞内 CAP-cAMP 复合物的浓度不足以激活 RNA 聚合酶，从而不能启动乳糖操纵子的转录。当环境中既没有葡萄糖又没有乳糖时，阻遏蛋白介导的负性调控作用关闭乳糖操纵子，乳糖操纵子不能表达，并且 CAP 对该系统不能发挥作用。只有在 *E. coli* 所处的环境中，葡萄糖被完全消耗而仅有乳糖存在时，进入细胞的极少量乳糖转变为别乳糖使操纵序列开放，同时细胞内 cAMP 浓度增高，CAP-cAMP 复合物与 CAP 结合部位的结合使转录增强，细胞才能充分利用乳糖。这种协调作用的调控方式保证了葡萄糖是原核生物优先利用的碳源，只有在葡萄糖完全耗尽后，原核生物才利用乳糖作为碳源（图 4.27），因此细菌在葡萄糖和乳糖共同存在时,细菌首先利用葡萄糖才是最节能的。可见两种机制相辅相成、互相协调、互相制约。

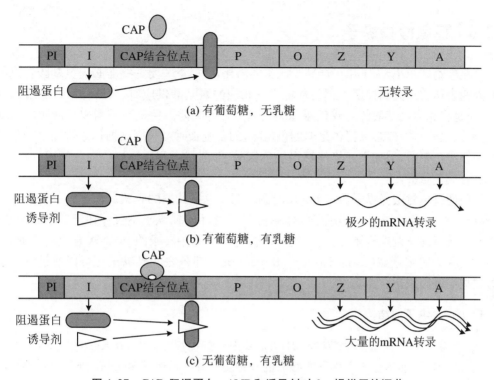

图 4.27　CAP、阻遏蛋白、cAMP 和诱导剂对 *lac* 操纵子的调节

如上所述,阻遏蛋白和 CAP 蛋白都是通过与 DNA 结合才能发挥作用,那么它们之间结合的分子结构基础是什么呢? X 射线晶体分析结果显示,细菌 DNA 调控序列,其碱基序列多呈双重对称。*lac* 操纵子 O 序列,由反向对称的 21 个碱基对组成 Lac 阻遏蛋白的结合位点,10 个碱基对构成一个"半位点"与一个蛋白亚基识别结合(图 4.28)。

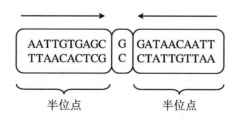

图 4.28　*lac* 操作序列(O)对称的半位点

细菌调控蛋白多以同源二聚体的形式结合到反向重复序列的 DNA 结合位点上,每一个单体结合一个"半位点"。Lac 阻遏蛋白由 4 个相对分子质量为 37000 的亚基聚合而成,以二聚体与 DNA 结合,一个亚基结合一个"半位点";四聚体的另外二聚体可以结合另外的 DNA 结合位点,这样位于两个结合位点之间的 DNA 将形成环化的状态。CAP 蛋白由相对分子质量 22000 的亚基二聚体组成,一个单体结合一个"半位点"。当 CAP-cAMP 结合于 DNA 时,可以使 DNA 发生 94°弯曲,促进了 RNA 聚合酶与启动子的结合,此时二者正好位

于弯曲 DNA 的同一方向,彼此作用得以加强。Lac 阻遏蛋白和 CAP 蛋白虽然对基因表达起正负不同的调控作用,但它们与 DNA 调控序列结合的模式是相的。

4.3.6 色氨酸操纵子

原核生物体积小,为了尽可能减少能源的消耗,将尽量关闭一些非必需氨基酸合成相关酶基因的表达。当大肠杆菌生存的环境中有相应的氨基酸供应时,大肠杆菌自身就不会去合成,而是将相应氨基酸的合成代谢酶编码基因全部关闭。色氨酸是构成蛋白质的氨基酸之一,细菌培养基一般难以提供足够的色氨酸,细菌生长时可利用其糖代谢过程中产生的分支酸来合成色氨酸,但如果环境能够提供色氨酸,细菌就会利用环境中的色氨酸,减少或停止自身合成色氨酸。

细菌通过色氨酸操纵子(*trp* operon)调控合成色氨酸酶的表达。该操纵子就是一个阻遏操纵子,*trp* 操纵子与 *lac* 操纵子的作用机制不同,*trp* 操纵子不仅存在于转录起始调控,还存在于转录终止调控机制,是一种进一步促进已经开始转录的 mRNA 合成终止的方式,这种方式称为转录衰减(transcription attenuation),即色氨酸操纵子还可以通过转录衰减的方式抑制基因表达。

1. *trp* 操纵子的结构

trp 操纵子信息区有 5 个结构基因(*trp* 基因),按 *trpE*、*trpD*、*trpC*、*trpB*、*trpA* 顺序排列,其表达产物为细菌合成色氨酸所必需的 5 种酶。其中,*trp E* 和 *trpD* 分别编码邻氨基苯甲酸合酶的两个组分(Ⅰ和Ⅱ),*trpC* 编码吲哚-3-甘油磷酸合酶,*trpB* 和 *trpA* 分别编码色氨酸合酶的 α 亚基和 β 亚基。*trp* 操纵子调控区含有启动序列(P)和操纵序列(O)。在 *trpE* 上游与 O 序列之间还含有一段序列,称为前导序列(leading sequence,L),能编码一段约 162 bp、内含 4 个特殊短序列的前导 mRNA,参与 *trp* 操纵子的基因表达调控(图 4.29)。*trpR* 为编码阻遏蛋白基因。

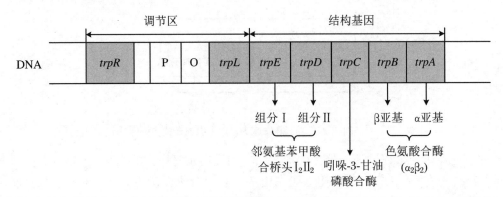

图 4.29 色氨酸操纵子的结构

2. *trp* 操纵子的调节机制

色氨酸操纵子有两种转录的调控机制,即转录阻遏与转录衰减。转录阻遏是阻遏蛋白与操纵序列的结合先于 RNA pol 与启动子结合,阻止 RNA pol 向前移动,表现为转录起始的阻遏作用。如果 RNA pol 与启动子结合,并越过操纵序列而启动转录时,则表现为转录过程的衰减作用(attenuation)。转录阻遏是 *trp* 操纵子的粗调开关,转录衰减是 *trp* 操纵子的精细调节。

(1) 转录阻遏调节

trp 操纵子的转录阻遏由 *trp* 阻遏蛋白基因(trp repressor gene,*trpR*)编码的 trp 阻遏蛋白调控,*trpR* 基因远离 *trp* 结构基因,在自身启动子作用下,以组成性方式低水平表达 trp 阻遏蛋白。当细胞中存在色氨酸时,色氨酸作为辅阻遏物(corepressor)与 trp 阻遏蛋白结合形成复合物并结合于 *trp* 操纵子的 O 序列,关闭色氨酸操纵子,合成色氨酸的各种酶停止表达[图 4.30(a)];当细胞内缺乏色氨酸时,trp 阻遏蛋白失去阻遏作用不能与操纵序列结合,因此色氨酸操纵子处于开放状态,结构基因得以表达[图 4.30(b)]。细菌中不少生物合成系统的操纵子都属于这种类型,其调控可使细菌处于生存繁殖最经济、最节省的状态。

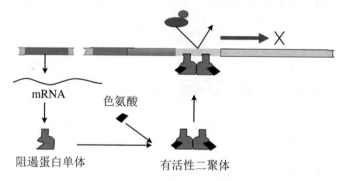

(a) 色氨酸含量高,转录被抑制

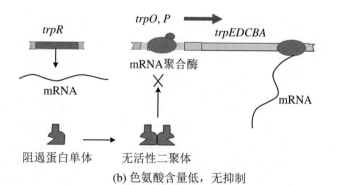

(b) 色氨酸含量低,无抑制

图 4.30　色氨酸操纵子阻遏调控机制

(2) 转录衰减调节

转录衰减调节利用原核生物中转录与翻译相偶联的转录调控机制。研究发现,当色氨酸达到一定浓度但还未高到能够使阻遏蛋白起阻遏作用时,*trp* 合成酶类的量已经逐渐降低,并且酶表达量随色氨酸溶度升高而减少,这种调控机制称为转录衰减作用。

转录衰减作用是细菌内辅阻遏作用的一种精细调节过程,与色氨酸操纵子中前导序列(*trp*)有关。当环境中色氨酸供给充足时,绝大多数 RNA 聚合酶的转录在 *trpL* 终止,转录产物仅有前导序列 140 个核苷酸的 mRNA,没有 *trp* 结构基因的表达;如果环境中色氨酸水平很低,则几乎所有的 RNA 聚合酶都能完整地表达色氨酸操纵子中的 5 个结构基因。

前导序列的结构特点是它可以转录生成一段长度为 162 个核酸的 mRNA 序列,该序列有 4 个关键区。*trpL* 的 1 区有一个独立的开放阅读框,可编码一段有 14 个氨基酸残基的短肽,称为前导肽(leader peptide),前导肽第 10 位和第 11 位是两个连续的色氨酸残基。2 区与 1 区(或 3 区)、3 区与 2 区(或 4 区)各存在一段互补序列,可分别形成发夹结构;形成发夹结构的能力依次是 1-2>2-3>3-4。序列 4 的下游有一连续的 U 序列,当 3 区与 4 区配对形成发夹结构时,茎部富含 G-C,其 3′端有 7 个连续的 U,这是一个不依赖 ρ 因子的转录终止信号,因此这段序列称为衰减子(attenuator);当 3 区与 2 区配对时,就不能形成 3 区与 4 区的配对,也不能终止转录,因此 3 区与 2 区配对结构称为抗转录终止子结构(图 4.31)。

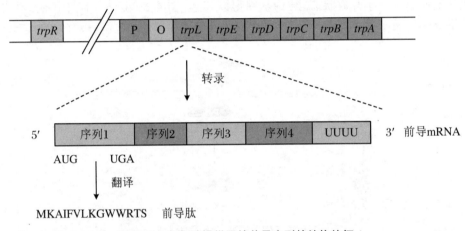

图 4.31 色氨酸操纵子的前导序列的结构特征

当 RNA pol 转录前导序列 DNA 时,核糖体在前导序列 mRNA 的 5′端起始密码同步开始翻译。当色氨酸浓度较低时,前导肽翻译至 1 区的色氨酸密码子(UGG),由于色氨酸量的不足而停滞在第 10/11 的色氨酸密码子部位,核糖体不再移动,结合在序列 1 区位置,此时前导序列 2 区可以与 3 区配对形成发夹结构,阻止 3 区与 4 区配对形成衰减子,因此 RNA 聚合酶可以继续移动,转录结构基因,表达合成色氨酸所必需的 5 种酶[图 4.32(a)]。当色氨酸供给充分时,核糖体沿前导序列 mRNA 移动,顺利合成前导肽,终止密码 UGA 位于 1 区和 2 区之间,翻译终止在 1 区与 2 区之间的终止密码 UGA,但核糖体可以前进结合 2 区 RNA,使 2 区与 3 区不能形成发夹结构,而 3 区与 4 区形成发夹结构,连同其下游的多聚 U 使得转录中途停止,形成不依赖于 ρ 因子的终止子结构(衰减子),表现出转录的衰减,RNA 聚合酶转录终止,只产生 162 个核苷酸的 RNA 前导序列[图 4.32(b)]。

转录衰减实质上是转录与一个前导肽翻译过程的偶联,是原核细胞特有的一种基因调控机制。

在色氨酸操纵子中,阻遏蛋白的负调控起粗调的作用,而衰减子起精细调节的作用。细菌其他氨基酸合成系统的许多操纵子(如组氨酸、苏氨酸、亮氨酸、异亮氨酸、苯丙氨酸等)也有类似的衰减子存在。

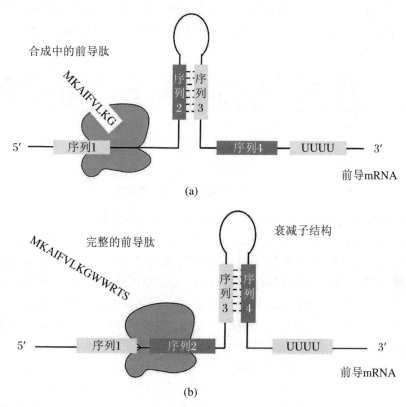

图 4.32　色氨酸操纵子的关闭机制

基因表达调控一般都有调控蛋白的参与,衰减作用的结果表明转录调控可以没有调控蛋白的参与,仅需要控制色氨酸浓度的变化,就能够控制前导肽 mRNA 的翻译,达到调控转录的作用。

衰减调控在细菌的基因表达调控中很常见,现在已发现至少 6 种氨基酸操纵子存在衰减调控,其共同特点都是具有前导序列,并且前导肽中都含有相对应的特定氨基酸,如组氨酸操纵子的前导肽中含有 7 个连续的组氨酸。当核糖体停滞在这些氨基酸对应的密码子处时,会影响其后发夹环的结构,导致终止子结构的形成,使转录终止。衰减调控需要转录和翻译偶联同步进行,因此这种调控方式只存在于原核生物中,在真核生物中是不存在的。

4.3.7　其他操纵子

除了 *lac* 操纵子阻遏蛋白负调控转录操纵子调控机制外,还有阻遏蛋白兼具负调控和正调控转录操纵子,如阿拉伯糖操纵子(*ara* operon)是一种具有正负调控转录机制的例子。该操纵子负责调控阿拉伯糖代谢酶系的基因表达,分别为 *araB*、*araA* 和 *araD*,编码与阿拉伯糖代谢有关的 3 种酶:核酮糖激酶(ribulose kinase)、阿拉伯糖异构酶(arabinose isomerase)和核酮糖-5-磷酸差向异构酶(ribulose-5-phosphate epimerase)。以上3个基因按照这一顺序排在操纵子上,它们形成一个基因簇,简写为 *araBAD*。在 *ara* 操纵子的调控元件包括启动序列(*araP*)、CAP 位点和起始区(*araI*),*araI* 位于 CAP 位点和 P 序列之间。此外,在调控区上游还存在 *araC* 基因。参与 *ara* 操纵子的调控蛋白是 araC 蛋白和 CAP 蛋白,araC 蛋白由 *araC* 基因编码(图 4.33)。

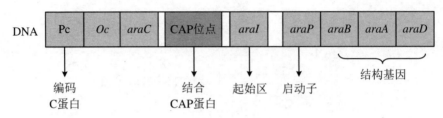

图 4.33　阿拉伯糖操纵子的结构

阿拉伯糖操纵子调控机制如下:当无阿拉伯糖时,*araC* 发挥转录阻遏物作用,araC 蛋白作为阻遏蛋白与 *araI* 和 *araC* 基因的 Oc 序列结合,结合后的 araC 蛋白相互作用形成二聚体,导致 *araI* 和 *araC* 基因的 O 序列之间的 DNA 片段弯曲,阻止 RNA 聚合酶与 *araP* 结合,抑制 *araBAD* 基因的转录,同时也抑制 *araC* 蛋白基因的转录,表现出负调控作用。当有阿拉伯糖时,阿拉伯糖与 araC 蛋白结合使其构象改变,变构的 araC 蛋白以二聚体形式与 *araI* 结合,不与 araC 蛋白的 Oc 序列结合,导致 *araI* 和 araC 蛋白的 O 序列之间的 DNA 弯曲现象消失,使 araC 蛋白不起阻遏作用,RNA 聚合酶能够与 *araP* 结合并启动转录,表现出正调控作用。与 *lac* 操纵子一样,*ara* 操纵子转录的完全激活也需要 CAP-cAMP 复合物的正调控。如果此时也无葡萄糖,与 *lac* 操纵子一样,CAP 蛋白结合到 CAP 位点,起正调控作用,即促进 araBAD 蛋白表达的作用。因此,只有当阿拉伯糖水平高,同时葡萄糖水平低时,此时 araC 蛋白与 CAP-cAMP 复合物共同发挥正调控作用,才能诱导结构基因 *araB*、*araA* 和 *araD* 的高水平转录。

(章华兵)

第 5 章　真核生物基因表达与调控

　　真核生物细胞结构复杂,真核生物基因的组织模式也非常复杂,真核生物基因结构的特点决定了其基因表达模式和调控的复杂性。比如,真核生物的遗传物质以染色体的形式存在,而组蛋白和 DNA 形成的染色体的结构本身对基因表达就有调控的作用。真核生物基因组结构庞大,例如,人的基因组达到了 3×10^9 bp,而如此庞大的基因组只编码了大约 1.5万个基因。其中非编码序列比例大,其功能和作用模式都和基因的表达调控相关。其次,真核生物基因为断裂基因,基因的线性表达被隔断,基因表达的产物需要加工修饰。同时,真核基因又表现为重复序列,基因表达的过程比原核生物复杂,其调控过程涉及染色质激活、转录起始、转录后加工、修饰及转运、翻译起始、翻译后加工修饰各个环节(图 5.1),各环节相互独立,又相互协调调控。

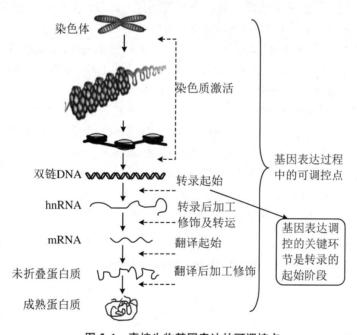

图 5.1　真核生物基因表达的可调控点

5.1 真核生物基因转录特点

转录的过程是真核生物基因表达调控的关键。与原核生物相比,真核生物转录过程中不仅参与的酶和蛋白质因子种类繁多,而且有核膜的区域化。同时,转录的过程复杂,还涉及转录后加工,使其转录产物更为复杂和多样化。除了参与蛋白质合成所必需的 mRNA、tRNA 和 rRNA 等常规的 RNA 外,目前研究还发现,转录的产物中有反义 RNA 和长链非编码 RNA 等,它们也参与了真核生物基因的表达调控。所以,与原核生物的转录相比,参与 RNA 转录的酶和因子都更为复杂。

5.1.1 真核生物 RNA 聚合酶

RNA 聚合酶与转录的机制是基因表达调控的重要内容。原核生物只有一种 RNA 聚合酶,而真核生物中,至少存在 3 种 RNA 聚合酶,来合成不同种类的 RNA。它们不仅结构不同,定位不同,而且它们对 α-鹅膏蕈碱的敏感性不同。α-鹅膏蕈碱是一种毒蕈(鬼笔鹅膏,Amanita phalloides)产生的环八肽(cyclic octapeptide)毒素,它们对真核生物有较大毒性,对原核生物的 RNA 聚合酶只有微弱的抑制作用。根据它们对 α-鹅膏蕈碱的敏感度差异,RNA 聚合酶可以分成三类。① RNA 聚合酶 I(RNA pol I)对 α-鹅膏蕈碱不敏感,它存在于细胞核的核仁中,其作用是催化合成 rRNA 的前体 45S rRNA。45S rRNA 最终加工修饰成 5.8S rRNA、18S rRNA 和 28S rRNA,参与真核生物核蛋白体的组成(注意:这里不包括 5S rRNA)。② RNA 聚合酶 II(RNA pol II)位于细胞核内,催化生成所有的 mRNA 的前体以及部分非编码 RNA,如大部分的长链非编码 RNA(long non-coding RNA,lncRNA)、snRNA(small nuclear RNA,snRNA)及部分的微小 RNA(miRNA)等。低剂量的 α-鹅膏蕈碱($10^{-9} \sim 10^{-8}$ mol/L)就可抑制 RNA pol II 的作用。③ 与之相比,RNA pol III 只被高浓度的 α-鹅膏蕈碱($10^{-5} \sim 10^{-4}$ mol/L)抑制。RNA pol III 转录生成 tRNA、5S rRNA、U6 snRNA 和部分 miRNA 等小分子转录产物(表 5.1)。

表 5.1 真核生物 RNA 聚合酶

种类	I	II	III
细胞内定位	核仁	核内	核内
转录产物	rRNA 的前体 45S rRNA	mRNA 前体 hnRNA,大多数核内小 RNA,如 piRNA、miRNA、lncRNA 等	小的 RNA 分子,如 tRNA,5S rRNA,U6 snRNA
对鹅膏蕈碱的反应	耐受	敏感	高浓度下敏感

真核生物 RNA 聚合酶的结构比原核生物的要复杂,它们都由两个大亚基和十几个小亚基构成,相对分子质量都在 500000。这 3 种 RNA 聚合酶中,又以 RNA pol II 最为活跃。

RNA pol Ⅱ 由 12 个亚基构成，其中最大的亚基称为 RBP1。研究发现 RNA pol Ⅱ 的最大亚基的羧基末端有一段重复的共有序列（consensus sequence），可以编码一段七肽的重复序列（Tyr-Ser-Pro-Thr-Ser-Pro-Ser），被称为羧基末端结构域（carboxyl-terminal domain，CTD）。在 RNA pol Ⅰ 和 RNA pol Ⅲ 中，没有发现 CTD 的存在，而所有的真核生物都含有 CTD，只是不同物种的 CTD 中七肽的重复数量不同。CTD 在结构上和 DNA 接触，富含丝氨酸和苏氨酸，对于维持 RNA pol Ⅱ 的催化活性是必需的。当 RNA pol Ⅱ 启动转录后，这些 Ser 和 Thr 残基处于磷酸化状态。CTD 的磷酸化能使开放复合体的构象改变，可促使转录从起始过渡到延长阶段。CTD 的磷酸化在转录的起始中发挥着重要的作用。

真核生物除了细胞核中有染色体，细胞器中也有遗传物质。目前已经分离到的线粒体和叶绿体的 RNA 聚合酶，它们分别转录所在细胞器的基因组。与细胞器的 DNA 相似，其所含的 RNA 聚合酶也类似于原核生物的 RNA 聚合酶，在细胞器中只有一种 RNA 聚合酶，并可以被利福平等抗结核药物所抑制。

5.1.2　真核生物的转录因子

1. 转录因子

原核生物只有一种 RNA 聚合酶，但是有多种 σ-因子，σ-因子在原核生物转录的起始中可以辨认起始点，发挥重要作用。真核生物的 RNA 聚合酶中没有原核生物 RNA 聚合酶中 σ-因子的对应物。与之对应，真核生物中就需要有各种各样的蛋白质因子相互作用，结合到转录起始的部位——启动子上。绝大多数真核转录调节因子由其编码基因表达后进入细胞核，通过识别结合特异的顺式作用元件来调控基因的表达。这种有某个基因的表达产物去调控另一个基因表达的作用，为反式调节作用，包括反式激活和反式抑制。这种直接或者间接辨认结合在启动子或者增强子上的蛋白质因子，多为反式作用的蛋白质，被称为反式作用因子（trans-acting factor）。其中，参与转录调控的反式作用因子，与 DNA 一起最终形成有活性的转录复合体，所以又被称为转录因子（transcription factor，TF）。

2. 转录因子的结构

转录因子通过与 DNA 结合发挥作用，相对于其他序列又常涉及转录因子之间的相互识别和结合。所以，转录因子从结构上看，至少包括 DNA 结合结构域（DNA binding domain）和转录激活结构域（transcription activation domain），还常见蛋白质-蛋白质相互作用的结构域。

（1）DNA 结合结构域

转录因子结合 DNA 的结构域能够准确识别并结合到 DNA 的相关特定序列上。这种特异性结合的作用力要比非特异性的结合力高 $10^4 \sim 10^6$ 倍。转录因子单独结合特定 DNA 序列的能力通常被视为调节转录能力的指标。如果没有转录因子结合的 DNA 序列的详细信息，就无法在功能上理解这些蛋白质。转录因子与特异性 DNA 结合的部位在蛋白质的空间结构上被称为"模体"（motif），它是一些有特定功能的超二级结构。确定 DNA 结合的模体结构,通常是详细阐释转录因子功能的第一步。

已知转录因子的结构域中通常含有一些特定结合 DNA 的模体结构,常见的如锌指结构、螺旋-转角-螺旋和同源域等(图 5.2)。

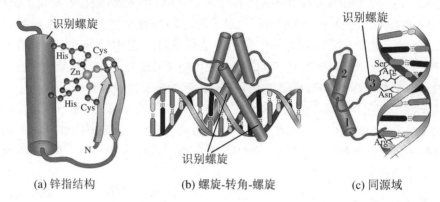

(a) 锌指结构   (b) 螺旋-转角-螺旋   (c) 同源域

图 5.2 转录因子上的 DNA 结合域的常见模体结构

① 锌指结构(zinc finger,ZnF):是真核生物细胞中最多的 DNA 结合蛋白模体,它的共同特征是通过肽链中氨基酸残基的特征基团与 Zn^{2+} 的结合来稳定一种很短的,可自我折叠成"手指"形状的多肽空间构型。它广泛存在于各种结合 DNA 的蛋白质,含有 1 到多个重复单位,最多可达 37 个重复单位。每个锌指结构大约含有 30 个氨基酸残基,构成一个 α-螺旋和两个反平行的 β-折叠,常见的 Cys2/His2 锌指(C2H2 型锌指),N 端 β-折叠上的 2 个 Cys 和 C 端 α-螺旋的 2 个 His 在空间上形成一个洞穴,恰好容纳一个 Zn^{2+},由于 Zn^{2+} 可稳定模体中 α-螺旋结构,致使此 α-螺旋作为识别单元(识别螺旋),与 DNA 深沟中的碱基对形成氢键,使得蛋白质能镶嵌于 DNA 的大沟中。

Cys2/Cys2 锌指(C4 型锌指)是由 4 个 Cys 形成的锌指结构,存在于类固醇激素受体、形态发生素和酵母依赖半乳糖激活蛋白 GAL4。它们与 DNA 结合的结构域中只有两个锌指单位,每个锌指单位由锌离子和 4 个 Cys 残基形成四面体的配位机构。两个锌指单位一个含有识别单元,决定 DNA 结合的特异性;一个提供二聚化的表面,决定二聚化的特异性。GAL4 中还有另一种由 2 个锌离子和 6 个 Cys 形成的锌簇(zinc cluster),称为 C6 型锌指。

② 螺旋-转角-螺旋(helix-turn-helix,HTH):是个很小的模体,常见的仅含有 20 个氨基酸左右,是由两个短的 α 螺旋间隔以一定角度的夹着 β-转角构成。其中一个 α 螺旋含有识别单元(识别螺旋),伸出结构域之外,可插入 DNA 大沟中与专一 DNA 序列识别结合。HTH 分布很广,原核生物很多阻遏蛋白和受体,真核生物许多 DNA 结合蛋白都含有此结构。

③ 同源域(homeodomain,HD):是由 60 个氨基酸组成的序列,这个肽段里的氨基酸组成在进化上是保守的,从果蝇、小鼠到人很少发生改变,故此得名。同源域含有一条伸展的氨基末端多肽链和 3 个螺旋,螺旋 1 和螺旋 2 反向平行,螺旋 3 与之接近垂直,其中螺旋 2 和螺旋 3 呈螺旋-转角-螺旋的关系,螺旋 3 为识别螺旋,可以和 DNA 序列识别结合。所以,含有同源域的蛋白质起着转录因子的作用。编码同源域的大约 180 个核苷酸被称为同源(异型)框(homeobox),通常位于基因 3′端的外显子中。含有同源框的基因被称为同源异形

基因(homeotic gene),它们是一类调节细胞正常分化、发育的主控基因,在发育的过程中依次表达控制着个体的发育。

(2) 转录激活结构域

不同的转录因子含有不同的转录激活结构域。转录激活结构域是其他蛋白质和转录因子结合并产生相互作用的区域,由 30～100 个氨基酸残基组成。与 DNA 结合域不同,目前还没有发现转录激活结构域上有特殊的结构特点。所以,通常情况是根据其氨基酸组成的特点进行描述和分类。根据氨基酸组成的特点,转录激活域可分为酸性激活域、谷氨酰胺富含区域及脯氨酸富含区域。有的转录因子可以含多个转录激活结构域,如 GAL-4 分子中有2 个这种结构域,分别位于多肽链的第 147～196 位和第 768～881 位。

① 酸性 α 螺旋(acidic α helix):该结构域含有由酸性氨基酸残基组成的保守序列,多呈带负电荷的螺旋区,即能形成带有—COO—的 α 螺旋。包含这种结构域的转录因子有酵母活化因子 GAL4、糖皮质激素受体和 AP1/JUN 等。α 螺旋的负电荷数与激活活性相关,增加螺旋区的负电荷数量能提高激活转录的水平,这可能是因为它可以非特异性作用于转录起始复合物上的 TF-ⅡD 等因子上,从而结合生成稳定的转录复合物,促进转录。

② 富含谷氨酰胺结构域(glutamine-rich domain):富含谷氨酰胺结构域的转录因子由四条肽段构成,其中两条的 N 端富含谷氨酰胺。如转录因子 SP1 的 N 末端含有 2 个主要的转录激活区,氨基酸组成中有 25% 的谷氨酰胺,很少含有带电荷的氨基酸残基。SP1 的转录激活域就在 DNA 结合域的锌指模体旁。酵母的 HAP1、HAP2 和 GAL2 及哺乳动物的OCT1、OCT2、JUN、AP2 和 SRF 也含有这种结构域。

③ 富含脯氨酸结构域(proline-rich domain):CTF(CAAT 转录因子)家族(包括 CTF1、CTF2、CTF3)的 C 末端与其转录激活功能有关,含有 20%～30% 的脯氨酸残基。相关的DNA 缺失实验证明此结构具有增强转录活性的作用。

(3) 蛋白质-蛋白质相互作用的结构域

通常结合 DNA 的蛋白质都有二聚化的结构或者具有多重结构域。蛋白质-蛋白质相互作用结构最常见的是亮氨酸拉链(leucine zipper,Zip)和螺旋-环-螺旋(helix-loop-helix,HLH)。

① 亮氨酸拉链 (leucine zipper,Zip):亮氨酸拉链的结构由约 35 个氨基酸残基组成,每隔 6 个氨基酸残基(每 7 个)出现一个亮氨酸残基,当形成螺旋时,每 3.5 个氨基酸形成一圈,所以,肽链旋转 2 周会出现一个亮氨酸残基,于是,疏水性的亮氨酸排列在螺旋的一侧(疏水侧),所有带电荷的其他氨基酸残基排在另一侧的(亲水侧),形成了两性的卷曲螺旋形α-螺旋(coiled-coilα-helix)。亮氨酸拉链结构常出现于真核生物 DNA 结合蛋白的 C 端,当2 个蛋白质分子平行排列时,亮氨酸所在的疏水侧之间由于疏水作用力,像拉链一样紧密交错结合在一起,相互作用形成二聚体,即"拉链"的结构。所以,该结构又称为碱性亮氨酸拉链。在"拉链"式的蛋白质分子中,N 端富含碱性氨基酸 Lys 和 Arg,它们所带的正电荷使得两条 α-螺旋的 N 端相互分开,形成了一个"倒 Y 型"的结构,正好骑跨在 DNA 双螺旋的大沟中,其上所带的正电荷与正好与 DNA 上带负电荷的磷酸基团识别结合。亮氨酸拉链结构常出现于真核生物同或异二聚体的转录因子中,它们往往和癌基因表达调控功能有关。原癌基因 *c-fos* 的蛋白产物 FOS 是磷酸化蛋白,有一个亮氨酸"拉链"区,可是无法形成同源二

聚体,但它可以同 *c-jun* 的蛋白产物 JUN 中的"拉链"区形成异源二聚体。FOS 蛋白本身不能同 DNA 结合,可是一旦同 JUN 蛋白形成"拉链"式的异源二聚体后,就有了结合 DNA 的能力,且表现出更高的亲和力,转录因子 AP1 就是由 JUN 和 FOS 通过 Zip 形成稳定的异二聚体,调节细胞的生长。

② 螺旋-环-螺旋(helix-loop-helix,HLH):由 40～50 个氨基酸组成,其结构是由一个环将两个 α 螺旋结构分隔开来。在组成螺旋区的 15 个氨基酸组成的序列中有 6 个保守的氨基酸残基,两个螺旋区之间的环在不同蛋白中长短不一,有柔性,使两个螺旋区可以彼此独立地相互作用。HLH 与螺旋-转角-螺旋结构的差别在于:它的两个螺旋的一侧还有一段疏水链,通过两条螺旋对应位置上的疏水性氨基酸残基之间的相互作用,可以生成同源二聚体或异源二聚体。这样,当螺旋-环-螺旋结构位于两个多肽之间时,这两个疏水的侧链就会将两个多肽链连在一起形成类似亮氨酸拉链的结构。大部分 HLH 蛋白的 HLH 模体结构旁边都有一段高度碱性的氨基酸序列,可用于识别并结合 DNA。所以,这个结构又被称为 bHLH。把含有 bHLH 模体结构的蛋白质称为 bHLH(basic helix-loop-helix)转录因子。例如,E12 和 E47 两种 bHLH 转录因子,结合在免疫球蛋白基因的增强子上;转录因子 MYOD 和 MYF-5 参与肌肉生成。

5.1.3 真核生物启动子结构对转录的影响

与原核生物转录调控类似,真核生物的转录调控也主要通过特定的调控蛋白与转录起始调控区 DNA 的相应序列相互作用进行调控。在基因表达调控过程中,可影响自身基因表达活性的 DNA 序列,而且通常是非编码序列,我们称之为顺式作用元件(cis-acting element)。顺式作用元件存在于不同物种、不同细胞以及不同基因的上游,可以调控基因的表达。顺式作用元件也并非都位于转录起始点的上游(5′端),可在近端,也可在延伸到远离起始点的区域,组成复杂的基因开关系统。一个典型的真核生物基因上游序列包括核心启动子序列(core promoter)、启动子上游元件(upstream promoter element,UPE)等近端调控元件和增强子(enhancer)、沉默子(silencer)等远端调控序列。下面我们主要介绍真核生物启动子的结构对转录的影响。

在真核生物中,启动子(promoter)不是 RNA 聚合酶直接识别、结合并开始转录的区域。转录因子识别启动子,最终与 RNA 聚合酶形成转录起始前复合物(pre-initiation complex,PIC)。真核生物的启动子是 PIC 的结合位点。启动子的位置是确定的,即与基因之间有特定的距离和方向。真核生物有三种 RNA 聚合酶,所以有相应的三类启动子(图 5.3)。

如 RNA pol I 负责转录 45S rRNA,这类基因通常是重复基因,有多个拷贝,并成簇存在。对应的是 I 类(class I)启动子,由两部分富含 GC 的保守序列组成,一个是位于 -45～ -20 区域靠近转录起始点的核心启动子(core promoter),另一个是位于 -180～ -107 的上游控制元件(upstream control element,UCE)。两种转录因子 UBF1 和 SL1 因子参与转录的过程,依次与 UCE 和核心启动子结合,启动转录。

目前研究最多的还是 II 类启动子,对应于 RNA pol II,生成 hnRNA,最终加工修饰成不同类型的 mRNA,所以,II 类启动子涉及众多蛋白质编码基因的表达调控。该类型启动子包含5类控制元件:基本启动子(basal promoter)、起始子(initiator)、上游元件(upstream element)、下游元件(downstream element)、有时还有其他各种应答元件(response element)。这些元件的不同组合,可以构成数量庞大的各种启动子,它们受不同种类的相应转录因子的识别和结合,形成复杂的体系,发挥基因表达调控的作用。

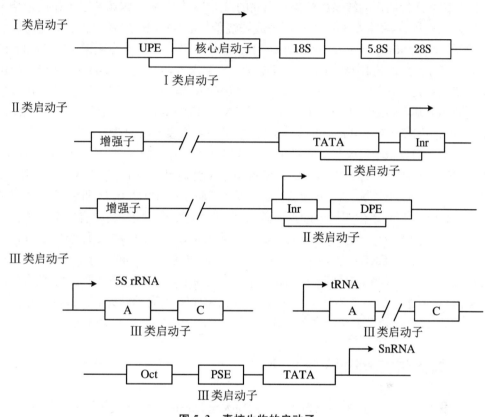

图5.3 真核生物的启动子

启动子的核心区域通常位于转录起始点至上游 −37 bp 的位置,是通用转录因子和RNA聚合酶结合的位点,一般含有共有序列 TATAAAA,所以基本启动子又称为 TATA 盒(TATA box)或者 Goldberg-Hognest 盒,功能上相当于原核生物中的 Pribnow box,属于基本转录元件,通常认为它是启动子的核心序列。序列中几乎都是 A-T 碱基对,仅有少数启动子中含有一个 G-C 对,A-T 的富集使得 DNA 双链容易在此处打开,所以 TATA 盒的功能与聚合酶的定位有关,如果 TATA 盒序列发生突变,转录效率会急剧下降。如果失去 TATA 盒,转录将可以在多个位点起始。当然,也并不是所有基因都有 TATA 盒,如有些真核生物的管家基因(house-keeping gene)就可以没有 TATA 盒。许多的 RNA pol Ⅱ 识别另一个保守的共有序列,位于转录起始点附近(−6~+11 bp)的起始元件(initiator element, Inr)。能够准确进行转录的最小序列元件称为核心启动子,很显然,典型的Ⅱ类启动子的核心启动子既包括 TATA 盒,也包括起始元件 Inr。但在具体的基因中,会出现有的启动子无 TATA 盒,有的启动子无起始元件,有的两者皆无。

所以,会出现下列情况:如果无 TATA 盒,核心启动子为启动元件 Inr 和下游启动子元件(downstream promoter element,DPE)组成;如果 TATA 盒和启动元件 Inr 均没有,则通过结合于启动子上游调控元件(upstream promoter element,UPE)的激活因子介导并装配起始复合物。这类启动子通常活性很低甚至无活性,在组织再生、胚胎发育或组织分化等过程中发挥作用。由此可以看出基本启动子和转录因子对于 RNA pol Ⅱ 是必需的,但又不是足够的,它们所产生的启动转录的效果是微弱的,还需要其他的一些调控因子作用于特定的 DNA 序列来发挥,这些特定的 DNA 序列或围绕着核心启动子,或者在它们的上游。启动子上游元件(upstream promoter element,UPE)指的是位于 TATA 盒上游 40~200 bp 的位置的 DNA 序列,常见的有 GC 盒、CAAT 盒和 OCT 盒等,它们在 −200~ −70 bp 的位置上,距离变化较大。相应的转录因子,如 SP1 可以和 GC 盒结合,C/EBP 可以结合到 CAAT 盒上,从而调节基本转录因子与基本转录元件 TATA 盒的结合效率、中介复合物(mediator complex)的形成以及转录起始前复合物的形成,进一步增强基因的转录效率。

RNA 聚合酶Ⅲ识别的是Ⅲ类启动子。Ⅲ类启动子又有不同类型,其中 5S rRNA 基因、tRNA 基因以及胞质小 RNA 基因的启动子都属于下游启动子,即位于转录起点下游,在基因的内部。其内部包含 boxA、boxB、boxC 等元件,需要由 TFⅢA、TFⅢC 等转录因子识别。而 snRNA 的启动子位于转录起点上游,类似于普通的启动子,它含有三个上游调控元件:TATA 盒、近侧序列元件(proximal sequence element,PSD)和八聚体基序(octamer motif,OCT)。同样,TATA 盒是核心启动子,PSD 和 OCT 与相应的因子识别结合,增加转录的效应。实际上,有些 snRNA 是由 RNA pol Ⅱ 转录的。不论是哪种聚合酶,两者的启动子上游都存在上述这三个上游调控元件,而具体由哪个酶来启动转录,与 TATA 盒的序列有关,相应的 TBP 等转录因子结合于启动子,然后结合相应的酶来启动转录。

5.1.4 真核生物 mRNA 的剪接

真核生物基因的表达,在转录起始阶段需要大量转录因子和顺式作用元件相互协调,形成转录起始前复合物,进入转录阶段,生成转录的初始转录产物,称为初始 RNA 转录本(primary RNA transcript)。由于核膜的限制,未经加工修饰的初始转录本存在于核内,往往会因为稳定性不足或者活性欠缺,需要进一步加工修饰,才能转运到胞浆正常发挥作用。

真核生物蛋白质的编码基因以单个基因为转录单位,其转录产物为单顺反子 mRNA(monocistron mRNA)。当由 DNA 指导合成 mRNA 的前体后,需要在 5′端(首)和 3′端(尾)进行修饰,同时,由于真核生物基因是断裂基因,还需对 mRNA 的初始转录本进行剪接,才能形成成熟的有功能的 mRNA,参与蛋白质的合成过程(图 5.4)。合成的初始mRNA转录本在加工过程中就会出现分子大小不等的中间物,所以又被称为核不均一 RNA(heterogeneous nuclear RNA,hnRNA)。这种加工的过程伴随着转录的延长和终止,并涉及转录后加工,所以 hnRNA 半衰期很短。

1. 前体 mRNA 在 5′端"加帽"

转录的过程是以 DNA 模板链为模板,按照碱基互补配对的规律来合成。在转录的早期,新生的 RNA 产物 5′端大概合成 25~30 个核苷酸时,启动子暂停,5′端的加工就开始了。

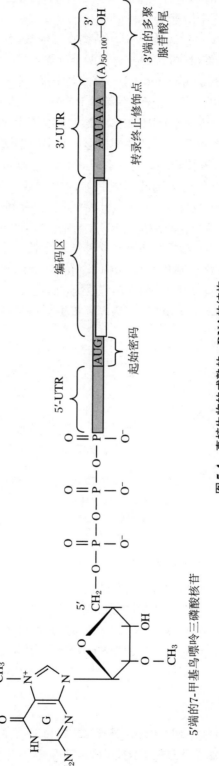

图 5.4　真核生物的成熟的 mRNA 的结构

加"帽"程序完成,RNA 聚合酶的复合物才能进入延伸的阶段。有学者认为,这个加帽的过程,其实也是转录过程中的一个检查点。

大多数真核生物 mRNA 的 5′-端有 7-甲基鸟嘌呤三磷酸核苷($m^7G^{5'}ppp^{5'}Nm-$)的帽子结构。加帽的过程有多种酶参与(图 5.5)。分为两个过程:

(1) 首先是加帽酶(capping enzyme,CE),该酶与 RNA 聚合酶 II 磷酸化的 CTD 结合:其氨基端有 RNA 5′-磷酸酶的活性,用于去除新生 RNA 5′-三磷酸嘌呤核苷(pppPu)的 γ-磷酸基,产生 5′-ppG;其羧基端部分有 mRNA 鸟苷酸转移酶的活性,先切去转录本 5′端的一个磷酸,再加上一个 GMP,通过 5′5′-三磷酸连接形成基本的帽结构 $G^{5'}ppp^{5'}N$。

(2) 基本帽结构形成后,紧接着的就是一系列的甲基化反应:① 鸟苷酸 N-7 甲基转移酶将 S-腺苷甲硫氨酸(SAM)提供的甲基转移到新加入的 GMP 分子的 N-7 位上,催化生成 $m^7G^{5'}ppp^{5'}N$ 的结构,称为"0 型帽"(cap0)。"0 型帽"主要存在于单细胞生物中。② 2′-O 核糖甲基转移酶可以催化 G 后面,即原新链 RNA 的第一核苷酸 C-2′上发生甲基化,如形成 $m^7G^{5'}ppp^{5'}Nm$ 的结构,称为"I 型帽"(cap1),这种结构比较常见。如果该酶使得第一和第二个核苷酸的 C-2′甲基都发生甲基化,形成 m7G5′ppp5′Nmp5′Nmp-的结构,称为"II 型帽"(cap2)。帽子结构的甲基化程度在不同生物中有所不同,比如,人的 mRNA 都具有 cap1 的结构,只有一半的人的 mRNA 有 cap2 的结构。真核生物帽子结构的复杂程度可能与生物进化程度相关。

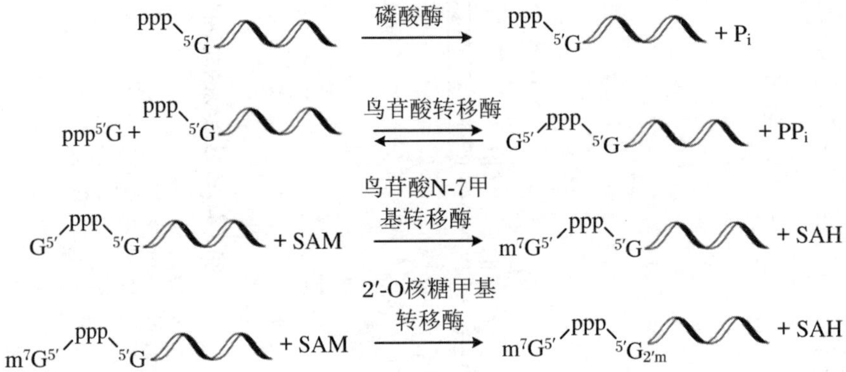

图 5.5 真核 mRNA 的 5′端加帽过程

真核生物成熟 mRNA 分子里的这个"帽"结构($m^7G^{5'}ppp^{5'}Nm-$),不仅可以保护mRNA 分子免受核酸酶的水解,同时,还可以促进形成帽结合复合物(capping binding complex,CBC),利于 mRNA 从核内到胞浆的转运,参与翻译的起始过程的调控。实验表明,若用化学方法除去珠蛋白 mRNA 5′端的 m^7G,发现该 mRNA 在麦胚无细胞系统中不能进行有效的翻译。

2. 前体 mRNA 去除内含子

大多数编码蛋白质的真核生物基因都是断裂基因,如果拿成熟的 mRNA 分子和初始转录本或者 DNA 序列进行比较,会发现 mRNA 的分子量要小几倍甚至几十倍,而且其中一部分序列被去除了,即基因的线性表达被隔断了。在成熟 mRNA 产物中被保留下来的序列称为外显子,而在基因转录后被剪接除去的序列称为内含子。需要去除内含子,使得编码序列(外显子)成为连续的序列,这也是基因表达调控中的重要一环,称为剪接(splicing)。通过对前体 mRNA 一级结构的分析发现剪接发生在内含子上。内含子的两端具有一定的序列保守性。大多数内含子的 5′端为 GU 的起始序列,3′端为 AG 的终止序列,即为剪接接口(splicing junction),可以表示为 5′-GU……AG-OH-3′,又称为 GU-AG 规则。不过,此规则不适合叶绿体和线粒体中的结构基因的内含子,也不适合 tRNA 和一些 rRNA 的内含子。在剪接的过程,科学家们发现内含子有 3 个位点参与剪接的工作:5′-剪接位点(5′-splice site)、剪接分支点(branch point)和 3′-剪接位点(3′-splice site),其中分支点很重要,位于距内含子 3′-剪接位点 20～50 bp 处。mRNA 前体的内含子上相应剪接位点突变会产生剪切错误。地中海贫血中有一种类型,就是因为 β-珠蛋白的第一内含子正常的 3′剪接位点的上游 20nt 处,因为发生 G→A 突变,产生了新的剪接位点。新的剪接方式使得原来的第一内含子的部分序列出现在了 mRNA 分子上,进而 mRNA 上密码子发生变化,还提前出现了终止密码,合成了异常的血红蛋白的 β-亚基,导致贫血症。

内含子剪接的场所称为剪接体(spliceosome),它是在被剪接的 RNA 分子上,由核小RNA(snRNA)和 100 种以上的蛋白质分子构成的一种超大分子复合体。这些 snRNA 分子小,一般含有 100～300 个核苷酸,每种 snRNA 分别与多种蛋白质结合形成核小核糖核蛋白(small nuclear ribonucleoprotein, snRNP)。snRNA 以 snRNP 的形式参与 hnRNA 的剪接,因 snRNA 碱基组成中的尿嘧啶含量丰富,所以用 U 来命名分类这些 snRNP,分别为U1、U2、U4、U5 和 U6。在 rRNA 前体的加工过程中会有 U3 的参与。真核生物的 snRNA和蛋白质高度保守,在内含子的剪接过程中,这些 snRNP 会先后结合到前体 mRNA 上,与数十种剪接因子(splicing factor)和调节因子(regulator)蛋白质一起形成剪接体(沉降系数为 50～60 S),剪接体的装配需要 ATP 提供能量。

剪接的过程涉及了套索 RNA(lariat RNA)的形成,即内含子区段发生弯曲,使得两个外显子(外显子 1 和外显子 2)相互靠近而易于剪接。内含子 5′-剪接位点、剪接分支点和 3′-剪接位点相互靠近,是反应发生的位点。剪接的过程一共 6 步(图 5.6):① U1 结合到内含

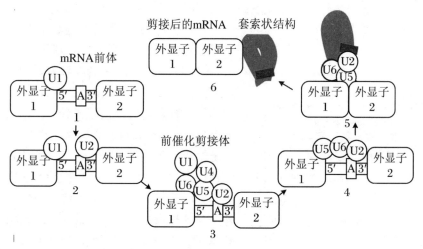

图 5.6　mRNA 前体中内含子的剪接

子的 5′-剪接位点。② U2 结合到内含子的剪接分支点。③ U4、U5 和 U6 加入,与 U1、U2 结合,形成完整的剪接体,内含子发生弯曲形成套索结构,上下游两个外显子相互靠近,此时称为前催化剪接体。④ U1 和 U4 离开,结构调整,复合物激活。⑤ U2 和 U6 发挥活性,使得内含子分支点的腺嘌呤核苷酸的 2′—OH 作为亲核基团攻击 5′-剪接位点(外显子 1 和内含子之间的 3′,5′-磷酸二酯键),外显子 1 的 3′—OH 游离出来,内含子的 5′-GU 与分支点相连,形成套索,这是第一次转酯反应。⑥ 第二次转酯反应,外显子的 3′—OH 作为亲核基团攻击 3′-剪接位点(内含子和外显子 2 之间的 3′,5′-磷酸二酯键),外显子 1 取代了套索状的内含子与外显子 2 结合。所以,内含子的剪接,指的就是两个外显子中间的内含子被切掉,两个外显子连接起来。这个过程中剪接体发挥重要作用,不过,在其中起到催化作用的是其中的 snRNA 成分。

3. 前体 mRNA 在 3′端特异位点断裂并加"尾"

除了组蛋白的 mRNA,真核生物的基因都有 3′端的多聚腺苷酸 poly(A)的结构,这个结构含 20～250 个腺苷酸,而且在目前人们已研究的基因中,都没有找到相应的多聚胸苷酸序列,说明这个不是以 DNA 为模板来合成的,而是在转录后,在转录产物 3′端切断后,多聚腺苷化(polyadenylation)形成。同时,研究发现转录并不是在 poly(A)的位置终止的,转录其实是在继续进行,超过数百个乃至上千个核苷酸后才停止。现已发现在阅读框的下游,断裂点的上游 11～30 个核苷酸的位置常有一段非常保守的共有序列 AAUAAA,在断裂点的下游 2～40 个核苷酸的位置富含 G 和 U 序列,这些序列就是转录终止的修饰点。其中前者 AAUAAA 是特异性序列,后者是非特异性序列,转录进行中越过转录终止的修饰点,产物被切断,进行了加 poly(A)尾的修饰。将病毒转录单位的终止修饰点 AAUAAA 删除后,原来位置上就不再发生切断和多聚腺苷化,一般认为,这一序列为链的切断和多聚腺苷化提供了某种信号。

真核生物 mRNA 的加尾是个多步骤的过程,需要识别多聚腺苷化位点,切割前体 mRNA,添加 poly(A)尾。这一过程最终触发转录的终止。此过程涉及了 20 多种酶和蛋白质分子(图 5.7)。断裂与聚腺苷酸化特异性因子(cleavage and polyadenylation specificity factor,CPSF)是由 4 条多肽链组成的蛋白质,分子量为 360 kDa,它可以特异性识别 AAUAAA 序列,指导 mRNA 的切割。但是 CPSF 与 AAUAAA 结合不稳定,还需要另外至少 3 种蛋白质参与来稳定复合体的结构:① 断裂激动因子(cleavage stimulatory factor,CStF),与断裂点下游富含 G 和 U 的序列相互作

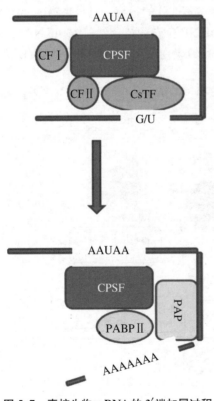

图 5.7　真核生物 mRNA 的 3′端加尾过程

用,稳定多蛋白复合体。② 断裂因子Ⅰ(cleavage factorⅠ,CFⅠ)与 CStF 相互作用,有助于选择切割位点,保证有效的识别前体 mRNA 并切割。③ 断裂因子Ⅱ(cleavage factorⅡ,CFⅡ),可与 RNA 聚合酶Ⅱ的 CTD 结合,这是前体 mRNA 切割所必需的。同时,在前体 mRNA 断裂前,多聚腺苷酸聚合酶[poly(A)polymerase,PAP]加入多蛋白复合体。所以,前体 mRNA 的加尾从 CPSF 结合在 AAUAAA、CStF 结合断裂点后下游富含 GU 的区域开始,CFⅠ和 CFⅡ在断裂点切断 mRNA 的 3′尾部,PAP 以带有 3′—OH 端的 RNA 分子作为受体,ATP 为供体,立即对断裂的前体 mRNA 3′—OH 端进行多聚腺苷酸化。首先 12 个腺苷酸的加入比较缓慢,之后进入快速合成期,这一时期还需要一种多聚腺苷酸结合蛋白Ⅱ[poly(A) binding proteinⅡ,PABPⅡ或 PABⅡ]参与。此外,PABPⅡ还可以在多聚腺苷酸尾结构足够长时,停止多聚腺苷酸聚合酶的作用,加尾过程终止,复合体解离。

多聚腺苷化的特异性抑制剂 3′-脱氧腺苷(冬虫夏草素)虽然不会抑制 hnRNA 的合成,但是它的存在却阻止了胞质中出现新的 mRNA,这说明多聚腺苷化对 mRNA 的成熟是很必要的。虽然,有研究表明,珠蛋白 mRNA 上的多聚腺苷酸尾被去除后,仍能在麦胚无细胞系统中翻译,显示该尾部的结构并非翻译所必需。但是这种没有多聚腺苷酸尾部的 mRNA 稳定性较差,容易被体内相关的酶水解。成熟的 mRNA 由核内转运到细胞质中,能发现其尾部有不同程度的缩短,说明该结构与 mRNA 的寿命有关,起到缓冲核酸酶水解的作用,保护了所携带的遗传信息。同时,多聚腺苷酸尾巴的结构可以与特定的结合蛋白相结合,介导成熟 mRNA 由核内转运至胞浆,这一过程也与蛋白质的翻译过程有关。

4．mRNA 的选择性剪接

科学家们通过对人类基因组的大规模测序,发现基因的数量远没有原来估算的那么多。许多基因表达过程中,产生的 mRNA 前体经过加工只产生一种成熟的 mRNA,翻译成一种多肽链。有些基因的转录过程却可以产生出结构有所不同的若干种 mRNA 分子。真核生物的基因表达非常复杂,增加蛋白质种类的方式也很多,常见的方式之一就是 mRNA 的选择性剪接(alternative splicing)(图 5.8)。比如,转录终止的修饰点 AAUAAA 的位置不一定唯一,大约 70%的人类基因具有多个 poly A 的位点。也就是说,真核生物前体 mRNA 在加工的过程中可能有两个以上的终止修饰点信号,说明终止信号的选择也是基因表达调控的方式之一。在白血病细胞中发现,一些抑癌基因由于选择了上游的转录终止点而表达截短的蛋白,丧失抑癌的功能。选择性剪接指的是一个基因的转录产物在不同的发育阶段、分化细胞或者生理状态下,通过不同的剪接方式,可以得到不同的成熟 mRNA 和翻译产物。mRNA 的选择性剪接有很多,几乎包括所有的可能方式:选择某个外显子不同的 5′和 3′剪接点;针对 mRNA 的 5′末端或者 3′末端进行选择性剪接;内部的外显子被选择性保留或者切除;某些内含子被选择性保留;多个外显子的拼接组合等。这些剪接组合产生的产物种类惊人,如果蝇 *Dscam* 基因的选择性剪接产物有 38000 多种,远远超过果蝇的基因组中的基因数量。由一个基因产生的蛋白质即为同源体(isoform),可变性剪接广泛存在,它使得有限数量的基因产生足够多的产物,增加了蛋白质的种类来适应生物的需求,也是细胞表型多样化的原因。可变性剪接在基因的表达调控中起到十分重要的作用,调控着细胞组织的发育和分化,并与疾病的发生发展密切相关。

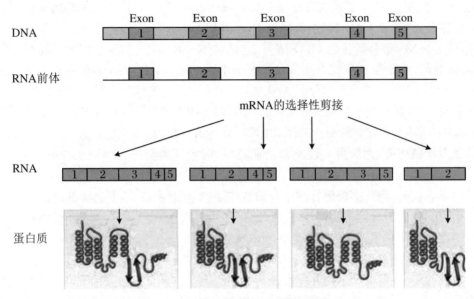

图 5.8　mRNA 的选择性剪接

5.1.5　真核生物 RNA 编辑和化学修饰

有些基因的表达产物中,氨基酸的排列顺序与基因的初级转录产物的核苷酸序列并不能完全对应,这种不同,不是由于 mRNA 水平的选择性剪接产生的,而是在转录出初始转录本后,对 mRNA 前体分子上的一些序列进行改变。这种改变包括某些核苷酸的增加、减少或者替代。这些改变使得 DNA 的信息与 mRNA 上的信息不同,增加了遗传信息的多样性,也丰富了基因的表达调控方式。

RNA 编辑(RNA editing)可以通过多种方式对细胞功能产生影响:改变蛋白质的氨基酸序列(recoding);提前遇到终止密码;影响 RNA 的稳定性等。RNA 的编辑分成两类。其中,碱基的替换属于一对一的编辑,即不改变核苷酸的数量,mRNA 与编码 DNA 的编码框(ORF)相同,不会造成移码突变。而碱基的增加或者删除则会改变 ORF,造成大片的基因序列的不同。

一对一的编辑主要是 C 被 U 取代,A 被 I 取代,这都是由以 RNA 为底物的一些脱氨酶催化产生的。比如哺乳动物的载脂蛋白 B(apolipoprotein B,Apo B)有两种亚型,分别是Apo B100 和 Apo B48。在肝脏中合成 Apo B100,分子量为 512 kDa,由 4536 个氨基酸残基组成。在小肠黏膜细胞中合成的是 Apo B48,分子量为 241 kDa,由 2152 个氨基酸组成。这两种蛋白质均来自同一个基因 Apo B,研究表明,在小肠黏膜细胞中存在一种胞嘧啶核苷脱氨酶(cytosine deaminase),可以将 mRNA 产物的第 2153 位氨基酸的密码子中的 C 转变成U,产物中原本编码谷氨酰胺的 CAA 就转变成了终止密码 UAA,因此 Apo B48 的 mRNA的翻译在第 2153 密码子处终止(图 5.9)。除了 C 被 U 取代,有时也会出现 A 被 I 取代等,从而使得成熟的 mRNA 序列与基因组序列不同。

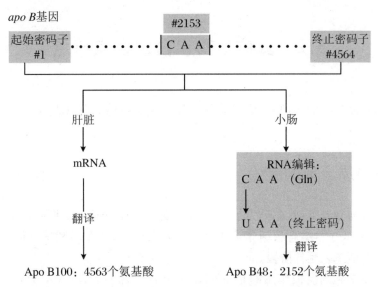

图 5.9　*apo B* 基因通过 RNA 编辑产生不同的 mRNA 和蛋白质

　　插入和删除编辑的机制要复杂一些,现在发现尿苷酸的插入需要 RNA 编辑核心复合体催化,还需要引导 RNA(guide RNA,gRNA)参与,大致过程是:先切割 mRNA,然后添加或删除核苷酸,最后重新连接片。gRNA 由其他的编码基因转录而来,比如在线粒体中分离出的 gRNA 约有 60 个核苷酸,它们与被编辑的 mRNA 前体序列互补。编辑沿着 mRNA 的 3′端向 5′端进行,当 gRNA 与 mRNA 配对而遇到不配对的核苷酸时,就由内切酶在不配对处将待编辑的 RNA(pre-edited RNA)切开,以 gRNA 为模板在 mRNA 前体中插入或者删除尿苷酸。

　　mRNA 中还存在很多化学修饰,有碱基的修饰,也有核糖的修饰,常见的修饰包括 N6-甲基腺苷(m6A)、N1-甲基腺苷(m1A)、5-甲基胞嘧啶(m5C)、5-羟甲基胞嘧啶(hm5C)、假尿嘧啶核苷(ψ)、肌苷(I)和核糖甲基化(2′-O-Me)等。这些修饰参与了 mRNA 的剪接、出核运输、翻译起始等,并与转录产物的稳定性有关。

　　同时,RNA 编辑也不局限于 mRNA。很多种类的 RNA 都可以被编辑,人体 rRNA 中也有超过 200 种修饰。而在各种常见的 RNA 中,tRNA 修饰的数量最多,tRNA 一级结构的特征之一是含有大量的稀有碱基。这些稀有碱基是在转录后加工修饰中产生的,包括某些嘌呤甲基化生成甲基嘌呤、某些尿嘧啶还原形成双氢尿嘧啶(DHU)、尿嘧啶核苷转变成假尿嘧啶核苷(ψ)、某些腺苷酸脱氨形成次黄嘌呤核苷酸,等等。这些修饰涉及的化学种类最广,从碱基异构、甲基化到复杂的环结构修饰。真核 tRNA 平均每个分子含有 13 个修饰。tRNA 的修饰有助于翻译的效率和保真度,以及折叠、稳定性和细胞定位等。除此之外,参与基因表达调控的 microRNA 也可被编辑。除自身 RNA 外,病毒 RNA 也可被编辑,这与病毒的感染和防御密切相关。有些编辑有助于抵御病毒,也有些会促进感染,这也是病毒与宿主互相斗争的领域之一。

　　总之,RNA 的修饰可以使 RNA 更稳定、高效,甚至具有额外的细胞功能。RNA 修饰的异常也会导致细胞功能的异常,与多种疾病相关。

5.2 真核生物蛋白质合成特点

蛋白质是生命现象的体现者,蛋白质的生物合成是机体新陈代谢途径中最复杂的过程之一。

5.2.1 蛋白质合成的起始

翻译的过程与转录类似,也分为起始、延伸和终止三个步骤。翻译起始也同样需要寻找翻译起点(起始密码子),结合核糖体小亚基、起始 tRNA（tRNA$_i$）和核糖体大亚基,组装成起始复合物后才能进入延伸阶段。

翻译复合物中起到模板作用的是 mRNA。真核生物的 mRNA 与原核生物的 mRNA 在结构上不完全一样。它所具有的 5′端帽子结构和 3′-多聚腺苷酸尾巴的结构,不仅参与了 mRNA 从核内往胞浆转运的过程,并在翻译的起始过程中发挥重要的作用。mRNA 分子中的开放阅读框架,由一系列三个连续的核苷酸构成,被称为三联体密码。其中 AUG 作为起始密码,UAA、UAG、UGA 作为终止密码,所以,三联体密码总共还有 61 种排列方式,分别可以编码 20 种基本氨基酸。这对于原核生物和真核生物没有区别,被称为通用密码。通用密码使得我们可以利用现代的分子生物学技术,利用细菌等原核生物高效的制备人类的蛋白质。这种通用性也不是绝对的,真核生物的细胞器 DNA,如线粒体 DNA 和叶绿体 DNA,它们的密码子与通用密码子有一定区别。比如,在哺乳动物的线粒体中,UGA 不仅代表色氨酸,也代表了终止信号,而 UAU 不再编码异亮氨酸,而是甲硫氨酸的密码子。

起始密码子是 AUG,所以起始氨基酸是甲硫氨酸。结合起始密码子的 tRNA 也与正常的阅读框内结合的 tRNA 在结构上有所不同,被称为 tRNA$_i$(initiator tRNA)。所以,翻译的起始,是从起始的 tRNA 在 tRNA 合成酶的作用下与甲硫氨酸结合的过程开始。具体到原核生物中,翻译的起始又需要特殊的起始氨基酰-tRNA。原核生物的 tRNA$_i$ 与甲硫氨酸结合后,由甲酰四氢叶酸为甲基供体,其中的甲硫氨酸被甲酰化酶催化形成 N-甲酰甲硫氨酸(fMet),所以,原核生物的转录起始是由特殊的 fMet-tRNA^{fMet} 参与。不过真核生物的起始 tRNA 及其携带的甲硫氨酸都是正常的,即 Met-tRNA$_i$。起始甲硫氨酸未被甲酰化,仅借助起始 tRNA$_i$ 与阅读框内的 tRNA 结构上的差别,依靠辅助因子来区分两种 tRNA。

另一方面,真核生物多为单顺反子,即一条 mRNA 只编码一条多肽链,所以只有一个起始密码子。而原核生物因为基因表达采用操纵子模式,所以是多顺反子,有多个起始密码。原核生物通过 mRNA 起始 AUG 上游的 SD 序列(Shine-Dalgarno sequence)来定位结合到小亚基上,而在真核生物中,一条多肽链的合成仅有一个起始密码,且不需要 SD 序列做标志。不过真核起始密码上游也有一段保守序列,称为 Kozak 序列或 Kozak motif,与 SD 序列一样,它也是以其发现者 Marylin Kozak 的名字命名的。Kozak 序列是 GCCR CCAUGG,其中 R 代表嘌呤(A 或 G),其中的 AUG 就是起始密码。已观察到 AUG 上游第 3 个核苷酸的嘌呤(A 或 G)与真核起始因子 eIF2α 有相互作用,而 AUG 后面的 G 与核糖体蛋白 S9(rpS9)和 18S rRNA 有相互作用。Kozak 序列并不参与小亚基结合,但仍与翻译效率和定位翻译起点(translation initiation site,TIS)的识别有关。

　　蛋白质的生物合成还需要多种酶类和蛋白质因子。其中参与翻译起始过程的蛋白质因子称为起始因子(initiation factor,IF)。原核生物中直接以 IF 命名,为与之区别开来,真核生物的起始因子则称为 eIF (eukaryotic IF),注意 e 为小写(表 5.2)。与原核起始因子只有 3 种(IF1、IF2、IF3)相比,真核起始因子种类多且复杂,已鉴定的哺乳动物 eIF 至少有 12 种,由至少 29 种不同的蛋白质组成。通过这些真核起始因子之间的相互作用,以及不同的真核起始因子与核糖体、mRNA 和起始 tRNA 之间的相互作用,来完成真核生物的翻译起始。因此相比于原核生物,真核生物的翻译起始过程更多依赖于蛋白质与蛋白质以及蛋白质与RNA 之间的相互作用,而非仅仅 RNA 与 RNA 之间的相互作用。除了在真核翻译起始过程中发挥作用,许多 eIF 还具有其他一些功能。例如,eIF-3 参与细胞生长和细胞周期的调控。此外,真核生物的反应过程也需要 ATP、GTP 等能量物质和无机离子。

表 5.2　真核生物多肽链合成所需的蛋白质因子

种类	因子	生物学功能
起始因子	eIF-1	多功能因子,促进 eIF2-tRNA-GTP 复合体与小亚基作用,沿着 mRNA 扫描
	eIF-1A	防止 tRNA 过早结合到 A 位
	eIF-2	促进起始 tRNA 与小亚基结合,并水解 GTP
	eIF-2B	以 GTP 交换 eIF-2 上水解产生的 GDP
	eIF-3	最先结合小亚基,促进大小亚基分离
	eIF-4A	eIF-4F 复合物成分之一,有 RNA 解螺旋酶活性,能解除 mRNA 5′端的发夹结构,使其与小亚基结合
	eIF-4B	结合 ATP 促使 eIF-4A 结合 mRNA,促进 mRNA 扫描定位起始 AUG
	eIF-4E	eIF-4F 复合物成分之一,结合 mRNA 5′帽子
	eIF-4F	包含 eIF-4A、eIF-4E 和 eIF-4G 的复合物
	eIF-4G	eIF-4F 复合物成分之一,结合 eIF-4E、eIF-3 和 Poly(A) 结合蛋白
	eIF-5	促进各种起始因子从小亚基解离,进而促进大、小亚基结合
	eIF-5B	具有 GTPase 活性,促进各种起始因子从小亚基解离,进而促进大、小亚基结合
	eIF-6	与 60S 大亚基结合,促进核蛋白体分离成大小亚基
延长因子	eEF1-α	促进氨基酰-tRNA 进入 A 位,结合分解 GTP,相当于 EF-Tu
	eEF1-βγ	调节亚基,相当于 EF-Ts
	eEF-2	有转位酶活性,促进 mRNA-肽酰-tRNA 由 A 位移至 P 位,促进 tRNA 卸载与释放,相当于 EF-G
释放因子	eRF	识别所有终止密码子,参与翻译的终止

5.2.2　真核生物蛋白质合成的过程概述

1. 翻译起始复合物的形成

真核生物翻译起始的过程与原核生物相比，涉及的蛋白质因子更多，过程也更为复杂。原核生物由于 mRNA 的 SD 序列使得小亚基可以准确的在 mRNA 上定位，进而 tRNA 进入合适位点后，大小亚基结合，复合物装配成功。原核生物没有 SD 序列，起始氨基酰-tRNA 先于 mRNA 与小亚基结合，所以在装配顺序上与原核有较大差别，同时，参与的蛋白质因子种类更多，过程更为复杂（图 5.10）。

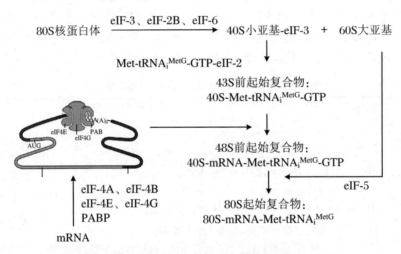

图 5.10　真核生物蛋白质合成起始阶段复合物装配过程

（1）大小亚基分开

真核生物的 80S 核糖体是由 40S 的小亚基和 60S 的大亚基构成的。在翻译的起始阶段，在 eIF-2B、eIF-3 和 eIF-6 等多种起始因子的帮助下，大小亚基分开，为结合 mRNA 和起始的 tRNA 做准备。eIF-1A 和 eIF-3 最先结合在 40S 小亚基上，阻止 tRNA 进入 A 位，同时阻止其与 60S 大亚基的结合。

（2）43S 前起始复合物的形成

eIF-2 识别结合 Met-tRNA$_i^{Met}$，帮助其结合在核糖体小亚基的肽酰位即 P 位点，它同时带有 GTP，在解离时可以水解成 GDP 和 Pi。接着 eIF-5 和 eIF-5B 加入进来，至此，核糖体小亚基与 Met-tRNA$_i^{Met}$ 以及各种因子形成了 43S 的前起始复合物。

（3）mRNA 与核糖体小亚基结合

由于真核生物没有 SD 序列，43S 的前起始复合物需要和帽子结构结合。eIF-4A、eIF-4E、eIF-4G 组成了 eIF-4F 复合体，可以结合 mRNA 的帽子结构。其中的 eIF-4E 是真正的帽结合蛋白（cap-binding protein，CBP），可以结合 mRNA 5′端帽子结构，eIF-4A 具有 ATPase 和解螺旋酶的活性。eIF-4G 是衔接蛋白（adapter protein），起"脚手架"作用，将复合体各组分连接在一起。同时，mRNA 的 3′-poly A 的结构也通过 poly(A)结合蛋白（poly Abinding protein，PABP)结合在 eIF-4G 上。所以，mRNA 在起始因子作用下形成环形。

核糖体小亚基与 Met-tRNA$_i^{Met}$ 所在的 43S 的前起始复合物沿着 mRNA 的 5′端向 3′端扫描移动，寻找起始密码并定位，这种翻译方式称为帽依赖(cap-dependent)模式。由于帽子结构距离起始密码子 AUG 有一定距离，而且仅靠 AUG 与起始 tRNA$_i$ 直接的相互作用，也无法使得小亚基在这个位置停顿下来。需要起始密码 AUG 是上下游也有相应的序列才能使复合体停顿。这段最适序列 CC(A/G)CCAUGG 被命名为 Kozak 序列，起始密码 AUG 上游 −3 位置的嘌呤和下游紧跟着的 G 是最为关键和重要的，同时，在 eIF-1 和 eIF-1A 的帮助下，小亚基和 tRNA 沿着 mRNA 扫描移动，找到核糖体的结合位点，通过 Met-tRNA$_i$ 的反密码子识别起始密码并与之结合形成 48S 的起始复合体。

(4) 核糖体大亚基的结合

当 mRNA、小亚基、tRNA$_i$ 结合定位后，eIF-5 促使 eIF-2 发挥 GTPase 的作用，水解与之结合的 GTP，生成 eIF-2-GDP，与起始 tRNA 结合力减弱，使得完成功能的起始因子 eIF-2、eIF-3 等开始脱落，同时 60S 的大亚基与小亚基结合，形成 80S 的核糖体起始复合物，进入延伸阶段。

除了上述经典模式外，翻译起始还有多种方式。例如，同样是帽依赖的起始，还有一种不依赖 eIF-4E 的起始方式，由帽结合复合物(CBC)介导帽子的结合与扫描。这种模式与 mRNA 的寿命调控有关。非帽依赖的翻译起始也有多种。mRNA 中有一种顺式元件，称为内部核糖体进入位点(internal ribosome entry site，IRES)，可以借助 IRES 反式作用因子(IRES trans-acting factors，ITAFs)，将核糖体募集到 mRNA 中的特定起始密码子，从而允许非帽依赖的翻译起始。

2. 翻译的延伸阶段

翻译起始复合物形成后，核糖体从 mRNA 的 5′端向 3′端移动，依据密码子的顺序，不断将新的氨基酸连接到已有肽链(或起始氨基酸)的羧基端，即从 N 端开始向 C 端合成多肽链。翻译的延伸(elongation)，也叫作肽链的延长。这是一个不断循环的过程，每个循环增加一个氨基酸，具体包括进位、成肽、转位 3 个步骤，这与原核生物翻译的延长类似。每循环一次，肽链上即可增加一个氨基酸残基，这个过程除了需要 mRNA、tRNA 和核糖体外，还需要一系列的延长因子(elongation factor，eEF)和 GTP 的参与。

(1) 进位(entrance)

进位是指将正确的氨酰 tRNA 按照 mRNA 的指令即密码子的顺序，结合在核糖体的 A 位点(氨酰位点)，这一过程又称为注册。在翻译起始之后，起始 tRNA 占据 P 位点(肽酰位点)，A 位点是空缺的，对应着第二个密码子，可以接受新的 tRNA。但是转运 RNA 并不能随意进入氨酰位点，而是需要延伸因子 eEF-1A 和 eEF-1B 辅助，还需要专门的校对机制来保证解码的忠实性。当反密码子能够与密码子完美配对时，会改变核糖体一些位点的状态，为 GTP 的水解提供合适的构象。反之，当不合适的氨基酰-tRNA 进入 A 位，GTP 水解较慢，留下足够的时间使其离开 A 位。

(2) 成肽(transpeptidation)

肽键的形成是 P 位点的肽酰基 tRNA 将肽酰基转移到 A 位点的氨酰 tRNA 的氨基上，

即核糖体 P 位和 A 位上的 tRNA 上的氨基酸缩合成肽的过程。在起始复合物中,P 位上的甲硫氨酰-tRNA 与 A 位上新进的氨基酰-tRNA 的 α-氨基缩合形成二肽。而在后续的延长过程中,P 位上已合成的肽酰-tRNA 与新进氨基酰-tRNA 的 α-氨基形成肽键,反应的本质是起始氨酰基或者肽酰基的酯键转变为肽键,P 位点的 tRNA 转移到 A 位点的氨基上,所以,新生肽链的延长方向是从 N 端到 C 端。某些氨基酸(如脯氨酸和甘氨酸)不易形成肽键,容易导致肽酰-tRNA 从核糖体脱落。

(3) 转位(translocation)

成肽后,肽酰位点的转运 RNA 成为空载,延伸进入转位阶段。核糖体会沿 mRNA 5′→3′ 的方向移动一个密码子的位置,新的肽酰 tRNA 进入 P 位点,A 位点空出,以接受下一个氨酰 tRNA。当一个新的氨基酰-tRNA 进入 A 位后,会产生变构效应,真核生物没有原核生物核糖体上的排出位(E 位),即致使空载的 tRNA 从 P 位点直接掉落。在原核生物中,转位需要 EF-G(即转位酶),在真核生物中,与之对应的蛋白质因子是 eEF-2。它与核糖体相互作用,以稳定其中间状态。核糖体结合可激活 eEF-2 的 GTP 酶活性,利用 GTP 水解推动移位过程中的构象变化。白喉毒素(diphtheria toxin)由白喉杆菌内的溶原性噬菌体所编码,具有抑制蛋白质合成的作用,它作为一种修饰酶类,能利用 NAD^+ 将腺苷二磷酸核糖基(ADPR)转移到 eEF-2 上,使 eEF-2 发生 ADP-核糖基化修饰,生成 eEF-2-腺苷二磷酸核糖衍生物,使 eEF-2 失活,抑制移位反应,进一步抑制蛋白质的合成。所以,白喉毒素毒性巨大,几微克毒素就足以致人死亡。

3. 翻译的终止阶段

肽链不断进行的进位、成肽、转位,使得肽链不断延长,直到核糖体到达编码序列的末端即 mRNA 的终止密码子进入 A 位点时,翻译进入终止(termination)阶段。此阶段主要包括新生肽链的释放与核糖体的解离等过程。

在大多数生物中,64 个密码子中的 3 个(UAA,UAG 和 UGA)用作翻译终止信号,称为终止密码子(termination codon),也叫无义密码子(nonsense codon)。与有义密码子不同,终止密码子的识别不依赖于 tRNA,而是通过一类蛋白质因子进行的。在翻译的过程中,参与翻译起始的蛋白因子称为起始因子;参与延伸的蛋白因子称为延伸因子(eIF-5A 除外);而参与翻译终止的蛋白因子换了个名字,叫作释放因子(release factor,RF),这是因为它们参与新生肽链的释放过程。与原核生物有 3 种释放因子不同,真核生物只有 1 种释放因子 eRF-1,它可以识别所有三种终止密码。eRF-1 的外形类似于 tRNA,当其进入核糖体 A 位点时,顶端的 3 个氨基酸 GGQ 正好和氨基酰-tRNA 的氨酰基位置,最后一个 Q(谷氨酰胺)的酰胺基结合水分子,使得多肽链水解下来。另外,真核生物中的 eRF-3 为 GTP 结合蛋白,具有 GTP 酶活性,进入 A 位点后水解 GTP,可以辅助 eRF-1 脱落。

4. 蛋白质合成后的加工修饰

新生的蛋白质多肽链并不具备生物活性,它们必须经过正确的折叠和加工,形成特定的空间结构,有的还需通过亚基的聚合,其他物质的参与才能形成具有特定生物学功能的蛋白质。

（1）新生多肽链的折叠

蛋白质的空间结构是借助自身主链间和侧链的相互作用，利用各种非共价键，如氢键、疏水作用力、离子键和范德华力等，以及特定的共价键如二硫键等的相互作用，发生折叠，形成各种天然构象。1957 年，C. Anfinsen 就利用核糖核酸酶（RNase A）巧妙的验证了蛋白质的一级结构决定了蛋白质的空间结构。他在实验中首先用含有 β-巯基乙醇的尿素溶液去打开二硫键，使得蛋白质变性。然后用透析的方法去除变性剂，并在合适的条件下使得酶恢复活性和物理特性，说明蛋白质的变性可以逆转，蛋白质在生理条件下可以自发折叠形成天然构象。

当然，后续的研究表明，新生肽合成后的折叠与蛋白质变性后的复性不完全相同，新生肽链通常需要边合成边折叠，并不断调整其结构状态。在蛋白质合成的过程中，已经合成但尚未折叠的肽段会有很多疏水基团暴露在外，这些基团相互之间有聚集的倾向，容易形成链内或者链间的非共价结合，这种结构的混乱会造成错误折叠，严重影响细胞的功能。所以，细胞中大多数的蛋白质不是自发折叠的，而是需要在其他蛋白质和酶的辅助下，按照特定的方式，形成正确的折叠。这一类辅助蛋白质折叠的蛋白质称为分子伴侣（molecular chaperone）。这类蛋白质的作用和酶相似，但是又不同于酶，比如说它们不促进蛋白质的折叠，而是通过与新生肽链的疏水段结合，防止它们发生错误折叠。同时，分子伴侣也没有酶的高度专一性，同一种分子伴侣分子可以作用于多种蛋白质多肽链的折叠。

目前，研究的较清楚的多为单体形式的 Hsp70 家族（heat shock protein 70 family）和寡聚体形式的伴侣蛋白家族（chaperone family）（表 5.3）。

表 5.3　分子伴侣的主要类型

种类	结构与功能
Hsp70 家族（单体蛋白质）	
Hsp70（Dnak）	结合多肽，有 ATPase 活性
Hsp40（DnaJ）	促进 Hsp70 发挥 ATPase 活性
GrpE	核苷酸交换因子
Hsp90	作用于信号转导蛋白
伴侣蛋白家族（寡聚复合物）	
类群 I	
Hsp60（GroEL）	形成两个七聚体环形结构
Hsp10（GroES）	形成帽状结构
类群 II	
TRic	形成两个八聚体环形结构

许多的分子伴侣属于热激蛋白（heat shock protein，Hsp），它是通过热激作用诱导发现的，故又称为热休克蛋白。这类蛋白是在高温或者其他刺激作用下诱导表达的一种蛋白。可用于恢复热变性蛋白或者阻止外界不利条件下的蛋白质的错误折叠。Hsp70 家族包括 Hsp70、Hsp40、GrpE 和 Hsp90 等，广泛存在于各种生物中。其中，Hsp70 因其分子量接近 70 kDa 而得名，在蛋白质翻译后加工过程中，Hsp70 与未折叠蛋白质的疏水区结合，防止新

生肽链过早折叠。有些 Hsp70 在 Hsp40 和 GrpE 的参与下,借助水解 ATP,通过与新生肽链不断地结合、释放,循环往复,最终指导其形成特定的空间构象。如在 *E. coli* 中,Hsp70 和 Hsp40 分别由基因 danK 和 danJ 编码,又被称为 DnaK 和 DnaJ。Hsp40(DnaJ)促进多肽形成 DnaJ-DnaK-ATP-多肽复合物,DnaJ 和 DnaK 相互作用,发挥 ATP 水解酶活性,产生稳定的 DnaJ-DnaK-ADP-多肽复合物。GrpE 是核苷酸交换因子,使得 Hsp70 上的 ADP 交换成 ATP,从而使得 DnaJ-DnaK-ATP-多肽复合物复合体不稳定而解离,释放出被完全或部分折叠的多肽,DnaJ、DnaK-ATP 继续进入新一轮循环。家族中的 Hsp90 的作用方式和 Hsp70 类似,它专一作用于信号转导途径中的蛋白质构象的改变。

伴侣蛋白家族和上述 Hsp70 家族不同,它们是寡聚体形成的大蛋白质。如大肠杆菌中的 Hsp60(GroEL)就是由 14 个亚基构成的多聚体,形成桶装的空腔,Hsp10(GroES)由 7 个相同的亚基构成,形成圆顶状,作为 GroEL 桶的盖子。需要折叠的蛋白质多肽链进入桶内,封闭"盖子"形成蛋白质折叠的微环境,消耗 ATP,循环往复,最终折叠成天然构象,释放出来。真核生物与之相似的功能蛋白是 TRic/Gimc。

除了非共价键,共价键能否正确形成对蛋白质的正确折叠也至关重要。所以,还需要一些异构酶(isomerase)的参与来确保蛋白质形成正确构象。如蛋白质二硫键异构酶(protein disulfide isomerase,PDI),它可以帮助肽链内部及链间二硫键的正确形成(图 5.11)。脯氨酸由于分子内部成环,有顺反两种构型,蛋白质中的脯氨酸残基大多为反式构型,仅有约 6% 为顺式,肽脯氨酰基顺-反异构酶(peptide prolyl cis-trans isomerase,PPI)则主要负责肽链在各脯氨酸残基转弯处调整形成正确的构型。

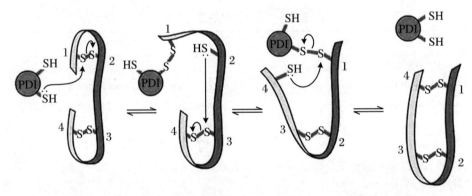

图 5.11　蛋白质二硫键异构酶帮助肽链内部及链间二硫键的正确形成

(2) 翻译后的加工修饰

多肽链的合成是以 mRNA 的核苷酸为模板进行的,合成的蛋白质多肽链需要进行加工和修饰,形成有活性的蛋白质。

① 氨基酸和羧基端的修饰:新生多肽链的水解是肽链加工的重要形式之一,多肽链 N 端的甲硫氨酸残基、甚至多个氨基酸残基会在离开核糖体后,大部分被特异的蛋白水解酶水解。多肽链的羧基端有时也会有类似的操作,所以,核苷酸上的这些序列最终不会出现在蛋白质上。同时,氨基端和羧基端有时还会被加工修饰,比如真核生物的蛋白质中约一半氨基端的氨基被 N-乙酰化。

② 蛋白酶解加工：有许多蛋白质在初合成时是分子量较大的没有活性的前体分子，如胰岛素原、胰蛋白酶原等。这些酶或者激素的前体分子称为蛋白原（proteinogen），需经过水解作用切除部分肽段，才能成为有活性的蛋白，这是控制蛋白质活性的方法之一。有些多肽链经选择性酶解可以产生数种蛋白质或者小分子活性肽。如阿黑皮素原（pro-opiomelano-cortin，POMC）可被水解而生成促肾上腺皮质激素、β-促脂解素、α-激素、促皮质素样中叶肽、γ-促脂解素、β-内啡肽、β-促黑激素、γ-内啡肽和 α-内啡肽 9 种（图 5.12）。

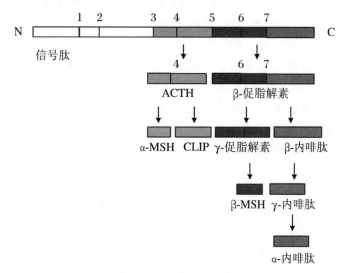

图 5.12　阿黑皮素原的酶解加工

③ 信号肽的切除：真核细胞分泌蛋白质和跨膜蛋白质的前体分子的 N-端都含有由13～36 个氨基酸残基组成的信号肽（signal peptide）序列，这些序列在蛋白质成熟的过程中需要被切除。

④ 个别氨基酸的修饰：直接参与蛋白质合成的基本氨基酸约有 20 种，而目前已经发现了有 100 多种蛋白质中的氨基酸及其衍生物，这说明是在合成后发生了某些化学修饰反应，增加了氨基酸的种类。常见的修饰方式包括磷酸化、乙酰化、甲基化、羟基化、羧基化、糖基化等。特定氨基酸残基的共价修饰，如丝氨酸、苏氨酸和酪氨酸上的 OH 被磷酸化，会引起蛋白质功能的变化，乳液中的酪氨酸被磷酸化可以增加钙的结合，利于幼儿对营养的吸收。糖基化增加亲水性，而脂类基团修饰可以提高蛋白质整体或局部的疏水性，改变局部结构，或使其与相应膜结构更加亲和从而影响其功能。

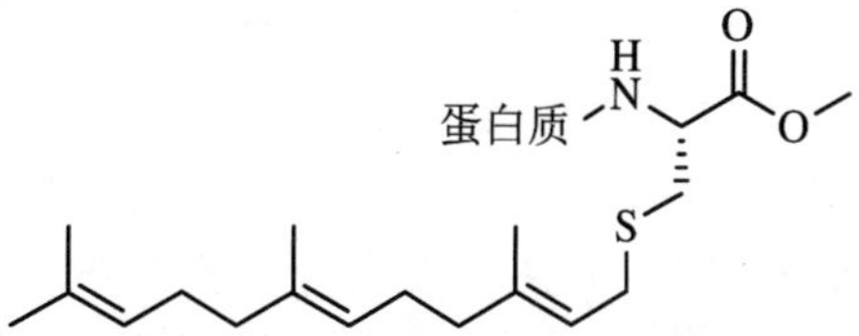

异戊二烯化（图 5.13）也是一种亲脂性修饰。聚异戊二烯（萜类）基团通过硫醚键连接在受体蛋白质羧基末端的半胱氨酸侧链巯基上。已经发现人体中有超过上百种蛋白质被异戊二烯化修饰，包括多种 G 蛋白的 γ 亚基、Ras 超家族成员、核纤层蛋白以及一些蛋白激酶等。异戊二烯化参与多种细胞过程，与多种生理病理

图 5.13　蛋白质的异戊二烯化修饰

现象相关。阻止癌基因表达产物 Ras 蛋白的法尼基化修饰，会使其丧失致癌性。

⑤ 辅基的连接：很多蛋白质属于缀合蛋白，区别于单纯蛋白质，这类蛋白质中含有辅助成分，如血红蛋白中含有血红素的成分。多肽链合成后，需与这些辅基以共价键或者配位键结合，蛋白才具有其功能。

⑥ 二硫键的形成：多肽链折叠形成天然构象，不仅需要非共价键，还需要在链内或者链间的 Cys 之间形成合适的二硫键，用以保护蛋白质的天然构象。

⑦ 亚基的聚合：在生物体内，有的蛋白质是由 2 条以上肽链构成，各肽链之间通过非共价键或二硫键维持特定空间构象，其亚基相互聚合时所需要的信息蕴藏在肽链的氨基酸序列之中，而且这种聚合过程往往又有一定顺序，前一步骤的聚合往往促进后一步骤的进行。例如，成人血红蛋白由 2 条 α 链、2 条 β 链及 4 个血红素分子组成。4 个亚基之间共有 8 个离子键参与亚基之间的连接。首先是 α 链的合成，合成后从核糖体自行脱离，与尚未从核糖体释放的 β 链相结合，并将其带离核糖体，形成游离的 $\alpha\beta$ 二聚体。此二聚体再与线粒体内生成的两个血红素相结合，最终与另一个 $\alpha\beta$ 二聚体一起形成一个由 4 条肽链（$\alpha_2\beta_2$）和 4 个血红素构成的有功能的血红蛋白分子。

5. 蛋白质的靶向运输

真核生物细胞内的结构复杂，亚细胞结构和细胞器都被膜所包围，胞浆蛋白、膜蛋白、分泌蛋白、溶酶体蛋白等各种细胞器蛋白需要各就各位才能发挥其功能。多肽链在核糖体合成后，需要被靶向输送（protein targeting），穿过内质网膜，或者送至高尔基体、分泌小泡、溶酶体或者膜机构等。所有这些定位通常由各种标签引导其运输与加工。最常见的标签就是信号肽（signal peptide），此外还有线粒体定向肽、过氧化物酶体靶向序列、核定位信号等（表5.4）。这是蛋白质完成靶向输送的关键结构。它们的位置不定，可以在 N 端、C 端，也可以在链内，在输送完成后，可能被切除，也有可能保留下来。

表 5.4　蛋白质的亚细胞定位识别信号

蛋白质	识别信号	结构特点
分泌蛋白质、膜蛋白	信号肽	由 13～36 个残基组成，位于新生肽链 N 端
内质网蛋白质	内质网滞留信号	经典的内质网滞留信号是 Lys-Asp-Glu-Leu 四肽
线粒体蛋白(核基因编码)	线粒体靶向序列	一般位于肽链 N 端，由 20～35 个氨基酸残基组成，富含丝氨酸、苏氨酸和碱性氨基酸
核蛋白	核定位信号	由 4～8 个氨基酸组成，多富含碱性氨基酸，位置不固定

（1）信号肽引导的靶向运输

信号肽（signal peptide）也称为信号序列（signal sequence），是膜蛋白、分泌蛋白和溶酶体蛋白的定位标签，通常位于蛋白质的氨基端，由 13～36 个残基组成。信号肽没有保守的氨基酸序列，但是具有保守的结构特征。信号肽一般分为 n、h 和 c 三个区域（图5.14）：N 端的 n 区有 1～5 个残基，包括一个或几个碱性氨基酸，通常带有正电荷；中间的疏水核心（h区）含有 10～15 个疏水性残基；羧基末端区（c 区）有 5～6 个残基，极性较强，并包含信号肽切割位点(cleavage site)。

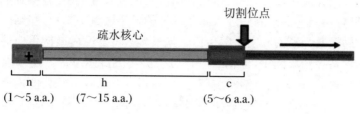

图 5.14　信号肽的结构特点

就像激素需要受体一样,信号标签也需要相应的识别机制。信号肽的识别需要一种核糖核蛋白复合物,称为信号识别颗粒(signal recognition particle,SRP)。真核生物的 SRP由 6 个蛋白质和 1 个被称为 7SL RNA 的 RNA 组成。

所以,分泌蛋白质合成和转运的机制如下(图 5.15):① 蛋白质合成时,N 端信号肽首先合成。② SRP 识别并结合信号肽,SRP 结合在核糖体上,它会诱导翻译延伸暂停。③ SRP引导翻译复合体与内质网上的 SRP 受体结合。④在内质网膜上,SRP 受体连接着由肽转位复合物形成的易位通道(也称为 translocon,转运体),新生肽链通过该通道进入内质网内腔。⑤ 通过 ER 膜后,信号肽被信号肽酶复合物(signal peptides complex,SPC)切除,翻译继续进行,同时进行折叠和修饰。⑥ 折叠好的蛋白质随着内质网膜“出芽”形成的囊泡转移至高尔基复合体,最后在高尔基复合体中包装进入分泌小泡,转运至细胞膜,再分泌至胞外。所以,信号肽介导的是一种与翻译过程相伴随的靶向运输,称为共翻译蛋白靶向(co-translational protein targeting)。

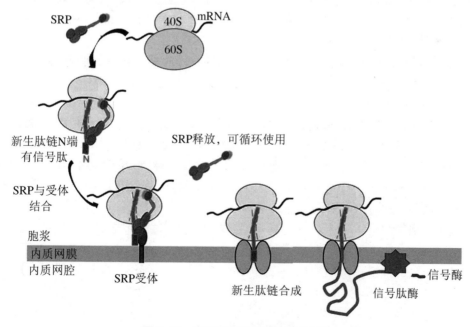

图 5.15　分泌蛋白的加工和靶向运输

（2）内质网蛋白质的 C 端通常有滞留信号序列

翻译和初步加工完成后，大部分成熟的蛋白质被包装到囊泡中，转移到高尔基体。这些蛋白质在高尔基体进一步分类，有些进入高尔基体的各个区室中，另一些则逆向转运回到内质网。这种逆向转运是为了回收内质网蛋白。虽然多数可溶性内质网蛋白通过与其他驻留蛋白相互作用而保留在内质网中，但仍有一部分被分泌到高尔基体。所以大多数内质网蛋白具有特定的识别序列，称为内质网滞留信号，可以指导其回收。经典的内质网滞留信号是 Lys-Asp-Glu-Leu 四肽，故称 KDEL 模体。可溶性内质网蛋白的 C 末端常具有这个模体，通过与受体识别结合形成复合物，包装到囊泡中，通过逆行转运回到内质网。另一个重要的内质网滞留信号是 KKXX 模体（其中 K 是 Lys，X 代表任意氨基酸），大多数内质网膜蛋白的 C 端含有此序列。

（3）非分泌型蛋白质的靶向转运

除了上述的信号肽引导的内质网-高尔基体途径，胞浆蛋白、核蛋白和一些细胞器蛋白等，新生肽链中没有信号肽，不能被 SRP 引导到内质网，所以只能在胞浆中游离核糖体（cytosolic ribosome）上完成翻译，然后被特异定位标签引导进入线粒体、叶绿体、过氧化物酶体及细胞核等处，没有标签的就留在胞浆。

如典型的线粒体蛋白定位标签称为线粒体靶向序列（mitochondria targeting sequence，MTS），一般位于肽链 N 端，由 20～35 个氨基酸残基组成，富含丝氨酸、苏氨酸和碱性氨基酸，在定位完成后会被切除，所以也称为前导肽序列（presequence）。这类蛋白从胞质游离核糖体释放后，会由细胞 Hsp70 或者线粒体输入刺激因子并与之结合，形成稳定的未折叠结构，被运送到线粒体外膜。线粒体外膜有相应受体，形成复合物，在相应热激蛋白和跨内膜电化学梯度的动力作用下，蛋白质穿过由线粒体外膜转运体（Tom）和内膜转运体（Tim）共同组成的跨内外膜蛋白通道，进入线粒体基质。蛋白质前体的前导肽序列被蛋白酶水解后，在分子伴侣的作用下正确折叠。

很多核内的蛋白质（如组蛋白，参与复制转录的各种酶类和转录因子等）也是由胞浆中的游离核糖体翻译的，在某种特定条件下通过核孔进入细胞核（图 5.16）。核孔复合物（nuclear pore complexes，NPC）用于维持核孔形态及管理物质运输。通常情况下，蛋白质分子需要通过主动转运穿过 NPC 通道。这也需要蛋白本身的定位标签，以及相应的识别受体和转运机制。引导胞浆蛋白入核的标签称为核定位信号（nuclear localization signal，NLS）。常见的 NLS 多富含碱性氨基酸，所以此类 NLS 又称为碱性 NLS 或经典 NLS（cNLS）。含 NLS 的蛋白与核输入因子（importin）α 和 β1 形成三元复合物，通过 NPC 在核内复合物解离，释放货物蛋白，此时 Ras 相关核蛋白质（Ras-related nuclear protein，Ran）参与使两种核输入因子返回细胞质，以进行下一轮转运，完成"再循环"过程。

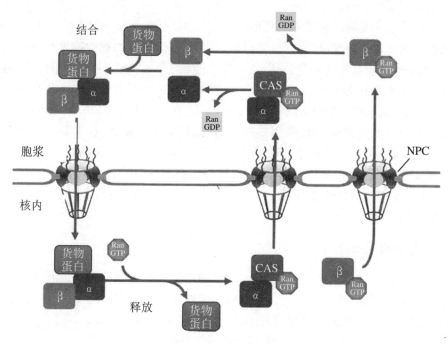

图 5.16　细胞核蛋白的定位

5.3　真核生物基因表达调控

　　真核生物结构复杂,功能分化,调节精确,适应潜力大。真核生物的基因结构比原核生物复杂,而且其中的大量的非编码序列以及重复序列、假基因等的存在都提示了真核生物基因表达调控的复杂性。同时,由于真核生物个体内、细胞间还存在着信号通信网络,使得整个调控过程更为复杂和多样。真核生物的 DNA 与组蛋白以核小体为基本结构单元,高度缠绕形成了染色体的结构。所以,真核生物基因表达的整个过程从染色质的激活开始,包括转录、转录后加工和转录产物的转运、翻译、翻译后加工及靶向运输等。各个环节都存在着对基因表达的调控和干预,使得整个调控的过程呈现出多层次和综合协调的特点。

5.3.1　染色体水平的调控

1. 真核生物的细胞决定和分化可以通过染色体即基因组水平的加工改造来实现

　　染色体自身的结构对 DNA 复制和转录有重要的调控意义。从受精卵到完整的个体,需要经过许多特定的步骤,同时,分化的细胞,在分裂后继续保持其分化状态,表现出细胞性状上的"记忆"。而每个细胞又具有"全能性",将体细胞的细胞核转移到去核的受精卵内,克隆羊的实验证明了这一点。

真核生物通过在基因组水平对染色体进行加工：① 异染色质化：即将染色质凝缩，将分化后不再需要的基因进行异染色质化，使得基因永久性的关闭，如雌性哺乳动物细胞有两个 X 染色体，其中一个就高度异染色质化。② 染色质的丢失：如哺乳类动物的红细胞在成熟的过程中丢失了整个核的结构。③ 基因扩增：即通过增加基因的数量来调节基因表达产物的量，比如通过增加编码 rRNA 的基因（即 rDNA）的数量来合成大量的核糖体，以满足细胞合成大量多种蛋白质的需求。④ 基因重排：包括基因的缺失和移位，如要产生数量巨大的抗体，就需要通过重排来形成各种"新基因"。⑤ 染色质的修饰：在生物的生长发育过程中，染色质包括 DNA 和组蛋白都会发生修饰，这种修饰会对基因的表达产生影响，进一步影响其表型，细胞对这种表型的变化有"记忆"并可遗传给子代细胞，这种不涉及基因序列的"遗传"称为表观遗传（epigenetic inheritance）。

2. 活性染色质的结构

真核生物基因的表达从染色质的激活开始，被组装在核内的染色质的相应区域和性质都会发生变化，这些具有转录活性的染色质称为活性染色质（active chromatin）。活性染色质的结构与真核生物基因表达密切相关。

（1）活性染色质对核酸酶极为敏感

当用 DNase Ⅰ去消化小心制备的染色质时，通常可以得到 200 bp 左右阶梯式的 DNA 降解片段，这个和核小体的结构相吻合。而在转录活性区的染色质则被水解为更小的不整齐的片段。在活性区中出现了一些对 DNase 特别敏感的部位，称为超敏位点（hypersensitive site）。这些超敏位点常出现在被活化基因的 5′端一侧 1 kb 内，长度约为 200 bp，相当于启动子的范围。有些超敏位点也会出现在基因内或者 3′端，是一些调节蛋白的结合位点。这些转录活化区域缺乏或完全没有核小体结合的"裸露"位点。

（2）染色体重塑

染色体的基本结构是核小体，它由双螺旋 DNA 缠绕组蛋白而形成。与转录相关的染色质结构的改变称为染色体重塑（chromatin remodeling），它包括核小体的移动、调整和取代等。染色体重塑是个耗能的过程，可以使得启动子和其他的顺式作用元件上的核小体打开，染色质结构改变后，使得相关的转录因子和 RNA 聚合酶可以结合上去，转录有可能得以进行。染色质结构的改变主要在于染色质的修饰，这既包括组蛋白的化学修饰，又涉及 DNA 上的化学修饰。

（3）组蛋白的化学修饰

组蛋白是存在于染色体内的与 DNA 结合的碱性蛋白质，在真核细胞中，组蛋白和 DNA 缠绕形成核小体的结构是染色质的主要结构单位。每一核小体包括一个核心八聚体（由 4 种核心组蛋白 H2A、H2B、H3 和 H4 的各两个单体组成）；长度约为 200 个碱基对的脱氧核糖核酸（DNA）；一个单体组蛋白 H1。长度为 147 碱基对的双链 DNA 盘绕于核心八聚体外面。在核心八聚体之间，则由长度约为 60 个碱基对的 DNA 连接。各组蛋白 N 端区段有大约 20 个氨基酸残基游离在外，犹如小尾巴。这些小尾巴结构既是核小体间相互作用的纽带，又是组蛋白被化学修饰的位点。组蛋白修饰（histone modification）指的就是组蛋白在相关酶作用下发生甲基化、乙酰化、磷酸化、腺苷酸化、泛素化、ADP 核糖基化等修饰的过程（表 5.5）。

表 5.5　组蛋白修饰对染色质结构和功能的影响

组蛋白	氨基酸残基位点	修饰方式	功能
H3	Lys-4	甲基化	激活
	Lys-9	甲基化	DNA 甲基化，染色质浓缩
	Lys-9	乙酰化	激活
	Ser-10	磷酸化	激活
	Lys-14	乙酰化	防止 Lys-9 的甲基化
	Lys-79	甲基化	端粒沉默
H4	Arg-3	甲基化	激活或者抑制
	Lys-5，Lys-12	乙酰化	装配
	Lys-16	乙酰化	核小体装配，Fly X 激活

组蛋白是碱性蛋白质，其中富含赖氨酸、精氨酸和组氨酸，在正常情况下，这些氨基酸解离带正电荷，对组蛋白尾巴上的这些碱性氨基酸如赖氨酸进行乙酰化修饰，会中和正电荷，减弱组蛋白与带有负电荷的 DNA 分子之间的结合，使得某些特定的染色质区域从紧密变得松散，从而有利于转录因子与 DNA 的结合，促进或者阻止与转录有关的蛋白质的相互作用，从而选择性的开放特定基因的表达。例如，催化乙酰化反应的酶是组蛋白乙酰基转移酶（histone acetyltransferase，HAT），因其促进染色质结构松弛，促进转录被称为转录辅激活因子（co-activator），催化去乙酰化反应的酶是组蛋白脱乙酰基酶（histone deacetylase，HDAC），它使得染色体又恢复到低活性乃至无活性的状态，抑制转录，被称为转录辅抑制因子（co-repressor）。HAT 和 HDAC 在 DNA 水平的基因表达调控中具有重要作用（图5.17）。

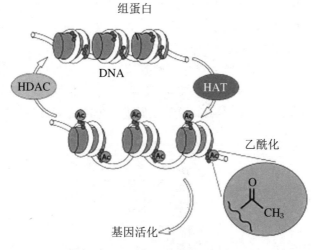

图 5.17　组蛋白的乙酰化修饰

组蛋白中的赖氨酸和精氨酸还可被甲基化,通常发生在 H3 和 H4 的尾巴上。组蛋白的甲基化通常不从整体上改变组蛋白的电荷,而是通过改变组蛋白尾巴的疏水性,从而增加其与 DNA 的亲和力。组蛋白甲基化是由组蛋白甲基化转移酶(histone methyl transferase, HMT)完成的。赖氨酸残基能够发生单、双、三甲基化,而精氨酸残基能够单、双甲基化,这些不同程度的甲基化极大地增加了组蛋白修饰并调节基因表达的复杂性。同时,甲基化个数与基因沉默和激活的程度相关。研究表明,组蛋白精氨酸甲基化是一种相对动态的标记,精氨酸甲基化与基因激活相关,而 H3 和 H4 精氨酸的甲基化丢失与基因沉默相关。相反,赖氨酸甲基化似乎是基因表达调控中一种较为稳定的标记。

相对而言,组蛋白的甲基化修饰方式是最稳定的,所以最适合作为稳定的表观遗传信息。而乙酰化修饰由于 HAT 和 HDAC 的快速修饰而具有较高的动态。这两者主要通过对组蛋白尾巴的修饰改变其与 DNA 之间的相互作用来发挥基因表达调控的作用,而两者产生的作用往往又是相反的。还有其他不稳定的修饰方式,如磷酸化修饰在细胞有丝分裂和减数分裂期间染色体的浓缩及基因转录激活过程中发挥重要的调节作用。其他的还有如腺苷酸化、泛素化、ADP 核糖基化等修饰更为灵活的影响染色质的结构与功能,通过多种修饰方式的组合发挥其调控功能。这些修饰可能同时或者不同时、修饰相同或者不同位点,其效应可能是协同或者相反。组蛋白修饰不仅直接影响细胞中染色质或者核小体的结构,而且可以通过招募相关调控蛋白质间接来调控基因表达,所以有人称这些能被专门识别的修饰信息为组蛋白密码。这些组蛋白密码组合变化非常多,因此组蛋白共价修饰可能是更为精细的基因表达方式。

(4) CpG 岛的甲基化

不仅组蛋白上有甲基化,DNA 上也可以发生甲基化修饰(DNA 甲基化修饰 DNA methylation),是指 DNA 序列上特定的碱基在 DNA 甲基转移酶(DNA methyltransferase, DNMT)的催化作用下,以 S-腺苷甲硫氨酸(S-adenosyl methionine, SAM)作为甲基供体,通过共价键结合的方式获得一个甲基基团的化学修饰过程。哺乳动物中,这种 DNA 甲基化修饰通常发生在胞嘧啶的 C-5 位,尤其是发生在 CpG 二核苷酸中胞嘧啶上第 5 位碳原子上,其产物称为 5-甲基胞嘧啶(5-mC)(图 5.18)。CpG 双核苷酸在人类基因组中的分布很不均一,而在基因组的某些区段,CpG 保持或高于正常概率。约有 60% 以上基因的启动子(promotor)和第一外显子区域,通常存在一些富含双核苷酸"CG"的区域,称为"CpG 岛"(CpG island)。CpG 岛的 GC 含量大于 50%,长度为 500~1000 bp。目前发现,甲基化的程度与基因的转录水平有关。CpG 岛的高甲基化促进染色质之间的致密结构的形成,不利于

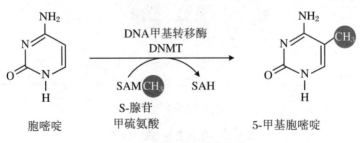

图 5.18　胞嘧啶的甲基化

基因表达,所以,在异染色质区域常见 DNA 的甲基化,而处于转录活性状态的染色质中,CpG 岛的甲基化水平低,如管家基因的胞嘧啶甲基化水平低(图 5.19)。

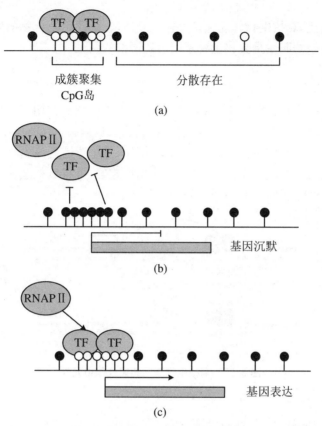

图 5.19　CpG 岛和 CpG 岛的甲基化
注:♀为甲基化 CpG;♀为非甲基化 CpG

　　在细胞内存在着的 DNA 甲基转移酶的持续作用下,DNA 甲基化成为一种相对稳定的修饰状态,可随 DNA 的复制过程遗传给新生的子代 DNA。一直以来,人们都认为基因组 DNA 的序列决定着生物体的全部表型,但逐渐发现有些现象无法用经典遗传学理论解释,比如同卵双生双胞胎,他们的基因完全相同,而在长大后,他们在性格、健康等方面会有较大的差异。这说明在 DNA 序列没有发生变化的情况下,生物体的一些表型却发生了改变。因此,科学家们又提出表观遗传学的概念,它是在研究与经典遗传学不相符的许多生命现象过程中逐步发展起来的一门前沿学科,是与经典遗传学相对应的概念。现在人们认为,基因组含有两类遗传信息。一类是传统意义上的遗传信息,即基因组 DNA 序列所提供的遗传信息;另一类则是表观遗传学信息,包括 DNA 的甲基化、组蛋白乙酰化以及非编码小 RNA 调控等,它提供了何时、何地、以何种方式去表达 DNA 序列所携带的遗传信息。

5.3.2　转录水平的调控

与原核生物相比，真核生物转录起始过程更复杂，转录起始复合物的装配速度决定了基因表达的水平。转录的起始是真核生物基因表达调控的关键。

1. 顺式作用元件

基因表达的调控中存在顺式作用和反式作用。所谓的顺式作用指的就是自己对自己的作用。所以，顺式作用元件指的是可以影响自身基因表达调控的 DNA 序列，这些调控序列和被调控的编码序列位于同一条 DNA 链上。顺式作用元件是真核生物基因表达调控的关键。根据顺式作用元件在基因中的具体定位、作用模式等，可将真核基因的这些顺式作用元件分为启动子、增强子、沉默子和绝缘子等（图 5.20）。

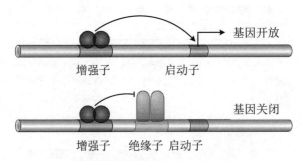

图 5.20　真核生物基因的顺式作用元件

（1）真核生物的启动子

真核生物有 3 种 RNA 聚合酶，分别对应 3 种启动子，转录生成不同种类的 RNA。真核生物启动子通常位于转录起始点的上游，结构上远比原核生物复杂得多。我们在前面有具体阐述。

（2）增强子（enhancer）提高转录效率

除了启动子，对于可诱导基因而言，还存在一些信号分子作用的位点，使得细胞对其内外环境做出应答，如在真核生物的转录调控中的另一种常用的顺式元件增强子。增强子与被调控的基因位于同一条 DNA 链上，最早发现于 1981 年，科学家在 SV40 的 DNA 中发现一个 140 bp 的序列，它能大大提高 SV40 DNA 中兔 β-血红蛋白融合基因的表达水平。增强子是与辅因子和转录因子结合的 DNA 元件，长度约为 200 bp，也是由 8~12 bp 的相关功能组件单拷贝或者多拷贝串联组成，其中一些组件在启动子中也存在，所以增强子和启动子之间经常有交错和覆盖。增强子能够通过直接刺激启动子（通常通过染色质环）来增加其靶基因的转录水平（图 5.21）。启动子的位置是确定的，即与基因之间有特定的距离和方向。增强子则不同，它可能与其调节的启动子相距数为 1~4 kb，甚至达到 30 kb。同时，增强子既可以在基因的上游也可以在下游出现。而且增强子发挥作用与序列的方向没有关系，方向倒置不影响它的作用。增强子发挥作用是通过与特定的组织特异性转录因子结合，没有相应转录因子，增强子无法发挥活性。同时，增强子的作用需要启动子的参与，没有启动子存在,增强子无法发挥活性:当处于非活性状态时,启动子和增强子不会靠近;但在活性状态下,增强子通过形成环状结构而在三维空间上接近启动子,并将相应转录因子募集到该区域,从而促进基因表达,甚至可使得该基因转录效率提高到 100 倍或更多。但增强子对启动子没有很严格的特异性,同一个增强子可能的影响不同类型启动子的转录过程。而一个基因的表达也通常可以受到几个增强子的调控。增强子可分为细胞专一性增强子和诱导性增强子两类:① 组织和细胞专一性增强子。许多增强子的增强效应有很高的组织细胞专一性,只有在某些组织和细胞中存在能够与之结合的特定的转录因子参与下,才能发挥其功能。② 诱导性增强子。通常要有特定的启动子参与。例如,金属硫蛋白基因可以在多种组织细胞中转录,又可受类固醇激素、锌、镉和生长因子等的诱导而提高转录水平。

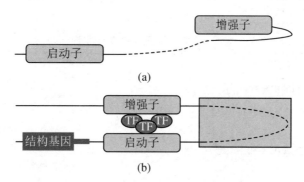

图 5.21　增强子通过转录因子调控基因的表达

转录调控与染色质结构密切相关。活性增强子通常没有核小体结构,以利于转录因子与之结合。而其附近的组蛋白经常具有表观遗传标记,例如 H3K4me1(组蛋白 H3 的 4 位赖氨酸单甲基化)和 H3K27 的乙酰化(H3K27ac)。而 H3K4 的三甲基化(H3K4me3)通常在基因启动子上富集。

(3) 沉默子(silencer)和绝缘子(insulator)

沉默子,顾名思义,可以抑制某一区域内基因的转录。它是在酵母中被发现的一种负性调控元件,其作用的发挥也与特异性蛋白质因子的识别结合相关。有研究表明,沉默子的作用与增强子类似,即可以不受序列方向的影响,不受距离远近的影响,并对多种启动子的转录发挥抑制作用。所以,可以认为,增强子是正性调控的元件,沉默子是负性调控元件,两者特异性与相关蛋白质因子结合。DNA 有一定的柔韧性,可以弯曲,形成转录复合物,调控基因的表达。有些基因转录起始调控区的序列既可以是增强子,也可以是沉默子,这主要取决于结合在调控序列上的转录因子的性质。

绝缘子最早也是在酵母中发现的,存在于增强子与启动子之间,或沉默子与启动子之间,长度为几百个核苷酸。绝缘子与相应的蛋白质因子结合,隔绝它们对基因表达的调控作用。除此之外,绝缘子还可以存在于常染色质和异染色质之间,保护常染色质的基因表达不受异染色质的影响,防止异染色质扩散。绝缘子发挥作用,也与序列的方向无关。

2. 转录因子

参与真核生物转录调控的反式作用因子又称为转录因子(transcription factor,TF),根据其功能特性,转录因子包括通用转录因子和特异性转录因子。

(1) 通用转录因子

直接或者间接与 RNA 聚合酶结合的转录因子,它们最终与启动子上的辅助因子结合,启动基因的转录,被称为通用转录因子(general transcription factor),或者称为基本转录因子(basal transcription factor)。它们是 RNA 聚合酶结合启动子所必需的一组蛋白因子,决定 3 种 RNA(mRNA、tRNA 及 rRNA)转录的类别,对所有基因都是必需的。对应于 RNA pol Ⅰ、RNA pol Ⅱ、RNA pol Ⅲ 的转录因子,分别称为 TF Ⅰ、TF Ⅱ 和 TF Ⅲ(表 5.6)。目前,功能比较清楚的是 TF Ⅱ。所有的 RNA pol Ⅱ 都需要通用转录因子,TF Ⅱ 主要包括 TF Ⅱ A,TF Ⅱ B、TF Ⅱ D、TF Ⅱ E、TF Ⅱ F、TF Ⅱ H 等,它们在进化中高度保守,执行不同的功能。

表 5.6　Ⅱ型基因中的转录因子

转录因子	具体组分	结合位点	功能
通用转录因子	TBP、TF Ⅱ A、TF Ⅱ B、TF Ⅱ E、TF Ⅱ G、TF Ⅱ F 和 TF Ⅱ H	TBP 结合 TATA 盒	转录起始定位;转录起始和延长
辅激活因子	TAFs 和中介子		在可诱导因子和上游因子与基本转录因子、RNA 聚合酶结合中起联结和中介作用
上游因子	SP1、ATF、CTF 等	启动子上游元件	协助基本转录因子,提高转录效率和专一性
可诱导因子	如 MyoD、HIF-1 等	增强子等远隔调控序列	时间和空间(组织)特异性地调控转录

TF Ⅱ D 是 RNA pol Ⅱ 识别结合启动子的重要的基本转录因子,其分子量为700 kDa,由两部分组成,TATA 盒结合蛋白质(TATA binding protein,TBP)和若干个 TBP 相关因子(TBP-associated factor,TAF)。TBP 分子量为 20～40 kDa,结合在启动子的 TATA 盒所在的 10 个 bp 左右的 DNA 片段上,这种结合是启动转录的必要条件。而 TAF 种类繁多,如人类细胞中至少有 12 种 TAF,不同的 TAF 与 TBP 可能会结合不同的启动子,诱导相应基因表达的增强,所以,又被称为辅激活因子(co-activator)。

真核生物的启动子识别很多通用转录因子(transcription factor,TF),如 TF Ⅱ A、TF Ⅱ B、TF Ⅱ D、TF Ⅱ E、TF Ⅱ F 和 TF Ⅱ H 等,形成的初始封闭复合物称为前起始复合物(pre-initiation complex,PIC),其中也包括中介复合物(mediator complex)的参与。中介复合物又称为中介子,是个分子量上兆的巨大复合物,可以认为是真核转录调控中的中央控制器。中介子与 Pol Ⅱ 之间的联系最为紧密,电子显微镜的实验结果显示酵母中的中介子像一只手一样,直接把 Pol Ⅱ 握在掌心。它与 Pol Ⅱ 大亚基的羧基末端结构域(CTD)相互作用,当 CTD 非磷酸化时二者结合,磷酸化后就会分离。在 PIC 组装的过程中,中介子通过增强对 TF Ⅱ B 的招募而促进基础转录水平,如果在体系中添加过量的 TF Ⅱ B,可以部分的减弱转录起始对中介体复合物的依赖。中介体也参与转录调控,根据其组分不同而对转录其促进或抑制作用。

（2）特异性转录因子

特异性转录因子（specific transcrption factor），在特定类型的细胞中高表达，结合于启动子上游调控区或增强子等顺式作用元件中的特异性识别序列上，调节转录的时间、位置和水平，在细胞分化和组织发育过程中具有重要作用。根据活性的不同，特异性转录因子又分为转录激活因子（transcription activator）和转录抑制因子（transcription inhibitor）。这类因子受环境影响，是使环境变化在基因表达水平得到体现的关键。

转录激活因子通常是与增强子结合来发挥作用的，我们称之为增强子结合蛋白（enhancer binding protein，EBP）。转录抑制因子的作用是阻断激活因子对转录的促进作用，它们可以通过结合在 DNA 的特异性的调节序列——沉默子上，或结合于激活因子，或结合于转录复合物，通过蛋白质与蛋白质之间的相互作用，"中和"转录激活因子或者 TFⅡD，降低它们的有效浓度，最终使得转录受到抑制。

特异性转录因子的分布具有组织特异性，所以，在不同的组织或细胞中因为不同特异性转录因子的分布的差异，表现出基因表达状态、方式不同。这些组织特异性的转录因子才真正决定着细胞基因的时间、空间特异性表达。其自身的含量、活性随时都受到细胞所处环境的影响，是使环境变化在基因表达水平得到体现的关键。组织特异性转录因子在细胞分化和组织发育过程中具有重要作用。例如，胚胎干细胞的分化方向在相当大的程度上是由细胞内转录因子的种类所决定。2006 年，科学家把 4 种转录因子基因（OCT4、SOX2、KLF4 和 C-MYC）引入终末分化的皮肤成纤维细胞，诱导其发生转化，建立了诱导多能干细胞（induced pluripotent stem cell，iPS）。这种 iPS 在形态、基因和蛋白表达、细胞分裂能力、分化能力等方面都与胚胎干细胞相似。这说明关键转录因子的表达是可以改变细胞的命运的，所以，阐明各种组织细胞所特有的转录因子种类和功能，就有可能控制细胞的分化方向。

需要注意的是，有些反式作用因子也参与了转录的调控过程，广义上也可称为转录因子，但一般不冠以 TF 的词头而各有自己特殊的名称。如上游因子（up-stream factor）和可诱导因子（inducible factor）等。① 上游因子，如 SP1 和 C/EBP，它们分别与启动子上游元件如 CC 盒、CAAT 盒等顺式作用元件结合，通过调节 RNA 聚合酶与启动子的结合及转录起始复合物的形成，从而协助调节基因的转录水平。② 可诱导因子是与增强子等远端调控序列结合的转录因子，它们与应答元件相互作用。有些因子只在特定细胞中合成，因此具有组织特异性，如 MyoD 在肌细胞中高表达。有些可诱导因子受条件的控制，只在某些特殊生理或病理情况下才被诱导产生，如 HIF-1 在缺氧时高表达；热休克蛋白在热或者其他刺激下才被磷酸化激活；AP1 蛋白的 Jun 亚基被磷酸化后激活；类固醇受体在与特定配体结合后进入核内发挥基因调控作用。与上游因子不同，可诱导因子只在特定的时间和组织中表达而影响转录。

转录因子对基因表达的调控通过多种方式进行，有缓慢调控也有快速调控。在真核生物中，与细胞分化和发育阶段相关的基因表达，主要通过转录因子的重新合成来进行调节，因此是缓慢的过程。对外界环境刺激所产生的快速反应则主要通过对转录激活物（transcription activator）的特定蛋白质因子进行共价修饰为基本机制。例如，热休克因子 HSF 识别结合作用于热休克效应元件 HSE，血清效应因子 SRF 识别结合作用血清效应元件 SRE，等等。它们的活性受因子磷酸化和脱磷酸化的调节（表 5.7）。

表 5.7 特异性转录因子

缩略词	转录因子	功 能
HSF	热休克因子	应对高温条件
HIF	低氧诱导因子	应对低氧条件
SREBP	固醇调节元件结合蛋白	维持细胞内脂质水平
Myc protein	Myc 蛋白	调节细胞生长和凋亡

所以,在转录过程中,各种 RNA 聚合酶 Ⅱ 和各种转录因子的相互作用,精准控制转录是否即何时何地如何转录,这通常包括:可诱导因子或上游因子与增强子或启动子上游元件的结合;通用转录因子在核心启动子处的组装;RNA 聚合酶 Ⅱ 与启动子结合;辅激活因子和(或)中介子在通用转录因子或 RNA 聚合酶 Ⅱ 复合物与可诱导因子、上游因子之间的辅助和中介作用,等等。

(3) 转录起始复合物的安装

与原核生物相比,首先,真核生物有三种 RNA 聚合酶,所以有相应的三类启动子;其次,真核生物的转录起始上游区段更复杂;最后,转录起始时,RNA 聚合酶不直接结合模板 DNA,而依赖多种蛋白质的相互作用。

典型的 Ⅱ 类启动子含有其 TATA 盒,相当于原核生物的 Pribnow 盒,其上游还有 CAAT 盒(相当于原核的 -35 序列)、GC 盒和八聚体基序,以及其他的一些应答元件(response element)等。转录的起始要形成转录前起始复合物。其中重要的转录因子 TFⅡD 介导了 RNA 聚合酶 Ⅱ 和启动子区 TATA 盒的结合。TFⅡD 是一种寡聚蛋白,包含两种亚基,其中的 TATA 结合蛋白可以直接结合 TATA 盒,另一亚基是 TBP 相连因子,TAF 有多种,在不同基因或不同状态转录时,不同的 TAF 与 TBP 进行搭配,起到定位因子的作用,可以识别不同的启动子。首先是 TFⅡD-TBP 结合与 DNA 的小沟,诱导 TATA 框区段 DNA 形成 80°左右的弯曲,DNA 的弯曲不仅有利于双链的解开,同时也提供了 TFⅡB 识别的位点。TFⅡB 可以结合 RNA pol Ⅱ,所以,TFⅡB 因为能与 TATA 盒上游邻近的 DNA 结合,从而保证了 RNA 聚合酶 Ⅱ 在转录起始位点上的正确定位。TFⅡA 不是必需的,它的存在可以稳定已与 DNA 结合的 TFⅡD-TBP 复合体,并且在 TBP 与不具有特征序列的启动子结合时微弱结合时发挥重要作用。在此之前,RNA polⅡ 需要先与 TFⅡF 组成复合体。TFⅡF 由三个亚基构成,其中之一具有解螺旋酶的活性,可能与转录起始点解链,另一个亚基可以与 RNA polⅡ 牢固结合,TFⅡF-RNA polⅡ 与 TFⅡB 相互作用,降低 RNA pol 与 DNA 的非特异部位的结合来保证 RNA polⅡ 靶向结合启动子。至此,TFⅡB-TFⅡD-TBP-RNA 聚合酶 Ⅱ-TFⅡF 复合体形成,最后是 TFⅡE 和 TFⅡH 加入,形成闭合复合体,装配完成,这就是转录起始前复合物的形成。

转录起始复合物中的 TFⅡH 是最大最复杂的转录因子,具有 ATP 酶和解旋酶(helicase)活性,破坏碱基配对,这是形成开放启动子所必需的。转录起始点附近的 DNA 双螺旋被解开,使闭合复合体转变为开放复合体。同时,TFⅡH 还具有激酶活性,它的一个亚基能使 RNA polⅡ 的最大亚基羧基末端结构域 CTD 的多个位点磷酸化。CTD 磷酸化能使开放复合体的构象发生改变,启动转录。周期蛋白依赖性激酶 9(cyclin-dependent kinase 9,

CDK9)也可以使 CTD 磷酸化,它是一种正性转录延长因子(positive transcription elonga-tion factor,P-TEFb)复合体的组成部分,正性调节 RNA pol Ⅱ 的活性。转录起始后,开放复合体中的 TFⅡD、TFⅡA 和 TFⅡB 等此时就会脱离转录起始前复合物。当合成一段含有 30 个核苷酸左右的 RNA 时,TFⅡE 和 TFⅡH 释放,转录由起始进入延长阶段。在整个延长阶段中,TFⅡF 仍然结合 RNA pol Ⅱ,防止其与 DNA 的结合。CTD 保持磷酸化在转录延长期也很重要,而且在转录后加工过程中,影响转录复合体和参与加工的酶之间的相互作用。

　　当然,转录的活性最终要表现在 RNA 聚合酶上,上述基本启动子和基本转录因子的组合,转录起始复合物的形成对于转录来说仅仅是必要条件,它们只能给出微弱的转录效率,要想有稳定合适的表达水平,还需要特异性的转录调节因子与合适的顺式作用元件结合,来调节和影响 RNA 聚合酶Ⅱ的转录活性。如上游因子可识别位于 TATA 盒周围的顺式作用元件,如 CAAT 盒、GC 盒和八聚体基序等。这些序列或围绕 TATA 框周围,或位于起始子的上或者下游,或在基本启动子的上游。通常一个序列元件可以被多种转录调节因子所识别,这些转录因子具有特异性,存在于特定的一定种类的细胞和发育时期,或者特定的环境条件。这些识别上游元件的转录调节因子称为上游因子,如 CTF 家族的成员 CP1、CP2 和核因子 NF-1 识别结合 CAAT 盒;Spl 识别结合 GC 盒;OCT-1 和 OCT-2 识别结合八聚体基序,其中 OCT-1 在机体细胞中普遍存在,而 OCT-2 只存在 B 淋巴细胞中,有严格的组织特异性。所有这些激活因子可以被不同的中介复合物的组分识别,即它们通过中介复合物作用于 RNA 聚合酶Ⅱ,促进形成转录前起始复合物,稳定其结构,以提高转录活性。中介复合物由许多亚基所组成,它们分别识别不同的激活因子。在不同细胞和阶段,还有些特异性转录因子通过特定的结合,发挥特异性转录调节作用。

5.3.3　转录后水平的调控

　　真核生物的基因组结构特点以及细胞空间的分布,决定了转录后会有一系列比原核生物要复杂得多的过程。这一过程包括初级转录本的剪切修饰、加工成熟、转运、降解等,影响到基因表达的最终水平。

1. mRNA 的稳定性

　　初始转录本往往活性或稳定性不足,需要进行加工修饰之后才能正常发挥作用。RNA 的加工修饰多种多样,很多加工其实并非在转录终止之后才会进行,而是伴随转录过程进行的,称为共转录加工(co-transcriptional processing)。所有类型的 RNA 分子中,mRNA 半衰期最短,真核生物 mRNA 的寿命通常就几个小时,这与 mRNA 合成和降解的速率共同决定。mRNA 稳定性与 5′端帽子结构和 3′端 poly(A)结构密切相关。调节 mRNA 的稳定性,可以调控蛋白质的合成水平。

　　(1) 真核生物 mRNA 的帽结构稳定 mRNA 的结构

　　真核生物 mRNA 的加帽过程其实发生在转录早期。只有完成加帽程序,RNA poly Ⅱ 才能进入生产性延伸,所以有模型认为加帽是一个检查点(checkpoint)。帽的结构可以使得 mRNA 避免被 5′-核酸外切酶水解。同时,帽结构在细胞中有特定的帽结合蛋白与之结合,参与 mRNA 从核内转运至胞浆,进行蛋白质的合成。

(2) 3′端多聚 A 尾的结构与 mRNA 的稳定性有关

真核生物 mRNA 的加尾也是共转录进行的,涉及 20 多种蛋白质,此过程还具有触发转录终止的作用。Poly A 的结构与相应结合蛋白形成的复合体,阻止了 3′-核酸外切酶的水解作用,如果 3′端 Poly A 被去除,mRNA 很快就会被降解,说明 Poly A 结构与成熟 mRNA 的稳定性有关。同时这个结构也与 mRNA 的出核运输有关。如酵母中 Mex67:Mtr2 复合物可以与核孔蛋白相互作用,使 RNA 通过核孔扩散。Sub2(一种 DEAD 盒解旋酶)和 TREX 复合体介导成熟 mRNA 与 Mex67:Mtr2 复合物结合,形成出核 mRNP(export competent mRNP)。通过核孔后,二者解离,防止 mRNA 返回细胞核内。但是相当数量的没有 poly A 尾巴的 mRNA 如组蛋白 mRNA,也照样通过核膜进入细胞质,机制不是很明确,但是发现组蛋白 mRNA 3′端会形成一种发夹结构来保护自身免受核酸酶水解。有些 mRNA 的细胞质定位信号位于 3′-端非翻译区(3′-untranslated region,3′-UTR)。位于一些基因 3′-UTR 区的富含 A、U 元件(AU-rich sequence,ARE)是目前公认的能够在转录后水平调节 mRNA 稳定性的元素之一。含有 ARE 的转录本是不稳定的,ARE 结合蛋白会与 ARE 结合,促进 poly(A)核酸酶靶向去腺苷酸化,使得 poly(A)尾缩短。致癌基因、生长因子及其受体、细胞周期相关基因和炎症介质一般都富含 ARE。Poly A 结合还参与了翻译起始的调控。

(3) 蛋白质产物也可以通过 mRNA 自身结构调节 mRNA 的降解

铁是人体内含量最丰富的微量金属元素之一,广泛参与体内的代谢过程,具有重要的生理功能。机体需要具有严格的铁调控机制,既可提供足量的铁来发挥其生理功能,又可防止因过量而产生铁毒性,从而维持体内和细胞内的铁平衡。如铁转运蛋白受体(transferrin receptor,TfR)的表达与铁含量有关:当细胞内铁足量时,TfR mRNA 降解速度加快,从而使得 TfR 蛋白水平很快下降。当细胞内铁不足时,TfR mRNA 稳定性增加,TfR 蛋白质合成增多。TfR mRNA 稳定性的调节取决于 mRNA 分子中位于 3′-UTR 的特定的重复序列——铁反应元件(iron response element,IRE),每个 IRE 由约 30 bp 的核苷酸形成柄-环结构,每个环上有 5 个富含 A-U 序列的核苷酸。当铁浓度高时,A-U 富含序列通过目前尚不得知的机制促进 TfR mRNA 降解;当铁浓度低时,一种 IRE 结合蛋白质(IRE-binding protein,IRE-BP)通过识别环的特异序列及柄的二级结构结合 IRE。IRE-BP 的结合可能破坏了某些机制对 TfR mRNA 的降解作用,使 TfR mRNA 的寿命延长。这一发现提示,其他稳定性可调节的 mRNA 自身也含有可能与特异蛋白质相互作用的反应元件,致降解速率变慢。

2. mRNA 的选择性剪接可以调控真核生物基因的表达

真核生物的基因大多数是断裂基因,其转录产物需要通过剪接,即除去内含子,使得外显子所在的编码区形成连续序列。这是基因表达调控中的重要一环。真核生物的蛋白质编码基因往往具有多个外显子,所以,一个基因的转录产物通过不同的剪接方式,形成不同的 mRNA 和翻译产物,这一过程称为选择性剪接或可变剪接(alternative splicing,AS)。

Richard J. Roberts 和 Phillip A. Sharp 因断裂基因和可变剪接方面的研究共同分享了 1993 年诺贝尔生理学或医学奖。选择性剪接广泛存在,在基因表达调控中发挥重要作用。

　　选择性剪接有多种模式:如剪接产物缺失一个或者若干个外显子;剪接产物保留了一个或者若干内含子作为外显子的编码序列;外显子上由于存在特定的 5′剪接点或者 3′剪接点从而缺失部分外显子;内含子上由于存在特定的 5′剪接点或者 3′剪接点从而使得内含子的部分成为外显子的编码序列;mRNA 前体分子上可能具有 2 个以上的多聚腺苷酸的断裂和多聚腺苷酸化的位点,通过选择性剪接可以形成不同的成熟 mRNA 分子。例如,免疫球蛋白重链基因的前体 mRNA 分子通过选择不同的多聚腺苷酸位点进行剪切,产生免疫球蛋白重链的多样性;选择性剪接可以提高有限的基因数目的利用率,而人类的蛋白质编码基因多数具有可变剪接,各种转录本在不同组织之间可能差别很大,同时超过 40% 的基因在单个组织中具有多种转录本。同一基因来源的蛋白质称为同源体(isoform),这些蛋白质的功能可以完全不同,如同一种前体 mRNA 分子在大鼠的甲状腺中产生降钙素(calcitonin),而在大鼠的脑中产生降钙素-基因相关肽(calcitonin-gene related peptide,CGRP)。

　　可变剪接不仅可以增加蛋白质多样性,而且对于调节基因表达也具有重要作用。有些选择性剪接的模式可以是组织器官特异性或细胞类型特异性的,可变剪接与细胞分化、器官发育等多种生理过程相关。如果蝇发育过程中的不同阶段会产生 3 种不同形式的肌球蛋白重链来适应发育的不同阶段的需要。可变剪接的失调涉及肿瘤等多种疾病,例如 β-珠蛋白基因的两种错误剪接可以导致 β-地中海贫血。

　　可以看出,选择性剪接说明内含子和外显子的概念是相对的,内含子是否具有功能目前成为研究的热点。有学者认为:内含子是在进化中出现或消失的,其功能可能是有利于物种的进化选择。例如,细菌丢失了内含子,可以使染色体变小和复制速度加快;快速生长的单细胞真核生物如酵母,其编码基因也几乎没有内含子;真核生物保留内含子,使得同源重组发生在内含子上避免了基因的失活,又能帮助真核生物在适应环境改变时合成功能不同而结构上只有微小差异的蛋白质。另外通过外显子重组,即外显子改组(exon shuffling),可以形成更多新基因。同时也有学者认为内含子具有基因表达调控的功能,并已发现了变异发生于内含子所导致的一些遗传性疾病。有些内含子还编码核酸内切酶或含有小分子 RNA 序列等。以上这些,说明内含子对基因表达调控有影响,不能看成是无用的序列。

3. mRNA 的修饰对基因表达调控的影响

　　mRNA 中还存在很多化学修饰,有碱基的修饰,也有核糖的修饰。这些修饰可以参与 mRNA 的剪接、核输出、转录本稳定性和翻译起始等事件,进而调控多种生理及病理过程。mRNA 中常见的修饰是 N6-甲基腺苷(m6A)(图 5.22),m6A 修饰占哺乳动物 RNA 总腺苷的 0.2%～0.6%,在细胞过程中起重要作用。如正常的翻译起始是 eIF-4 依赖的,而 5′-UTR 中的 m6A 可以被 eIF-3 识别结合,从而形成一种不依赖 eIF-4 的翻译起始过程,所以,在一些压力和疾病状态下,eIF-4E 的活性会受到损害,m6A 可以介导一种选择性的、疾病特异性的翻译。

图 5.22　mRNA 上的修饰

5.3.4　翻译水平的调控

真核生物蛋白质合成的过程复杂,涉及的蛋白质因子众多。翻译水平的调控,主要从 mRNA 的寿命、mRNA 的运输及翻译中蛋白质因子的活性调节等方面进行。

1. RNA 结合蛋白参与对翻译起始的调节

成熟的 mRNA 分子差别巨大,在细胞质中有的寿命很短,有的稳定性很强,这与 mRNA 的 5′ 端和 3′ 端非编码区的序列有关。RNA 转录终止后,经过正确加工修饰,从核内成功输出的 RNA 只是核内正常转录形成的 RNA 的一小部分,其中许多的错误加工或者受损伤的 RNA 及加工过程中产生的小碎片等会滞留核内或者被降解。同时,转运 mRNA 也是主动耗能的过程,需要水解 GTP 来提供能量,这些都是调控的位点。RNA 结合蛋白(RNA binding protein,RBP)是能够与 RNA 特异序列结合的蛋白质。基因表达的许多调节环节都有 RBP 的参与,包括上述这一系列过程以及翻译的起始阶段。

前面我们提到,IRE 结合蛋白质(IRE-BP)作为特异 RNA 结合蛋白,与铁反应元件(iron response element,IRE)结合,在调节铁转运蛋白受体(TIR)mRNA 稳定性方面起重要作用。IRE-BP 通过与 RNA 分子结合发挥作用,是 RBP 参与基因表达调控的典型例子,它还在翻译水平调节了另外两个与铁代谢有关的蛋白质的合成,这两种蛋白质是铁蛋白和 8-氨基-γ-酮戊酸(ALA)合酶。前者与细胞内储存的多余 Fe^{3+} 结合,是体内铁的贮存形式,后者是血红素合成的限速酶。与 TIR mRNA 不同,IRE 位于铁蛋白及 ALA 合酶 mRNA 的 5′-UTR,而且无 A-U 富含区,所以不促进 mRNA 降解,与 mRNA 寿命无关,而是在翻译起始阶段起到调控作用。当细胞内铁浓度低时,IRE-BP 处于活化状态,它与结合 IRE 从而阻碍 40S 小亚基与 mRNA 5′ 端起始部位结合,抑制翻译起始;铁浓度偏高时,IRE-BP 由于结合 Fe^{3+} 而发生变构,丧失与 IRE 的结合能力,核糖体能与铁蛋白 mRNA 5′ 端结合,沿 mRNA 移动,两种 mRNA 的翻译起始可以进行。

2. 对翻译起始因子的活性调控

与转录水平类似,翻译水平调控的重要调节点依然在翻译的起始和延长阶段,尤其是在起始阶段。作为多数翻译过程的第一步,当然有多种调节机制。在氧化应激、氨基酸限制、内质网应激等条件下,经典模式会受到一些通路的抑制,最常见的就是对 eIF-2 和 eIF-4E 的抑制。参与起始阶段的转录因子是真核起始因子(eukaryotic initiation factor,eIF),它们的活性主要由共价修饰调控。如 eIF-2 主要参与起始 Met-tRNA$_i^{Met}$ 的进位过程,eIF-2 激酶可以特异性磷酸化 eIF-2 中的 α 亚基上的丝氨酸,从而使得其活性降低,抑制蛋白质的合成。eIF-2 激酶本身又受到磷酸化的共价修饰调控,如果磷酸化的 eIF-2 激酶有活性,反之,脱磷酸化的 eIF-2 激酶没有活性。而 eIF-2 激酶的修饰由上游依赖于 cAMP 的蛋白激酶 A(protein kinase A,PKA)控制,而后者的活性受控于血红素。所以,以网织红细胞中珠蛋白的合成为例,血红素充足时,cAMP 不激活 PKA,eIF-2 激酶以没有活性的脱磷酸化形式出现,eIF-2 不被磷酸化,具有转录起始的活性,珠蛋白合成。反之,当血红素缺乏时,cAMP 活化 PKA,eIF-2 激酶以有活性的磷酸化形式出现,进一步引起 eIF-2α 的磷酸化,从而抑制其活性,珠蛋白合成受到抑制。所以,血红素可以控制蛋白质的合成,eIF-2 激酶被称为血红素控制的翻译抑制物(heme-controlled translational inhibitor),它通过级联反应控制 eIF-2 的活性来调控蛋白质合成。除此以外,葡萄糖饥饿、缺氧或者氧化磷酸化受到抑制等所有导致 ATP 缺乏的因素均能诱导产生相应的翻译抑制物。在病毒感染的细胞中,细胞抗病毒的机制之一是通过双链 RNA(double-stranded RNA,dsRNA)来激活特定的蛋白激酶,磷酸化 eIF-2α 使其失活,从而抑制蛋白质合成的起始。

又如,帽结合蛋白与 mRNA 帽结构的结合是翻译起始的限速步骤,其中,帽结合蛋白就是起始因子 eIF-4E。eIF-4E 的活性也受到磷酸化修饰。磷酸化的 eIF-4E 与帽结构的结合力是非磷酸化的 eIF-4E 的 4 倍左右,因此 eIF-4E 的磷酸化可提高翻译的效率。胰岛素及其他一些生长因子都可通过增加 eIF-4E 的磷酸化来加快翻译的速率,促进细胞生长。同时,eIF-4E 可以通过与抑制物蛋白的结合来调节其活性。有一类可以和 eIF-4E 结合的蛋白质称为 4E-BPs,它可以和 eIF-4E 结合从而抑制翻译的过程。因为在翻译起始过程中,其他的起始因子是通过 eIF-4G 结合在 eIF-4E 上来发挥起始的活性。当细胞生长缓慢时,两者的结合会妨碍 eIF-4G 与 eIF-4E 的结合从而抑制翻译的过程。而当细胞生长速率加快时,受到生长因子等的刺激,抑制物蛋白 4E-BPs 会被特定蛋白激酶磷酸化而失活,从而与 eIF-4E 解离,激活 eIF-4E。

3. 小分子 RNA 对基因表达的调控

真核生物的基因表达中同样存在非编码小 RNA 的调控,如 miRNA、siRNA 等,种类繁多,机制复杂。具体内容将在本书第 9 章中进行详细阐述。

5.3.5　翻译后水平的调控

通过对新生肽链的加工、水解和运输,可以控制蛋白质的浓度在特定组织器官或者亚细胞器保持在合适水平。多肽链合成后需要经过特定的加工修饰,蛋白质的共价修饰可以调节蛋白质的活性。蛋白质中有 100 多种修饰性氨基酸,这种修饰可以改变蛋白质的溶解性、稳定性,与细胞的定位及蛋白质间相互作用有关,促进了蛋白质功能的多样性。还有如糖基化、脂化等修饰的起着重要的调控作用,其中修饰基团的来源,主要是细胞代谢产物,特别是脂代谢。N-脂酰化是脂肪酸与肽链末端氨基或赖氨酸侧链氨基形成酰胺键。其中最常见的是 N 端甘氨酸的豆蔻酰化(N-myristoylation),哺乳动物细胞中至少有 150 多种蛋白质的 N 端甘氨酸被豆蔻酸(14∶0)酰化。所以,修饰也是一架桥梁,连通着代谢和蛋白质功能,进而影响细胞以至于整个生物体。某些多肽链经过不同的加工过程,可形成不同活性产物,如前阿黑皮素原(POMC)分子通过翻译后的加工,在蛋白质裂解酶(protein-spliting enzymes)作用下,至少可产生7种活性肽,在每个活性肽的末端各有一对碱性氨基酸残基,通常是赖氨酸和精氨酸,来划分出界限,这些氨基酸就是蛋白质裂解酶识别结合并切割的部位。酶切即可释放出活性调节肽。

近年来,科学家们还发现某些蛋白质存在着类似于RNA分子中的自我剪接。翻译后的加工使得有些序列在核酸中存在并翻译,但在成熟蛋白质中不存在。成熟蛋白质分子中保留下来的称为外显肽(extein),在剪接中被除去的序列称为内含肽(intein)。目前已经发现了上百个蛋白质剪接的例子,分布在不同种类的生物中,剪接反应由内含肽催化,外显肽可能起到增强的作用。同时,内含肽可能与靶向内切核酸酶(homing endonuclease)的作用类似,可以促进基因的转移,或者使得该基因的编码序列得以扩散等。蛋白质剪接的机制尚不明确。

同时,新合成的蛋白质的半寿期也影响蛋白质的生物学功能。有的蛋白质半寿期长达数年,有的蛋白质几分钟甚至几秒钟就丧失活性。研究发现,加工修饰后形成的成熟蛋白质的寿命,与其N端的氨基酸种类有关。所谓的N端法则(N-end rule)提出,N端为Asp、Arg、Leu、Lys和Phe残基的蛋白质极不稳定,半寿期仅为2~3 min,N端为Ala、Gly、Met、Ser和Val残基的蛋白质比较稳定,真核生物中,此类蛋白的半寿期可长于20 h。当然具体情况会更复杂,科学家们同时发现,肽段中特定氨基酸的含量也与其选择性降解有关。

细胞的降解选择性依赖ATP和泛素的作用。泛素-蛋白酶体途径是20世纪80年代发现的。泛素是广泛存在于真核细胞中的高度保守的蛋白质,含有76个氨基酸残基。一个泛素可以用其羧基与另一个泛素分子的48位的Lys的ε-氨基相连,从而串联形成长链状结构。蛋白质的泛素化需要一系列反应的发生(图5.23):① 泛素激活酶(ubiquitin-activating enzyme,E1)水解ATP并将一个泛素分子腺苷酸化,泛素与E1的活性中心的半胱氨酸残基

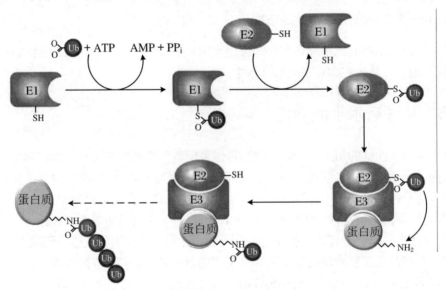

图5.23 泛素-蛋白酶体途径

上的-SH 相连,并伴随着第二个泛素分子的腺苷酸化。② 被腺苷酸化的泛素分子接着被转移到第二个酶,泛素结合酶(ubiquitin-conjugating enzyme,E2)的半胱氨酸残基上。③ 高度保守的泛素-蛋白质连接酶(ubiquitin-protein ligase,E3)家族中的一员(根据底物蛋白质的不同而不同)识别特定的需要被泛素化的靶蛋白,并催化泛素分子从 E2 上转移到靶蛋白上。人体中存在大量不同的 E3 蛋白,这说明泛素-蛋白酶体系统可以作用于数量巨大的靶蛋白。通常认为,至少 4 个泛素单体的多聚泛素链标记的靶蛋白能更有效地被蛋白酶体降解。

　　蛋白酶体广泛分布于细胞质和细胞核中,26S 蛋白酶体是一种分子量大的多亚基复合物,约由 50 种蛋白质亚基组成,形成一个 45 nm×19 nm 的中空圆柱体(图 5.24):核心结构是中间由 4 个环状结构构成的 20S 的桶状结构(αββα),两头各一个 19S 的帽子结构。帽子结构可以识别并水解完整的泛素链和 ATP,使得蛋白质去折叠进入核心结构。蛋白酶体具有多种蛋白水解酶活性,将蛋白质底物水解为七至九肽,再由细胞中的其他蛋白水解酶进行完全的水解。蛋白酶体直接影响某些蛋白质的转换更新,其中包括错误折叠蛋白和许多在生命活动中起重要作用的蛋白质,如 p53、cyclin 等,其功能涉及基因转录、细胞周期控制、细胞凋亡、应激反应、DNA 修复、抗原提呈、信号转导、生物节律、肿瘤抑制和神经退行性疾病的发生等。

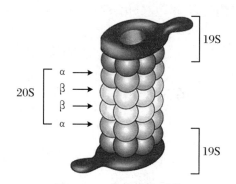

图 5.24　26S 的蛋白酶体

　　蛋白质的寿命还可随着细胞内外环境的变动而发生改变。如当细胞在分化、衰老或者饥饿等胁迫状态下,细胞胞质中可溶性蛋白和部分细胞结构及细胞器如线粒体、内质网等,被包入液泡内,形成自噬泡,依赖溶酶体途径,将内含物消化掉,然后吸收为营养物质,用于供能和生物合成。细胞自噬(autophagy)是真核细胞在长期进化过程中形成的一种自我保护机制,在进化上具有高度保守性,广泛存在于从酵母、线虫、果蝇到高等脊椎动物的细胞中。另外,细胞自噬还可清除变性或错误折叠的蛋白质、衰老或损伤的细胞器等,这有利于细胞内稳态的维持。近年来许多研究表明,细胞自噬与个体发育、氧化性损伤保护、肿瘤细胞的恶性增殖及神经退行性疾病有关。

（胡若磊　朱华庆）

第6章 细胞信号转导

生物体的细胞能够接受外界信号,并做出响应,这是生命的基本特征之一。单细胞生物的细胞可直接感知环境中的信号,如酸碱度、渗透压、营养状况、氧气浓度、光照条件,以及是否存在有毒物质、捕食者或竞争者等,并且可针对不同的信号,做出趋向、逃避或休眠的响应。多细胞生物,特别是高等生物,具有多种功能各异的细胞。其中一些细胞可直接感受外界信号刺激,如光、声、温度、气味等;而大部分细胞之间可通过激素、神经递质、细胞因子,以及细胞膜表面分子的直接接触,频繁的交换信息,相互联系、相互协调,从而帮助机体适应内外环境的变化。

在所有这些情况下,细胞可感受的物理、化学或生物学信号,都需要转换为细胞可直接感受的化学信号,并通过细胞内多种分子相互作用,引发一系列有序反应,将细胞外信号传递到细胞内,并据以调节细胞代谢、增殖、分化、凋亡及其他功能活动。这个过程称为信号转导(signal transduction)。

6.1 概　　述

细胞外信号
↓
受体
↓
信号转导分子
↓
细胞应答反应

图 6.1　细胞信号转导的基本路线

在大多数细胞信号转导过程中,细胞外的信号分子需要与细胞的相应受体结合,使受体的结构发生改变,进而引起细胞内多种信号转导分子发生浓度、分布或者活性的变化,通过调节细胞中代谢酶活性、激活或抑制特定基因的表达、改变细胞膜电位或者影响细胞的形态结构,最终引起细胞应答。细胞信号转导途径纷繁复杂,但其基本路线可总结为:细胞外信号→受体→信号转导分子→细胞应答(图6.1)。在完成信号的转导后,受体和信号转导分子恢复到初始状态,终止信号传递。

6.1.1 细胞外信号

细胞可以感受的细胞外信号可以是物理信号,也可以是化学信号。其中物理信号需要转换为化学信号,才能进一步进行信号转导。化学信号可以是可溶性的,也可以是膜结合性的。

1. 膜结合性的信号

膜结合性的信号分子锚定在细胞膜上,包括一些膜蛋白质、蛋白聚糖、糖脂等分子,可与相邻细胞的膜表面分子特异性地识别和相互作用。这类信号分子需要细胞间直接接触才能传递信号。这种细胞之间通信的方式称为膜表面分子接触通信,也是一种细胞间直接通信,例如相邻细胞间黏附因子的相互作用、T 淋巴细胞与 B 淋巴细胞表面分子的相互作用等都属于这一类通信。

PD-1(programmed cell death-1),是一种重要的免疫抑制分子,位于一些 T 细胞的细胞膜上。而很多肿瘤细胞膜表面大量表达的 PD-L1,是 PD-1 的配体(ligand),也属于膜结合性的信号分子。当 T 细胞与肿瘤细胞接触时,肿瘤细胞的 PD-L1 与 T 细胞的 PD-1 作用,通过传递抑制信号阻止 T 细胞活化,从而使肿瘤细胞逃脱 T 细胞的杀伤作用。如果通过 PD-1 抗体或 PD-L1 抗体阻断其信号转导通路,则可使 T 细胞重新活化,从而杀伤肿瘤细胞(图6.2)。PD-1 抗体和 PD-L1 抗体现已作为有效的抗肿瘤药物,应用于多种肿瘤的临床治疗。

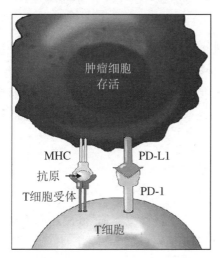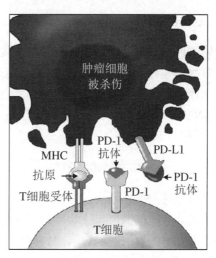

图 6.2　PD-1 和 PD-L1 的作用机制以及 PD-1 抗体和 PD-L1 抗体的抗肿瘤作用

2. 可溶性信号分子

多细胞生物中,细胞可通过分泌可溶性分子(如蛋白质或小分子有机化合物)而发出信号,这些分子作用于靶细胞的受体,调节靶细胞的功能,从而实现细胞之间的信息通信。常见的可溶性信号分子包括激素、神经递质、细胞因子。根据可溶性信号分子的作用距离,可分为内分泌信号、旁分泌信号和神经递质。根据可溶性信号分子的溶解特性,还可分为脂溶性化学信号分子和水溶性化学信号分子。

（1）脂溶性化学信号分子

脂溶性化学信号分子包括类固醇激素、甲状腺素、视黄酸等。其中类固醇激素包括肾上腺皮质激素、性激素等,具有环戊烷多氢菲骨架,是一些内分泌腺体以胆固醇为原料合成的。某些气体分子,如一氧化氮(NO),也可看作脂溶性化学信号分子。这类分子亲脂疏水,可以穿过磷脂双分子层组成的细胞膜,直接进入到细胞内传递信号。

（2）水溶性化学信号分子

水溶性化学信号分子包括氨基酸衍生物类,如儿茶酚胺类激素;蛋白质和多肽类,如胰岛素、垂体激素、表皮生长因子以及核苷(核苷酸)及其衍生物等。这类分子不能直接穿过细胞膜,需要和细胞膜表面的受体结合才能传递信号。前列腺素虽然是脂类衍生物,但由于其含有较多的极性基团,不能穿过细胞膜,因此其性质类似于水溶性化学信号分子。

6.1.2　受体识别转换细胞外信号

受体(receptor)是细胞膜上或细胞内能识别信号分子并与之结合的蛋白质分子或糖脂。受体结合信号分子后,通过一定的途径可将信号准确地传递到细胞内部,引起细胞产生特异的应答。能够与受体特异性结合的信号分子也称为配体。可溶性和膜结合型信号分子都是常见的配体。

1. 受体的类型

受体按照其在细胞中的位置分为细胞内受体和细胞表面受体。细胞内受体的配体大多数是脂溶性信号分子,如类固醇激素、甲状腺素、维甲酸等。这些配体可以直接进入细胞,因此这类受体无须在细胞膜上等待配体。而水溶性信号分子和膜结合型信号分子(如生长因子、细胞因子、水溶性激素分子、黏附因子等)不能进入靶细胞,其受体位于靶细胞的细胞膜表面,也可称为细胞膜受体。

2. 受体结合配体并转换信号

受体识别并与配体结合,是细胞接收细胞外信号的首要步骤。在信号转导过程中,受体的作用有两点:① 识别细胞外信号分子并与之结合。② 转换配体信号,使之成为细胞内分子可识别的信号,并传递至其他信号转导分子引起细胞应答。

（1）许多细胞内受体能够直接传递信号

许多细胞内受体本身即是潜在的转录因子,除具有配体结合结构域之外,还具有 DNA 结合结构域和转录激活结构域。在与进入细胞的配体分子结合后,构象改变并发生二聚化进入细胞核,结合 DNA 上特定的增强子序列(激素反应元件),直接激活某些基因的转录表达。这些受体由于在细胞核发挥基因表达调控的作用,又称为核受体。

另有一些细胞内受体可以结合细胞外进入的信号分子,然后通过特定的转导通路传递信号。如细胞内的 NO 受体,同时也是一种可溶性的鸟苷酸环化酶(guanylate cyclase, GC)。当与 NO 结合后,NO 受体可以催化 GTP 生成环鸟苷酸(cyclic GMP, cGMP)作为信号分子向下游传递信号。

（2）细胞表面受体识别细胞外信号分子并转换信号

细胞表面受体定位在细胞膜上,可识别并结合细胞外信号分子,将细胞外信号转换成为能够被细胞内分子识别的信号,通过信号转导通路将信号传递至效应分子,引起细胞应答。常见的细胞表面受体包括:细胞膜离子通道型受体、G 蛋白偶联受体、单次跨膜受体等。

3．受体与配体的相互作用特点

受体与配体的相互作用类似于酶和底物的结合。不同是的,酶和底物结合是为了催化底物变成产物,而受体与配体的结合是为了向下游传递信号。受体与配体的相互作用有如下特点:

(1) 高特异性

一种受体只能和特定类型的配体分子结合,这种结合特异性取决于受体和配体的空间构象。受体和配体的特异性识别和结合保证了细胞信号转导的准确性。

(2) 高亲和力

受体与配体的亲和力很高。体内配体的浓度非常低时,就能有效与受体结合产生显著的生物学效应。这种高亲和力使得细胞信号转导具有很高的灵敏度。在一些情况下,受体与配体的亲和力会受到调控。例如,在细胞外信号持续存在时,受体与配体的亲和力可能会下降,受体表现出脱敏现象。

(3) 可逆性

受体与配体通过非共价键结合。当生物效应发生后,配体与受体的复合物解离,从而导致信号转导的终止。受体与配体结合的可逆性允许细胞信号转导能按机体需要正常开始和终止。

(4) 可饱和性

受体的数目是有限的。当所有受体被配体占据以后,受体与配体的结合能力达到饱和状态,此时再增加配体的浓度,受体与配体的结合也不会增加,生物学效应也不会进一步增强。

(5) 特定的作用模式

受体的分布、含量具有细胞和组织特异性,受体与配体结合后引发的相应生物学效应也表现出细胞和组织特异性。此外,某些受体可以结合几种不同的配体,但不同配体所引发的效应不同,表现出配体特定的作用模式。

6.1.3　信号转导分子传递信号

细胞外信号经受体转换进入细胞内,需要通过细胞内一些蛋白质和小分子活性物质进行传递。这些能够传递信号的分子称为信号转导分子(signal transducer)。依据信号转导分子的性质和作用特点,可将其分为三大类:小分子第二信使、酶、调节蛋白。一些特殊的细胞内受体,如内质网膜上的三磷酸肌醇(inositol triphosphate,IP_3)受体,也可参与信号转导。

1．小分子第二信使

细胞外信号分子可称为第一信使。而一些在细胞内起到信号转导作用的小分子则可称为第二信使(second messenger)。常见的第二信使的类型有:核苷酸类衍生物,如环腺苷酸(cyclic AMP,cAMP)、环鸟苷酸(cGMP);脂类衍生物,如甘油二酯(diacylglycerol,DAG)、

IP_3；以及离子，如 Ca^{2+}（图 6.3）。

在信号转导之前，第二信使在细胞内的浓度很低，或者局限于某个特定部位（如内质网）。在细胞接收细胞外信号后，上游信号转导分子可使第二信使的浓度迅速升高或分布变化。大部分第二信使是蛋白质的别构效应物，可作用于下游蛋白质信号分子，使蛋白质构象改变，进而向下游传递信号。当细胞外信号消失后，细胞内一些降解第二信使的酶、特殊的离子泵可将细胞内第二信使的浓度和分布迅速恢复到接收信号前的水平，从而结束信号转导。

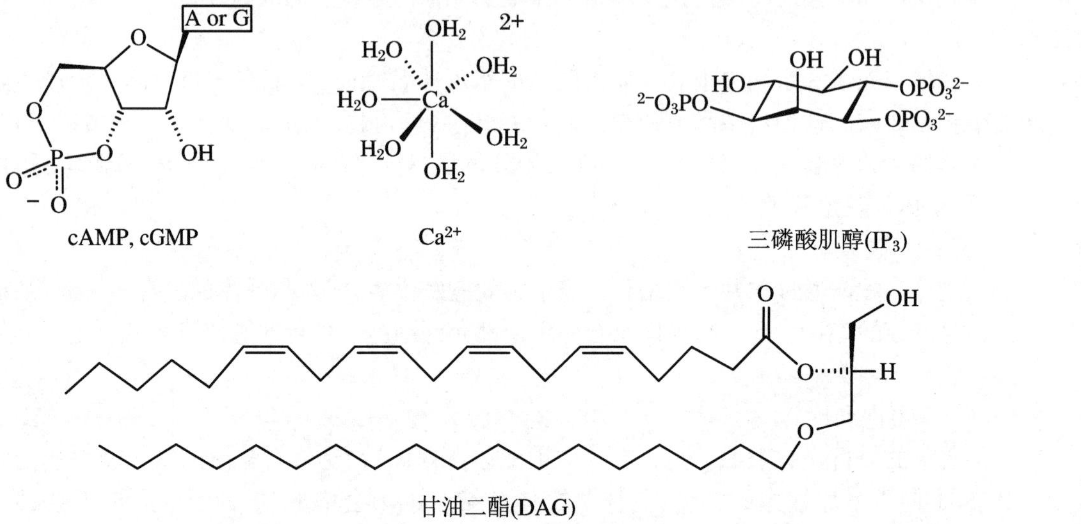

图 6.3　常见的第二信使

2. 酶

细胞内很多参与信号转导的蛋白质都属于酶类。其中一类酶是催化第二信使的生成、转化或分解的酶，例如催化 cAMP 生成的腺苷酸环化酶（adenylate cyclase，AC）、催化 cGMP 生成的鸟苷酸环化酶（GC）、催化磷脂酰肌醇-4,5 二磷酸（phosphatidylinositol-4,5-bisphosphate，PIP_2）分解为 DAG 和 IP_3 的磷脂酶 C（phospholipase C，PLC）以及催化特定环核苷酸水解的磷酸二酯酶（phosphodiesterase，PDE）。

还有一类酶是蛋白激酶（protein kinase，PK）。蛋白激酶可通过依赖 ATP 的方式，催化底物蛋白发生位点特异的磷酸化修饰。根据磷酸化的氨基酸残基位点的不同，蛋白激酶还可分为若干类型。作为信号转导分子的蛋白激酶大部分属于蛋白丝氨酸/苏氨酸激酶和蛋白酪氨酸激酶，分别催化底物蛋白上特定的丝氨酸/苏氨酸残基位点和特定的酪氨酸残基位点的磷酸化。

蛋白激酶具有多种激活方式：① 蛋白激酶本身也是受体，如受体型蛋白酪氨酸激酶、受体型蛋白丝氨酸/苏氨酸激酶等。② 蛋白激酶紧密与受体偶联，如非受体型蛋白酪氨酸激酶。这两类蛋白激酶在受体结合配体后即被激活。③ 蛋白激酶受到第二信使激活，如蛋白激酶 A（PKA）受 cAMP 激活，蛋白激酶 G（PKG）受 cGMP 激活，蛋白激酶 C（PKC）受 DAG

和 Ca^{2+} 激活。④ 蛋白激酶受到调节蛋白激活，如蛋白激酶 Raf 受调节蛋白 Ras 的激活。
⑤ 蛋白激酶受到上游蛋白激酶的激活，如蛋白激酶 MEK 受 Raf 激活，而蛋白激酶 ERK 又
受 MEK 激活。

蛋白激酶的底物蛋白有多种类型，如：代谢途径中的关键酶、调控基因表达的转录因子、
离子通道、下游的蛋白激酶，甚至是本身二聚体或多聚体中的另一个亚基。蛋白激酶可作用
于这些底物蛋白，使其发生磷酸化修饰并引起构象改变，激活或抑制底物蛋白的功能，从而
使细胞发生应答或者继续向下游传递信号。蛋白激酶在信号转导过程中承上启下，作用至
关重要。蛋白激酶对底物蛋白的特异性保证了信号转导的精确性。

底物蛋白的磷酸化是可逆的。在细胞信号转导结束后，蛋白磷酸酶（protein phospha-
tase）可以使磷酸化的蛋白质去磷酸化，恢复到信号转导前的状态。蛋白激酶和蛋白磷酸酶
共同构成了双向的蛋白质活性调控系统（图 6.4）。

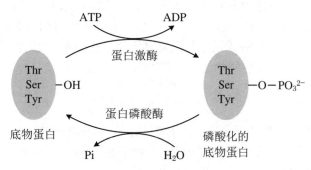

图 6.4　蛋白激酶和蛋白磷酸酶的作用

3. 调节蛋白

信号转导通路中有一些参与信号转导的蛋白质没有酶活性；或者酶活性不直接作用于
上下游的信号转导分子，这些信号转导蛋白可称为调节蛋白。调节蛋白传递信号的方式是
通过分子间的相互作用，自身被激活或者激活下游的信号转导分子。这些信号转导的蛋白
质主要包括 G 蛋白、钙调蛋白（calmodulin，CaM）、衔接蛋白（adaptor protein）和支架蛋白
（scaffold protein）等。

（1）G 蛋白

G 蛋白的全称为鸟苷酸结合蛋白（guanine nucleotide binding protein），可以结合 GTP
或 GDP。G 蛋白可发生脂酰化修饰，通过脂酰基锚定于细胞膜内侧。在未激活状态，G 蛋
白结合的是 GDP。通过上游信号分子的作用，G 蛋白结合的 GDP 可被替换为 GTP，此时 G
蛋白被激活，可结合并通过别构效应激活下游信号蛋白。一段时间后，G 蛋白本身的 GTP
酶活性可将结合的 GTP 水解为 GDP，使其回到非活化状态，终止信号的传递。G 蛋白可分
为两大类：三聚体 G 蛋白和低分子量 G 蛋白。

三聚体 G 蛋白为 α、β、γ 三个亚基组成的三聚体（图 6.5）。三个亚基中，只有 α 亚基能
够结合鸟苷酸。在未激活时，α 亚基结合的是 GDP，与 β、γ 亚基组成完整的三聚体。三聚体
G 蛋白的激活需要 G 蛋白偶联受体的作用。G 蛋白偶联受体结合配体后构象变化，发挥鸟

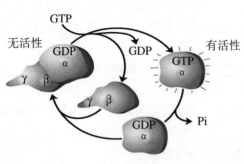

图 6.5　三聚体 G 蛋白的作用

苷酸交换因子的作用,使与之偶联的三聚体 G 蛋白 α 亚基中结合的 GDP 替换为 GTP。此时 α 亚基被激活,与 β、γ 亚基脱离,作用于下游信号转导蛋白,如 AC、PLC、PDE 等,继续向下传递信号。在某些情况下,β、γ 亚基也可直接作用于一些信号转导蛋白传递信号。信号传递结束后,α 亚基将 GTP 水解为 GDP,重新与 β、γ 亚基结合恢复为三聚体。

低分子量 G 蛋白又称为小 G 蛋白,分子量约为 21 kDa,是多种信号转导通路中的调节蛋白。Ras 是第一个被发现的低分子量 G 蛋白,因此这类蛋白质也被称为 Ras 蛋白超家族。鸟苷酸交换因子 Sos 可以促进 Ras 结合 GTP。Ras 蛋白结合 GTP 后构象改变,接下来可以激活 Raf 蛋白激酶,从而传递信号。而鸟苷酸解离抑制因子和 GTP 酶活化蛋白则抑制低分子量 G 蛋白结合 GTP,或者促进 GTP 水解,从而抑制其激活。目前已知的低分子量 G 蛋白的成员已超过 50 种,在细胞内分别参与不同的信号转导通路。

(2) 钙调蛋白

钙调蛋白(CaM)是一种普遍存在于各种真核生物的单体蛋白,分子量约为 17 kDa,在细胞中可充当 Ca^{2+} 感受器的作用。当细胞中 Ca^{2+} 浓度超过 500 nmol/L 时,CaM 即可通过结合 Ca^{2+} 被激活。CaM 具有两个接近对称的结构域,两者之间通过一段柔性的螺旋连接。每个结构域具有 2 个 EF 手型(EF hand)模体,每个 EF 手型模体均可与 Ca^{2+} 结合(图 6.6)。当 CaM 与 Ca^{2+} 结合后,构象发生改变,暴露出疏水性的残基,可以作为结合位点与其他蛋白相互作用。很多信号转导蛋白可被 CaM 激活,包括多种酶、离子泵等。一种重要的 CaM 下游信号转导蛋白是钙调蛋白依赖的蛋白激酶(calmodulin-dependent protein kinase, CaMK)。

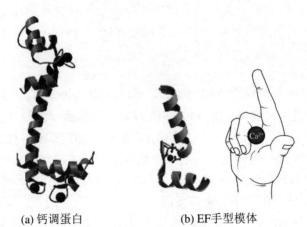

(a) 钙调蛋白　　　　　　　　(b) EF 手型模体

图 6.6　钙调蛋白和 EF 手型模体

（3）衔接蛋白和支架蛋白

　　细胞内的信号转导分子种类繁多，为了确保信号转导的精确性，并利于对信号转导通路进行调节，很多信号转导蛋白具有特异性的蛋白质相互作用结构域（protein interaction domain），可以通过蛋白质相互作用，互相聚集形成信号转导复合物（signaling complex）。蛋白质相互作用结构域的长度多在 50～100 个氨基酸残基范围，可以与其他信号转导蛋白中特定的模体结合。例如 SH2（Src homology 2）结构域，可以结合磷酸化的酪氨酸模体；而 SH3（Src homology 3）结构域，可以结合富含脯氨酸的模体（表 6.1）。目前已经发现几十种蛋白质相互作用结构域，广泛分布于各种信号转导蛋白中（图 6.7）。

表 6.1　常见的蛋白相互作用结构域及其识别模体

蛋白相互作用结构域	缩写	识别模体
Src homology 2	SH2	含磷酸化酪氨酸模体
Src homology 3	SH3	富含脯氨酸模体
Protein tyrosine binding	PTB	含磷酸化酪氨酸模体
WW	WW	富含脯氨酸模体

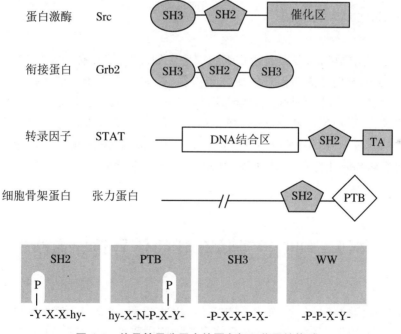

图 6.7　信号转导分子中的蛋白相互作用结构域

　　衔接蛋白又称为接头蛋白，一般含有 2 个或 2 个以上的蛋白质相互作用结构域，可通过连接上游与下游的信号转导蛋白而形成信号转导复合物。例如 Grb2 蛋白，含有 1 个 SH2 结构域和 2 个 SH3 结构域，可连接磷酸化的受体型蛋白酪氨酸激酶，以及具有富含脯氨酸模体的鸟苷酸交换因子 Sos，起到承上启下的信号转导作用。

　　支架蛋白一般是分子量较大的蛋白质，含有多个蛋白相互作用结构域，可同时结合同一信号转导通路中的多个信号转导蛋白,并辅助调控它们的相互作用,确保信号转导的准确性和高效性。

6.1.4　信号转导引起细胞应答

细胞外信号经特定的受体转换,由细胞内的一组信号转导分子传递,最终引起细胞应答。这个过程称为信号转导途径或信号转导通路(signal transduction pathway)。根据信号转导通路最终效应分子的不同,细胞应答一般可分为以下几种类型:① 引起参与代谢途径中关键酶活性的改变,调整细胞的代谢。② 激活或抑制特定转录因子的活性,调控细胞中某些基因的表达。③ 通过开放或关闭特定的离子通道,改变细胞膜电位。④ 引起细胞骨架蛋白的变化,改变细胞的形态和结构。

细胞中的信号转导通路纷繁复杂,有的通路会抑制或促进另一条通路,而一些信号转导分子会在多条通路中起作用,不同信号转导通路之间具有广泛的交互作用(cross-talking),使细胞形成复杂的信号转导网络。细胞外信号所引起的最终的细胞应答,可能是信号经由多条信号转导通路组成的信号转导网络进行传递,并交互、整合的结果。

6.1.5　细胞应答的终止

在信号转导完成后,需要及时终止细胞应答。如前所述,受体与配体信号分子结合的可逆性、小分子第二信使的酶促降解或分布恢复、磷酸化修饰蛋白的去磷酸化、G 蛋白的GTP 酶活性催化 GTP 水解等机制,能够保证参与信号转导的受体和信号转导分子能够在信号转导完成后,迅速恢复初始状态,终止细胞应答。在细胞外信号持续激活的情况下,一些受体还可通过特殊的机制发生脱敏(desensitization),保证细胞正常功能不受影响。细胞信号的传递和终止过程中任何步骤的异常,均可能导致疾病的发生,具体内容见本章 6.3.5。

6.2　细胞内受体介导的信号转导通路

脂溶性的外源性信号分子,如类固醇激素、甲状腺素、视黄酸、维生素 D 等,可以直接穿过细胞膜。与这些信号分子结合的受体多为细胞内受体。大部分细胞内受体是转录因子,也称为核受体,与脂溶性配体信号分子结合后,进入细胞核内直接激活某些基因的转录,合成新的蛋白质,从而使细胞产生应答。一些气体分子,如 NO 也能直接进入细胞内。NO 受体也属于细胞内受体,但其通过多种信号分子组成的信号转导通路使细胞产生应答。

6.2.1　核受体介导的信号转导通路

核受体超家族(nuclear receptor superfamily)包括类固醇激素受体家族、非类固醇激素受体和孤儿核受体(orphan nuclear receptor)等类型。其中常见的类固醇激素受体有糖皮质激素受体(glucocorticoid receptor,GR)、雌激素受体(estrogen receptor,ER)、雄激素受体(androgen receptor,AR)等。非类固醇激素受体有甲状腺素激素受体(thyroid hormone receptor,TR)、维生素 D_3 受体(vitamin D_3 receptor)、视黄酸受体(retinoid acid receptor,RAR)、类视黄醇 X 受体(retinoid X receptor,RXR)、过氧化物酶体增殖物因子激活受体(peroxisome proliferators-activated receptor,PPAR)等。孤儿核受体是配体未知的核受体,如 RAR 相关孤儿受体(RAR-related orphan receptor,ROR)等。

核受体超家族的蛋白结构类似,从 N 端到 C 端可简单分为 3 个部分:转录激活结构域、DNA 结合结构域和配体结合结构域(图 6.8)。核受体超家族中最为保守的区域是 DNA 结合结构域,其中包含两个锌指模体,可以识别特异性的 DNA 顺式作用元件,通常也称为激素反应元件(hormone response element,HRE),实际上属于一类增强子(enhancer)(表6.2)。配体结合结构域在不同的核受体中差别很大,其结构特点决定配体结合的特异性。在结合配体之前,一些核受体可通过此结构域与热激蛋白作用形成复合体,保持结构稳定。在结合配体之后,此结构域还可发挥二聚化结构域的作用,促进核受体形成二聚体进入核内,有利于核受体与相应的激素反应元件结合。而后,核受体通过其转录激活结构域招募一系列辅激活因子、基本转录因子,在它们的共同作用下,组成转录起始复合物,使 RNA 聚合酶定位到特定基因的转录起始位点,并开始转录,进而翻译合成新的蛋白质,发挥生物学效应,使细胞应答(图 6.9)。少数核受体结合的激素反应元件属于沉默子,核受体与之结合后会抑制相应基因的表达。

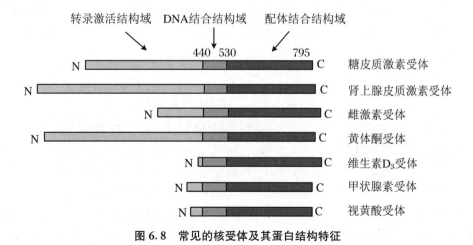

图 6.8　常见的核受体及其蛋白结构特征

表 6.2　常见的激素反应元件序列

激素举例	受体所识别的激素反应元件序列
糖皮质激素	5′GGTACANNNTGTTCT 3′ 3′CCATGTNNNACAAGA 5′
雌激素	5′AGGTCANNNTGACCT 3′ 3′TCCAGTNNNACTGGA 5′
甲状腺素	5′AGGTCANNNAGGTCA 3′ 3′TCCAGTNNNTCCAGT 5′

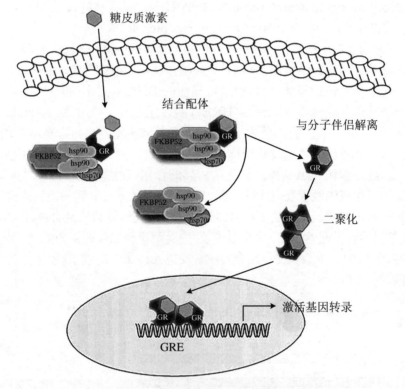

图 6.9　糖皮质激素受体的信号转导过程

　　核受体介导的信号通路一般不需要中间的信号转导分子的参与,核受体结合配体后,直接作为转录因子调控基因表达。这种类型信号转导通路的转导过程较为简单。由于基因表达为蛋白质需经历转录、翻译、翻译后加工、靶向输送等多个环节,核受体介导信号通路的细胞应答一般较为迟缓。但蛋白质合成后通常能够在较长时间发挥作用,因此细胞应答后会产生较为持久的生物学效应。但近些年来也有研究发现,某些核受体可以与细胞内的蛋白相互作用,形成信号转导通路,使细胞快速产生应答。核受体这种不依赖蛋白质合成的信号转导机制还有待深入研究。

6.2.2　NO 受体介导的信号转导通路

硝酸甘油是诺贝尔发明的安全炸药的主要成分,同时也是舒张血管、治疗心绞痛的药物。人们应用硝酸甘油治疗心绞痛已有很长历史,但对此药物的作用机理则是在最近几十年才阐明的。硝酸甘油在体内代谢会分解出少量的外源性的 NO。后来人们发现,人体一些细胞如血管内皮细胞中,还含有合成 NO 的酶,即 NO 合酶(NO synthase,NOS),可以利用 L-精氨酸为底物合成内源性的 NO,并扩散到周围的靶细胞,如血管平滑肌细胞。

大量的 NO 是有毒的,但微量的 NO 可以作为信号分子,直接穿过靶细胞的细胞膜,与靶细胞内的 NO 受体结合。NO 受体实际上也是一种可溶性的鸟苷酸环化酶(soluble GC,sGC),结合 NO 后酶活性被激活,催化 GTP 产生 cGMP。而 cGMP 作为一种第二信使,可以激活多种下游信号转导分子,如蛋白激酶 G(PKG)。PKG 是一种蛋白丝氨酸/苏氨酸激酶。激活的 PKG 又可以催化多种底物蛋白的磷酸化,改变它们的活性,最终使细胞产生应答,例如使血管平滑肌细胞舒张,从而舒张血管。此外,有研究表明 NO 受体介导的信号通路还在炎症反应、学习记忆、细胞分化等过程中起重要作用。

6.3　细胞表面受体介导的信号转导通路

6.3.1　离子通道型受体介导的信号转导通路

可兴奋细胞(excitable cell)包括神经细胞、腺细胞、肌细胞等。这些细胞在接受外界信号后,细胞膜上的门控离子通道(gated ion channel)会开放或关闭,导致细胞膜电位发生改变,产生动作电位(action potential)。根据接收信号类型的不同,门控离子通道又分为电压门控离子通道(voltage-gated ion channel)和配体门控离子通道(ligand-gated ion channel),前者的开放或关闭受膜电位调控,而后者直接受化学信号配体的控制,也可称为离子通道型受体(ion channel receptor)。离子通道型受体的配体大多数为神经递质。

烟碱型乙酰胆碱受体(N 受体)是典型的离子通道型受体,存在于交感和副交感神经节神经元的突触后膜(N1 受体)和神经肌肉接头处的终板膜上(N2 受体)。N 受体由 5 个亚基组成,包括 2 个 α 亚基,以及 β 亚基、γ 亚基和 δ 亚基各 1 个。每个亚基都具有 4 个由 α-螺旋组成的跨膜区,以此镶嵌在细胞膜上。5 个亚基相互围绕形成一个中央孔道,孔道直径约为 2 nm。α 亚基的胞外区具有乙酰胆碱的结合位点(图 6.10)。兴奋状态的神经元的突触前膜释放乙酰胆碱,通过突触间隙或神经肌肉接头扩散到突触后神经元或肌细胞,与突触后膜或肌细胞膜上 N 受体的 α 亚基结合。乙酰胆碱与 N 受体结合后,通过别构效应使受体的中央孔道开放,Na^+ 或 Ca^{2+} 通过孔道内流,导致突触后神经元或肌细胞出现去极化,引发突触后神经元产生动作电位或肌肉收缩。

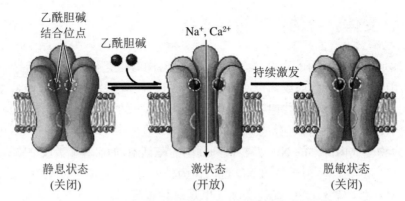

静息状态　　　　　　激状态　　　　　　脱敏状态
(关闭)　　　　　　　(开放)　　　　　　(关闭)

图 6.10　烟碱型乙酰胆碱受体的结构和作用模式

正常情况下,突触间隙中的乙酰胆碱会被乙酰胆碱酯酶迅速降解,使 N 受体离子通道关闭。一些特殊情况下,当乙酰胆碱水平持续保持在高水平超过几毫秒时,N 受体即会发生脱敏,转变为一种特殊的构象。此时 N 受体仍与乙酰胆碱紧密结合,但离子通道是关闭的。当乙酰胆碱浓度降低,结合的乙酰胆碱从 N 受体的结合位点缓慢释放,受体会重新回到静息状态的构象,恢复对乙酰胆碱的敏感性。

N 受体属于阳离子通道受体。常见的阳离子通道受体还包括谷氨酸受体和 5-羟色胺受体。此外还存在阴离子通道受体,如甘氨酸受体和 γ-氨基丁酸(GABA)受体。各种离子通道型受体总体的结构类似,作用方式也类似。但不同离子通道型受体的中央孔道中,亲水性氨基酸残基种类的不同,决定了离子通道对离子电荷和种类的选择性。

6.3.2　G 蛋白偶联受体介导的信号转导通路

G 蛋白偶联受体(G-protein coupled receptor,GPCR)家族是一个庞大的蛋白家族。在人体存在 800 余种不同种类的 G 蛋白偶联受体,分别参与细胞对激素、神经递质、细胞因子、光、气味、味觉等信号的感受和传递,其中感知气味的嗅受体大约占一半(近 400 种)。在人视网膜视杆细胞中参与视觉产生和传递的视紫红质(rhodopsin)即是一种 G 蛋白偶联受体。乙酰胆碱受体的另一种类型,毒蕈碱型乙酰胆碱受体(M 受体)也属于 G 蛋白偶联受体。常见的配体为激素的 G 蛋白偶联受体有肾上腺素受体、胰高血糖素受体、血管紧张素 II 受体、促甲状腺激素释放激素受体、抗利尿激素受体等。

绝大部分的 G 蛋白偶联受体介导的信号转导需要三聚体 G 蛋白的参与,这也是 G 蛋白偶联受体得名的原因。G 蛋白偶联受体是由一条多肽链组成的膜蛋白,其跨膜区由 7 段 α-螺旋反复跨膜组成,因此又名七次跨膜受体。在 7 段跨膜螺旋之间,存在 6 个环区(loop)。G 蛋白偶联受体的胞外区由 3 个位于细胞膜外侧的环区和 N 末端的序列组成,负责识别结合配体。胞内区由 3 个位于细胞膜内侧的环区、第 8 个 α-螺旋以及 C 末端序列组成,通常具有脂酰化和其他信号位点,可以与三聚体 G 蛋白、阻抑蛋白(arrestin)和 G 蛋白偶联受体激酶(G protein-coupled receptor kinases,GRK)等信号转导蛋白结合(图 6.11)。

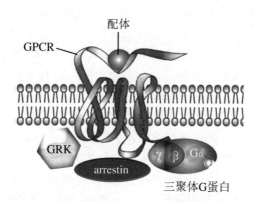

图 6.11　G 蛋白偶联受体结构示意图及其结合的信号转导蛋白

当配体与 G 蛋白偶联受体结合后,G 蛋白偶联受体的构象发生改变,发挥鸟苷酸交换因子的作用,促使与之偶联的三聚体 G 蛋白中的 α 亚基所结合的 GDP 交换为 GTP。α 亚基结合 GTP 后被激活,与 β、γ 亚基以及 G 蛋白偶联受体分离,作用于下游信号转导分子(大部分是生成或水解细胞内第二信使的酶)。根据 α 亚基作用分子的不同,三聚体 G 蛋白又分为几种类型(表 6.3)。激活型 G 蛋白(stimulatory G protein,G_s)的 α 亚基($α_s$)能够激活腺苷酸环化酶(AC)。抑制型 G 蛋白(inhibitory G protein,G_i)的 α 亚基($α_i$)抑制 AC 活性。G_q 蛋白的 α 亚基($α_q$)能够激活磷脂酶 C(PLC)。在视觉信号转导过程中,视紫红质作用于一种特殊的三聚体 G 蛋白,称为转导蛋白(transducin),其 α 亚基($α_t$)可激活 cGMP 磷酸二酯酶(cGMP-PDE)的活性。在 G 蛋白 α 亚基的作用下,生成或水解细胞内第二信使的酶被激活或抑制,细胞内相应的第二信使浓度发生变化,进而作用于下游信号转导分子,形成特定的信号转导通路。常见的 G 蛋白偶联受体介导的信号转导通路有 AC-cAMP-PKA 通路和 PLC-DAG/IP_3通路。

表 6.3　$G_α$ 亚基的类型及效应

$G_α$ 种类	效应分子	细胞内信使	靶分子
$α_s$	AC 活化	cAMP ↑	PKA 活性 ↑
$α_i$	AC 抑制	cAMP ↓	PKA 活性 ↓
$α_q$	PLC 活化	IP_3、DAG、Ca^{2+} ↑	PKC 活性 ↑
$α_t$	cGMP-PDE 活化	cGMP ↓	阳离子通道关闭

1. AC-cAMP-PKA 信号转导通路

β 型肾上腺素受体(β 受体)、胰高血糖素受体等与配体结合后,激活与之偶联的 G_s蛋白。然后 G_s蛋白的 $α_s$亚基解离,沿着细胞膜内侧移动到附近的 AC 分子。膜结合型的 AC 有两个膜结合区,分别包含 6 段 α-螺旋,其胞内区由 N 端和 C 端的两个结构域组成,具有催化活性,在 $α_s$亚基的作用下,可以结合并催化 ATP 生成 cAMP。cAMP 是最早发现的第二信使,分子内具有独特的磷酸二酯键,形成环形结构,区别于常见的核苷酸分子。cAMP 通过别构效应激活下游信号转导蛋白。

在真核细胞中,cAMP 最主要的下游信号转导蛋白是 PKA。PKA 是一种蛋白丝氨酸/苏氨酸激酶,由 4 个亚基组成,其中 2 个是催化亚基(C),还有 2 个是调节亚基(R),R 亚基上有 cAMP 的别构结合位点。在没有上游信号时,R 亚基与 C 亚基紧密结合,抑制 C 亚基的催化活性。当细胞内 cAMP 浓度升高,cAMP 与 PKA 的 R 亚基结合,并使其构象发生改变,释放出具有催化活性的 C 亚基,从而激活 PKA。激活的 PKA 可以作用于多种底物蛋白,使底物蛋白中特定的丝氨酸/苏氨酸位点被磷酸化修饰,激活或抑制其活性。

肾上腺素和胰高血糖素均有升高血糖浓度的作用,这是由于这些激素与特定组织器官细胞表面的受体结合后,通过 AC-cAMP-PKA 信号转导通路,调节了糖代谢和脂代谢关键酶的缘故。例如,在肝细胞中,PKA 催化糖原合酶发生磷酸化,抑制其活性;同时催化糖原磷酸化酶 b 激酶发生磷酸化,激活其活性;而糖原磷酸化酶 b 激酶激活后催化糖原磷酸化酶发生磷酸化,激活其活性。结果是抑制肝中糖原合成,促进糖原分解,直接升高血糖浓度。在脂肪细胞中,PKA 催化激素敏感脂肪酶发生磷酸化,激活其活性,促进脂肪动员,给外周组织提供甘油和脂肪酸,减少糖的消耗,间接提升血糖浓度。

AC-cAMP-PKA 信号转导通路还可以调控一系列基因的表达。这些基因的上游通常存在一段增强子序列,称为 cAMP 反应元件(cAMP response element,CRE)。这是由于激活的 PKA 可以磷酸化一种核内的转录因子,称为 CRE 结合蛋白(CRE binding protein,CREB)。磷酸化的 CREB 以二聚体的形式结合于 CRE,可以招募辅激活因子 CREB 结合蛋白(CREB binding protein,CBP),促进转录起始复合物的形成,最终激活 CRE 增强子附近基因的转录(图 6.12)。

在信号转导完成后,cAMP 的浓度可以迅速下降。这是因为细胞中存在 cAMP 特异性的磷酸二酯酶(cAMP-PDE),可以迅速降解 cAMP。cAMP 浓度降低后,PKA 的 R 亚基重新与 C 亚基结合,从而失去活性。在一些特殊情况下,如细胞外激素水平持续较高时,受体还可能通过 GRK 的作用发生磷酸化,与 arrestin 相互作用发生脱敏,防止信号通路持续激活。

2. PLC-DAG/IP$_3$ 信号转导通路

血管紧张素 II 受体、促甲状腺激素释放激素受体、抗利尿激素受体等与相应配体结合后,激活的是 G$_q$ 蛋白。G$_q$ 蛋白中的 α$_q$ 亚基解离后,激活位于细胞膜内侧的磷脂酰肌醇特异性的 PLC(PLCβ)。PLCβ 具有一个 PH(pleckstrin homology)结构域,可以结合细胞膜上的磷脂酰肌醇-4,5-二磷酸(PIP$_2$),而后 PLCβ 的催化结构域可将 PIP$_2$ 分解为 DAG 和 IP$_3$。IP$_3$ 是水溶性分子,可以扩散到内质网膜并与其上的 IP$_3$ 受体结合。IP$_3$ 受体是 IP$_3$ 门控的离子通道,结合 IP$_3$ 后可使内质网中的 Ca^{2+} 释放,导致胞液中 Ca^{2+} 浓度迅速增高。而 DAG 生成后仍然附着在细胞膜上。

PKC 也是一种蛋白丝氨酸/苏氨酸激酶,其催化结构域与 PKA 的 C 亚基具有同源性。在未激活状态,PKC 中的假底物区与催化结构域的活性中心结合,抑制了其活性。PKC 还具有与 DAG 和 Ca^{2+} 的结合部位。当 DAG 生成、Ca^{2+} 释放时,PKC 与两者结合,定位到细胞膜上,并使假底物区释放,从而被激活。PKC 可以催化细胞中多种代谢酶、转录因子等的磷酸化,激活或抑制其活性,进而调控细胞的代谢和基因表达。佛波酯(phorbol ester)是

DAG 的类似物,可以持续激活 PKC,可能导致细胞持续增殖,是一种肿瘤促进剂。

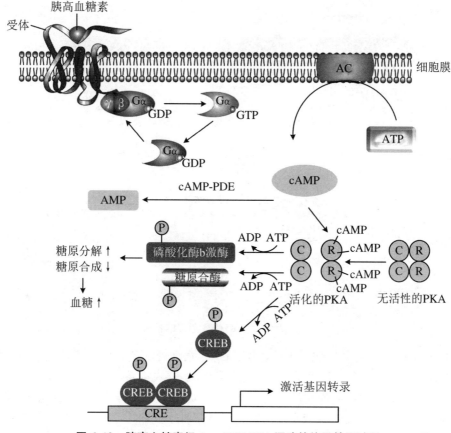

图 6.12　胰高血糖素经 Ac-cAMP-PKA 通路的信号转导过程

胞液中的 Ca^{2+} 还可以和钙调蛋白(CaM)结合。CaM 与 Ca^{2+} 结合后,构象发生改变,激活多种下游信号转导蛋白,如钙调蛋白依赖的蛋白激酶(CaMK)。CaMK 同样属于蛋白丝氨酸/苏氨酸激酶,可以通过对底物蛋白的磷酸化修饰,调节细胞代谢、离子通透性、神经递质合成与释放、肌细胞的收缩和运动等过程(图 6.13)。此外,CaM 还可以激活 Ca^{2+}-ATP 酶泵,促进胞液 Ca^{2+} 的排出,使 Ca^{2+} 浓度下降,有助于信号转导的终止。IP_3 和 DAG 在信号转导完成后也会被相应的酶分解,终止信号的传递。

3. 视觉和嗅觉的信号转导通路

视网膜主要有两种光感受细胞,即视杆细胞和视锥细胞。视杆细胞占大部分,负责分辨亮度;而视锥细胞只占小部分,但是能够分辨颜色。视杆细胞的外段细胞膜表面存在视紫红质,是一种 G 蛋白偶联受体。视紫红质共价结合一个 11-顺式视黄醛分子。在接受光能后,11-顺式视黄醛分子可以异构化生成全反式视黄醛,进而引起视紫红质发生构象改变,激活下游的转导蛋白。转导蛋白的 α_t 亚基可激活 cGMP-PDE 的活性,水解细胞中的 cGMP,使 cGMP 浓度下降,导致细胞膜上 cGMP 门控的阳离子通道关闭,引起细胞超极化,进而引发动作电位,产生视觉信号。

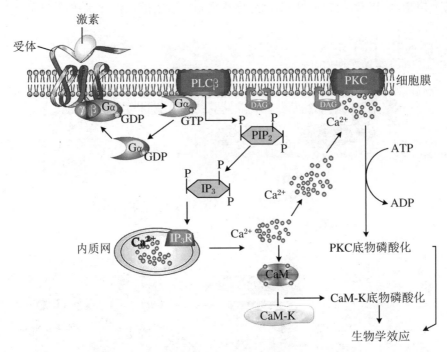

图 6.13　激素经 PLC-DAG/IP3 通路的信号转导过程

　　视锥细胞分为 3 种,分别包含视蓝色素、视绿色素和视红色素。这些视色素与视紫红质结构类似,同样属于 G 蛋白偶联受体,并且结合有 11-顺式视黄醛分子,信号转导方式也基本相同。只不过由于这些视色素蛋白与 11-顺式视黄醛分子结合位点的氨基酸残基存在微小差异,导致其中的 11-顺式视黄醛分子的吸收峰分别位于蓝色、绿色和红色区,因此使得视锥细胞能够分辨不同的颜色。

　　哺乳动物负责气味感受的嗅受体表达于鼻腔中的主嗅上皮(main olfactory epithelium)。嗅受体是 G 蛋白偶联受体家族中很大一类成员,人体有近 400 种嗅受体,而小鼠的嗅受体大约有 1000 种。这表明人相对于小鼠,嗅觉功能有所退化。嗅受体结合气味分子后,激活一种特殊的三聚体 G 蛋白,其 α 亚基为 α_{olf}。在 α_{olf} 亚基激活后,可以作用于特异性的 AC,催化 cAMP 的产生。cAMP 作用于 cAMP 门控阳离子通道,使离子通道开放,导致细胞去极化,引发动作电位,产生嗅觉信号。

6.3.3　单次跨膜受体介导的信号转导通路

　　单次跨膜受体只具有一段 α-螺旋组成的跨膜区,两端连接胞外区和胞内区。其胞外区具有配体结合结构域,而胞内区通常具有特定的酶活性,或者有与特定的酶偶联结合的结构域。单次跨膜受体发挥信号转导功能需要偶联特定酶的催化作用,因此也称为酶偶联受体。单次跨膜受体的配体大都是细胞因子,可以调控细胞内蛋白的功能和表达水平,调节细胞的增殖和分化。

　　大部分单次跨膜受体所偶联的酶都是蛋白酪氨酸激酶(protein tyrosine kinase,PTK)。

根据受体本身是否具有 PTK 活性,这些单次跨膜受体又可以分为受体型酪氨酸激酶(receptor tyrosine kinase,RTK)和酪氨酸激酶偶联受体(tyrosine kinase coupled receptor,TKCR)。目前还发现有一些单次跨膜受体具有蛋白丝氨酸/苏氨酸激酶、鸟苷酸环化酶、蛋白酪氨酸磷酸酶等活性。

1. Ras-MAPK 信号通路

表皮生长因子(epidermal growth factor,EGF)是一种由 53 个氨基酸残基组成的细胞因子,可以诱导表皮细胞增殖,促进创伤后表皮的愈合。EGF 的受体(EGF receptor,EGFR)是一种 RTK,具有单次跨膜的结构,胞外区可以结合配体 EGF,胞内区具有 PTK 的活性。在未结合 EGF 时,EGFR 以单体形式存在。在结合 EGF 分子后,EGFR 会形成二聚体。然后,EGFR 胞内区发挥 PTK 活性,催化使对面亚基上特定酪氨酸位点发生磷酸化,形成特殊的磷酸化酪氨酸模体。衔接蛋白 Grb2 具有 SH2 结构域,可以识别结合 EGFR 上的磷酸化酪氨酸模体。Grb2 还具有 2 个 SH3 结构域,可以招募一种鸟苷酸交换因子 Sos。接下来,Sos 可以作用于低分子量 G 蛋白 Ras,催化 Ras 结合的 GDP 交换为 GTP,激活 Ras 蛋白。活化的 Ras 蛋白可以结合并激活蛋白激酶 Raf。而 Raf 被激活后,可以催化下游的蛋白激酶 MEK 发生磷酸化修饰,使 MEK 被激活。激活的 MEK 又可以磷酸化修饰激活下游的蛋白激酶 ERK。

ERK 属于丝裂原激活的蛋白激酶(mitogen-activated protein kinase)家族(丝裂原指细胞外可以诱导细胞分裂增殖的信号),是一种蛋白丝氨酸/苏氨酸激酶。ERK 被激活后,可以进入核内,磷酸化某些转录因子,调控靶基因的转录,从而调节细胞的增殖和分化。而 MEK 属于 MAPK 激酶(MAPK kinase,MAPKK),Raf 属于 MAPKK 激酶(MAPKK kinase,MAPKKK)。MAPKKK、MAPKK 和 MAPK 共同组成了 MAPK 级联磷酸化激活途径,在很多细胞增殖相关信号通路中发挥重要作用(图 6.14)。

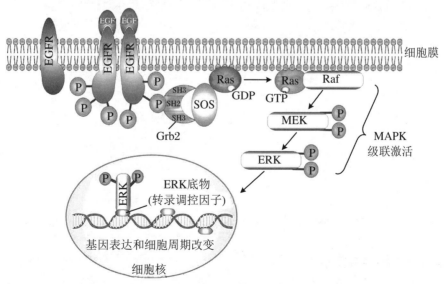

图 6.14　表皮生长因子经 Ras-MAPK 通路的信号转导过程

Ras-MAPK 信号通路是 EGFR 的主要信号转导通路。此外，一些其他的 RTK，如胰岛素受体（insulin receptor，IR）、血小板衍生生长因子受体（platelet derived growth factor receptor，PDGFR）等也可以激活此通路。EGFR 胞内区还存在与其他信号转导蛋白（如 PLCγ、PI3K 等）的结合位点，可以形成 PLCγ-DAG/IP$_3$、PI3K-PKB(AKT) 等信号通路。

2. PI3K-PKB 信号通路

PI3K 家族有多种成员，它们具有磷脂激酶和蛋白丝氨酸/苏氨酸激酶活性。PI3K 家族典型的代表是 1A 类的 PI3K，它由调节亚基 p85 和催化亚基 p110 组成。调节亚基 p85 具有 SH2 结构域，可以与多种具有磷酸化酪氨酸模体的蛋白质结合，包括一些 RTK（如 EGFR 等）。在 p85 结合磷酸化酪氨酸模体后，催化亚基 p110 被激活。激活的 p110 亚基可以催化细胞膜上的 PIP$_2$ 在 3 位发生磷酸化，生成一种第二信使，称为磷脂酰肌醇-3,4,5 三磷酸（phosphatidylinositol-3,4,5-trisphosphate，PIP$_3$）。

蛋白激酶 PKB 又称为 AKT，是病毒癌基因 *v-akt* 的同源物，属于蛋白丝氨酸/苏氨酸激酶。PKB 在结合 PIP$_3$ 后，再在磷酸肌醇依赖激酶（phosphoinositide-dependent kinase，PDK）的作用下被激活，通过磷酸化修饰，有调控多种下游信号转导蛋白的功能，最终可抑制细胞凋亡，促进细胞存活和增殖。

1A 类的 PI3K 还具有蛋白激酶活性，可使其自身的 p85 和 p110 亚基发生磷酸化，下调其自身的活性，起到反馈抑制的作用。此外，一种抑癌蛋白 PTEN（phosphate and tension homology deleted on chromosome ten）具有 PIP$_3$ 磷酸酶的活性，可以水解去除 PIP$_3$ 上 3 位的磷酸基团，重新生成 PIP$_2$，从而下调 PI3K-PKB 通路，起到抑制细胞增殖、促进细胞凋亡的作用（图 6.15）。

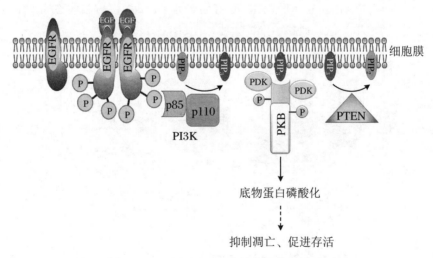

图 6.15　PI3K-PKB 通路的信号转导过程

3. JAK-STAT 信号通路

有些单次跨膜受体本身没有酶活性，但是在与配体结合后，会结合并激活细胞内特定的非受体型蛋白酪氨酸激酶,这些受体可称为酪氨酸激酶偶联受体(TKCR)。一个典型的 TKCR 的例子是促红细胞生成素(erythropoietin,EPO)受体。EPO 是一种细胞因子,由肾脏合成,可以促进红细胞的成熟。当 EPO 受体与 EPO 结合后,首先发生二聚化,然后其胞内区可以与非受体蛋白酪氨酸激酶 JAK(Janus kinase)结合。JAK 可以催化另一分子的 JAK 的磷酸化,然后催化 EPO 受体胞内区特定的酪氨酸位点发生磷酸化。STAT(signal transducers and activators of transcription)是一类转录因子,具有 SH2 结构域,可以与 EPO 受体上的磷酸化酪氨酸模体结合。此时,STAT 也可被 JAK 磷酸化,然后 STAT 的 SH2 结构域可以与另一个 STAT 上的磷酸化酪氨酸模体结合,形成二聚体进入核内,与相应增强子结合,调控基因的表达,最终促使红细胞成熟(图 6.16)。

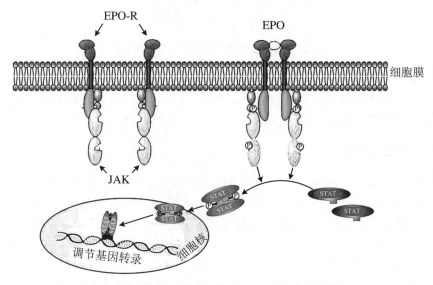

图 6.16　促红细胞生成素经 JAK-STAT 通路的信号转导过程

除 EPO 外,还有一些其他细胞因子,如白介素(interleukin,IL)、干扰素(interferon,IFN)、集落刺激因子(colony stimulating factor,CSF)、生长激素(growth hormone,GH)等,可通过相应的 TKCR,经 JAK-STAT 信号通路传递信号。Src 是另一种常见的非受体型蛋白酪氨酸激酶,可与相应的 TKCR 结合,通过类似的途径发挥作用。

4. TGF-β 信号通路

转化生长因子 β(transforming growth factor-β,TGF-β)是一种调节细胞生长和分化的细胞因子,对细胞生长、分化和发育的调节发挥重要作用。TGF-β 受体分为Ⅰ型和Ⅱ型,均属于单次跨膜受体中的受体型丝氨酸/苏氨酸激酶,它们的胞质区具有蛋白丝氨酸/苏氨酸激酶活性。TGF-β 首先与Ⅱ型受体的二聚体结合,然后招募Ⅰ型受体的二聚体,形成四聚化的受体复合物。Ⅱ型受体催化Ⅰ型受体上特定的丝氨酸位点磷酸化使其激活。然后Ⅰ型受体再激活下游信号转导蛋白 Smad。Smad 是一类转录因子,受体调控的 Smad 在特定位点发生磷酸化后被激活,形成寡聚体进入核内,调控相应基因的转录(图 6.17)。

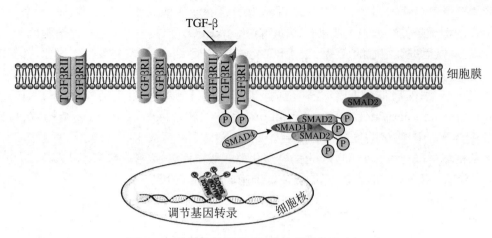

图 6.17   转化生长因子 β 通路的信号转导过程

骨形成蛋白(bone morphogenetic protein,BMP)、生长分化因子(growth and differentiation factor,GDF)、激活素(activin)等也属于 TGF-β 超家族。它们的信号转导过程与 TGF-β 类似,在受体与配体结合后,激活相应的 Smad 蛋白发挥作用。

5. NF-κB 信号通路

NF-κB（nuclear factor-κB）是一类转录因子,因能够特异性结合 B 细胞免疫球蛋白κ-轻链基因的增强子而得名。后来研究发现,NF-κB 在体内几乎所有细胞中表达,广泛参与机体防御反应、组织损伤和应激、细胞分化和凋亡,在细胞的炎症反应、免疫应答等过程中起到关键性作用。NF-κB 蛋白家族包括 p65(RelA)、RelB、p50、p52、c-Rel 等,最常见的 NF-κB 活性形式是 p65 和 p50 形成的二聚体。多种细胞外信号,包括肿瘤坏死因子(tumor necrosis factor,TNF)、IL、CSF、趋化因子(chemokine)、细菌脂多糖等均可激活 NF-κB 信号通路。

以 TNFα 的作用为例,TNFα 与 TNFα 受体(为单次跨膜受体)结合后,通过 TRAF (TNF receptor-associated factor)等信号转导蛋白的信号传递,激活蛋白激酶 IKK(inhibitor of NF-κB kinase)。随后,IKK 使 NF-κB 抑制蛋白(inhibitor of NF-κB,IκB)磷酸化,促使 IκB 从 NF-κB 和 IκB 的抑制复合物中解离,并通过泛素-蛋白酶体途径降解,从而使得 NF-κB 被激活。激活的 NF-κB 进入核内,作用于相应的增强子,调控多种促炎趋化因子、黏附因子、免疫蛋白、急性时相蛋白等的转录,引发炎症反应(图 6.18)。此外,TNFα 受体的胞内部分还具有死亡结构域(death domain,DD),此结构域激活的信号通路可导致细胞发生程序性死亡。

6.3.4   细胞信号转导的基本规律

细胞需要对细胞外各种各样的信号进行感知并做出针对性的响应,因此细胞信号转导通路的种类繁多,过程也非常复杂。但细胞信号转导也具有一些共同的基本规律和特点。

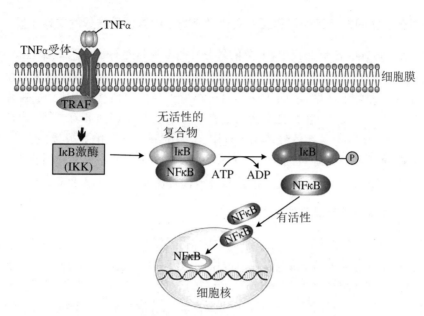

图 6.18　肿瘤坏死因子 α 经 NF-κB 通路的信号转导过程

1. 细胞信号转导遵从相似的基本路线

细胞能感知的细胞外信号有各种形式,包括物理信号和化学信号,化学信号分为可溶性和膜结合性信号,可溶性化学信号又可分为脂溶性和水溶性信号。接受信号的受体有细胞内受体和细胞表面受体,细胞表面受体又可分为离子通道型受体、G 蛋白偶联受体、单次跨膜受体等。细胞内的信号转导分子可分为小分子第二信使、酶、调节蛋白等。细胞应答类型有酶活性的改变、基因转录的激活或抑制、细胞膜电位的变化和细胞形态和结构的改变等。尽管各种细胞信号转导的具体过程各不相同,但它们基本都遵从细胞外信号→受体→信号转导分子→细胞应答的基本路线。一些细胞内的特殊事件,如 DNA 损伤、氧化应激、低氧状态等,也可不经过受体,直接激活细胞内特定的信号转导分子,启动信号转导。

2. 细胞信号转导既有特异性又有通用性

细胞信号转导过程中,配体信号分子与受体的结合具有高亲和性和高特异性,这使得细胞外少量的某种特定类型的配体信号分子即可引起特定受体介导的信号转导通路,引起特异性的细胞应答。此外,不同细胞所具有的受体和信号转导蛋白的类型可能也不尽相同,同一种配体信号分子对不同细胞引发的信号转导通路也可能会有所区别,体现出信号转导的细胞特异性。同时,不同受体在向细胞内转导信号的过程中,可能会共用某些信号转导分子,甚至是共用某些信号通路,这些现象又体现出信号转导的通用性。另一方面,细胞可能会通过某些机制,使通用的信号转导分子在细胞的特定部位富集,对特定的靶分子作用,从而使细胞发生特异性的应答。例如,细胞内存在多种 AKAP(A-kinase anchoring protein)支架蛋白,可以结合 PKA 的催化亚基,使其定位到不同的靶蛋白附近,催化相应的靶蛋白发生磷酸化,从而使通用的 cAMP-PKA 通路发挥特异性的功能。

3. 信号分子之间的相互作用和蛋白质化学修饰是细胞信号转导的普遍手段

在细胞信号转导的各个过程中,上游信号分子需要通过小分子(配体、第二信使等)与蛋白质(受体、信号转导蛋白)、蛋白质与蛋白质之间的相互作用,以及催化蛋白质化学修饰等手段,调控下游信号分子活性,从而传递信号。小分子与蛋白质相互作用,主要通过别构效应,使蛋白质构象发生变化,进而改变蛋白活性。蛋白质与蛋白质相互作用,通常需要蛋白质相互作用结构域的参与。在信号传递过程中,上游的酶还可催化下游蛋白产生化学修饰,改变蛋白构象,进而调控下游蛋白活性。其中,磷酸化是蛋白质最常见的化学修饰,催化底物蛋白磷酸化的蛋白激酶在细胞信号转导通路中普遍存在,发挥至关重要的作用。

4. 细胞信号转导具有级联放大效应

细胞外信号可能是非常微弱的,但通过细胞信号转导,会使细胞出现非常显著的应答。例如,人体在应激时分泌的肾上腺素,在血液中的浓度一般不超过 1 nmol/L,但通过细胞信号转导后,可能会使血糖浓度达到 mmol/L 级别的上升。这是由于细胞信号转导过程中,每一步上游信号分子都可能激活几倍甚至至几十倍的下游信号分子。随着,信号转导步骤的积累,信号会有明显的放大。G 蛋白偶联受体介导的信号通路、Ras-MAPK 信号通路等都具有显著的级联放大效应。细胞信号转导的级联放大效应使得细胞能够对细胞外信号做出灵敏的响应。

5. 细胞信号的转导和终止涉及许多双向反应

为了使细胞能够正确对细胞外信号做出响应,细胞信号转导需要在信号存在时能立即启动,在信号消失后也要能迅速终止。细胞信号的转导和终止是通过许多双向反应实现的。例如,AC 可以催化第二信使 cAMP 的生成传递信号,而细胞内 cAMP 特异的 PDE 可以催化 cAMP 水解为 AMP 终止信号传递。第二信使 IP_3 可以作用于内质网的 IP_3 受体使 Ca^{2+} 从内质网释放到胞质,使信号向下游传递;而信号转导结束后,Ca^{2+}-ATP 酶泵可以将 Ca^{2+} 泵回内质网或排出细胞外,使胞质中 Ca^{2+} 浓度恢复初始状态。G 蛋白在鸟苷酸交换因子作用下结合 GTP 被激活传递信号;而随后 G 蛋白发挥 GTP 酶活性将 GTP 水解为 GDP,从而终止信号传递。信号转导过程中,很多蛋白激酶使特异的底物蛋白磷酸化,改变其构象和活性,从而进行信号的转导;信号转导结束后,蛋白磷酸酶可以将底物蛋白上修饰的磷酸基团去除,使蛋白恢复初始状态。配体与受体、信号转导蛋白之间的相互作用,一般也是可逆的,在信号转导时结合,信号终止后相互解离。

6. 细胞信号转导通路之间存在交互和整合

细胞中的信号转导通路具有多样性和复杂性,每一条信号通路并不是孤立的,而是互相联系的,各种信号通路存在交互和整合,形成信号转导网络。这使得细胞能够对外界复杂的环境做出准确合适的响应。一种细胞外信号可能会作用于不同的受体,激活不同的信号转导通路,引起细胞不同的应答。有的受体可以激活多条信号转导通路,使细胞出现复杂的应答。一些信号转导分子也可能参与多条通路的信号转导,还可能影响和调节其他信号通路。

此外,不同信号转导通路还可能参与调控相同的生物学效应。总之,细胞对外界信号的应答,是各种细胞信号转导通路之间交互、整合的结果。

6.3.5　细胞信号转导异常与疾病

细胞信号转导是生物体适应内外环境变化的重要机制,对生物体至关重要。细胞信号转导过程中涉及许多信号分子和环节,内外因素引发的其中任何环节的异常,均可能引起信号转导的紊乱,进而导致疾病的发生发展。深入研究细胞信号转导的机制对于认识生命活动的本质具有重要的指导意义,同时也为阐明一些疾病的发病机理、寻找疾病诊断和治疗的新靶标提供了可能。

1. 信号转导通路的异常与许多疾病发生发展相关

多种体内外因素均可能引起细胞信号转导通路异常,包括毒素、自身抗体、应激、基因突变等。细胞信号转导通路异常的原因一般是受体功能的异常,或者细胞内信号转导分子功能的异常,使得信号不能正常传递,或者信号通路保持持续激活状态,最终可导致疾病的发生发展。

（1）受体异常激活与疾病

受体一般需要结合配体信号分子才能被激活,有些受体自身还存在一些自我抑制的结构区域,使受体活性受到精确调控。但基因突变等因素可能会使受体异常激活。例如,正常EGFR需要结合配体EGF才能被激活。但 EGFR 编码基因 19 号外显子缺失或者 L858R 突变,会使突变的 EGFR 不需要配体的结合就能被激活,进而持续激活 MAPK 信号通路,使细胞增殖失去控制,可导致多种肿瘤的发生。

某些因素调控下,一些受体的编码基因可能发生过度表达,使细胞所具有的受体数量大大超过正常细胞。这时,受体介导的信号通路也会比正常细胞有所上调,导致细胞对细胞外信号出现异常的应答。例如,在约 30% 的乳腺癌患者中,HER2(为 EGFR 蛋白家族成员)的编码基因发生扩增或过度表达,并且其表达与不良预后和治疗后复发率显著相关。

在特殊情况下,体内可能会产生一些激动性抗体,与配体的结构类似,与相应受体结合后,也会导致受体异常激活。例如,自身免疫性甲状腺病中,部分患者体内可能会产生一种促甲状腺激素(thyroid stimulating hormone, TSH)受体的激动性抗体,与 TSH 受体结合后可以模拟 TSH 的作用,从而导致 TSH 受体的异常激活,引起 Graves 病症状。

（2）受体异常失活与疾病

由于基因突变、基因表达的下调或者调控因素的异常,可能导致受体数量减少、功能减弱甚至完全失活。例如遗传性胰岛素抵抗,可能的原因包括基因突变引起受体表达减少;配体结合域位点突变导致受体与配体的亲和力降低;胞内 PTK 活性区位点突变导致 PTK 活性减弱等。这些情况都有可能造成胰岛素的信号不能经受体进行转导,导致胰岛素抵抗的发生。

自身免疫性疾病中可能产生一些阻断性抗体,可以抑制相应受体的作用。例如,部分自身免疫性甲状腺病患者产生针对 TSH 受体的阻断性抗体,与 TSH 受体结合后,会抑制或减弱 TSH 受体的功能,导致桥本氏甲状腺炎症状。

还有一些因素可能会导致细胞表面受体通过内吞作用形成囊泡进入细胞内,从而抑制受体的活性。

(3) 信号转导分子异常激活与疾病

细胞内的信号转导分子可能因为各种原因,发生结构的改变,导致其持续激活。霍乱弧菌分泌的霍乱毒素,其 A 亚基进入小肠细胞后,可催化 G_s 蛋白的 α_s 亚基发生 ADP 糖基化修饰,稳定 α_s 亚基结合 GTP 的状态,使 α_s 亚基持续激活,进而激活 PKA。PKA 通过磷酸化修饰激活细胞膜表面的 Cl^- 通道,并抑制 Na^+-H^+ 交换泵,造成细胞过度失去盐和水,导致严重的腹泻和电解质紊乱。

低分子量 G 蛋白 Ras 是 Ras-MAPK 通路的重要信号转导分子,在某些肿瘤细胞中,Ras 编码基因发生突变,使 Ras 蛋白的第 12 位甘氨酸突变为缬氨酸,造成其 GTP 酶活性丧失。这种突变的 Ras 蛋白在结合 GTP 后会持续激活,进而激活 Ras-MAPK 通路,使细胞的分裂失去控制。

在大约 95% 的慢性髓性白血病(chronic myelogenous leukemia,CML)患者中,存在 9 号和 22 号染色体的易位,使位于 22 号染色体的 *BCR* 基因与位于 9 号染色体的 *ABL* 基因发生融合,表达融合蛋白 BCR-ABL。ABL 是一种蛋白酪氨酸激酶,其活性受到调控。而 BCR-ABL 融合蛋白的蛋白酪氨酸激酶活性不受调控,保持在激活状态,导致细胞持续增殖。

(4) 信号转导分子异常失活与疾病

细胞内的信号转导分子的异常失活,也可能导致疾病的发生。百日咳的致病菌是百日咳杆菌,其分泌的百日咳毒素,可催化抑制型 G 蛋白 G_i 的 α_i 亚基发生 ADP 糖基化修饰。与霍乱毒素催化 α_s 亚基发生 ADP 糖基化的作用不同,α_i 亚基的 ADP 糖基化修饰会抑制其结合 GTP,使其处于持续失活状态,导致信号不能传递。

基因突变也可能导致信号转导分子的失活。胰岛素受体介导的信号通路中包含 PI3K-PKB 通路。在一些遗传性胰岛素抵抗患者中,存在 PI3K 的 p85 亚基编码基因的突变,致使 p85 亚基的表达量下调或结构改变,使 PI3K-PKB 通路不能正常传递信号,从而不能正常传递胰岛素的信号。

(5) 细胞外信号的异常

体内一些其他细胞分泌的细胞外信号,如激素、细胞因子等,可作用于靶细胞通过信号转导发挥作用。某些情况下,由于细胞分泌功能的异常,导致分泌的细胞外信号不足或过量,均可能导致疾病的发生。Ⅰ型糖尿病是由于胰岛 β 细胞受到自身免疫系统的破坏,胰岛素不能产生,导致胰岛素的绝对缺乏而造成的。生长激素是垂体释放的激素,可以促进机体生长。一些患者的垂体功能异常,导致生长激素过度分泌,引起骨骼过度生长,导致肢端肥大症和巨人症。

2. 信号转导通路中的各种分子是重要的药物作用靶点

随着细胞信号转导机制研究的深入,以及对各种病理过程中细胞信号转导异常的发现和分析,人们认识到很多疾病致病的机理都与细胞信号转导密切相关。信号转导通路中众多的分子为发展新的疾病诊断和治疗方法提供了充足的机会。寻找特异性作用于信号转导分子的激动剂和抑制剂,恢复细胞正常的信号转导过程,有可能从根本上治疗一系列疾病。信号转导药物的概念由此而产生。

　　信号转导药物能否成功应用于疾病的治疗,取决于药物作用靶点信号分子的特异性和药物与靶点信号分子的选择性。如果靶点信号分子只在某种特定疾病过程中发生异常,而正常生理过程中不受影响,那么药物的副作用就能得到很好的控制。同时,药物对靶点信号分子的选择性越高,对其他正常的信号分子影响越小,则副作用就越小。目前,人们已筛选出很多特异性的信号转导药物,其中有一些药物已经成功应用于临床,取得了良好的治疗效果。例如,针对 EGFR 的 19 号外显子缺失或者 L858R 突变的药物吉非替尼和厄洛替尼,在非小细胞肺癌的治疗中效果良好。针对 HER2 的单抗药物曲妥珠单抗,已成功应用于乳腺癌的治疗。针对 BCR-ABL 的药物伊马替尼,治疗 CML 有很高的效率。总的来看,针对信号转导通路中的各种分子,进一步开发特异性高、副作用小的信号转导药物,是未来药物研究的重要方向。

(徐　蕾)

第 7 章　细胞周期、凋亡与自噬

细胞是构成所有生物体的基本单位,细胞可以通过细胞分裂来完成周期性的循环,通过凋亡与自噬方式来清除突变、受损、衰老的细胞。细胞增殖和凋亡、自噬共同作用,调节生物体细胞的平衡发展。细胞的周期、凋亡与自噬具有不同的形态和特征,发挥着不同的功能,这些过程不仅受到基因的调控,还受到细胞内级联反应的影响,是多因素参与的有序的调控过程,一旦某一环节发生障碍,都会使特定的细胞和组织器官发生异常,导致疾病的发生发展。本章主要探讨细胞周期、凋亡、自噬的发生、分子机制及其异常所引起的疾病。

7.1　细　胞　周　期

7.1.1　细胞周期的概述

细胞周期(cell cycle)是指细胞从一次分裂完成到下一次分裂结束所经历的全过程。细胞在分裂之前,必须进行一定的物质准备,物质准备和细胞分裂是一个高度受控的相互连续的过程,这一相互连续的过程即为细胞增殖,又称为一个细胞周期。新形成的子代细胞再经过物质准备和细胞分裂,又会产生下一代的子细胞。这样周而复始,使细胞的数量不断增加。在这一过程中,细胞核内的遗传物质复制并均等地分配给两个子细胞。细胞周期是一个十分复杂又精确的生命活动过程。真核细胞的周期分为细胞间期和细胞分裂期,不同的细胞,细胞周期的时间长短有很大差别,一般来说细胞间期较长,而细胞分裂期较短。细胞周期如图 7.1 所示。

1. 细胞周期的间期

间期又分为三期,即 DNA 合成准备期(G_1 期)、DNA 合成期(S 期)与 DNA 合成后期(G_2 期)。

(1) G_1 期(first gap)

从有丝分裂到 DNA 复制前的一段时期,又称为 DNA 合成前期,此期主要合成 RNA 和核糖体。该期的特点是物质代谢十分活跃,能够迅速合成 RNA 和蛋白质,细胞体积显著增大。该期的主要意义是为下阶段 S 期的 DNA 复制做好物质和能量的准备。细胞进入 G_1 期后,并非全部都进入下一期继续增殖。在此时可能会出现三种不同前景的细胞:① 增殖细胞：这种细胞能及时从 G_1 期进入 S 期，并保持旺盛的分裂能力。例如消化道上皮细胞及骨髓细胞等。② 暂不增殖细胞或休止细胞：这类细胞进入 G_1 期后不立即进入 S 期，在某些情况下，如损伤、手术等时，才进入 S 期继续增殖。③ 不增殖细胞：此种细胞进入 G_1 期后，失去分裂能力，终身处于 G_1 期，最后通过分化、衰老直至死亡。例如高度分化的神经细胞、肌细胞及成熟的红细胞等。

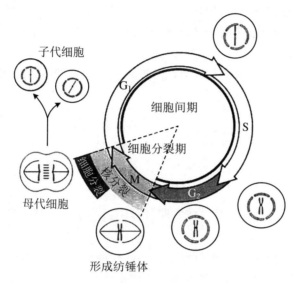

图 7.1　细胞周期

（2）S 期（synthesis）

即 DNA 合成期，在此期，除了合成 DNA 外，同时还要合成组蛋白。DNA 复制所需要的酶都在这一时期合成。

（3）G_2 期（second gap）

G_2 期为 DNA 合成后期，是有丝分裂的准备期。在这一时期，DNA 合成终止，大量合成 RNA 及蛋白质，包括微管蛋白和促成熟因子等。

2．细胞周期的分裂期

M 期（mitotic phase）：真核细胞有丝分裂期。

细胞的有丝分裂（mitosis）分为前、中、后、末期和 G_0 期，是一个连续变化过程，由一个母细胞分裂成为两个子细胞的过程，一般需要 1～2 h。

（1）前期（prophase）

在此期间染色质丝高度螺旋化，逐渐形成染色体（chromosome）。染色体短而粗，两个中心体向相反方向移动，在细胞中形成两极；然后开始合成微管，形成纺锤体。接着核仁相随染色质的螺旋化，核仁逐渐消失。核被膜分解为囊泡状内质网。

（2）中期（metaphase）

细胞变为球形，在这个时期，细胞的核仁与核被膜已经完全消失。染色体都移到细胞的赤道平面，从纺锤体两极发出的微管附着于每一个染色体的着丝点上。

（3）后期（anaphase）

纺锤体微管进行活动，着丝点开始纵裂，每一染色体的两个染色单体分开，向相反的方向移动，直到接近各自的中心体，染色单体也分成两组。由于下方环行微丝束的活动，赤道部细胞膜部位缩窄，细胞被拉长，细胞呈哑铃形。

（4）末期（telophase）

染色单体逐渐解开螺旋形结构，出现染色质丝与核仁；内质网囊泡组合为核被膜；细胞赤道部缩窄加深，最后完全分裂为两个 2 倍体的子细胞。

（5）G_0 期

又称为休眠细胞，暂时离开细胞周期，停止细胞分裂，当遇到适当的刺激时，可以再次进入细胞周期中活动，进行细胞的增殖。

7.1.2　细胞周期的特点与调控

1. 细胞周期的特点

（1）单向性：即细胞增殖的方向性，在前期过程中只能沿 $G_1 \rightarrow S \rightarrow G_2 \rightarrow M$ 方向前进，不能向反方向进行。

（2）阶段性：在细胞周期的不同时期细胞形态和代谢特点也有明显的不同，若受到不利因素的干扰，细胞可以在某一时期停止，在不利因素消失后，细胞又可以进入到下一时相。

（3）具有检查点：在时相的交叉处，存在有特定的检查点，这些检查点对于下一时相的进行有定向的作用。

（4）受细胞微环境的影响：细胞周期能否顺利向下一步进行与细胞外信号传导和条件等有密切关联。

2. 细胞周期的调控

细胞周期的调控有细胞周期自身的调控和细胞外信号对细胞周期的调控。目前，科学家已发现有几类调控因子在细胞周期中起着重要作用。一类是对细胞分裂增殖有调控作用的细胞生长因子；一类是细胞周期调控因子，又称内源性调节因子，是细胞内自己合成的蛋白质。

3. 细胞周期的自身调控

细胞周期的自身调控主要是指细胞周期的周期蛋白和周期蛋白依赖性激酶等驱动力量以及抑制力量和各检查点等的相互作用而实现，具体见图 7.2。

（1）周期蛋白（cyclin）

周期蛋白是细胞周期运转的引擎力量之一。目前分离鉴定出不同的 cyclin 家族成员有 20 几种，分别为 A、B1、B2、C、D1、D2、D3、E、F、G 和 H 等几大类。根据 cyclin 调控作用细胞周期的时相不同，可分为 G_1 期和 M 期两大类。在 G_1 期表达的周期蛋白有 cyclin A、cyclin C、cyclin D、cyclin E，其中 cyclin C、cyclin D、cyclin E 的表达仅限于 G_1 期，进入 S

期即开始降解,且只在 G_1 向 S 期转化过程起调节作用,因此被称为 G_1 期蛋白。不同的细胞周期 cyclin 结合催化的亚基不同,积累量与功能也有不同。cyclin A 含量在 S 期及 G_2 期初最高,cyclin B 在 G_2 期末含量最高;cyclin A 与 p33cdc2 结合,cyclin B 与 p34cdc2 结合;cyclin A 在 S 期发挥作用,与 DNA 的复制完成有关,cyclin B 在 G_2/M 交界期发挥作用,诱发细胞分裂。cyclin D 首先在酵母菌中被发现,它能激活 CDK6,有 3 个亚型,分别是 D1、D2、D3。cyclin D1 与 cyclin D2 功能相似,都在酵母子细胞中起作用,cyclin D3 在酵母母细胞中起作用。在细胞周期的调节中 cyclin D1 是一个比其他 cyclins 更加敏感的指标。cyclin D1 的编码基因位于 11q13 上,全长约 15 kb,与其他周期素相比最小,主要是因为其 N 末端缺少一个“降解盒”片段,它的半衰期很短,仅有 25 min。在有生长因子的情况下,cyclin D1 在细胞周期中首先被合成,并于 G_1 中期合成达到高峰,cyclin D1 的功能主要是促进细胞增殖,是 G_1 期细胞增殖信号的关键蛋白质,被视为癌基因,其过度表达可致细胞增殖失控而恶性化。

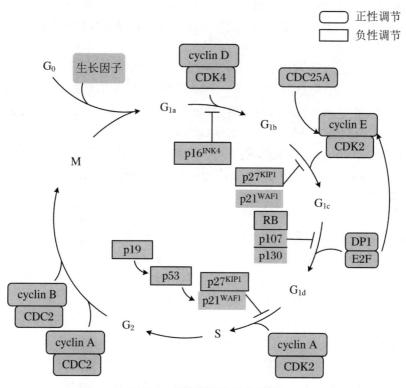

图 7.2 细胞周期的自身调控

cyclin D2 的编码基因位于 12p13,称为 CCND2,在正常的二倍体细胞及 Rb 阳性肿瘤细胞中,cyclin D2 的表达呈波动状态,其峰值在 G_1 的晚期。给 G_1 期细胞注射微量 cyclin D2 抗体,能使表达 cyclin D2 的淋巴细胞停滞在 G_1 期,表明 cyclin D2 是细胞从 G_1 期向 S 期转移所必需的。

各类周期蛋白均含有一段约 100 个氨基酸的保守序列,称为周期蛋白框,介导周期蛋白与催化亚基周期蛋白依赖性激酶(cyclin-dependent kinase,CDK)结合形成复合物,激活相应的 CDK 和加强 CDK 对特定底物的作用,驱使细胞周期前行。

增殖细胞核抗原(proliferating cell nuclear antigen,PCNA)也是一种细胞周期相关蛋白,它不与 CDK 结合,而是作为 DNA 聚合酶的附属蛋白,可以促进 DNA 聚合酶延伸 DNA,在 S 期浓度最高,因此 PCNA 是细胞周期的 S 期标志物之一。

（2）周期蛋白依赖性激酶(CDK)

为细胞周期运转的驱动力量之一,是一组丝氨酸/苏氨酸(serine/threonine,Ser/Thr)蛋白激酶家族,是细胞周期的主要调节因子 CKI,又称 CDK 抑制蛋白(CDK inhibitor protein,CIP)。已发现至少有 14 个成员,包括 CDK1～CDK14。

CDK 的激活依赖于与 cyclin 的结合及其分子中某些氨基酸残基的磷酸化状态。CDK 是催化亚基,其自身并不能与底物反应,使其发挥磷酸化作用。为 CDK 提供足量的调节亚基,需要 cyclin 的浓度升高达到某一阈值,才能形成 cyclin/CDK 复合体;再通过相互作用使 CDK 分子中的活化部位磷酸化和抑制部位去磷酸化而使 CDK 部分活化,再经 CDK 活化激酶(CDK-activating kinase,CAK)的作用,CDK 分子中活化部位氨基酸残基进一步磷酸化直到 CDK 被完全活化。CDK 的主要生物学作用是启动 DNA 的复制和诱发细胞的有丝分裂,通常以复合物形式出现。

在细胞周期的不同时相,有不同的 cyclin/CDK 异二聚体形成,其调控着细胞周期某一个时相的顺利进行,也推动细胞周期向下一个时相进行。例如细胞在生长因子的刺激下,G_1 期 cyclin D 表达,并与 CDK4、CDK6 结合,使下游的蛋白质,如 Rb 磷酸化,磷酸化的 Rb 释放出转录因子 E2F,促进许多基因的转录,如编码 cyclin E、cyclin A 和 CDK1 的基因。cyclin D 是细胞周期开始运行的重要因素,能与 CDK4 和 CDK6 等结合,将视网膜母细胞瘤蛋白(retinoblastoma protein,Rb)磷酸化。Rb 作为转录抑制因子与转录因子 E2F 结合,发挥阻断细胞周期的作用;磷酸化的 Rb 与转录因子 E2F 解离,从而释放 E2F 的转录活性,进而促进 G_1/S 转换和启动 DNA 复制。

（3）CDK 抑制因子(CKI)

CKI 对细胞周期起负调控作用,CKIS 是 CDK 抑制蛋白,通过竞争性地抑制 cyclin 或 cyclin-CDK 复合物,导致 cyclin 生物学功能丧失;对细胞生长起负调控作用。目前发现的 CKI 分为两大家族:Ink4(Inhibitor of cdk 4)和 Kip 家族。

① Ink4(Inhibitor of cdk4),包括 p16 lnk4a、p15 lnk4b、pl8 lnk4e 和 pl 9 Ink4d 等。Ink4 家族可特异与 CDK4/6 结合并抑制其活性,如 p16 lnk4a 通过与 cyclin D 竞争结合 CDK4 或 CDK6,抑制 cyclin D/CDK4 或 cyclin D/CDK6 复合物的形成和活性,减少 Rb 磷酸化,E2F 与去磷酸化 Rb 结合而失去转录活性,使细胞停滞在 G_1 期。这种负反馈调节确保了 DNA 的稳定,若细胞运转发生障碍,将会导致肿瘤的发生。② Kip (kinase inhibitory protein,Kip)家族,亦称 CIP1(cdk-interacting protein 1)或 WAF1(wild-type p53 activated fragment 1)家族,包括 p21、p27 kip1 和 p57 kip2 等,是细胞接收到抑制、DNA 损伤、缺氧、低氧以及一些细胞因子等信号后的产物。其主要功能是与 cyclin-CDK 复合物结合,抑制复合物的活性。该家族可广谱抑制 CDK 活性,可通过 N 末端的 CDK 抑制性功能域分别与 cyclin D/CDK4、cyclin A/CDK2 和 cyclin E/CDK2 结合并抑制其活性,减少 Rb 磷酸化,引起 G_1 期阻滞促进修复,消除 DNA 损伤引发的肿瘤。

不同有机体的细胞周期具体的控制机理并非完全相同。在单细胞真核生物里,负责细胞周期内蛋白质磷酸化的蛋白激酶通常只有一种,芽殖酵母中是 CDC28,裂殖酵母里是 CDC2。而在多细胞真核生物中,参与细胞周期的蛋白激酶则有许多种。例如在人体细胞内,控制 G_1 期的主要是 CDK2、CDK4 和 CDK6,S 期和 G_2 期依赖于 CDK2,而 M 期则主要由 CDK1 负责。

（4）细胞周期的检查点

细胞周期调控是高度精确的时序过程,细胞周期检查点是细胞周期中的一套保证 DNA 复制和染色体分配质量的检查机制。它由探测器、传感器和效应器三部分组成,分别负责检查质量、传递信号、中断细胞周期并启动修复机制等功能,是一类负反馈调节机制。当细胞周期过程出现异常事件,如 DNA 损伤或 DNA 复制受阻时,这类调节机制就被激活,及时地中断细胞周期的运行,待细胞修复或故障排除后,细胞周期才能恢复运转。

根据检查点在细胞周期中的时间顺序,可将其分为 G_1 期检查点、S 期检查点、G_2 及 M 期检查点。根据细胞周期检查点的调控内容,更常见的是将其分为 DNA 损伤检查点、DNA 复制检查点、纺锤体组装检查点和染色体分离检查点。各检查点所处位置和功能各异,其中 DNA 损伤检查点和 DNA 复制检查点备受关注。如:当位于 G_1/S 交界处的 DNA 损伤检查点探测和获得 DNA 受损信号,则由效应器中断细胞周期进程,将细胞阻滞在 G_1 期,并启动 DNA 修复,以保证 DNA 的质量;p53 为 DNA 损伤检查点的主要分子,当 DNA 损伤时,p53 可使细胞停滞在 G_1 期进行修复,减少损伤性 DNA 细胞的增殖。S 期检查点位于 S/G_2 交界处的 DNA 复制检查点,当 DNA 复制量不足时细胞将阻滞在 S 期,以保证 DNA 的量,使细胞周期精确有序地进行。当细胞周期检查点功能出现障碍,可使细胞增殖发生异常,甚至会导致疾病的发生。

4. 细胞外信号对细胞周期的调控

细胞外信号对细胞周期的调控主要是指增殖信号与抑制信号。增殖信号包括生长因子、丝裂原、分化诱导剂等。如表皮生长因子（epidermal growth factor,EGF）可与细胞膜 EGF 受体结合,启动胞内的信号转导,促进 cyclin D 的合成,并抑制 CKI 合成 cyclin D,与相应 CDK 结合,使 Rb 磷酸化而与转录因子 E2F 分离,游离的 E2F 激活 DNA 合成基因,促使 G_0 进入 G_1 期。转化生长因子 β（transforming growth factorβ,TGF-β）作为抑制信号可与细胞膜受体 TGF-β 结合,启动胞内信号通路调控 cyclin 和 CDK 等的表达,在 G_1 期表现为抑制 CDK4 表达,诱导 p21kip1、p27kip1 和 p15Ink4b 等 CKI 产生,从而使细胞阻滞于 G_1 期,细胞周期调控是多元素相互作用的结果。细胞周期的调控可分为外源性和内源性调控,外源性调控主要由细胞因子以及其他外界刺激引起。内源性调控主要是通过 Cyclin-CDK-CDI 的调控来实现。各种细胞周期蛋白随特定细胞时相而出现:G_1 早期,cyclin D 表达并与 CDK2 或 CDK4 结合,成为始动细胞周期的启动子;G_1 晚期、进入 S 早期后 cyclin E 表达,并与 CDK2 结合,推动细胞进入 S 期;进入 S 期后,cyclin A 表达,cyclin D、cyclin E 降解;S 晚期、G_2 早期,cyclin A、cyclin B 表达,并与 CDC2 结合,促进细胞进入 M 期。cyclin A 和 CDK2 相结合可以调节 S 期进入 G_2 期;cyclin Bl-2 可与 CDK1 结合并在 G_2/M 转化期间活性达到最高峰;与 cyclin C 匹配的 CDK 及其酶解底物尚不清楚;cyclin H 与 cyclin C 有较高的同源序列,可以和 CDK7 装配成全酶对细胞周期各阶段行使调节作用。cyclin D1 与 Rb 的功能是相互依赖的:低磷酸化的 Rb 还可刺激 cyclin D1 的转录,使其合成增加,并活化再导致 Rb 磷酸化,这样形成负反馈环以调节 cyclin D1 的表达。cyclin E-CDK2 的作用是通过正反馈以促进 Rb 磷酸化和 E2F 的释放。p21 结合并抑制多种 cyclin-CDK 复合物,负性调节 CDK 功能,实验证明,正常细胞多数 cyclin-CDK 复合物都与 p21 结合,而多数转化细胞中则不结合。p21 是 p53 作用的靶点,p21 启动子含有 p53 结合位点。G_1 期 DNA 损伤可激活 p53,诱导 p21 转录,导致 cyclin D-CDK4 和 cyclin E-CDK2 抑制,从而阻止细胞进入 S 期,使损伤 DNA 得到修复。p21 在 p53 介导的 DNA 损伤所致的 G_1 期停滞中起重要作用。CAK(CDK 激活酶)可诱导 CDK 磷酸化,而 p27 通过与 CDK 亚单位的结合,使 CAK 不能与 CDK 直接发生作用。非活化的 CDK 不能使 RB 蛋白磷酸化,使细胞停留在 G_1 期,对细胞周期进行负调控。

细胞周期调控机制的序幕已经拉开,科学家们正在从不同的角度研究细胞周期与癌基因、抑癌基因、生长因子以及细胞增殖分化的关系,相信通过努力,我们最终能找到调控细胞周期的神奇"开关"。

7.1.3 细胞周期异常与疾病

完整的细胞周期调控是细胞对不同信号进行整合并依靠细胞内级联反应完成的,它们包括细胞周期的驱动力量(cyclin 和 CDK)和各种抑制力量等,任何一个环节发生异常均可使细胞周期失控,发生过度增殖或缺陷,导致疾病的发生和发展。

1. 细胞的过度增殖

肿瘤、肝肺肾的纤维化增生、前列腺肥大、原发性血小板增多症、家族性红细胞增多症、肾小管间质性病变和动脉粥样硬化等疾病均是细胞增殖过度导致的疾病。其中恶性肿瘤是典型的细胞周期异常引起的疾病。

(1)细胞周期自身调控异常

① cyclin 过表达:当细胞周期驱动力量 cyclin D、cyclin E 过度表达可能会诱发肿瘤发生。研究表明,人乳腺癌细胞或组织中 cyclin E 呈高表达;在 B 细胞淋巴瘤、乳腺癌、胃肠癌、甲状旁腺癌和食管癌细胞或组织中 cyclin D1 呈过表达。cyclin 过表达与基因扩增、染色体倒位和染色体易位有关。cyclin D1 对正常和癌细胞 G_1 期至关重要,如过表达 cyclin D1 使细胞易被转化,cyclin D1 与癌基因 c-myc 协同作用能诱导转基因小鼠发生 B 淋巴瘤等。

② CDK 增多:CDK 过度表达与肿瘤发生、发展、转移和浸润等相关。研究发现,多种癌细胞或组织中 CDK 过度表达。如在小细胞肺癌和不同分化胃癌组织 CDK1 呈过表达;过表达的 CDK4 在细胞周期的 G_1/S 期可使 Rb 磷酸化后与 E2F 分离,解除 Rb 对细胞生长的负调控,导致宫颈癌等。

③ CKI 表达不足和突变:CKI 可通过直接特异性抑制 CDK 的活性,来影响细胞周期的进程。在多种肿瘤细胞或组织中表现出 CKI 表达不足或突变,包括 lnK4 和 Kip 失活或(和)含量减少。a. lnK4 失活或(和)含量减少:lnK4 家族成员包括 p16Ink4a、p15Ink4b、 p18Ink4c 等,Ink4 可直接与 cyclin D1 竞争 G_1 期激酶 CDK4/6,抑制其对 Rb 的磷酸化作用,抑制 E2F-1 基因的转录;也可间接地抑制 DNA 合成的多种生化反应,导致细胞周期调控紊乱,诱发肿瘤发生。如 p16Ink4a 常因纯合性缺失、CpG 岛高度甲基化或染色体异味,使基因失去活性,导致 p16Ink4a 低表达,后者与多种恶性肿瘤(如黑色素瘤、急性白血病、胰腺癌、非小细胞肺癌、胶质瘤、食管癌、乳腺癌和直肠癌)发生发展及预后相关。b. Kip 失活或(和)含量减少:Kip 家族包括 p21kip1、p27kip1 和 p57kip2 等,可广谱抑制 CDK(包括 CDK2/3/4/6 等)活性,在肿瘤发生等方面起着重要作用。如 p21kip1 低表达或缺失可使细胞从正常增生转为过度增生,甚至导致肝癌、骨肉瘤和黑色素瘤等的发生。在多种癌细胞中 p27kip1 表达降低,如乳腺癌、大肠癌、肺癌、前列腺癌和卵巢癌等。

④ 检查点功能障碍:细胞周期主要的检查点是 DNA 损伤和复制检查点,分别位于 G_1/S 和 G_2/M 交界处,当探测到 DNA 损伤、DNA 复制量发生异常,细胞周期进程即终止,可见在检查点的正确调控下细胞周期可以精确有序地进行。检查点主要通过蛋白分子发挥调节作用,如 *p53* 作为 DNA 损伤检查点的基因,在 DNA 损伤时,*p53* 可使细胞停滞在 G_1 期进行修复,减少了损伤 DNA 细胞的增殖;如修复失败,*p53* 则过度表达,直接激活 bax 凋亡基因或下调 bcl-2 抗凋亡基因表达,从而诱导细胞凋亡,以减少癌前病变细胞进入 S 期,避免癌症发生和发展。*p53* 基因是人类恶性肿瘤突变率最高的基因,如 Li-Fraumni 癌症综合征患者由于遗传一个突变的 *p53* 基因,极易在 30 岁前患各种癌症;若 *p53* 基因缺失,药物诱导便容易使细胞发生基因扩增和细胞分裂,并降低染色体准确度;缺失 *p53* 时一个细胞周期中可产生多个中心粒,有丝分裂时染色体分离发生异常,导致染色体数目和 DNA 倍数改变,最终演变成癌细胞。

(2) 细胞外信号对细胞周期的调控异常

细胞周期过程中除自身调控因素之外,一些癌基因及抑癌基因家族在细胞周期调控中也发挥重要作用,它们的产物可通过与生长因子受体结合或其他作用方式来调控细胞增殖。这些基因产物的种类较多,生长因子类蛋白及生长因子受体类蛋白等都是其产物。例如,*sis* 基因编码的生长因子类蛋白可与相应的受体结合,模拟生长因子的作用,对细胞周期进行调控,刺激细胞进行分裂增殖,促进肿瘤的发生发展。

2. 细胞增殖缺陷

细胞增殖缺陷可导致许多疾病,如再生障碍性贫血、糖尿病肾病等。再生障碍性贫血是由多种原因引起的骨髓造血功能衰竭,以骨髓造血细胞增殖缺陷和外周血全血细胞减少为特征的血液系统疾病。正常情况下,骨髓造血干细胞具有很强的增殖能力,当各种原因导致造血干细胞增殖缺陷使得其数量不足,加之造血系统微环境异常、免疫功能紊乱等因素,影响造血干细胞的增殖和分化,导致骨髓造血功能衰竭。糖尿病肾病时,肾小球滤过膜的毛细血管内皮细胞和足细胞以及肾小管上皮细胞出现细胞损伤及细胞增殖缺陷;而肾小球系膜细胞则可出现肥大和增殖,细胞外基质分泌增多,最终导致肾小球硬化、肾小管萎缩,肾脏功能减退。

7.2 细 胞 凋 亡

7.2.1 细胞凋亡的概述

凡是生命,都会死亡,而细胞作为生命体的基本单位,也会死亡。目前已经知道细胞的死亡方式主要有3种,细胞坏死(necrosis)、细胞凋亡(apoptosis)以及自噬性细胞死亡(autophagic cell death)。它们在机体内具有不同的功能与意义,也具有不同形态和分子特征,受到不同的基因调控。其中细胞凋亡研究最为深入。细胞凋亡是细胞为了维持细胞内环境的稳定以及细胞数量的平衡,由基因控制的自主有序的死亡,具有重要的生物学意义及复杂的分子生物学机制。细胞凋亡是一种特殊的细胞死亡类型,它受到多种信号转导途径的严格调控,一旦信号转导途径失调,则会引起细胞凋亡异常,导致疾病的发生。

1. 细胞凋亡的过程

细胞凋亡的过程和主要步骤基本相似,主要包括三个阶段。

(1) 细胞凋亡的起始

细胞凋亡的开始主要表现为细胞表面的一些结构的消失退化,细胞间接消失,但在此过程中,细胞膜始终是完整的,具有选择通透作用;在细胞质中,线粒体基本完整,核糖体逐渐脱离内质网,内质网囊腔扩大,逐渐与质膜融合到一起;在细胞核内染色质凝缩,开始形成新月形的帽状结构,顺着核膜分布。

(2) 凋亡小体的形成

细胞的染色质开始断裂成大小不相等的片段,与一些细胞器如线粒体等聚集在一起,反折的细胞质膜把它们包裹,形成球状,成为凋亡小体。外观上看,细胞表面形成许多嫩芽状的突起,然后逐渐分离,形成单个的凋亡小体。

(3) 吞噬

在这一过程,邻近的细胞或吞噬细胞逐渐开始吞噬凋亡小体,其在溶酶体内被消化分解。细胞凋亡最重要的特征,是整个过程中细胞膜始终保持完整,细胞内容物不泄漏到细胞外,不会引发机体的炎症反应。细胞凋亡的过程发展迅速,从起始到凋亡小体的出现仅仅只有数分钟,30 min 到几个小时后,整个凋亡细胞便被吞噬灭迹。如图7.3 所示。

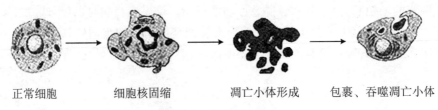

正常细胞　　　　细胞核固缩　　　　凋亡小体形成　　　包裹、吞噬凋亡小体

图 7.3 细胞凋亡过程

2. 与坏死细胞的区别

细胞坏死是细胞受到急性损伤而出现的病理性的死亡,可能会引起炎症和损伤,而凋亡是细胞对环境变化或缓和性损伤产生的应答,是有序变化的程序性死亡过程。细胞坏死与凋亡相比较,其组织形态学的变化有明显的不同。坏死主要表现为细胞胀大,胞膜破裂、细胞内容物外溢、核变化较慢、DNA 降解不充分,会引起局部严重的炎症反应,是一种被动过程;而细胞凋亡的形态学特征主要表现为胞膜出芽,但保持完整,染色体聚集在核膜周边,胞浆收缩,细胞核凝集,最后细胞分裂为凋亡小体,线粒体膜的通透性增加,它并不是病理条件下自体损伤的一种现象,而是为更好地适应生存环境而主动争取的一种死亡过程。

7.2.2　细胞凋亡途径

细胞凋亡与细胞增殖一样,其过程受细胞内外一系列基因的激活表达,以及不同信号转导途径的调控,细胞凋亡的信号通路既可单独启动,又可联合作用,不同通路之间存在交互作用(cross-talking),凋亡诱导因子可通过激活一条或多条凋亡通路影响凋亡速率而参与疾病的发生发展,这也使得细胞凋亡的发生和调控机制十分复杂。细胞凋亡的过程大致可分为以下阶段:接受凋亡信号→凋亡调控分子间相互作用→蛋白水解酶的活化(caspase)→进入连续反应过程。

比较经典的信号转导通路是死亡受体介导的凋亡通路、线粒体介导的凋亡通路以及内质网介导的凋亡途径。前两种通路在细胞凋亡中发挥重要作用。越来越多的研究证明,线粒体在细胞凋亡的过程中发挥着不可替代的作用,是调控细胞凋亡的重要细胞器。

1. 死亡受体介导的凋亡通路

死亡受体介导的凋亡通路,又称为外源性或非线粒体凋亡途径,是细胞外死亡信号的激活。细胞外许多信号分子与细胞表面的死亡受体(death receptor,DR)结合,激活细胞凋亡信号通路。死亡受体属于肿瘤坏死因子受体(tumor necrosis factor receptor,TNFR)超家族,在传递特异性的死亡配体如 Fas 配体(Fas ligand,Fas L)和 TNF-α 等启动的信号中占有重要地位。目前在哺乳类细胞上至少已发现 8 种死亡受体,包括 TNFR1、Fas、DR3-6、EDA-R 和 NGF-R。死亡受体的胞质区内含有一个同源结构"死亡结构域"(death domain,DD)。胞外 TNF 超家族的死亡配体如 Fas 配体和 TNF-α 等与胞膜死亡受体如 Fas 或TNFR 结合,使受体三聚化并活化,通过受体的死亡结构域募集衔接蛋白如 Fas 相关死亡结构域蛋白(Fas-associated death domain,FADD)和(或)TNFR 相关死亡结构域蛋白(TN-FR-associated death domain,TRADD)。衔接蛋白可与死亡效应结构域 caspase-8 前体(pro caspase-8)结合,形成死亡诱导信号复合物(death-inducing signaling complex,DIC),Fas L-Fas-FADD-pro-caspase-8 串联构成的复合物。DI 复合体内高浓度的 caspase-8 前体可发生自我剪接并活化,然后释放到胞质并启动 caspase 级联反应,激活 caspase-3、caspase-6 和caspase-7 前体,导致细胞凋亡。活化的 caspase-8 同时还能激活 Bcl-2 家族的促凋亡因子(如 binding interface database,Bid),形成一种截短的 Bid(truncated Bid,tBid)转移到线粒体并破坏线粒体膜的通透性,从而诱导细胞色素 c(cytochrome c),进而把死亡受体通路和线粒体通路联系起来,有效地扩大了凋亡信号的作用。目前研究较多的是属于 TNFR 家族的 Fas 蛋白,Fas 是一种跨膜蛋白,属于肿瘤坏死因子受体超家族成员,它与 FasL 结合可以启动凋亡信号的转导引起细胞凋亡。它的活化包括一系列步骤:首先配体诱导受体三聚体化,然后在细胞膜上形成凋亡诱导复合物,这个复合物中包括带有死亡结构域的 Fas 相关蛋白 FADD。Fas 又称为 CD95,是由 325 个氨基酸组成的受体分子,Fas 一旦和配体 FasL 结合,可通过 Fas 分子启动致死性信号转导,最终引起细胞一系列特征性变化,使细胞死亡。Fas 作为一种普遍表达的受体分子,可出现于多种细胞表面,但 FasL 的表达却有其特点,通常只出现于活化的 T 细胞和 NK 细胞,因而已被活化的杀伤性免疫细胞,往往能够最有效地以凋亡途径置靶细胞于死地。Fas 分子胞内段带有特殊的死亡结构域。三聚化的 Fas 和 FasL 结合后,使三个 Fas 分子的死亡结构域相聚成簇,吸引了胞浆中另一种带有相同死亡结构域的蛋白 FADD。FADD 是死亡信号转录中的一个连接蛋白,它由两部分组成:C 端(DD 结构域)和 N 端(DED)部分。DD 结构域负责和 Fas 分子胞内段上的 DD 结构域结合,该蛋白再以 DED 连接另一个带有 DED 的后续成分,由此引起 N 端 DED 随即与无活性的半胱氨酸蛋白酶 8(caspase-8)酶原发生同嗜性交联,聚合多个 caspase-8 的分子,caspase-8 分子逐由单链酶原转成有活性的双链蛋白,进而引起随后的级联反应,导致细胞凋亡。作为膜受体还可与 T 淋巴细胞表面的 Fas 配体结合,也可与抗 Fas 的抗体结合,从而调控细胞凋亡。如图 7.4 所示。

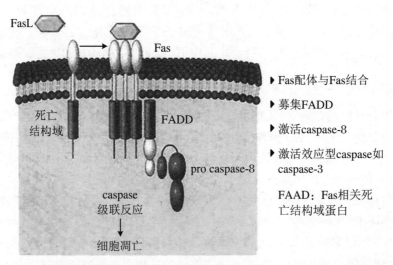

图 7.4 死亡受体途径介导的凋亡通路(引自人卫第 9 版,病理生理学教材)

2. 线粒体介导的凋亡通路

线粒体(mitochondrion)是真核生物进行氧化代谢的部位,是糖类、脂肪和氨基酸最终氧化释放能量的场所,是细胞进行有氧呼吸的主要场所,被称为“power house”。线粒体功能和结构的改变,与细胞凋亡的发生发展密切相关,如释放促凋亡因子、活性氧类的过度生产,能量的生成障碍等。线粒体介导的凋亡途径,又称为内源性细胞凋亡途径,是细胞凋亡信号转导途径中较重要的途径之一。该凋亡通路途径主要是线粒体促凋亡蛋白的异位。许多凋亡诱导信号如化疗药、射线、氧化应激及钙稳态失衡等可作用于线粒体膜，使其跨膜电位明显下降和膜转换孔开放，导致线粒体膜通透性增高，促使线粒体内凋亡启动因子（如 Cyt C、AIF 和 Apaf-1 等）释放到胞质中，并通过以下机制导致细胞凋亡：① Cyt C 分子上存在衔接蛋白凋亡蛋白酶激活因子 1（apoptosis protease activating factor，Apaf-1）的 结 合 位 点，在 dATP 存 在 的 情 况 下，Cyt C 与 Apaf-1 及 caspase-9 前体（pro caspase-9）结合形成凋亡复合体（apopto-some），导致 caspase-9 前体被激活，后者通过级联反应激活下游 caspase-3、caspase-6 和 caspase-7 前体等，活化的 caspase 作用于细胞骨架蛋白等导致细胞 DNA 修复功

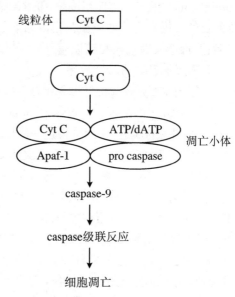

图 7.5　细胞色素 c 引起的细胞凋亡

能丧失、核酸内切酶激活和 DNA 片段化等细胞凋亡的改变（图 7.5）。② 凋亡诱导因子（apoptosis inductive factor，AIF）正常情况下位于线粒体内部，当细胞受到内部凋亡刺激因子作用后，AIF 可由线粒体释放到胞质中，通过促进线粒体释放 Cyt C 而增强细胞凋亡的信号，并迅速激活核酸内切酶。正常情况下，Cyt C 是位于线粒体内膜的一种水溶性蛋白，稳定的结合与线粒体膜，不能通过外膜，目前认为，Cyt C 释放到细胞质是细胞凋亡的关键环节。Cyt C 释放到胞质主要依赖于线粒体通透性转变孔道（PTP）和不依赖于 PPT 两种机制。

3. 内质网应激介导的凋亡通路

内质网（endoplasmic reticulum，ER）不仅是蛋白质合成后进行加工的场所，也是细胞内钙离子储存的地方，对细胞的应急反应起调节作用。缺血、缺氧、氧化应激、钙离子平衡失调以及药物等多种因素可以损伤内质网的结构和功能，引起钙离子从内质网释放到胞浆，钙离子浓度升高而引起一系列信号转导，最终导致细胞对存活的适应或发生凋亡，这一过程称为内质网应激（ER stress，ERS）。内质网应激（endoplasmic reticulum stress，ERS）启动的凋亡通路是一种不同于死亡受体介导或线粒体介导细胞凋亡的新途径。它的机制主要包括未折叠蛋白反应和钙离子启动信号。

（1）未折叠蛋白反应

在氧化应激或钙失衡等特定生理病理情况下，可引起内质网腔内未折叠蛋白或者错误折叠蛋白蓄积，称为未折叠蛋白反应（unfolded protein response，UPR）。适度或者短暂的内质网应激在未折叠蛋白反应作用下，可以下调并维持内质网功能稳定；如果细胞处于长期持续的内质网应激状态时，稳态重建失败，可以通过内质网跨膜蛋白肌醇需求酶（inositol-re-quiring enzyme-1α，IRE-1α）介导的信号通路的激活，或通过蛋白激酶样内质网激酶

(protein kinase R-like ER kinase,PERK)依赖的信号传导引起细胞凋亡,以达到去除受损细胞的目的。因此内质网应激与很多因素所致疾病的发生、发展密切相关,如神经系统退行性疾病、病毒感染性疾病和糖尿病等。

(2) 钙离子启动的信号转导

在细胞内主要是通过内质网来维持钙的稳定,内质网腔中 Ca^{2+} 的浓度在 $10\sim100$ nmol/L 范围,胞浆内 Ca^{2+} 的浓度在 $100\sim300$ nmol/L 范围,主要是由于内质网上有 3 种与 Ca^{2+} 的释放和摄入相关的通道,才能维持这一浓度的钙梯度和稳态。从内质网释放的 Ca^{2+} 通过以下 4 种途径启动细胞凋亡。① 通过激活 Ca^{2+}/钙联蛋白调节神经磷酸酶,使前凋亡蛋白 Bad 去磷酸化,抑制蛋白解离,并转移到线粒体里面,使 Cyt C 释放出来,诱导细胞的凋亡。② 通过激活与凋亡相关的蛋白激酶(DAP kinase)以及发动相关的蛋白-1(DRP-1)来发挥作用,DRP-1 中包含了钙调蛋白能够结合的结构域,激活后会导致线粒体结构发生破裂,同时 DRP-1 还可以参与到 *Bax* 基因介导的线粒体中 Cyt C 的释放从而诱导细胞凋亡。③ Ca^{2+} 能快速的移动到相邻的线粒体中,与其膜上的钙蛋白结合,并促使 PTP 开放,使 Cyt C 及 Apal 释放,引发细胞内的级联反应,激活 pro caspase-9,进一步激活 pro caspase-3,导致细胞凋亡。④ 通过激活钙蛋白酶起作用,活化后的钙蛋白酶切割活化促凋亡因子 Bid,后者可以使线粒体外膜通透性增加,Cyt C 释放出来,导致细胞凋亡。钙蛋白酶还可以激活 pro caspase-12 介导的 caspase 级联反应凋亡途径。

7.2.3 细胞凋亡的分子机制

随着分子生物学技术的发展,人们对多种细胞凋亡的过程有了相当的认识,但是迄今为止凋亡过程确切机制尚不完全清楚。细胞凋亡受到严格调控,细胞凋亡的启动及调节是细胞在感受到相应的信号刺激后胞内一系列控制开关的开启或关闭。尽管凋亡过程的详细机制尚不完全清楚,但是已经确定细胞内多种基因编码的产物直接参与细胞凋亡的发生发展。细胞外部因素可通过细胞信号转导通路来调节细胞内部基因的表达,间接调控凋亡。目前已发现与细胞增殖有关的原癌基因和抑癌基因以及多种凋亡抑制因子和蛋白参与细胞凋亡的调控。其中研究较多的有 caspase、Apaf-1、Bcl-2、IAP、Fas、APO-1、c-myc、p53、ATM 等。

1. caspase 家族

caspase 即半胱天冬蛋白酶,在凋亡过程中起重要作用,细胞凋亡过程实际上是 caspase 不可逆地有限水解底物的级联放大反应过程,到目前为止,至少已发现有 14 种 caspase,caspase 分子间的共同点是它们的活性位点都含有半胱氨酸残基,空间结构具有相似性,作用的底物及酶的特异性方面也具有相似性。根据功能可把 caspase 基本分为两类:一类参与细胞的加工,如 Pro-IL-1β 和 Pro-IL-1δ,形成有活性的 IL-1β 和 IL-1δ;另一类参与细胞凋亡,包括 caspase-2、caspase-3、caspase-6、caspase-7、caspase-8、caspase-9、caspase-10。caspase 家族一般具有以下特征:

(1) C 端同源区存在半胱氨酸激活位点,此激活位点结构域为 QACR/QG。

(2) 通常以酶原的形式存在,相对分子质量为 $29000\sim49000$($29\sim49$ kDa),在受到激活后其内部保守的天冬氨酸残基经水解形成大(P20)小(P10)两个亚单位,由大亚基和小亚基组成异源二聚体,再由两个二聚体形成有活性的四聚体。

(3) 末端具有一个小的或大的原结构域。

caspase 引起细胞凋亡相关变化的全过程尚不完全清楚,但至少包括以下几种机制:

① 凋亡抑制物:由于核酸酶处于无活性状态,正常的细胞不出现 DNA 断裂,这是因为核酸酶和抑制物结合在一起,如果抑制物被破坏,核酸酶即可激活,引起 DNA 片段化(fragmentation)。现知 caspase 可以裂解这种抑制物而激活核酸酶,因而把这种酶称为 caspase 激活的脱氧核糖核酸酶(caspase-activated deoxyribonuclease,CAD),而把它的抑制物称为 ICAD。正常情况下,CAD 不显示活性是因为 CAD-ICAD 以一种无活性的复合物形式存在。ICAD 一旦被 caspase 水解,即赋予 CAD 以核酸酶活性,DNA 片段化即产生,有意义的是 CAD 只在 ICAD 存在时才能合成并显示活性,提示 CAD-ICAD 以一种共转录方式存在,因而 ICAD 对 CAD 的活化与抑制是必需的。

② 破坏细胞结构:caspase 可直接破坏细胞结构,如裂解核纤层,核纤层(lamina)是由核纤层蛋白通过聚合作用而连成头尾相接的多聚体,由此形成核膜的骨架结构,使染色质(chromatin)形成并进行正常的排列。在细胞发生凋亡时,作为底物的核纤层蛋白被 caspase 在一个固定部位所裂解,从而使核纤层蛋白崩解,导致细胞染色质固缩。③ 调节蛋白使其失去功能,caspase 可作用于几种与细胞骨架调节有关的酶或蛋白,改变细胞结构。其中包括凝胶原蛋白(gelsin)、聚合黏附激酶(focal adhesion kinase,FAK)、P21 活化激酶 α(PAKα)等。这些蛋白发生裂解后活性下降。如 caspase 可裂解凝胶原蛋白产生片段,使之不能通过肌动蛋白(actin)纤维来调节细胞骨架。

除此之外,caspase 还能灭活或下调与 DNA 修复有关的酶、mRNA 剪切蛋白和 DNA 交联蛋白。由于 DNA 的作用,这些蛋白功能被抑制,使细胞的增殖与复制受阻并发生凋亡。

2. Bcl-2 家族

Bcl-2(B-cell lymphoma-2)最初是在小鼠 B 淋巴细胞中分离出来,是一种原癌基因,是线虫 Egl-1 和 CED-9 的同源物。这一家族有众多成员,目前已发现有 15 个,如 Mcl-1、NR-B、A1、Bcl-w、Bcl-x、Bax、Bad 等。它们约含有 180 个氨基酸残基的蛋白质。多数成员间有两个结构同源区域,在介导成员之间的二聚体化过程中起重要作用。Bcl-2 家族成员在线粒体凋亡通路中具有重要的作用,根据功能分为两大类。一类具有 BH4 结构域,可以阻止线粒体外膜通透化,抑制线粒体凋亡,如 Bcl-2,Bcl-xl。Bcl-2 的亚细胞大多数定位于线粒体、内质网外膜上,通过阻止线粒体细胞色素 c 的释放而发挥抗凋亡作用。Bcl-2 的过度表达可引起细胞核谷胱苷肽(GSH)的积聚,导致核内氧化还原平衡的改变,从而降低了 caspase 的活性;另一类具有促凋亡的作用,没有 BH4 结构域,可以促使线粒体外膜通透性增加,进而促进线粒体凋亡,如 Bax、Bak。当诱导凋亡时,Bax 从胞液迁移到线粒体和核膜。胞质中的促凋亡蛋白可通过不同的方式被激活,包括去磷酸化,如 *Bad* 基因被 caspase 加工为活性分子,Bid 从结合蛋白上释放出来,Bim 与微管蛋白结合在一起的。

3. 凋亡蛋白酶激活因子-1

凋亡蛋白酶激活因子-1(apoptotic protease activating factor-1,Apaf-1),是一种人类抑癌基因,在线虫中的同源物为 ced-4,在线粒体凋亡途径中具有重要作用,可以编码一种能引发细胞凋亡的胞质蛋白。Apaf-1 目前证实含有 5 种 cDNA 基因,包括 Apaf-1L、LApaf-1XL、Apaf-1M、Apaf-1XS、Apaf-1-ALT 异构体。Apaf-1 自 N 端含有几个不同的结构域,caspase 活化募集域(caspase recruitment domain,CARD)、ATPase 域、短的螺旋域和 WD40 重复域。其中 ATPase 域又称为核苷酸结合寡聚化结构域(nucleotide-binding oligomerization domain,NOD),是 CED-4 的同源域。CARD 有 pro caspase-9 的结合位点,NOD 能提供一个 dATP/ATP 结合位点,可以导致自身寡聚化而促使凋亡体的形成;WD40 重复域作为 Cyt C 的结合位点可以使分子锁定在其抑制构象中。

4. 凋亡蛋白抑制因子(inhibitors of Apoptosis protien,IAPs)

为一组具有抑制细胞凋亡作用的蛋白质,是从杆状病毒基因组克隆到的,发现其能够抑制由病毒感染引起的宿主细胞死亡应答。其特性是有大约 20 个氨基酸组成的功能区,这对 IAPs 抑制凋亡是必需要的,它们主要抑制 caspase-3、caspase-7,而不结合它的酶原,对 caspase 则既可以结合活化,又可结合酶原,进而抑制细胞凋亡。IAPs 有 3 个不同的结构域:① cIAP-1 和 cIAP-2 有 caspase 募集结构域(caspase recruitment domain,CARD),其多功能可能与 IAP 的功能特异性及多样性有关。② 氨基端有一个或三个杆状病毒 IAP 重复序列(baculovirus IAP repeat,BIR)结构域,每个 BIR 由 70～80 个氨基酸残基造成,含有 2～3 个 Cyc/His 的 IAP 重复序列,核心含有大量的疏水结构。BIR 结构域是 IAP 抑制细胞凋亡的结构基础。③ 羧基端含有或不含有 1 个锌指(Zine-finger)结构,该区域含有泛素连接酶 E3,具有泛素化作用,能够促进与 IAP 接触的相关蛋白降解。

5. p53 蛋白

野生型 p53 蛋白既是一种抑癌基因,又是一种负调控因子,主要在 G_1/S 期交界处发挥检查点的功能,当其检查发现染色体 DNA 损伤时,通过刺激 CKI 表达引起 G_1 期阻滞,并启动 DNA 修复;如修复失败则启动细胞凋亡,因此在 DNA 受损时,p53 的蛋白表达水平升高。野生型 p53 基因是一种反转录激活因子,它诱导细胞凋亡的机制可能与细胞内源性 Bcl-2 蛋白表达和抑制其功能有关,还可能提高细胞内的 Bax 蛋白的表达,使 Bcl-2/Bax 蛋白比例失调,从而促使细胞凋亡。野生型 p53 还可转位到线粒体,模拟只包含 BH3 结构域(BH3-only)蛋白(如 Bid、Bim)的功能诱导细胞凋亡。

细胞凋亡是在多种因素调控下的自我消亡的过程,除了以上介绍的几种细胞凋亡和抑制凋亡的基因外,还有其他一些基因也参与细胞凋亡,如 c-myc 编码的蛋白具有双向调节作用,作为重要的转录调节因子,c-myc 既可激活介导细胞增殖的基因诱导细胞增殖,也可激活介导细胞凋亡的基因而诱导细胞凋亡;还有一些基因如 c-Jun、myb、Rb 等都与细胞凋亡有关。细胞是增殖或凋亡不仅与细胞接受何种信号有关还与细胞的生长环境有关。总之,细胞凋亡是生物体一个重要的生物学过程,由许多基因相互协调,共同参与了细胞凋亡的精细调控。

7.2.4　细胞凋亡异常与疾病

细胞凋亡是生物体生长发育和在受到外来因素刺激时,清除无功能的,多余的,受损和衰老的细胞,使机体处于平衡稳定的一种有效的自我调节机制。具有重要的生理意义。适度的凋亡能维持细胞群体数量稳态,当调控因子调控异常,将会导致细胞凋亡增强或减弱,影响正常生长、发育,甚至导致各种疾病,包括凋亡不足或过度凋亡等相关性疾病。

1. 细胞凋亡过度与疾病

细胞凋亡过度与多种疾病密切相关,包括免疫缺陷疾病、心血管疾病和神经元退行性疾病等。其共同特点是细胞凋亡过度,细胞死亡大于新生,细胞群体的稳态被破坏,导致细胞异常减少,组织器官体积变小,功能异常。

（1）心血管疾病

细胞凋亡现象伴随于心血管细胞增殖、分化、发育和成熟过程,内皮细胞、平滑肌细胞和心肌细胞普遍存在凋亡现象。在心肌缺血与缺血-再灌注损伤、心律失常、心力衰竭等心血管疾病中,均发现有细胞凋亡现象。心肌缺血或缺血-再灌注损伤的心肌细胞损伤不但有坏死,也有凋亡。心肌缺血与缺血-再灌注损伤的细胞凋亡的主要特点是缺血早期以细胞凋亡为主,晚期以细胞坏死为主;轻度缺血以细胞凋亡为主,重度缺血通常发生坏死;而慢性、轻度的心肌缺血则更容易发生细胞凋亡。近年来有关细胞凋亡与心力衰竭关系的研究已表明,心肌细胞凋亡造成心肌细胞数量减少可能是心力衰竭发生、发展的原因之一。许多病理因素如:氧化应激、压力或容量负荷过重、细胞因子(如 TNF)、缺血、缺氧、神经-内分泌失调等都可诱导心肌细胞凋亡,导致心力衰竭发生、发展。如阻遏凋亡,可防止心衰。

（2）神经元退行性疾病

当神经细胞受损时很难修复,易发生细胞凋亡。神经系统疾病中有一类以特定神经元进行性丧失为其病理特征,如阿尔茨海默病(Alzheimer disease,AD)、帕金森病(Parkinson disease)、多发性硬化症等。近年来,科学家们对 AD 研究得比较多,有研究表明:细胞凋亡是 AD 造成神经元丧失的主要原因。

多种因素可引起神经元凋亡,例如钙超载、β-淀粉样蛋白积累等诱导氧化应激,促使细胞凋亡。其可能机制是:有关致病因素(如氧自由基)作用于神经元,引起 Ca^{2+} 内流增加,然后激活与 β-淀粉样蛋白合成有关的基因,神经元内 β-淀粉样蛋白含量增加,从而导致神经元凋亡。因此,若能阻抑胞内游离钙浓度上升或清除氧自由基,就可能阻断细胞凋亡。

2. 细胞凋亡不足与疾病

细胞凋亡不足为特征的疾病包括肿瘤、自身免疫疾病和某些病毒感染疾病等。

（1）肿瘤

目前认为细胞增殖和分化异常是肿瘤发病的一个原因,凋亡受抑、细胞死亡不足是肿瘤发病的另一原因。在一些恶性肿瘤中常可以观察到凋亡抑制基因的活化表达增多,而抑癌基因缺失。多种肿瘤组织(如：前列腺癌、结肠癌等)中 *Bc1-2* 基因的表达显著高于周围正常组织，说明这些肿瘤与细胞凋亡减弱有关。大约 60% 的肿瘤中有 *p53* 基因的突变。*p53* 基因是一种抑癌基因，当 *p53* 基因突变或缺失时，细胞凋亡减弱，机体肿瘤的发生率明显增加。因此，细胞凋亡不足使肿瘤细胞活跃期延长，肿瘤细胞数量增加，体积增大。研究肿瘤细胞的凋亡机制，为临床治疗学提供理论依据，具有重要意义。

(2) 自身免疫病

自身免疫病最主要的特征是自身免疫耐受缺失，造成器官组织的损伤。免疫系统在发育过程中能通过细胞凋亡等方式有效清除针对自身抗原的免疫细胞。如果细胞凋亡不足，不能有效清除自身免疫性细胞，则会导致自身免疫疾病的发生。例如胸腺通过负向选择(negative selection)将具有与自身抗原-MHC 抗原有高度亲和力的 TCR 的阳性细胞选择性去除，即在自身抗原与胸腺上皮细胞膜的 MHC 分子共同作用下通过细胞凋亡而被清除。如果胸腺功能异常，负向选择机制失调，那些针对自身抗原的 T 细胞就可存活，并得到不应有的增殖，进而攻击自身组织，产生自身免疫病。如多发性硬化症、类风湿性关节炎等都是针对自身抗原的淋巴细胞凋亡异常导致的疾病。因此，从细胞凋亡角度看，自身免疫病的发病是由于细胞凋亡不足，未能有效清除自身免疫性细胞所致。在临床上糖皮质激素仍是治疗自身免疫性疾病的有效药物之一，其主要机制就是诱导那些异常存活的自身免疫性 T 细胞凋亡。

7.3　细　胞　自　噬

自噬是一种广泛存在于真核细胞的生命现象，细胞自噬(autophagy)即自我消化，是细胞对自身结构的吞噬和降解，是真核生物进化保守的对细胞内物质进行周转的重要过程。在这一过程中，一些损坏的蛋白或细胞器被双层膜结构的自噬小泡包裹后，送入溶酶体(动物)或液泡(酵母和植物中)进行降解并得以循环利用。最终使细胞能够在缺氧、饥饿、高温、感染等不利环境下继续生存的过程，在维护细胞内环境稳态方面起重要作用，是细胞器和大分子蛋白降解的主要途径。但过度自噬也可以导致细胞死亡。

7.3.1　细胞自噬的类型

自噬是细胞内分解代谢的一种途径，细胞内还有另一种途径来降解蛋白质，泛素蛋白酶体途径。细胞内半衰期长和衰老受损的细胞器主要是通过自噬的途径降解。根据包裹的内容物和运输方式的不同，可以把自噬分为三种类型，微自噬(microautophagy)、巨自噬(macroautophagy)和分子伴侣介导自噬(chaperone-mediatedautophagy,CMA)。

1. 微自噬

指溶酶体或者液泡内膜直接内陷,细胞内物质被包裹吞噬,并形成溶酶体内膜泡,溶酶体内膜泡将其内容物释放到溶酶体中并被降解的过程。

2. 巨自噬

指底物蛋白被一种双层膜的结构(粗面内质网的无核糖体附着区脱落的双层膜)包裹后形成直径为 400～900 nm 的自噬小泡(autophagosome),接着自噬小泡的外膜与溶酶体膜或者液泡膜融合,释放包裹底物蛋白的泡状结构到溶酶体或者液泡中,并最终在一系列水解酶的作用下将其降解,我们将这种进入溶酶体或者液泡腔中的泡状结构称为自噬小体。

3. 分子伴侣介导自噬(chaperone-mediated autophagy,CMA)

这种自噬只存在于动物细胞中,是指分子伴侣将细胞内的蛋白质先从折叠状态恢复为未折叠的状态,再放到溶酶体内。以保存组成细胞必须的结构蛋白和其他材料。

此外,根据细胞所处的环境以及细胞自噬的程度不同,细胞自噬还可以分为基础自噬和诱导自噬。基础自噬是指在大多数细胞中持续发生而水平较低的一种自噬,维持细胞内环境稳定起到必不可少的作用。诱导自噬是细胞对外界环境如营养物质的缺乏、缺氧等刺激的一种保护性反应,此时,细胞自噬水平可以急剧升高。

7.3.2　细胞自噬相关基因

日本生物学家大隅良典利用他改造过的酵母菌株做实验,他发现在酵母挨饿时,它们的自噬体会积累起来。如果对自噬过程重要的基因被失活,那么自噬体积累就理应不会发生。大隅良典将酵母细胞暴露在一种能随机在多个基因里引起突变的药物中,然后诱导自噬过程。1992 年,大隅良典发现了第一个对自噬至关重要的基因,他将其命名为 Apg1(autophagy-related gene 1),后来大隅良典尊重其他学者的提议又把它称为 Atg1。1997 年克隆了第一个酿酒酵母自噬基因 Atg1。

1. 酵母自噬相关基因 Atg (autophagy-related)

Atg1 是第一个在酵母中被成功克隆的自噬基因,哺乳动物中的同源基因为 ULK1(unc-51-like kinase 1)。它能够编码一种的 Ser/Thr 蛋白激酶 Atg1。Atg1 的相对分子质量为101729,由 897 个氨基酸残基组成。Atg1 的 N 端为由 330 个氨基酸残基构成的 Ser/Thr 蛋白激酶域,C 端由 570 个氨基酸构成调节域。Atg1 是细胞自噬过程中关键的执行因子,已经发现有 40 多个成员,其中大部分在线虫、果蝇和哺乳动物细胞内有同源蛋白。Atg 家族蛋白彼此形成聚合物,在细胞自噬的各个阶段发挥作用。例如丝氨酸、苏氨酸蛋白激酶Atg1、Atg13 和 Atg17 负责接收细胞营养状态的信号,Atg6 介导分离膜泡的形成,Atg5、Atg8 和 Atg12 负责介导膜泡的扩展。在细胞的正常状态下,生长因子如胰岛素浓度正常,与细胞表面受体结合后,能够激活磷脂酰醇-3-激酶(phosphoinositide 3-kinase,PI3K),进而活化激酶 AKT/PKB,再通过结节性硬化症相关蛋白 TSC1/2 和 G 蛋白 Rheb 活化蛋白激酶 mTor,mTor 能够抑制 Atgl 的激酶活性,从而抑制细胞自噬的发生;当细胞处于营养缺乏等应急状态时,生长因子浓度下降,mTor 的活性被抑制,导致 Atgl 的活化,促进自噬体的形成。LC3 系统对于自噬泡的延伸与自噬体的成熟非常重要。Atg5 是参与自噬泡中吞噬细胞膜延伸的关键蛋白,它与 Atg12 形成组成型的复合物。在此过程中,首先 Atg7 作为类 E1 泛素活化酶激活 Atg12;然后 Atg12 被传递给类 E2 泛素转移酶 Atg10;最后 Atg12 与 Atg5 结合形成复合物。之后 Atg12-Atg5 复合物又进一步与 Atg16L 结合形成 Atg12-Atg5-Atg16L 复合物,定位于自噬体的外膜上。Atg5-Atg12-Atg16L 复合物具有类 E3 连接酶活性,主要通过激活 Atg3 酶活性,促进 LC3(也就是 Atg8)从 Atg3 转移到底物磷脂酰乙醇胺(PE)上。一旦自噬体形成后,Atg5-Atg12-Atg16L 复合物就从膜上解离下来。Atg1 至少能与其他如 Atg11、Atg13、Atg17、Atg20、Atg24、Atg29 和 Atg30 蛋白相互作用。

2. 哺乳动物自噬相关基因

自噬相关蛋白(autophagy-related protein)基因最早是在酵母中发现,后来的研究表明,在较高等的真核生物(包括人类)中也存在有类似物。1998 年,梁晓欢等在致死性 Simbis 病毒性脑炎的大鼠中发现了相对分子质量为 60000 的一种蛋白质,与 Bcl-2 相互作用,可以抑制病毒的复制,他们将编码蛋白质的这种基因命名为 Beclin1。该基因位于人染色体 7q21 上,含有 121 个外显子,与酵母的自噬基因 Atg6/Vps30 有高度同源性,二者在编码蛋白质氨基酸的同源性达到 24.4%,Beclin1 含有 3 个结构域:Blc-2 同源域(Blc-2 homology-3 domain,BH3)、中央螺旋区和进化保守区,这些结构域是 *Beclin1* 基因与其他分子相互作用的部位。

Beclin1 基因是细胞自噬过程中的一个必不可少的基因,它能够介导其他自噬蛋白定位于吞噬泡,从而调控哺乳动物自噬体的形成与成熟,目前已发现多种与酵母同源的哺乳动物自噬相关基因。

7.3.3　细胞自噬过程

自噬的过程为吞噬自身细胞质蛋白或细胞器并使其被包裹进入囊泡,并与溶酶体融合形成自噬溶酶体,降解其所包裹的内容物,自噬过程包括以下三个步骤:① 吞噬泡(phagophore)的形成、延伸和包裹自噬底物。② 自噬小体(autophagosome)的形成。③ 自噬小体和溶酶体(autolysosome)融合并降解底物,如图 7.6 所示。

1. 自噬体的形成

自噬体的形成是细胞自噬的一个关键环节,自噬体具有双重膜的独特结构,先是产生自噬泡,即自噬体的前体,自噬泡膜来源于不同的细胞结构,如内质网、线粒体、高尔基体和细胞膜,当自噬泡清除内质网的底物时,其自噬泡膜可以部分来自于内质网膜;在清除线粒体底物时,自噬泡膜可部分来自于线粒体外膜。自噬体的直径为 300~900 nm,囊泡内常见的包裹物是细胞质成分和某些细胞器，如线粒体、过氧化物酶体等。与其他细胞器相比，自噬体的半衰期较短，只有 8 min 左右。

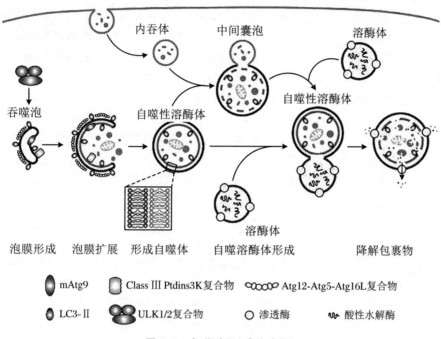

图 7.6　自噬过程(哺乳动物)

（1）酵母自噬体的形成

酵母细胞至少有 18 个自噬相关基因编码自噬体形成所需的核心组分（Atg1-10、Atg12-14、Atg16-18、Atg29、Atg31）。它们大多数至少部分定位于前自噬体结构（pre-autophago-somal structure，PAS）上，与自噬泡的形成关系密切，因此前自噬体结构也称为自噬泡组装位点（phagophore assembly site，PAS）。这 18 种蛋白质被分为 6 个功能组：Atg1 激酶和它的调解物、磷脂酰肌醇-3-激酶复合物、Atg9 液泡、Atg12-Atg18 复合物和 2 个泛素样结合系统。酿酒酵母只有一种三类 PI3K，即液泡分选蛋白 34（vacuolar protein sorting 34，Vps34），它能特异性地催化磷脂酰肌醇产生磷脂酰肌醇-3-磷酸（phosphatidylinositol 3-phosphate，PI3P）。PI3P 是自噬体形成和液泡分选蛋白的必需途径。在这两个过程中，Vps34 形成两种不同的复合物。在酵母自噬泡形成过程中存在 Atg12-Atg12-Atg5 连接系统和 Atg8-PE（phosphatidyl ethanolamine，磷脂酰乙醇胺）2 个泛素样连接系统，它们在形成的阶段都定位在 PAS 上。Atg12-Atg5 连接系统开始于泛素活化酶样蛋白 Atg7，Atg7 与 Atg12 连接后，活化了的 Atg12 被 E2 泛素结合酶样蛋白 Atg10 催化，然后与 Atg5 连接，最后 Atg16 聚集到 Atg12-Atg5 复合体处，形成 Atg12-Atg5-Atg16 多聚复合体。另一个连接系统 Atg8-PE 开始于半胱氨酸蛋白酶 Atg4，Atg4 水解 Atg8 蛋白 C 端的精氨酸，这样就使得 E1 泛素活化酶样蛋白 Atg7 可以活化 Atg8，活化后的 Atg8 转移到 Atg3 上，由 Atg3 介导 Atg8 与 PE 结合，形成 Atg8-PE。

（2）哺乳动物自噬体的形成

哺乳动物自噬体形成的起始是一个较为复杂的过程，由 ULK1 复合物、PI3K 复合物和 ATG16L1-ATG5-ATG12 复合物这 3 个主要的蛋白质复合物来组成。一个非常重要的自噬特异性复合物是 unc-51 样激酶-1(uncoordinated-51-like kinase 1，ULK1)复合物，它相当于酵母的 Atg1 复合物。ULK1 复合物由 ULK1/2、ATG13、局部黏附激酶家族相互作用蛋白 200 和 ATG101 组成。当发生自身诱导时，ULK1 复合物转位至自噬起始点，调节第 2 个激酶复合物——PI3K 复合物的募集。哺乳动物细胞 PI3K 复合物至少含有 7 个亚单位，这 7 个亚单位形成 2 个相互独立的次级复合物在自噬泡膜上形成自噬特异性复合物；第 3 个复合物由 ATG16L1-ATG5-ATG12 结合装置构成，研究认为该复合物是以类似于泛素 E3 连接酶的作用方式起作用，该复合物通过催化泛素样 ATG8 家族蛋白和 GABA 受体相关蛋白等结合到正在生长的吞噬泡膜中的磷脂酰乙醇胺(PE)上。这些 ATG8 家族蛋白在待降解物的识别、自噬体闭合以及与溶酶体融合方面起到重要的作用。

2. 细胞自噬的途径

（1）酵母细胞自噬的途径

酵母细胞选择性自噬主要有细胞质-液泡靶向(cytoplasm to vacuole targeting，Cyt)途径、线粒体自噬(mitophagy)以及过氧化物酶体自噬(pexophagy)等途径。除上述 3 种，还有内质网自噬和核糖体自噬途径。① Cyt 途径：是研究比较透彻的选择性细胞自噬。Cyt 自噬仅仅存在于酵母细胞中，在哺乳动物细胞中尚未发现。Cyt 途径可以将细胞质中的氨基肽酶 Ape 1 和甘露糖酶(Ams1)的前体定向转运到液泡，使它们被激活并发挥水解酶活性。细胞质中 Ape 1 的无活性前体(Pr Ape 1)就会形成一个寡聚体，受体蛋白 Atg19 与 Pr Ape 1 寡聚体结合，而 Ams1 通过另一个位点与 Atg19 相互作用，引导 Cyt 复合物定位到 PAS 上，Atg19 进而可以 Atg8-PE 泛素样连接系统相互作用，促进特化的子实体-Cyt 囊泡的形成。在 Cyt 囊泡形成以前，Atg11 与复合物分离并被释放到胞质中，而 Atg19 也被包入囊泡中。② 线粒体自噬途径：线粒体作为细胞产生能量的主要场所，也是细胞活性氧类(reactive oxygen species，ROS)的主要来源。ROS 可以使线粒体损伤，因此及时清除受损的线粒体对维持细胞的正常功能十分重要。线粒体自噬是一种特意降解线粒体的选择性自噬，它不仅需要细胞自噬公用的自噬相关蛋白，还需要一些介导特异性的自噬相关蛋白，其中最重要的关键蛋白就是 Atg32。Atg32 是线粒体自噬特异的受体蛋白，借助于其 C 端的 TM 结构域与线粒体外膜连接，Atg32 的作用类似于 Atg16 在 Cyt 途径中的作用。Atg32 通过与 Atg11 相互作用定位到 PAS 上，然后再与 Atg8-PE 连接系统相互作用，从而来启动自噬体的形成。③ 过氧化物酶体自噬途径：过氧化物酶作为一种异质性细胞器，主要功能是参与细胞内的脂类代谢和细胞内过氧化物的清除。当过氧化物增多时，细胞会诱导产生大量的过氧化物酶体，细胞通过自噬途径降解多余和受损的过氧化物酶体。过氧化物酶体自噬也需要 Atg11 的参与。过氧化物酶体膜蛋白 Pex14 是自噬能够识别的过氧化物酶体的表面标志，而过氧化物酶体生物发生因子 3(Pex3)必须去除后才能使过氧化物酶体被吞噬。这个过程的受体是 Atg30，它连接 Atg11 和 Pex14。

（2）哺乳动物细胞自噬途径

在哺乳动物细胞内，已经发现有多种线粒体巨自噬途径，如与网织红细胞发育相关的

Nix 介导的线粒体巨自噬途径,与帕金森病发生密切相关的 Parkin 介导的线粒体巨自噬途径等。PINK1/Parkin 介导的线粒体巨自噬途径:Parkin 是一种 E3 泛素蛋白连接酶,由 PINK1 激酶活化,活化的 Parkin 可以使受损线粒体的电压依赖性阴离子通道1(voltage-dependent anion channel 1,VDAC1)蛋白泛素化,并被信号接头蛋白 SQSTM1(sequestosome 1)(也称为自噬受体蛋白,即泛素结合蛋白 p62)识别,后者再与吞噬泡膜表面的 ATG8 家族同源蛋白(如 GATE-16、LC3A 等)连接启动线粒体巨自噬途径的调控。Nix 介导的线粒体巨自噬途径,网织红细胞内线粒体的降解受到 Nix 介导的线粒体巨自噬途径的调控。Nix 是 Bcl-2 连接蛋白,位于线粒体外膜表面。Nix 蛋白可以直接与吞噬泡膜表面的 ATG 8 家族同源蛋白连接,从而诱导线粒体经过巨自噬途径来降解。Nix 蛋白可能与 Atg32 具有相似的功能。

(3) 哺乳动物细胞内细胞自噬过程

主要包括 5 个步骤,自噬的诱导、自噬泡膜形成及伸展、自噬体形成、自噬体与溶酶体融合以及包裹物降解。① 自噬的诱导:又称为自噬的启动,主要由 ULK1 复合物的激活启动。ULK1 复合物是自噬体形成的重要复合物。ULK1 是一种 Ser/Thr 蛋白激酶,是自噬最为重要的蛋白激酶,也是自噬启动必需的。ULK1 复合物由 ULK1/2,ATG13/FIP200 和 ATG101 组成。ULK1 的同源物包括 ULK2、ULK3、ULK4 以及 STK36,并不是所有复合物都参与,仅有 ULK1 和 ULK2 参与自噬信号途径。② 自噬泡膜形成:主要由 Beclin1-PI3KC3 复合物负责。PI3KC3 在形成自噬体的位点催化磷脂酰肌醇(PI)产生磷脂酰肌醇-3-磷酸(PI3P),PI3P 作为募集 PI3P 结合蛋白的信号分子。这些组分和其他蛋白质能够使自噬泡形成并增大。自噬泡双层膜结构形成的第一步即是自噬泡成核,胞浆中的蛋白质和脂质在 Beclin1-PI3KC3 复合物作用下被募集用于自噬泡膜的合成。还有一些蛋白类物质,如 BAX 相互作用因子 1(BIF-1)、ATG14L 以及 Rubicon 等,由于它们自身含有 PI3P 结构域和 Beclin1-PI3K 结合,可以加速自噬泡膜的形成。自噬泡膜双层结构的扩大伸展还需要两个泛素样结合系统的参与。③ 自噬体形成:即自噬泡回缩闭合,机制很复杂,ATG9 与 ATG2、ATG18 等可能起到关键作用。ATG9 是一种跨膜蛋白,在 PAS 与其他结构和细胞器之间不断循环运输,需要 ATG2 和 ATG18 参与。ATG9 对于募集一些复合物到 PAS 上是必需的。④ 自噬体与溶酶体融合:哺乳动物的自噬体膜与溶酶体膜融合需要溶酶体相关膜蛋白 1/2 和 Rab7 等蛋白的参与。⑤ 包裹物降解:溶酶体是单层膜包被的囊状结构,溶酶体可以溶解消化一些物质,研究发现溶酶体有 60 多种酸性水解酶,这些酶可以消化多种大分子物质。当自噬体膜与溶酶体膜融合后,自噬体内包裹的内容物进入溶酶体并被其消化降解。

7.3.4　细胞自噬的调控机制

自噬过程是由大量蛋白质和蛋白质复合物所控制的。每种蛋白质负责调控自噬体启动与形成的不同阶段。细胞自噬受到营养状况、能量水平以及生长因子的严格调控。严格精准的自噬信号调控,对细胞能有效应对外界的刺激至关重要。基础自噬和诱导自噬的发生都受到细胞的严密调控,才能使其在维持内环境的稳定和应对刺激时应对自如。一系列的信号通路参与了细胞自噬的调节,主要包括 PI3KC1-Akt 信号通路、LKB1-AMPK 信号通路、p53 信号通路、活性氧族(ROS)-JNK1 信号通路等,前 3 种信号通路如图 7.7 所示。

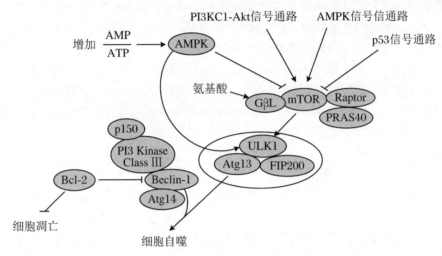

图 7.7 自噬的信号通路

1. PI3KC1-Akt 信号通路

PI3KC1-Akt 信号通路主要是对细胞因子的感应与调控。哺乳动物丝氨酸/苏氨酸蛋白激酶 AKT 包含 3 种亚型:AKT1、AKT 2 和 AKT3。AKT 广泛存在于细胞内重要的信号转导通路中,它参与调控细胞的增殖、存活、生长、血管生成等多种生理功能,同时作为激酶 mTOR 的上游分子,AKT 还可以通过调控 mTOR 的活性来调节细胞的自噬水平。1 型 PI3KC1 由调节亚单位 p85 和催化亚单位 p110 构成的异源二聚体,通过与具有酪氨酸激酶活性的生长因子受体或连接蛋白相互作用被激活以及 Ra 与 p110 直接结合来激活这两种方式激活。活化的 PI3KC1 催化 PI2P 产生 PI3P,PI3P 与细胞内的蛋白激酶 B(Akt,又称为 PKB)和磷酸肌醇依赖性激酶-1(phosphoinositide dependent kinase 1,PDK1)结合,促使 PDK1 磷酸化,进而激活 Akt。

PI3KC1-Akt 信号通路活化后,激活下游的分子雷帕霉素靶蛋白(TOR)来调节自噬过程。营养缺乏、缺氧等应激条件均可以引起 PI3KC1 下游 Akt 活化减少,使得细胞周期停止,从而抑制细胞增殖,诱导细胞自噬。TOR 是自噬调控的中心分子,是一种自噬因子,作为调控细胞自噬的关键性蛋白,TOR 能感受到细胞的多种信号变化,它的加强会降低自噬的发生。哺乳动物细胞中 TOR 的同源物是 mTOR,mTOR 是属于磷酸肌醇 3-激酶相关激酶家族的丝氨酸/苏氨酸蛋白激酶,它主要存在具有不同蛋白质组分和底物的两种形式(mTORC1 和 mTORC2),它们对雷帕霉素的敏感程度不同。mTOR 能感受多种环境的变化,并调节细胞代谢和生长,在营养不足的条件下,细胞内 ATP 合成受到破坏,mTOR 的活性被抑制致使自噬被激活。缺氧环境下通过 NLRP3 和 mTOR 结合的减少、抑制 PI3K/Akt/mTOR 信号通路等途径来抑制 mTOR,激活自噬。

2. LKB1-AMPK 信号通路

LKB1-AMPK 信号通路的激活主要由细胞内的能量水平决定，AMPK 是细胞和全身能量稳定状态的关键调节剂，它参与细胞内物质的合成与分解。AMPK 可通过多种途径调节细胞自噬参与细胞生命活动。AMPK 磷酸化可通过抑制 mTOR 复合物活性，上调细胞自噬水平改善细胞凋亡的现象。肝激酶 B1（liver kinase B1，LKB1）和 AMP 激活蛋白激酶（AMP-activated protein kinase，AMPK）都是 Ser/Thr 蛋白激酶，当有足够营养时，mTOR 能够使 ATG13 高度磷酸化，这时 ATG13 会降低与 ULK1 的结合力，导致 ULK1 的活性减弱，从而抑制自噬的发生。而当细胞内营养不足或者其他应激反应发生时，细胞内的 AMP/ATP 的比值升高，AMP 与 AMPK 的调节亚基结合，引起 MAPK 构想发生变化，暴露出催化亚基磷酸化位点，并被 LKB1 磷酸化，活化的 AMPK 作用于 mTOR，或通过结合硬化复合物 1/2（tuberous sclerosis complex，TSC1/2）间接作用于 mTOR，导致细胞发生自噬。活化的 AMPK 还可以使 TSC1/2 复合物的 TSC2（马铃薯球蛋白，tuberin）磷酸化激活 TSC1/2 复合物（TSC1 为错构瘤蛋白，hamartin）来抑制小 GTP 酶 Rheb（ras homologenriched in brain），从而抑制了 mTOR 的活性，导致 ULK1 和 ATG13 去磷酸化，ULK1 激酶的活性增强，引起 ATG13 和 FIP200 磷酸化以及 ULK1 的去磷酸化，导致细胞发生自噬现象。

3. p53 信号通路

p53 信号通路能够感应细胞 DNA 的损伤以及细胞内环境的变化，它对细胞自噬具有双重调节，p53 蛋白是自噬的重要调节因子之一。细胞核内的 p53 蛋白可通过转录依赖性途径上调细胞自噬，而细胞质中的 p53 蛋白则对细胞自噬有下调作用，能抑制细胞自噬的发生。细胞核内的 p53 蛋白通过激活哺乳动物中 mTOR 信号通路上游的 PTEN、AMPK、TSC2 以及 sestrin1、sestrin2 等一些调节因子来上调细胞自噬。p53 反式激活 AMPK 后，活化的 AMPK 使 TSC1/2 复合物磷酸化，TSC2 是一种具有 GTP 酶活性的异二聚体，对小 G 蛋白 Rheb 起抑制的作用，Rheb 是激活 mTORC1 所必需的，当 TSC2 被磷酸化激活后，TSC2 通过加强对 mTORC1 的抑制作用，上调细胞的自噬。sestrin1、sestrin2 是 p53 的激活因子，能直接激活 AMPK 来抑制 mTOR，p53 还可以通过 TSC2 反式激活 mTOR。

当 p53 蛋白的核定信号受到破坏，它就主要存在于细胞质中，此时的 p53 蛋白主要抑制细胞自噬的发生。目前科学家们认为细胞质内的 p53 蛋白主要通过激活 mTOR、抑制 AMPK 的作用以及 p53 的直接作用三种途径来抑制细胞自噬，但具体细胞自噬的分子机制尚不清楚。

4. 活性氧族(ROS)-JNK1 信号通路

活性氧族通过 ROS-JNK（c-Jun 氨基末端激酶，c-Jun amino-terminal kinase 1，JNK1）信号通路来调节细胞自噬，ROS 可以激活 MAPK 家族成员 JNK1，激活后的 JNK1 使 Bcl-2 蛋白发生磷酸化与 Beclin-1 脱离，活化后的 Beclin-1 可以形成多蛋白复合体，从而激活细胞自噬。ROS-JNK 信号通路还可以使 Beclin-1 非依赖的方式直接上调自噬相关基因 ATG7 核 ATG5 的表达，激活细胞自噬，这种方式的自噬仅存在于肿瘤细胞中。ROS-JNK 信号通路既可以介导细胞自噬,也可以介导细胞凋亡,该通路对自噬的调控依赖于细胞内的 ROS 水平,适度的 ROS 水平可以导致 JNK 激活,细胞发生自噬,而当 ROS 超过一定的水平时,就会发生 JNK 的持续激活,引起线粒体信号通路的细胞凋亡。

7.3.5 细胞自噬异常与疾病

细胞自噬作为一种存在于真核生物中的主要降解途径,与免疫性疾病、肿瘤、神经性病变、细胞凋亡等都有密切关系。

1. 细胞自噬与免疫性疾病

自噬能够调节先天性免疫应答和适应性免疫应答。一些参与免疫的细胞因子,如干扰素 γ、Toll 样受体、肿瘤坏死因子 α(TNFα)等可以诱导自噬的发生。在巨噬细胞中,干扰素 γ(INFγ)能够诱导细胞自噬来抵抗分枝杆菌等病原菌的入侵。自噬体能把病原菌以及病原菌相关的物质,运输至细胞膜上的 Toll 样受体(Toll-like receptor,TLR,调控先天性免疫应答的蛋白质分子)。巨噬细胞中含有 TLR 配体包裹颗粒的吞噬体核溶酶体的融合需要 LC3 核 Beclin1 的协助配合。在血管平滑肌细胞中,TNFα 通过激活 JNK 通路和抑制 Akt 来上调 LC3 和 Beclin1 的表达促使自噬发生。

2. 细胞自噬与肿瘤

自噬可以对肿瘤的发生和发展及对这种疾病的治疗效果产生多重因素的影响。自噬溶酶体途径和泛素蛋白酶降解途径能够清除错误折叠的蛋白质和受损的细胞器,对维持内环境的稳定,预防肿瘤有重要作用。敲除自噬基因会导致肿瘤的形成。*Beclin* 基因作为一种肿瘤抑制基因,干扰 *Beclin1* 基因表达,可以使自噬受到抑制,增加了肿瘤发生的概率。UVRAG 能结合 Beclin1-PI3KC3 复合物促进细胞自噬,还有抑制肿瘤的作用。肿瘤抑制基因 PTEN 产物可通过抑制 Ⅰ 型 PI3K 的功能增强细胞自噬。在 DNA 损伤细胞中,p53 表达增加,能够激活 AMPK 促使自噬发生。p53 还能增加溶酶体膜蛋白 DRAM(damage-regulated autophagy modulator)的转录,从而增强 DRAM 诱导的自噬。

正常的自噬对肿瘤具有抑制作用,但在肿瘤发生后,一些肿瘤细胞能利用自噬对抗应激环境,提高生存能力,尤其在一些实体瘤中,需要有更多的营养物质来满足快速的增殖,这些细胞的存活能力有些是因为自噬的存在,通过自噬降解蛋白质与细胞器,来对抗营养的缺乏和应激环境而达到生存的目的。因此自噬还能起到保护肿瘤细胞的作用。

3. 自噬与神经性病变

神经性病变是一类具有年龄依赖性、遗传性或散发性的疾病,其表现主要是进行性神经功能缺失。它们发病机制的共同特征为线粒体功能失调以及一些蛋白类物质的积累。自噬在神经病变病症中出现功能失调。例如,在阿尔茨海默病患者的脑内发现自噬体的积累加快。自噬体的形成在神经病变疾病中主要为一种适应性过程。亨廷顿病和相关多聚谷氨酰胺病症主要表现为多聚谷氨酰胺延伸的突变蛋白的积累。在亨廷顿病患者的神经元中,突变型亨廷顿蛋白(mhtt)可形成核周细胞质聚集物和核内包涵体,通过自噬通路被降解。最近的研究表明,mhtt 可直接干扰自噬体的识别,因此自噬通路失去效用。在亨廷顿病中,自噬受损的另一种机制是将 mhtt 聚集物中重要的自噬蛋白分隔开。

阿尔茨海默病涉及过度磷酸化微管相关蛋白异常积累,导致神经原纤维缠结的形成和 β 淀粉样肽(Aβ)在神经斑中积累,这有可能损伤溶酶体的功能和这种蛋白的自噬清除。此外,含有 γ 分泌酶和涉及 Aβ 产生(前体形式)的相关酶的自噬体,有可能在自噬体-溶酶体融合受损的情况下合成 Aβ。

尽管 α-突触核蛋白是一种自噬底物,但这种蛋白的积累可对自噬产生不利影响,从而干扰其自身的清除。因此,自噬似乎是一种对神经病变产生的最初的适应性反应,它易受到底物病理性积累的抑制,它也有可能是一种因修复失败而导致的疾病进展。

4. 细胞自噬与细胞凋亡

自噬与凋亡在功能上的关系复杂,既有合作关系又有对抗关系。在细胞受到外界环境压力小时,细胞启动自噬机制,抑制细胞的凋亡。自噬会巧妙地修饰已经被凋亡机制泛素化的蛋白,使其能与一系列自噬受体蛋白结合并与自噬相关蛋白 LC3 反应,同时自噬也会有选择的去除激活的胱天蛋白酶 8。自噬还能修饰 Src 激酶,经过修饰的 Src 激酶与 E3 泛素蛋白连接酶结合,E3 泛素蛋白连接酶具有 LC3 结合区,能与自噬相关蛋白 LC3 作用,从而抑制凋亡的进一步发生。

当外界的环境压力超过了细胞承受力或压力时间过长时,自噬也无力拯救细胞,此时细胞启动凋亡机制。凋亡的启动使胱天蛋白酶被高度激活,并作用于多种蛋白,使细胞进入凋亡程序。胱天蛋白酶首先切割自噬的起始因子 ATG3 和 Beclin1,AMBRA1 蛋白也会被降解。这些自噬相关蛋白降解产生的蛋白片段具有促进细胞凋亡的作用,例如当 Beclin1 被胱天蛋白酶 3、胱天蛋白酶 6、胱天蛋白酶 9 降解后,即称为 BH3 区域的羧基末端片段,该片段与线粒体结合后能够使线粒体外膜通透化,释放 Cyc;ATG4D 被胱天蛋白酶 3 切割后,其片段也具有类似 BH3 区域,从而也具有促使细胞凋亡的作用。

自噬与凋亡之间存在多层次多元化的联系,由此来保证细胞在应对各种应激状况发生时能继续保持内环境的平衡,而当这种平衡被打破时,一些与之相关的疾病便会发生。

(孟　宇)

第 8 章　免疫分子生物学

8.1　抗　体　概　述

1890 年,科学家 Emil von Behring 和 Shibasaburo Kitasato 发现减毒白喉毒素免疫的动物血清可以成功治疗白喉,他们将免疫过的动物血清中具有中和毒素作用的蛋白质类物质称为抗毒素,这一发现推动了现代免疫学的诞生。当人们渐渐认识到此类蛋白质可以用来对付微生物毒素之外的许多物质时,这类蛋白质又被称为抗体,而诱导抗体产生的同时又可以与抗体特异性结合的这类物质就被称为抗原(antigen,Ag)。抗体、MHC 分子和 T 细胞受体(TCR)是适应性免疫中可与抗原结合的三种重要分子,其中抗体识别抗原结构的范围最广,区分不同抗原的能力最强,结合抗原表位的能力也最强。

抗体(antibody,Ab)是由 B 淋巴细胞或记忆性 B 细胞在抗原刺激下增殖分化为浆细胞所分泌的可与相应抗原特异性结合且具有特殊折叠方式的免疫球蛋白。免疫球蛋白(immunoglobulin,Ig)是指具有抗体活性或化学结构上与抗体相似的球蛋白。1968 年和 1972年世界卫生组织和国际免疫学会联合会的专门委员会先后决定,将具有抗体活性或化学结构与抗体相似的球蛋白统一命名为免疫球蛋白,因此抗体和免疫球蛋白这两个术语在本章中互换使用。免疫球蛋白具有分泌型(secreted Ig,sIg)和膜型(membrane Ig,mIg)两种形式(图 8.1),膜型免疫球蛋白构成了 B 细胞抗原识别受体(BCR)负责识别抗原,而分泌型免疫球蛋白主要是存在于血清、组织液和黏膜中的抗体,负责阻断病原体传播和消除病原微生物。本章主要介绍分泌型免疫球蛋白的基本结构、生物学功能及其在肿瘤免疫治疗中的作用。

(a) 分泌型免疫球蛋白

疏水跨膜区

胞质尾区

(b) 膜型免疫球蛋白

图 8.1　分泌型和膜型免疫球蛋白

8.2　抗体的基本结构

抗体是 B 细胞受体(BCR)的分泌形式,大致呈"Y"形,例如 IgG 抗体的 X 射线晶体结构图呈现出抗体多肽链骨干的带状图,两条绿色的多肽链均为轻链,蓝色和红色的多肽链即为两条重链[图 8.2(a)]。所有抗体都由两条完全相同的重链和轻链构成(图 8.2,彩图 3),具有结合抗原以及募集效应细胞和分子破坏抗原的双重功能。这两种功能分别由抗体分子的不同部位来发挥作用,不同抗体分子上负责识别和结合抗原的部位结构差异很大,此区域称为可变区(V 区),V 区的差异性构成了抗体分子的多样性,它也是抗体特异性识别抗原的结构基础,使得机体内的各种抗体可结合不同特异性的抗原,人体内由各个不同抗体形成庞大的抗体库,赋予人体几乎能够识别自然界中众多微生物等抗原的能力。而抗体分子中的发挥效应功能的部位则不具有识别部位的多样性,称为恒定区(C 区),C 区主要负责启动下游效应,而且 C 区有 5 种主要形式,每一种均可激活不同效应机制以最终破坏抗原。

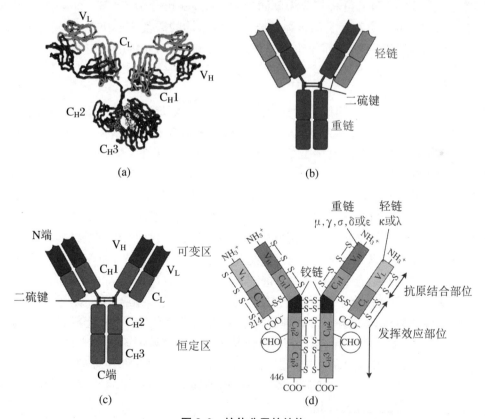

图 8.2　抗体分子的结构

1. 重链和轻链

所有抗体的单体结构均非常相似，由两种不同的多肽链构成，其中重链（heavy chain，H链）约为 50 kDa，轻链（light chain，L 链）约为 25 kDa[图 8.2(b)]。每一个抗体单体均由两条一样的重链和两条一样的轻链组成，两条重链之间和重、轻链之间均由二硫键连接，形成一个四肽链结构即抗体的基本结构，形似"Y"形。

轻链分为 κ(kappa)链和 λ(lamda)链，据此将抗体分为 κ 和 λ 两型。κ 链和 λ 链可与各型重链组成完整的抗体，存在于 5 类免疫球蛋白中，具有不同轻链的抗体之间未发现功能差异。两型轻链的比例也因种属而不同，人类 κ 链和 λ 链的平均比例为 2∶1，小鼠是 20∶1。由于 B 细胞的子代均表达相同的轻链，故 κ 链和 λ 链比例的变异可用于检测 B 细胞克隆异常增殖，如机体内异常高水平的 λ 轻链提示存在产生 λ 链的 B 细胞肿瘤。

重链决定了抗体的类别和效应功能，根据其氨基酸组成和排列顺序不同，可分为 5 种类型即 μ(Mu)链、γ(Gamma)链、α(Alpha)链、δ(Delta)链和 ε(Epsilon)链，相应的抗体类型分别称为 IgM、IgG、IgA、IgD 和 IgE。其中 IgG、IgD 和 IgE 仅有单体形式，IgA 和 IgE 可由多个单体组成多聚体形式存在。同一种类型的抗体分子又根据其铰链区氨基酸组成和重链二硫键的数目和位置不同，又可将其分为不同亚类，人 IgG 可分为 IgG1～IgG4，IgA 可分为 IgA1 和 IgA2。不同种类和亚类的抗体功能主要由重链的羧基末端决定，与轻链无关。除了重链的羧基末端恒定区的小部分外，B 细胞受体结构与相应抗体的结构相同。

2. 可变区和恒定区

抗体的多肽链由一系列相似但不相同的约为 110 个氨基酸残基的序列组成，这些序列组成紧密折叠的蛋白质区域称为免疫球蛋白结构域，轻链含有两个结构域，而重链的结构域根据抗体类别的不同而变化，其中 IgG、IgD 和 IgA 的重链含有 4 个结构域，IgM 和 IgE 的重链含有 5 个结构域。

抗体重链和轻链氨基末端的氨基酸序列在不同抗体之间的差异很大，针对不同抗体重链和轻链氨基酸序列进行对分析发现，不同抗体近 N 端氨基酸序列变化较大的结构域，称为可变区（variable region，V 区）；而靠近肽段羧基段氨基酸序列相对保守的结构域，称为恒定区（constant region，C 区）[图 8.2(c)]。重链和轻链的可变区即 V_H 和 V_L 构成了抗体的 V区，决定了抗体与抗原结合的特异性；而重链和轻链的恒定区即 C_H 和 C_L 构成了抗体的 C区，负责募集效应细胞和分子启动下游效应，例如激活补体、结合 NK 细胞 Fc 受体介导 ADCC、结合吞噬细胞 Fc 受体介导调理吞噬作用、结合肥大细胞 FcεR1 介绍 Ⅰ型超敏反应以及介导 IgG 抗体穿过胎盘和介导分泌型 IgA 穿过黏膜屏障。不同种类抗体重链恒定区的长度不同，IgG、IgA 和 IgD 的重链恒定区包括 C_H1～C_H3，IgE 和 IgM 的重链恒定区包括 C_H1～C_H4。同一种属生物针对不同抗原表位产生的同一种类抗体的 C 区氨基酸组成和排列顺序相对保守，故其免疫原性相同。

抗体的重链和轻链上的每个结构域由反向平行的多肽链形成两个 β 片层（形似桶形结构）组成。β 片层是以多条 β 链通过并排方式聚集在一起构成的多个连续多肽链为主骨架，排列成延长的扁平构象。两个 β 片层之间通过每个 β 片层上半胱氨酸残基之间的二硫键垂直连接形成"三明治"样的空间结构即 β 桶状结构。抗体 V 区的两个 β 片层分别由 4 条和 5 条 β 股肽链组成，抗体 C 区的两个 β 片层分别由 3 条和 4 条 β 股肽链组成(图 8.3)。

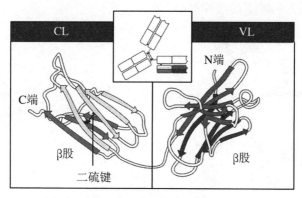

图 8.3　抗体的二级结构

3. 铰链区

抗体分子"Y"型两臂之间的角度并非是固定的，不仅抗体的两臂之间可弯曲独立运动，每个臂中的 V 区和 C 区之间的角度也不同。位于 IgG、IgA 和 IgD 抗体重链的两臂和主干(即 C_H1 和 C_H2)之间有一段富含脯氨酸的可弯曲区域，称为铰链区(hinge region)[图 8.2(d)]，使得抗体的两臂之间可从 0°变化至 90°，其中人 IgD 的可伸展距离最大，IgG4 和 IgA 的弯曲度较小。铰链区利于抗体分子的两臂可同时结合两个不同的抗原表位，例如结合细菌细胞壁多糖上的重复表位，而且铰链区还使得抗体能够与介导免疫效应的抗体结合蛋白相互作用。铰链区易被木瓜蛋白酶和胃蛋白酶水解成不同的水解片段。IgM 和 IgE 抗体无铰链区，因此其弯曲性较弱。

4. 抗体的辅助成分

抗体除了以上基本结构外，IgM 和 IgA 抗体还含有一些辅助成分如 J 链和分泌片。J 链(Joining chain)是由浆细胞合成的富含半胱氨酸的多肽链。血浆中的 IgM 主要以五聚体形式存在，而血浆中的 IgA 主要以单体存在，在黏膜表面 IgA 则主要以二聚体形式存在，IgG、IgE 和 IgD 无 J 链，常为单体。IgM 和 IgA 重链恒定区的羧基末端多出的半胱氨酸残基可与另一个单体上的半胱氨酸残基之间通过二硫键连接；此外，J 链可将单体 IgA 和 IgM 抗体分子 C 末端的半胱氨酸再分别连接成二聚体和五聚体(图 8.4)。

黏膜表面存在大量分泌型的 IgM 和 IgA，仅有带有 J 链的 IgM 和 IgA 才能与多聚免疫球蛋白受体(Poly Ig receptor，pIgR)结合并转运到黏膜表面，之后 pIgR 裂解形成的 pIgR 胞外段仍结合在抗体分子上，而这段由黏膜上皮细胞合成和分泌的多聚免疫球蛋白受体(Poly Ig receptor，pIgR)的胞外段就被称为分泌片(secreted piece，SP)(图 8.4)。分泌片可以保护分泌型 IgA(SIgA)的铰链区免受蛋白水解酶的降解，并介导 SIgA 二聚体从黏膜固有层经黏膜上皮细胞转运至黏膜表面发挥黏膜免疫功能。

抗体分子的水解片段如图 8.5 所示。

　　抗体的不同部位具有不同的功能,在实验中人们往往只需要抗体的某一部位发挥作用,而让另一部位不发挥作用,为此人们早期使用蛋白质水解酶来研究抗体的结构和功能,木瓜蛋白酶和胃蛋白酶是人们常用的两种重要工具。

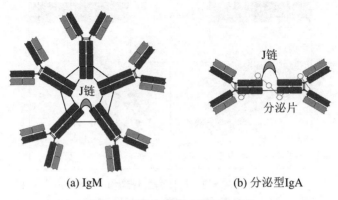

(a) IgM   (b) 分泌型IgA

图 8.4　抗体分子的 J 链和分泌片

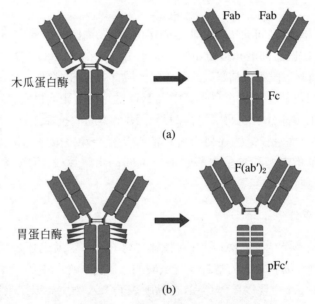

图 8.5　抗体分子的水解片段

　　木瓜蛋白酶可在铰链区的二硫键氨基侧将 IgG 抗体消化分解成 3 个片段,包括两个完全一样的含有抗原结合活性的片段称为 Fab 片段,以及不含有抗原结合活性但易形成晶体的片段称为 Fc 片段(可结晶片段)(图 8.5)。Fab 片段由完整轻链和重链的 V_H 和 C_H1 结构域组成,可结合抗原表位;Fc 片段由重链的 C_H2 和 C_H3 结构域组成,可与效应细胞或效应分子结合启动下游效应。

　　胃蛋白酶在 IgG 抗体铰链区二硫键的羧基末端进行切割,将抗体 IgG 消化分解成两个片段,包括一个大片段 $F(ab')_2$ 和数个小片段碎片 pFc'(图 8.5)。$F(ab')_2$ 片段具有与完整抗体相同的抗原结合活性,但是 Fc 段由于被胃蛋白酶切割成数个小片段,pFc' 片段不能与效应分子如 C1q 或 Fc 受体相互作用。

8.3 抗体分子与特异抗原的相互作用

抗体通过可变区的变化来特异性识别自然界中众多的抗原,同时多种作用力如范德华力、氢键和静电相互作用等均有助于抗体结合抗原。本节将介绍抗体 V 区氨基酸序列变化及其与抗体特异性结合的相互作用,以及抗体特异性结合抗原的抗原结合位点的特点。

不同抗体之间的差异性主要存在于 V 区,但是氨基酸序列的变异性并非均匀分布于整个 V 区,而主要集中在某些片段中。进一步比对分析后,发现在 VH 和 VL 结构域中存在 3 个氨基酸序列变化较大的区域,称为高变区(hypervariable region,HVR),以 HV1、HV2、和 HV3 表示,其中 HV3 的氨基酸变异度最大(图 8.6)。在轻链上高变区位于 28~35、49~59、92~103 位置的氨基酸,在重链上高变区位于 30~36、49~65、95~103 位置的氨基酸。高变区氨基酸序列变异的多样性使得抗体几乎可特异性结合自然界中数量众多的抗原表位,据此功能又称高变区为互补决定区(complementarity region,CDR),分别以 CDR1、CDR2 和 CDR3 表示,VH 的 3 个 CDR 和和 VL 的 3 个 CDR 共同组成了抗体与抗原表位结合的特异性空间结构框架,而"Y"形的抗体两臂上各有 6 个 CDR 与抗原表位结合使得抗体单体可同时与两个抗原表位结合。在可变区中高变区以外的区域氨基酸序列变化较小,称为骨架区(framework region,FR),骨架区被高变区分为 4 个区分别为 FR1、FR2、FR3 和 FR4(图 8.7)。骨架区虽然在抗体与抗原结合的过程中发挥的作用很小,但是它们为 CDR 提供了稳定的空间结构框架以便于特异性结合抗原表位。

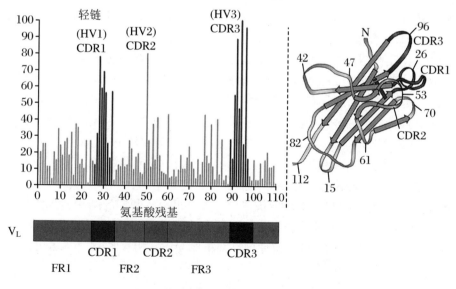

图 8.6 抗体轻链可变区的变化特点

抗体可变区的晶体结构显示可变区的 2 个 β 片层形成了可变区的骨架区,而每个 β 片层夹层边缘折叠后彼此靠近形成了 3 个环状结构且位于抗体分子的表面,高变区的序列变化也就主要集中在这 3 个环状结构部位(图 8.6)。在抗体分子的一个臂上,V_H 和 V_L 结构域配对时,每个结构域的 3 个高变区的环状结构在分子表面结合起来,形成一个单一的高变区即抗原结合部位,决定了抗体与抗原结合的特异性。抗体每个臂上的这 6 个高变环状结构也称为互补决定区,各个高变环状结构就分别称为 CDR1、CDR2 和 CDR3,这 6 个 CDR 组合后共同构成了抗原结合位点(图 8.7),最终决定了抗体与抗原相互作用的特异性。

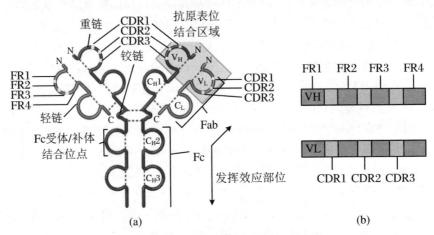

图 8.7　IgG 抗体单体可变区的结构示意图

自然界中抗原的种类繁多,具体包括蛋白质、核酸、多糖、脂肪和小分子有机物等,抗体与抗原的结合,实际上就是抗体重链和轻链的 6 个 CDR 组合形成的抗原结合部位与抗原分子上的某个区域,即抗原表位或抗原决定基之间发生互补配对的相互作用。不同的抗体CDR 产生的抗原结合部位的氨基酸序列和空间构象均不相同,但是抗原分子上实际与抗体的抗原结合部位互补结合的区域范围很小,比如蛋白质类的抗原分子可能仅有 5～15 个氨基酸组成的线性表位或通过折叠形成的构象表位可与抗体结合。不同抗体的 CDR 组合形成的抗原结合部位的表面形状和空间构象都不同,对于一般的小分子抗原如半抗原或短肽等来说,它们可以被装在抗体重链和轻链 CDR 形成的凹槽"口袋"形的结构中[图 8.8(a)、图 8.8(b)];但是对于大分子抗原如蛋白质来说,抗体重链和轻链 CDR 形成的凹槽"口袋"就无法容纳大分子抗原,仅有抗原表面的一小部分表位与抗体 CDR 延伸的表面结合[图 8.8(c)];抗原与抗体结合的这个延伸的表面也不一定是平的、凹的,它甚至可以是凸出的,在某些情况下,具有延长的 CDR3 环的抗体分子甚至可以将凸出的结构伸入抗原分子的凹陷内部,以便于与抗原分子内部的表位互补结合,例如抗 HIV gp120 抗原的抗体 CDR 形成一个指状的凸出结构,此结构可伸入抗原内部与抗原 gp120 相互作用[图 8.8(d)]。

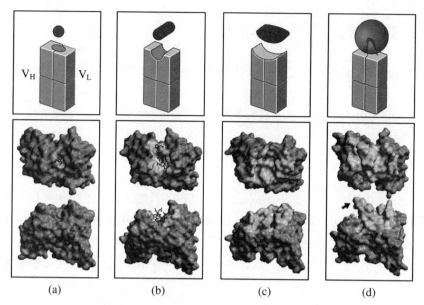

图 8.8　抗体与抗原特异性结合的相互作用

8.4　体液免疫应答多样性的产生

8.4.1　Ig 重链可变区(V 区)基因

1. 重链 V 区基因的组成

重链可变区基因是由 V、D、J 三种基因片段经重排后所形成。

重链 V 区基因的组成:编码重链 V 区基因长 1000～2000 kb,包括 V、D、J 3 组基因片段。

重链 V 基因片段:人 V 基因片段约为 100 个,至少可分为 6 个家族,每个家族含有 2～60 个成员不等。V 基因片段由 2 个编码区(coding regions)组成:第一个编码区编码大部分信号序列;第二个编码区编码信号序列羧基端侧的 4 个氨基酸残基和可变区约 98 个氨基酸残基,包括互补决定区 1 和 2(CDR1 和 CDR2)。

2. 重链 V 区基因的重排

重链的可变区由 V 和 J 基因及第 3 个 D 基因片段编码。

重链的可变区重组有两个阶段 D-J 重组、V_H 和 DJ 重组。

8.4.2 Ig 重链恒定区(C区)基因

可变区(variable region)靠近 N 端,氨基酸序列变化较多,重链的 1/4(IgG),1/5(IgM、IgE),轻链的 1/2。

恒定区(constant region)靠近 C 端,氨基酸序列相对稳定的区域,重链的 3/4(IgG)、4/5(IgM、IgE),轻链的 1/2。

1. 重链 C 基因片段

重链恒定区基因由多个外显子组成,位于 J 基因片段的下游,至少相隔 1.3 kb。每 1 个外显子编码 1 个结构域(domain),铰链区(hinge region)是由单独的外显子所编码,但 α 重链的铰链区是由 C_H2 外显子的 $5'$ 端所编码。大多分泌的 Ig 重链羧基端片段或称尾端"tail piece"是由最后一个 C_H 外显子的 $3'$ 端所编码,而 δ 链的"tail piece"是由一个单独的外显子所编码。

2. C_H 基因

小鼠 C_H 基因约占 2000 kb,其外显子从 $5'$ 端到 $3'$ 排列的顺序是 Cμ-Cδ-Cγ3-Cγ1-Cγ2b-Cγ2a-Cε-Cα。

人 C_H 基因外显子排列的顺序是 Cμ-Cδ-Cγ3-Cγ1-Cε2(pseudo 基因)Cα1-Cγ2-Cγ4-Cε1-Cα2。其中基因片段 Cγ3-Cγ1-Cε2-Cα1 和基因片段 Cγ2-Cγ4-Cε1-Cα2 可能是一个片段经过一次复制而得,为研究 C_H 基因的起源和进化提供有用的依据。

通过重链恒定区的结构来区分主要 Ig 同种型。

(1)一个细胞同时产生两种以上 Ig——通过选择性拼接(不同的加尾位点)。

(2)重链基因 C 片段的转换发生在转换区——switch region;

S 区——每个 C 片段的 $5'$ 端(δ 除外);

成熟的抗体形成细胞——使用同一系列的可变区基因,通过 C 区变化转变抗体类型(可能与染色体间的交换有关)。

8.4.3 κ 链基因的结构和重排

1. Ig 轻链基因的结构和重排

在 Ig 重链基因重排后,轻链的可变区基因片段随之发生重排,V 与 J 基因片段并列在一起。κ 轻链基因先发生重排,如果 κ 基因重排无效,随即发生 λ 基因的重排。

2. Vκ 基因结构

在人类,Vκ 基因片段有 85~100 个,编码 V 区氨基端的 1~95 位氨基酸,包括 CDR1、CDR2 和部分 CDR3。根据 DNA 相似性程度,Vκ 可分为 16 个组。在胚系 DNA 水平上,

Vκ 基因片段分散约占 2000 kb 之长,占人 2 号染色体长度的百分之一左右。Jκ 基因片段有 5 个,编码第 96～108 氨基酸。Jκ 与最后一个 Vκ 基因片段的 3′ 端相距为 23 kb,但与 Cκ 外显子靠得较近。Cκ 也只有 1 个,编码 C 区(109～214 氨基酸),所有 κ 轻链具有同一结构的 C 区。

人和鼠 Cκ 距最后一个 Jκ 基因片段约 2.5 kb。Vκ 与 Cκ 之间以随机的方式发生重组连接。人 κ 轻链 V 基因的排列多样性约为 500(100Vκ×5Jκ＝500)。

(1) k 家族(人和老鼠)的组成:V 基因(人<300、鼠～1000)、5 个 J(1 个假基因)、1 个 C 基因。

(2) κ 基因簇只有 1 个 C。

(3) V 与 C 之间 5 个 J(一个假基因)。

(4) 用到的每个 J 都可以成为 V 的外元终端。

(5) 整合 J 左边的缺失掉右边的拼接过程中作为内元。

8.4.4　λ 链基因的结构和重排

λ 链基因的结构

在大多数近交系小鼠中,有 4 个 Jλ 和 4 个 Cλ,根据其在胚系 DNA 上的分布位置可分为两组(cluster):Jλ2Cλ2Jλ4Cλ4(C2-C4 组)和 Jλ3Cλ3Jλ1Cλ1(C3-C1 组),每组基因片段长约为 5 kb。

在人类,λ 基因位于第 22 号染色体,Vλ 约有 100 个,不同亚型含 Cλ 数量在 6～9 个范围,每个 Cλ 与各自的 Jλ 基因片段相邻。λ 轻链的转录过程是某一个 Vλ 基因片段与某一个 Jλ 片段连接成 Vλ/Jλ 外显子,然后与邻近 Cλ 基因片段重组转录为初级 mRNA,再通过 mRNA 的剪接、翻译及修饰,成为成熟的 λ 轻链。

(1) λ 家族 V 基因后跟随着几个以 J 片段作为前导的 C 基因。

(2) 每个 C 片段前有 J 跟随。

(3) 只发生一次重组在 V 和 J-C 之间(V 和 J 的重组)。

8.4.5　体细胞高频突变、Ig 亲和力成熟和阳性选择

中心母细胞的轻链和重链 V 基因可发生体细胞高频突变(somatic hypermutation)。每次细胞分裂,IgV 区基因中大约有 1/1000 碱基对突变,而一般体细胞自发突变的频率为 $1/10^{10}$～$1/10^7$。体细胞高频突变与 Ig 基因重排一起导致 BCR 多样性及体液免疫应答中抗体的多样性。体细胞高频突变需要抗原诱导和 Tfh 细胞的辅助。

体细胞高频突变后,B 细胞可分为两种:大多数突变 B 细胞克隆中 BCR 亲和力降低甚至不表达 BCR,不能结合滤泡树突状细胞(follicle dendritic cell,FDC)表面的抗原进而无法将抗原提呈给 Tfh 获取第二信号而发生凋亡;少部分突变 B 细胞克隆的 BCR 亲和力提高,表达抗凋亡蛋白而继续存活。这就是 B 细胞成熟过程中的阳性选择,也是抗体亲和力成熟的机制之一。

8.5 肿瘤的免疫治疗

癌症是突变细胞生长不受控制造成的,而治疗癌症最重要的就是控制肿瘤细胞的转移,因此治疗癌症时需要消除所有突变细胞的同时又要减少对患者自身的伤害。肿瘤免疫治疗就是通过免疫学原理和方法诱导免疫应答来区分肿瘤细胞和正常组织细胞,提高肿瘤细胞的免疫原性和杀伤免疫细胞的敏感性,激发和增强机体的抗肿瘤免疫应答,进而特异性杀伤特定的肿瘤细胞,同时利用免疫细胞和分子体外过继注射至患者体内协助机体的抗肿瘤免疫效应,以最终达到保护机体的目的。

一个多世纪以来,科学家们一直致力于探索治疗癌症的免疫疗法。1908 年,Paul Ehrlich首次提出利用人体的免疫系统即抗体分子可以治疗肿瘤并因此贡献获得诺贝尔奖,之后Lewis Tomas 和 Frank MacFarlane Burnet 两位科学家提出了"免疫监视"学说,获得了1960 年的诺贝尔奖。随着肿瘤免疫研究的深入,"免疫监视"学说已经贯穿肿瘤发生发展的三个阶段即清除、平衡和逃逸阶段。在清除阶段,免疫系统会识别并杀伤肿瘤细胞,倘若肿瘤细胞没有清除成功就会进入平衡阶段;在平衡阶段,肿瘤会发生突变以逃避免疫系统的杀伤;在逃逸阶段,肿瘤细胞通过免疫编辑获得了逃避免疫监视的能力,此阶段的肿瘤增殖能力很强,因此常常可被临床检测发现。

目前的肿瘤免疫治疗分为主动免疫治疗和被动免疫治疗两大类。主动免疫治疗旨在激发机体的抗肿瘤免疫应答,而被动免疫治疗则是向宿主过继输入具有抗肿瘤效应的细胞或分子以抑制肿瘤细胞的生长。在最近十年里,肿瘤免疫疗法才展示了新的潜能和希望,一些研究进展发现外科手术和化疗与免疫疗法的联合使用可有效降低肿瘤负荷,防止肿瘤的复发和转移。

8.5.1 肿瘤的主动免疫治疗

肿瘤的主动免疫治疗是将具有免疫原性的肿瘤疫苗包括提取的肿瘤抗原、灭活的自体肿瘤细胞、DNA 疫苗、抗独特型抗体肿瘤疫苗以及 DC 治疗性疫苗等,注射至肿瘤宿主体内激活自身针对肿瘤细胞的特异性免疫应答,以清除肿瘤细胞且不损伤正常细胞。肿瘤疫苗可诱发免疫系统的免疫记忆性,以发挥长期的免疫效应防止肿瘤的复发和转移。理论上以肿瘤抗原为基础研发的肿瘤疫苗可激活 T 细胞的特异性抗肿瘤免疫应答,被认为是理想的肿瘤免疫疗法,但是其开发难度较大,因为大多数肿瘤患者的肿瘤抗原相关多肽均不相同,而且还需要自体的 MHC 等位基因提呈,这就要求有效的肿瘤疫苗必须涉及一系列的肿瘤抗原。因此肿瘤疫苗具有一定的应用限制,既需要宿主具有较好的免疫功能,也需要宿主机体内的肿瘤细胞具有较好的免疫原性,才能保证肿瘤疫苗能够有效地激活宿主的抗肿瘤免疫效应,肿瘤疫苗一般适用于手术和化疗之后肿瘤负荷较低的患者。目前备受关注的肿瘤疫苗见表 8.1。

表 8.1　肿瘤疫苗

疫苗类型	疫苗制备	动物模型	临床应用
灭活肿瘤疫苗	灭活肿瘤细胞 + 佐剂 肿瘤细胞裂解产物 + 佐剂	黑色素瘤,结肠癌 等肉瘤	黑色素瘤,结肠癌等 黑色素瘤
纯化的肿瘤抗原	黑色素瘤抗原 热休克蛋白	黑色素瘤	黑色素瘤 黑色素瘤,肾癌,肉瘤
DC 疫苗	肿瘤抗原致敏的 DC 转染肿瘤抗原的 DC	黑色素瘤,B 细胞 淋巴瘤,肉瘤 黑色素瘤,结肠癌	前列腺癌,黑色素瘤, 非霍奇金淋巴瘤 各种癌症
DNA 疫苗	编码肿瘤抗原的质粒	黑色素瘤	黑色素瘤
病毒载体	腺病毒,编码肿瘤抗原的牛痘	黑色素瘤,肉瘤	黑色素瘤,前列腺癌
细胞因子和共刺激 分子增强型疫苗	转染细胞因子或 B7 基因的肿瘤细胞 转染细胞因子和致敏肿瘤抗原的 抗原提呈细胞	肾癌,肉瘤,B 细 胞淋巴瘤,肺癌	黑色素瘤,肉瘤 黑色素瘤,肾癌

1. 蛋白多肽疫苗

蛋白多肽疫苗是通过免疫、生化技术分离纯化或基因重组的方法制备肿瘤抗原多肽或蛋白多肽与佐剂等的融合蛋白,再结合特定的 MHC I 类分子作为疫苗。此类疫苗可激活肿瘤细胞特异性的 CTL,激活的 CTL 可直接作用于机体发挥主动免疫效应,也可用于过继免疫治疗。

2. DC 疫苗

T 细胞特异性识别肿瘤抗原奠定了肿瘤免疫治疗的基础,而由 MHC 分子提呈的肿瘤抗原多肽是肿瘤特异性 T 细胞杀伤的重要靶点。DC 是抗原提呈能力最强的专职 APC,负责处理加工肿瘤抗原并提呈给 T 细胞,激活 T 细胞的抗肿瘤免疫效应,DC 这种激活 T 细胞的能力为肿瘤疫苗的制备提供了另一个思路。目前治疗性 DC 疫苗主要有两种:一种是体外分离培养扩增 DC 后,将已知的肿瘤抗原或肿瘤细胞裂解产物预先致敏 DC,然后将致敏 DC 输到患者体内;另一种是直接诱导体内的 DC 增殖和成熟,再摄取肿瘤抗原处理加工后提呈并激活 T 细胞。DC 疫苗可有效激活 $CD4^+$ 和 $CD8^+$ T 细胞发挥杀伤肿瘤细胞的效应,但是 DC 疫苗的制备中需要找到更特异性的肿瘤抗原和更为高效的 DC 增殖分化的方法,才能保证 DC 疫苗的有效性。

Sipuleucel-T(Provenge)属于 DC 治疗性疫苗,已被批准用于临床治疗转移性前列腺癌。前列腺癌均表达前列腺酸性磷酸酶,因此此疫苗从外周血中提取单核细胞,再使用前列腺酸性磷酸酶融合蛋白和粒细胞-巨噬细胞集落刺激因子共同培养,诱导单核细胞分化为成熟的巨噬细胞,最后将制备而成的细胞注射到患者体内,激发患者体内针对肿瘤抗原-前列腺酸性磷酸酶的特异性免疫应答(图 8.9)。

3. HPV 疫苗

许多肿瘤的发生与病毒感染息息相关,预防这些感染的疫苗即可降低患癌的风险。由于人乳头瘤病毒(human papilloma virus,HPV)相关的抗原研究较清楚,所以 HPV 疫苗的研发较可行。2005 年,一项 HPV 疫苗的临床试验取得了重大突破,抗 HPV 的重组疫苗对宫颈癌相关的两种关键 HPV 毒株(HPV-16 和 HPV-18)引起的宫颈癌具有 100% 的预防作用,此疫苗可能通过诱导抗 HPV 抗体产生进而预防 HPV 感染宫颈上皮细胞。临床试验中将 HPV-16 的衣壳与明矾佐剂混合制备高度纯化的非传染性病毒样颗粒疫苗,然后将接种者分为三类:未感染 HPV-16 的疫苗接种者、感染 HPV-16 的安慰剂接种者和未感染 HPV-16 的安慰剂接种者。试验结果发现,未感染 HPV-16 的安慰剂接种者组女性的抗体滴度非常低,感染 HPV-16 的安慰剂接种者组女性体内的抗体滴度也较低,然而未感染 HPV-16 的疫苗接种者组女性体内的抗体滴度显著增高且长期存在,而且接受疫苗接种的女性之后未出现感染 HPV-16 的情况(图 8.10)。目前已推出的 Gardasi 抗 HPV 疫苗适用于女童和年轻女性预防 HPV-6、HPV-11、HPV-16 和 HPV-18 引起的宫颈癌。

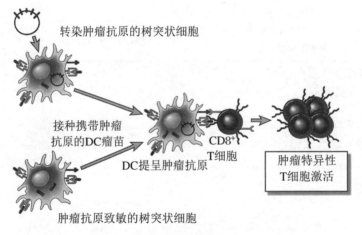

图 8.9　DC 疫苗

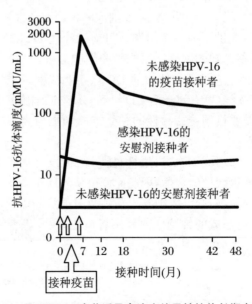

图 8.10　HPV-16 疫苗诱导高滴度特异性抗体长期存在

8.5.2 肿瘤的被动免疫治疗之过继免疫细胞疗法

　　肿瘤的被动免疫治疗是给宿主注射外源性免疫物质,包括抗体、免疫细胞和细胞因子等,以发挥被动的抗肿瘤免疫效应,此疗法可快速发挥作用而不依赖于宿主的免疫状态。

　　过继免疫细胞疗法是将具有抗肿瘤活性的免疫细胞输注给免疫功能低下的肿瘤患者,增强宿主的免疫应答,发挥直接或间接的杀伤肿瘤细胞的作用。

1. 肿瘤浸润性淋巴细胞疗法

　　肿瘤浸润性淋巴细胞(tumor-infiltration lymphocytes,TIL)是从外科手术中切除的肿瘤组织或淋巴结中,分离出浸润在其中的已被肿瘤抗原致敏且具有特异性杀伤肿瘤细胞作用的一类细胞,TIL 在体外经 IL-2 诱导扩增后再回输给肿瘤患者。TIL 是一群异质性细胞群,主要由 T 细胞构成,包括 NK 细胞和 B 细胞,TIL 比 LAK 具有更特异性的杀伤活性,而且 TIL 可分泌 IL-2、穿孔素和肿瘤坏死因子,这些因子可进一步促进宿主的抗肿瘤免疫应答。

2. 淋巴因子激活的杀伤细胞疗法

　　淋巴因子激活的杀伤细胞是将人外周血淋巴细胞或小鼠脾脏细胞,在体外与 IL-2 共培养扩增后,诱生出一类具有非特异杀伤肿瘤细胞作用的效应细胞,称为淋巴因子激活的杀伤细胞(lymphokine activated killer cell,LAK)(图 8.11)。LAK 是一群异质性的细胞群,其杀伤肿瘤细胞时不需要抗原致敏,也无 MHC 限制性。目前认为 LAK 主要来源于 NK 细胞,具有 NK 细胞样的标志(CD16 和 CD56),但是 LAK 与 NK 细胞又不同,LAK 的生长和效应的发挥依赖于 IL-2 的刺激。临床试验已证明 LAK 与 IL-2 联合应用才能够维持 LAK 的抗肿瘤活性,适用于黑色素瘤、淋巴瘤和结肠癌的治疗。迄今为止,人类 LAK 细胞治疗试验主要局限于转移性肿瘤的晚期病例,而且这种方法的疗效似乎因患者个体差异而效果各异。

　　(1) 细胞因子诱导的杀伤细胞疗法

　　细胞因子诱导的杀伤细胞(cytokine induced killer cell,CIK)是将人外周血或脐血单个核细胞(PBMC)在体外加 IL-2、IFN-γ、TNF-α 等多种细胞因子诱导分化,产生一群表达 CD3$^+$ CD56$^+$ 标

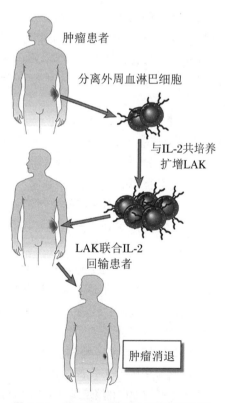

肿瘤患者

分离外周血淋巴细胞

与IL-2共培养
扩增LAK

LAK联合IL-2
回输患者

肿瘤消退

图 8.11　淋巴因子激活的杀伤细胞疗法

志且具有抗肿瘤活性的异质性细胞群,这群细胞既具有 T 细胞杀伤肿瘤细胞的活性,也具有 NK 细胞的不受 MHC 限制性。CIK 的杀伤活性和增殖效率均高于 LAK,临床上常用于白血病和实体瘤如结肠癌、肾癌、胰腺癌和肺癌等的治疗。

(2) 嵌合抗原受体修饰 T 细胞疗法

T 淋巴细胞是机体最重要的抗肿瘤效应细胞,通过 T 细胞受体识别肿瘤抗原才能进一步启动杀伤作用,因此 T 细胞对于肿瘤细胞的特异性识别这一属性在抗肿瘤免疫应答中极其关键。肿瘤细胞在宿主体内会通过各种机制逃逸 T 细胞的识别,但是近些年来有一项有趣的疗法就是,利用逆转录病毒载体将基因导入患者 T 细胞内,使得 T 细胞表达一种新型受体即嵌合抗原受体(chimeric antigen receptor,CAR)。CAR 是一种融合受体,它利用基因工程技术将能够特异性识别肿瘤抗原的抗体与 T 细胞的活化基序结合形成嵌合体,其胞外段含有抗原特异性结合区域,而胞内段则含有可以启动 T 细胞活化的信号区域,这就犹如给 T 细胞装备一套特异性的探测器,将抗体针对肿瘤抗原的特异性和高亲和性与 T 细胞的杀伤作用相联合,共同杀伤肿瘤细胞。与传统的过继 T 细胞疗法不同,CAR-T 细胞可通过自身胞外段的抗体特异性识别肿瘤抗原,而不再受 MHC 的限制性。

2010 年,美国 Kochenderfer 实验室通过给 CAR-T 细胞导入抗 B 细胞抗原 CD19 的抗体构建了 CD19-CAR-T 细胞,用于治疗一名复发性淋巴瘤患者并获得了明显缓解,这项研究中的 CD19-CAR-T 细胞胞外段含有特异性识别 CD19 的抗体,胞内段含有 T 细胞受体 CD3 复合物中的活化序列 ζ 链和 4-1BB 信号区域(TNF 受体超家族的成员)[图 8.12(b)],CD19-CAR-T 细胞在体外扩增后回输至患者体内发现,表达 CD19-CAR 的 $CD8^+$ T 细胞能够有效缓解急性淋巴细胞白血病的临床症状(图 8.12)。但是这种方法其实也具有副作用,因为 CD19-CAR-T 细胞在识别肿瘤细胞的同时也会杀伤正常 B 细胞,患者后续需要联合 IVIG 治疗。

CAR-T 细胞疗法的优势在于其高效的特异性杀伤作用且不受 MHC 限制性,但是 CAR-T 细胞疗法目前主要用于血液系统的肿瘤,由于实体瘤往往缺乏特异性的肿瘤抗原靶点使得其疗效欠佳。此外 CAR-T 疗法也有一些副作用,如 CAR-T 治疗过程可能会导致细胞因子释放综合征即"细胞因子风暴",CAR-T 在进入机体杀伤肿瘤细胞时会释放大量细胞因子(IL-6、IL-12、IFN-γ、IFN-α 和 TNF-α 等),引起患者发生急性呼吸窘迫综合征和多器官衰竭,因此在进行 CAR-T 治疗时还需注意细胞因子释放综合征。

(3) 免疫检查点疗法

肿瘤免疫疗法最主要的两种目的:一是增强肿瘤细胞的免疫原性,二是改善宿主的免疫抑制状态。基于增强肿瘤免疫原性的研究一直难有进展,而近年来免疫检查点疗法则在扭转肿瘤患者免疫抑制状态中展示了突出的潜力。免疫检查点分子是一类能够抑制 T 淋巴细胞活性的免疫抑制分子如 CTLA-4 和 PD-1,可抑制 T 细胞对正常组织的损伤,在免疫耐受中发挥重要作用,但是在肿瘤发生时它们则诱导免疫耐受使得肿瘤逃避免疫系统的杀伤。免疫检查点疗法则是干扰调节淋巴细胞的正常抑制信号,以提高抗肿瘤的免疫活性。

CTLA-4 与 DC 的 B7 分子结合后传递抑制信号,为自身反应性 T 细胞提供了一个检查点,这种负向调控需要被其他分子抑制后,T 细胞才能重新激活发挥作用。利用针对 CTLA-4 的抗体可明显降低 T 细胞活化的阈值,如 CTLA-4 抑制剂易普利姆玛(Ipilimumab)已被 FDA 批准用于治疗转移性黑色素瘤,接受治疗的黑色素瘤患者体内能够识别黑色素瘤表达的睾丸抗原的 T 细胞数目和活性明显增加,但是这种药物的副作用就是增加了自身免疫炎症发生的风险。

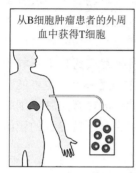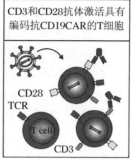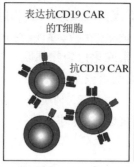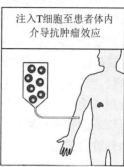

(a)

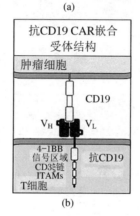

(b)

图 8.12　嵌合抗原受体 T 细胞

另一种检查点分子就是 PD-1(programmed cell death 1),T 淋巴细胞表达 PD-1,而 PD-1 的配体包括 PD-L1 和 PD-L2,PD-L1 广泛表达于众多人类肿瘤中。在肾癌的研究中发现 PD-L1 的表达量与预后不良有关。目前的临床试验显示,PD-1 抗体派姆单抗(pembrolizumab)对 30% 接受过治疗的黑色素瘤患者有效;而另一种 PD-1 抗体纳武单抗(nivolumab)也被批准用于转移性黑色素瘤。针对 CTLA-4 和 PD-1 及其配体的单抗的临床应用已成为肿瘤免疫治疗界的里程碑事件,CTLA-4 和 PD-1 的发现者 James P. Allison 和 Tasuku Honjo 也获得了 2018 年的诺贝尔医学奖。

(4) 抗肿瘤抗原的单克隆抗体导向疗法

多年来,抗体作为"灵丹妙药"的潜力一直吸引着研究人员,抗肿瘤抗原的单克隆抗体导向疗法一直是活跃的研究领域。目前,无论是在动物实验研究中还是在人体试验中,超过 100 种不同的单克隆抗体正在被考虑作为癌症的治疗药物,其中一些已经被批准用于临床。抗肿瘤抗原的单克隆抗体可能利用消灭微生物相同的效应机制来消灭肿瘤,包括调理和吞噬作用、激活补体系统以及抗体依赖的细胞介导的细胞毒作用等。

为了提高抗肿瘤抗原的单克隆抗体的有效性,人们尝试了许多不同的方法。肿瘤特异性抗体可与有毒分子、放射性同位素和抗肿瘤药物偶联,以促进这些细胞毒性药物特异性地传递到肿瘤细胞。肿瘤特异性抗体可通过结合 NK 细胞的 Fc 受体进而激活 NK 细胞以杀伤肿瘤细胞[图 8.13(a)]。肿瘤特异性抗体也可通过与毒素或酶融合进而提高杀伤活性,常用于偶联的毒素有蓖麻毒蛋白 A 链和假单胞菌毒素,偶联物中的抗体被肿瘤细胞内吞后,在内吞部位毒素与抗体分离释放出毒素链进而杀伤肿瘤细胞。在此基础改良的一种方法就是将肿瘤特异性抗体与无代谢毒性的前体药物的活化酶偶联,抗体携带酶锚定肿瘤细胞后,酶在肿瘤细胞附近产生大量活性细胞毒性药物杀伤肿瘤细胞[图 8.13(b)]。此外,肿瘤特异性抗体还可与放射性核素或化疗药物偶联,抗体与肿瘤细胞的结合将核素或药物带到肿瘤部位,当辐射剂量足够大则可以杀伤肿瘤细胞,但与此同时未结合抗体的癌旁组织也可能会被射线杀死[(图 8.13(c)]。总之,利用肿瘤特异性抗体治疗肿瘤的重要前提就是肿瘤细胞可以表达肿瘤特异性的抗原,这样才能使得细胞毒性作用、毒素和放射性核素特异性的靶向杀伤肿瘤细胞。

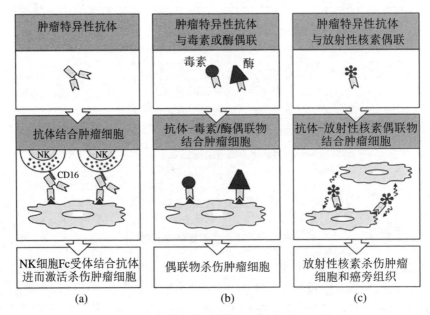

图 8.13　抗肿瘤抗原的单克隆抗体导向疗法

8.5.3　非特异性免疫调节剂治疗

1. 非特异性刺激剂

使用具有免疫调节作用的非特异性刺激因子可激发免疫系统的抗肿瘤效应,比如通过局部使用炎症物质或淋巴细胞多克隆激活剂进行全身治疗可激活抗肿瘤免疫应答。目前常用的非特异性刺激因子有卡介苗(BCG)、短小棒状杆菌(PV)、左旋咪唑(LMS)等。通过在肿瘤生长部位注射如卡介苗等炎症物质对肿瘤患者进行非特异性免疫刺激已尝试多年,卡介苗分枝杆菌激活巨噬细胞,从而促进巨噬细胞介导的肿瘤细胞的杀伤作用,目前常用的是囊内卡介苗治疗膀胱癌。短小棒状杆菌是灭活的革兰阳性厌氧杆菌制剂,可非特异性地增强免疫应答强度,提高 APC 的提呈抗原功能,如活化巨噬细胞增强其吞噬功能,临床适用于黑色素瘤、肝癌和肺癌等辅助治疗。左旋咪唑能够促进 T 细胞增殖和 NK 细胞的激活,改善肿瘤患者的免疫状态,同时不损伤正常细胞。常用于肿瘤放化疗后的辅助治疗。

2. 细胞因子

细胞因子具有非常广泛的生物学作用,可直接或间接参与抗肿瘤免疫应答,常用的细胞因子有 IL-2、IL-4、IL-6、IL-12、IFN-γ、TNF-α 和 GM-CSF 等。通过诱导肿瘤细胞表达共刺激因子和细胞因子,以及利用细胞因子刺激 T 淋巴细胞和 NK 细胞增殖分化,均可以增强宿主细胞介导的肿瘤免疫效应。肿瘤细胞由于缺乏共刺激物如不表达 II 类 MHC 分子可能导致弱免疫反应,而且它们不激活辅助 T 细胞。增强宿主抗肿瘤免疫应答的两种潜在方法是人为提供肿瘤特异性 T 细胞的共刺激分子,以及提供可以增强肿瘤特异性 T 细胞,特别是 CD8[+] CTL 活化的细胞因子 IL-2(图 8.14)。许多细胞因子就具有诱导非特异性炎症反应的潜力,这些炎症反应本身可能具有抗肿瘤活性。

细胞因子可用于治疗各种人类肿瘤,最早的临床经验是高剂量 IL-2 刺激 T 细胞产生其他细胞因子如 TNF 和 IFN-γ,这些细胞因子作用于血管内皮和其他细胞类型。大约 10% 的晚期黑色素瘤和肾细胞癌患者中,IL-2 已有效抑制肿瘤生长,目前已被批准用于黑色素瘤和肾细胞癌的治疗。IFN-α 也被批准用于恶性黑色素瘤、联合化疗和类癌肿瘤的治疗,同时也被用于治疗某些淋巴瘤和白血病。IFN-α 的抗肿瘤机制可能包括抑制肿瘤细胞增殖,增加 NK 细胞的细胞毒性,增加肿瘤细胞 MHCI 类分子的表达,使得肿瘤细胞更容易被 CTL 杀伤。细胞因子 TNF 和 IFN-γ 在动物模型中也具有有效的抗肿瘤活性,但由于严重的毒副作用而受到限制。此外,造血生长因子 GM-CSF 和 G-CSF 可以缩短化疗或自体骨髓移植后的中性粒细胞减少和血小板减少期。

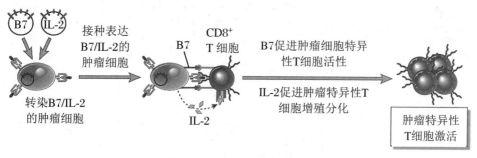

图 8.14　共刺激分子和 IL-2 促进肿瘤特异性 T 细胞激活

(吴凤娇　马彩云)

第 9 章　非 编 码 RNA

随着人类对生命规律认识的不断深入,科学研究的重点和热点也在不断变化。如今的生命科学领域正在经历着由基因组学(genomics)到蛋白质组学(proteomics)和到 RNA 组学(RNomics)的巨大变化。伴随着测序技术(例如微阵列技术和测序技术)的发展,转录组的多年研究提供了真核基因表达的机制范式。这推动了在理解基因组和转录组的复杂结构方面的巨大进步。人类和其他多细胞真核生物的基因组主要由非蛋白质编码 DNA 组成,只有一小部分(约 2%)被翻译成包含转录 RNA 的编码转录本。其他被转录为不同类别的非编码 RNA,包括结构 RNA(rRNA 和 tRNA)和调节 RNA(snRNA,miRNA,snoRNA,lncRNA),如图 9.1 所示,通过在转录和转录后水平参与基因的表达。

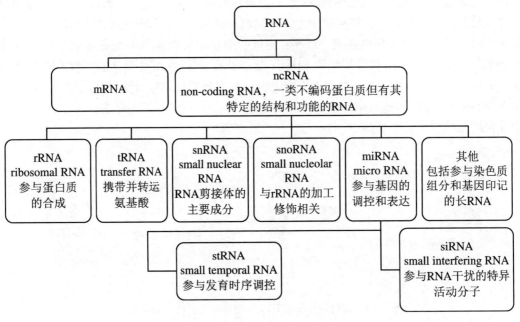

图 9.1　机体内 RNA 的主要分类

高等生物基因组转录产物的主体成分是 ncRNA,其中包括可编码蛋白质的转录物剪切下来的内含子以及可被剪接的与发育调控过程密切相关的独立存在并发挥功能的 ncRNA 转录物。内含子 RNA 在数量上占人类蛋白质编码转录物的 95% 左右,其序列高度复杂并含有重要的保守模式,提示在这些 RNA 中含有可与蛋白质编码序列同时表达且极其重要的调控信息。与此同时,细胞内还存在成千上万种 ncRNA 基因,至少占到人类转录物的一半,但大多数基因尚未被研究,很大程度上是由于对其重要性了解不够,事实上越来越多的证据提示这些 RNA 不仅普遍存在,而且十分重要。目前有证据表明在高等生物中所具有的大量复杂遗传现象如 RNA 干扰(RNA interference)、共抑制(co-suppression)、转基因沉默(transgene silencing)、甲基化作用(methylation)、印迹(imprinting)等均通过交叉通路对话相互关联,并通过 RNA 信号进行介导或联络。最近也有证据表明内含子和其他 ncRNA 可被加工成许多小片段(snoRNA 和 microRNA),而且其中至少有一部分能够执行反式作用(trans acting)调控功能。最近还发现染色质的结构也受 RNA 信号的调节。从上述的证据可以看出,ncRNA 非但不是进化过程中的残留物或怪异荒诞之类的物质,而是高等生物遗传控制机制的核心物质,构成与体内基因调控和基因间通信等功能密切相关的高级调节系统,从而可通过 RNA-DNA/染色质、RNA-RNA 和 RNA-蛋白质相互作用等方式促进真核细胞分化和发育过程中控制基因表达活性复杂网络的整合。同时,与蛋白质编码序列相比,这个系统(基于顺式作用和反式作用的 RNA 依赖的调节网络)被认为含有完全不同的并且通常更为精细的遗传信号,有可能是数量性状变异和疾病遗传易感性的核心,而且此种遗传易感性不同于与蛋白质功能丢失相关的严重表型的改变。

目前,这些重大的生物学问题人们还远没有研究清楚。最近定义为竞争性内源 RNA 的发现和新功能的研究将有助于开发出新方法来迅速识别与人类疾病相关的基因,并了解其功能和作用,从而提高诊断和治疗水平。当前小分子干扰 RNA 已经成为研究调控基因表达的常用技术手段,用这种技术研发新的小分子治疗药物,具有很好的前景。因此,RNA 研究不论从基础研究还是从应用前景来看都是十分重要的。

9.1　非编码 RNA 分类

非编码 RNA 种类繁多,家族庞大,在广泛的生物学过程中扮演着重要的角色。随着科学技术的快速发展和科研工作者的探索,越来越多的非编码 RNA 被鉴定出来,它们的功能也被科研工作者一一探索出来。非编码 RNA 发挥功能与 mRNA 不同,它们不需要翻译成蛋白质,可直接以 RNA 水平来调控生命活动。如 tRNA 在蛋白质合成过程中转运氨基酸,miRNA 可以通过靶向于 mRNA 进而调控其表达水平,还有一些长的非编码 RNA 可以作为支架结合一些蛋白改变其表达定位,或者形成复合体,导致其活性的改变等。

最初的非编码 RNA 研究可追溯到 20 世纪 50 年代,当时最早被发现的两类非编码 RNA 是核糖体 RNA(ribosome RNA,rRNA)和转运 RNA(transfer RNA,tRNA),二者在蛋白质翻译过程中起着关键作用。基因表达过程中,DNA 遵守碱基互补配对的原则,在 RNA 聚合酶的催化作用下进行转录,转录产物按照其编码蛋白质的能力分为两种,一类是可编码蛋白质的 RNA,即为信使 RNA(message RNA,mRNA);另一类是不可编码蛋白质的 RNA,统称为非编码 RNA。以 mRNA 作为模板,在转运 RNA 的运载作用以及相关酶和其他物质的作用下将氨基酸在核糖体上翻译为蛋白质多肽链。而另一部分 ncRNA 在发现初期,除了一些"管家"RNA,其他大量存在的 ncRNA 被认为是基因组中的暗物质,不具有生物学功能。目前非编码 RNA 的分类主要依据其序列长度,分为序列长度小于 200 个核苷酸的小分子 RNA(small ncRNA)和序列长度大于 200 个核苷酸的长链非编码 RNA（long non-coding RNA，lncRNA）。小分子 RNA 通常根据其功能又分为"管家"非编码 RNA，包括 tRNA、rRNA、核仁小 RNA（small nucleolar RNA，snoRNA）、引导 RNA（guide RNA，gRNA）、核小 RNA(snRNA)等。随着高通量测序技术的发展，另外一类小分子 RNA 的种类和功能逐渐被人们发现，它们都调控基因的表达，包括 microRNA(miRNA)、小干扰 RNA(small interfering RNA，siRNA)、短发卡 RNA(small hairpin RNA，shRNA)、核仁衍生 RNA（sno-derived RNA，sdRNA）、与 Piwi 蛋白相互作用的 RNA（Piwi-interacting RNA，piRNA)等。表 9.1 展示了部分 RNA 的种糊糊、细胞内位置和主要功能。除了链状非编码 RNA，近些年科学家们还发现了环状非编码 RNA(circular RNA，circRNA)，这种非编码 RNA 广泛存在于真核生物中，大部分由外显子环化形成，长度并没有明确范围。随着生物技术的发展，仍然有新的小分子非编码 RNA 逐渐被鉴定出来，并被探究功能。下面将选取几个典型的非编码 RNA 向大家简单介绍。

表 9.1 RNA 的种类、细胞内位置和主要功能

RNA 种类	缩写	细胞内位置	主要功能
核糖体 RNA	rRNA	细胞质	核糖体组成成分
信使 RNA	mRNA	细胞质	蛋白质合成模板
转运 RNA	tRNA	细胞质	转运氨基酸
微小 RNA	microRNA	细胞质	翻译调控
胞质小 RNA	scRNA/7SL-RNA	细胞质	信号肽识别体的组成成分
不均一核 RNA	hnRNA	细胞核	成熟 mRNA 的前体
核小 RNA	snRNA	细胞核	参与 hnRNA 的剪接、转运
核仁小 RNA	snoRNA	核仁	rRNA 的加工和修饰
线粒体核糖体 RNA	mt rRNA	线粒体	核糖体组成成分
线粒体信使 RNA	mt mRNA	线粒体	蛋白质合成模板
线粒体转运 RNA	mt tRNA	线粒体	转运氨基酸

1. tRNA

tRNA 分子较小，长度为 74~95 nt，其主要作用是在蛋白质合成中转运氨基酸。tRNA 基因全长约 140 个碱基对(bp)，基因成簇排列，外显子和内含子间隔分布。此外，一个转录单位还包括启动子和终止子等元件。tRNA 的合成包括起始、延长和终止 3 个阶段。真核生物转录起始需要转录因子与 RNA 聚合酶等形成转录起始复合物，共同参与转录起始过程；tRNA 的延长靠 RNA 聚合酶Ⅲ（Pol Ⅲ）的催化，合成方向为 $5'{\rightarrow}3'$；当 RNA 聚合酶行进到 DNA 模板的终止信号时，RNA 聚合酶就不再继续前进，转录终止。以上过程生成的是 tRNA 的前体，前体 tRNA 需要经过加工和修饰后才能成为有活性的、成熟的 tRNA。

2. rRNA

rRNA 是核糖体的组分之一，参与蛋白质的合成。在哺乳动物中，rRNA 占转录总

RNA 的 50% 以上,其基因在细胞中有几百个拷贝,转录的主要场所在核仁区,每个 rRNA 基因单位都包含了 rRNA 基因的启动子、增强子、基因间启动子、复制起点、转录终止子和复制叉等元件。哺乳动物中 47S 的 rRNA 前体由 DNA 依赖的 RNA 聚合酶 I 转录,之后被加工成成熟的 18S、5S、5.8S 和 28S 的 rRNA,再与 Pol III 转录的 5S rRNA 一起参与组成核糖体主要的催化和结构中心。rRNA 基因在转录和转录后加工过程中能对外界环境变化做出响应,并与细胞周期有关。

3. siRNA

siRNA 是由双链 RNA (dsRNAs)经 Dicer 加工而成的一类小 RNA,它被加载到 Ago2 上,通过完美或近乎完美的碱基对规则介导目标 mRNA 的切割,这一生物学过程被称为 RNA 干扰(RNAi),可广泛用于体内外调节基因表达。

4. miRNA

miRNA 在真核细胞中普遍存在,是由一大类非编码小 RNA(21~23 nt)组成的。作为内源性的翻译抑制因子,miRNA 主要通过与靶 mRNA 的 3′-非翻译区的碱基互补配对而起作用。miRNA 来源于主要由 RNA 聚合酶 II 合成的长转录本。经过修饰成为成熟的单链 miRNA 与 Ago 蛋白结合,通过碱基互补配对抑制靶基因表达。

5. snRNA

snRNA 是 30 年前首次发现的非编码 RNA 中必不可少的一类。许多证据充分表明 snRNA 与有关蛋白结合形成小核糖核蛋白体(snRNP)参与 RNA 加工事件,分子较小,含 50~200 nt,snRNA 在核内转录,但 snRNP 在胞浆组装,发挥功能则又在核内,所以需要跨核膜转运。

6. snoRNA

snoRNA 是一类保守的核 RNA,它们在核小 RNA(snRNA)或核糖体 RNA(rRNA)的修饰中起作用,或在核糖体亚基成熟过程中参与 rRNA 的加工。它们是一类典型的 ncRNA,在脊椎动物中,除少数 snoRNA 基因单独转录外,大部分 snoRNA 由蛋白质编码基因的内含子编码。

7. lncRNA

一般来说,lncRNA 被定义为不能翻译成蛋白质的长度大于 200 多个核苷酸的长 RNA 转录本。研究表明,lncRNA 在剂量补偿效应、表观遗传调控、细胞周期调控和细胞分化调控等众多生命活动中发挥着重要作用,成为表观遗传学研究热点。相关的分子机理大致分为四种(信号分子、诱饵分子、引导分子和支架分子)。由于长链非编码 RNA 数量庞大和复杂的作用机理,这个领域仍然需要科学家们不断地探索。

8. circRNA

circRNA 是一种内源性非编码 RNA(ncRNAs),一般由前体 mRNA(pre-mRNA)通过

典型剪接和头尾后剪接产生。这种没有 poly 尾巴的结构使得 circRNA 对核糖核酸酶高度不敏感。同时，环状 RNA 的分布具有组织特异性和发育分期特异性。环状 RNA 有五种潜在的生物学功能：① 促进其亲本基因的转录。② 作为 miRNA 的海绵。③ RNA 结合蛋白海绵。④ 编码的蛋白质。⑤ 充当 mRNA 的捕捉器。

ncRNA 基因数量巨大，除上述几种 ncRNA 外，转移信使 RNA（transfer-messenger RNA，tmRNA）、小胞浆 RNA（small cytoplasmic RNA，scRNA）、信号识别颗粒 RNA 等也都属于 ncRNA，它们在染色体复制，转录调节，RNA 加工、修饰，mRNA 稳定性和翻译以及蛋白质降解和转运过程中都起了重要的作用。近年来人们对 ncRNA 的研究极大加快了 RNA 组学（RNomics）的研究步伐，ncRNA 比以前想象的要丰富和重要得多，"RNA 世界"中仍有大量的未知 RNA 有待于人们去发现。

本章将结合近些年的研究热点，向大家分别具体介绍 lncRNA、siRNA、miRNA 的生物学功能、研究价值和应用价值，最后讨论非编码 RNA 在肿瘤，免疫和生殖等相关疾病中的作用功能，旨在为同学们在学习基本理论知识的同时，拓宽视野，为将来的工作学习打下基础。

9.2　小非编码 RNA

1998 年，Andrew Fire 和 Craig Mello 发表了一篇开创性的论文，确定双链 RNA（dsRNA）是秀丽隐杆线虫的转录后基因沉默（PTGS）的病原体，这种现象被称为 RNA 干扰（RNAi）。RNAi 的发现解释了令人费解的植物和真菌基因沉默现象，并掀起了一场生物学革命，该革命最终表明非编码 RNA 是多细胞生物中基因表达的主要调节因子。1992 年，Elbashir、Caplen 及其同事报告说21 和 22 个核苷酸 dsRNA 可以在哺乳动物细胞中诱导 RNAi 沉默，而不会引起非特异性干扰反应。这些小的干扰 RNA（siRNA）很快就成为生物学研究中的普遍工具，因为它们允许仅通过碱基序列轻松抑制任何基因。对于药物开发而言，siRNA 的潜力和多功能性，抑制编码的蛋白质的基因的前景以及可以在不改变体内药代动力学的情况下重新靶向的"可编程"药物的潜力具有重要意义。2001 年，RNA 干扰技术成功应用于培养的哺乳动物细胞基因沉默，同年，RNAi 被《科学杂志》评为 2001 年十大科技进步之一。截至 2003 年，人们应用 RNAi 的治疗技术已经成立了多家公司，Andrew Fire 和 Graig Mello 因此获得了 2006 年诺贝尔医学生理学奖。随着 RNAi 现象研究的深入，RNA 干扰技术已广泛应用于基因功能探索、药物靶基因筛选、恶性肿瘤、感染性疾病的基因治疗等领域。

9.2.1　siRNA

1. siRNA 的特征

siRNA 是一类由 Dicer 从双链 RNA（dsRNA）处理的小 RNA，它们被装载到 Ago2 上并通过完美或接近完美的碱基配对规则介导靶 mRNA 的裂解。这种生物学过程被称为 RNA 干扰,并广泛用作调节体内和体外基因表达的工具。内源性 siRNA(endo-siRNA)首先在酵母中被发现,然后在植物、蠕虫和果蝇中被发现。除了在细胞质中的转录后基因沉默中发挥着很好的作用外,有人还提出了内部 siRNA 在细胞核中起指导分子的作用,将其相关的蛋白质因子引导至特定的基因组区域并促进 DNA 甲基化。在酵母和蠕虫中,Dicer 会通过 RNA 依赖性 RNA 聚合酶(RdRP)产生的 dsRNA 前体对内切 siRNA 进行加工。鉴于在果蝇或哺乳动物中未鉴定到 RdRP,某些物种中天然存在的 dsRNA 细胞类型,包括发夹-dsRNA,反义转录物来源的 dsRNA 和顺-反义转录物来源的 dsRNA,被认为是 Dicer 加工的内在 siRNA 前体。在哺乳动物中,科学家最早在鼠卵母细胞和胚胎干细胞中出现了内源性 siRNA。与许多生物在抗病毒防御中的进化保守作用一致,最近发现 RNAi 在哺乳动物中起着抗病毒免疫的作用。也有报道表明,内源性 siRNA 在小鼠生精细胞中也有表达,但它们在这些细胞中的功能仍不清楚。

2. RNA 干扰的机制

病毒基因、人工转入基因、转座子等外源性基因随机整合到宿主细胞基因组内,并利用宿主细胞进行转录时,常产生一些 dsRNA。宿主细胞对这些 dsRNA 迅速产生反应,RNAi 发生大致分为以下四个基本步骤:① RNase Ⅲ Dicer 将长 dsRNA 加工成小的干扰 RNA(siRNA)双链体。② 将其中一条 siRNA 链加载到具有内切核酸酶活性的 Argonaute 蛋白上。③ 靶标识别通过 siRNA 碱基配对。④ Argonaute 的核酸内切酶活性切割靶标。这个基本途径多样化并与使用小 RNA 的其他 RNA 沉默途径融合。在某些生物中,RNAi 通过使用 RNA 依赖性 RNA 聚合酶的扩增环扩展,该酶从一级 siRNA 的靶标产生二级 siRNA,从而使 RNAi 的作用进一步放大,最终将靶 mRNA 完全降解。

RNAi 发生于除原核生物以外的所有真核生物细胞内。需要说明的是,由于 dsRNA 抑制基因表达具有潜在高效性,任何导致正常机体 dsRNA 形成的情况都会引起不需要的相应基因沉寂。所以正常机体内各种基因有效表达有一套严密防止 dsRNA 形成的机制。怀特黑德生物医学研究所的 Benjamin Lewis 等研究人员发现小 RNA 能通过阻断蛋白质合成的方式调控基因表达。他们借助一个计算模型来确定小 RNA 和对应的基因,发现了 miRNA 控制很大一部分生命功能的证据。

研究人员比较了人类与狗、鸡、鼠的基因组,对这几个物种共有的蛋白质合成基因与 miRNA 寻求对应关系。结果发现,尽管这几个物种在 3.1 亿年前就开始“分家”(各自进化),但它们的基因组中受 miRNA 调控的基因占三分之一左右,而且这些基因在进化过程中都得以保存而未发生变化。Benjamin Lewis 说,随着更多的基因组数据发布以及实验技术的进步,还可能发现更多的基因是由小 RNA 调控的。

3. RNAi 的特征

(1) RNAi 是转录后水平的基因沉默机制。

(2) RNAi 具有很高的特异性,只降解与之序列相应的单个内源基因的 mRNA。

(3) RNAi 抑制基因表达具有很高的效率,表型可以达到缺失突变体表型的程度,而且相对很少量的 dsRNA 分子(数量远远少于内源 mRNA 的数量)就能完全抑制相应基因的表达,是以催化放大的方式进行的。

(4) RNAi 抑制基因表达的效应可以穿过细胞界限,在不同细胞间长距离传递和维持信号甚至传播至整个有机体以及可遗传等特点。

(5) dsRNA 不得短于 21 个碱基,并且长链 dsRNA 也在细胞内被 Dicer 酶切割为 21 bp 左右的 siRNA,并由 siRNA 来介导 mRNA 切割。大于 30 bp 的 dsRNA 不能在哺乳动物中诱导特异的 RNA 干扰,而是细胞非特异性和全面的基因表达受抑和凋亡。

(6) ATP 依赖性:在去除 ATP 的样品中,RNA 干扰现象降低或消失显示 RNA 干扰是一个 ATP 依赖的过程,可能的原因是 Dicer 和 RISC 的酶切反应必须由 ATP 提供能量。

9.2.2　microRNA(miRNA)

1. miRNA 的特征

miRNA 是 19~25 个核苷酸的 RNA 分子,可调节转录后靶基因的沉默。单个 miRNA 可以靶向数百个 mRNA,并且经常影响参与功能相互作用途径的许多基因的表达。已显示 miRNA 与许多疾病的发病机理有关,包括自身免疫疾病、肿瘤的发生和生殖障碍等。

miRNA 具有高度的保守性、时序性和组织特异性。miRNA 在各个物种间具有高度的进化保守性,并且在茎部的保守性最强,在环部可以容许存在更多的突变位点。在脊椎动物和非脊椎动物中有 15% 已知 miRNA 具有高度的保守性,这些保守性片段有的仅有一两个碱基的差别,而在脊椎动物中已发现的 miRNA 有一半具有同源性。线虫中 85% 的 miRNA 在 C.briggsaze 基因序列中有同源物,约 12% 的 miRNA 在线虫、果蝇和植物中呈现保守性。有些研究者认为,所有的 miRNA 可能在其他物种中都有同源物。这种高度的物种间保守性可能与其功能有着密切的关系。miRNA 的时序性和组织特异性则表现在生物发育的不同阶段里有不同 miRNA 表达,在不同组织中表达有不同类型的 miRNA。如 miR-21 只在心肌组织中表达,而在其他组织中则检测不到;小鼠中 miR-21 的表达只在胚胎形成阶段可以探测到。miR-3~miR-7 基因只在果蝇早期胚胎形成时表达,而 miR-21、miR-28 和 miR-212 的含量在果蝇幼虫阶段急剧上升并在成虫期维持在较高水平。与此同时,在所有阶段都存在的 miR-29 和 miR-211 的含量却急剧减少。基因表达的严格或不严格时序性,表达水平的显著变化,以及所在组织和细胞的特异性,都暗示着 miRNA 可能参与了深远而复杂的基因表达调控,并决定发育和行为等的变化。绝大多数 miRNA 定位于基因间隔区、编码基因的内含子区或非编码 RNA 的外显子和内含子区;miRNA 基因不是随机排列的,而是以单拷贝、多拷贝或基因簇等多种形式存在于基因组中,其中有许多是成簇的,且簇生排列的基因常常协同表达。最典型的是一组高度相关的 miRNA 基因(miR-35~miR-41)集中簇生在秀丽隐杆线虫 2 号染色体的 1 kb 片段上,并从同一个前体上加工形成 7 个成熟的 miRNA。

2. miRNA 的产生和作用机制

miRNA 是高度保守的基因家族。作为内源性产生的 RNA 分子,miRNA 通常来源于长链 RNA(约 1000 bp)的初始转录产物初级 miRNA(pri-miRNA)。miRNA 包含约 22 个核苷酸,其通过与靶 mRNA 的特定序列结合而在转录后水平上抑制基因转录。目前,miRNA 被认为是基因转录的关键调节因子。在生成 miRNA 的过程中,RNA 聚合酶 Ⅱ 最初将编码 miRNA 的基因转录为长的 pri-miRNA,该初级 miRNA 被 Drosha 和 DGCR8(也称为 Pasha)降解,其中包含双链 RNA(dsRNA)结合域。这个过程发生在细胞核中,产生前体 miRNA(pre-miRNA)。pre-miRNA 结构中存在一个单链发夹环。位于细胞核膜上的 Exportin-5 将 pre-miRNA 转移到细胞质中,然后被称为 Dicer 的 RNase Ⅲ 酶降解,从而生成含有约 22 个核苷酸的成熟 miRNA。之后,成熟的 miRNA 与 Argonaute(AGO)蛋白家族成员结合形成 RNA 诱导的沉默复合物(RISC)。

RISC 的作用模式分为 3 种:① 以线虫 lin-4 为代表,作用时与靶标基因不完全互补结合,进而抑制靶 mRNA 的翻译而不影响它的稳定性,此种方式在动物中多见。② 以拟南芥 miR-171 为代表,作用时与靶标基因完全互补结合,作用方式和功能与 siRNA 非常类似,最后降解靶 mRNA,此种方式常出现于植物中。③ 以 let-7 为代表,当与靶标基因完全互补结合时直接靶向切割 mRNA,如果蝇和 HeLa 细胞中 let-7 直接介导 RISC 分裂切割靶 mRNA;当与靶标基因不完全互补结合时,起调节基因表达的作用,如线虫中的 let-7 与靶 mRNA 的 3′端非翻译区不完全配对结合后,阻遏调节基因的翻译。

3. 结语

近几年来,对 miRNA 的研究已经成为生命科学领域中的一个重要方向。miRNA 分布范围广泛,参与的生物学过程复杂,调控的靶基因众多。因此,研究 miRNA 的功能及作用机制有重要意义。随着一个又一个 miRNA 分子被揭开神秘的面纱,一串又一串新的问题也出现在我们眼前:① 由于 miRNA 的长度很短,而且和靶基因间并非完全互补配对,因此若想准确地预测、简单地评判 miRNA 的靶基因是十分困难的,如何精确预测 miRNA 及其靶基因仍需要不断地探索。② 在不同的条件下,miRNA 以不同的作用机制抑制靶基因的表达,然而,miRNA 究竟是如何选择沉默的机制或通路的呢? ③ miRNA 的发现只是小分子 RNA 研究的一部分,生物体内其他几种小分子非编码 RNA,如 piRNA、esiRNA 等的功能和作用机制人们还知之甚少,这将成为后基因组时代的一项重要课题。以上问题的解决,将帮助我们更好地理解高等真核生物基因组的复杂性和复杂的基因表达调控网络,有利于我们进一步理解 miRNA 在生物发展中的作用,为人们利用 miRNA 进行临床诊断和治疗提供新的依据。

9.3 lncRNA 概述

9.3.1 lncRNA 调控机制

长链非编码 RNA(long non-coding RNA,lncRNA)为长度大于 200 个核苷酸且基本不

编码蛋白质的转录本,最初发现时被认为是基因表达产物中的暗物质。近些年的研究表明lncRNA 在疾病发生、细胞周期、干细胞分化等生物进程中发挥作用,相关的分子机理大致分为 4 种(信号分子、诱饵分子、引导分子和支架分子)。由于长链非编码 RNA 数量庞大和复杂的作用机理,这个领域仍然需要科学家们不断地探索。本章节结合近些年的研究进展,从 lncRNA 的定义与分类、分子机理、生物学功能等方面进行介绍。

在真核生物的基因组中,编码蛋白质的基因占的比例非常小,人类(Homo sapiens)的基因组中只有大约 1.5% 的 DNA 有编码蛋白质的功能。最初的非编码 RNA 研究可追溯到20 世纪 50 年代,当时最早发现的两类非编码 RNA 是核糖体 RNA(ribosome RNA,rRNA)和转运 RNA(transfer RNA,tRNA),二者在蛋白质翻译过程中有着关键作用。基于大规模基因组与转录组测序,研究人员发现人类的 15 种细胞里的非编码区域占初始转录本的74.7%,占加工后转录本的 62.1%。基因表达过程中,DNA 遵守碱基互补配对的原则,在RNA 聚合酶的催化作用下进行转录,转录产物按照其编码蛋白质的能力分为两种,其中一类是可编码蛋白质的 RNA,即为信使 RNA(message RNA,mRNA),另一类是不可编码蛋白质的 RNA,统称为非编码 RNA(non-codingRNA,ncRNA)。mRNA 作为模板,在转运RNA 的运载作用以及相关酶和其他物质的作用下将氨基酸在核糖体上翻译为蛋白质多肽链。而另一部分 ncRNA 在发现初期,除了一些"管家"RNA,其他大量存在的 ncRNA 普遍被认为是基因组中的"垃圾 DNA",不具有生物学功能。目前非编码 RNA 的分类主要依据其序列长度,分为序列长度小于 200 个核苷酸的小分子 RNA(small ncRNA)和序列长度大于 200 个核苷酸的长链非编码 RNA(long non-coding RNA,lncRNA)。小分子 RNA 通常根据其功能又分为"管家"非编码 RNA,包括 tRNA、rRNA、小核仁 RNA(small nucleolar RNA,snoRNA)、引导 RNA(guide RNA,gRNA)和小核 RNA(small nuclear RNA,snR-NA)等。随着高通量测序技术的发展,另外一类小分子 RNA 的种类和功能被发现,它们都调控基因的表达,包括 microRNA(miRNA)、小干扰 RNA(small interfering RNA,siR-NA)、短发卡 RNA(small hairpin RNA,shRNA)、核仁衍生 RNA(sno-derived RNA,sdR-NA)、与 Piwi 蛋白相互作用的 RNA(Piwi-interacting RNA,piRNA)等。除了链状非编码RNA,近些年也发现了环状非编码 RNA(circular RNA,circRNA),这种非编码 RNA 广泛存在于真核生物中,大部分由外显子环化形成,长度并没有明确范围。随着生物技术的发展,一些新的小分子非编码 RNA 也逐渐被鉴定出来,其功能也逐渐被探究出来。

9.3.2 长链非编码 RNA 的定义与分类

长链非编码 RNA 是最早于 1989 年在小鼠(Mus musculus)体内发现 H19,但是当时并没有对长链非编码 RNA 做出明确的定义与归类。21 世纪初,随着非编码 RNA 研究持续升温,lncRNA 的功能与作用机制逐渐吸引着大批研究人员,人们虽然在功能机制研究上较多,但是却无法给 lncRNA 做一个全面的定义,被人们普遍认同的一个基本定义就是 ln-cRNA 是一类长度大于 200 个核苷酸且不具有编码蛋白质能力的 RNA。当然 lncRNA 与mRNA 有许多相似的特征,例如大多数的 lncRNA 由 RNA 聚合酶 II 转录;经剪接后具有polyA 尾巴和启动子结构;存在可变剪接。与 mRNA 不同的是,lncRNA 主要存在于细胞核中;表达量不如 mRNA 多;保守性比较低;表达具有时空特异性等。传统上认为 lncRNA 不具备编码蛋白质的能力,但近几年的一些研究发现,少量的 lncRNA 可以编码肽类,从而调控生物进程,Matsumoto 等发现 lncRNA LINC00961 可以编码一种小肽 SPAR 进而调控肌肉的再生;Olson 研究团队发现一种在骨骼肌中特异表达的 lncRNA 可以编码微肽 MLN (myoregulin),进而调控 SERCA 酶在肌肉中的活性;Ransohoff 等也发现目前注释为 lincRNA 的一些序列包含小的开放阅读框(smORF),并编码功能性肽,更适合归类于编码 RNA。这些研究表明 lncRNA 的编码能力远比之前想象的复杂,需要继续研究并将其完善。lncRNA 的分类并没有明确统一的标准,通常根据其与编码基因的相对位置,可以基本分为:基因间 lncRNA(lincRNA)、正义链 lncRNA(Sense lncRNA)、反义链 lncRNA(Antisense lncRNA)、非翻译区 lncRNA(UTR-associated lncRNA)、启动子相关 lncRNA(PancRNA)、内含子区 lncRNA(Intronic RNA)、增强子相关 lncRNA 等,lncRNA 在基因组上转录的位置往往决定其作用机制和相关功能。另外也有根据 lncRNA 的作用将其分类,大致分为 4 类:信号分子、诱饵分子、引导分子和支架分子。lncRNA 作为信号分子,参与某些信号通路的传导,一些 lncRNA 具有调控下游基因转录的作用,能够反映基因的时空表达;作为诱饵分子,lncRNA 可以结合并移除一些转录因子或蛋白质来调控基因表达;作为引导分子,lncRNA 可以招募染色质修饰酶顺式或反式作用靶基因;作为支架分子,lncRNA 可以结合多种蛋白质形成复合物,在染色质上进行组蛋白修饰等作用。lncRNA 有多种方式调控基因表达。① lncRNA 可干扰转录因子与靶基因的结合。② lncRNA 与小 RNA 共同作用影响编码基因的表达。③ lncRNA 与蛋白质结合充当核糖核蛋白的支架。④ lncRNA 与染色质结合调控染色质的重塑。⑤ lncRNA 还可以与 mRNA 结合影响 mRNA 的翻译、剪切和降解。主要在表观遗传水平、转录水平和转录后水平调控基因的表达。

9.3.3 长链非编码 RNA 调控水平与机理

1. 表观遗传水平调控

lncRNA 可以在表观遗传水平上对基因进行调控。表观遗传是指 DNA 序列没有发生变化,但基因表达发生了可遗传的改变,表观遗传主要包括剂量补偿效应、染色质修饰、基因组印记。

(1) 剂量补偿效应

lncRNA 在调节等位基因表达方面的研究,较为清楚的就是剂量补偿效应。Muller 和 Gershenson 在果蝇(*Drosophila*)中发现并命名了剂量补偿效应。性别间染色体差异普遍存在于哺乳动物和其他动物中,而剂量补偿机制目的是平衡雌性和雄性 X 染色体连锁基因的表达量。在哺乳动物中,剂量补偿的机理是沉默雌性动物的其中一条 X 染色体上的大部分基因,使雌性和雄性一样,这种调控方式也被称为 X 染色体失活(X chromosome inactivation,XCI),最早是由 Lyon 年提出的。Xist 是一条长达 17 kb 的 lncRNA,由一条 X 染色体上 *XIST* 基因转录而来,在 X 染色体失活的过程中起关键的调控作用,在其中一条 X 染色体失活过程中,原本被抑制的 lncRNA Xist 表达量上调。Xist 能够招募 PRC2(polycomb repressive complex 2)形成 Xist-PRC2 复合物,通过这种复合物使组蛋白第 27 个赖氨酸发生三甲基化(H3K27),进而沉默 X 染色体上相关基因,使之失活。Sun 等发现 lncRNA Jpx 可作为 Xist 的激活剂,在 XCI 之前,CTCF 蛋白抑制 Xist 转录,在 XCI 开始时,Jpx RNA 上调,并结合 CTCF,并从 Xist 等位基因中解离出 CTCF,进而激活 Xist。起相反作用的 lncRNA Tsix 是 Xist 下游启动子起始转录的一条反义 RNA,有着抑制 Xist 转录的作用。Loos 等获得了 Tsix 和 Xist 分别表达的小鼠胚胎干细胞细胞系,证明这两种 lncRNA 在同一种细胞系中的表达属于对立关系。另有研究表明,利用果蝇的剂量补偿机制(dosage compensation mechanism,DCM),证明了染色体基因剂量失衡导致的染色体不稳定(chromosomal instability,CIN),进而导致的非整倍体可诱导肿瘤的发生。

(2) 染色质修饰

染色质修饰是指对染色质的组成部分(包括 DNA 和组蛋白等)进行化学基团的去除和添加的过程,例如甲基化和去甲基化、乙酰化和去乙酰化、磷酸化和去磷酸化、泛素化等。染色质的状态是转录活性的决定因素之一,目前已有大量的研究表明 lncRNA 可以对染色质修饰的过程起一定作用,进而调控基因的表达。Hox(homeotic genes)基因是生物体中一类专门调控生物形体的基因,Hox 基因家族分为 4 个亚族,分别是来自于 7 号染色体上的 Hoxa 基因簇、17 号染色体上的 Hoxb 基因簇、12 号染色体上的 Hoxc 基因簇、2 号染色体上的 Hoxd 基因簇。Rinn 等首次在人成纤维细胞中发现的一条长 2.2 kb 的 lncRNA,并命名为 HOTAIR,由 Hoxc 基因簇位点转录而来,HOTAIR 可以招募 PRC2 复合体,使 Hoxd 基因簇上组蛋白第三亚基二十七号赖氨酸发生三甲基化(H3K27me3),进而反式抑制 Hoxd 基因簇上长达 40 kb 的转录本。随后 Tsai 等发现 HOTAIR 作为支架作用的 lncRNA 可以结合至少两个组蛋白修饰复合体,除了 HOTAIR 5′端可以结合 PRC2 形成复合体,其 3′端还可以结合 LSD1/CoREST/REST 复合体,使组蛋白 H3K4 去甲基化,进而调控目标基因的表达。Wang 等首先确定了从 Hoxa 的 5′端转录而来的反义 RNA,称为 HOTTIP,HOTTIP 的缺失可以影响 Hoxa 的 5′端组蛋白的修饰情况,但不会影响染色质的整体结构,HOTTIP 能够招募 WDR5 和 MLL 复合物定位于 Hoxa 基因簇所在的区域上,使组蛋白第三亚基四号赖氨酸发生三甲基化(H3K4me3),进而激活 Hoxa 基因簇的表达。

(3) 基因组印记

基因组印记又称为遗传印记,是指通过一些修饰,在一个基因或基因组上标记其双亲来源信息的生物学过程,这类基因的表达取决于来自父本还是母本以及其所在的染色体上该基因是否发生沉默。有些印记基因只从母源染色体上表达,而有些则只从父源染色体上表达。在精卵结合时,来自父本和母本的等位基因发生了修饰,例如 DNA 甲基化修饰、组蛋白甲基化和乙酰化等修饰,使带有亲代印记的等位基因具有不同的表达特性。在印记基因簇上有大量的非编码 RNA 的转录本。目前许多研究发现 lncRNA 对印记基因簇上的等位基因特异表达非常重要,lncRNA H19 早在 1993 年就被发现是位于人染色体 11p15 的印记基因,属于父源印记母源表达。与 H19 表达模式相似的胰岛素样生长因子 2(insulin like growth factor 2,Igf2)是一种重要的生长因子,具有编码蛋白质的功能。H19 和 Igf2 基因之间存在印记控制区(imprint control region,ICR),在母本的染色体上,ICR 是处于未发生甲基化状态,可以作为绝缘子与锌指蛋白 CTCF 结合,进而阻断下游增强子与 Igf2 的结合,因此增强子与 H19 的启动子结合增加,促进 H19 的表达。相反,在父本的染色体上,ICR 是处于甲基化状态,无法与锌指蛋白 CTCF 结合,因此下游增强子只能与 Igf2 的启动子结合,促进 Igf2 的表达,而 H19 则被抑制表达。关于 lncRNA 与 mRNA 相关联的印记基因簇还有 Sleutels 等发现的由父源基因表达的 lncRNA Air 与 3 个由母源基因表达的蛋白质编码基因(IGF2r、Slc22a2 和 Slc22a3),Air 的启动子定位在母源等位基因超甲基化的一个 CpG 岛,超甲基化抑制 lncRNA Air 在母源等位基因上的转录,可使两侧的 IGF2r 等表达;而在父源等位基因上 lncRNA Air 的启动子未发生甲基化,其表达可以抑制 3 个编码基因的表达。当 lncRNA Air 的转录本被截断后,IGF2r 等基因簇会再激活,表明完整长度的 lncRNA Air 才能在印记基因簇中正常发挥功能。

2. lncRNA 转录水平的调控

真核生物的基因调控在传统上一般是指蛋白质与蛋白质间的相互作用或蛋白质与 DNA 间的相互作用来调控编码基因的表达,然而调控网络已经有一种新的调控模式,那就是 RNA 与蛋白质的相互作用以及 RNA 与 DNA 的相互作用。其中编码 RNA 的主要功能在于蛋白质编码,而非编码 RNA 在基因表达中的调控作用渐渐被人们发现,当然 lncRNA 在转录水平的调控也是一类重要的非编码 RNA,在调控过程中的方式也是多种多样,例如通过竞争转录因子或是招募蛋白复合物等来影响基因表达。lncRNA 可以干扰 mRNA 或其他非编码 RNA 的转录。Bumgarner 等在酵母菌的实验中验证了两个顺式 lncRNA(Icr1 和 Pwr1)可以调控它们附近的蛋白编码基因 Flo11 的转录,位于 Pwr1 与 Flo11 之间的区域是 Flo11 的关键调控区,含有组蛋白去乙酰化酶 RPD3L、转录激活因子 Flo8、转录抑制因子 Sfl1 的结合位点。当 RPD3 与调控区结合时,引起包括 Sfl1 结合位点在内的局部染色质固缩,导致 Flo8 与调控区结合,并激活 Pwr1 表达,Pwr1 的转录导致其反义的 Icr1 沉默,同时 Flo8 激活基因 Flo11 的转录;当 RPD3L 与调控区脱离时,Sfl1 与调控区结合,抑制 Pwr1 的表达,同时激活 Icr1 的转录,进而影响 Flo11 的启动子区,造成转录干扰。上节中提到印记基因簇中的 lncRNA Air 和 Igf2r,不仅在表观遗传的层面上相互联系,Latos 等发现在亲本基因沉默上 Airn 的转录本比其产物更加重要,结果显示仅需要 Airn 的转录本覆盖在 Igf2r 的启动子区域,从而干扰 RNA 聚合酶 II 即可抑制 Igf2r 的转录。人二氢叶酸还原酶基因(dihydrofolate reductase,DH-FR)在其上游存在两个启动子,分别是一个主要启动子和一个次要启动子,前者启动 DHFR 的转录,后者是一个 lncRNA 的启动子,该 lncRNA 可以与 DHFR 的启动子形成 RNA-DNA 三链复合物,从而抑制了转录因子 TFIIB 与主要启动子结合,即抑制 DH-FR 的转录。lncRNA 可以与蛋白质结合形成复合物的形式调控基因的转录。Yan 等在研究间充质干细胞(mesenchymal stem cells,MSC)对肝癌的发展和转移时,发现一些 lncRNA 异常表达,并鉴定出一种新的 lncRNA,称为 lncRNA-MUF,其在肝癌组织中高表达。通过对机制研究表明 lncRNA-MUF 可以结合膜联蛋白 A2(annexin A2,ANXA2),进而激活 Wnt/β-catenin 信号通路和上皮间充质转化(epithelial-mesenchymal transition,EMT)。另一方面 lncRNA-MUF 也可以作为 miR-34a 的竞争性内源 RNA(ceRNA),导致 Snail1 上调和 EMT 活化。Zhang 等在研究人类食管鳞状细胞癌(esophageal squamous-cell carcinoma,ESCC)时,发现该癌症组织和细胞系中,lncRNA EZR-AS1

与 EZR（Ezrin）基因的表达呈正相关,机制研究表明 EZR-AS1 与 RNA 聚合酶Ⅱ结合形成复合物以激活 EZR 的转录。另外还可以招募甲基转移酶 SMYD3（SET and MYND domain containing 3),使其与 EZR 启动子下游 GC 富集区域的结合位点,进而使 EZR 启动子区去甲基化,即激活 EZR 的转录和表达。lncRNA 还可以通过顺式作用元件进行调控基因的转录。顺式作用元件是指与转录因子结合的特定 DNA 序列,也就是转录因子的结合位点,包括启动子、增强子和沉默子。Evf-2 是一条长 3.8 kb 的长链非编码 RNA,其生物学功能和作用机理也是复杂多样。其中 Feng 等在研究前脑神经的过程中探究了 lncRNA Evf-2 和基因 Dlx-5/6 的相互作用关系,验证了 Evf-2 转录于基因 Dlx-5/6 的保守区域,它们的表达呈正相关,探究其机理认为 lncRNA Evf-2 可以作为同源结构域蛋白 Dlx2 的共激活剂,共同协作增加 Dlx-5/6 增强子的转录活性,促进基因 Dlx-5/6 的表达。另一种长链非编码 RNA lincRNAp21 长度大约 3100 nt,因其转录位点在基因 p21 的上游,将其命名为 lincRNA-p21,lincRNA-p21 的转录区域中包括许多转录因子的结合位点,例如 p53 启动子和增强子的区域,p53 蛋白质能够结合 lincRNA-p21 的启动子,促进 lincRNA-p21 的表达,反过来 lincRNA-p21 调控 p53 的转录,参与细胞凋亡等重要生命进程。除此之外,lincRNA-p21 可以顺式作用调控附近 p21 的基因表达,也可以调控 mRNA 的翻译和蛋白质的稳定性。Hall 等利用中波红斑效应紫外线（ultraviolet radiation B,UVB）诱导角质细胞凋亡,发现 lincRNA-p21 表达明显升高,在敲除 lincRNA-p21 后,阻断了 UVB 诱导的细胞凋亡和 p53 细胞凋亡信号通路,进一步验证了 lincRNA-p21 对基因 p53 的调控。

3. lncRNA 转录后水平的调控

基因表达过程中,在 RNA 聚合酶的催化下,以 DNA 为模板合成 mRNA 的过程称为转录,转录后 mRNA 需要加工后才能成为成熟的有功能的 RNA,加工过程包括剪接、加帽和加尾,之后是 mRNA 的翻译过程。所谓转录后水平的调控,也就是在这些时期 lncRNA 发挥作用,影响这些时期的基因表达。目前发现许多 lncRNA 在转录后调控基因的表达,主要分为三类功能:mRNA 的降解、翻译调控和剪接调控。

（1）lncRNA 在 mRNA 降解中的作用

在真核生物的基因表达过程中,mRNA 降解一个重要的步骤,根据 mRNA 的性质可以大体上分为正常转录物的降解和异常转录物的降解,其中异常转录物的降解有 3 种途径,分别是无义介导的 mRNA 降解（nonsense-mediated mRNA decay,NMD）、NSD 降解（nonstop decay）和 NGD 降解（nogo decay）。目前 lncRNA 在 NMD 途径对 mRNA 的降解已有相关报道,Niazi 和 Valadkhan 通过计算机对哺乳动物的 lncRNA 序列分析,发现了一些序列含有较短的 ORF,一些开放阅读框可能激活 NMD 通路,并且拥有与 mRNA 的 3′-非翻译区（UTR）类似的结构和序列,而 NMD 将会检测 lncRNA 是否有编码潜力,如果发现 ORF 则将其降解。例如 lncRNA 生长阻滞特异转录物 5（growth arrest-specific transcript 5,GAS5）就 NMD 蛋白 UPF1（UP Frameshift 1）十分敏感,说明确实有一些 lncRNA 会通过 NMD 途径对自身进行降解。还有一种是 Stau1 介导的 mRNA 降解（Stau1 mediated mRNA decay,SMD）,Stau1 是双链 RNA（double-stranded RNA,dsRNA）结合蛋白家族中的一种,Stau1 可以结合一种 NMD 通路的因子 Upf1,并使其与 mRNA 的 3′-UTR 结合,导致该 mRNA 降解。类似的研究发现 SMD 靶 mRNA 3′-UTR 上的 Alu 元件和一个胞质内 lnc-cRNA 的 Alu 元件,两者的不完全碱基互补配对,可以形成 Stau1 的结合位点,进而介导相关的 mRNA 降解,上述 lncRNA 称为半 Stau1 结合位点 RNA (half-Stau1-binding site RNAs,1/2-sbsRNAs)。

(2) lncRNA 作为竞争性内源 RNA

保护 mRNA 的表达 Salmena 等首次提出了竞争性内源 RNA(competing endogenous RNA,ceRNA)的概念,认为 mRNA、假基因、lncRNA 之间的相互"交流"都是通过微 RNA 应答因子(microRNA response elements,MREs)。也就是 lncRNA 可以竞争性结合 miRNA,从而使 mRNA 正常表达。miRNA 是一类序列较短的非编码 RNA,可以通过 MREs 与靶 mRNA 部分序列互补结合,进而抑制 mRNA 的表达。Thomas 等认为每个 mRNA 序列上有多个可以结合 miRNA 的位点,这就可能出现一条 miRNA 可以结合多条 mRNA,或是多条 miRNA 作用于同一条 mRNA。然而随着 lncRNA 的许多功能逐渐被发掘出来,其中 lncRNA 作为竞争性内源 RNA 可以通过 MREs 与 mRNA 竞争结合 miRNA,达到保护 mRNA 表达的作用。Wang 等在研究肾细胞癌(renal cell carcinoma,RCC)的细胞增殖和侵袭时,发现并命名了一种新的 lncRNA,简称为 RP11-436H11.5,Bcl-w 是 Bcl-2 家族中的一种抗凋亡蛋白,在癌细胞增殖和侵袭过程中高表达,探究该 lncRNA 与 Bcl-w 基因表达的关系,发现 miR-335-5p 可以与 Bcl-w 的 mRNA 的 3′-UTR 结合,进而抑制 Bcl-w 的表达,而 lncRNA RP11-436H11.5 可以作为 miR-335-5p 的"诱饵",即竞争性结合 miR-335-5p,阻止了对 Bcl-w 表达的抑制,进而促进了 PCC 细胞增殖和侵袭。在肝癌的研究中,Wang 等发现了一种 lncRNA,简称为 HULC (highly up-regulated in liver cancer),HULC 在肝癌组织中表达上调,miR-372 的水平会下调,进而促 cAMP 依赖蛋白激酶 β(PRKACB)的表达,影响环磷腺苷效应元件结合蛋白(CREB)的磷酸化,这一过程可能存在 HULC 的竞争性抑制 miR-372 的表达。在癌症上 lncRNA 与 miRNA 竞争机制的研究相对较多,当然除了癌症上存在这种机制,其他疾病也普遍存在,例如糖尿病、白血病等。Guo 等在研究人类慢性髓细胞白血病(chronic myelocytic leukemia,CML)的过程中,鉴定出并命名为 lncRNA-BGL3 的 lncRNA,发现了 lncRNA-BGL3 上有 miR-17、miR-93、miR-20a、miR-20b、miR-106a 和 miR-106b 的结合位点,这些 miRNA 可以抑制抑癌基因 PTEN 的 mRNA 表达,证明了 lncRNA-BGL3 作为竞争性内源 RNA 与这些 miRNA 相结合,进而调节 PTEN 的表达。lncRNA 作为竞争性内源 RNA 的机制在人胚胎干细胞(human embryonic stem cell,hESC)上也有体现,hESC 的转录和表观遗传由多种调控机制控制,包括几种核心转录因子(如 Oct4、Sox2 和 Nanog)、转录后 miRNA 的修饰和一些其他的调节因子。Wang 等在研究 hESC 未分化状态的转录调控时,发现 lincRNA-RoR 能作为 hESCs 中关键的竞争性内源 RNA,可以竞争性结合 miR-145,避免转录因子 Oct4、Sox2 和 Nanog 的转录物被 miRNA 介导降解,从而维持 hESC 的自我更新,阻止分化。lncRNA 除了在医学上的研究相对深入,在动物发育的过程中也有大量研究。Sun 等首次在肉牛肌肉研究中利用 Ribo-Zero RNA-Seq 技术,通过分析筛选得到在肌肉发育过程中差异表达的 lncRNA,并着重于其中一个命名为 lncMD(lnc-MyoD)的长链非编码 RNA,发现 Igf2 是牛肌肉发生中 miR-125b 的重要靶基因,而可以 lncMD 通过充当 miR-125b 的 ceRNA,提高 IGF2 表达并因此促进肌肉分化。Li 等对牛的脂肪形成进行研究,筛选出并命名为 ADNCR（adipocyte differentiation-associated long noncoding RNA）的一个 lncRNA,发现 ADNCR 通过作为 miR-204 的 ceRNA,增强 miR-204 靶基因 SIRT1 的表达,进而抑制脂肪细胞分化。

（3）lncRNA 在翻译调控中的作用

lncRNA 在 mRNA 翻译的过程中也能发挥调控作用,上文提到了 lincRNA-p21 在转录水平的调控作用,并且提到了 lincRNA-p21 也可以调控 mRNA 的翻译和蛋白质的稳定性。Yoon 等利用人 HeLa 细胞和小鼠胚胎成纤维细胞（mouse embryonic fibroblast,MEF）探究 lincRNA-p21 在转录后水平的调控作用,发现 lincRNA-p21 与人类抗原 R（HuR）的 RNA 结合蛋白结合后,使 let-7/Ago2 招募到 lincRNA-p21,从而降低 lincRNA-p21 的稳定性。减少 HuR 时,lincRNA-p21 会在 HeLa 细胞中积累,增加该 lncRNA 与基因 JUNB（JunB proto-oncogene）和 CTNNB1（catenin beta 1）的 mRNA 结合,进而降低二者的翻译水平。真核生物起始因子 4A（eukaryotic initiation factor 4A,eIF-4A）是一种 RNA 解旋酶,一种注释为 Bc1（brain cytoplasmic RNA 1）的 lncRNA,通过阻断 eIF-4A 双链解旋的活性,同时激活其 ATP 酶,进而控制 eIF-4A 的翻译,另一种 lncRNA Bc200 是灵长动物内特异性的 Bc1 对应物,与 Bc1 以相同的方式抑制 eIF-4A 的翻译。

（4）lncRNA 在剪接调控中的作用

mRNA 在转录后,需要进一步加工达到成熟才能发挥功能,前体 mRNA（pre-mRNA）是原始转录产物,包含一个基因的外显子和内含子序列以及非编码序列,又称核内异质 RNA（heterogenous nuclear RNA,hnRNA）。因此后期加工需要将内含子除去,再把外显子序列连接起来,这个过程就是 RNA 的剪接。可变剪接（alternative splicing,AS）是真核生物增加转录组与蛋白组复杂性的途径,lncRNA 在 pre-RNA 可变剪接过程中也被发现具有一定的作用。肺腺癌转移相关转录本 1（metastasis associated lung adenocarcinoma transcript 1,MALAT1）在 2003 年被发现,是一条长度为 8700nt 的 lncRNA,该 lncRNA 通过两种途径发挥作用:可变剪接或基因转录调控。丝氨酸/精氨酸（serine/argine,SR）剪接因子通过富集磷酸化方式调控 pre-mRNA 的可变剪接,MALAT1 可以调控 SR 剪接因子的分布和活性,进而对 pre-mRNA 进行可变剪接。进一步研究发现,MALAT1 通过剪接因子 SR 蛋白磷酸化调节选择性剪接,这一系列 SR 蛋白包括 SRSF1、SRSF2 和 SRSF3,通过敲降 MALAT1 可以使 SRSF1 异位进而导致可变剪接,过表达 SRSF1 也可以导致可变剪接,说明 MALAT1 能调节 SRSF1 和 SRSF2 蛋白的表达水平与磷酸化水平进而影响可变剪接。阿尔茨海默病（AD）是一种神经系统退行性疾病,分选蛋白相关受体 1（sortilin-related receptor 1,SORL1）是迟发型阿尔茨海默病的风险基因,在患者死后的脑组织中发现并命名为 51A 的 lncRNA,参与 SORL1 的 pre-mRNA 的可变剪切,影响 SORL1 蛋白的水平,进而影响淀粉样蛋白 β1-42 的沉积,当过多积累时,就会引发阿尔茨海默病。

4. 总结与展望

lncRNA 的发现补充了生命体进程分子机制上的许多空白,lncRNA 行使信号分子、支架分子、诱饵分子和引导分子的功能,从转录、转录后和表观遗传三个层面进行基因表达的调控,几乎参与生命体的所有进程。但是由于 lncRNA 数量的庞大以及其复杂程度远超过我们的想象,所以目前研究清楚的 lncRNA 也是冰山一角,然而其功能还有许多未被发现。当然,随着目前测序水平的提高和研究技术的进步,越来越多的 lncRNA 被发现在调控细胞周期、疾病发生、干细胞的分化和细胞重编程等方面发挥重要功能。然而现存的问题也有许多,虽然 lncRNA 被鉴定出来的数量越来越多,但是在命名方面并没有统一的规范,研究者一般会根据 lncRNA 的功能和作用方式来命名。在 lncRNA 定义上也不准确,首先是 lncRNA 的长度并不是都大于 200 nt,因为目前注释为 lncRNA 的序列长度也有在 200 nt 以下的;在编码能力上的定义也存在问题,但近几年的一些研究发现少量的 lncRNA 具有较短的开放阅读框,可以编码一些小肽。猪是目前研究人类疾病较合适的模型,而在 lncRNA 的数据库中,已注释的 lncRNA 大多从人和小鼠中鉴定,在猪上鉴定出的 lncRNA 很少,仍然需要大规模测序鉴定并注释其作用机理与功能。虽然在人类医学领域的研究发展迅速,然而在家畜动物和农作物方面起步较晚,主要有三点原因:① ncRNA 在物种间保守性不高,在各个物种之间很难实现借鉴研究。② 对于研究高级结构的工具匮乏。③ 难以解析 lncRNA 在细胞中的实时动态变化。在改良动植物经济性状和加速育种上,lncRNA 必然会成为热点。通过建立 RNA 文库,利用高通量测序技术和生物信息学分析手段,预测 lncRNA 的序列和结构特征,发现更多新的 lncRNA;通过原位杂交技术、过表达技术、siRNA 介导基因沉默等技术来研究 lncRNA 的功能;利用 RNA 纯化的染色质分离(chromatin isolation by RNA purification,ChIRP)技术、RNA 结合蛋白免疫沉淀(RNA binding protein immunoprecipitation,RIP)技术和双荧光素酶报告系统等研究 lncRNA 的作用机制。这将成为研究 lncRNA 的常用手段。这些技术的优化可以加快 lncRNA 的研究进展,有望在未来疾病的预测和诊断、干细胞分化、家畜和农作物育种等方面的研究发掘出更多的功能。

9.4 外泌体对非编码 RNA 功能的调控

细胞外囊泡(EVs)是从许多细胞类型分泌的小膜状囊泡,包括细胞凋亡小体、微囊泡和外泌体。外泌体在多囊泡内体或多囊泡体(MVB)内部产生,并在这些小室与质膜融合时被分泌。外泌体通过转运细胞内的成分,例如蛋白质、RNA 和 DNA 来促进细胞间的通信。外泌体的这些成分在受体细胞中起作用,并且取决于起源细胞而高度可变,并且细胞可以在不同的生理和病理条件下产生不同的外泌体。1983 年,外泌体首次于绵羊网织红细胞中被发现,1987 年 Johnstone 将其命名为"exosome"。多种细胞在正常及病理状态下均可分泌外泌体。其主要来源于细胞内溶酶体微粒内陷形成的多囊泡体,经多囊泡体外膜与细胞膜融合后释放到胞外基质中。外泌体是指包含了复杂 RNA 和蛋白质的小膜泡(直径为 30~150 nm),现今特指直径为 40~100 nm 的囊泡。

大量研究表明,外泌体是局部和远距离微环境中细胞与细胞之间通信的关键介质。外泌体的表面分子允许它们靶向受体细胞。一旦附着到靶细胞,外泌体就会通过受体-配体相互作用诱导信号传导,或者可以被胞吞作用和/或吞噬作用内化。另一方面,外泌体甚至与靶细胞的膜融合以将其内含物递送到其细胞质中。外泌体可以从多种生物流体中分离出来,例如血液、尿液和唾液。已经使用了不同的技术来分离外泌体,例如超速离心、密度梯度、免疫亲和力和商业试剂盒。此外,几种方法已经被用于鉴定外泌体,例如电子显微镜、流式细胞术和蛋白质印迹分析。最后,已经对临床样品进行了高通量测序,以分析外泌体非编码 RNA 的差异表达,这可能是疾病诊治的潜在标志。

外泌体是膜结合的小囊泡(30～100 nm),由不同类型的细胞分泌,它们在电子显微镜下已被证明类似于碟形或扁平球体。它们存在于各种体液中,包括血浆,血清,母乳,唾液和尿液。外泌体是由内体膜向内萌芽形成的,产生多囊泡体(MVB)。当 MVB 与质膜融合时,外泌体被释放。外泌体由脂质双层构成,它们包含蛋白质、miRNA 和 mRNA。脂质双层保护遗传信息免于降解。外泌体具有许多生物学功能,例如细胞内通信、信号转导、遗传物质的运输和免疫应答的调节。最近,有证据表明,外泌体在免疫调节和肿瘤进展中起重要作用。

9.4.1 外泌体的构成

外泌体富含胆固醇和鞘磷脂。2007 年,Valadi 等发现鼠的肥大细胞分泌的 exosome 可以被人的肥大细胞捕获,并且其携带的 mRNA 成分可以进入细胞浆中被翻译成蛋白质,不仅仅是 mRNA,exosomes 所转移的 microRNA 同样具有生物活性,在进入靶细胞后可以靶向调节细胞中 mRNA 的水平。这一发现使得研究人员对 exosome 的研究热情激增,截至目前已经通过 286 项研究发现了 41860 种蛋白质、2838 种 microRNA、3408 种 mRNA。

一类外泌体中常见的细胞质蛋白是 Rabs 蛋白,是鸟苷酸三磷酸酶(GTPases)家族的一种。它可以调节外泌体膜与受体细胞的融合,有文献报道称 RAB4、RAB5 和 RAB11 主要出现在早期以及回收的核内体中,RAB7 和 RAB9 主要出现在晚期的核内体。现有大量的研究发现外泌体中含有 40 种 RAB 蛋白。除了 RAB 蛋白,外泌体中富含具有外泌体膜交换以及融合作用的膜联蛋白。外泌体膜上富含参与外泌体运输的四跨膜蛋白家族(CD63,CD81 和 CD9)、热休克蛋白家族(HSP60、HSP70、HSPA5、CCT2 和 HSP90)以及一些细胞特异性的蛋白,包括 A33(结肠上皮细胞来源)、MHC-Ⅱ(抗原提呈细胞来源)、CD86(抗原提呈细胞来源)以及乳凝集素(不成熟的树突状细胞)。其他一些外泌体中的蛋白包括多种的代谢类的酶、核糖体蛋白、信号转导因子、黏附因子、细胞骨架蛋白以及泛素等。

9.4.2 外泌体功能研究进展

外泌体被确认为细胞之间重要信息交换的桥梁,携带核酸、蛋白质和脂质至受体细胞。证实 lncRNA 在癌症进展和转移中起重要作用。有趣的是,外泌体携带着广泛的 lncRNA,已知它们通过翻译抑制或作为竞争性内源 RNA 来调节基因表达。外泌体是在细胞之间交换信息的新手段,并且在肿瘤微环境中起着重要作用。外泌体研究的迅速发展阐明了在癌症发生和发展过程中固有的细胞间通信网络基础的新机。外泌体促进血管生成和凝血,调节免疫系统,并重塑周围的实质组织,共同支持肿瘤的进展。新兴证据表明,非编码 RNA 在调节肿瘤微环境和肿瘤进展中起重要作用。然而,外泌体和非编码 RNA 在肿瘤微环境中的生理和病理作用仍有待进一步探讨。同时,体液中外泌体的数量和异质性可能会不利于它们用作生物标志物,因为它们可能导致癌症诊断中出现假阴性或阳性。为了克服这些障碍,我们需要更多地了解这些递送包及其在癌症进展中的精确调控机制。对肿瘤微环境中外泌体的深入了解,将有助于癌症诊断和癌症预后工具的设计。使用外泌体作为药物载体的有效癌症治疗策略有望在不久的将来实现。外泌体在肿瘤微环境中被检测到,外泌体RNAs通过调节血管生成,免疫和转移在促进肿瘤发生中起关键作用。将来,外泌体 RNA可以用作液体活检和非侵入性生物标记物,用于癌症的早期检测、诊断和治疗。

有报告表明,外泌体具有免疫刺激或免疫抑制活性,这取决于它们的细胞来源和靶点。外泌体可以作为免疫调节剂治疗炎症、超敏反应和自身免疫性疾病等。用 IL-10 治疗的骨髓来源的树突状细胞具有很强的免疫抑制和抗炎特性,并且在胶原诱导的关节炎的某些鼠模型和迟发型超敏性疾病中评估了自身免疫的降低。外泌体也可以用作新型的患者来源的载体,其包含避免免疫反应的外源性包装分子。重要的是,外泌体在血液中具有天然稳定性,并且已被证明可以穿越生物屏障,包括血脑屏障。由于发现外来体是 RNA 材料的天然载体,因此推测外来体可以作为靶向药物递送的分子载体。另外,外泌体可能具有天然的靶向特性,并且与传统的药物递送系统不同,具有将功能性 RNA 递送到细胞中的能力。因此,可以使用许多将治疗剂封装在外泌体中的方法。例如,使用自衍生的树突状细胞产生外来体。通过电穿孔将纯化的外泌体装载外源性 siRNA。静脉注射针对 RVG 的外泌体将GAPDH siRNA 特异性地递送至大脑中的神经元、小胶质细胞和少突胶质细胞,从而在阿尔茨海默病小鼠模型中导致特定的基因敲低。所有证据都阐明了外泌体在自身免疫性疾病中治疗和预防的潜力。但是,需要进一步研究阐明以免疫调节为目的的外泌体治疗的确切效果。

9.4.3 展望

在正常生理过程中外泌体发挥着介导细胞间通信的重要功能,它们也能够调节宿主-病原体的相互作用,参与传染性疾病、炎性疾病、神经疾病和癌症等多种疾病的病理过程,可作为干预及治疗的潜在新靶点。随着对外泌体研究的深入,外泌体在临床医学中有着十分光明的应用前景,主要是因为它们携带有核酸和蛋白,有丰富的生物标志物,可用于监测临床状态、疾病进展、治疗反应等。同时由于它们具有递送生物分子的功能,可作为理想的药物传递载体,通过将分子包裹在胞膜内,可以保护酶或者 RNA 免于降解,并通过细胞内吞作用来促进细胞摄取。此外,由于膜结合蛋白含量较低,外泌体的免疫原性低于干细胞。相信在不远的将来,基于外泌体本身的生理及病理功能可将外泌体应用于疾病的诊断与治疗,为患者带来福音。目前,外泌体的功能还没有完全被阐明,外泌体内携带的蛋白与核酸具有不确定性,外泌体与受体细胞的相互作用方式仍然不明确,这一系列问题都有待于科研人员的进一步探索。

9.5 非编码 RNA 与疾病相关性研究

数十年来，对癌症生物学的研究集中于蛋白质编码基因的参与。直到最近科学家们才发现，称为非编码 RNA（ncRNA）的一整类分子在塑造细胞活性中起着关键的调节作用。从那以后，对 ncRNA 生物学的大量研究表明，它们代表了多样化且普遍的 RNA 组，包括致癌分子和以肿瘤抑制方式发挥作用的分子。结果，涉及 ncRNA 作为新型生物标志物或疗法的数百项针对癌症的临床试验已经开始，而这些可能仅仅是个开始。

ncRNAs 构成了人类基因组 RNA 的 90% 以上，是生物医学科学中最热门的话题之一，但直到最近才基本上认识非编码 RNA（ncRNA）的重要性。曾经被认为是 RNA 的主要信使，它携带着 DNA 编码的指令，以便其他分子（如核糖体）可以使用该编码来制造蛋白质。但是，在过去的 30 年中，研究人员发现存在多种类型的 RNA，其中最重要的是 ncRNA（不参与蛋白质生产的类型）。数以万计的 ncRNA 物种的发现彻底改变了该领域，改变了研究人员对生理学和疾病发展的思考方式。目前有许多 ncRNA 被证明在正常细胞功能和疾病（包括癌症）中都起着关键作用，并且该信息正在积极地转化到临床中。

9.5.1 肿瘤

研究表明，miRNA 可以充当癌基因，促进异常细胞生长并促进肿瘤形成。这些miRNA可能直接抑制肿瘤抑制因子的活性，或者通过消除对癌基因活性的遗传抑制而间接起作用。例如，miR-155 可以促进 B 细胞异常增殖，从而引起一系列变化，最终导致白血病和淋巴瘤的发展。重要的是，靶向 miR-155 的 antimiRs 可以抑制肿瘤的生长。在胶质母细胞瘤中，致癌的 miR-10b 的表达水平高于正常脑组织，并且是肿瘤生长所必需的。研究表明，miRNA 还可充当肿瘤抑制因子，失去功能时，其保护能力也将丧失。例如，保守的 miRNA let-7 抑制 RAS，这是一种致癌基因家族，约占所有人类癌症的三分之一。因此，let-7 的表达可以降低 RAS 的水平，表明它可以作为肿瘤抑制因子，可以用作一种新的有希望的治疗剂。miR-15a 和 miR-16-1 通常起抑癌作用，但是当突变或缺失时，它们与慢性淋巴细胞性白血病（CLL）的发展有关。

与 small ncRNA 相比，lncRNA 具有广泛的机制多样性，可以发挥其功能作用，因此需要在这一领域进行更深入的讨论。lncRNA 可以顺式或反式起作用，这意味着它们在其自身转录位点附近（顺式）介导局部作用，或者它们在遥远的基因组或细胞位置（反式）起作用，这还已经显示出不同的 lncRNA 能够在所有水平-表观遗传，转录和转录后水平上影响基因表达。多个 lncRNA 使其他调节分子（例如 mRNA、miRNA、DNA）彼此接近，并且与蛋白质（例如染色质修饰复合物、转录因子、E3 连接酶、RNA 结合蛋白）接近。促进维持细胞活动所必需的化学相互作用的支架。

已阐明其细胞作用的许多 lncRNA 均起癌基因的作用，可促进肿瘤生长，并通常在癌症中有过表达。HOTAIR 是研究最深入的致癌 lncRNA 之一,最初被表征为 Hox 基因家族的调节物,可帮助控制细胞身份。HOTAIR 过表达与乳腺癌和其他几种癌症的不良预后有关,可能是由于转移和肿瘤侵袭性增加。仅在过去的几年,科学家们才在功能上描述几种新颖的致癌 lncRNA,包括 THOR、ARLNC1、SAMMSON 和 lncARSR 等已经被详细报道。尤其在最近,SAMMSON 作为细胞生长和存活所必需的黑色素瘤特异性 lncRNA 而引起了广泛关注,而与 TP53、BRAF 或 NRAS 突变状态无关,从机制上讲,SAMMSON 通过与 p32,CARF 和 XRN2 蛋白质相互作用来促进细胞生长,这些蛋白质有助于平衡核糖体 RNA(rRNA)的成熟以及细胞质和线粒体中的蛋白质合成。重要的是,在患者源异种移植(PDX)模型中,SAMMSON 的 GapmeR 沉默抑制了肿瘤的生长,证明了该 lncRNA 的治疗潜力。ncRNA 的发现开启了医学史上的新篇章,有望彻底改变癌症和其他疾病的诊断和治疗方式。

9.5.2 免疫

越来越多的证据表明,非编码 RNA 通过各种机制与人类的生长发育和疾病的发生密切相关。非编码 RNA 在免疫细胞的分化和激活中也起着至关重要的作用,它们与人类自身免疫性疾病的关系受到越来越多地关注。生物技术的发展使得研究工作者们逐渐发现许多潜在的非编码 RNA 的功能。

天然免疫反应是人体抵抗细菌病原体的非特异性第一道防线,主要涉及巨噬细胞,树突状细胞(DC)和自然杀伤(NK)细胞。当人体被病原体侵袭时,先天免疫细胞会表达特定的 lncRNA,因此 lncRNA 可能在调节宿主与病原体的相互作用和先天免疫反应中发挥关键作用。研究人员已经系统分析了先天免疫激活后巨噬细胞中 lncRNA 表达的变化。研究表明,hnRNPL 和 linc1992 形成了 RNP 复合物,通过与该基因的启动子结合来调节肿瘤坏死因子 α(TNFα)的转录。另一项研究表明,lincRNA-Cox2 作为 NF-kB 的共激活因子,通过调节表观遗传染色质重塑而充当主要免疫反应后期的调节剂。有趣的是,已证明 lincRNA-Cox2 可以调节先天免疫细胞中不同类别的免疫基因的激活和抑制。DC 是抗原呈递细胞,其主要功能是将细胞表面的抗原物质加工并呈递给 T 细胞。通过转录组芯片和 RNA-Seq 分析鉴定发现 lnc-DC 在人 DC 中特异性表达。lnc-DC 抑制磷酸酶 SHP1 和 STAT3 的结合,保护 STAT3 Y705 磷酸化,并增强 DC 中的 STAT3 信号通路,从而促进 DC 的成熟和激活。因此,lnc-DC 在 DC 分化、抗原呈递和免疫激活中起着至关重要的作用。研究人员发现,沉默富含核转录本的丰富转录本 1(lncRNA NEAT1)可以显著降低一组趋化因子和细胞因子的表达,包括白介素 6(IL-6)和 CXCL10。NEAT1 表达是由脂多糖通过激活 p38 诱导的,在系统性红斑狼疮患者的外周血细胞中 NEAT1 的表达高于健康个体。

总之,lncRNA 功能和自身免疫性疾病的相关研究可以进一步加深我们对它们的发育和致病性的了解。更重要的是,这些研究可以为自身免疫性疾病的诊断和治疗提供新的分子靶标。

9.5.3 生殖

非编码 RNA 已成为精子发生过程中的关键调节剂,非编码 RNA 功能的改变被证明不利于精子发生。由于许多患者患有特发性不育症,因此了解非编码 RNA 的分子机制可以确定某些类型不育症的可能原因。本节将通过简要概述非编码 RNA 的最新研究,解释某些男性不育病例如何成为 RNA 功能并发症的产物。

精原干细胞(SSCs)位于生精上皮的基底区室,并进行自我更新分裂,以在整个性成熟过程中维持干细胞库。特定信号触发分化程序,并且精原细胞启动精子生成以产生精子。SSC 的地位显然受到严格管制,然而,关于种系细胞如何获得并维持其自我更新活性的机制知之甚少。已有研究表明,miRNA 有助于调节 SSC 状态。高通量测序确定 miR-21 以及 miR-34c,miR-182,miR-183 和 miR-146a 在富含 SSC 的人群中优先表达。在富含 SSC 的生殖细胞培养物中对 miR-21 的瞬时抑制增加了经历凋亡的生殖细胞的数量并降低了 SSC 的效力,这表明 miR-21 对于维持 SSC 种群很重要。在未分化的精原细胞中优先表达的小鼠 Mir-17-92 簇的缺失导致睾丸小和附睾精子数量减少,有趣的是,该缺失还增加了未分化的精原细胞中表达的另一个簇 miR-106b-25 的表达,表明这两个簇在功能上的合作。在生精过程中,miR-18 可以直接靶向热休克因子 2(Hsf2)mRNA。HSF2 是一种转录因子,可影响广泛的发育过程,包括精子发生。在生精过程中,HSF2 和 miR-18 的表达呈负相关,而生精小管中 miR-18 表达的下调导致 HSF2 蛋白水平升高和 HSF2 靶基因表达改变。此外,与其他类型的雄性生殖细胞相比,lncRNA AK015322 在小鼠 SSC 中的表达水平更高,体外实验证明 AK015322 和 miR-19b-3p 对 ETV5 表达水平的抑制作用,并且它通过充当 miR-19b-3p 的竞争内源 RNA 来促进 C18-4 细胞的增殖,反映出 lncRNA AK015322-miR-19b-3p-ETV5 通路参与 SSC 的命运确定。GDNF(胶质细胞源性神经营养因子)对于维持 SSC 自我更新至关重要。GDNF 从小鼠 SSC 的培养基中撤出后,lncRNA033862 的水平降低。据报道,lncRNA033862 在生殖细胞和精原细胞的祖细胞中优先表达,通过调节 Gfra1(GDNF 的细胞表面受体)维持 SSC 自我更新。敲低 lncRNA033862 会降低 SSC 的基因标记的转录本,包括 Bcl6b,Ccnd2 和 Pou5f1(Oct4),而与分化相关的基因转录本例如 Stra8,Sypc1 和 Kit 则不受影响。已经证明,Dmr(与 Dmrt1 相关的基因)是来自小鼠 5 号染色体的 ncRNA 基因,通过转座机制抑制 DMRT1 的蛋白质水平。DMRT1 直接抑制小鼠精原细胞中 Stra8 的转录并激活 Sohlh1(精原细胞分化的标志物)的转录。提示 Dmr 具有调控 SSCs 分化的能力。

(梁　猛)

参考文献

[1] Setten R L,Rossi J J,Han S P. Author Correction:The current state and future directions of RNAi-based therapeutics[J]. Nature reviews Drug Discovery,2019,18(6):421-446.

[2] Svoboda P. Key Mechanistic Principles and Considerations Concerning RNA Interference[J]. Frontiers in plant science，2020，11：1237.

[3] Lu T X，Rothenberg M E. Diagnostic，functional，and therapeutic roles of microRNA in allergic diseases.[J]. Journal of Allergy & Clinical Immunology，2013，132(1)：3-13.

[4] Sun Z，Yang S，Zhou Q，et al. Emerging role of exosome-derived long non-coding RNAs in tumor microenvironment[J]. Molecular Cancer，2018，17(1)：82.

[5] Tan L，Wu H，Liu Y，et al. Recent advances of exosomes in immune modulation and autoimmune diseases[J]. Autoimmunity，2016，49(6)：357-365.

[6] Slack F J，Chinnaiyan A M. The Role of Non-coding RNAs in Oncology[J]. Cell，2019，179(5)：1033-1055.

[7] Xu F，Jin L，Jin Y，et al. Long noncoding RNAs in autoimmune diseases. Journal of biomedical materials research[J]. Part A，2019，107(2)：468-475.

[8] Gou L T，Dai P，Liu M F. Small noncoding RNAs and male infertility[J]. Wiley Interdisciplinary Reviews：RNA，2014，5(6)：733-745.

[9] Vendramin R，Verheyden Y，H Ishikawa，et al. SAMMSON fosters cancer cell fitness by concertedly enhancing mitochondrial and cytosolic translation[J]. Nature structural & molecular biology，2018，25(11)：1035-1046.

[10] Wang P，Xue Y，Han Y，et al. The STAT3-binding long noncoding RNA lnc-DC controls human dendritic cell differentiation[J]. Science，2014，344(6181)：310-313.

[11] Oliveira-Mateos C，A Sánchez-Castillo，Soler M，et al. The transcribed pseudogene RPSAP52 enhances the oncofetal HMGA2-IGF2BP2-RAS axis through LIN28B-dependent and independent let-7 inhibition[J]. Nature communications，2019，10(1)：3979.

[12] N Jaé，Mcewan D G，Manavski Y，et al. Rab7a and Rab27b control secretion of endothelial microRNA through extracellular vesicles[J]. Febs Letters，2016，589(20)：3182-3188.

[13] Liu L，Tan L，Yao J，et al. Long noncoding RNA MALAT1 regulates cholesterol accumulation in oxLDLinduced macrophages via the microRNA175p/ABCA1 axis[J].Molecular medicine reports，2020，21(4)：1761-1770.

[14] Ke Hu，Jing Zhang，Meng Liang. LncRNA AK015322 promotes proliferation of spermatogonial stem cell C18-4 by acting as a decoy for microRNA-19b-3p[J]. In vitro cellular & developmental biology. Animal，2017，53(3)：277-284.

第3篇

常用分子生物学技术及原理

第 10 章 核酸的基本操作技术

10.1 基因组 DNA 的制备及其质量鉴定

核酸包括 DNA 和 RNA 两种分子,在细胞中都以与蛋白质结合的状态存在,真核生物中 5% 为细胞器 DNA,如线粒体、叶绿体等。

分离纯化核酸总的原则为:① 保证核酸一级结构的完整件(完整的一级结构是保证分子的污染应降低到最低程度)。② 无其他核酸分子的污染,如提取 DNA 分子时应去除 RNA 分子为保证分离核酸的完整性及纯度,应尽量简化操作步骤,缩短操作时间,以减少各种不利因素对核酸的破坏。在实验过程中,应注意以下几点:① 减少化学因素对核酸的降解:避免过碱、过酸对核酸链中磷酸二酯键的破坏。② 减少物理因素对核酸的降解:强烈振荡、搅拌、反复冻贮等造成的机械剪切力以及高温煮沸等条件都能明显破坏大分子量的线性 DNA 分子,对于分子量小的环状质粒 DNA 及 RNA 分子,威胁相对小一点。防止核酸的生物降解,细胞内外各种核酸酶作用于磷酸二酯键,直接破坏核酸的一级结构;DNA 酶需要 Mg^{2+}、Ca^{2+} 的激活,因此实验中常利用金属二价离子螯合剂 EDTA 柠檬酸盐来抑制 DNA 酶的活性。进行核酸分离时,最好提取新鲜生物组织或细胞样品,若不能马上提取,应将材料贮存于液氮中或 $-70\,℃$ 的冰箱中。

真核细胞的破碎有各种手段包括超声波、匀浆法、液氮破碎法、低渗法等物理方法及蛋白酶 K 和去污剂温和处理法为获得大分子量的 DNA。避免物理操作导致 DNA 链的断裂,一般多采用后者温和裂解细胞。

去除蛋白质常用苯酚氯仿抽提,该操作对 DNA 链机械剪切机会较多,因此根据实验要求可选择不同的实验方法制备真核染色体 DNA。

在蛋白酶 K 和 EDTA 的存在下消化蛋白质、多肽或小肽分子核蛋白变性降解,使 DNA 从后有机溶剂在试管底层(有机相),DNA 存于上层水相中,蛋白质则沉淀于两相之间。酚-氯仿抽提的作用是除去未消化的蛋白质,氯仿的作用是有助于水相与有机相分离和除去 DNA 溶液中的酚。抽提后的 DNA 溶液用 2 倍体积的无水乙醇及 0.2 倍体积 10 mol/L 醋酸铵沉淀 DNA,回收 DNA:首先用 70% 乙醇洗去 DNA 沉淀中的盐,接着进行真空干燥,最后用 TE 缓冲液溶解 DNA 备用。从细胞中分离得到的 DNA 是与蛋白质结合的 DNA 其中还含有大量 RNA 即核糖核蛋白。如何有效地将这两种核蛋白分开是技术的关键。

10.1.1 蛋白酶 K 和苯酚从哺乳动物细胞中分离高分子质量 DNA

　　裂解缓冲液中的 EDTA 为二价金属离子整合剂,可以抑制 DNA 酶的活性。同时降低蛋白质。酚可以使蛋白质变性沉淀也可以抑制 DNA 酶的活性。pH 8.0 的 Tris 溶液能保证多次抽提,可提高 DNA 的纯度。一般在抽提 2~3 次后,移出含 DNA 的水相,做透析或沉淀处理透析处理能减少对 DNA 的剪切效应,因此可以得到 200 kb 的高分子量 DNA。沉淀处理常用醋酸铵,用 2~3 倍体积的无水乙醇沉淀,并用 70% 的乙醇洗涤,最后得到的用无水乙醇沉淀 DNA,这是实验中最常用的沉淀 DNA 的方法,乙醇的优点是可以用作沉淀剂。

　　DNA 溶液中的 DNA 以水合状态稳定存在,当加入乙醇时,醇会夺去 DNA 周围的水分子,使 DNA 失水而易于聚合。在一般实验中,取 2 倍体积的无水乙醇与 DNA 相混合,其乙醇的最终含量占 67% 左右,因而也可改用 95% 乙醇来替代无水乙醇(因为无水乙醇的价格远远比 95% 乙醇昂贵),但是加 95% 乙醇会使总体积增大,而 DNA 在溶液中有一定程度的溶解,因而 DNA 损失也增大。尤其用多次乙醇沉淀时,就会影响收得率。折中的做法是初次沉淀 DNA 时可用 95% 乙醇代替无水乙醇,最后的沉淀步骤要使用无水乙醇,也可以用 0.6 倍体积的异丙醇选择性沉淀 DNA。一般在室温下放置 15~30 min 即可。

　　本方法包括在 EDTA(整合二价阳离子以抑制 DNase)存在的情况下,用蛋白酶 K 消化真核细胞或组织用去污剂如 SDS 溶解细胞膜并使蛋白质变性。核酸通过有机溶剂抽至数百微克的 DNA,然而每一步产生的剪切力使最终制备的 DNA 分子在长度上一般为 100~150 kb。

　　聚合酶链反应(PCR)的模板以及用于构建基因组 DNA 的噬菌体文库。

　　采用更高容量的载体成功地构建文库以及通过脉冲凝胶电泳分析基因组 DNA,要求 DNA 长度大于 200 kb,这远远超出大多数产生明显流体剪切力的方法所能制备的 DNA 长度。甲酰胺法提供了一种分离和纯化 DNA 的方法。该法制备的 DNA 分子适用于这些特殊的目的。

1. 样品准备

(1) 组织

　　由于组织通常含有大量纤维物质,很难从中获得高产量的基因组 DNA,在裂解之前先用剪刀清除组织中的筋膜等结缔组织,吸干血液。若不能马上进行 DNA 提取,可将生物组织贮存于液氢或 -70 ℃ 冰箱中。

　　① 将 1 g 新鲜切取的组织样品用 8 层纱布包好,再外包多层牛皮纸浸入液氨中使组织解冻。取出后用木槌或其他代用品,敲碎组织块。

　　② 将敲碎的组织块放入搪瓷研钵中加入少许液氨用研钵碾磨,反复添加液氨至组织碾成粉末状。

　　③ 液氨挥发后将组织粉末一点一点地加入盛有 10 倍体积(m/V)裂解液的烧杯中,使其分散于裂解液表面,而后振摇烧杯使粉末浸没。

　　④ 使其分散于溶液中,将悬液转移至 50 mL 离心管中并于 37 ℃ 温育 1 h。

（2）血液

将 1 mL 的 EDTA 抗凝贮冻血液于室温解冻后移入 5 mL 的离心管中，加入 1 mL TBS 溶液混匀，3500 g 离心 15 min，弃去含裂解的红细胞上清。重复一次，用 0.7 mL 裂解液混悬白细胞沉淀，37 ℃水浴温育 1 h。

2. 用蛋白酶 K 和苯酚处理细胞裂解液

（1）将裂解液转移至一个或多个离心管中，裂解液不能超过 1/3 体积。

（2）加入蛋白酶 K(20 mg/mL)至终浓度为 100 μg/mL。

（3）将细胞裂解液置于 50 ℃水浴中 3 h，不时旋转黏滞的溶液。

（4）将溶液冷却至室温，加入等体积的用 0.1 mol/L Tris-Cl 溶液（pH = 8.0）平衡过的苯酚。离心管缓慢颠倒 10 min 以温和地混合两相，直至两相能形成乳浊液。

（5）室温 11000 r/min 离心 10 min 可以看到溶液分为三层：上清为 DNA 溶液，下层为苯酚，白色的中间层为蛋白。使用大口径吸管慢慢吸出上清，不要吸到白色蛋白层，然后 11000 r/min 离心 10 min，用大口吸管小心吸取上层黏稠水相移至另一离心管中。

3. 分离 DNA

（1）加入 1/10 体积的醋酸铵(10 mol/L)及 2 倍体积的预冷无水乙醇。室温下慢慢摇动离心管，即有乳白色云絮状 DNA 出现。

（2）11000 r/min 离心 10 min，弃上清。

（3）加 75%乙醇 0.2 mL，11000 r/min 离心 5 min，洗涤 DNA。弃上清，去除残留的盐。重复一次，室温挥发残留的乙醇但不要让 DNA 完全干燥。

（4）加 TE 液 20 溶解 DNA，做好标记 4 ℃保存备用。

4. 结果分析

（1）紫外分光光度法定量

① 取 20 μL 样品用水稀释为 300 μL，测定 OD_{260} 和 OD_{280} 的值以确定样品的浓度和纯度。

② 使用 1 mm 厚的比色杯，浓度计算公式为

$$样品的浓度 = OD_{260} \times 稀释倍数 \times 10 \times 50 \ \mu g/mL$$

（2）电泳

以溴化乙锭为示踪染料的琼脂糖凝胶电泳可用于判定核酸的完整性。基因组 DNA 的分子量很大，在电场中泳动很慢，如果有降解的小分子 DNA 片段、电泳图呈脱尾状。

5. 注意事项

（1）裂解液要预热以抑制 DNase 加速蛋白变性促进 DNA 溶解。

（2）各操作步骤要轻柔，尽量减少 DNA 的人为降解。

（3）取各上清时，不应贪多，以防非核酸类成分干扰。

（4）异丙醇、乙醇醋酸钠、醋酸钾等要预冷以减少 DNA 的降解，促进 DNA 与蛋白等的

分相及 DNA 沉淀。

DNA 分子中潜在的反应基团隐藏在中央螺旋内,并经氢键紧密连接。它的碱基对外侧有坚固的结构和保护,使得 DNA 比细胞内其他成分保存时间更长,同样的化学耐久性赋予基因组 DNA 文库的持久性和价值,使得遗传工程和测序计划成为可能。

尽管双链 DNA 在化学上是稳定的,但它在物理上仍是易碎的,高分子质量 DNA 长而弯曲,仅具有极微的侧向稳定性,因而容易受到最柔和的流体剪切力的伤害。由吸液、振荡、搅拌所导致的水流对黏滞的盘绕物产生的拖拉力能切断 DNA 的双链。DNA 获得的难度也相应增加。大于 150 kb 的 DNA 分子易于被常规分离基因组 DNA 过程中产生的力切断。

10.1.2　其他 DNA 提取方案

(1) 用甲酰胺从哺乳动物细胞中分离高分子质量 DNA。

甲酰胺是一种离子化溶剂,能分离蛋白质-DNA 复合物并使蛋白变性和释放,但不明显影响蛋白酶 K 的活性。本方案用蛋白酶 K 消化细胞和组织。用高浓度甲酰胺分离 DNA-蛋白质复合物(染色质),用火棉胶袋充分透析去除蛋白酶和有机溶剂等。制备得到的基因组 DNA 很大(约 7200 kb),适于用高包装容量载体构建文库及通过脉冲凝胶电泳分析大片段 DNA。同时存在两个缺点:比其他方法需要更多的时间;所制备 DNA 的最终浓度较低(约 10 μg/mL)。

(2) 方案二:用缠绕法从哺乳动物细胞中分离 DNA。

这种收集高分子质量 DNA 沉淀的方法首次用于 20 世纪 30 年代,本方法可同时从不同细胞或者组织样品中制备 DNA,主要步骤包括将 DNA 沉淀在细胞裂解液和乙醇的交界面上,接着将沉淀的 DNA 缠绕到一个 Shepherd 氏钩上,继而将其从乙醇溶液中转出溶于所选择的液体缓冲液。小片段 DNA 和 RNA 不能有效地整合入凝胶状缠绕物,这些 DNA 往往太小(约 80 kb),不能用于构建基因组 DNA 文库但可用于 Southern 杂交和聚合酶链反应,也可用限制性核酸内切酶部分酶解后构建按大小进行分级的文库。

(3) 哺乳动物 DNA 的快速分离。

根据本方案制备的哺乳动物 DNA 为 20~50 kb,适合做 PCR 反应的模板。DNA 产量在 0.5~3.0 μg/mg 组织之间变化,或者是 5~15 μg/300 μL 全血。

(席　珺)

10.2　核酸电泳分离技术

琼脂糖或聚丙烯酰胺凝胶电泳是常用的核酸分离技术,用于分离、鉴定和纯化 DNA 和 RNA 片段。该技术操作简单迅速,而且可分离其他方法如密度梯度离心等不能满意分离的 DNA 片段。此外,可以用低浓度荧光插入染料,如溴化乙锭或 SYBR Gold 染色直接观察到凝胶中 DNA 的位置,甚至含量少至 20 pg 的双链 DNA,在紫外线激发下也能直接被检测到。

琼脂糖和聚丙烯酰胺凝胶能灌制成各种形状、大小和孔径,也能以许多不同的构形和方位进行电泳,主要取决于被分离的 DNA 片段的大小。聚丙烯酰胺凝胶电泳是在恒定电场中垂直方位上进行的,分辨率极强,最适合分离小片段 DNA(5～500 bp),长度上相差 1 bp 的 DNA 都可以将其分离,但在制备和操作上较为繁琐。

琼脂糖凝胶在恒定强度和方向的电场中水平方位进行,比聚丙烯酰胺凝胶的分辨率略低,但分离范围更大。50 bp 到百万 bp 长的 DNA 都可以在不同浓度和构型的琼脂糖凝胶中分离。电泳过程中 DNA 泳动速率通常随 DNA 片段长度的增加而减少,与电场强度成正比。但当 DNA 片段长度超过一个最大极限值时,此正比关系即被破坏,这是由凝胶的构成和电场强度决定的。凝胶的孔径越大,能被分离的 DNA 就越大,因此大的 DNA 分子的分离通常选用低浓度琼脂糖 0.1%～0.2%(m/V)灌制的凝胶。但它也不能分辨大于 750 kb 的线状 DNA 分子。

1984 年,Schwartz 和 Cantor 首次报道脉冲场凝胶电泳(pulsed-fieldgelelectrophoresis,PFGE)时,终于找到了解决这个问题的办法。该方法应用交替变换的方向互成直方的两个电场于凝胶。每次电场方向变换时,大的 DNA 分子在其蠕行管中被捕捉到,迫使它们沿新的电场轴向重新定向后才能在凝胶中进一步前进。DNA 分子越大,这种重新组合的过程需要的时间越长。重新定向时间小于脉冲周期时间的 DNA 分子将按其大小被分离。PFGE 的分辨率限度决定于以下几个因素:两个电场均一性的程度,电脉冲时间的绝对长度,两个电场方向之间的夹角,电场的相对强度。最初描述的方法只能分辨长达 2000 kb 的 DNA 分子。然而该技术经改进后,现在可以分辨的 DNA 长度已超过 6000 kb。这一进步意味着 PFGE 技术可以用于测定细菌基因组的大小和简单真核生物染色体的数目及大小。对于所有的生物体从细菌到人 PFGE 通常用于研究基因组、克隆和分析大的基因片段。

利用电泳通过支持介质分析 DNA 的方法最初来自 VinThorne,他是 20 世纪 60 年代中期在格拉斯哥病毒研究所工作的生化学家和病毒学家。他从纯化的多瘤病毒(polyoma-virus)颗粒提取到多种形式的 DNA,并对建立更好的分析这些 DNA 的方法很感兴趣。他推断:摩擦阻力和电场力结合将会分离不同形状、大小的 DNA 分子。他利用琼脂凝胶电泳成功分离了 3H 胸腺嘧啶标记的多瘤病毒 DNA 的超螺旋、切口和线状形式。那时病毒和线粒体 DNA 是唯一能制备获得的纯的基因组。因此,Thorne 的工作没有引起足够的注意,直到 20 世纪 70 年代早期限制性内切核酸酶的应用提供了分析大分子 DNA 的可能性,而且发现了凝胶中 DNA 的非放射性标记检测方法后才得到重视。

在凝胶中用溴化乙锭染未标记的 DNA 这一发现可能是由两个研究组分别提出的 Aaij 和 Borst 的方法涉及将凝胶浸入浓的染料溶液,并且降低背景荧光需要较长的脱色过程。冷泉港实验室的一组研究者发现副流感嗜血菌(Haemophilus parainfluenzae)有两种限制酶活性,尝试用离子交换色谱分离该酶。为了找出快速检测柱组分的方法,他们决定采用低浓度溴化乙锭染含有 SV40DNA 片段的琼脂糖凝胶。他们很快就认识到:染料能渗入凝胶和电泳缓冲液,对线状 DNA 片段在凝胶中的迁移没有明显影响。

在电场作用下 DNA 等生物大分子可在琼脂糖凝胶中运动,由于分子泳动速率与分子大小和分子构型有关,因而可将不同大小的分子或分子大小相同但构型不同的分子分离开来。琼脂糖凝胶电泳技术在当代已经成为一种极其重要的分析手段,广泛应用于生物化学、分子生物学、医学、药学、食品、农业、卫生及环保等许多领域。

10.2.1　琼脂糖凝胶电泳分离 DNA

1. 琼脂糖特性

琼脂糖是 D-半乳糖和 L-半乳糖残基通过 $\alpha(1,3)$ 和 $\beta(1,4)$ 糖苷键交替构成的线状聚合物。L-半乳糖残基在 3 和 6 位之间形成脱水连接。琼脂糖链形成螺旋纤维,后者再聚合成半径为 20~30 nm 的超螺旋结构。琼脂糖凝胶可以构成一个直径从 50 nm 到略大于 200 nm 的三维筛孔的通道。商品化的琼脂糖聚合物每个链约含 800 个半乳糖残基。然而,琼脂糖并不是均一的,不同的制造商或不同生产批次的多糖链的平均长度都是不同的。低等级的琼脂糖也存在其他多糖、盐和蛋白质的污染。这种变异性(非均一性)影响琼脂糖凝结和熔化的温度、DNA 的筛分和从凝胶回收 DNA 作为酶切底物的能力。应用特制等级的琼脂糖可以减少以上潜在的问题。因为它们经检查不含抑制剂和核酸酶,并且在溴化乙锭染色后产生很少的背景荧光。

2. 影响 DNA 在琼脂糖凝胶中迁移速率的因素

(1) DNA 分子的大小。双链 DNA 分子在凝胶基质中迁移的速率与其碱基对数的常用对数成反比。分子越大,迁移得越慢,因为摩擦阻力越大,也因为大分子通过凝胶孔径的效率低于较小的分子。

(2) 琼脂糖浓度。给定大小的线状 DNA 片段在不同浓度的琼脂糖凝胶中迁移速率不同。在 DNA 电泳迁移率的对数和凝胶浓度之间存在线状相关,见表 10.1。

表 10.1　线状 DNA 片段分离的有效范围与琼脂糖凝胶浓度的关系

琼脂糖凝胶的百分浓度	线状 DNA 分子的有效范围(kb)
0.3%	60~5
0.6%	20~1
0.7%	10~0.8
0.9%	7~0.5
1.2%	6~0.4
1.5%	4~0.2
2.0%	3~0.1

(3) DNA 的构象分为超螺旋环状(Ⅲ型)、切口环状(Ⅱ型)和线状(Ⅰ型)。DNA 在琼脂糖凝胶中以不同的速率迁移,上述三种类型的相对迁移率主要取决于琼脂糖凝胶的浓度和类型,一些条件下,Ⅰ型 DNA 比Ⅲ型迁移得更快;在另一些条件下,顺序可能颠倒。

(4) 凝胶和电泳缓冲液中的溴化乙锭。溴化乙锭插入双链 DNA 造成其负电荷减少、刚性和长度增加。因此线状 DNA-染料复合物在凝胶中的迁移率约降低 15%。

(5) 电压。低电压时,DNA 片段迁移率与所用的电压成正比。电场强度升高时,高分子质量片段的迁移率遂不成比例地增加。所以当电压增大时琼脂糖凝胶分离的有效范围反而减小。要获得大于 2 kb DNA 片段的良好分辨率则所用电压一般为 5～8 V/cm。

（6）琼脂糖种类。常见的琼脂糖主要有两种：标准琼脂糖和低熔点琼脂糖。

（7）电泳缓冲液。DNA 的泳动受电泳缓冲液的组成和离子强度的影响，缺乏离子（如用水替代电泳槽及凝胶中的缓冲液）则电导率降至很低，DNA 迁移速率极慢。高离子强度时如错用了 10×电泳缓冲液，则电导率升高，即使应用适中的电压也会产生大量的热能，最严重时凝胶会熔化，DNA 会变性。

3. 电泳缓冲液

有几种适用于天然双链 DNA 的电泳包括 Tris 乙酸盐和 EDTA 缓冲液（pH 8.0，TAE，也称作 E 缓冲液）、Tris 硼酸盐缓冲液（TBE）或 Tris-磷酸盐缓冲液（TPE）。工作浓度约为 50 mmol/L，工作 pH 7.5～7.8。各种电泳缓冲液通常配制成浓溶液室温存放。三者之中 TAE 的缓冲容量最低，如时间较长，电泳会被消耗，定期更换缓冲液或调换两个电极池的缓冲液可以防止 TAE 的消耗，TBE 和 TPE 比 TAE 花费稍贵，但是它们有更高的缓冲容量。双链线状 DNA 片段在 TAE 中比在 TBE 或 TPE 中迁移快 10%。对于高分子质量 DNA，TAE 的分辨率略高于 TBE 或 TPE，对于低分子质量 DNA，TAE 要差些。此差别也许能解释下述观察，混合物中 DNA 片段高度复杂，如哺乳动物 DNA 用 TAE 电泳可有较高分辨率。

4. 凝胶载样缓冲液

在临上样到凝胶加样孔之前将载样缓冲液与样品混合。载样缓冲液有三个作用：增加样品密度以保证 DNA 沉入加样孔内；使样品带有颜色便于简化上样过程；预测 DNA 片段向阳极迁移的泳动速率。溴酚蓝在琼脂糖凝胶中迁移速率是二甲苯氰 FF 的 2.2 倍，这一特性与琼脂糖浓度无关。在 0.5×TBE 琼脂糖凝胶电泳中，溴酚蓝迁移速率约与长为 300 bp 的线状双链 DNA 相同，而二甲苯氰 FF 的迁移速率约与长为 4000 bp 的 DNA 相同。

5. 电泳显色

溴化乙锭含有一个可以嵌入 DNA 堆积碱基之间的三环平面基团，它与 DNA 的结合几乎没有碱基序列特异性。在高离子强度的饱和溶液中，大约每 25 个碱基插入一个溴化乙锭分子。当染料分子插入后其平面基团与螺旋的轴线垂直并通过范德华力与上下碱基相互作用。这个基团的固定位置及其与碱基的密切接近导致与 DNA 结合的染料呈现荧光，其荧光产率比游离溶液中的染料有所增加。由于溴化乙锭 DNA 复合物的荧光产率比没有结合 DNA 的染料高出 20～30 倍，所以当凝胶中含有游离的溴化乙锭（0.5 pg/mL）时，可以检测到至少 10 ng 的 DNA 条带。

溴化乙锭可以用来检测单链或双链核酸（DNA 或 RNA）。但是染料对单链核酸的亲和力相对较小，所以其荧光产率也相对较低。事实上，大多数对单链 DNA 或 RNA 染色的荧光是通过染料结合到分子内形成较短的链内双螺旋产生的。

6. 实验步骤

（1）配制足量的电泳缓冲液（1×TAE 或 0.5×TBE）用以灌满电泳槽和配制凝胶

配胶和灌满电泳槽使用同一批缓冲液很重要。因为离子强度或 pH 很小的差别也会在凝胶前部产生紊乱，严重影响 DNA 片段的泳动。一些限制酶缓冲液（如 BamHI 和 EcoRD 含高浓度的盐）能减缓 DNA 的迁移，并使邻近孔泳带变斜。

（2）琼脂糖制备

根据欲分离 DNA 片段的大小，用电泳缓冲液配制适宜浓度的琼脂糖溶液时，应准确称量琼脂糖干粉，加到盛有定好量的电泳缓冲液的三角烧瓶或玻璃瓶中。

在沸水浴或微波炉内加热至琼脂糖熔化。注意：微波炉加热过长，琼脂糖溶液会变得过热或剧烈沸腾，仅需加热至所有琼脂糖颗粒完全溶解。通常未溶解的琼脂糖呈小透明体或半透明碎片悬浮在溶液中。戴上手套不时地小心旋转三角烧瓶或玻璃瓶以保证粘在壁上的未熔化的琼脂糖颗粒进入溶液溶解较高浓度的琼脂糖需要较长的加热时间。按照被分离 DNA 的大小决定琼脂糖的百分含量，具体参照表 10.1。

称取 0.3 g 琼脂糖，放入锥形瓶中，加入 30 mL 0.5×TBE 缓冲液，微波炉或水浴加热至完全熔化，取出摇匀，则为 1% 琼脂糖凝胶。在凝胶溶液中加入溴化乙锭溶液（EB 终浓度为 0.5 μg/mL）并摇匀。

（3）胶板的制备

用封边带封住塑料托盘开放的两边或清洁干燥的玻璃板的边缘形成一个模具（一定要封严，不能留缝隙），置于一个水平支架上，并放好梳子。待凝胶溶液冷却至 55 ℃（手摸烧瓶不烫手）时，轻轻倒入水平电泳槽内（不要有气泡）室温下，凝胶放置 30 min 待其凝固后，拔去梳板保持电泳孔完好。除掉防渗透的封边带把制备好的装凝胶块的微型电泳槽放入水平大电泳槽中，点样孔一端应在大电泳槽负极一端，加入电泳缓冲液至电泳槽中使其液面高于凝胶 1 mm 左右。

（4）制备样品

DNA 样品：4.0 μL；加样缓冲液：2.0 μL。

（5）加样

在玻片上把上述样品混合均匀用微量移液器将已加入上样缓冲液的 DNA 样品加入点样孔（记录点样顺序及点样量）。

加样孔能加入 DNA 的最大量取决于样品中 DNA 片段的大小和数目。溴化乙锭染色的凝胶图像可以观测到的最小量 DNA 在 5mm 宽（通用加样孔宽度）条带中为 2 ng，使用更敏感的染料，如 SYBR Gold 可以检测出至少 20 pg 的 DNA。若加样孔过载，会导致拖尾和模糊不清等现象。

能加样的最大体积是由加样孔容积决定的。通用的加样孔为 0.5 cm×0.5 cm×0.15 cm，可容纳约 40 μL，切忌将加样孔加得太满甚至溢出以避免溢出污染邻孔样品，最好使凝胶稍厚些，增加孔容积或通过乙醇沉淀浓缩 DNA 减少加样体积。

（6）电泳

接通电泳槽与电泳仪的电源（注意正负极，DNA 片段从负极向正极移动）。DNA 的迁移速度与电压成正比,最高电压不超过 5 V/cm。

当溴酚蓝染料移动到距凝胶前沿 1~2 cm 处停止电泳。小心取出微型电泳槽,勿使凝胶滑出,置于保鲜纸上,放在紫外检测仪上打开紫外灯,观察电泳结果并拍照。

通常用水将溴化乙锭配制成 10 rng/mL 的贮存液,于室温保存在棕色瓶中或用铝箔包裹的瓶中。这种染料通常掺入琼脂糖凝胶和缓冲液的浓度为 0.5 μg/mL。注意:聚丙烯酰胺凝胶灌制时不能掺入溴化乙锭,这是由于溴化乙锭能够抑制丙烯酰胺聚合。

尽管在该染料存在的情况下,线状 DNA 的电泳迁移率约降低 15%,但是最大的优点是在电泳过程中或在电泳结束后能直接在紫外灯下检测。当凝胶中没有 EB 时,凝胶中的 DNA 条带更为清晰,因此需要知道 DNA 片段的准确大小(如 DNA 限制酶酶切图谱的鉴定),凝胶应该在无 EB 情况下电泳,电泳结束后用 EB 染色。染色时,将凝胶浸入含有 EB (0.5 μg/mL)的电泳缓冲液中室温下染色 30~45 min,染色完毕后通常不需要脱色。但是在检测小量 DNA(<10 ng)片段时,通常要将染色后的凝胶浸入水中或 1 mmol/L MgSO 中,室温脱色 20 min 更易观察到。

7. 结果分析

在紫外灯下观察染色后的电泳,存在处应显示出橘红色荧光条带(在紫外灯下观察时,应戴上防护镜,避免紫外灯对眼睛的伤害)。

8. 注意事项

(1) 裂解液要预热,以抑制 DNase,加速蛋白变性,促进 DNA 溶解。酚一定要碱平衡。

(2) 苯酚具有高度腐蚀性,若飞溅到皮肤、黏膜和眼睛会造成损伤,因此应注意防护。

(3) 氯仿易燃易爆易挥发具有神经毒作用,操作时应注意防护。

(4) 各操作步骤要轻柔,尽量减少 DNA 的人为降解。

(5) 异丙醇乙醇 NaAcKAc 等要预冷,以减少 DNA 的降解,促进 DNA 与蛋白等的分相及 DNA 沉淀。

(6) 所有试剂均用高压灭菌双蒸水配制。

(7) 用大口滴管或吸头操作,以尽量减少打断 DNA 的可能性。

10.2.2 聚丙烯酰胺凝胶电泳分离 DNA

1. 聚丙烯酰胺凝胶及特点

聚丙烯酰胺凝胶是由丙烯酰胺单体(Acr)在 TEMED(NNNN-四甲基乙二胺)催化过硫酸铵还原产生的自由基存在的情况下,聚合形成聚丙烯酰胺的线状长链。在双功能交联剂 N,N'-亚甲双丙烯酰胺(Acr)的参与下交联形成三维空间网络结构。其孔径大小由丙烯酰胺和交联剂的浓度及比例决定。1959 年,Raymond 和 Weintraub 将聚丙烯酰胺交联链作为电泳支持介质,现在聚丙烯酰胺凝胶电泳常用于分离蛋白质和核酸。

聚丙烯酰胺凝胶电泳分离 DNA 与琼脂糖凝胶电泳分离 DNA 有以下优点:① 分辨率

极高,可分离仅相差 0.1% 的 DNA 分子,即 1000 bp 中相差 1 bp。② 装载量大,多达 10 μg 的 DNA 可加样于聚丙烯酰胺凝胶的一个标准加样孔(1 cm×1 cm)中,其分辨率不受影响。③ 从聚丙烯酰胺凝胶中回收的 DNA 纯度较高,可用于要求较高的实验,如胚胎的显微注射。DNA 在聚丙烯酰胺凝胶电泳中的有效分离范围如表 10.2 所示。

表 10.2　DNA 在聚丙烯酰胺凝胶电泳中的有效分离范围

丙烯酰胺浓度	有效分离范围(bp)	二甲苯氰 FF	溴酚蓝
3.5%	1000~2000	460	100
5.0%	80~500	260	65
8.0%	60~400	160	45
12.0%	40~200	70	20
15.0%	25~150	60	1s
20.0%	6~100	45	12

注:表中给出的数字为与指示剂迁移率相等的双链 DNA 分子所含碱基对数目(bp)。

2. 两种常用的聚丙烯酰胺凝胶

(1) 变性聚丙烯酰胺凝胶

变性聚丙烯酰胺凝胶用于单链 DNA 片段的分离与纯化,这些凝胶在尿素或甲酰胺 DNA 变性剂存在下发生聚合,变性 DNA 在凝胶中的迁移率与碱基组成及序列无关,只与 DNA 的大小有关。变性聚丙烯酰胺凝胶主要应用于 DNA 探针的分离、DNA 测序反应产物的分析等。

(2) 非变性聚丙烯酰胺凝胶

非变性聚丙烯酰胺凝胶用于双链 DNA 片段的分离和纯化,双链 DNA 在非变性聚丙烯凝胶中的迁移率与 DNA 的大小成反比。然而电泳迁移率也受碱基组成和序列的影响。非变性聚丙烯酰胺凝胶主要用于制备高纯度的 DNA 片段和检测蛋白质-DNA 复合物。

3. 实验步骤

(1) 电泳装置安装:使用自来水和无水乙醇清洗玻璃板,自然晾干,进行电泳装置安装。

(2) 制备聚丙烯酰胺凝胶(5%):在干净的烧杯中依次加入 8.3 mL 凝胶储存液、31.35 mL 水、10 mL 的 5×TBE、0.35 mL 过硫酸铵(10%)、0.017 mL TEMED,立即混匀。

(3) 将步骤(2)中制备的凝胶溶液灌入玻璃板中至短玻璃板顶端,插入梳子,注意不要产生气泡,室温聚合 30~60 min。

(4) 聚合完成后,从聚合的凝胶中小心取出梳子并用 1×TBE 缓冲液清洗加样孔。

(5) 将凝胶放入电泳槽中,并加入 1×TBE 电泳缓冲液。

(6) 样品准备:DNA 样品:40 μL;6×凝胶载样缓冲液 2.0 μL。

(7) 加样与电泳:将步骤(5)中的样品小心加入加样孔中,接通电源,调整电压 1~8 V/cm 进行电泳。

(8) 电泳至指示剂迁移到所需位置,关闭电源卸下玻璃板,小心取出凝胶。

（9）染色：将凝胶浸入核酸染液 SYBR Gold 中，染色液刚好没住凝胶即可，室温染色 30～45 min。

（10）结果观察：染色完毕后。将凝胶取出，在紫外灯下进行观察并拍照。在紫外灯下观察染色后的电泳凝胶，DNA 在对应的位置会显示出条带。

4. 注意事项

（1）在灌制凝胶的过程中，注意凝胶中不要产生气泡。

（2）电泳过程中，电压不能太高，因为高电压会使凝胶中部产热不同，使 DNA 条带弯曲。

（3）电泳完成后，应小心取出凝胶，不要使凝胶破裂。

（4）凝胶聚合完成，梳子取出后，应立即用 1×TBE 缓冲液清洗加样孔，否则加样孔表面不规则易引起 DNA 条带变形。

（5）未聚合的丙烯酰胺具有毒性，操作过程中应注意防护。

（席　珺）

10.3　聚合酶链式反应技术

聚合酶链反应（polymerase chain reaction，PCR）是分子生物学中的关键技术之一，通过生化过程在短时间内将单个 DNA 分子放大成数百万份。它的应用范围很广，从基础研究到疾病诊断、农业基因组学和法医，是一种具有深远意义的、能改变生命科学研究进程的技术。

Khorana 于 1971 年最早提出体外扩增核酸的设想：DNA 经过变性，与合适引物杂交，用 DNA 聚合酶延伸引物，并不断重复该过程便可克隆 tRNA 基因。但是，当时对高温具有较强稳定性的 DNA 聚合酶还未发现，寡核苷酸引物的合成依然处在手工、半自动合成阶段，这种想法难以实现。直到 1985 年，Mullis 才正式建立了一种在体外模拟体内 DNA 复制过程来合成 DNA 的技术，即聚酶链式反应，Mullis 也因此获得了 1993 年的诺贝尔化学奖。

10.3.1　PCR 技术的基本原理

PCR 是以 DNA 半保留复制机制为基础，发展出的体外酶促合成、扩增特定核酸片段的一种方法。在引物、四种脱氧核糖核苷酸和模板 DNA 存在下，由 DNA 聚合酶催化的 DNA 合成反应。DNA 聚合酶以单链 DNA 为模板，通过人工合成的寡核苷酸引物与单链 DNA 模板中的一段互补序列结合，形成双链。在一定的条件下，DNA 聚合酶将脱氧单核苷酸加到引物 3′—OH 末端，沿模板 5′→3′方向延伸，合成一条新的 DNA 互补链（图 10.1）。PCR 技术具有如下特点：

1. 特异性强

决定 PCR 反应特异性的因素包括：① 引物与模板 DNA 特异的结合。② 碱基配对原则。③ Taq DNA 聚合酶合成反应的忠实性。④ 靶基因的特异性与保守性。其中引物与模板的正确结合是关键。引物与模板的结合及引物链的延伸遵循碱基配对原则。聚合酶合成反应的忠实性及 Taq DNA 聚合酶的耐高温性，使反应中模板与引物的结合可以在较高的温度下进行，结合的特异性大大增加，被扩增

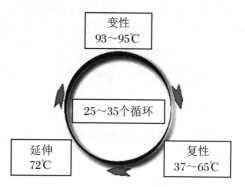

图 10.1　PCR 工作原理示意图

的靶基因片段也就能保持很高的准确度。再选择特异性和保守性高的靶基因区，其特异性程度就更高。

2. 灵敏度高

PCR 产物的生成量是以指数方式增加的，能将皮克量级的起始待测模板扩增到微克水平。在细胞检测中能从 100 万个细胞中检出一个靶细胞；在病毒的检测中，PCR 的灵敏度可达 3 个 RFU（空斑形成单位）；在细菌学中最小检出率为 3 个细菌。

3. 简便快速

PCR 反应使用耐高温的 Taq DNA 聚合酶，一次性地将反应液加好后，即在 DNA 扩增仪上进行变性、退火、延伸反应，一般在 2~4 h 完成扩增反应。扩增产物一般用电泳分析，不一定要用同位素，无放射性污染的易推广。

4. 对标本的纯度要求低

不需要分离病毒或细菌及培养细胞，DNA 粗制品及总 RNA 均可作为扩增模板。可直接用临床标本如血液、体腔液、洗漱液、毛发、细胞、活组织等粗制的 DNA 扩增检测。

10.3.2　PCR 的过程

PCR 基本反应步骤包括：① 模板 DNA 的变性：模板 DNA 经加热至 93 ℃左右且持续一定时间后，使模板 DNA 双链或经 PCR 扩增形成的双链 DNA 解离成为单链，以便与引物结合，为下轮反应做准备。② 模板 DNA 与引物的退火（复性）：模板 DNA 经加热变性成单链后，温度降至 55 ℃左右，引物与模板 DNA 单链的互补序列配对结合。③ 引物的延伸：DNA 模板——引物结合物在 DNA 聚合酶的作用下，以 4 种脱氧核糖核苷酸为反应原料，靶序列为模板，按照碱基互补配对原则与半保留复制原理，合成一条新的与模板 DNA 链互补的半保留复制链。重复变性—退火—延伸三个过程，就可获得更多的"半保留复制链"，而且这种新链又可成为下次循环的模板。经过 30 个循环左右将待扩增目的 DNA 片段放大几百

万倍。由一对引物介导,通过温度的调节,使双链 DNA 变性为单链 DNA、单链 DNA 与引物复性(退火)成为引物-DNA 单链复合物,最后在 dNTPs 存在下,DNA 聚合酶使引物延伸而成为双链 DNA(引物的延伸),这种热变性-复性-延伸的过程,就是一个 PCR 循环,一般通过 20~30 个循环之后,就可获得大量(10^6 倍)的要扩增的 DNA 片段。

1. PCR 反应体系

一个完整的 PCR 反应体系包括如下成分:扩增缓冲液、dNTP 混合物、引物、模板、DNA 聚合酶、Mg^{2+}、双蒸水。

(1) 模板

DNA 和 RNA 均可作为 PCR 的模板核酸,只是用 RNA 作模板时,首先要进行逆转录生成 cDNA,然后再进行正常的 PCR 循环。PCR 反应时加入的 DNA 模板量一般为 $10^2 \sim 10^5$ 拷贝。模板来源广泛,可以从机体的组织、细胞,亦可从细菌、病毒,甚至考古标本、病理标本等中提取。

(2) 引物

引物决定 PCR 扩增产物的特异性和长度,故引物设计在 PCR 反应中至关重要。PCR 反应中的引物有两种,即 5′端引物与 3′端引物,5′端引物为与模板 5′端序列相同的寡核苷酸,3′端引物是指与模板 3′端序列互补的寡核苷酸。引物设计原则:① 合适的长度:一般为 16~30 bp,引物过短将影响 PCR 产物的特异性;过长会使延伸温度超过 Taq DNA 聚合酶的最适温度亦影响 PCR 产物的特异性。② G+C 的含量:一般为 40%~60%。③ 碱基分布:4 种碱基应随机分布,避免有连续 3 个以上的相同的嘌呤或嘧啶碱基,否则将影响 PCR 的特异性。④ 引物自身应避免存在互补序列从而引起自身折叠。⑤ 一对引物之间不应有互补序列。⑥ 引物与非特异靶区之间的同源性不要超过 70%,也不要有连续 8 个互补碱基同源,否则将导致非特异性扩增。⑦ 引物的 3′端引发延伸起点,不能错配。由于引物 3′端碱基 A 引起错配的概率最大,故应尽量避免引物 3′端第一个碱基是 A。⑧ 引物 5′端可以修饰。另外,引物浓度一般要求在 0.1~0.5 μmol;引物 Tm 值在 55~80 ℃范围内,接近 72 ℃为最好。

(3) 耐热 Taq DNA 聚合酶

1976 年,Chien 分离出热稳定聚合酶;1986 年,Erlich 分离并纯化了适合 PCR 的 Taq 热稳定性聚合酶,为 PCR 技术的广泛应用奠定了基础。Taq DNA 聚合酶热稳定性很高。Taq 酶的用量通常是每 100 μL 反应液中含 1~2.5 U Taq 酶为好。须注意的是 Taq 酶在 −20 ℃环境中贮存。

(4) 缓冲液

缓冲液为 PCR 反应提供合适的酸碱度与某些离子,常用 10~50 mmol/L Tris-HCl(pH 8.3~8.8)缓冲液。

(5) Mg^{2+} 浓度

Taq 酶的活性需要 Mg^{2+},Mg^{2+} 浓度过低,Taq 酶活力显著降低;Mg^{2+} 浓度过高,又会使酶催化非特异性扩增。Mg^{2+} 浓度还影响引物的退火、模板与 PCR 产物的解链温度、引物二聚体的生成等。Taq 酶的活性只与游离的 Mg^{2+} 浓度有关。Mg^{2+} 的总量应比 dNTP 的浓度高 0.2~2.5 mmol/L。

（6）dNTP

dNTP（dATP、dGTP、dCTP、dTTP）浓度相等，通常为 20~200 μmol/L，在此范围内，PCR 产物的量、反应的特异性与忠实性之间的平衡最佳。表 10.3 展示的是一个常规 PCR 反应体系的成分和含量。

表 10.3　PCR 反应体系

成分	含量
10×扩增缓冲液	10 μL
4 种 dNTP 混合物（终浓度）	各 100~250 μmol/L
引物（终浓度）	各 5~20 μmol/L
模板 DNA	0.1~2 μg
Taq DNA 聚合酶	5~10 U
Mg^{2+}（终浓度）	1~3 mmol/L
补加双蒸水	100 μL

注：以上表格只提供大致参考值，其中 dNTP、引物、模板 DNA、Taq DNA 聚合酶以及 Mg^{2+} 的量（或浓度）可根据实验调整。

2. 引物设计

引物是 PCR 特异性反应的关键，PCR 产物的特异性取决于引物与模板 DNA 互补的程度。理论上，只要知道任何一段模板 DNA 序列，就能按其设计互补的寡聚核苷酸链作为引物，利用 PCR 就可将模板 DNA 在体外大量扩增。

（1）引物设计的一般原则

① 引物长度一般以 18~30 bp 为宜，过短易降低特异性，例如：一个长度为 12 bp 的引物在人类基因组上存在 200 个潜在的退火位点。过长会引起引物间的退火而影响有效扩增，同时也增加引物合成的成本。引物间退火温度（Tm）相差不要超过 5 ℃，对于低于 20 个碱基的引物，Tm 值可根据 $Tm = 4 \times (G + C) + 2 \times (A + T)$ 来粗略估算。

② 避免引物内部出现二级结构，避免序列内有较长的回文结构，使引物自身不能形成发夹结构。G/C 和 A/T 碱基均匀分布，G + C 含量在 40%~60% 之间，引物碱基序列尽可能选择碱基随机分布，避免出现嘌呤或嘧啶连续排列。

③ 要避免两个引物间特别是 3′ 末端碱基序列互补以及同一引物自身 3′ 末端碱基序列互补，使它们不能形成引物二聚体或发卡结构。

④ 引物 3′ 末端碱基一般应与模板 DNA 严格配对，并且 3′ 末端为 G、C 或 T 时引发效率较高。引物 5′ 末端碱基不与模板 DNA 匹配，可添加与模板无关的序列（如限制性核酸内切酶的识别序列、ATG 起始密码子或启动子序列等），便于克隆和表达，但其保护碱基有一定的要求。

⑤ 引物的碱基顺序不能与非扩增区域有同源性，避免非特异性扩增片段的形成。

（2）常用的引物设计软件

合理的引物设计工具会提高效率，如 Primer Premier5.0、vOligo6、vVector NTI Suit、 vDNAsis、vOmiga、vDNAstar 等。引物的分析评价功能 Oligo6 最优秀,自动搜索功能 Premier Primer5.0 为最强。引物设计软件的最佳搭配是 Oligo 和 Premier 软件合并使用,以 Premier 进行自动搜索,Oligo 进行分析评价,如此可快速设计出成功率很高的引物。但是,要想得到效果很好的引物,在软件的基础上还要辅以人工分析。

3. PCR 条件的选择与优化

(1) 条件选择

PCR 反应条件最为关键的就是温度、时间和循环次数。在标准反应中采用三温度点法,双链 DNA 在 90～95 ℃变性,再迅速冷却至 40～60 ℃,引物退火并结合到靶序列上,然后快速升温至 70～75 ℃,在 Taq DNA 聚合酶的作用下引物链沿模板延伸。对于较短靶基因(长度为 100～300 bp 时)也可采用二温度点法,除变性温度外、退火与延伸温度可合二为一,常采用 94 ℃变性,65 ℃左右退火与延伸。

① 变性温度与时间:变性温度低,解链不完全是导致 PCR 失败的最主要原因。一般情况下,93～94 ℃ 1 min 足以使模板 DNA 变性,若低于 93 ℃则需延长时间,但温度不能过高,因为高温环境对酶的活性有影响。

② 退火温度与时间:退火温度是影响 PCR 特异性的较重要因素。变性后温度快速冷却至 40～60 ℃,可使引物和模板发生结合。由于模板 DNA 比引物复杂得多,引物和模板之间的碰撞结合机会远远高于模板互补链之间的碰撞。退火温度与时间取决于引物的长度、碱基组成及浓度,还有靶基因序列的长度。引物的复性温度可通过以下公式帮助选择合适的温度:复性温度 = Tm 值 -(5～10 ℃)

在 Tm 值的允许范围内,选择较高的复性温度可大大减少引物和模板间的非特异性结合,提高 PCR 反应的特异性。复性时间一般为 30～60 s,使引物与模板之间完全结合。

③ 延伸温度与时间:PCR 反应的延伸温度一般选择在 70～75 ℃范围,常用温度为 72 ℃,过高的延伸温度不利于引物和模板的结合。PCR 延伸反应的时间,可根据待扩增片段的长度而定,一般 1 kb 以内的 DNA 片段,延伸时间 1 min 是足够的。3～4 kb 的靶序列需 3～4 min;扩增 10 kb 需延伸至 15 min。延伸时间过长会导致非特异性扩增带的出现。对低浓度模板的扩增,延伸时间要稍长些。Taq DNA 聚合酶的生物学活性大致遵循如下的规律,但不同类别的 Taq 活性有所不同。

④ 循环次数决定 PCR 扩增程度。通常情况下,40 次循环标志了 PCR 反应的有效极限,在此循环数内,在合适模板存在的情况下具有较好的动力学,因为此时 dNTP 基本上变成了扩增子,平台期也出现了,不会出现多余的产物。相应地,如果没有合适的模板加入到反应中,40 次循环之后可能出现大量稀有的不正确产物。

(2) PCR 的优化

PCR 过程中如果没有找到最佳的扩增条件将会产生非特异性产物或者没有目的产物。这时优化反应条件就十分必要。

① DNA 聚合酶是优化中最关键的因素之一,以 Taq DNA 聚合酶为例:其热稳定性及最适延伸温度在 70～80 ℃时具有最高聚合活性,高温时仍比较稳定。所以 70～80 ℃为其最适延伸温度,则退火和延伸反应温度可提高,限制非特异性扩增产物的出现,增加了 PCR

的特异性。Taq DNA 聚合酶活性需要 Mg^{2+}，而 Mg^{2+} 的精确浓度主要取决于 dNTP 浓度，Mg^{2+} 浓度过高导致非特异扩增。一个典型的两步优化过程：首先 Mg^{2+} 浓度增幅从 0.5 mmol/L 到 5 mmol/L 的一系列反应；当 Mg^{2+} 浓度范围缩小以后再做第二轮优化，采用几个增幅为 0.2 mmol/L 或 0.3 mmol/L 的 Mg^{2+} 浓度。在实验中，一般常用浓度为 1.5 mmol/L。Taq DNA 酶的聚合出错率较高（2.1×10^{-4}），然而通过优化反应条件，可使 Taq 酶的聚合出错率降低到原来的 1/3。若要细胞克隆 PCR 扩增的产物，进行表达，扩增后必须测序证实才可使用。

② 梯度 PCR 是另一种 PCR 优化方法，它无需使用多个反应管，并要求每管用不同的试剂浓度和循环参数，而是用一个反应管或一小组反应管，在适合于得到扩增目的产物而不得到人为产物或引物二聚体的循环条件下反应。设计多循环反应的程序，使相连循环的退火温度越来越低，由于开始时的退火温度选择高于估计的 Tm 值，随着循环的进行，退火温度逐渐降到 Tm 值，并最终低于这个水平。这个策略有利于确保第一个引物-模板杂交事件发生在最互补的反应物之间，即那些产生目的扩增产物的反应物之间。尽管退火温度最终会降到非特异杂交的 Tm 值，但此时目的扩增产物已开始几何扩增，在剩下的循环中一直处于主导地位。为了确保是在较早的循环中避免低 Tm 值配对，在梯度 PCR 中必需应用热启动技术。

③ 退火温度和循环数的优化，首先要采用几种方法中的一种来计算引物-模板的 Tm 值，其中最简单的方法是 $Tm = 4 \times (G + C) + 2 \times (A + T)$，一个单一碱基的错配大约降低 Tm 值 5 ℃。也可以采用更加复杂的公式，但实践中由于 Tm 值受缓冲液中各个成分甚至引物和模板浓度的影响，所以任何计算的 Tm 值都应该看作是大致值。进行退火温度的摸索时有一定间隔（2～5 ℃），从高到低直到低于 Tm 值 5 ℃ 的一系列反应可以大致估计出给定条件下的最佳退火温度。增加循环数可以增强反应物不足时的反应，但这样会导致产生假带以及富含单链 DNA 的高分子量成片产物。对于再扩增，总的原则是，如果第一次 PCR 反应在凝胶上见到条带，再扩增时只能用 1 μL 第一次 PCR 产物的 $1 : 10^4$ 到 $1 : 10^5$ 稀释物。

④ 热启动 PCR，把 PCR 混合物置于显著低于 Tm 值的温度下可能产生引物二聚体和非特异性配对，而热启动 PCR 方法则可以大大减少这种情况。它是在第一个循环中，当温度升到超过反应物的 Tm 值才允许反应中的一种或两种关键成分进入反应。

4. PCR 产物检测

PCR 扩增反应完成之后，必须通过一定的方法鉴定才能确定是否可以得到预期的特定扩增产物。凝胶电泳是检测 PCR 产物常用和最简便的方法，常用的有琼脂糖凝胶电泳和聚丙烯酰胺凝胶电泳，前者主要用于 DNA 片段大于 100 bp 者，后者主要用来检测小片段 DNA。

（1）琼脂糖凝胶电泳

琼脂糖凝胶电泳是一种非常简便、快速、最常用的分离纯化和鉴定核酸的方法。根据琼脂糖溶解温度，把琼脂糖分为一般琼脂糖和低熔点琼脂糖，低熔点琼脂糖熔点为 62～65 ℃，溶解后在 37 ℃ 下可维持液体状态约数小时，主要用于 DNA 片段的回收，质粒与外源性 DNA 的快速连接等。其原理是不同大小的 DNA 分子通过琼脂糖凝胶时，因泳动速度不同而被分离,经溴化乙锭(EB)染色后在紫外光照射下,DNA 分子发出荧光而判定其分子的大小。

用于电泳检测 PCR 产物的琼脂糖浓度常为 1%～2%,应该使用纯度高的电泳级琼脂糖,这种琼脂糖已除去了荧光抑制剂及核酸酶等杂质。

（2）聚丙烯酰胺凝胶电泳

聚丙烯酰胺凝胶电泳比琼脂糖凝胶电泳复杂,但在引物纯化、PCR 扩增指纹图、多重 PCR 扩增、PCR 扩增产物的酶切限制性长度多态性分析时常用到。它与琼脂糖凝胶电泳比较具有如下优点:① 分辨率很强,可达 1 bp。② 能装载的 DNA 量大,达每孔 10 μg DNA。③ 回收的 DNA 纯度高。④ 其银染法的灵敏度较琼脂糖中 EB 染色法高 2～5 倍。⑤ 避免了 EB 迅速退色的弱点,银染的凝胶干燥后可长期保存。

5. PCR 产物的纯化

PCR 扩增完成后,反应体系中除了 DNA 片段,还存在离子、dNTP、引物及聚合酶等物质,这些物质会对后续的实验（克隆、测序等）产生不利的影响,需要对产物进行纯化回收。回收 DNA 片段有两种途径,即直接回收和从凝胶回收。

（1）直接回收纯化

在 PCR 扩增完成后进行琼脂糖凝胶电泳检测,如条带特异性高,可以用产物纯化试剂盒对扩增产物直接进行纯化。目前市面上的产物纯化试剂盒大多利用吸附柱的方法,其实验过程为“吸附-洗杂-洗脱”:将 PCR 产物置于 DNA 纯化柱中,产物中 DNA 片段会吸附于 DNA 纯化柱上,利用 Wash buffer 通过一系列快速漂洗-离心的步骤,将引物、核苷酸、蛋白、酶等杂质去除,最后用洗脱液将 DNA 片段洗脱。

（2）凝胶回收纯化

如果电泳检测结果存在非特异性条带,则需要通过切胶将目的条带分离出来,随后利用胶回收试剂盒对凝胶回收纯化。凝胶回收纯化与产物直接纯化相比多了一个溶胶的过程,两者纯化原理基本相同。

6. 常见的一些问题

实验中常常会碰到各种各样的问题,做出的结果并不是预期所希望的,这里总结了一些 PCR 中常见的问题以及原因以供大家参考。

（1）不出现扩增条带（假阴性）

正常对照有条带,而样品则没有。可能原因:模板含有抑制物,或含量低;Buffer 对样品不合适;引物设计不当或者发生降解;退火温度太高,延伸时间太短。

（2）假阳性（筛选转基因、检测基因表达情况）

空白对照出现目的扩增产物。可能原因:靶序列或扩增产物的交叉污染。解决办法:操作时防止将靶序列吸入加样枪内或溅出离心管外;除不能耐高温的物质外,所有试剂器材均高压消毒。离心管及枪头等一次性使用;各种试剂先进行分装,低温贮存。

（3）非特异性扩增

PCR 扩增后出现的条带与预计的大小不一致;或者同时出现特异性扩增带与非特异性

扩增带。可能原因:引物特异性差;模板或引物浓度过高;酶量过多;Mg^{2+} 浓度偏高;退火温度偏低;循环次数过多。

(4) 拖尾

产物在凝胶上呈 Smear 状态。可能原因:模板不纯或降解;Buffer 不合适;退火温度偏低;酶量过多;dNTP、Mg^{2+} 浓度偏高;循环次数过多。

10.3.3 几种重要的 PCR 衍生技术

1. RT-PCR

RT-PCR(Reverse Transcription-Polymerase Chain Reaction)是以反转录的 cDNA 作为模板所进行的 PCR 反应,用于检测基因表达的强度和鉴定已转录序列是否发生突变,克隆 mRNA 的 5′ 和 3′ 末端序列,以及从非常少量的 mRNA 样品构建大容量的 cDNA 文库等。其原理如图 10.2 所示,首先经反转录酶的作用,从 RNA 合成 cDNA,再以 cDNA 为模板,在 DNA 聚合酶作用下扩增合成目的片段。作为模板的 RNA 可以是总 RNA、mRNA 或体外转录的 RNA 产物。无论使用何种 RNA,关键是确保 RNA 中无 RNA 酶和基因组 DNA 的污染。用于反转录的引物可视实验的具体情况选择随机引物、Oligo dT 及基因特异性引物中的一种。对于短的不具有发夹结构的真核细胞 mRNA,3 种都可以。

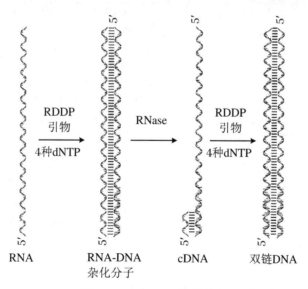

图 10.2 RT-PCR 反应原理

2. Real-Time PCR

荧光定量 PCR(quantitative real-time PCR)是 1995 年研究出来的一种新的核酸定量技术。该技术是在常规 PCR 基础上加入荧光标记探针或相应的荧光染料来实现其定量功能。随着 PCR 反应的进行,PCR 反应产物不断累计,荧光信号强度也等比例增加。每经过一个循环,收集一个荧光强度信号,我们就可以通过荧光强度变化监测产物量的变化,从而得到一条荧光扩增曲线图。

一般而言,荧光扩增曲线可以分成三个阶段(图10.3):荧光背景信号阶段,荧光信号指数扩增阶段和平台期。在荧光背景信号阶段,扩增的荧光信号被荧光背景信号所掩盖,无法判断产物量的变化。而在平台期,扩增产物已不再呈指数级的增加,PCR 的终产物量与起始模板量之间没有线性关系,根据最终的 PCR 产物量也不能计算出起始 DNA 拷贝数。在荧光信号指数扩增阶段,PCR 产物量的对数值与起始模板量之间存在线性关系,我们可以选择在这个阶段进行定量分析。为了定量和比较的方便,在实时荧光定量 PCR 技术中引入了两个非常重要的概念:荧光阈值(threshold)和 Ct 值。

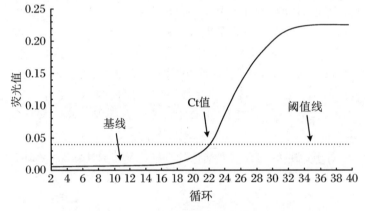

图 10.3　荧光定量 PCR 扩增曲线示意图

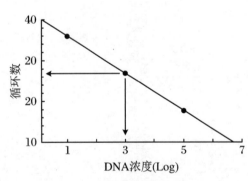

图 10.4　荧光定量 PCR 标准曲线

Ct 值是指每个反应管内的荧光信号到达设定域值时所经历的循环数。研究表明,每个模板的 Ct 值与该模板的起始拷贝数的对数存在线性关系,起始拷贝数越多,Ct 值越小。利用已知起始拷贝数的标准品可做出标准曲线,其中,横坐标代表起始拷贝数的对数,纵坐标代表 Ct 值,如图 10.4 所示。因此,只要获得未知样品的 Ct 值,即可从标准曲线上计算出该样品的起始拷贝数。

荧光定量检测根据所使用的标记物不同可分为荧光探针和荧光染料。荧光探针又包括 Beacon 技术(分子信标技术,以美国人 Tagyi 为代表)、TaqMan 探针(以美国 ABI 公司为代表)和 FRET 技术(以罗氏公司为代表)等;荧光染料包括饱和荧光染料和非饱和荧光染料,非饱和荧光染料的典型代表就是现在最常用的 SYBR Green Ⅰ;饱和荧光染料有 Eva Green、LC Green 等。

SYBR Green Ⅰ是荧光定量 PCR 最常用的 DNA 结合染料,与双链 DNA 非特异性结合。在游离状态下,SYBR Green Ⅰ发出微弱的荧光,但一旦与双链 DNA 结合,其荧光增加 1000 倍。所以,一个反应发出的全部荧光信号与出现的双链 DNA 量呈比例,且会随扩增产物的增加而增加(图 10.5)。SYBR Green Ⅰ荧光染料与 DNA 双链的结合,双链 DNA 结合染料的优点:实验设计简单,仅需要 2 个引物,不需要设计探针,无需设计多个探针即可以快速检验多个基因,且能够进行熔点曲线分析,检验扩增反应的特异性,初始成本低,通用性好,因此国内外在科研中使用比较普遍。

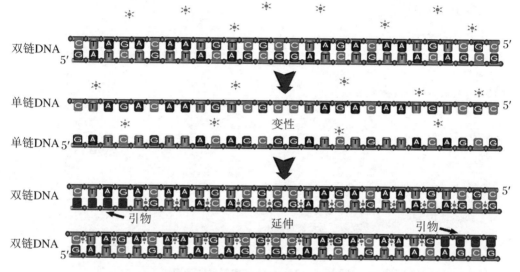

图 10.5　SYBR Green Ⅰ工作原理图

荧光探针法(Taq man 技术):PCR 扩增时,加入一对引物的同时再加入一个特异性的荧光探针。该探针为一直线型的寡核苷酸,两端分别标记一个荧光报告基团和一个荧光淬灭基团,探针完整时,报告基团发射的荧光信号被淬灭基团吸收,PCR 仪检测不到荧光信号;PCR 扩增时(在延伸阶段),Taq 酶的 5′-3′切酶活性将探针酶切降解,使报告荧光基团和淬灭荧光基团分离,从而荧光监测系统可接收到荧光信号,即每扩增一条 DNA 链,就有一个荧光分子形成,实现了荧光信号的累积与 PCR 产物形成完全同步,这也是定量的基础所在(图 10.6)。

3. 原位 PCR

原位 PCR(in-situ PCR)是一种把 PCR 和原位杂交技术结合起来的可以检测组织细胞中微量 DNA 或 RNA 且可精确定位的技术。其大致过程为:首先将样品组织切片或细胞涂片,然后固定在载玻片上,适当预处理后,将细胞核内的 DNA 加热变性形成单链 DNA,对待检测的选定序列设计一对引物,直接将引物、dNTP 缓冲液及 Taq DNA 聚合酶加到载玻片上,在原位 PCR 仪器内进行扩增,反应完毕后将 PCR 产物固定在载玻片上,用相应的信号进行检测。

PCR 虽然能扩增福尔马林固定、石蜡包埋组织的各种标本的 DNA,但扩增的 DNA 或 RNA 产物不能在组织细胞中定位,因而不能直接与特定的组织细胞特征相联系,这是该技术的一个局限性。原位杂交虽具有良好的定位能力,但由于其敏感性问题,尤其是在石蜡切片中,尚不能检测出低含量的 DNA 或 RNA 序列。而原位 PCR 技术在不破坏细胞完整性的前提下利用原位的完整细胞作为微量反应体系来扩增细胞内的靶片段并进行检测,从而综合 PCR 和原位杂交的各自优点,既有高度的特异性又可精确的定位。

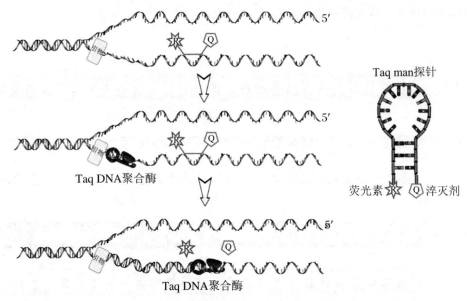

Taq man探针

荧光素 ☆   Q 淬灭剂

Taq DNA聚合酶

图 10.6   Taq man 技术工作原理图

根据在扩增反应中所用的三磷酸核苷原料或引物是否标记,原位 PCR 技术可分为直接法和间接法两大类,此外,还有原位反转录 PCR 技术等。

（1）直接法原位 PCR 技术

直接法原位 PCR 技术是将扩增的产物直接携带标记分子,即使用标记的三磷酸腺苷或引物片断。当标本进行 PCR 扩增时,标记的分子就掺入到扩增的产物中,显示标记物,就能将特定的 DNA 或 RNA 在标本(原位)中显现出来。常用的标记物有放射性同位素 35S、生物素和地高辛,用放射性自显影的方法或用亲和组织化学及免疫组织化学的方法去显示标记物所在位置。

直接法原位 PCR 技术的优点是操作简便、流程短、省时。缺点是特异性较差,易出现假阳性,扩增效率也较低,特别是在石蜡切片上,上述缺点更为突出。因为在制片过程中,无论是固定、脱水还是包埋,都会导致 DNA 的损伤,而受损的 DNA 可利用反应体系中的标记三磷酸核苷进行修复,这样标记物就会掺入到 DNA 的非靶序列中,造成假阳性。若用标记引物的方法进行直接法原位 PCR,其扩增的效率比不标记更低。

（2）间接法原位 PCR 技术

间接法原位 PCR 技术是先在细胞内进行特定 DNA 或 RNA 扩增,再用标记的探针进行原位杂交,明显提高了特异性,是目前应用最为广泛的原位 PCR 技术。

间接法原位 PCR 技术与直接法原位 PCR 技术不同的是,反应体系与常规 PCR 相同,所用的引物或三磷酸腺苷均不带任何标记物。即实现先扩增的目的,然后用原位杂交技术去检测细胞内已扩增的特定的 DNA 产物。因此,实际上是将 PCR 技术和原位杂交技术结合起来的一种新技术,故又称为 PCR 原位杂交(PCR in situ hybridization,PISH)。

间接法 PCR 技术的优点是特异性较高,扩增效率也较高。缺点是操作步骤较直接法繁琐。

（3）原位反转录 PCR 技术

原位反转录 PCR(in situ reverse transcription PCR,In Situ RT-PCR)技术是将液相的 RT-PCR 技术应用到组织细胞标本中的一种新技术,与 RT-PCR(液相)的不同点在于,进行原位反转录 PCR 反应之前,组织标本要先用 DNA 酶处理,以破坏组织中的 DNA,这样才能保证扩增的模板是从 mRNA 反转录合成的 cDNA,而不是细胞中原有的 DNA。其他基本步骤与液相的 RT-PCR 相似。

原位反转录 PCR 技术的突出优势,就是能在组织细胞中原位检测出拷贝数较低的特异性基因序列。按照待测基因的性质,可将原位 PCR 的应用分为检测外源性基因和内源性基因两方面。

4. 多重 PCR

在一个反应体系中使用多套引物,针对多个 DNA 模板或同一模板的不同区域进行扩增的过程称为多重 PCR(multiplex PCR)。满足同时分析不同 DNA 序列的需要,尤其在临床检测和科学研究时,在一个反应管中能同时检测多种目的 DNA,这不仅能节省珍贵的实验样品,而且能使以往繁琐的操作变得省时省力。多重 PCR 技术作为一种可靠的检测基因序列缺失或突变的方法,可应用于生物学研究的多个领域,如病原体鉴别、性别筛选、遗传性疾病诊断、法医学研究以及基因缺失、突变和多态性分析等。与常规 PCR 技术相比,多重 PCR 技术涉及了多对引物和多对模板,随着引物对数的增加,影响因素也更多,增加了得到错配扩增产物的机会,需对反应体系和条件进行优化。在设计循环参数时要注意两个原则:一是退火温度要足够高,提高退火温度可以减少非特异性扩增产物的生成;二是循环参数要尽量少,以利于检测扩增产物。一般在多重 PCR 反应中,对所加引物量要尽量选择有利于较大片段的扩增条件,扩增片段越长所需引物浓度越大;扩增片段越短,所需引物浓度就低。

5. 巢式 PCR

巢式 PCR 是对已知序列设计出第一对引物,扩增 25 个循环。然后根据序列设计出第二对引物,它是和已扩增出序列内部的两条链序列互补,继续再扩增 25 个循环。比如扩增不受平台效应限制,而且比单一的 PCR 扩增敏感性高 1000 倍。

热巢式 PCR 是巢式 PCR 的改进技术。第一对 PCR 按常规扩增后,再用第二对引物对模板扩增。与巢式 PCR 的不同点在于第二对引物之一标记放射性物质,相应的扩增产物一端也随之携带了放射性标记。对带标记产物进行电泳技术等分析时,敏感性增高,可测出 10^6 个细胞中一个 DNA 分子。

10.3.4　PCR 技术的主要用途

20 世纪 80 年代,第一代 PCR 技术被发明出来,成为生命科学研究领域中最基础和最常规的实验方法之一。20 世纪 90 年代初出现了第二代的定量 PCR 技术,通过在反应体系中加入荧光染料,检测反应中发出的荧光信号达到阈值的循环数即循环阈值(cycle threshold,Ct)来计算目的核酸序列的含量。第三代 PCR——数字 PCR(digital PCR,dPCR)应运而生。在飞速发展的时代 PCR 技术成为了我们实际生活中不可分割的一部分,其主要用于生命科学、医药健康、农业科技、考古学、卫生安全等方面。

1. 生命科学方面

2003 年在完成的人类基因组"工作框架图"的基础上,经过整理、分类和排列后得到的更加准确、清晰、完整的基因组图谱。这是对人类基因组基本面貌的首次揭示,表明科学家们开始部分解读人类生命"天书"所蕴涵的内容。人类基因组 DNA 序列图谱完成后,以研究基因功能为核心的"后基因组时代"已经来临,大规模的结构基因组、蛋白质组以及药物基因组的研究计划已经成为新的热点。此外,PCR 也广泛运用于物种的分类、进化及亲缘关系研究。

2. 医药健康方面

疾病的诊断,如遗传性疾病(如地中海贫血、镰刀状细胞贫血)、癌基因的检测和诊断(恶性肿瘤的标记物)。病原体的检测,包括细菌、病毒(SARS 及禽流感病毒 H5N1、COVID-19等)、原虫及寄生虫、霉菌、立克次体、衣原体和支原体等。DNA 指纹、个体识别(DNA 身份证)、亲子关系鉴别和法医物证、骨髓或脏器移植配型。生物工程制药,可通过工程菌和细胞来大量生产,如干扰素、白介素、促红细胞生长素等药物。由于转基因动物制药及疾病模型,转基因动物与医学及生物医药研究的关系越来越密切,近年来,各种人类疾病转基因动物模型不断建立。如转基因动物在遗传病、心血管疾病、肿瘤、高血压病、病毒性疾病、异种移植、输血医学、药理学研究中的应用;利用转基因动物-乳腺生物反应器生产药物蛋白,好比在动物身上建"药厂",可以从动物乳汁中源源不断地获得具有稳定生物活性的基因产品。这是一种全新的药物生产模式,具有投资成本低、药物研制周期短和经济效益高等优点。

3. 农业科技方面

转基因植物,按其功能主要包括提高产量、抗病力、抗除草剂、改良品质和发育调节,如:大豆、玉米、马铃薯、番茄等。转基因动物在农业方面,主要在改良畜禽生产性状,提高畜禽抗病力及利用转基因畜禽生产非常规畜产品。

4. 考古学方面

利用人类短串联重复 STR-PCR 技术,研究人类种族的遗传多态性,效果非常稳定。目前此技术已广泛用于生物考古、种系发育、民族学、人类学和考古学等各个领域中。

5. 卫生安全方面

食品微生物的检测,传统的致病菌检测首先经过长时间的培养,费时费力,应用 PCR 技术则非常迅速、准确。主要用于:食品致病菌的检测,如肉毒梭菌等;乳酸菌的检测;水中细菌指标测定。转基因食品的检测,目前世界转基因食品已经有 100 多种,大多数已经用于食品,因此对转基因食品的检测成为控制其泛滥的一种手段。动物、植物检验检疫,可以检查出入境的人员、动物、植物(种畜、种子)等是否携带烈性传染病等。

（汤必奎）

10.4　印迹与核酸分子杂交技术

核酸分子杂交技术是指不同来源的单链核酸分子之间,只要存在碱基互补序列,在特定的条件下,就可以形成局部双链,形成杂化分子。杂交的双方分别称为探针和待测核酸。

印迹技术是利用各种物理方法将电泳凝胶中的生物大分子转移并固定在固相支持物上,如硝酸纤维素膜(nitrocellulose,NC),其膜上的位置与凝胶中的位置对应,即形成"印迹",然后用带有标记的核酸探针或抗体与膜上的待测分子进行杂交结合,并依据标记物的特性进行检测。目前印迹技术已成为分子生物学研究中应用最广泛的实验技术,广泛用于DNA、RNA 和蛋白质的检测。

10.4.1　核酸探针

核酸探针是能与特定的靶分子发生特异性互补杂交,并带有供杂交后检测的合适标记的已知序列核苷酸片段。探针可以包括整个基因,也可以是基因的一个部分,也可以是DNA、RNA 或一段寡核苷酸片段。理想的探针应具备来源方便、特异性高、便于标记、检测灵敏度好、稳定、便于制备等特点。核酸探针的设计和选择是核酸分子杂交成败的关键。

1. 核酸探针的种类

核酸探针可根据来源和性质进行分类,分为基因组 DNA 探针(genomic probe)、cDNA探针(cDNA probe)、RNA 探针(RNA probe)和寡核苷酸探针(oligonucleotide probe)四类。

（1）基因组 DNA 探针

基因组 DNA 探针可来源于病毒、细菌、动物及人类等多种生物的基因组,多为某一基因的全部或部分序列(含有内含子序列),或某一非编码序列,或某一外显子序列。该类探针制备一般是通过分子克隆的方式获得,几乎所有的基因片段均可克隆。在制备基因组 DNA探针前,需制备基因组文库,基因组 DNA 用限制性核酸内切酶水解成大小不等的核苷酸片段,将这些片段体外重组导入质粒和噬菌体载体中,然后转到合适的宿主细胞内大量的扩增、纯化即可获得高纯度的基因组探针。

基因组 DNA 探针来源丰富,制备方法简便,克隆在质粒载体中,可以无限繁殖,取之不尽。另外相对 RNA 而言,DNA 探针不易降解。在探针标记时,DNA 探针的标记方法较成熟,有多种方法可供选择,如缺口平移法、随机引物法、PCR 标记法等,既可以用放射性同位素标记,也可以用非放射性物质进行标记。

（2）cDNA 探针

cDNA 探针是指互补于 mRNA 的 DNA 分子，是一种较为理想的核酸探针，它不仅具有基因组 DNA 探针的优点，而且不存在内含子和其他高度重复序列，因此 cDNA 探针尤其适用于基因表达的检测。制备 cDNA 探针，首先需分离纯化相应的 mRNA，在逆转录酶的作用下，合成与之互补的 DNA 即 cDNA，cDNA 与待测基因的编码区有完全相同的碱基序列，但不含有内含子。

（3）RNA 探针

RNA 探针通常采用基因克隆或体外转录的方法获得。有些病毒的基因组是 RNA，分离后经适当标记即可制成 RNA 探针。RNA 分子大多以单链的形式存在，杂交时没有互补双链的竞争性结合，因此 RNA 探针的杂交效率高，杂交体较稳定，且 RNA 分子中不含有高度重复序列，故非特异性杂交较少。杂交后用 RNase 处理，可将未杂交的探针分子消化，使本底降低。但 RNA 探针的稳定性较差，易被环境中的 RNA 酶水解，并且不容易进行探针标记，这些限制了 RNA 探针的广泛应用。

（4）寡核苷酸探针

寡核苷酸探针是人工合成的与已知的靶序列特异互补的，长度可从十几到几十个核苷酸的片段。寡核苷酸探针一般由 17～50 个核苷酸组成。如果知道蛋白质的氨基酸顺序，则可根据氨基酸的密码推导出核苷酸序列，再用化学方法合成。寡核苷酸探针可以区分仅有一个碱基差别的靶序列，常被应用于点突变的检测。

设计高特异性的寡核苷酸探针，需要遵循以下原则：① 探针的长度：一般要求在 17～50 nt，探针过长，合成时错误率高；探针过短，杂交信号弱。② 探针的特异性：如果 DNA 或 RNA 样品的核酸序列是已知的，可以从基因库中搜索探针序列，以确定探针序列在靶序列中是唯一的，同时避免探针内存在自身互补结构，以免妨碍探针的标记和杂交。③ 探针的碱基组成：G＋C 含量不能过高，40%～60% 为宜，避免 Tm 值过高，影响杂交结果。④ 用于 Northern 杂交，须防止探针中存在靶序列的反义序列。⑤ 如果是用于检测突变位点，应合成两种不同序列的探针，一种和靶序列完全互补，另一种和靶序列有错配。此时错配的位置很重要，要尽量使错配的碱基位于探针的中央，从而最大程度的降低 Tm 值。

2. 核酸探针的标记

（1）探针标记物的选择

为了便于检测杂交体的有无及多少，核酸探针必须用一定的标记物进行标记。目前核酸分子杂交的标记物主要分为两大类：放射性核素标记物和非放射性核素标记物。

① 放射性核素标记物：放射性核素标记是目前最常用的一类核酸探针标记物，具有灵敏度高、特异性强，检测假阳性率低等优点，但放射性核素存在放射线污染，且半衰期短，标记的探针不能长时间保存，因此在使用时需现用现标记。实验室常用于核酸探针标记的放射性核素主要有 ^{32}P、^{35}S、^3H 等，可根据各种核素的理化性质、标记方式和检测方法，选择合适的核素作为标记物进行探针标记。

② 非放射性核素标记物：鉴于放射性核素稳定性较差及存在的生物安全问题，人们一直在寻找一类安全、可靠的标记物。非放射性核素标记物具有安全、稳定、无污染的特点，但

相对于放射性核素标记灵敏度较低。目前常用于核酸分子杂交的非放射性核素标记物主要有三类:半抗原类、酶、荧光素。半抗原类标记物主要有生物素、光敏生物素和地高辛等,现已商品化。酶类标记物常用的有碱性磷酸酶(alkaline phosphatase,ALP)或辣根过氧化物酶(horseradish peroxidase,HRP),可通过化学法直接与 DNA 探针共价相连。荧光素是现今实验室最重要的一种非放射性核素标记物,通过直接或间接法进行探针标记,可用荧光显微镜进行杂交分子检测。纳米颗粒量子点作为一种新型荧光标记物,在生物医学中具有广泛的应用前景。

（2）核酸探针的标记方法

目前核酸探针的标记方法主要有两类:化学法和酶促法,化学法利用标记物分子与探针分子活性基团的化学反应,将标记物结合到探针分子上。酶法是将标记物首先标记在核苷酸分子上,然后通过酶促反应将标记好的核苷酸分子掺入或交换到探针分子中。酶法标记是目前实验室最常使用的核酸探针标记方法,对放射性核素和非放射性核素标记均可使用。核酸探针的酶法标记法种类很多,有切口平移法、随机引物法、末端标记法、体外转录法和PCR 标记法等,应根据实际需要进行选择。

① 切口平移法(nick translation):目前常用于 DNA 探针的标记方法,利用 DNase I 和大肠杆菌 DNA 聚合酶 I 的协同作用,将已标记的 dNTP 掺入到核酸探针中。

切口平移法的基本过程如图 10.7 所示,首先在 DNase I 的作用下,在双链 DNA 分子的一条链上随机切割形成若干个单链切口,再利用大肠杆菌 DNA 聚合酶 I 的 5′→3′外切酶活性,从切口处的 5′端向 3′端逐个切除核苷酸,同时利用 DNA 聚合酶 I 的 5′→3′聚合酶活性,以切口处产生的 3′—OH 末端为引物、互补的单链为模板、dNTP 为底物(其中一种dNTP 已被标记),在 3′—OH 末端逐个加上与模板互补的核苷酸,结果是切口由 5′到 3′的方向平移,标记的 dNTP 掺入到新合成的双链 DNA 分子上,形成具有高度活性的均匀标记的双链 DNA 探针。

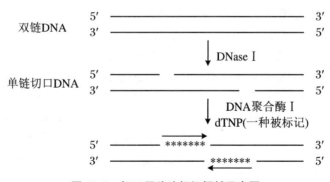

图 10.7　切口平移法标记探针示意图

切口平移法标记探针时,DNase I 的浓度和作用时间对标记效果影响较大,浓度过高,切口较多,DNA 标记片段过短;浓度过低,形成的切口较少,标记效率降低。理想的标记条件是使 30%～60% 的标记核苷酸掺入到 DNA 探针中。

② 随机引物法(random priming):该法是一种较为理想的探针标记方法,掺入率高达70%～80%,高于切口平移法,即可适合双链 DNA 探针的标记,也适合单链 DNA 和 RNA

探针的标记。随机引物多为 6 个核苷酸残基组成的寡核苷酸片段混合物。

　　寡核苷酸引物可随机与任何来源的单链 DNA 模板的互补区域结合,提供引物的 3′—OH 末端,在 DNA 聚合酶的作用下,以互补的单链为模板,以 dNTP 为底物(其中一种 dNTP 已被标记),合成与单链模板互补的 DNA 单链探针(图 10.8)。

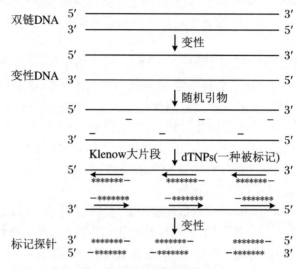

图 10.8　随机引物法标记探针示意图

　　③ 末端标记法:是对 DNA 探针分子的末端进行标记,而不是对全长进行标记,一般很少用作核酸探针的标记。根据标记物标记的位点不同,又分为 3′末端标记和 5′末端核酸标记。3′末端标记是首先利用限制性核酸内切酶消化双链 DNA 分子,形成 5′突出末端,然后在 DNA 聚合酶的作用下,将 DNA 的 3′末端补齐,并将标记的 dNTP 添加到 DNA 的 3′末端。5′末端核酸标记又称 T4 多核苷酸激酶标记法。首先将待标记的核酸探针用碱性磷酸酶水解 5′末端磷酸,然后在 T4 多核苷酸激酶的作用下,将标记的 γ-磷酸基团转移到探针的 5′—OH 上,即可获得 5′末端核酸标记的核酸探针。

　　④ 体外转录法:是以 DNA 为模板,利用体外转录系统制备和标记 RNA 探针的一种方法。将 DNA 探针片段克隆到两个启动子之间,经适当的限制性核酸内切酶作用后,选择各自特异的 RNA 聚合酶进行转录,从而得到两个不同方向转录的单链 RNA 探针。体外转录法标记 RNA 探针产量高、活性高、探针的大小恒定,增加了杂交的敏感性和均一性。

　　⑤ 聚合酶链式反应标记法:在已知核酸探针序列的基础上,可根据探针的核酸序列设计特异性引物,利用 PCR 反应进行扩增,并将已被标记 dNTP 掺入到 PCR 产物中。本法重复性好、标记率高。

　　核酸探针制备和标记后,反应体系中还存在未掺入到探针中的过量 dNTP 或 NTP 及一些小分子物质,这些物质的存在可能会影响杂交反应及杂交信号检测,因此在杂交反应前,需将探针纯化。目前实验室常用的纯化方法主要有乙醇沉淀法和凝胶过滤层析法。纯化后的探针应于 −20 ℃保存备用或直接用于核酸杂交。

10.4.2　杂交信号的检测

1. 放射性核素标记的检测

（1）放射自显影

放射自显影是利用放射线在 X 胶片上的成影作用来检测杂交信号的。放射性同位素在衰变过程中释放电离辐射，射线可使 X 胶片上的溴化银被还原而形成银离子沉积，形成稳定的潜影，胶片经冲洗后可产生可见图像。图像的位置与薄膜上的杂化分子一致，图像的深浅反应杂化分子的含量。

（2）液闪计数法

液闪计数法是将漂洗后的杂交膜剪成小块（每份样品一块），真空干燥后，装入闪烁瓶，加入闪烁液，以与样本模块相同大小的 5 份样品模块作为本底对照，在液体闪烁计数器里自动计数。

2. 非放射性核酸探针的检测

采用非放射性核素标记探针的杂交结果检测，可直接在膜上显色，呈现杂交结果。目前应用较多的非放射性标记物是生物素（biotin）和地高辛（digoxigenin），二者都是半抗原。生物素是一种小分子水溶性维生素，对亲和素有独特的亲和力，两者能形成稳定的复合物，通过连接在亲和素或抗生物素蛋白上的显色物质（如酶、荧光素等）进行检测。地高辛是一种类固醇半抗原分子，可利用其抗体进行免疫检测，原理类似于生物素的检测。地高辛标记核酸探针的检测灵敏度可与放射性同位素标记的相当，而特异性优于生物素标记，其应用日趋广泛。所有非放射性标记探针的杂交检测的方法均涉及酶学反应。

（1）酶促显色检测

酶促显色法是最常用的显色方法。通过酶促反应使其底物形成有色产物。最常用的是碱性磷酸酶（alkaline phosphatase，ALP）和辣根过氧化物酶（horseradish per-oxidase，HRP）。碱性磷酸酶可作用于其底物 5-溴-4-氯-3-吲哚磷酸（5-bromo-4-chloro-3-indolyl phosphate，BCIP），使其脱磷并聚合，在此过程中释放出 H^+ 使硝基四氮唑蓝（nitroblue tetrazolium，NBT）还原而形成不溶性紫色化合物，从而使与标记探针杂交的靶位点可见。HRP 通常用作用于显色底物二氨基联苯胺（$3,3'$-diaminobenzidine，DAB）、四甲基联苯按（$3,3',5,5'$-tetramethylbenzidinc，TMB）、邻苯二胺、邻二甲氧基联苯胺以及 4 氯-1-萘酚等。DAB 经 HRP 催化反应后在杂交部位形成红棕色沉淀物。TMB 的反应产物为蓝色，较DAB 的产物更易于观察。TMB 的另一个优点是没有致癌性，而 DAB 是一种致癌物质。

（2）荧光检测

荧光素是一类能在激发光作用下发射出荧光的物质，包括异硫氰酸荧光素、羟基香豆素、罗达明等。荧光素与核苷酸结合后即可作为探针标记物，主要用于原位杂交检测。对于生物素或地高辛等标志物的检测，可以通过连按抗体或亲和素上的荧光间接检测。荧光素标记探针可通过荧光显微镜观察检出，或通过免疫组织化学法来检测。

（3）化学发光检测

化学发光是指化学反应中释放的能量以光的形式发射出来，某些底物在被碱性磷酸酶或辣根过氧化物酶水解时会发光从而形成检测信号。发射光线的强度反映了酶的活性，而这又进一步反映了杂化分子的量。辣根过氧化物酶水解发光底物 3-氨基-邻苯二甲酸盐，并在 428 nm 处发射荧光，可在暗室里使 X 胶片曝光，显示杂交结果。

10.4.3 膜印迹方法的选择

在印迹实验中，需将凝胶中待测核酸或蛋白质分子转移至固相膜上，并使其在膜上的相对位置与其在凝胶中的相对位置对应，称为印迹（blotting）。常用的转膜方法主要有毛细管转移法、电转移法和真空转移法。

1. 毛细管转移法

毛细管转移法是利用毛细管虹吸作用，由转移缓冲液带动核酸分子从凝胶转移至固相

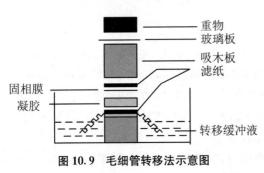

支持物上。该方法最先用于核酸分子杂交（图 10.9），是利用含有高浓度盐的转移缓冲液，通过上层吸水纸的虹吸作用，使缓冲液通过滤纸桥，并将凝胶中的核酸分子移出凝胶而滞留在膜上，形成印迹。核酸转移的速率取决于核酸片段的大小、凝胶的浓度和厚度。毛细管转移法转膜时间长，效率不高，尤其对分子量较大的核酸片段，且不适合聚丙烯酰胺凝胶中的核酸转移。但由于不需

图 10.9 毛细管转移法示意图

要特殊设备，操作简单，重复性好，目前在实验室里仍广泛采用。

2. 电转移法

电转移法是利用电场作用将凝胶中的核酸或蛋白质分子转移至固相支持物上，其基本原理是在一种特殊的电泳装置中，利用核酸或蛋白质分子的电荷属性，在电场的作用下，将凝胶中的核酸或蛋白质分子，转移至固相膜上（图 10.10）。电转移所需时间取决于待转移物质的分子大小、凝胶的孔隙以及外加的电场强度。

电转移法是一种简单、快速、高效的转移方法，一般只需要 2~3 h 即可完成转印，特别适合不能用毛细管转移的

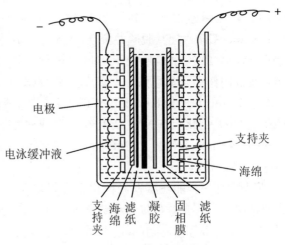

图 10.10 电转移法示意图

聚丙烯酰胺凝胶中的核酸以及蛋白质分子的转移。但应特别注意的是在电转移过程中，一般使用的固相支持物是尼龙膜，而不是硝酸纤维素膜。

3. 真空转移法

真空转移是利用真空作用将转移缓冲液从上层容器中，通过凝胶、滤膜在低压真空泵的抽吸作用下，送入下层真空室，同时带动凝胶中的核酸分子转移至凝胶下层的固相膜上。真空转移法简单、高效，一般只需 0.5～1 h 即可完成转移。但真空转移时，真空压力不可过高，否则会导致凝胶碎裂。

10.4.4　印迹和核酸分子杂交的分类

核酸分子杂交根据反应的形式不同，可分为液相杂交、固相杂交和原位杂交，固相杂交又可以分为 DNA 印迹、RNA 印迹和菌落杂交等。蛋白质分子之间的"杂交"，主要是基于抗原抗体之间的特异性结合，通过蛋白质印迹技术可检测靶蛋白的存在以及含量的多少。生物芯片是基于核酸分子杂交理论发展起来的以 DNA 芯片为代表的应用于分子生物学研究的一项新技术，具有芯片的微型化、大规模处理分析数据的特点。

1. DNA 印迹

DNA 印迹（DNA blotting）是一种膜上检测 DNA 的杂交技术，是进行基因组 DNA 特定序列定位的通用方法。该技术由 1975 年英国爱丁堡大学的 E. M. Southern 首创，因此又称为 Southern 印迹。

DNA 印迹的基本原理是利用琼脂糖凝胶电泳分离 DNA 片段，在凝胶上使 DNA 变性，并按其在凝胶中的位置，原位转移至硝酸纤维素膜或尼龙膜上，经干烤或者紫外线照射固定后，再与相对应的标记探针进行杂交。如果待测样品中含有与探针互补的序列，则二者通过碱基互补的原理进行结合形成杂交分子，杂交结束后，洗涤除去游离探针，用放射自显影或酶反应显色等方法，检测特定 DNA 分子的存在与否及分子含量。

DNA 印迹法可实现对基因的酶切图谱分析、基因组中某一基因的定性及定量分析、基因突变分析及限制性片段长度多态性分析（restriction fragment length polymorphism，RFLP）等。此外，还可以进行基因拷贝数分析（图 10.11）。

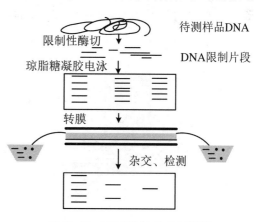

图 10.11　DNA 印迹技术示意图

DNA 印迹杂交技术的操作步骤主要包括：

（1）待测核酸样品的处理：待测样品 DNA 片段较长，如基因组 DNA，在电泳分离前需要适当的使用限制性核酸内切酶将其切割成大小不同的片段，酶切完成后，通过加热灭活或乙醇沉淀等方法,去除限制性核酸内切酶。

（2）琼脂糖凝胶电泳分离 DNA 片段:酶切后的 DNA 样品通过琼脂糖凝胶电泳,按照分子量的大小加以分离。

（3）DNA 变性、中和与转膜:电泳分离后需将双链 DNA 原位变性成单链 DNA,然后再进行杂交,双链探针在杂交前也需要进行变性形成单链。变性是将凝胶浸泡在适量的碱性变性液(1.5 mol/L NaCl,0.5 mol/L NaOH)中 1 h 左右。取出变性后的凝胶用蒸馏水漂洗后再浸泡在适量中和液(1 mol/L Tris － HCl(pH＝8.0,1.5 mol/L NaCl)中,于室温放置30 min 后,换新鲜的中和液继续浸泡凝胶 15 min。转膜是将变性的 DNA 片段从凝胶中转印至固相支持物上。转膜结束后,需 80 ℃真空干燥 2 h。

（4）预杂交:在进行 DNA 杂交前,首先要进行预杂交,其目的是将杂交膜上的非特异性DNA 结合位点全部封闭,减少与探针的非特异性吸附作用,提高杂交的特异性。

（5）杂交:杂交反应是特异性核酸探针与待测核酸分子,在一定条件下形成异质双链的过程。杂交需要在高盐的杂交液中进行。

（6）洗膜:杂交完成后,先进行洗膜,洗去未结合的探针分子和非特异性杂交分子。由于非特异性杂交的分子稳定性较低,因此在一定的温度和离子强度的作用下,易发生解链而被洗掉,特异性杂交分子的稳定性较高,依然保留在膜上。

（7）杂交信号的检测:杂交信号的检测是核酸分子杂交过程的最后一步,需根据标记探针的类型不同,选择适宜的检测方法,以呈现杂交结果。

2. RNA 印迹

RNA 印迹(RNA blotting)为分析mRNA 的一种膜上的印迹技术,与Southern 印迹杂交相对应,故被称为Northern 印迹杂交。其基本原理是将待测的 RNA(主要是 mRNA)从电泳凝胶中转印到硝酸纤维素膜上,与标记的 DNA 探针进行杂交。目前该技术已广泛用于研究真核细胞基因表达调控、结构和功能研究。

RNA 印迹和 DNA 印迹杂交的操作步骤基本相同(图 10.12),区别在于靶核酸是 RNA 而非 DNA。与 DNA印迹比较其不同点在于:① 由于 RNA非常不稳定,极易降解,因此在杂交的过程中,要尽量避免 RNA 酶的污染,营造无 RNA 酶的环境。② DNA 印迹

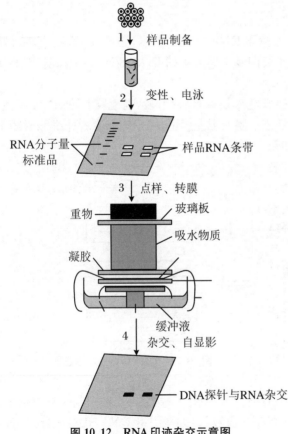

图 10.12 RNA 印迹杂交示意图

法是在电泳后将 DNA 分子变性,RNA 印迹法则是在电泳分离前用甲基氢氧化汞、乙二醛或甲醛(更常用)使 RNA 变性,而不用碱变性,因为碱会水解 RNA 的 2′羟基基团。变性后可去除 RNA 分子内部形成的"发夹"样二级结构,使 RNA 分子在电泳中仅依据分子量的大小而分离,有利于在转印过程中与硝酸纤维素膜结合。

3. 蛋白质印迹

印迹技术不仅可用于核酸的分子杂交,而且也可用于蛋白质的分析。蛋白质经电泳分离后,从凝胶中转到固相载体上,通过与溶液中相应的蛋白质分子相互结合,实现蛋白质的定性定量分析。蛋白质印迹技术中,最常用的是用抗体来检测特异性抗原成分,因此蛋白质印迹技术又被称为免疫印迹(immunoblotting),相对应于 DNA 的 Southern blotting 和 RNA 的 Northern blotting,蛋白质印迹被称为 Western blotting。

蛋白质印迹的原理与 DNA 印迹和 RNA 印迹的原理基本类似,首先用聚丙烯酰胺凝胶电泳分离蛋白质,再将蛋白质转移到 NC 膜或其他膜上,最后用相应的检测方法,检测待测蛋白质的存在与否与量的多少。蛋白质印迹与 DNA 印迹和 RNA 印迹不同的是:蛋白质的转移靠电转移方可实现,另外蛋白质的分析主要依赖抗原抗体反应。在蛋白质印迹检测时,首先用特异性抗体(即第一抗体),与转移膜上相应的蛋白分子结合,使非特异性抗体(即第二抗体)与特异性抗体结合。非特异性抗体常用碱性磷酸酶、辣根过氧化物酶标记或放射性核素标记,可借助不同类型的标记物检测蛋白质区带的信号。

蛋白质印迹的操作步骤包括(图 10.13):样品的制备、SDS-PAGE 电泳分离蛋白质、转膜、封闭、靶蛋白的免疫学检测,包括靶蛋白与第一抗体反应,与标记的第二抗体反应显色反应。

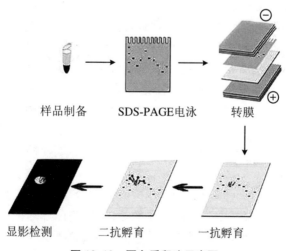

图 10.13　蛋白质印迹示意图

蛋白质印迹技术用于蛋白质性质鉴定、结构域分析、蛋白质复性、抗体纯化、氨基酸组成分析和序列分析及蛋白质表达水平等研究。

4. 原位杂交

原位杂交(in situ hybridization,ISH)是利用核酸分子碱基互补配对原理,将以放射性或非放射性标记的外源核酸(即探针)与组织、细胞或染色体上待测 DNA 或 RNA 杂交,经一定的检测方法将待测核酸在组织、细胞或染色体上的位置显示出来,分为细胞内原位杂交和组织切片原位杂交。原位杂交技术具有高度的特异性和灵敏度,并能精确定位。原位杂交不需要从细胞或组织中提取核酸,对于组织中含量极低的靶序列 DNA 或 RNA 有较高的敏感性。

原位杂交的基本步骤如下:

(1) 杂交前准备

包括玻片的处理和组织细胞的固定。玻片包括盖片和载片,用肥皂刷洗,自来水清洗干净后,置于清洁液中浸泡 24 h,自来水洗净烘干,95%乙醇中浸泡 24 h 后用蒸馏水冲洗、烘干,烘箱温度最好在 150 ℃或以上过夜,以去除任何 RNA 酶。组织细胞的固定目的是保持细胞结构完整,最大限度地保持细胞内 DNA 或 RNA 的水平,使探针易于进入细胞或组织。最常用的固定剂是多聚甲醛。

(2) 组织细胞杂交前的处理

通常使用去污剂和蛋白酶降解核酸表面蛋白,增强组织的通透性和核酸探针的穿透性,提高杂交信号。

(3) 预杂交、杂交

杂交前预杂交以阻断与探针产生的非特异性结合位点,减低背景染色。杂交液中含有探针和硫酸葡聚糖,硫酸葡聚糖能增加杂交液的黏稠度增加杂交信号强度。

(4) 杂交后的漂洗

杂交后进行洗涤,除去非特异性吸附的探针,降低本底。

(5) 杂交结果的检测

根据核酸探针标记物的种类分别进行放射自显影或利用酶检测系统进行不同显色处理。放射自显影可利用图像分析检测仪检测银粒的数量和分布的差异,非放射性核酸探针杂交可借助酶检测系统显色,然后利用显微分光光度计或图像分析仪检测核酸的显色强度和分布差异。

5. 荧光原位杂交

荧光原位杂交(fluorescence in situ hybridization,FISH)技术问世于 20 世纪 70 年代后期,是一种非放射性原位杂交技术。其基本原理是:将核酸探针标记上报告分子如生物素、地高辛,可利用该报告分子与荧光素标记的特异亲和素之间的免疫化学反应,经荧光检测体系在镜下对待测 DNA 进行定性、定量或相对定位分析。

荧光原位杂交技术可以分为直接法原位杂交和间接法原位杂交。直接用荧光素如异硫氰酸荧光素(fluorescein isothiocyanate,FITC)等标记核苷酸探针,与组织细胞内靶核酸杂交形成杂交体的方法称为直接标记法,其杂交结果可以用激光扫描共聚焦显微镜直接观察,这种方法操作简单,但敏感性差。用生物素或地高辛标记探针,再采用针对生物素或地高辛的荧光标记抗体进行检测,然后用激光扫描共聚焦显微镜观察的方法称为间接标记,用间接标记进行的荧光原位杂交称为间接法原位杂交,如图 10.14 所示。

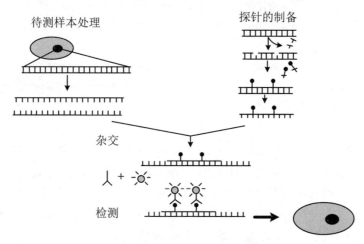

图 10.14　间接荧光原位杂交示意图

FISH 具有直观、快速、敏感性高等特点,得到广泛应用,如染色体异常的检测、白血病的辅助诊断和治疗监控。此外,FISH 技术还可以用于比较基因组杂交、基因图谱绘制、生殖医学和微生物学的病原体检测。FISH 技术在临床的应用极其广泛,它被大量地用于染色体数目和结构异常的检测,从而在产前诊断、生殖医学、病原学、白血病的染色体易位判定和肿瘤细胞的异常核型分析中发挥作用。在医学研究方面还可以用于比较基因组杂交和基因图谱绘制等研究。

6. 生物芯片

生物芯片(biochip)技术是在 20 世纪末发展起来的规模化生物分子分析技术,是 DNA 杂交探针技术与半导体工业技术相结合的结晶,被认为是当今十分重要且具有战略意义的前沿高新技术。采用光导原位合成或微量点样等方法,将大量生物大分子如核酸片段、多肽分子甚至组织切片、细胞等生物样品,有序地固定在固相支持物上,构成二维分子阵列,然后与已标记的待测生物样品杂交,通过检测杂交信号实现对细胞、蛋白质、DNA 以及其他生物组分的准确、快速、大信息量的检测。

生物芯片技术主要包括 4 个基本步骤:① 芯片的设计与制备,即先将玻璃片或硅片进行表面处理,然后使生物大分子按顺序排列在芯片上。② 样品制备,包括核酸分子的纯化、扩增和标记。目前样品标记主要采用荧光标记法。③ 杂交反应,是芯片检测的关键步骤,杂交条件控制应根据芯片中 DNA 的大小、类型和芯片本身的用途来选择。④ 信号检测,根据标记物不同采用相应的检测杂交信号,最常用的是荧光法。芯片杂交图谱的处理和存储则由专门设计的软件来完成。

生物芯片技术主要类型包括基因芯片(gene-chip)、蛋白质芯片(protein-chip)、组织芯片(tissue-chip)、细胞芯片、糖芯片、微流路芯片和芯片实验室(lab-on-chip)等。

（1）基因芯片

基因芯片又称为 DNA 微阵列、DNA 芯片，是生物芯片技术中最基础的、也是发展最成熟的、最先进入应用和实现商品化的领域。其原理是将大量探针有序地、高度密集地排列在固相支持物上，然后与标记的待测分子进行杂交，通过检测每个探针的杂交信号的有无和强弱，实现对靶基因的快速检测和分析。

基因芯片分类：根据芯片的功能，基因芯片可以分为基因表达谱芯片和 DNA 测序芯片；根据基因芯片所用的基因探针类型的不同，可以分为 cDNA 微阵列和寡核苷酸微阵列两大类；根据应用领域的不同可将基因芯片分为各种专用型芯片，如病毒检测芯片、表达谱芯片、指纹图谱芯片、诊断芯片、测序芯片、毒理学芯片等。

作为新一代基因诊断技术，基因芯片具有快速、高效、经济及自动化等特点。与传统基因诊断技术相比，基因芯片技术具有明显的优势：① 基因诊断的速度显著加快。一般可于 30 min 内完成。② 检测效率高，每次可同时检测成百上千个基因序列，使检测过程平行化。③ 芯片的自动化程度显著提高，通过显微加工技术，将核酸样品的分离、扩增、标记及杂交检测等过程显微安排在同一块芯片内部，构建成缩微芯片实验室。④ 基因诊断的成本降低。⑤ 实验全封闭，避免了交叉感染，且通过控制分子杂交的严谨度，使基因诊断的假阳性率、假阴性率显著降低。

基因芯片特别适用于分析不同组织细胞或同一细胞不同状态下的基因差异表达情况，其原理是基于双色荧光探针杂交。该系统将两个不同来源样品的 mRNA 在逆转录合成 cDNA 时用不同的荧光分子进行标记（图 10.15），标记的 cDNA 等量混合后与基因芯片进行杂交，在两组不同的激发光下进行检测，获得两个不同样品在芯片上的全部杂交信号。

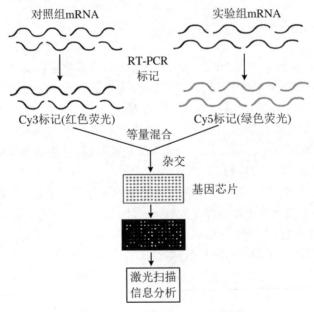

图 10.15　基因芯片技术示意图

（2）蛋白质芯片

蛋白质芯片（protein chip）也称蛋白质微阵列，与基因芯片的原理类似，是将大量蛋白质分子（如抗原或抗体）或检测探针固定在芯片上，形成高密度排列的探针蛋白点阵。用带有特殊标记（如荧光染料标记）的蛋白质分子与该芯片进行孵育，探针可以捕获样品中的待测蛋白质并与之结合，然后通过检测器对标记物进行检测。由于蛋白质比 DNA 更难于在固相支持物表面合成，并且定位于固体表面的蛋白质易于改变空间构象而失去生物活性，所以蛋白质芯片比基因芯片要复杂得多。但是由于蛋白质是基因表达的最终产物，因此比基因芯片更能反映生命活动的本质，应用前景更为广泛。蛋白芯片技术主要包括蛋白质芯片制备、样品的制备、生物分子反应和信号的检测与分析 4 个步骤。

根据制作方法和应用的不同，可将蛋白质芯片分为两类：一类是蛋白质检测芯片，是将成千上万种蛋白质如抗原、抗体、受体或酶等在固相载体表面高度密集排列构成探针蛋白点阵，然后依据蛋白质分子间相互作用的原理与待测样品杂交，实现高通量的检测和分析。另一类是蛋白质功能芯片，其本质就是微型化凝胶电泳板，样品中的待测蛋白在电场作用下通过芯片上的微孔道进行分离，然后利用质谱仪进行分析，对待测蛋白质进行功能检测。

蛋白质芯片的特点是具有高度的并行性、多样性、高通量、微型化和自动化，已成为高效、快速、大规模获取相关生物蛋白信息的重要手段。蛋白质芯片广泛应用于蛋白质表达谱的分析、蛋白质功能及蛋白质-蛋白质间相互作用的研究、临床疾病的诊断和疗效评价、药物新靶点的筛选和新药的研制等各个领域。医学研究与临床诊断是蛋白质芯片应用最广泛的领域，通过比较某一疾病病变组织与非病变组织蛋白质表达谱的不同，可以发现新肿瘤标志物，从而为新药的研制提供新的思路，大大加快了化合物筛选的速度。蛋白质芯片技术不仅可以研究各种化合物与其相关蛋白质的相互作用，还可以在对化合物作用机制不了解的情况下，直接研究疾病的蛋白质表达谱，进而了解疾病的进展，也有可能发现新的诊断标志物或蛋白质类药物。

（3）组织芯片

组织芯片也称为组织微阵列，是一种不同于基因芯片和蛋白芯片的新型生物芯片。它是将许多不同个体小组织整齐地排布于一张载玻片上而制成的微缩组织切片，从而进行同一指标（基因或蛋白）的原位组织学的研究。组织芯片最大的便利之处在于可以对大量组织标本同时进行检测，只需一次实验过程即可完成普通实验所需的几十至几百次相同的实验操作，缩短了检测时间，减少了不同染色玻片之间人为造成的差异，使得各组织或穿刺标本间对某一生物分子的测定更具有可比性。目前，组织芯片已经在肿瘤研究、病原体检测、药物筛选、新药毒理学、形态学教学中都有了广泛的应用。

（4）细胞芯片

细胞芯片又称为细胞微阵列，是以活细胞为研究对象的一种生物芯片。细胞芯片充分运用纤维技术或纳米技术，利用一系列几何学、力学、电磁学等原理，在芯片上完成对细胞的捕获、固定、平衡、运输、刺激及培养的精确控制，并通过微型化的化学分析方法，实现对细胞样品的高通量、多参数、连续原位信号检测和细胞组分的理化分析等研究目的。目前已发展的细胞芯片有整合的微流体细胞芯片、微量电穿孔细胞芯片、细胞免疫芯片等。

（5）糖芯片

糖芯片也称为糖微阵列，是一种应用于糖组学研究的新兴工具。糖芯片可同时分析空前数量的多糖-蛋白质相互作用,可用于功能糖组学、药物筛选、抗体结合特异性分析、细胞黏附检测和酶测定及药物糖组学等方面的研究。糖芯片可以分为单糖芯片、寡糖芯片、多糖芯片和复合糖芯片;根据用途可以分为功能糖组学糖芯片和药物糖组糖学芯片。

(6) 微流路芯片

微流路芯片是采用半导体微加工技术和(或)微电子工艺在芯片上构建微流路系统,加载生物样品和反应液后,在压力泵或电场的作用下形成微流路,在芯片上进行一种连续或多样的反应,达到对样品高通量分析的目的。此类芯片的发展极大地拓宽了生物芯片的内涵。目前主要的微流路芯片包括:流式芯片、微电子芯片、PCR 芯片、毛细管电泳芯片、多功能集成芯片、蛋白质分析微流路芯片等。

(7) 芯片实验室

芯片实验室又称微全分析系统,是指把生物和化学领域中所涉及的采样、稀释、加试剂、反应、分离、检测等基本操作单位集成或基本集成在芯片上。目前芯片实验室的检测方法大体上可以分为三类:光学检测、电化学检测及质谱学检测。主要应用于临床分析及疾病检测、环境检测、核酸和蛋白质分析以及细胞和离子的检测等。

(石玉荣)

10.5　RNA 干扰技术

RNA 是生物体内最重要的物质基础之一,它与 DNA 和蛋白质一起构成生命的框架。但长久以来,RNA 分子一直被认为是“小角色”。它从 DNA 那儿获得自己的顺序,然后将遗传信息转化成蛋白质。然而,一系列发现表明——这些小分子 RNA 事实上操纵着许多细胞功能。它可通过互补序列的结合反作用于 DNA,从而关闭或调节基因的表达。甚至某些小分子 RNA 可以通过指导基因的开关来调控细胞的发育时钟。

RNA 干扰技术利用双链小 RNA 高效、特异性降解细胞内同源 mRNA 从而阻断靶基因表达,使细胞出现靶基因缺失的表型。近年来的研究表明,将与 mRNA 对应的正义 RNA 和反义 RNA 组成的双链 RNA(dsRNA)导入细胞,可以使 mRNA 发生特异性降解,导致其相应的基因沉默。这种转录后基因沉默机制(post-transcriptional gene silencing,PTGS) 被称为 RNA 干扰(RNA interference,RNAi)。

10.5.1　RNAi 的发现

RNAi 的研究可追溯到20 世纪90 年代初期,当时研究者发现在植物和真菌中存在对转基因序列应答的转录后沉默方式。1990 年,为加深矮牵牛花(petunias)的紫色,Jorgensen 等人将一个强启动子控制的色素基因导入矮牵牛花。可是结果与预期相反,许多花瓣颜色并未加深,反而呈杂色甚至白色。这表明转入的外源基因和同源的内源基因的表达均被抑制了,Jorgensen 把这个现象命名为共抑制(co-suppression)。与此同时,一些实验室发现

RNA 病毒能诱导同源基因沉默,植物还能借助类似共抑制的机制识别和降解病毒 RNA。1992 年,Roman 和 Macrino 在粗糙脉孢菌(Neurospora crassa)中导入外源基因可以抑制与其共有同源序列的内源基因的表达,他们称之为基因压制(gene quelling)。1995 年,Guo 和 Kempheus 等在试图用反义 RNA 技术阻断秀丽线虫(C.elegans)的 par-1 基因时,发现反义 RNA(antisense RNA)和正义 RNA(sense RNA)都能同样地阻断该基因的表达,这与传统上的解释正好相反。该研究小组一直没能给这个意外的结果以合理的解释。直到 1998 年,Fire 和 Mello 等将体外转录合成的单链 RNA(反义 RNA 或正义 RNA)注射给秀丽线虫,基因抑制效果微弱;将正义和反义构成的双链 RNA 注射到线虫中,却能高效特异地阻断相应基因的表达。他们把这种双链 RNA 对基因表达的阻断作用称为 RNA 干扰(RNAi)。随后的研究发现,RNAi 现象在多种生物中存在,如线虫、果蝇、拟南芥、水螅、蜗虫、锥虫、斑马鱼、真菌及植物等。由于 Fire 和 Mello 最早明确提出 RNA 干扰,故而他们共同获得了 2006 年诺贝尔生理学或医学奖。

2002 年,Zernicka-Coetz 等用双链 RNA 注射小鼠受精卵和着床前的胚胎,结果发现导入的双链 RNA 可以特异性的抑制 C-mos、E-cadherin 和 GFP 基因的表达。Judy Lieberman 和 Premlata Shankar 首先向公众宣布了在动物中利用 RNAi 技术治疗疾病的研究进展。

同样在 2002 年,科学家研究了酵母和四膜虫两种生物体的 RNAi 现象,他们发现 RNAi 对染色体的形状有着极大的控制作用。RNAi 能永久性关闭或删除一部分 DNA,而不只是简单地使 DNA 暂时沉默。

2004 年,Tomoko 和他的同事们发现一种小 dsRNA 能够作用于神经基因的表达,并且能在转录水平上直接诱导神经干细胞向神经细胞分化。这种 RNA 在基因转录水平上直接参与调控,它被命名为 smRNA。

10.5.2　RNAi 的作用机理

当病毒基因、人工转入基因、转座子等外源性基因随机整合到宿主细胞基因组内,并利用宿主细胞进行转录时,常产生一些双链 RNA(double-stranded RNA,dsRNA)。宿主细胞可对这些 dsRNA 产生反应,其胞质中的 Dicer 将 dsRNA 切割成多个具有特定长度和结构的小片段 RNA,即 siRNA。由于 siRNA 与外源性基因的 mRNA 具有同源互补性,因此两者结合可介导宿主细胞内的一系列酶促反应,如 RNA 诱导的沉默复合体(RNA-induced silencing complex,RISC)与外源性基因表达的 mRNA 进行特异性结合,并诱发宿主细胞针对这些 mRNA 的降解反应,使外源性基因的蛋白表达消失,如图 10.16 所示。RNAi 发生于除原核生物以外的所有真核生物细胞内。

1. RNAi 的分类、分布及组织形式

RNAi 的发现可算得上是近十多年来生命科学领域最重要的进展之一。事实上,有两种类型的干扰 RNA,即 miRNA 和 siRNA。这两类干扰 RNA 成熟的形式都是短的双链 RNA,每条链的长度通常为 21～25 nt。它们的来源不同,但作用机制基本相同,许多作用成

分是共享的,最后的作用效果也是一致的。其中,siRNA 一般为外源的,可能来自病毒,也可能是人为导入产生的,其天然前体本来就是双链 RNA;而 miRNA 则由内源基因编码,其前体是转录出来的内部带有发夹结构的单链 RNA,绝大多数是由 RNA 聚合酶Ⅱ催化转录的,少数由 RNA 聚合酶Ⅲ催化转录。受 RNA 聚合酶Ⅲ催化转录的 miRNA 基因一般在上游具有 Alu 序列或 tRNA 基因。

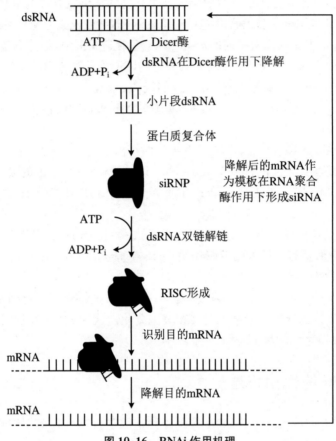

图 10.16 RNAi 作用机理

miRNA 存在于绝大多数真核生物。据估计,人类基因组至少编码 1000 种 miRNA,而受它们作用的基因约占蛋白质基因总数的 60%。某些病毒也编码 miRNA,例如,疱疹病毒编码的 miRNA 约 2/3 控制自身的基因表达,其他则控制宿主细胞的基因表达,特别是与宿主免疫有关的基因,此外还包括宿主细胞内的某些 miRNA.

在基因组上,miRNA 可独立存在,或成簇分布,位于其他基因之间,或存在其反义区。也可能单独寄居在某种蛋白质基因或非蛋白质基因的内含子内,甚至在非蛋白质基因的外显子和极少数蛋白质基因的外显子(如 miR-650)中。那些插入其他基因内部的 miRNA 一般与宿主基因共同转录加工。而其他拥有独立启动子和调控元件的 miRNA 则独立转录,然后进行加工。

2. 与 RNAi 相关的蛋白

（1）Dicer。Dicer 是 RNAi 机制中的关键因子，是 siRNA/miRNA 生成的关键酶。它属于 RNase Ⅲ 家族成员，在进化上高度保守，是一种依赖于 ATP 的核酸内切酶。各物种的 Dicer 都具有相似的结构域，分子质量约为 200 kDa。早期研究表明，Dicer 具有部分解旋酶的活性，理论上可见将由它产生的 siRNA 的两条链分开，但 Dicer 无法切割靶 mRNA。在人类细胞中，Dicer 并不是单独作用，而是和一些蛋白伴侣，如 AGO 蛋白家族、TRBP 蛋白、蛋白激活因子 PKR 等蛋白协同发挥功能的。

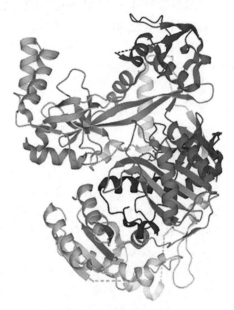

（2）Argonaute 蛋白。对 Argonaute（AGO）蛋白晶体结构研究表明，它是一个由 N-末端结构域、PAZ（PiWi-AGO-zwille）、中间结构域（MID）和 PIWI 结构域组成的月牙形结构。Argonaute 蛋白的二叶片结构一片由 N-PAZ 结构域组成，另一片由 MID-PIWI 结构域组成，两叶片中间的缝隙是与 RNAs 结合的部位，如图 10.17 所示。

图 10.17　嗜热古菌（*P. furiosus*）AGO 蛋白结构示意图

AGO 蛋白家族是 RISC 的核心元件，也是 RNAi 所必需的。目前已经分离出的 AGO 蛋白家族包括线虫中的 RDE-1；果蝇中的 AGO-1、AGO-2 和 Aubergine；锥虫中的 TbAGO1 和 TbPWI1；人类细胞中的 PIWI 亚家族和 eIF-2C/AGO 亚家族等。AGO 蛋白是一个保守的家族，其分子质量约为 100 kDa。它们都具有 PAZ、MID 和 PIWI 三个主要的结构域。其中，PAZ 结构域由约 130 个氨基酸组成。结构上有一个带正电的凹陷处，可以辨认 siRNA/miRNA 的 3'-端（带负电）并与之结合。RNase 家族酶切割形成 3'-端 2nt 突出单链结构。该酶识别 RISC 中的小 RNA 结构。但这种结合不具有核苷酸特异性。PIWI 结构域只存在于 AGO 家族，约含有 300 个氨基酸。AGO 蛋白的 PIWI 结构域包含类似 RNase H 的催化模体——天冬氨酸-天冬氨酸-组氨酸模体（Asp-Asp-His motif）。该模体具核酸内切酶活性，是 RISC 复合体中起切割 mRNA 作用的组分。MID 结构域具有类似葡萄糖-半乳糖-阿拉伯糖-核糖-结合蛋白的构象，可形成一个与 PIWI 吻合的口袋型表面。该表面负责与 siRNA/miRNA 的 5'-端结合，活化 RISC 并维持其稳定。它也使 RISC 与 mRNA 的正确位置结合。

不同的 AGO 蛋白在各物种中均有发现，但在不同的物种中含量（分布）差异显著，提示 RNAi 具有广泛性和多样性。

3. TRBP 蛋白

TRBP 蛋白属于 dsRNA 结合蛋白家族。在哺乳动物细胞中，TRBP 蛋白作为 Dicer 的伴侣蛋白,协助双链 siRNA 进入 RISC 复合体中。人 TRBP 蛋白具有 3 个主要结构域:1 个 C-末端碱性结构域和 2 个 dsRBD 结构域。在 TRBP 蛋白 C-末端结构域中有 69 个氨基酸残基可以识别并结合 Dicer。TRBP 与 Dicer 相互作用形成的复合物可以结合 dsRNA,随后再与具有裂解 dsRNA 活性的 AGO2 蛋白结合,组成 RISC 复合体,诱导基因沉默。TRBP 蛋白可以结合双链 siRNA,而不能结合与其类似的 siDNA 或者 siDNA/RNA 杂合链。此外,单独的 TRBP 还可以识别出 siRNA 双链的不对称性,从而确立了 TRBP 在人类 RNAi 通路中的关键作用。

10.5.3　细胞质中的 RISC

1. RISC 的组成

RISC 复合体主要由 4 部分组成:Dicer、AGO 蛋白、TRBP 及 siRNA/miRNA。在 RISC 中,AGO 家族具有举足轻重的地位。它为靶 mRNA 识别和沉默提供了平台。当 mRNA 与 RISC 复合体结合后,RISC 开始切割 mRNA 或是阻断 mRNA 的翻译。虽然 miRNA 和 siRNA 的生物合成过程不一样,但两个过程都会从前体剪切出 21~22 bp 的小 RNA 双链:miRNA/miRNA* 双链和 siRNA 双链。这些小 RNA 装配到 AGO 蛋白中,并且形成 RISC 复合体。这一过程主要包括两个步骤:RISC 装配和解旋。在装配过程中,小分子 RNA 以 dsRNA 形式进入 AGO 蛋白,然后解旋成两个单链。其中一条单链被排出 RISC,另一条链保留在 RISC 中。

2. RISC 的装配

RISC 装配是小 RNA 调控基因沉默的关键步骤。正确了解 RISC 的装配机制,对于治疗及研究方法的发现和提高具有很重要的作用。RISC 的核心部分是 AGO 亚家族的蛋白成员。哺乳动物中的 4 种 AGO 蛋白中,只有 AGO2 通过参与诱导转录抑制,或使 mRNA 脱腺苷化,并降低其稳定性降解靶 mRNA。

RISC 装配起始物形成后,Dicer、AGO 蛋白以及其他未知功能的蛋白陆续进入 RISC 进行组装。AGO 蛋白在没有其他 RISC 组分蛋白帮助的情况下,不能与小分子 dsRNA 结合,而只能结合 ssRNA。AGO 同时具有可以与 siRNA 结合的 PAZ 结构域以及可以与 Dicer 结合的 PIWI 结构域。研究也发现,Dicer 中的 dsRBD 与 PAZ 结构域很相似,能够识别 siRNA 的 3′端突出单链。因此推测,AGO 蛋白是通过 PIWI 与 Dicer 互相作用,而进入 RISC 的组装过程。同时,Dicer 通过 dsRBD 携带的 siRNA 的另一末端,将其交给 AGO 蛋白中的 PAZ 结构域,由 AGO 蛋白完成特异性切割作用。在 siRNA 途径中,Dicer 和 AGO 在 RISC 中存在相互作用的关系。因此,siRNA 的生成可能与其在 RISC 的装载过程相偶联。近来发现,分子伴侣热休克蛋白家族的 HSP70/HSP90,也可能促进 siRNA 引导链与 AGO 蛋白的结合。

3. RISC 的解旋

成熟的 miRNA 来自 miRNA 前体的 5′端或 3′端。在解旋的过程中,小分子 dsRNA 中的随从链(the passenger strand)被分解。只有引导链(the guide strand)保留在成熟有功能的 RISC 复合体中。AGO 蛋白与 dsRNA 结合成为前体 RISC,而 AGO 蛋白与引导链结合时,形成成熟的 RISC。

10.5.4　miRNA 的功能及其作用机制

miRNA 的功能表现在它对特定目标基因表达的影响。miRNA 的作用首先需要它和目标 mRNA 在 3′-UTR 内的互补位点结合,在此基础上使目标 mRNA 降解或阻遏其翻译过程。而与其抑制效应相反,少数 miRNA 也能通过上调翻译而刺激目标基因的表达。同时,miRNA 还能与不均一核糖核蛋白(heterogeneous ribonucleoprotein)结合,解除目标 mRNA 的翻译阻遏,从而控制细胞的命运。这时的 miRNA 实际上充当一种诱饵,干扰调节蛋白的活性。如果是抑制翻译,miRNA 的作用就是从结合 argonaute 蛋白并参入到 RISC 之中开始的。在 RISC 复合体中,小 RNA 分子起到这样的作用:通过碱基互补配对原则,以序列特异性的方式引导 Argonaute 蛋白与靶标分子结合。mRNA 的这些靶标分子被 Argonaute 蛋白识别之后会被切割或者抑制翻译,最终被细胞降解。

1. miRNA 的命名

随着 miRNA 发现的数目越来越多,将 miRNA 进行系统命名成为首要任务,这样不仅使 miRNA 与 siRNA 及其他非编码小 RNA 或 mRNA 片段区分开来,而且让研究者可以对所研究的 miRNA 有更全面的认识。

miRNA 的系统命名的主要原则如下:

(1) miRNA 简写成 miR-X,它的基因简写成 miR-X,X 代表自然数,一般按发现的先后排序,如 miR-19、miR-90。

(2) 高度同源的 miRNA 在其数字后加小写英文字母(一般从 a 开始),如 miR-34a 和 miR-34b。

(3) 由不同染色体上的 DNA 序列转录加工而成的具有相同成熟体序列的 miRNA,则在后面加上阿拉伯数字以区分,如 miR-199a-1 和 miR-199a-2。

(4) 如果一个前体的 2 个臂分别产生 miRNA,则根据克隆实验,在表达水平较低的 miRNA 后面加"＊",如 miR-199a 和 miR-199a＊,或者在 miRNA 后面加上"-5p""-3p"分别表示其来源于前体的 5′-端、3′-端,如 miR-142-5p 表示从 5′-端的臂加工而来,而 miR-142-3p 表示从 3′-端的臂加工而来。

(5) 将物种缩写置于 miRNA 之前,如 hsa-miR-21 表示人源的 miR-21。

(6) 确定命名原则之前发现的两个 miRNA——let-7 和 lin-4,则保留原名。

2. 细胞质内 RNAi 的作用机理

细胞内小分子 siRNA 来源于长 dsRNA 前体分子。它可能是 RNA 病毒的复制产物、聚合的细胞基因转录产物或者其他外源性转入的 DNA、自我退火配对的转录产物或转染人工合成的 dsRNA 分子。细胞质中的 dsRNA 被 Dicer 蛋白识别,并降解成 $21 \sim 25$ bp 的

siRNA 片段,然后装载到 RISC 复合体上,AGO 蛋白切割并释放随从链,最终形成成熟的 RISC 复合体。作为引导链的单链 siRNA 分子与靶 mRNA 序列完全互补配对,启动直接的序列特异性切割通路,由 RISC 复合体中 AGO 蛋白切割、降解靶 mRNA。

miRNA 分子由细胞基因组自身编码产生。其在基因组上的分布及定位主要归为以下几类:① 处于 miRNA 的独立转录单元中。② 处于蛋白质编码转录单元的内含子中。③ 处于非编码 RNA 的内含子中。④ 处于非编码 RNA 的外显子中。⑤ 处于蛋白质编码转录单元的外显子内非翻译区。

第一个被发现的 miRNA 基因是线虫的 lin-4。Ambros 和他的同事们发现一个控制线虫幼虫发育的基因 lin-4。令人吃惊的是,lin-4 并不编码蛋白质,而是产生一对小 RNA 分子。通过研究发现,lin-4 通过负调节 lin-14 来保证线虫的正常发育。7 年后,发现了线虫里的第二个 miRNA 基因 let-7,该基因通过结合到 lin-41 和 hbl-1mRNA 的 3′-UTR,从而抑制了这两个基因的表达,let-7 促进了线虫从幼虫晚期向成虫期转变。与 lin-4 不同,let-7 在几乎所有后生动物中都是保守的。这说明这类小 RNA 介导的调节可能是非常古老和普遍的现象。它代表了一类全新的 RNA 调节分子。

在动物细胞内,核内转录出的 pri-miRNA 在 Drosha 蛋白及其辅助因子作用下,产生长度约 70nt 的发夹型 dsRNA,即 miRNA 的前体——pre-miRNA。pre-miRNA 在细胞核内进行加工,并由 EXP5 等蛋白运输至细胞质中,pre-miRNA 在细胞质中进一步加工成为的成熟的 miRNA 与 Dicer 酶等形成 RISC 复合体。在 RISC 复合体中,miRNA 通过其种子序列(通常是第 2~8 位的 7 个碱基序列)与靶基因 mRNA 的 3′-UTR 的序列部分互补、识别、结合,从而激活序列特异性的 mRNA 分子降解途径,通过细胞质中存在的加工体(processing body,P-body)降解 mRNA 分子。

加工体(P-body,PB)是细胞质中参与 mRNA 降解和翻译抑制的离散的 RNA 和蛋白质区域。这些细胞区域具有丰富的 mRNA 去腺苷酸化(去腺苷酸酶)、mRNA 脱帽(脱帽酶)及 5′→3′mRNA 降解酶等酶类。因此 P-body 通过一种非 RNAi 的机制参与翻译的抑制和 mRNA 的降解,它可以将 mRNA 去腺苷酸化、脱帽和 5′→3′外切降解。

2003 年,Sheth 和 Parker 在酵母菌细胞中发现了一些(polyA)尾巴较短的 mRNA 聚集在 P-body 的加工区域。由 P-body 上的一种酶去除其 RNA3′-端的 polyA 尾,即脱腺苷化作用,该酶也参与 RNA 的降解。此外还发现,P-body 加工区域是动态的,它根据 RNA 更新的整体规模变化来增加或减少其大小。而且在哺乳动物细胞内也已发现了大量的 P-body 蛋白。它同酵母菌中的此类蛋白是同源的。另外,在 RNA 干扰途径中扮演重要角色的 AGO1 和 AGO2,也定位在动物细胞内的 P-body 上。这提示 RNAi 可能是 AGO 蛋白和另一些 mRNA 降解酶共同定位的结果。

植物细胞中的 miRNA 分子和 siRNA 分子一样,和它的靶基因 mRNA 分子具有完全的或近乎完全的互补序列。一旦 miRNA 结合到靶 mRNA 分子上,其携带的 RISC 就发挥核酸内切酶的功能,将 mRNA 切断,从而导致目的基因沉默。

动物细胞中的 miRNA 和相应靶基因的互补性一般不是很高,只局限本 miRNA 的 5′-端区域。这种不完全的配对一般不导致靶基因 mRNA 降解,而仅仅抑制其翻译。

一般来说,miRNA 结合在 mRNA 的 3′-UTR 区,起到调节翻译的作用。Liu 等使用荧光素酶报告基因系统及黄色荧光蛋白(yellow fluorescent protein,YFP)来检测 mRNA 的降解情况。Let-7 加入后,抑制了靶 *lin*41 的表达,检测到荧光素酶表达的下降。为了确定 mRNA 的定位情况,在 *lin* 41 3′-UTR 引入 MS2 蛋白的结合位点,并将 MS2 与 YFP 共表达,用来观察靶 mRNA 的情况。结果表明 AGO2 与靶 mRNA 共定位在 P-body 上。而在缺乏 Let-7 结合位点的情况下,没有观察到上述共定位现象。说明 mRNA 在 P-body 中的定位需要 miRNA 的协助。研究也表明,不仅 AGO2 定位于 P-body 中,而且 AGO 家族的其他蛋白也定位于 P-body 中。

在酵母细胞中,已经证实抑制翻译的起始,可以引起 P-body 的形成,而抑制翻译延伸,则导致 P-body 的减少。在这种情况下,哺乳动物细胞中抑制其翻译的起始,可能形成了更多的 P-body,从而导致 siRNA 引起的 mRNA 降解增加。RISC 亚基和靶 mRNA 在 P-body 上的共同定位,表明 RNAi 通过某些途径,阻断了翻译的起始。例如,结合着 miRNA 和 siRNA 的 AGO 蛋白复合体,可以直接与 mRNA 相互作用。这种作用先于 mRNA 和核糖体的结合。或许,当 mRNA 从细胞核中运出时,其翻译起始即被抑制,同时形成了一个核糖核酸蛋白复合体,即 P-body。

3. 细胞核内的 siRNA 与基因沉默

由于 RISC 定位在细胞质中,因此人们通常认为 RNAi 发生在细胞质中。而 Robb 等人在人体细胞内发现了核内 RNAi 现象。Hoffer 等在研究脂肪酸去饱和酶(fatty ac-ylΔ12desaturase2,FAD2)基因时,植物也存在核内 RNAi 现象,首先他们发现拟南芥中定位于核内的 RDR6 及 DCL4 蛋白参与 RNAi 过程,然后他们发现在大豆中针对 FAD2-1 基因的 siRNA 在细胞核内及核外均能检测到。在 dsRNA 导致 RNAi 后,核内 FAD2-1 基因的降低水平较核外更加明显。而核连缀(nuclear run-on)实验表明,FAD2-1 在核内的转录水平不受影响,说明 mRNA 在转运至细胞质之前就已经受到了抑制。

目前已发现的在基因组水平上起作用的 RNAi 途径有 4 种:RNA 直接指导的 DNA 甲基化(RNA-directed DNA methylation,RdDM)、RNAi 介导形成的异染色质、DNA 切除和减数分裂沉默。

4. 其他小分子 RNA

可以引发 RNAi 的小分子 RNA 除 siRNA 及 miRNA 以外,自然界中还有许多其他小分子 RNA 参与了 RNAi 途径,具体见表 10.4。

5. RNAi 的生物学意义

目前普遍认为 RNAi 在植物和昆虫体内相当于一种免疫系统,起到保护基因组的作用,防止外来有害的基因或病毒基因整合到植物或昆虫基因组中。很多病毒的遗传物质为双链 RNA,这些双链 RNA 在宿主细胞内就会被切酶和 RISC 识别、切割从而使其失去活性,导致病毒被破坏。此外,它还参与基因表达的调控。目前,已被鉴定出的人类 miRNA 多达 1000 多个。这些 miRNA 参与细胞分化、增殖、凋亡、胰岛素分泌以及心脏、大脑和骨骼肌等的发育过程。

表 10.4 参与 RNAi 途径的小分子 RNA

类别	名称	碱基数	功能	作用机制
siRNA	小干扰 RNA	21～25	调控基因表达、参与抗病毒作用,限制转座子移动	降解 RNA、限制转座子移动
endo-siRNA	内源性 siRNA	21～25	限制转座子移动、调控 mRNA 和染色体	降解 RNA
miRNA	微小 RNA	21～25	在转录后水平调控基因表达	抑制翻译、降解 RNA
piRNA	PIWI 相互作用 RNA	24～31	调控生殖细胞和沉默转录基因过程	不明
ra-siRNA	重复相关 siRNA	23～28	染色质重构,转录基因沉默	不明
ta-siRNA	反式作用 siRNA	21～22	反式作用切割内源性 mRNA	降解 RNA
nat-siRNA	天然反义转录 siRNA	21～22	在转录后水平调控基因表达	降解 RNA
scnRNA	扫描 RNA	26～30	调控染色质结构	清除 DNA

10.5.5 RNAi 的应用

RNAi 技术诞生后,人们可以用不同的方式诱导 RNAi 产生。例如,直接将人工合成的 siRNA、长链 dsRNA 或者短发夹 RNA (short hairpin RNA,shRNA)的表达载体导入受体细胞,在细胞中生成外源的 siRNA。这些 siRNA 通过碱基互补配对识别、结合 mRNA,导致 mRNA 降解或翻译抑制,从而间接地调控基因表达。随着 RNAi 机制的发现,以及多种生物基因组测序的完成,人们很快意识到可以利用 RNAi 的方法构建已知基因缺失或者表达下调的株系,可通过从基因到表型的反向遗传学方法研究该基因的功能。由于 RNAi 技术不需要进行大量的诱变筛选和突变体的分离,所以在利用 RNAi 技术研究基因功能上与传统的诱变策略相比具有明显的优势。并且在进行 RNAi 操作时可以通过对转染时间阶段的控制在时空上控制 RNAi 的发生,以达到不同的研究目的。迄今为止,这种利用 RNAi 技术的反向遗传学方法已经成为基因及基因组功能研究最强大的工具。

1. RNAi 技术在动物系统中的应用

(1) RNAi 技术在秀丽小杆线虫中的应用

秀丽小杆线虫作为模式生物,用来研究多细胞生物已经有 30 多年的历史。由于它与人类基因组有较高的同源性,也用于衰老、神经发育、细胞迁移以及疾病等相关基因功能的研究。最初,线虫基因功能的研究基本上都是采用正向遗传学的方法,而正向遗传研究所需要的突变体资源相当有限。反向遗传学的研究则可以通过 RNAi 的方法获得大量突变体,为基因功能研究提供了充足的研究材料。由于在线虫中 dsRNA 的给药效率高、基因沉默效果好,且在 RNAi 过程中造成的脱靶效应较少,故秀丽小杆线虫相对于其他的生物,更适合使用 RNAi 的方法来研究其基因功能。在线虫中,一般多采用载体表达的 dsRNA 获得稳定遗传的突变体,作为基因功能研究的材料。目前,科学工作者正致力于建立包含每个表达基因突变的秀丽小杆线虫 RNAi 突变体库(http://celeganskoconsortium. omrf. org/,http://shigen. lab. nig. ac. jp/c. elegans/index. jsp),可能再过几年,这个工作就能完成。

（2）RNAi 技术在果蝇中的应用

黑腹果蝇是进行生命科学与人类疾病研究的重要模式生物之一。早在 2000 年,果蝇的全基因组测序已经完成,基因组大小约为 165 Mb,只有约 15000 个基因。比人类基因组小得多(人类基因组约 3300 Mb,约 100000 个基因)。而且果蝇很多功能基因和信号途径与哺乳动物的一样,有很高的保守性。近十年,利用 RNAi 技术产生果蝇突变体,极大地丰富了果蝇研究的遗传资源。2003 年,哈佛医学院等机构建立了基于高通量 RNAi 筛选技术的果蝇筛选中心(DRSC)(http://fly-RNAi.org),为科研机构及研究工作者研究果蝇功能基因组提供了便利。

果蝇不同于线虫,无法通过喂养方式实现 RNAi 干扰分子的呈递。人们可以通过直接注射 RNAi 干扰分子入胚胎或者通过构建 RNAi 载体的方法进行基因的研究。利用注射法在胚胎中注入的 RNAi 干扰分子可以是 200~2000 bp 的 dsRNA,或者人工合成的 21~22 nt 的 siRNA。但是,由于果蝇的 RNAi 是细胞自主性的,效应不能从转染了干扰分子的细胞扩展到全身其他细胞,因此 RNAi 注射法有很大的局限性。而构建 RNAi 载体产生转基因果蝇,更适用于在体内研究基因功能。转基因的 RNAi 果蝇,主要用于研究人类疾病相关的生物学问题,如癌症。

（3）RNAi 技术在哺乳动物细胞中的应用

在哺乳动物的基因研究中,哺乳动物细胞因其实验操作简便,适用于多种 siRNA 导入系统,如脂质体转染、电转染、慢病毒以及逆转录病毒转染等深受研究者的欢迎。用哺乳动物细胞作为研究系统不仅便于实验室操作,而且可以避免涉及伦理与动物保护相关的问题。虽然小鼠已经成为研究人类遗传与基因功能的强大模式生物,不过,人类细胞在 RNAi 筛选实验中比小鼠更加便利。因此,利用 RNAi 技术在人类细胞系统中研究如细胞增殖、周期、存活等相关基因的功能备受研究者的青睐。

2. RNAi 技术在植物系统中的应用

在植物中,进行 RNAi 操作时,siRNA 能够在细胞与细胞之间传递,从一个组织传到多个组织甚至全身,这是一种系统性的 RNAi。植物的 RNAi 与动物的一样,包括通过转录后水平基因沉默(PTGS)与转录水平基因沉默(TGS)。在 PTGS 水平,内源的 miRNA 与内源的靶 mRNA 以碱基几乎完全互补配对的方式结合,剪切分解 mRNA 或者抑制 mRNA 的翻译,遏制靶 mRNA 的表达。在 TGS 水平,miRNA 介导靶基因启动子区域的甲基化,从而抑制靶基因的转录。植物的 RNAi 通过构建靶基因序列反向重复的 dsRNA 表达载体,然后转化植物,瞬时表达或者整合到染色体基因组永久表达。植物载体的转化方法主要有基因枪法、真空渗入转化法、注射浸润法和喷洒法等。转入植物的 dsRNA 首先被加工为 21~24 nt 的 siRNA,进入 RISC 复合体,再通过剪切 mRNA 或者抑制翻译达到基因沉默的效果。

近年来,RNAi 干扰技术广泛用于植物生长、发育各阶段及生理等相关基因的研究,已经成为一种研究植物基因功能或者分子育种的新技术。RNAi 技术应用于植物性状的改良是全方位的,主要涉及植物的株高、芽的分枝情况、茎秆的长度,还有叶和花序的形态等各个方面。人们可以通过改变相关基因的表达,改变植株的构型,获得最具经济价值的植株构型。如拟南芥、牵牛花等模式植物,以及番茄、玉米、水稻等经济作物。

赤霉素(GA)是一种控制植物株高的内源性调节激素,通过改变植物体内 GA 的合成可以改变植物的株高。水稻 GA20 氧化酶可以合成活性 GA。而在水稻中转入干扰该基因的 hpRNA 后,转基因水稻中的活性 GA1 含量明显下调,并出现了半矮化的现象。与野生型相比,水稻 GA20 氧化酶基因的 RNAi 植株的茎秆更短、抗倒伏性增强、产量增加。由于 RNAi 技术操作较便捷,RNAi 也经常被用于观赏花卉、森林树种等植物培育领域,如利用 RNAi 技术获得无刺玫瑰,或者获得更易于采摘水果的矮化果树等。

人们可以利用 RNAi 技术改变植物基因的表达,从而获得所需要性状。在植物性状改良方面,RNAi 技术作为一个研究基因功能和改进作物的工具发挥了重要作用。

3. RNAi 技术在药物研究中的应用

miRNA 是一类天然存在于体内的小 RNA,可以通过 RNAi 作用对基因进行调节,生物体内约有 1/3 的基因受 miRNA 的调控。在多种疾病中都可检测出 miRNA 的表达出现异常,尤其在肿瘤研究方面,研究发现,某些肿瘤的形成与 miRNA 群失调有关,如胃癌、乳腺癌、肺癌、结肠癌等。在这些 miRNA 中,有些对肿瘤的形成起到促进作用,有些起抑制作用。而起抑癌作用的 miRNA 本身就可以作为药物。例如,miR-9 可以通过抑制 NF-κB1 来抑制卵巢癌细胞的增殖,而加入 miR-9 抑制剂则可以解除 miR-9 对细胞增殖的抑制。因此,miR-9 有可能成为治疗卵巢癌的药物。

4. RNAi 技术在病毒研究中的应用

急性呼吸综合征(severe acute respiratory syndrome,SARS,传染性非典型肺炎)爆发于 2002 年冬到 2003 年春,影响了近 30 个国家。这种流行性疾病是由 SARS 冠状病毒引起的。SARS 冠状病毒是一种有包被的正链 RNA 病毒,基因组接近 30000 个碱基。它的基因组编码复制酶(replicase,rep)、刺突糖蛋白 S(spike protein)、小包膜糖蛋白 E(envelope protein)、膜糖蛋白 M(membrane glycoprotein)和核外壳蛋白 N(nucleocapsid)。由于当时没有有效的预防措施和治疗药物,研究者利用 RNAi 技术,通过体内外的实验证明,不管是合成的 siRNA 还是载体表达的 shRNA,均能有效抑制 SARS 冠状病毒的基因。

5. RNAi 技术在人类遗传病中的应用

显性抑制遗传性疾病指的是,患者的两个等位基因中的一个发生了突变。这种突变影响到了这对等位基因中另一个正常拷贝产物的功能,从而引发相应疾病。目前对这类疾病没有很好的药物治疗方案。只有某些情况下,如等位基因的突变导致其失去功能的时候,我们可以往细胞中导入一个正常的基因拷贝来弥补因突变而失去的功能(loss-of-function)。但当等位基因的突变结果是导致其过度表达或活性增强(gain-of-function)的时候,传统的基因疗法就无法对其进行弥补,只有利用 RNAi 技术特异性地沉默这个等位基因从而达到治疗相应疾病的效果。

亨廷顿舞蹈病(huntington's disease,HD)是一种遗传性神经退行性疾病,主要是由于 *huntington* 基因中一段 CAG 三核苷酸过度重复扩增造成的。突变基因产生的异常蛋白质积聚成块,损坏部分脑细胞,特别是那些与肌肉控制有关的细胞,导致患者神经系统逐渐退化,神经冲动弥散,动作失调,出现不可控制的颤搐,并能发展成痴呆,甚至死亡。医学研究人员利用 RNAi 干扰的方法降低了转基因动物小鼠中突变 *huntington* 蛋白水平后,可改善 HD 对小鼠造成的运动和神经异常症状,使亨廷顿症状显著减轻。

先天性厚甲症(pachyonychia congenital,PC)是一种极为罕见的显性抑制性角蛋白突变引起的疾病,目前该病尚无药可医。Kaspar 等设计了一个特异性抑制突变的角蛋白等位基因 KRT6A 的 siRNA(TD01)。在临床前的体外研究证实,这个 siRNA 能够抑制细胞的聚集的表型。一期的临床研究结果显示,用 TD01 处理病患足部后,发现了足部硬痂的消退,并且在整个用药过程中并无明显副作用。一期临床的结果使研究人员更加坚信了 RNAi 可以治疗先天性厚甲症这一先天疾病。

10.5.6　RNAi 应用中可能存在的问题

尽管 RNAi 在疾病治疗中有着潜在的巨大应用价值,相比于传统药物,具有多种潜在的优势。但将 RNAi 疗法真正推进到临床应用前,仍有许多问题需要解决。例如,如何去合理设计 RNAi 序列以提高它的特异性,如何去修饰 RNAi 分子以使它能在体内长时间发挥作用,以及如何将 RNAi 分子安全地运送到合适部位等。总之,RNAi 技术作为研究基因功能、药物开发和动植物性状改良方面发挥了不可替代的作用。

(耿　建)

第 11 章　蛋白质与蛋白质组学技术

随着生命科学研究的不断深入,对各种生命现象发生的机制,特别是对细胞内蛋白质组学表达模式和蛋白质-蛋白质间相互作用的研究尤为重要。目前针对蛋白质研究的技术进步不断取得突破,一些传统的研究方法不断发展,为蛋白质组学和蛋白质-蛋白质间相互作用的研究提供了极为有利的条件,如双向电泳技术、酵母双杂交系统、GST 融合蛋白沉降技术、荧光共振能量转移、染色质免疫共沉淀技术和蛋白质质谱分析技术等。

11.1　双向电泳技术

11.1.1　双向电泳技术原理

双向电泳(two-dimensional gel electrophoresis,2-DE)的思路最早由 Smithies 和 Poulik 提出,是一种分析从细胞、组织或其他生物样本中提取蛋白质混合物的有力手段,具有分辨率高、重复性好和微量制备的特点。到目前为止,双向电泳技术是分离大量混合蛋白质组分的最有效方法,该技术主要依赖于蛋白质等电聚焦(isoelectric focusing,IEF)及 SDS-聚丙烯酰胺凝胶(SDS-PAGE)双向电泳技术,样品中的蛋白经过等电点和分子质量的两次分离后,可以得到分子的等电点、分子质量和表达量等信息。双向电泳技术、计算机图像分析与大规模数据处理技术以及质谱技术被称为蛋白质组学研究的三大基本支撑技术。

1975 年,O'Farrell's 首次建立了等电聚焦/SDS-聚丙烯酰胺双向凝胶电泳(IEF/SDS-PAGE),并成功地分离约 1000 个 *E. coli* 蛋白。双向电泳原理简明,第一向电泳是基于蛋白质的等电点不同用等电聚焦法分离,第二向则按分子量不同用 SDS-PAGE 分离,把复杂的蛋白混合物中的蛋白质在二维平面上分开。

第一向电泳是根据蛋白质的自由溶液迁移率,在滤纸条上进行的。蛋白质是两性分子,在不同 pH 的缓冲液中表现出不同的带电性,因此,在电流的作用下,在以两性电解质为介质的电泳体系中,不同等电点的蛋白质会聚集在介质上的不同区域(等电点)从而被分离。1969 年,科学家建立了以等电聚焦为第一向的双向电泳技术(IEF-PAGE)。将蛋白质根据其等电点在 pH 梯度胶内进行等电聚焦分离,即按照它们等电点的不同进行分离。

第二向电泳的方向与第一向电泳垂直。因为聚丙烯酰胺凝胶中的去垢剂 SDS 带有大量的负电荷,与之相比,蛋白质所带电荷量可以忽略不计。所以,蛋白质在 SDS 凝胶电场中的运动速度和距离完全取决于其相对分子质量而不受其所带电荷的影响,不同相对分子质量的蛋白质位于凝胶的不同区段而得到分离。20 世纪 70 年代初,第二向电泳中使用了十二烷基硫酸钠(SDS),使第二向电泳基本上根据蛋白质的相对分子质量来分离,从而奠定了现代双向凝胶电泳的基础。

样品中的蛋白经过等电点和分子质量的两次分离后,可以得到分子的等电点、分子质量和表达量等信息。值得注意的是,双向电泳分离的蛋白质是点,而不是条带。根据 Cartesin 坐标系统,从左到右是 pI 的增加,从下到上是分子质量的增加(图 11.1)。

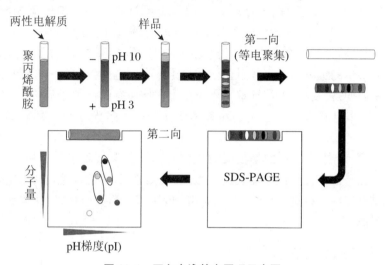

图 11.1　双向电泳基本原理示意图

11.1.2　双向电泳技术应用中的关键技术

1. 样品制备(蛋白提取)

双向电泳成功的关键在于有效的、可重复的样品制备方法。样品制备的影响因素包括蛋白质的溶解性、分子量、电荷数及等电点等。对于不同的样品性质及研究目的,其方法也不尽相同。用于样品处理的缓冲液必须在低离子强度的基础上,既能保持蛋白质的天然电荷,又能维持其溶解性。因此,绝大多数样品往往都需要通过多次实验才能摸索到最适宜的条件。目前并没有一个通用的制备方法,尽管处理方法多种多样,但都遵循几个基本的原则:① 尽可能地提高样品蛋白的溶解度,抽提最大量的总蛋白,减少蛋白质的损失。② 减少对蛋白质的人为修饰。③ 破坏蛋白质与其他生物大分子的相互作用,并使蛋白质处于完全变性状态。

2. 蛋白质定量和上样

(1) 等电聚焦电泳:等电聚焦电泳是一种利用 pH 梯度的介质,分离等电点不同的蛋白质的电泳技术。蛋白质是两性电解质,在不同的 pH 环境中可以带正电荷、负电荷或不带电荷。对每个蛋白质来说,在静电荷为零时都有一个特定的 pH,此 pH 为该蛋白质的等电点

(pI)。将蛋白质样品加载至 pH 梯度介质上进行电泳时,它会向与其所带电荷相反的电极方向移动。在移动过程中,蛋白分子可能获得或失去质子,并且随着移动的进行,该蛋白所带的电荷数和迁移速度下降。当蛋白质迁移至其等电点 pH 位置时,其净电荷数为零,在电场中不再移动。聚焦是一个与 pH 相关的平衡过程,即蛋白质以不同的速率靠近并最终停留在它们各自的 pI 值。在等电聚焦过程中,蛋白质可以从各个方向移动到它的恒定位点。

(2) 两维间的平衡:等电聚焦电泳后,进行 IPG 的平衡,以便于被分离的蛋白质与 SDS完整结合。

(3) SDS-PAGE 电泳:双向电泳的第二向是将经过第一向分离的蛋白转移到第二向SDS-PAGE 凝胶上,进行 SDS-聚丙烯酰胺凝胶电泳,根据蛋白相对分子质量大小与第一相垂直的分离。蛋白质与 SDS 结合形成带负电荷的蛋白质-SDS 复合物,由于 SDS 是一种强阴离子去垢剂,所带的负电荷远远超过蛋白质分子原有的电荷量,能消除不同分子之间原有的电荷差异,从而使得凝胶中电泳迁移率不再受蛋白质原有电荷的影响,这主要取决于蛋白质分子量的大小,其迁移率与分子量的对数呈线性关系。同普通 SDS-PAGE 类似,但一般无需浓缩胶。

(4) 蛋白质检测:染色的目的是使凝胶中的蛋白质能够被观察到。目前还没有通用的染色方法,只能在考虑多种因素如需要的灵敏度、线性范围、方便程度、费用以及成像设备类型等基础上,结合实际进行选择。目前较常用的包括考马斯亮蓝染色、银染色、荧光染色或放射性同位素标记等。

3. 图像分析及数据处理

将染色后的凝胶放置在光密度扫描仪上扫描,以数字形式保存凝胶图像,对每块凝胶图像进行平等的比较,应用各种分析软件对数据进行归类分析,可以收集、诠释、比较蛋白质组的数据资料等。

4. 蛋白鉴定

扫描后的图像用 Image-Master 或 PDQUEST 2DE 软件进行差别分析,以寻找差别表达的蛋白。通过差异分析或其他方法找到感兴趣的蛋白后,可以从凝胶中或膜上切取这些目标蛋白质做鉴定。绝大多数蛋白质的鉴定可以通过质谱分析来完成。

5. 荧光差异显示双向电泳技术

早期的蛋白质组学研究内容主要是利用常规 2-DE 技术鉴定并建立某一生物体在特定时期的全部蛋白表达谱。然而蛋白质组在生物体的生命进程中是动态变化的,不同生物的个体、组织或细胞在不同发育时期、分化阶段以及不同的生理、病理条件下基因表达是不一致的,所对应的蛋白质组具有不同的表达模式。因此,比较蛋白组学应运而生,并成为后基因组学时代的重要技术。随着 CyDye DIGE 荧光标记染料的发现和应用,在传统 2-DE 技术上结合多重荧光分析技术,即荧光差异显示双向电泳技术(2-D fluorescence difference gel electrophoresis,2-DDIGE)可克服传统 2-DE 的系统误差,从而提高了实验结果的可信度和可重复性。不同样本来源的蛋白质组用不同荧光标记后,在同一块胶上通过双向电泳得到有效分离,对每块凝胶进行扫描,所得图像进行自动匹配和统计分析,可鉴别和定量分析不同样本间的生物学差异。

11.1.3　双向电泳技术的应用

(1) 分离复杂的蛋白质组,包括系统分离、鉴定及定量。双向凝胶电泳技术基本解决了分离蛋白质组所有蛋白的两个关键参数,即分辨率和可重复性问题。目前,蛋白质组研究的主要困难是对用双向凝胶电泳分离出来的蛋白进行定性和定量的分析。现在的分级分析法是先做快速的氨基酸组成分析,也可先做 4~5 个循环的 N 末端微量测序,再做氨基酸组成分析;结合在电泳胶板上估计的等点电和分子量,查对数据库中已知蛋白的数据,即可做出判断。

(2) 双向凝胶电泳还可对蛋白修饰和加工进行分析,预测蛋白质的翻译后修饰。

(3) 差别表达蛋白质组分析,研究细胞分化、寻找疾病相关的生物标记分子、进行疾病治疗情况的检测、药物开发及癌症研究等。双向凝胶电泳中常可发现有蛋白质拖曳现象,很可能是一个蛋白的不同翻译后修饰产物所造成的,因此拖曳图像变化在疾病诊断上可能会提供重要的信息。

11.1.4　双向电泳的优缺点

优点:双向电泳具有高分辨率、高重复性和兼具微量制备的性能,是目前唯一能将数千种蛋白质同时分离与展示的技术。① 随着各种试剂质量的不断提高和新试剂的开发,分辨率不断提高,最大分辨率可达到每块胶 10000 个蛋白点。② 固相化 pH 梯度技术(immobilized pH gradients,IPG)的应用,建立了稳定的可精确设定的 pH 梯度,直接避免了载体两性电解质向阴极漂移等许多缺点,增大了蛋白质上的样量,提高了双向凝胶电泳结果的可重复性。③ 根据电荷差异和分子大小分离蛋白,因此能分离电荷相同但分子量大小不同或者同分异构体(分子量相同但构象不同),以及经过翻译后修饰的蛋白(如电荷数不同的磷酸化蛋白和非磷酸化蛋白)。

缺点:双向凝胶电泳还存在一些技术问题。① 不能分离低丰度蛋白。人体的微量蛋白往往是重要的调节蛋白,但目前受样品量限制及染色效果影响,灵敏度尚不足以检出拷贝数低于 1000 的蛋白质。② 不能分离水性及强酸强碱性蛋白。③ 不能进行极大(>200 kDa)或极小($\leqslant 10$ kDa)蛋白的分离。④ 不能进行难溶蛋白的检测,如一些重要的膜蛋白。此外,双向凝胶电泳尚不能完全自动化,耗时较长。

11.2　酵母双杂交系统

酵母双杂交系统(yeast two-hybrid system)是 1989 年由 StanleyFields 等提出并建立的

一种检测细胞内蛋白与蛋白之间相互作用的遗传学方法。

11.2.1 基本原理

真核生物转录调控因子的组件具有独特的结构特征,这些蛋白质往往由两个或两个以上可分开的、功能上相互独立的结构域构成,其中 DNA 结合域(binding domain,BD)和转录激活域(activation domain,AD)是转录激活因子发挥功能所必需的。DNA-BD 可识别位于转录因子效应基因的上游激活序列(UAS)并与之结合;而 AD 则是通过同转录过程中其他成分之间的结合作用,以启动 UAS 下游的基因进行转录。BD 与 AD 分别作用并不能激活转录反应,但二者在空间上较为接近时,则呈现出完整的转录因子活性,并可激活 UAS 下游启动子,使启动子下游基因得到转录(图 11.2)。酵母双杂交系统(yeast two-hybrid system)正是利用真核生物转录调控因子的这两个组件结构特征,BD 和 AD 所形成的杂合蛋白能行驶激活转录的功能。

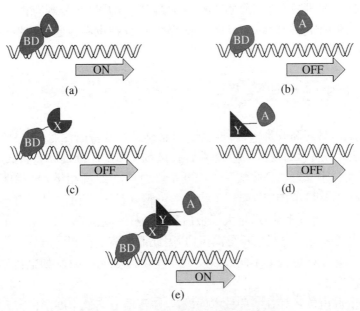

图 11.2 酵母双杂交技术原理示意图

首先,科学家们运用 DNA 重组技术把编码已知的诱饵蛋白 X 的 DNA 序列连接到带有酵母转录调控因子 BD 结构域基因片段的表达载体上,构建 BD-X 质粒载体,导入酵母细胞中使之表达带有 DNA 结合结构域的杂合蛋白,与报告基因上游的启动调控区相结合,准备作为“诱饵”捕获与已知蛋白相互作用的基因产物。将已知的编码转录激活结构域的 AD 基因与 cDNA 文库中基因片段或基因突变体 Y 融合,构建 AD-Y 载体,获得“猎物”载体。将其共转化至修饰酵母体内表达,该酵母株含有特定的报告基因(如 LacZ 等)。如果融合蛋白 X 和蛋白 Y 之间存在相互作用,则导致 BD 与 AD 在空间上被牵引靠拢,从而激活下游启动子调节的报告基因的表达。如果融合蛋白 X 和蛋白 Y 之间没有相互作用,报告基因的转录则不能被激活。许多 DNA 激活蛋白包括原核激活蛋白的 DNA-BD 均可被用于酵母双杂交系统,最常用的是 GAL1、GAL4 和 LexA 蛋白的 DNA-BD,而最常用的 AD 是 GAL4、HSV 的 VP16 和 E1coliB42 等蛋白的 AD。通常任何能在酵母中表达的基因均可作为报告基因,较为常用的是 LacZ,更为有效的是一些营养缺陷标记,这种报告基因只允许阳性克隆生长,最常用的是 His3 和 Leu2。

11.2.2　酵母双杂交系统的应用

利用酵母双杂交技术,分离有报告基因活性的酵母细胞,得到所需要的"猎物"载体,就能得到与已知蛋白质相互作用的新基因。目前,酵母双杂交系统已广泛应用于分子生物学研究的各个领域,该系统最为重要的用途就是从 cDNA 文库中发现与已知蛋白相互作用的未知蛋白质;寻找与确定蛋白相互作用中起关键作用的结构域;确定蛋白质之间的相互作用;确定基因治疗中多肽类药物的作用机理;利用双杂交系统进行药物筛选;利用酵母双杂交系统建立蛋白相互作用图谱。

11.2.3　等离子表面共振(SPR)技术

1. 等离子表面共振技术的发展历程

表面等离子体共振(surface plasmon resonance,SPR)是一种物理光学现象,有关仪器和应用技术已经成为物理学、化学和生物学研究的重要工具。1902 年,Wood 在一次光学实验中发现了 SPR 现象;直到 1941 年,Fano 真正解释了 SPR 现象;1971 年,Kretschmann 结构为 SPR 传感器奠定了基础;1982 年,Lundström 首次将 SPR 用于气体的传感;1983 年,liedberg 将 SPR 用于 IgG 与其抗原的反应测定并取得了成功;1987 年,Knoll 等人开始研究 SPR 的成像;1990 年,Biacore AB 公司开发出首台商品化的 SPR 仪器,使得 SPR 技术得到了更广泛的应用。

2. SPR 的光学原理

根据法国物理学家 Fresnel 提出的光学定理,当光从光密介质入射到光疏介质时($n_1 > n_2$)就会有全反射现象的产生。发现入射光波的电磁场在反射面不立即消失,而是投射进入光疏介质一定深度,且振幅在垂直方向呈指数衰减,这种电磁波称为消失波。由密度相当高的自由正、负电荷组成的气体,其中正、负带电粒子数目几乎相等,称为等离子波。在某个入射角度,光照射到棱镜上与金属膜表面上发生全反射,从而形成消逝波进入到光疏介质中,而在介质中又存在一定的等离子波。当两波相遇时会发生共振。当消逝波与表面等离子波发生共振时,检测到的反射光强会大幅度地减弱。由于能量从光子转移到表面等离子,入射光的大部分能量被表面等离子波吸收,使得反射光的能量急剧减少。反射光完全消失的角就是 SPR 角。SPR 角对附着在金属薄膜表面的介质折射率非常敏感,当表面介质的属性改变或者附着量改变时,SPR 角将不同。因此,SPR 能够反映与金属膜表面接触的体系的变化(图 11.3)。

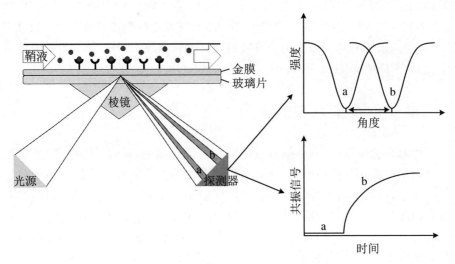

图 11.3 表面等离子体共振原理示意图

3. SPR 的应用

生物分子反应过程中,SPR 角的动态变化可获取生物分子间相互作用的特异信号,将"诱饵"蛋白结合于葡聚糖表面,并将葡聚糖层固定于纳米级厚度的金属膜表面,当蛋白质混合物经过时,如果有蛋白质同"诱饵"蛋白发生相互作用,则两者结合,金属膜表面的折射率就会上升,从而导致 SPR 角的改变。而 SPR 角的改变与该处的蛋白质浓度呈线性关系,由此可以检测蛋白质之间的相互作用。

应用 SPR 原理,可检查生物传感芯片上配位体与分析物之间的相互作用情况,这一方法广泛应用于各个领域。如可用于简单快捷的监测核酸与核酸之间、DNA 与蛋白质之间、蛋白质与蛋白质之间、抗原与抗体之间、受体与配体之间,以及药物与蛋白质之间等生物大分子间的相互作用。因此,SPR 在生科科学、医疗检测、药物筛选、遗传分析、蛋白质组学、环境监测、食品工业、毒品检测以及法医鉴定等领域具有广泛的应用需求。随着 SPR 技术的不断发展,SPR 生物传感器的应用逐步趋向多样化,特别是在小分子检测和脂膜领域的新兴应用将使其在未来的药物发现和膜生物学中扮演一个越来越重要的角色。

4. 优缺点

优点:该技术无需样品标记,安全灵敏快速,可定量分析;可实施监测;样品用量少、方便快捷;灵敏度高,应用范围广;能测量浑浊甚至不透明的样品。

缺点:需要专门的等离子表面共振检测仪器;难以区分非特异性吸附;对温度等干扰因素比较敏感。

11.2.4 免疫共沉淀技术

免疫共沉淀(Co-Immuno precipitation,CoIP)是以抗体和抗原之间的专一性作用为基础的用于研究蛋白质相互作用的经典方法,是确定两种蛋白质在完整细胞内生理性相互作用的有效方法。该技术多用于肿瘤分子生物学、细胞信号转导等领域研究。

1. 基本原理

免疫共沉淀核心是通过抗体来特异性识别候选蛋白,确定两种蛋白质在完整细胞内生理性相互作用。当细胞在非变性条件下被裂解时,完整细胞内存在的许多蛋白质与蛋白质之间的相互作用被保留了下来。在细胞裂解液中加入抗兴趣蛋白抗体,孵育后再加入与抗体特异结合的结合于 Agarose 珠上细菌的 Protein A 或 Protein G,如果细胞中有与兴趣蛋白结合的目的蛋白,则形成"目的蛋白-兴趣蛋白-抗兴趣蛋白抗体- Protein A 或 Protein G"复合物,经变性聚丙烯酰胺凝胶电泳,蛋白质复合物被分开,然后经免疫印迹或质谱检测目的蛋白(图 11.4)。

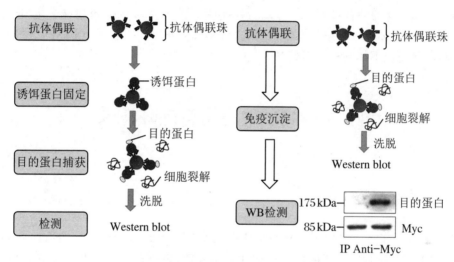

图 11.4　免疫共沉淀技术原理示意图

2. 关键技术

固定:将靶蛋白的抗体通过亲和反应连接到固体基质上。

免疫沉淀:将可能与靶蛋白发生相互作用的待筛选蛋白混合物加入到反应体系中,用微膜过滤法或低离心力沉淀,在固体基质和抗体的共同作用下,使蛋白复合物沉淀到微膜上或试管的底部。

纯化与检测:免疫共沉淀实验中常用的质粒载体为 pGADT7 和 pGBKT7,分别以融合蛋白形式混合温育,用 Myc 或 HA 抗体沉淀混合物,过柱后再用 SDS-PAGE 电泳分离或 Western blot 分析,如果靶蛋白与待筛选蛋白质发生了相互作用,待筛选蛋白质就可通过靶蛋白与抗体和固体基质相互作用而被分离出来。

3. 应用

免疫共沉淀技术一般用于低丰度蛋白的富集和浓缩,为 SDS-PAGE 和质谱分析鉴定准备样品。该技术常用于验证目的蛋白和待测蛋白是否有相互作用,是否在体内结合;也可用于筛选一种特定蛋白质的新的相互作用蛋白。

4. 优缺点

优点:抗原与相互作用的蛋白以细胞中相类似的浓度存在,避免了过量表达所造成的人为效应;相互作用的蛋白都是经翻译后修饰的,以天然状态存在;蛋白的相互作用也是在自然状态下进行,符合体内实际情况,可避免人为影响;可以分离得到天然状态下相互作用的蛋白复合体,结果可信度高。

缺点:最主要的局限性是需要多克隆或单克隆抗体,因而大规模筛选未知蛋白会遇到障碍;难以检测到低亲和力和短暂的蛋白质-蛋白质的相互作用;必须在实验前预测目的蛋白是什么,以选择最后检测的抗体,所以若预测不正确,实验就得不到结果,因此方法本身具有冒险性;两种蛋白质的结合可能不是直接结合,而可能有第三者在中间起桥梁作用;另外,用于免疫共沉淀的抗体不一定总与操作相合适,与 Western blot 或者 ELISA 相比容易出现假阳性反应,灵敏度也不如亲和色谱高。

11.3　GST 融合蛋白沉降技术

11.3.1　基本原理

利用 DNA 重组技术将靶蛋白与谷胱甘肽 S 转移酶(glutathione S transferase,GST)融合,利用 GST 对谷胱甘肽偶联的琼脂糖球珠的亲和性,将融合蛋白亲和固化在谷胱甘肽亲和树脂上,作为与目的蛋白亲和的支撑物,充当一种"诱饵蛋白",当与融合蛋白有相互作用的目的蛋白通过层析柱时或与此固相复合物混合时就可被吸附而分离,洗脱结合物后通过 SDS-PAGE 电泳分析,从而证实两种蛋白间的相互作用或从混合蛋白质样品中纯化得到相互作用的蛋白。"诱饵蛋白"和"捕获蛋白"均可通过细胞裂解物、纯化的蛋白、表达系统以及体外转录翻译系统等方法获得(图 11.5)。

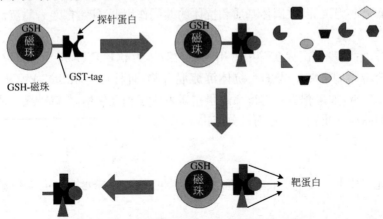

图 11.5　GST 融合蛋白沉降技术原理示意图

11.3.2　关键技术

　　将 GST-融合蛋白和 GSH-Sepharose 制成亲和层析柱,然后待分析的蛋白质混合液流经亲和层析柱,洗脱、分离、收集各蛋白组分,这称为 GST 亲和柱层析。如果捕获蛋白和诱饵蛋白与 GSH-Sepharose 共同孵育,经离心收集洗脱复合物和洗涤后,再加入过量 GSH 获得相互作用蛋白的复合物,这种方法称为 GST pull-down。

11.3.3　应用

　　确定探针蛋白与未知蛋白间可能存在的相互作用;筛选与探针蛋白发生相互作用的未知分子。

11.3.4　优缺点

　　优点:GST 亲和层析及相应的 GST Pull-down 方法的优点:一是操作简单,可直接检测到是否有相互作用;二是敏感,对混合物中的所有蛋白均一视同仁,也可用于受体功能的鉴定。

　　缺点:GST 有可能影响融合蛋白的空间结构;蛋白质浓度对实验有一定影响,需要制备足够量的可溶性重组蛋白;蛋白质相互作用可能会受到内源性蛋白的干扰;只能检测稳定或较强的相互作用蛋白。

11.4　荧光共振能量转移

　　荧光共振能量转移(fluorescence resonance energy transfer,FRET)理论是 1948 年首次被科学家提出的,FRET 荧光能量供体与受体之间通过偶极-偶极耦合作用以非辐射方式转移能量,可测定 1.0~6.0 nm 距离范围分子间的相互作用。1967 年,这一现象被实验验证。通过科学家的不断探索和努力,结合多种其他技术和方法,如电子显微镜等,推动了分子生物学技术检测手段的发展,运用于细胞内蛋白质相互作用的蛋白质结构研究。

11.4.1　基本原理

　　荧光共振能量转移技术是采用物理方法检测分子间的相互作用,当两个荧光发射基团在足够靠近时,供体分子吸收一定频率的光子后被激发到更高的电子能态,在该电子回到基态前,通过偶极子相互作用,实现了能量向邻近的受体分子转移(即发生能量共振转移)。该技术适用于在细胞正常的生理条件下,验证已知分子间是否存在相互作用。

　　FRET 是一种非辐射能量跃迁,通过分子间的相互作用,将供体激发态能量转移到受体激发态的过程,使供体荧光强度降低,而受体可以发射更强于本身的特征荧光,或不发荧光(荧光淬灭)。例如,将待测蛋白(X 和 Y)分别偶联一对荧光蛋白,X 蛋白称为供体,Y 蛋白称为受体。当用 430 nm 的紫光激发 X 融合蛋白时,可产生 490 nm 的蓝色荧光;用 490 nm 的蓝光激发 Y 融合蛋白时,可产生 530 nm 的黄色荧光。因此,如果 X 蛋白和 Y 蛋白的空间距离>10 nm,没有相互作用,则融合蛋白 X 和 Y 分别产生相应的荧光而被检测到;反之,如果 X 蛋白和 Y 蛋白的空间距离<10 nm,存在相互作用,则紫光激发融合蛋白 X 产生的蓝光可被融合蛋白 Y 吸收,并产生黄色荧光,表明能量从 X 融合蛋白转移到了 Y 融合蛋白上(图 11.6)。

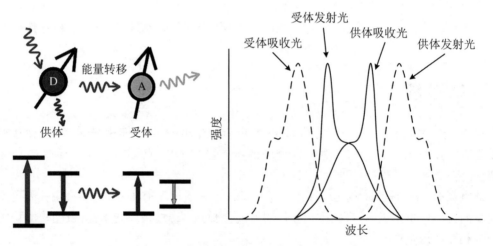

图 11.6　荧光共振能量转移技术原理示意图

11.4.2　关键技术

　　(1) 作为共振能量转移供体、受体对,荧光物质必须满足两个条件:一是供体和受体的激发光要足够分得开;二是供体的发光光谱与受体的激发光谱要重叠,而与受体的发射光谱尽量不要重叠。

　　(2) 供体与受体在合适的距离:能量转移的效率和供体的发射光谱与受体的吸收光谱的重叠程度、供体与受体之间的距离等因素有关。供体和受体的发射光谱要完全分开,否则容易造成光谱干涉,使反应体系不稳定。

　　(3) 偶极-偶极耦合作用的条件:给体与受体的偶极具有一定的空间取向。

　　(4) 常用的供体-受体分子对:主要有荧光蛋白类和染料类。常见的有绿色荧光蛋白(GFP)、青色荧光蛋白(CFP)、黄色荧光蛋白(YFP)和蓝色荧光蛋白(BFP)等。常见的染料类有 FITC-Rhodamine、罗丹明类化合物和青色染料 Cy3、Cy5 等,该类染料分子体积较小,种类较多且大部分为商品化的分子探针染料,因此应用广泛。

11.4.3　应用

由于细胞内各种组分极其复杂,因此一些传统研究蛋白质-蛋白质间相互作用的方法无法正确地反映活细胞生理条件下蛋白质-蛋白质间相互作用的动态变化过程,可能会丢失某些重要的信息。FRET 技术可在活细胞生理条件下对蛋白质-蛋白质间相互作用进行实时的动态研究。

目前主要在生物大分子相互作用、蛋白质结构、功能分析、免疫分析、膜蛋白研究和核酸检测等方面应用广泛。在分子生物学领域,该技术可用于研究活细胞生理条件下蛋白质-蛋白质间相互作用。

11.4.4　优缺点

优点:在活细胞的正常生理条件下检测,观察生物大分子在细胞内的构象变化与相互作用,弥补了需破碎细胞的缺点;相对于传统有机荧光染料分子,量子点的发射光谱很窄而且不拖尾,减少了供体与受体发射光谱的重叠,避免了相互间的干扰;灵敏度高,可实现对单细胞水平和单个受体分子的研究;可与多种仪器和技术结合使用,如显微镜、色谱技术、电泳、流式细胞术等,可满足于不同的需求。

缺点:应用相对比较局限,需要在待检测分子上偶联荧光物质;对供受体的抗干扰能力,水溶性要求较高,如果供受体的光谱重叠不好,则会导致荧光的干扰;需不断探索合适的供体和受体,并且能够标记分子;对瞬时分子间作用观察难度较大,检测时要求样品的量较大。

11.5　染色质免疫共沉淀技术

真核生物的基因组 DNA 以染色质的形式存在。因此,研究蛋白质与 DNA 在染色质环境下的相互作用是阐明真核生物基因表达机制的基本途径。染色质免疫共沉淀(chromatin immuno precipitation,ChIP)技术是一项新发展的研究活体细胞染色质 DNA 与蛋白质相互作用的方法,也称结合位点分析法,是表观遗传信息研究的主要方法。ChIP 不仅可以检测体内反式因子与 DNA 的动态作用,还可以用来研究组蛋白的各种共价修饰与基因表达的关系。

11.5.1　基本原理

ChIP 技术的基本原理是保持组蛋白和 DNA 联合,在活细胞状态下固定蛋白质-DNA复合物,并通过超声或酶处理将其随机切断为一定长度范围内的染色质小片段,然后通过抗原抗体的特异性识别反应沉淀该复合体,从而特异性地富集与目的蛋白结合的 DNA 片段,通过对目的片断的纯化与测序分析,从而获得与目的蛋白发生相互作用的 DNA 序列信息,包括 DNA 序列特征、在基因组上的位置、结合亲和程度以及对基因表达的影响等信息。

11.5.2　主要实验流程

首先用甲醛处理细胞后收集,超声破碎;加入目的蛋白抗体,与靶蛋白-DNA 复合物相互结合;随后,加入 Protein A,结合抗体-靶蛋白-DNA 复合物并沉淀;清洗沉淀下来的复合物,除去非特异性结合;洗脱,从而得到富集的靶蛋白-DNA 复合物;最后解交联,对得到的 DNA 片断纯化富集后,利用 PCR 进一步分析。目前较多采用荧光定量-PCR。为防止蛋白的分解、修饰,溶解抗原的缓冲液必须加入蛋白酶抑制剂,实验需要在低温环境下进行。

11.5.3　应用

ChIP 技术不仅可以用来检测体内转录调控因子对 DNA 的动态作用,还可以研究组蛋白的各种共价修饰与基因表达的关系,定性或定量检测体内转录因子与 DNA 的动态作用。随着分子生物学技术的发展,ChIP 与其他方法结合,扩大了其应用范围。

1. ChIP-chip

ChIP-chip 就是将 ChIP 富集得到的 DNA 片段,进一步进行芯片分析。ChIP-chip 技术对于大规模挖掘顺式调控信息成效卓著,在描述转录结合因子动力学中的研究、染色体结构组分的分布、组蛋白的修饰、组蛋白修饰蛋白和染色体重建中的应用十分广泛。同时可用于胚胎干细胞和一些重大疾病如癌症、心血管疾病和中央神经紊乱的发生机制的研究。ChIP 与基因芯片相结合建立的 ChIP-on-chip 方法已广泛用于特定反式因子靶基因的高通量筛选。

ChIP-chip 技术的优点是可在体内进行反应;直接或者间接(通过蛋白质与蛋白质的相互作用)的鉴别基因组与蛋白质的相关位点。ChIP-chip 技术的缺点是有时难以获得特异性蛋白质抗体;调控蛋白质的基因的获取可能需要限制在组织来源中。

总之,ChIP-chip 技术的发展为分析活细胞或组织中 DNA 与蛋白质的相互关系提供了一个极为有力的工具。芯片构建技术的不断改进,可进一步提高其实用性。

2. ChIP-seq

ChIP-seq 技术是将 ChIP 与第二代测序技术相结合,从而能够高效地在全基因组范围内检测与组蛋白、转录因子等相互作用的 DNA 区段。

ChIP-seq 技术的原理:首先,通过染色质免疫共沉淀技术(ChIP)可特异性地富集到与目的蛋白结合的 DNA 片段,对获得的 DNA 片段进行纯化,构建文库;然后,对富集得到的 DNA 片段进行高通量测序;最后,将获得的数百万条序列标签精确定位到基因组上,从而获得全基因组范围内与组蛋白、转录因子等互作的 DNA 区段信息。

该技术主要应用于组蛋白修饰酶的抗体作为"生物标记"、有丝分裂研究、DNA 损失与调亡分析、转录调控分析和药物开发研究等。

3. RIP

RIP 技术是利用 ChIP 技术研究细胞内蛋白与 RNA 的相互结合的方法,具体方法同 ChIP,但在分析步骤时需要先将 RNA 逆转录成为 cDNA。

由此可见,随着 ChIP 技术的进一步完善,将会在基因表达调控研究中发挥越来越重要的作用。

11.5.4　优缺点

优点:与传统的研究转录因子和 DNA 相互作用的方法相比,染色质免疫共沉淀(ChIP)技术是一种在体内研究 DNA 与蛋白质相互作用的理想方法。其优点在于能够在体内捕获转录因子和靶基因的相互作用,能同时快速地提供一种或者多种基因的调控机制。

缺点:实验涉及的步骤多,结果的重复性较低,需要大量的起始材料;需要特殊修饰标签的高度特异性抗体,单抗特异性强、背景低,但弱点是识别位点单一,在甲醛交联的过程中,可能因该位点被其他蛋白或核酸结合而被封闭,导致单抗不能识别靶蛋白,出现假阴性信号,而多抗特异性较差,背景可能会偏高;染色质免疫沉淀获得的 DNA 数量往往很多,包含大量的非特异结合的假阳性结合序列;免疫共沉淀常用的偶联 Protein A 或 Protein G 的琼脂糖 beads 有多孔的松散表面,极易吸附 DNA 分子,也可能造成假阳性,所以在使用前需要进行封闭。

11.6　蛋白质质谱分析技术

蛋白质质谱技术简单来说就是一种将质谱仪用于研究蛋白质的技术。单一蛋白质或者蛋白混合物的蛋白质谱鉴定/分析,以及对单一蛋白质的蛋白序列分析是生物学研究中经常遇到的问题。质谱鉴定电泳分离后的蛋白质是蛋白质组学研究中最有意义的突破,基于质谱法获取蛋白质序列的序列信息以及通过质谱法进行蛋白质质谱鉴定,从而实现蛋白质鉴定。现行的质谱仪可分为 3 个连续的组成部分,即离子源、离子分离区和检测器。蛋白质质谱分析要求溶液或固态蛋白质在注入加速电场或磁场中进行分析前,需在气相中先转变为离子化形式。目前蛋白质电离主要方法是电喷雾电离(ESI)和基质辅助激光解吸/电离(MALDI),分别称为电喷雾质谱(electrospray ionization,ESI-MS)和基质辅助激光解吸电离-飞行时间质谱(matrix-assisted laser desorption ionization time-of-flight spectrometry,MALDI-TOF)。

11.6.1　基本原理

　　ESI-MS 的工作原理是溶液中的离子转变为气相离子,再进行 MS 分析。电喷雾过程如下:样品溶液在电场及辅助气流的作用下被喷成雾状的带电液滴,挥发性的溶液在高温下逐渐蒸发。随着液滴半径的减少,其表面的电荷密度逐步增加,当达到一定程度时,液滴发生库伦爆破,从而产生更小的带电微滴。该过程不断重复,最后实现样品的离子化。

　　MALDI-TOF 的工作原理是将从双向电泳凝胶中将感兴趣的蛋白点回收后,进行胰蛋白酶胶内酶解,收集酶解肽段,然后与基质混合,将混合后的样品颠倒在金属靶表面上并使之干燥结晶,再用激光轰击,使待分析物呈离子化气体状态,并从靶表面喷射出去。离子化的气体中每个分子带有一个或更多的正电荷。

　　通过电喷雾电离(ESI)或基质辅助激光解吸电离(MALDI)的方法,肽段混合物电离形成带电离子,进入质谱分析器,质谱分析器的电场、磁场将具有特定质量与电荷比值(即质荷比,m/z)的肽段离子分离开来,经过检测器收集分离的离子,确定每个离子的 m/z 值。质量分析器将经蛋白酶降解后的肽段按照质荷比(m/z)及强度(intensity)进行解析,得到蛋白质所有肽段的 m/z 图谱,即蛋白质的一级质谱峰图,每个母离子峰代表一种肽段。离子选择装置自动选取一级质谱中有代表性的母离子峰以诱导碰撞解离方式打碎,进行二级质谱分析,输出选取肽段的二级质谱峰图。最后,结合一级质谱峰图和二级质谱峰图数据,在数据库中进行搜索,即可获得蛋白质的鉴定信息。

11.6.2　关键技术

1. 样品离子化处理

　　使用电离技术将完整蛋白质或经酶切的蛋白质肽段带上电荷。首先,用二硫苏糖醇(DTT)还原蛋白质样品,用碘乙酰胺(IAA)烷基化;其次,用胰蛋白酶对样品进行消化,一般样品会在赖氨酸和精氨酸残基后发生断裂;最后,得到多肽片段。

2. 上机分析

　　将样品重新溶解后上样分析。通过蛋白质的质荷比(m/z)的差异,使蛋白质分离,并得到质量图谱。

3. 数据库检索与分析

　　根据样品物种来源下载对应物种的蛋白质组数据库,使用软件将液质联用得到的数据与数据库中的数据进行匹配。通过肽段的一级和二级质谱峰数据在数据库中找到匹配的蛋白质,从而鉴定样品中的蛋白质。如果样品的物种没有完整的蛋白质组数据库,可使用亲缘较近物种的蛋白质组数据库或者是同种模式生物的蛋白质组数据库进行蛋白鉴定分析。

11.6.3　应用

（1）通过质谱仪测量得到蛋白质样品中的质量信息（质量与电荷的比值）和质谱信息，结合一级和二级质谱峰图，进行计算分析和推理以及数据库比对搜索，可获得蛋白质的一级结构信息。

（2）可测定蛋白分子量、蛋白质序列分析（包括蛋白的 N 端和 C 端测序）等。

（3）鉴定蛋白质复合物组成以及蛋白质翻译后修饰位点分析，如蛋白磷酸化、硫酸化、糖苷化以及其他修饰的研究。

（杨清玲）

第 12 章　DNA　重　组

12.1　概　　述

12.1.1　DNA 重组的概念

　　21 世纪是生命科学的世纪,而生命科学的核心则是生物技术。自 1953 年 Watson 和 Crick 阐明了 DNA 的双螺旋结构以来,生物化学的发展进入了一个全新的阶段,即跨入了分子生物学时代。此后,科学家们确立了 DNA 复制、重组修复、遗传信息传递的中心法则及有关遗传密码等分子遗传学理论;发现了诸如限制性核酸内切酶、连接酶等一系列工具酶;在技术上又发展了 DNA 纯化与鉴定等,从而为基因工程的建立奠定了基础。1972 年, Berg 等人首次用限制性核酸内切酶 *Eco*R Ⅰ 切割 λ 噬菌体和 SV40 DNA,将这两种不同来源的 DNA 片段在体外连接成重组 DNA 分子。1973 年,Cohen 等人成功地将带有抗药基因的重组 DNA 分子导入到大肠杆菌并筛选出含有重组质粒分子的阳性菌落,这是分子生物学发展的里程碑。从此,基因工程技术为生命科学带来了一场深刻革命,基因工程使得原核生物与真核生物之间、动物与植物之间以及人和其他生物之间的遗传信息可以进行重组和转移,因而基因工程成为当今生命科学领域中最具生命力、最引人注目的学科之一。

　　基因工程(gene engineering)是指采用类似于工程设计的方法,根据人们事先设计的蓝图,人为地在体外将外源目的基因插入质粒、病毒或其他载体中,构建重组载体 DNA 分子,并将重组载体分子转移到原先没有这类目的基因的受体细胞中去扩增和表达,从而使受体或受体细胞获得新的遗传特性,或形成新的基因产物。基因工程又称为遗传工程(genetic engineering)、分子克隆(molecular cloning)、基因克隆(gene cloning)、重组 DNA 技术(re-combinant DNA technique)或转基因技术(transgenic technique)。

　　通俗地说,基因工程就是指将一种供体生物体的目的基因与适宜的载体在体外进行拼接重组,然后转入另一种受体生物体内,使之按照人们的意愿稳定遗传并表达出新的基因产物或产生新的遗传性状的 DNA 体外操作技术。所以供体基因、受体细胞和载体是基因工程技术的三大基本元件。

　　随着基因工程技术的不断发展,人们把对基因工程概念的理解分为狭义和广义两个层面。狭义的基因工程侧重于基因重组和将外源目的基因"转入"受体生物。而广义的基因工程则不仅包括把外源基因"转入"生物,也包括把生物的内源基因进行修饰和剔除,就好比将内源基因"转出",使生物获得基因被修饰了的新性状。两者都是对生物体的基因或基因组进行人工修饰和操作,所以基因工程也被称为基因修饰(gene modification)或基因编辑(gene editing),转基因生物也被称为基因修饰生物或遗传修饰生物(genetic modified organism,GMO)。

12.1.2　DNA 重组的基本流程

根据基因工程的概念,目前通常把 DNA 重组的基本流程分为以下 5 个环节。

1. 目的基因的分离、获取与制备

目的基因是基因工程操作的核心对象。所以基因工程的第一步是获取与制备目的基因。可以将复杂的生物体基因组经过酶切消化等步骤,先构建基因组文库,再从文库中分离带有目的基因的 DNA 片段;或利用逆转录的方法,从 mRNA 出发,逆转录获得 cDNA 作为目的基因;也可以用酶学或化学合成的方法人工合成序列比较短的目的基因;还可以利用目前应用非常普遍的 PCR(聚合酶链反应)技术从供体生物基因组或已有的目的基因的克隆中直接体外扩增一个目的基因,等等。

2. 目的基因与载体连接构建成为重组载体分子

目的基因只是一段 DNA 片段,往往可能不是一个完整的复制子,它自身不太可能高效率地直接进入受体细胞中去扩增和表达,因此必须借助于运输和转移目的基因的工具即基因工程载体(vector)才能导入到受体细胞中。基因工程载体包括质粒、噬菌体、病毒、黏粒及人工微小染色体等。选择什么类型的载体要根据基因工程的目的和受体细胞的性质来决定。只有将目的基因与载体在体外连接形成重组载体 DNA 分子,才能将目的基因有效地导入到受体细胞进行扩增和表达。

3. 重组 DNA 分子导入到受体细胞

体外构建的重组 DNA 分子必须导入受体细胞中才能扩增和表达。重组 DNA 分子导入受体细胞的方法根据载体及受体细胞的不同而不同。若受体细胞为细菌和酵母细胞,则主要采取化学转化和电场转化的方法导入重组载体;若受体细胞为植物细胞,则主要采用基因枪法或 Ti 质粒导入的方法;若受体细胞为动物细胞,则重组载体的导入可采用显微注射法、逆转录病毒法、ES 细胞(即胚胎干细胞)法及体细胞核移植法等;若受体细胞为人体细胞,则主要采取逆转录病毒、腺病毒或腺相关病毒等载体导入法。

4. 外源目的基因阳性克隆的鉴定和筛选

外源目的基因通过重组载体转移到受体细胞后,重组载体是否构建成功、是否构建正确、是否成功转入受体细胞以及外源基因是否插入到受体细胞的基因组、是否能够完整复制与表达是必须一步一步经过筛选和鉴定的。含有外源目的基因的受体细胞繁殖的后代称为

阳性克隆或阳性转化体。阳性克隆的筛选和鉴定方法可以根据载体上的遗传筛选标记基因或目的基因本身的表达性状来鉴定,也可以通过酶切检测、PCR、核酸分子杂交及 DNA 测序等分子生物学的方法来鉴定。

5. 外源目的基因的表达

让外源目的基因表达是基因工程操作的终极目的。通过上一步骤筛选和鉴定到阳性细胞克隆后,最后一个步骤就是让外源目的基因实现表达。根据基因工程不同的操作目的及不同的受体细胞类型,选择不同的表达载体,分别将目的基因导入原核细胞或导入真核细胞,通过表达载体的调控元件使目的基因在新的背景下实现功能表达,产生人们所需要的物质;或使受体细胞获得新的遗传特性。

12.2 工 具 酶

DNA 重组技术这种分子水平的操作,必须依赖一些重要的工具酶,如限制性核酸内切酶、连接酶、DNA 聚合酶等作为工具对 DNA 进行切割、拼接和修饰,才能完成 DNA 分子重组的各个步骤。一般把这些与 DNA 重组技术操作相关的酶统称为基因工程工具酶,包括限制性核酸内切酶、DNA 连接酶、DNA 聚合酶、末端转移酶、反转录酶等。现将重组 DNA 技术中常用的工具酶概括于表 12.1。

表 12.1 重组 DNA 技术中常用的工具酶

工具酶	功能
限制性核酸内切酶	识别特异序列,切割 DNA
DNA 连接酶	催化 DNA 中相邻的 $5'$磷酸基和 $3'$羟基末端之间形成磷酸二酯键,使 DNA 切口封合或使两个 DNA 分子或片段连接
DNA 聚合酶 I	① 合成双链 cDNA 的第二条链 ② 缺口平移制作高比活探针 ③ DNA 序列分析 ④ 填补 $3'$末端
反转录酶	① 合成 cDNA ② 替代 DNA 聚合酶 I 进行填补、标记或 DNA 序列分析
多聚核苷酸激酶	催化多聚核苷酸 $5'$羟基末端磷酸化或标记探针
末端转移酶	在 $3'$羟基末端进行同质多聚物加尾
碱性磷酸酶	切除末端磷酸基

12.2.1　限制性核酸内切酶

1. 限制性核酸内切酶的发现和种类

在所有工具酶中,限制性核酸内切酶(简称"限制酶")具有特别的重要意义。它的发现是建立 DNA 重组技术的突破点。早在 1952 年,Luria 和 Human 就在大肠杆菌中发现细菌与噬菌体之间可能存在一种修饰机制。这种保护与修饰机制后来也被其他研究者陆续发现。1962 年,瑞士日内瓦大学的 Dussoix 和 Arber 通过^{32}P 标记噬菌体证实这种限制与修饰作用的存在,并提出这种"限制-修饰"系统可能与限制性核酸内切酶及甲基化酶有关。1968年,Linn 和 Arber 果然在大肠杆菌 B 菌株中找到了这种限制性酶。所谓限制性核酸内切酶主要来源于原核生物,具有识别自身 DNA 和外源 DNA 的功能。在细菌体内,限制性核酸内切酶与相伴存在的甲基化酶共同构成细菌的限制-修饰体系,限制外源 DNA,保护自身DNA,对细菌遗传性状的稳定遗传具有重要意义。1978 年,W. Arber、H. Smith 和 D. Nathans 因为限制性核酸内切酶的发现和应用分享了诺贝尔生理医学奖。

几乎所有种类的原核生物都能产生限制酶。根据酶的组成、所需因子及裂解 DNA 方式的不同,可将限制性核酸内切酶分为三类,即Ⅰ型酶、Ⅱ型酶和Ⅲ型酶。Ⅰ型和Ⅲ型限制性核酸内切酶在同一蛋白酶分子中兼有甲基化酶及依赖 ATP 的限制性核酸内切酶活性,又因其识别与切割位点不固定,所以这类酶应用价值不大。而Ⅱ型限制性核酸内切酶由于其切割 DNA 片段活性和甲基化作用是分开的,而且核酸内切作用又具有序列特异性,故在重组 DNA 技术中应用广泛,即通常所指的限制性核酸内切酶都是指Ⅱ型酶。例如,*Eco*RⅠ、*Bam*HⅠ等就属于这类酶。限制性核酸内切酶能识别双链 DNA 中的特异性序列,通过切割双链 DNA 中每一条链上的磷酸二酯键而消化 DNA,有人形象地将它比喻为基因工程的"手术刀"。迄今为止,人们已经在细菌中发现了 5 万多种限制性核酸内切酶,其中功能类似于*Hin*dⅡ的这种Ⅱ型限制性酶就有 28565 种,已经商业化生产的限制酶也达到 676 种。

2. 限制性核酸内切酶的命名

目前人们根据限制性核酸内切酶来源的菌株进行命名。命名规则以 Hamilton Smith在嗜血流感菌的 Rd 品系中首先发现的Ⅱ型限制性核酸内切酶为例来进行说明。*Hin*dⅡ,*Hin*dⅡ的前 3 个字母来自产生菌的拉丁名,即"*H*"来自属名 *Haemopbilus* 的第一个字母,"*in*"来自种名 *influenzae* 的前两个字母,"d"来自菌株名 Rd 的 d。前三个字母都用斜体,因为细菌属名和菌种名的拉丁文是斜体的,并且第一个字母大写。有的编码限制性核酸内切酶基因位于质粒上,则可用质粒名代替。如果在这种菌株首先发现一种限制性核酸内切酶,则在名字的后面加罗马数字Ⅰ。如果多于一种,则分别加上Ⅱ或Ⅲ等。所有的限制性核酸内切酶都用这套字母组合系统来命名,如 *Hin*dⅢ和 *Eco*RⅠ。

3. 限制性核酸内切酶的特点

Ⅱ型限制性核酸内切酶具有以下 3 个基本特点,具体如下:

（1）每一种酶都有各自特异的识别序列

Ⅱ型限制性核酸内切酶的最大优点就是每一种酶都能够识别不同 DNA 分子上的相同位点并特异切割。不同的限制性核酸内切酶，不仅识别的序列不一样，而且识别的碱基数目也是不同的。Ⅱ型限制性核酸内切酶识别碱基长度一般为 4～8 个，最常见的为 6 个碱基。如 *Sau*3AⅠ识别 4 个碱基 GATC，*Eco*RⅡ识别 5 个碱基 CCWGG（W 表示 A 或 T），*Eco*RⅠ识别 6 个碱基 GAATTC，*Bbv*CⅠ识别 7 个碱基 CCTCAGC，*Not*Ⅰ识别 8 个碱基 GCGGC-CGC，等等。假定基因组 DNA 的碱基是完全随机排列的，那么识别序列越短，酶切位点在基因组中的分布频率应该越高，一个特异四核苷酸识别序列，切口在 DNA 分子中出现的概率就是 $(1/4)^4 = 1/256$，即 DNA 长链上每 256 个核苷酸的长度可能会有一个切口，产生的酶切片段较小。这种酶的特异性较低。若限制性核酸内切酶辨认的是六核苷酸序列，切口概率为 $(1/6)^6 = 1/4096$，即每 4096 个核苷酸长度才有一个切口，因此这种酶具有更高的特异性。上述推算的切口概率是一理论值。但事实上，基因组中碱基对的排列是非随机的，因此，酶切位点在基因组中的分布也具有不均一性，甚至具有位点偏爱性。

（2）大部分Ⅱ类酶识别位点的核苷酸序列具有双轴对称结构，称为回文序列

在一般的语言中，回文结构是指顺看反看都一样的句子。在中国古代诗文和对联中常出现"回文诗""回文联"等。如回文诗《万柳堤即景》：

春城一色柳垂新，色柳垂新自爱人。人爱自新垂柳色，新垂柳色一城春。

在 DNA 双链中，回文结构指的是 DNA 一条链从左至右读过去跟另一条链从右至左读过来是一样的碱基顺序，即两条链从 5′往 3′读，碱基序列是一样的。例如，下述序列即为 *Eco*RⅠ识别序列，其中箭头所指便是 *Eco*RⅠ的切割位点：

5′—G▾ A A T T C—3′
3′—C T T A A▴ G—5′

这一序列无论从正链读还是从负链读都是一样的，因此一般只写一条链，习惯上按 5′→3′方向书写，上述 *Eco*RⅠ位点写成 GAATTC。如 *Hind* Ⅲ 一条链的识别序列为 5′AAGCTT3′，互补链的识别序列从 5′读也是 AAGCTT。*Bam*HⅠ的识别序列是 5′GGATCC3′，互补链的识别序列从 5′读也是 GGATCC。

（3）每一种Ⅱ型限制性核酸内切酶都在识别序列内或两侧特异位点切割

Ⅱ型限制性核酸内切酶的特异切割位点一般在识别位点的内部，少数Ⅱ型限制性核酸内切酶的切割位点在识别序列的两侧。由于限制性核酸内切酶的切割位点不同，会造成酶切片段产生两种末端：即错切产生的单链末端突出的黏性末端和平切产生的平头末端。其中黏性末端根据单链突出端的不同又分为 5′突出末端（*Eco*RⅠ）和 3′突出末端（*Pst* Ⅰ）。

如 *Pst* Ⅰ：

5′—C T G C A▾ C—3′
3′—G▴ A C G T C—5′

若切割部位恰好在识别序列的中心轴，即可产生平齐的末端，如 *Hpa* Ⅰ：

5′—G T T▾ A A C—3′
3′—C A A▴ T T G—5′

表 12.2 中列出一些常用的限制性核酸内切酶，供参考。

表 12.2　限制性核酸内切酶

名称	识别序列及切割位点
切割后产生 5′突出末端：	
*Bam*H Ⅰ	5′···G▼GATCC···3′
Bgt Ⅱ	5′···A▼GATCT···3′
*Eco*R Ⅰ	5′···G▼AATTC···3′
*Hin*d Ⅲ	5′···A▼AGCTT···3′
Hpa Ⅱ	5′···C▼CGG···3′
Mbo Ⅰ	5′···▼GATC···3′
Nde Ⅰ	5′···CA▼TATG···3′
切割后产生 3′突出末端：	
Apa Ⅰ	5′···GGGCC▼C···3′
Hae Ⅱ	5′···PuGCGC▼Py···3′
Kpn Ⅰ	5′···GGTACG▼C···3′
Pst Ⅰ	5′···CTGGA▼G···3′
Sph Ⅰ	5′···GCATG▼C···3′
切割后产生平末端：	
Alu Ⅰ	5′···AG▼CT···3′
*Eco*R Ⅴ	5′···GAT▼ATC···3′
Hae Ⅲ	5′···GG▼CC···3′
Pvu Ⅱ	5′···CAG▼CTG···3′
Sma Ⅰ	5′···CCC▼GGG···3′

12.2.2　DNA 连接酶

用限制性核酸内切酶切割不同来源的 DNA 分子,再重组时则需要用另一种酶来完成这些杂合分子的连接和封合,这种酶就是 DNA 连接酶。DNA 连接酶能催化双链 DNA 分子中具有邻近位置的 3′-羟基和 5′-磷酸基团形成磷酸二酯键,因此该酶可促使具有互补黏性末端或平头末端的载体和供体 DNA 片段结合或连接,以形成重组 DNA 分子。

在基因工程中使用的连接酶主要有大肠杆菌 DNA 连接酶和 T4 噬菌体 DNA 连接酶,T4 DNA 连接酶应用得更广泛。由于这种反应是一种吸能反应,所以需要能提供能量的辅助因子,大肠杆菌 DNA 连接酶利用 NAD^+ 作为能源,而 T4 噬菌体 DNA 连接酶则是以 ATP 作为辅助因子。T4 DNA 连接酶的作用包括如下 3 种:① 修复双链 DNA 上的单链切口,使两个相邻的核苷酸重新连接起来。这种作用主要用于两个具有相同黏性末端的不同 DNA 分子的重组。② 连接 RNA-DNA 杂交双链上的 DNA 链切口,或者也可连接杂交双链的 RNA 切口。缺点是效率很低,反应速度很慢。③ 连接完全断开的两个平头末端双链 DNA 分子,由于这个反应属于分子间连接,反应速度也很慢。

12.2.3 DNA 聚合酶类

在生物体内,DNA 聚合酶负责 DNA 的复制、子代 DNA 的合成和损伤 DNA 的修复,是生物体生存繁衍至关重要、生死攸关的一种酶。那么,在体外基因工程操作中,会用到哪些 DNA 聚合酶呢?

1. 大肠杆菌 DNA 聚合酶 I

每种生物体内都一定会存在至少一种 DNA 聚合酶,有的甚至存在好几种,如大肠杆菌细胞内至少存在 3 种 DNA 聚合酶,分别命名为 DNA 聚合酶 I、II、III,其中 DNA 聚合酶 I 主要参与 DNA 的修复,DNA 聚合酶 III 和 DNA 聚合酶 II 主要参与 DNA 的复制。真核生物中,也至少发现 3 种 DNA 聚合酶,分别命名为 DNA 聚合酶 α、β、γ。在基因工程操作中,使用最多的一种 DNA 聚合酶是大肠杆菌 DNA 聚合酶 I。

大肠杆菌 DNA 聚合酶 I 是应用最广泛也是研究最深入的 DNA 聚合酶,是由一条约 1000 个氨基酸残基多肽链形成的单一亚基蛋白,其分子量为 109000。它是一种多功能酶,具有 3 种不同的酶活性。

(1) $5' \rightarrow 3'$ 聚合酶活性

大肠杆菌 DNA 聚合酶 I 具有 $5' \rightarrow 3'$ 聚合酶活性,但是这种活性的发挥依赖 3 个基本条件:① 4 种脱氧核苷酸(dATP、dGTP、dCTP 和 dTTP) 底物。在一定的缓冲液条件下,该酶的 $5' \rightarrow 3'$ 聚合酶活性能把这些脱氧核苷酸加到双链 DNA 分子的 $3'$—OH 端而合成新的 DNA 片段。② DNA 模板。DNA 聚合酶 I 的模板可以是单链,也可以是双链。但双链的 DNA 只有在其糖-磷酸主链上有一个至数个断裂的情况下,才能成为有效的模板。③ 带有 $3'$ 游离羟基的引物链。引物可以是 DNA,也可以是 RNA,但是一定必须具备游离的 $3'$—OH 才能使延伸反应进行。

(2) $5' \rightarrow 3'$ DNA 外切酶活性

DNA 聚合酶 I 能从双链 DNA 的一条链的 $5'$ 末端开始切割降解双螺旋 DNA,释放出单核苷酸或寡核苷酸。这种切割活性要求 DNA 链处于配对状态,且 $5'$ 端必须带有磷酸基团。能降解 DNA-RNA 杂交体中的 RNA 成分。

(3) $3' \rightarrow 5'$ DNA 外切酶活性

DNA 聚合酶 I 也能从双链 DNA 一条链的 $3'$ 末端开始切割降解双螺旋 DNA,释放出单核苷酸或寡核苷酸。这种功能是在 DNA 合成中识别错配的碱基并将它切除。

大肠杆菌 DNA 聚合酶 I 在基因工程中主要可用于 DNA 切口平移中制备标记的 DNA 探针,还可用于核酸分子杂交以及合成 cDNA 的第二条链。

2. 耐热的 DNA 聚合酶 Taq

Taq 酶是 PCR 反应中最常用的 DNA 聚合酶,它是在古细菌嗜热水生菌中发现的,在 75 ℃ 时活性最强,即便到 95 ℃ 时还有活性。Taq 酶启动 PCR 反应的能力很强,聚合速度快,具有 $5' \rightarrow 3'$ DNA 聚合酶活性和 $5' \rightarrow 3'$ 外切酶活性,但是不具有 $3' \rightarrow 5'$ 外切酶活性,因此,

Taq 酶缺乏错配碱基修复的能力,从而导致 PCR 扩增产物有一定的错配概率,错配率大约为万分之一。

为了减少 PCR 反应的错配率,研究人员后来不断在嗜热细菌中寻找新的耐高温的 DNA 聚合酶,其中 Vent DNA 聚合酶、Pwo DNA 聚合酶以及 Pfu DNA 聚合酶都具有 $3' \rightarrow 5'$ 外切酶活性,被称为是具有高保真度的耐热 DNA 聚合酶。

3. T4 噬菌体 DNA 聚合酶

T4 噬菌体 DNA 聚合酶也是基因工程操作中使用较多的 DNA 聚合酶。它是从 T4 噬菌体感染的大肠杆菌培养物中纯化出来的,具有 $5' \rightarrow 3'$ DNA 聚合酶和 $3' \rightarrow 5'$ 核酸外切酶两种活性,而且它的 $3' \rightarrow 5'$ 外切酶活性要比 Klenow 片段高 200 倍,所以 T4 DNA 聚合酶很适合用于限制酶酶切产生的 $3'$ 凹端的补平和 $3'$ 凸端的切平。

4. 逆转录酶

逆转录酶又称依赖于 RNA 的 DNA 聚合酶,是基因工程中应用最广的酶之一。逆转录酶也具有多种酶的活性:① $5' \rightarrow 3'$ 聚合酶活性。② $5' \rightarrow 3'$ RNA 外切酶活性。③ RNase H 活性。④ 末端转移酶活性。但是反转录酶没有 $3' \rightarrow 5'$ DNA 外切酶的活性,逆转录酶在基因工程中的主要用途有:①在体外以真核生物 mRNA 为模板合成 cDNA,作为目的基因。② 构建 cDNA 基因文库。③ 逆转录 PCR 和荧光定量 PCR 等。

12.2.4　碱性磷酸酶

碱性磷酸酶的作用是催化去除 DNA 分子、RNA 分子和脱氧核糖核苷三磷酸的 $5'$ 端磷酸基团,使 DNA 或 RNA 分子的 $5'$—P 变成 $5'$—OH。目前有细菌碱性磷酸酶(BAP),它来源于大肠杆菌;另一种是小牛肠道碱性磷酸酶(CIP),它是从小牛肠道中分离出来的。

碱性磷酸酶在基因工程操作中有两个重要的应用。① 碱性磷酸酶防止载体自连:为了减少载体分子的自连,在限制性酶消化载体分子之后,与目的基因的 DNA 连接之前,往往先用碱性磷酸酶处理载体分子,使载体的 $5'$—P 变成 $5'$—OH,这样就可以防止载体分子的自连。② 获得 $5'$ 末端磷酸基团标记的探针。

12.2.5　其他工具酶

基因工程操作中还用到的其他工具酶如 T4 多核苷酸激酶,能够催化 γ-磷酸从 ATP 分子转移给 DNA 或 RNA 的 $5'$—OH 末端,与碱性磷酸酶联用可以制备 $5'$ 端标记的 DNA 分子探针。另外还有各种核酸酶,如脱氧核糖核酸酶 I(DNase I),是一种应用非常广泛的非特异性核酸内切酶,可用于除去 RNA 样品中的 DNA,也可用于切口平移标记时在线性双链 DNA(double stranded DNA,dsDNA)上随机产生的切口;核糖核酸酶 A(RNase A)和核糖核酸酶 H(RNase H),也是核酸内切酶,可以用于去除 DNA 样品中的 RNA 以及降解 DNA-RNA 杂交双链中的 RNA;S1 核酸酶,是一种特异性的单链核酸酶,能特异地降解单链 DNA 或 RNA,但对双链不敏感,常被用于去除双链 DNA 分子或 DNA-RNA 杂交双链分子中的单链发夹区或突出的单链末端。此外,其他工具酶还包括基因敲除和基因敲减中用到的 IIs 型限制性核酸酶、Cas 核酸内切酶、Dicer 酶和重组酶等。

12.3　基　因　载　体

基因工程的目的就是要把一个外源目的基因转入到受体细胞并在受体细胞内扩增、繁殖、表达并稳定地遗传下去。那么,目的基因如何进入受体细胞呢? 它能自己进入受体吗? 答案当然是否定的。因为目的基因就是一截 DNA 片段,而且经过了体外的剪切、黏合、修饰、加工之后,已经变成一段裸露的 DNA 了。① 裸露的 DNA 一般是进入不了细胞内的,因为正常的活细胞都有一层保护屏障,细胞膜或者细胞壁牢牢防护着细胞免受外来物质包括 DNA 的侵袭。② 即便细胞有所疏忽,目的基因偶然被细胞内吞进入,那么细胞内的 DNA 酶和防御系统也一定会把外来入侵的 DNA 切断并消灭掉。③ 假如目的基因进入细胞后很幸运地逃脱了,没被细胞内的酶消化,但是由于它不能在受体细胞内复制和增殖(外源目的基因的 DNA 片段通常不可能含有完整的复制子),当受体细胞分裂产生子细胞时,目的基因就会丢失,不能稳定地遗传下去。由此可见,目的基因进入受体细胞必须依赖运载工具的帮助。

基因载体或称载体,是能携带目的基因进入宿主细胞进行扩增和表达的一类 DNA 分子。载体是基因克隆中外源 DNA 片段的重要运载工具,它们都是通过改造天然质粒、噬菌体和病毒等构建的。

基因工程的克隆载体(cloning vector)必须具备以下条件:

(1) 具备复制起点或完整的复制子结构,在宿主细胞内必须能够自主复制。载体必须有复制起点才能使与它结合的外源基因在宿主细胞中独立复制繁殖。

(2) 有一个或多个用于筛选的标记基因,易于识别和筛选阳性克隆,如对抗生素的抗性,或含有某些基因产物的显色反应等。

(3) 具备合适的限制性核酸内切酶的单一识别位点(多克隆位点),便于外源 DNA 片段的插入,同时不影响其复制。

多克隆位点(multiple cloning site,MCS)是指载体上一段短的 DNA 序列,集中包含了多种单一限制性核酸酶的识别位点,便于多种外源目的基因的插入。

(4) 有较高的拷贝数,便于目的基因的大量制备。

另外,具有较大的外源 DNA 片段的装载容量,又不影响本身的复制,也是载体发展的目标。

克隆载体(图 12.1)包括质粒载体、噬菌体载体和人工构建的载体,如黏粒和人工微小染色体等。

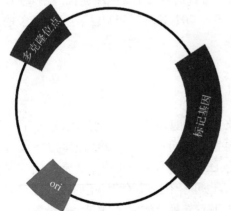

图 12.1　基因工程克隆载体模式图

12.3.1　质粒载体

1．质粒的基本特性

质粒是指一类来自于细菌细胞染色体外的小的环状双链 DNA 分子,存在于某些细菌细胞内,质粒并不是细菌生长和生存必不可少的结构,但是它的存在能够帮助细菌适应更宽广的环境,使其更好地生长,因为质粒上含有一些有利于细菌生长的基因。例如,大肠杆菌有 3 种天然的质粒(图 12.2):Col 质粒(大肠杆菌素质粒,如 ColE1 质粒)、R 质粒(抗药性质粒)和 F 质粒(致育性质粒 F 因子)。Col 质粒含有大肠杆菌素的基因,它编码一种毒素,当有其他细菌入侵时,这种毒素能把入侵者杀死,从而有利于大肠杆菌自身的生长。R 质粒含有很多抗生素的抗性基因,含有这种质粒的大肠杆菌即便在有抗生素的环境中也能生长,从而拓宽了细菌的生长环境。F 质粒会使大肠杆菌细胞外壁产生很多鞭毛状的结构(性伞毛),当性伞毛接触到别的不含 F 质粒的大肠杆菌细胞(F-细胞)时,它能够在两个细胞之间形成一个相通的管道,即"接合管",从而允许大肠杆菌的质粒 DNA,甚至染色体 DNA 由一

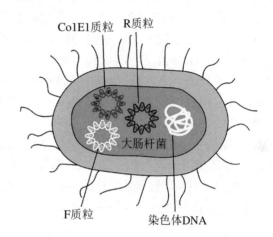

图 12.2　大肠杆菌的 3 种质粒示意图

个细胞转移到另一个细胞。正是由于质粒具有从一个细胞转移到另一个细胞的能力,它本身又是 DNA,可以直接与目的基因相连,还自带有抗生素的抗性基因可以作为筛选标记,因此,质粒是最早也是最容易被想到用于基因工程操作的载体工具。

质粒 DNA 可以分为 3 种构型,第一种是呈现超螺旋的 SC 构型(scDNA),第二种是开环 DNA 构型(ocDNA),第三种是呈线形分子的 L 构型。质粒 DNA 与其他 DNA 分子的理化性质相似,例如溶于水、不溶于乙醇等有机溶剂,能吸收紫外线,可嵌入溴化乙锭染料等。实验室常利用这些理化特性鉴定和纯化质粒。

质粒的命名常根据 1976 年提出的质粒命名原则,用小写字母 p 代表质粒,在 p 字母后面用两个大写字母代表发现这一质粒的作者或者实验室名称。例如质粒 pUC18,字母 p 代表质粒,UC 是构建该质粒的研究人员的姓名代号,18 代表构建的一系列质粒的编号。

2．质粒的基本特性及作质粒载体必须具备的条件

基因工程质粒是指在染色体外能够独立复制和稳定遗传的一类克隆载体或表达载体。质粒越大,作为克隆载体的效率就越低。因为越大的质粒越不易在体外操作,转化(transformation)效率越低。转化是外源 DNA(例如质粒)被吸收并整合进入细菌宿主细胞内的过程。因而,通常用较小的(2~4 kb)含有 1~2 种不同抗生素抗性基因标记的非转移性质

粒作为载体。质粒作载体使用时必须具备的条件如下：

（1）拷贝数较高。便于实现目的基因的大量复制和扩增。

（2）分子量较小。一般来说,低分子量的质粒通常拷贝数比较高,这不仅有利于质粒 DNA 的制备,同时还会使细胞中克隆基因的数量增加。分子量小的质粒对外源 DNA 容量较大,容易分离纯化和转化。当质粒大于 15 kb 时,转化效率会低一些。

（3）具有筛选标记。质粒的抗性基因是常用的筛选标记,例如氨苄青霉素抗性（Amp^r）、卡那霉素抗性（Kan^r）、四环素抗性（Tet^r）等。如果抗性基因内有若干单一的限制性酶切位点就更好。当外源基因插入这样的酶切位点时,会使该抗性基因失活,这时宿主菌变为对该抗生素敏感的菌株,容易被检测出来。

β-半乳糖苷酶筛选系统也是一个常用的非常方便的筛选系统。质粒上带有一个来自大肠杆菌的 lac 操纵子的 *lacZ′* 基因,编码 β-半乳糖苷酶氨基端的一个蛋白片段（α 片段）。利用诱导剂 IPTG（异丙基-β-D-硫代半乳糖苷）可以诱导该蛋白片段的合成,这个片段能与宿主细胞所编码的 β-半乳糖苷酶羧基端的一个蛋白片段（LacZΔM15）进行 α 互补。在培养基中有 IPTG 诱导物时,细菌含有编码 *lacZ′* 基因的质粒,同时含有 LacZΔM15,就能合成 β-半乳糖苷酶的氨基端和羧基端的两种片段,从而在有色底物 X-gal（5-溴-4-氯-3-吲哚-β-D-半乳糖苷）的培养基上形成蓝色菌落。*lacZ′* 基因的中间带有一个多克隆位点,但多克隆位点（MCS）并不破坏 *lacZ′* 基因编码产生的 α 片段。当外源基因插入多克隆位点后会使 *lacZ′* 基因失活,不能表达产生 β-半乳糖苷酶氨基端片段从而破坏 α 的互补作用。因此,目的基因重组质粒的菌落是白色的。利用这种筛选方法可以迅速地将含有目的基因的重组子筛选出来（图 12.3）。

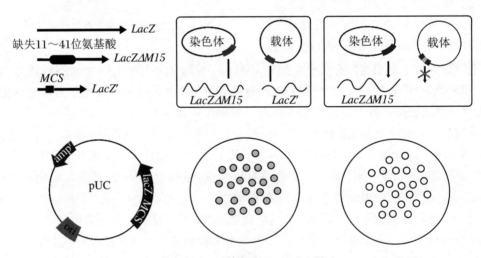

图 12.3   *lacZ′* 基因的 α 互补原理

（4）具有较多的限制性酶切位点。目前,常用的质粒克隆载体上有多克隆位点（MCS）。较多的单一限制性核酸内切酶酶切位点为外源基因 DNA 片段的插入提供了极大的方便。

（5）具有复制起始位点。复制起始点是质粒扩增必不可少的条件,也是决定质粒拷贝数的重要元件,可使繁殖后的宿主细胞维持一定数量的质粒拷贝数。质粒在一般情况下含有一个复制起始点,构成一个独立的复制子。但穿梭质粒含有两个复制子,一个是原核复制子,另一个是真核复制子。穿梭质粒既能够在原核细胞中扩增和增殖，又能在真核细胞中扩增和增殖。像这种能在两种或两种以上不同的细胞中复制和扩增的载体，称为穿梭载体(shuttle vector)。

3．常用的克隆载体

目前实验室中常用作克隆载体的质粒载体包括 pBR、pUC、pGEM、pSP 系列等。

（1）pBR322

第一个成功地用于基因工程的大肠杆菌质粒是 pSC101 质粒，但它的分子量较大且可用的酶切位点较少。后来使用较多的早期质粒是 pBR322。pBR322 是用人工方法构建的符合理想载体条件的质粒，得到广泛的应用。如图 12.4 所示，pBR322 质粒大小为 4361 bp 或 4363 bp，环状双链 DNA 分子，含有 2 个抗药性基因（四环素抗性基因 tetʳ 和氨苄青霉素抗性基因 ampʳ），一个复制起始位点和多个用于克隆的限制性酶切位点。当缺失抗药性基因的大肠杆菌受体细胞被 pBR322 成功地转化时，它便从该质粒上获得了抗生素抗性。两个抗生素基因中均含有供插入外源 DNA 用的不同的单一酶切位点。一般只选一个抗生素基因的酶切位点作为插入外源 DNA 之用，外源 DNA 插入后该抗生素抗性失活（图 12.5）。

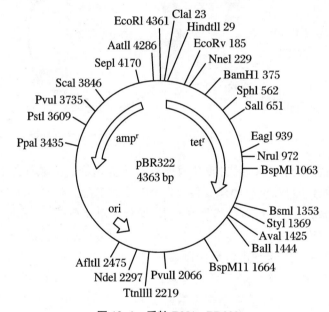

图 12.4　质粒 DNA pBR322

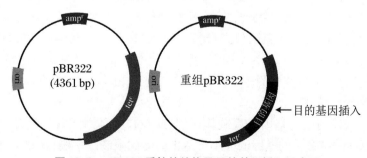

图 12.5　pBR322 质粒的结构及目的基因插入示意图

另一抗生素抗性基因则作为转化细菌后筛选阳性克隆之用。但目前基因工程克隆中,常用的克隆质粒载体是 pUC 系列和 pGEM 系列的质粒。

（2）pUC18/19

pUC18/19 系列质粒载体是最常用的克隆质粒且后来许多克隆质粒都由它们改建而来（图 12.6）。pUC18/19 包括如下 4 个组成部分:① 来自 pBR322 质粒的复制起点（ori）。② 氨苄青霉素抗性基因（amp^r），但它的 DNA 核苷酸序列已经经过了优化,不再含有基因内原有的限制酶切位点。③ 大肠杆菌 β-半乳糖苷酶基因（lacZ）的启动子（Plac）、操作子（lacO）及其编码 β-半乳糖苷酶氨基端 α-肽链的 lacZ′ 基因。④ 多克隆位点（MCS）,位于 lacZ′ 基因内部靠近 5′ 端的地方,内含 13 种限制性内切酶的位点,使含有不同黏端的目的 DNA 片段可方便地定向插入载体中,并不破坏 lacZ′ 基因的功能。pUC18 与 pUC19 的多克隆位点的限制性酶的种类和数目相同,只是酶切位点的顺序正好与 pBR322 质粒相反。

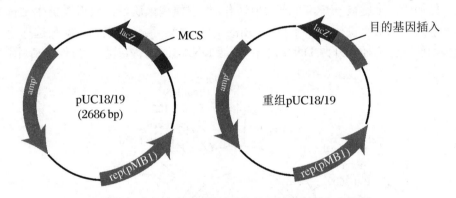

图 12.6 pUC18/19 质粒的结构及目的基因插入示意图

与 pBR322 质粒相比,pUC 系列质粒载体具有更优越的克隆载体的特性。① pUC 系列质粒具有更小的分子量和更高的拷贝数。在 pBR322 基础上构建 pUC 质粒载体时,仅保留了其中的氨苄青霉素抗性基因及其复制起点,使分子量相应减小,只有 2686 bp。由于偶然的原因,在操作过程中使 pBR322 质粒的复制起点内部发生了自发的突变,即 rop 基因的缺失。由于该基因编码的 Rop 蛋白是控制质粒复制的调控因子,它的缺失使得 pUC18 质粒的拷贝数比带有 pMB1 或 ColE1 复制起点的质粒载体都要高得多,平均每个细胞可达 500～700 个拷贝。② pUC18 质粒结构中增加了 lacZ′ 基因,编码的 α-肽链可与宿主细胞内的 LacZΔM15 产生的片段进行 α-互补。可用 X-gal 显色法进一步对重组子克隆进行鉴定,从而使重组子检测更方便可靠。③ 增加了多克隆位点（MCS）。pUC18 质粒载体具有与 M13mp8 噬菌体载体相同的多克隆位点（MCS）,可以在这两类载体系列之间来回"穿梭"。因此,克隆到 MCS 当中的外源 DNA 片段,可以方便地从 pUC18 质粒载体转移到 M13mp8 载体上,进行克隆序列的核苷酸测序工作。同时,也正是由于具有 MCS 序列,可以使具有两种不同黏性末端的外源基因直接克隆到 pUC18 质粒载体上。

质粒虽然是普遍使用的基因工程载体,但是质粒作为基因运载工具也有它的局限性。① 质粒本身比较小,装载目的基因的大小自然也会受到限制。一般目的基因的长度不能超过 10 kb,否则质粒的转化效率就会大大下降。② 质粒进入细胞的方式是通过转化实现的,转化效率一般不高,阳性转化子往往不到受体细胞的 1%。③ 质粒一般只能被转入体外培养的细胞,难以转化在体的动植物细胞。因此,需要寻求装载能力更强、感染在体细胞效率更高的基因工程载体,如 λ 噬菌体衍生类型和人工染色体等,它们能容纳更大的 DNA 插入片段(10～50 kb 以上),从而可以克服质粒载体的这些问题。

12.3.2　噬菌体载体

噬菌体(bacteriophage,phage)是一类细菌病毒的总称,由遗传物质核酸和其外壳蛋白组成。噬菌体外壳是蛋白质分子,内部的核酸一般是线性双链 DNA 分子,也有环状双链 DNA、线性单链 DNA、环状单链 DNA 及单链 RNA 等多种形式。大多数噬菌体是具尾部结构的二十面体,如 T4 噬菌体。噬菌体又可以分为烈性噬菌体和温和噬菌体。烈性噬菌体仅仅有溶菌生长周期,而温和噬菌体既能进入溶菌生长周期又能进入溶原生长周期。溶原生长的噬菌体在感染过程中不产生子代噬菌体颗粒,而是噬菌体 DNA 整合到寄主细胞染色体 DNA 上,成为它的一个组成部分。以游离 DNA 分子形式存在于细胞中的噬菌体 DNA 称为非整合噬菌体 DNA。噬菌体在将细菌 DNA 从一个细胞转移到另一个细胞的过程中起着天然载体的作用,所以用噬菌体做基因工程载体转运外源 DNA 分子是一件很自然的事情。噬菌体载体与质粒相比,结构要比质粒复杂,但噬菌体作为基因克隆载体具有天然的优势,它们感染细胞比质粒转化细胞更为有效,所以噬菌体的克隆产量通常要高一些。

λ 噬菌体是目前研究得最为清楚的大肠杆菌的一种双链 DNA 温和噬菌体,也是最早用于基因工程的克隆载体之一。λ 噬菌体的 DNA 大小约为 48.5 kb,其线性双链 DNA 分子的两端各有一个长为 12 bp 的突出的互补单链,称为黏性末端(cos 位点)。当 λ 噬菌体进入大肠杆菌细胞以后,其 cos 位点能通过碱基互补作用,形成环状 DNA 分子。cos 位点同时也是 λ 噬菌体包装蛋白的识别位点。λ 噬菌体的包装与 DNA 特性和其他序列无关,但是与 cos 位点有关,而且 λ 噬菌体在包装时,对包装 DNA 的大小有严格的要求,包装 DNA 的大小范围必须在 38～50 kb。λ 噬菌体基因组 DNA 的基因很多,大概分为左侧区与蛋白质合成相关的基因(基因 A～J),右侧区与 DNA 复制和调控相关的基因(位于 N 基因的右侧)以及中央区(介于基因 J～N 之间)三大块(图 12.7)。左侧蛋白质合成区域又分为头部蛋白合成区域和尾部蛋白合成区域,这些区域的基因合成 λ 噬菌体的包装蛋白,与子代噬菌体颗粒的形成和包装有关,因此是 λ 噬菌体基因组的必需区域。右侧复制和调控区域的基因包含 λ 噬菌体 DNA 合成、阻遏蛋白及早期和晚期操纵子的主要调控序列,与 DNA 的复制与调控相关,也是 λ 噬菌体基因组的必需区域。λ 噬菌体基因组的中央区域约 20 kb,也称为非必要区,其编码基因与保持噬菌斑的形成能力无关,但含有与重组、整合与删除相关的基因,可以被一段相应大小的外源 DNA 插入片段替代而仍不影响噬菌体 DNA 被包装到噬菌体头部。

(A～J)是蛋白质合成相关基因,右侧(N 及其右侧)是复制和调控基因,中间(J～N)为整合和重组区域基因。cos 位点是线性 DNA 环化的位点。

通过改造 λ 噬菌体 DNA,研究人员发展了许多不同用途的噬菌体载体。以 λ 噬菌体为基础构建的常用载体可分两类：① 替换型载体，这种载体具有两个对应的酶切克隆位点（多克隆位点），在两个位点之间的 DNA 区段是 λ 噬菌体复制等的非必需序列，可被外源插入的 DNA 片段取代，如 Charon 系列。替换型载体由于去掉了许多 DNA 序列，所以能克隆较大的外源 DNA 片段（20～25 kb）。② 插入型载体，这种载体保留了大部分噬菌体 DNA 的非必需区段，仅仅增加了一个可供外源 DNA 插入的多克隆位点以及标记基因（如 *lacZ*），如 λgt 系列，所以插入型载体只能插入较小的外源 DNA 片段（小于 10 kb）。

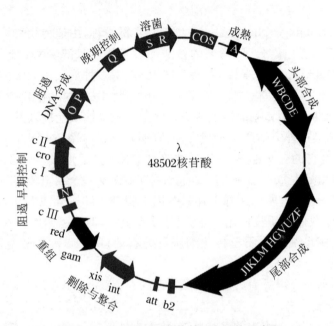

图 12.7   野生型 λ 噬菌体基因组结构示意图

λ 噬菌体载体的优点包括：① 可以携带 20 kb 左右、较大的外源 DNA 片段。大的外源基因插入片段在质粒中不易稳定，因此，噬菌体和质粒这两种载体可以相互补充。② 通过转导（transduction）将外源基因携带进入细菌细胞，基因转移效率比转化效率更高。③ 由于噬菌体包装对 DNA 长度有要求，噬菌体载体还可避免出现无插入片段的空载体的情况，因为没有插入外源片段的噬菌体，DNA 长度会小于包装下限，将不能正确包装成为有功能的（具有感染性的）病毒。

为增加克隆载体插入外源基因的容量，科学家们又设计出柯斯质粒载体（cosmid vector）和酵母人工染色体载体（yeast artificial chromosome vector，YAC）。为了适应真核细胞重组 DNA 的技术需要，特别是为了满足真核基因表达或基因治疗的需要，科学家们还发展了一些用动物病毒 DNA 改造的载体，如腺病毒载体、逆转录病毒载体等。

12.4　目的基因获取

　　基因工程的目的是通过合适的载体将目的基因导入到一个新的受体细胞中使之表达，产生基因产物或产生一个由目的基因控制的新的遗传性状。因此，目的基因的获取和制备是基因工程操作的首要环节，也是基因工程能否成功的关键制约因素。在基因工程操作中所涉及的目的基因通常是指已知的基因，即或者目的基因的序列和结构是已知的，通过基因工程的操作可以研究该基因的功能和调控方式；或者目的基因的主要功能是确定的，因而可以通过基因工程将该基因导入到某些特定的受体细胞中去表达一个已知的产物（多肽、酶、抗体、大分子蛋白质甚至 RNA）或使受体获得一个预期的新的遗传性状，而且目的基因的来源和供体是清楚的。在这种前提下，获取目的基因的途径通常有化学合成法、基因组文库分离法、逆转录法或 cDNA 文库筛选法。

12.4.1　基因组文库获取目的基因

　　基因组 DNA 文库以 DNA 片段的形式贮存着某一生物的全部基因组 DNA（包括所有的编码区和非编码区）信息。基因组 DNA 文库的构建过程是将纯化的细胞基因组 DNA 用机械法或适当的限制性核酸内切酶消化，获得一定大小的 DNA 片段（20 kb 左右），然后将这些片段插入到适当的克隆载体中拼接，继而转入受体菌扩增。这样就构建了含有多个克隆的基因组 DNA 文库。基因组 DNA 文库理论上涵盖了基因组的全部基因遗传信息。复杂的真核生物中所有的有核细胞的 DNA 是相同的，因此可以从最易获得的血细胞中提取DNA 用于构建基因组文库。

　　建立基因组文库后需利用适当的筛选方法（如探针选择法），从众多克隆中筛选出含有目的基因的菌落，再进行扩增、分离、回收，最后获得目的基因。

　　构建基因组文库是为了方便获取目的基因，但是基因组文库的应用远不局限于此。基因组文库是将基因组 DNA 切成片段构建的克隆群体，因此，文库中的 DNA 代表了基因组 DNA 的全部信息，除了可以用于分离特定的基因片段，还可以用于分析特定基因的结构，如编码区和非编码区的组成，内含子和外显子的信息，调控序列的信息等。通过比较不同物种或近缘物种的基因组序列，基因组文库也可用于研究基因的起源与进化。同时，由于基因组大量重复序列、非编码序列和基因间隔序列的存在，它们可能代表了不同种类的基因表达调控方式，因此，基因组文库也可以用于研究基因的表达调控等信息。

12.4.2　cDNA 文库

　　由于真核生物基因组 DNA 十分庞大，一般含有数万种不同的基因，并且含有大量的重复序列和非编码序列，因此，真核生物基因组文库所包含的克隆数目也是十分庞大的，从中筛选目的基因的工作量很大。但是,在不同的组织中基因的表达却是有选择性的,通常表达的基因只占总基因数的 15% 左右,每种特定组织中大约只有 15000 种不同的 mRNA 分子。如果从 mRNA 出发分离目的基因,将大大缩小搜寻目的基因的范围,降低分离目的基因的难度。然而由于耐热的 RNA 酶的存在,又使得 mRNA 很容易降解,导致操作不方便。如果把 mRNA 先转录成互补的 cDNA(complementary DNA),既可以克服这个难题,又可以构建成复杂性较低的 cDNA 基因文库,简化目的基因的筛选工作(图 12.8)。

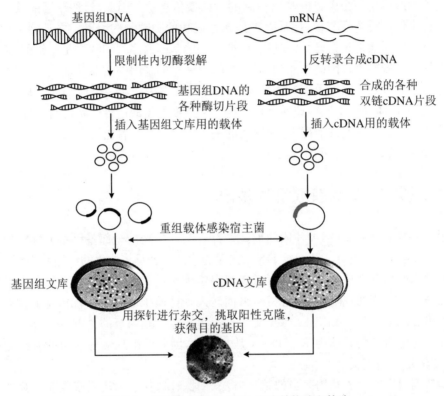

图 12.8　基因组文库和 cDNA 文库的构建和筛选

cDNA 文库是包含某一组织细胞在一定发育阶段、一定条件下所表达的全部 mRNA,经逆转录而合成的 cDNA 序列的克隆群体,它以 cDNA 片段的形式贮存着该组织细胞的基因表达信息。cDNA 文库的构建是将组织细胞中的 mRNA 经过逆转录合成 cDNA,后者被克隆进入适当的载体,转化宿主细胞可获得克隆群体。cDNA 文库的容量应足够大,一般克隆数在 10^6 以上的 cDNA 文库才有可能包含来自细胞内含量很低(低丰度)的 mRNA 的信息。

cDNA 文库的构建共分为 4 步:① 细胞总 RNA 的提取和 mRNA 的分离。② cDNA 第一链的合成。③ cDNA 第二链的合成。④ 双链 cDNA 克隆进入质粒或噬菌体载体并导入宿主细胞中繁殖。一个完整的 cDNA 文库不仅应该包含高丰度的 mRNA 基因,也应该包含低丰度的 mRNA 基因。为了能获得不同丰度的 mRNA 基因,构建的 cDNA 基因文库的大小应不同。cDNA 文库大小可按以下理论公式估算:

$$\text{文库中 cDNA 的克隆数} = \frac{\text{细胞总 mRNA 分子数}}{\text{细胞中某种 mRNA 的拷贝数}}$$

例如,某个细胞的总 mRNA 分子数为 500500 个,为获得某个丰度为 3500 拷贝/细胞的 mRNA 基因,应构建的 cDNA 文库的最小值为 500500/3500＝143,即由 143 个克隆组成的 cDNA 文库就会包含一个此丰度的 mRNA 基因。而要获得丰度为 14 拷贝/细胞的 mRNA 基因,应构建的 cDNA 文库的最小值是 500500/14＝35750。但是如果构建一个完整的 cDNA 基因文库,就应该保证该文库中不论是低丰度的 mRNA 基因还是高丰度的 mRNA 基因,都应该至少各包含一份,于是,同基因组文库的完整性计算公式一样,cDNA 文库的完整性也可以通过如下公式来计算:

$$N = \frac{\ln(1-p)}{\ln\left(1-\dfrac{1}{n}\right)}$$

式中,N 为完整文库所需的克隆数;p 为得到完整文库的概率,比如 0.99 或 99%;$\dfrac{1}{n}$ 为包含某一种低含量的 mRNA 分子在内的最小克隆数的倒数。

例如,人的成纤维细胞大约含有 12000 种 mRNA 分子,每个细胞内不到 14 份拷贝的低丰度 mRNA 分子约占整个 mRNA 中的 30%,这种 mRNA 大约有 11000 种。因此,如要包含所有这类低丰度 mRNA 分子在内的克隆数至少应有 11000/30%≈37000 个。$\dfrac{1}{n}$ 即是 1/37000,代入公式

$$N = \frac{\ln(1-0.99)}{\ln\left(1-\dfrac{1}{37000}\right)} \approx 1.7 \times 10^5$$

即意味着要构建包含人成纤维细胞内所有高丰度和低丰度 mRNA 所对应的 cDNA 分子在内的完整 cDNA 文库,至少必须具有 17 万个克隆数。

与基因组文库相比,构建 cDNA 基因文库具有许多优越性。

① cDNA 基因文库的筛选比较简单易行。一个完整的 cDNA 基因文库所包含的克隆数要比一个完整的基因组文库所包含的克隆数少很多,从而大大简化了筛选特定目的基因序列克隆的工作量。

② 真核生物 cDNA 基因文库可用于在原核细胞中表达的克隆,直接用于基因工程操作。因为真核生物的基因组基因往往具有内含子和成熟 mRNA 的加工剪接信号,而原核生物的基因没有,因此,原核细胞缺乏对真核生物基因组基因表达的 mRNA 进行加工剪切和修饰的系统,但是 cDNA 基因却可以直接在原核细胞中表达,无需经过加工剪切和修饰就能获得具有活性的蛋白质产物。因此,用 cDNA 基因作为真核生物的目的基因具有优越性。

③ cDNA 基因文库还可用于真核细胞 mRNA 的结构和功能研究。一种特异的 mRNA 在细胞中往往仅占很小的比例,难以直接研究其序列、结构和功能。而相应的 cDNA 则可方便地进行序列分析,初步确定 mRNA 的起始、编码、转录与翻译的终止序列。

12.4.3　PCR 获取与扩增目的基因

PCR 技术是 1985 年由美国 PE-Cetus 公司人类遗传学研究室的年轻科学家 K. B. Mullis 发明的。PCR 技术应用十分广泛,几乎包括生物技术的各个方面,例如分离与扩增目的基因、转化子与转基因动植物的检测、基因表达谱的研究、基因定点突变研究、DNA 指纹图谱的建立、DNA 测序以及基因诊断等。因为 Mullis 的杰出贡献,使得 PE-Cetus 公司于 1989 年获得 PCR 技术、天然 Taq DNA 聚合酶及重组 Taq DNA 聚合酶三项专利,也使得他本人荣获了 1993 年的诺贝尔化学奖。

由于 PCR 反应灵敏度高、特异性强、操作简便,产物易于纯化分离,因此 PCR 已被广泛应用于目的基因的获取、制备与扩增。只要已知目的基因的序列组成,就可以采用 PCR 的方法从基因组中把该目的基因特异性地扩增出来。有时候甚至只知道目的基因的部分 DNA 序列,或者只知道其同源基因的序列,也可以根据同源区域设计引物扩增得到目的基因。可以说 PCR 技术已经成为扩增和制备目的基因的首选方法。利用 PCR 方法也可以获取未知序列的目的基因,例如反向 PCR 法。或者从 RNA 出发,通过逆转录 PCR 获取目的基因。

12.5　基因工程的基本过程

概括起来,一个完整的重组 DNA 过程应包括如下几个基本步骤:① 目的基因的获取。② 基因载体的选择。③ 外源基因与载体的连接。④ 重组 DNA 导入受体菌。⑤ 重组体的筛选。⑥ 克隆基因的表达。图 12.9 是以质粒为载体进行 DNA 克隆的模式图。

12.5.1　目的基因的获取

目前获取目的基因大致有如下几种途径或来源。其中应用最广泛的是从 cDNA 文库中筛选目的基因。

1. 化学合成法

如果已知某种基因的核苷酸序列,或根据某种基因产物的氨基酸序列推导出为该多肽链编码的核苷酸序列,再利用 DNA 合成仪通过化学合成原理合成目的基因。较小分子蛋白质多肽的编码基因可以人工合成。对于分子较大的基因,可以通过分段合成,然后连接组装成完整的基因。利用该法合成的基因有:人生长激素释放抑制因子、胰岛素原、脑啡肽及干扰素基因等。

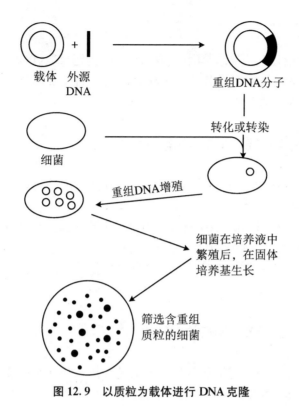

图 12.9　以质粒为载体进行 DNA 克隆

2. 基因组 DNA

分离组织或细胞染色体 DNA,利用限制性核酸内切酶(如 *Sau*3A I 或 *Mbo* I)将染色体 DNA 切割成基因水平的许多片段,将它们与适当的克隆载体拼接成许多重组 DNA 分子,继而转入受体菌扩增,从而得到一组含有该生物细胞不同 DNA 片段的克隆。不同细菌所包含的重组 DNA 分子内可能存在该生物染色体 DNA 的不同片段,这样生长的全部转化细菌所携带的各种染色体片段的集合就代表了该生物全部遗传信息。存在于转化细菌内、由克隆载体所携带的某种生物所有基因组 DNA 片段的集合称为该生物的基因组 DNA 文库(genomic DNA library)。它代表该种生物的所有基因,可从中筛选任何基因。

3. cDNA

cDNA 源于 mRNA。以组织细胞中的 mRNA 为模板,反转录合成双链 cDNA。各个 cDNA 分子分别插入载体中(质粒或噬菌体)形成重组 DNA,再导入宿主细胞如大肠杆菌中,随细胞培养克隆扩增。这些在重组体内的 cDNA 分子的集合体就称为 cDNA 文库(cDNA library)。由总 mRNA 制作的 cDNA 文库包含了细胞表达的各种 mRNA 信息,自然也含有我们感兴趣的编码 cDNA,可采用适当方法从 cDNA 文库中筛选出目的 cDNA。cDNA 文库代表这种生物(组织)的所有 mRNA 的基因,即正在表达的基因,而不包括基因组 DNA 序列中的内含子以及其他不表达的 DNA 片段。当前发现的大多数蛋白质的编码基因几乎都是这样分离的。

4. 聚合酶链反应

对于已部分了解或完全清楚的基因,可以通过聚合酶链反应(PCR)技术,直接从染色体DNA或cDNA上高效快速地扩增出目的基因片段,然后进行克隆操作。目前,采用聚合酶链反应获取目的DNA十分广泛。

12.5.2　克隆载体的选择和构建

载体是基因工程技术的核心,没有合适的载体,外源基因是很难进入受体细胞中的,即使能够进入,一般也不能进行复制和表达。有了合适的载体,通过体外DNA重组方式,可以把外源基因与载体相连,外源DNA则可作为复制子的一部分转移到适当的受体细胞中,进行无性繁殖,从而获得大量的基因片段或相应的蛋白质产物。重组DNA技术中克隆载体的选择和改造是一种极富技术性的工作,目的不同、操作基因的性质不同,载体的选择和改建方法也不同。

12.5.3　外源基因与载体的连接

通过不同途径获取含目的基因的外源DNA、选择或改建适当的克隆载体后,下一步工作将外源DNA与载体DNA连接在一起,即DNA的体外重组。与自然界发生的基因重组不同,这种人工DNA重组是靠DNA连接酶将外源DNA与载体共价连接的。连接不同的DNA分子有很多方案可供选择,需要根据具体情况综合判断而决定。这里仅就连接方式做扼要介绍。

1. 同源黏性末端的连接

若DNA插入片段与适当的载体存在同源黏性末端,这将是最方便的克隆途径。同源黏性末端包括相同一种限制性核酸内切酶产生的黏性末端和不同的限制性核酸内切酶产生的互补黏性末端,后者连接成的DNA顺序不能再被原限制性核酸内切酶识别,而不利于从重组子上完整地将插入片段重新切割下来。

(1) 同一限制性核酸内切酶切割位点连接:由同一限制性核酸内切酶切割的不同DNA片段具有完全相同的末端。只要限制性核酸内切酶切割DNA后产生单链突出的黏性末端,同时酶切位点附近的DNA序列不影响连接,那么,当这样的两个DNA片段一起退火时,黏性末端单链间进行碱基配对,然后在DNA连接酶催化作用下形成共价结合的重组DNA分子。

(2) 不同限制性内切酶位点连接:有些限制性核酸内切酶虽然识别序列不完全相同,但切割DNA后产生相同类型的黏性末端,称为配伍末端,也可以进行黏性末端连接。例如 *Mbo* I (▼GATC)和 *Bam* H I (G▼GATCC)切割DNA后均可产生5′突出的GATC黏性末端,彼此可相互连接。

2. 同聚物加尾连接

同聚物加尾是指用末端转移酶将某种脱氧核苷酸加到目的基因 DNA 的 3′羟基上,又将与上述互补的脱氧核苷酸加到载体 DNA 的 3′羟基上,这样的目的基因与载体之间的连接类似于黏端连接。例如,在目的基因 DNA 中加上 poly(dG),在载体中加上与其相互补的 poly(dC),依靠碱基互补可将两者连接成环状,残留的单链空缺部分可在导入宿主细胞后,在细胞内的 DNA 聚合酶作用下填补,再通过 DNA 连接酶修复成完整的环状双链 DNA。同聚物加尾连接是一种人工提高连接效率的方法,属于黏性末端连接的一种特殊形式。

3. 平末端连接

DNA 连接酶可催化相同和不同限制性核酸内切酶切割的平端之间的连接。理论上任何一对 DNA 平末端均能在 T4 DNA 连接酶催化下进行连接。除限制酶切割 DNA 直接产生的平末端分子以外,3′突出或 5′突出的黏性末端通过一定的修饰也能产生平末端,可以施行平末端连接。平末端连接的特点是可以恢复一个原始的酶切位点,甚至产生一个新的酶切位点。位点的创建和恢复是十分有用的,它提供了一条简捷的重组子筛选鉴定途径,并可方便地使插入片段从重组子中切割下来。

4. 人工接头连接

人工接头是指人工合成的含一种或一种以上的特异的限制酶切位点的平端双链寡核苷酸片段。人工接头连接法是指利用平端连接,将人工接头加在平端 DNA 片段(通常是目的基因)的两端,然后用人工接头中相应的限制酶切割(如用 *Eco*R I 切割)。由此得到的带黏性末端的目的基因可插入到带相应黏性末端的载体中去。这也是黏性末端连接的一种特殊形式。人工接头连接法为平端 DNA 片段的体外连接提供了很大的方便。

12.5.4　重组 DNA 导入宿主细胞

为了使重组 DNA 分子进行扩增以及获得目的基因的表达产物,需将重组 DNA 分子导入受体细胞。受体细胞也称宿主细胞,分为原核细胞和真核细胞两类。原核细胞如细菌,主要包括大肠杆菌、枯草杆菌、链球菌等,以大肠杆菌为主;真核细胞主要包括酵母、哺乳动物细胞及昆虫细胞等。由于重组 DNA 分子导入原核细胞尤其是大肠杆菌操作简便、效率高,因此重组 DNA 分子在导入真核细胞前通常先导入到大肠杆菌中,再从大肠杆菌中提取重组 DNA 分子,然后将其导入到真核细胞中,这一过程需由穿梭载体来完成。

基因工程中,重组 DNA 分子导入受体细胞称为转化或转染(transfection)。将质粒 DNA 或以它为载体构建的重组子导入细菌的过程称为转化;将噬菌体、病毒或以它为载体构建的重组子导入受体细胞的过程称为转染。

基因工程中,由于重组 DNA 是在体外制备的,将其导入宿主细胞可能会受到宿主限制酶的切割而破坏外源 DNA,因此宿主菌(如大肠杆菌)必须是限制酶缺陷型,即 R⁻(restriction negative)菌株。为确保不改变导入宿主菌的外源 DNA 的特性,宿主菌还应为 DNA 重组缺陷型,即 Rec⁻(recombination negative)菌株。

12.5.5　重组体的筛选

运用 DNA 体外重组技术把外源基因导入到受体细胞中的目的是为了得到我们所需要的含目的基因的阳性重组体,因而重组体的筛选是 DNA 体外重组技术中的一个至关重要的环节。通过转化或转染,重组体 DNA 分子被导入受体细胞,经适当涂布的培养基培养得到大量转化子菌落或转染噬菌斑。因为每一重组体只携带某一段外源基因,而转化或转染时每一受体菌又只能接受一个重组体分子,所以设法将众多的转化菌落或菌斑区分开来,并鉴定哪一菌落或噬菌斑所含重组 DNA 分子确实带有目的基因,即可得到目的基因的克隆,这一过程即为筛选或选择。不同的克隆载体及相应的宿主系统,重组子的筛选、鉴定方法不尽相同,尽管如此,其基本思路大同小异,概括起来有直接选择法和非直接选择法两大类。

1. 直接选择法

针对载体携带某种或某些标记基因和目的基因而设计的筛选方法,称为直接选择法,其特点是直接测定基因或基因表型。

(1) 抗药性转入获得:大多数克隆载体均带有抗药性标记基因,常见的有抗氨苄青霉素基因、抗四环素基因、抗卡那霉素基因等。当带有完整抗性基因的载体转化无抗性细胞后,所有转入载体的细胞均获得了抗药性,能在含有该药物的琼脂平板上生存并形成菌落,而未被转化的宿主细胞则不能生长,据此,我们可筛选到转化子,但不能区分重组子与非重组子。

(2) 抗药性插入失活:在含有两种抗药性标记基因的载体中,如果外源 DNA 片段插入其中一个抗药性基因导致它失活,就可用两个分别含不同药物的平板对照筛选阳性重组子(图 12.10)。当然,无论将外源基因插入何处,抗药性标记选择仅是初步、粗略的选择,尚需进一步确定重组体是否含有目的基因。

(3) 遗传互补:若克隆的基因能够在宿主菌表达,且表达产物与宿主菌的营养缺陷互补,那么就可以利用营养突变菌株进行筛选,这就是遗传互补。例如外源基因导入哺乳动物细胞后的阳性克隆筛选常用这种方法。有些载体上带有标记基因,如二氢叶酸还原酶基因、胸腺核苷激酶基因等,二氢叶酸还原酶(dhfr)在真核细胞的核苷酸合成中起重要作用,它催化二氢叶酸还原成四氢叶酸,然后利用四氢叶酸合成胸腺嘧啶。dhfr⁻ 表型的真核细胞(如 CHO 细胞突变株)由于不能合成四氢叶酸,培养基中如不含胸腺嘧啶,细胞就会死亡。但将含目的基因及 dhfr 基因的载体转入 dhfr⁻ 细胞后,细胞则能合成四氢叶酸,核苷酸合成也能顺利进行。因而转入 dhfr 基因的细胞就能在无胸腺嘧啶的培养基中存活,而未转入 dhfr 基因的细胞则死亡,从而筛选得到阳性克隆。

利用 α 互补筛选携带重组质粒的细菌也是一种标志补救,即遗传互补的选择方法。

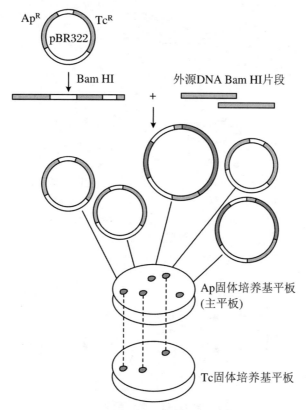

图 12.10　抗药性标记选择（插入失活法）

（4）分子杂交法：利用^{32}P 标记的探针与转移至硝酸纤维素膜上的转化子 DNA 或克隆的 DNA 片段进行分子杂交，直接选择并鉴定目的基因。根据待测核酸的来源以及将其分子结合到固相支持物上的方法的不同，可将该方法分为菌落印迹原位杂交（图 12.11）、斑点印迹杂交、Southern 印迹杂交（图 12.12）和 Northern 印迹杂交四类。

2. 非直接选择法之免疫学方法

这类方法不是直接鉴定基因，而是利用特异抗体与目的基因表达产物相互作用进行筛选，因此属非直接选择法。免疫学方法又可根据具体基因选择操作过程不同，分为免疫化学方法及酶免检测分析等。免疫化学方法的基本工作原理是：首先，将琼脂培养板上的转化子菌落经氯仿蒸气裂解、释放抗原。然后，将固定有抗血清（目的基因编码蛋白质特异的免疫血清）的聚乙烯薄膜覆盖在裂解菌落上，在薄膜上得到抗原抗体复合物。接着，使^{125}I-IgG 与薄膜反应，^{125}I-IgG 即可结合于抗原不同位点。最后，经放射自显影检出阳性反应菌落。

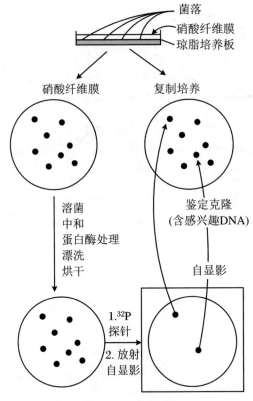

图 12.11　原位杂交

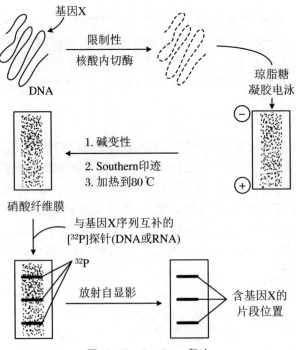

图 12.12　Southern 印迹

12.6　克隆基因的表达

　　通过上述过程可以分离、获得特异序列的基因组 DNA 或 cDNA 克隆,这是进行重组 DNA 技术操作的基本目的之一。但绝大多数基因工程的研究目的是获得基因表达产物——蛋白质,所以基因工程的中心工作是:将体外通过各种不同途径获得的目的基因重组到合适的载体上,导入到受体细胞中,并实现克隆基因的表达,产生出所需的蛋白质。如今,如何使克隆的目的基因能正确而大量地表达出有特殊意义的蛋白质已成为重组 DNA 技术中一个专门的领域,这就是蛋白质的表达。在蛋白质表达领域,表达体系的建立包括表达载体的构建、受体细胞的建立及表达产物的分离、纯化等技术和策略。基因工程的表达系统包括原核和真核表达体系。

12.6.1　外源基因在原核细胞的表达

　　大肠杆菌是最常用的原核表达体系,其优点包括:培养简单、迅速、经济而又适合大规模生产。但是,由于大肠杆菌属原核表达系统缺乏适当的转录后和翻译后加工修饰机制,因此其只能表达 cDNA,不能表达基因组 DNA,而且真核细胞来源的蛋白质在其中无法正确折叠或进行糖基化修饰,表达的蛋白质常常形成不溶性的包涵体,为后续的纯化带来一定困难。

　　运用大肠杆菌表达蛋白质的表达载体除了一般克隆载体所有的元件以外,还需要具有能调控转录、产生大量 mRNA 的强启动子和 SD 序列。常用的启动子有 trp-lac 启动子、噬菌体 P_L 启动子和 T7 噬菌体启动子等。SD 序列是原核系统翻译过程中核糖体的结合位点,是表达载体中另一必不可少的元件。在构建重组体时,一般将目的基因的 5′端连接在 SD 序列的 3′端下游,以融合蛋白或非融合蛋白的形式进行表达。

12.6.2　目的基因在真核细胞的表达

　　依据宿主细胞的不同,真核表达体系可分为酵母、昆虫以及哺乳类动物细胞表达体系等。这些表达体系与原核表达体系相比具有更多的优越性,其表达产物的结构更接近真核细胞来源的天然蛋白质结构,因而在重组 DNA 药物、疫苗生产及其他生物制剂生产上都获得了一些成功,另外,在研究各种蛋白质分子在细胞中的功能方面也得到了非常广泛的应用。

　　真核细胞表达载体一方面应能够在原核细胞中进行目的基因的重组和载体的扩增,同时又要具有真核宿主细胞中表达重组基因所需的各种转录和翻译调控元件。因此,真核细胞表达载体既要含有原核生物克隆载体中的复制子、药物性抗性筛选基因和多克隆位点等序列,又要含有真核细胞的表达元件组件,如启动子、增强子、转录终止信号、polyA 加尾信号序列以及适合真核宿主细胞的药物抗性基因等。大部分真核细胞表达载体所携带的 DNA 整合到宿主的染色体中,然后随着宿主细胞 DNA 的复制而得到扩增。由于编码真核蛋白的目的基因在真核细胞中表达时,表达产物对细胞本身的影响不大,蛋白质也很少降解,真核表达载体的启动子大多是可以持续表达的,无需诱导。

(王文锐)

第 13 章　基因诊断与基因治疗

生命科学及生物医学的迅猛发展,使我们对疾病的认识逐渐深入到分子水平。分子生物学及其技术的发展和向临床方面的转化,使得基因诊断(gene diagnosis)和基因治疗(gene therapy)日益发展成为现代分子医学的重要分支。

基因诊断是对患者自身的基因、外源性致病微生物的基因进行定性和定量检测,并结合临床找出导致患者患病的致病基因或致病微生物。因此基因诊断是从基因水平检测和分析疾病的发生,确定发病原因与致病机制,并不完全依赖于临床症状,使得基因诊断与其他的诊断技术相比具有独特的优势,在临床的应用日益广泛。

在基因诊断的基础上,可以针对突变的基因和异常表达的基因,通过采用分子生物学的技术和方法,矫正患者的疾病紊乱状态,也就是基因治疗,已成为分子生物医学的重要内容。

13.1　基　因　诊　断

1978 年,华裔科学家简悦威(Yuet Wai Kan),首先测定出 α 地中海贫血患者的珠蛋白链杂交程度,以确定 α 地中海贫血患者的 α 基因缺失情况,发现镰状细胞贫血限制性内切酶长度多态性,并将其应用于产前诊断,开创了基因诊断的时代。

随着基础研究向临床的不断转化,基因诊断作为一种基于病因的诊断模式,在临床疾病的早期诊断、鉴别诊断、分型分期、疗效及预后的预测方面具有独特的优势,越来越多地应用于遗传性疾病、感染性疾病及肿瘤等疾病的诊断中。

13.1.1　基因诊断的概念

基因诊断是通过利用分子生物学的方法和技术,直接检测基因结构(DNA 碱基序列)及其表达水平(RNA)是否正常,从而对疾病做出诊断的方法。基因诊断通常是指针对 DNA 和 RNA 分子的诊断。分子诊断(molecular diagnosis)是更广义的范畴,即从分子水平确定疾病的病因,不仅包括基因(DNA)、RNA,还包括对蛋白质分子的定性、定量分析。但是从技术上来讲,对蛋白质分子的定性、定量分析在临床上的应用还比较少。

在以遗传因素为主要致病因素的疾病中,疾病发生的根本原因是基因序列或结构的异常导致其编码蛋白质结构、功能、亚细胞定位等的异常,从而产生不同的临床症状。因此以遗传物质为检测诊断对象,可以在临床症状和表型的发生之前,做出早期诊断,这对临床上预防治疗疾病非常重要,同时还能够揭示疾病发生的分子机制。单基因遗传病就是由一对等位基因发生突变,导致其编码的蛋白质分子结构、功能或表达量的异常引起机体功能障碍的一类疾病。单基因遗传病可分为分子病和先天性代谢病两类。血友病 A(hemophilia A)(OMIM♯306700)是血浆中凝血因子Ⅷ缺乏所致的 X 连锁隐性遗传的凝血功能障碍性疾病。血友病 A 发生的根本原因是编码凝血因子Ⅷ的基因 F8 变异导致凝血因子Ⅷ缺陷,从而导致凝血功能障碍。单基因病遵循孟德尔遗传模式,还有一类多基因病,比如精神分裂症、躁狂抑郁症、糖尿病、神经退行性疾病等,具有明显的家族聚集现象,但具体发病原因比较复杂,既有遗传的因素,又有环境的因素,可能与基因组中多个微效基因的累积效应有关。精神分裂症(schizophrenia,SZ)(OMIM♯181500)是一类临床表现复杂、以精神活动与环境不协调为特征、病因未明的功能性精神障碍。该疾病并没有特异性的实验室检查方法,能依据临床症状做出诊断,出现漏诊、误诊的可能性比较大。因此通过克隆该疾病的易感基因,并进一步探索其分子机制,将非常有助于该疾病的基因诊断与基因治疗。随着人类基因组计划的完成和疾病组计划的进行,除了多巴胺、5-羟色胺系统和调节谷氨酸能神经系统的基因之外,人们还发现了许多精神分裂症的易感基因和相关的单核苷酸多态性(SNP)变异。基因诊断正是通过检测与分析这些基因的结构和功能的改变以及基因表达的异常,对疾病做出相应的诊断。

13.1.2　基因诊断的特点

在早期的医学实践中,对疾病的诊断往往是通过病人的临床症状和体征做出的;随着影像医学、病理学及检验技术的发展,逐渐可以根据疾病的病理和表型改变来做出诊断。但是疾病的表型改变一般出现在中晚期,而且缺乏特异性,所以依据疾病的表型改变通常不能做出准确的诊断,想要做到早期诊断更难。基因诊断则与其他的诊断手段不同,是基于病因的诊断方法,它可以直接检测患者自身的致病基因、感染的外源病原体基因,因此不依赖疾病表型的改变和发展,可以在疾病的早期做出诊断。基因诊断以基因及其表达产物为检测对象,因此具有特异性强、灵敏度高、可早期诊断、应用广泛的特点。

1. 以特定基因为检测目标,检测基因突变及表达信息,特异性强

进行基因诊断首先必须明确疾病表型与基因型的关系,基因诊断不是根据疾病的表型或者症状做出诊断,而是根据患者自身基因或者外源病原体基因的结构和表达产物的变化而对疾病做出诊断。患者自身基因突变可能会导致其蛋白质分子结构及功能的异常,外源性病原体的感染等是疾病发生的原因,对遗传病的基因诊断是通过检测患者自身基因结构的改变或者表达水平的变化做出的,对感染性疾病的基因诊断是通过检测外源病原体的特异基因的存在与否做出的,均属于针对病因的诊断,具有高度的特异性。通过利用分子生物学技术和方法检测出特异的碱基序列,就可以判断患者是否发生或携带某种遗传病致病基因的突变,或者是否存在外源病原体的特异基因,从而做出特异性的诊断。

2. 采用核酸分子杂交技术和 PCR 技术具有信号放大作用,微量样品即可进行诊断,灵敏度高

目前基因诊断多采用 PCR 技术和核酸杂交技术。PCR 技术能够将生物样本中的核酸作为模板进行扩增达 10^6 倍,再通过核酸电泳或者测序进行检测,因此一根头发、一滴血中微量的 DNA 样品即可检测到。核酸分子杂交技术利用了核酸探针与靶基因杂交的特异性,探针是通过放射性同位素或者生物素、荧光素、酶等非放射性标记的,因此灵敏度高。目前临床通常联合使用核酸杂交技术与 PCR 技术,通过核酸扩增技术将靶基因放大百万倍,再利用核酸探针的高敏感度,用于检测微量的病原体基因或者拷贝数极少的基因突变。

3. 能进行快速和早期诊断

正是由于基因诊断具有特异性强、灵敏度高的特点,在感染性疾病的诊断中,与传统的诊断方法相比,基因诊断更加快速直接,为感染性疾病的早期诊断、及时处理、控制疾病流行等提供依据。比如在细菌性感染疾病中,细菌培养是最传统、最基础的方法,对疾病做出诊断需要数天的时间,采用基因诊断仅需要数个小时。在遗传性疾病的诊断中,基因诊断更具有独特的优势,可以在疾病的表型或者症状出现之前,对基因水平进行检测,做出准确的早期诊断。

4. 适用性强、诊断范围广

人类基因组计划及人类后基因组计划的完成,被克隆疾病的致病基因及相关基因陆续增多,对许多疾病的分子机制的认识也更加深入,使得基因诊断在更多种类疾病的诊断中发挥作用。通过基因诊断技术和方法,可以在基因水平上对多种单基因遗传性疾病做出诊断,不仅可以对具有遗传病家族史的除先证者之外的其他家庭成员是否携带致病基因做出预警诊断,还可以对具有遗传病家族史的胎儿进行产前诊断。在肿瘤、心血管性疾病、精神疾病等多基因疾病中,基因诊断可应用于评估个体的疾病易感性或患病风险以及疾病的分期分型、发展阶段及用药指导中;还可以应用于病毒性感染疾病的快速检测中,比如艾滋病毒、肝炎病毒等不易于体外培养或者实验室培养安全风险较大的病原体。

13.1.3　基因诊断常用的技术方法

基因诊断需要检测个体的基因序列、基因突变、基因的拷贝数,以及是否存在病原体基因、病原体基因的拷贝数等,可分为定性分析和定量分析两类。基因序列分析和基因突变检测属于定性分析,测定基因的拷贝数及基因的表达产物量的高低属于定量分析。在检测外源病原体时,定性分析是检测病原体在人体内是否存在,定量分析是测定病原体在人体内的含量。因此,目前应用于基因诊断的基本技术与方法有核酸分子杂交技术、PCR 技术、DNA 测序技术和基因芯片技术等。

1. 核酸分子杂交技术

1978 年,Yuet Wai Kan 等人首次利用核酸分子杂交技术对镰刀形细胞贫血症进行了基因诊断,自此核酸分子杂交技术一直是基因诊断的基本方法之一。核酸分子杂交技术是利用放射性同位素、生物素或荧光染料标记的核酸探针,检测生物样本中是否含有特定的核酸序列,在临床基因诊断中应用十分广泛。

DNA印迹技术是基因分析的经典方法,可以检测特定的基因序列,还可以通过限制性内切酶图谱分析区确定基因是否突变以及插入或缺失片段的大小。但由于该技术操作步骤繁琐、费时费力、且需要使用放射性同位素,故限制了该技术在临床基因诊断中的应用。

RNA印迹技术能够对组织或细胞中总RNA或者mRNA进行定性或定量分析,从而可以对生物样本进行基因表达分析。但由于该技术对RNA样本的纯度要求非常高,目前在临床基因诊断中使用的不是很多。

原位杂交(in situ hybridization,ISH)技术与DNA印迹、RNA印迹技术不同,不需要将核酸从生物样本中抽提出来,而是直接在组织或细胞标本中,将核酸探针与其中的核酸进行杂交。这样原位杂交不仅可以对目的核酸序列进行定性、定量分析,更能够显示出目的核酸序列的空间定位信息,这在基因诊断中是非常重要的。通过原位杂交可以获得具体含有目的核酸序列的细胞类型、目的核酸序列在细胞核或染色体的分布等重要信息,给临床疾病的诊断提供重要依据,也是该技术在临床广泛应用的原因。该技术也应用于检测组织或细胞中病原体以及组织细胞中特定基因表达水平的定性定量分析等。

荧光原位杂交(fluorescence in situ hybridization,FISH)技术是在放射性原位杂交基础上发展来的,使用生物素或荧光素标记核酸探针,直接与组织或细胞中的核酸进行杂交,借助于荧光显微镜观察多重分析荧光信号,可以同时对多个靶基因序列进行定性、定量或定位分析。荧光原位杂交在基因诊断中主要应用于对中期分裂象或间期细胞核染色体的分析,检测是否存在染色体数目和结构的畸变,如染色体易位、重复或缺失等。与传统的染色体显带技术相比,荧光原位杂交能获得更多的信息,比如可以对染色体数目和结构的变异进行原位显示和分析等。

2. PCR技术

PCR技术是一种快速的体外核酸扩增技术,该方法具有特异性强、灵敏度高、操作简单、自动化、程序化等优势,因此广泛应用于对遗传性疾病、感染性疾病和恶性肿瘤等疾病的基因诊断。PCR技术的衍生技术,比如逆转录PCR、实时荧光定量PCR、多重PCR等,以及PCR技术与其他技术的联合应用,比如原位PCR、免疫PCR等,均广泛地应用于临床对疾病的基因诊断。

(1) 直接利用PCR技术进行基因诊断

直接利用PCR技术及对产物的电泳分析可以分析疾病相关基因的缺失或插入突变(In-del),也可以判断病原体基因存在与否。对于疾病相关的基因缺失或插入突变,可以跨越缺失或插入突变的位点设计引物,以待测DNA样本为模板进行PCR扩增,然后对扩增产物进行琼脂糖凝胶电泳分析,通过片段的大小判断是否存在缺失或插入突变。

(2) PCR-限制性片段长度多态性

对于检测是否存在点突变,可以使用PCR-限制性片段长度多态性(restriction fragment length polymorphism,RFLP)。该技术是对PCR产物进行限制性内切酶处理,再通过琼脂糖凝胶电泳分析酶切后的片段长度多态性,判断在酶切位点处是否存在点突变(图13.1)。该技术用来检测是否存在点突变,在单基因遗传病的诊断中使用比较广泛。

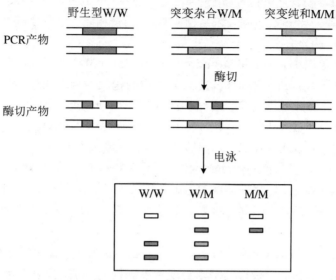

图 13.1　PCR-RFLP 检测点突变示意图

野生型含限制性酶切位点;突变后酶切位点消失。

（3）PCR-等位基因特异性寡核苷酸

PCR-等位基因特异性寡核苷酸(allele specific oligonucleotide,ASO)技术是通过寡核苷酸探针与 PCR 产物杂交,以检测基因中是否存在已知的点突变、微小的缺失或插入。首先通过 PCR 技术扩增待检测的基因片段,然后与 ASO 探针进行杂交,检测 PCR 产物中是否存在基因突变以及突变是纯合还是杂合(图13.2)。

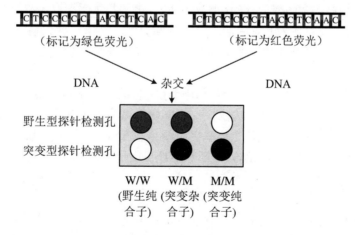

图 13.2　β珠蛋白生成障碍性贫血的 PCR-ASO 杂交检测示意图

（4）PCR-反向斑点杂交

PCR-反向斑点杂交(reverse dot blot,RDB)是在 PCR-ASO 技术基础上改进的技术方法,将固定靶 DNA 序列改为固定探针,针对一种遗传病的多种突变和正常序列设计多个探针,将其固定在杂交膜上,可同时筛查多个基因突变,使基因诊断效率大大提高。

PCR-RDB 技术在设计引物时加上生物素标记使得 PCR 扩增产物被标记,与杂交膜上的多个探针进行杂交,经过洗脱除去未结合样本,再通过相应的显色反应显现出杂交信号。

（5）PCR-单链构象多态性

PCR-单链构象多态性（single strand conformation polymorphism, SSCP）技术是基于单链 DNA 分子能自发形成二级结构,其二级结构的构象主要取决于 DNA 分子的碱基组成,由一个碱基的差异即可导致其二级结构改变这个原理发展起来的。PCR-SSCP 技术首先用 PCR 扩增待检测基因片段,再将扩增产物变性为单链 DNA,最后进行非变性聚丙烯酰胺凝胶电泳,通过分析电泳迁移率的不同检测是否存在基因突变。

PCR-SSCP 技术的灵敏度与待分离的 DNA 片段长度有关,长度越长,不同序列分子之间的电泳迁移率越小,灵敏度越低。PCR-SSCP 技术适用于检测小于 200 bp 的 DNA 片段。该技术由于操作简单,而且可以同时检测多个样本,在临床筛查点突变中使用得比较广泛。

（6）熔解曲线分析

熔解曲线分析（melting curve analysis）是根据野生型和突变型基因序列的 Tm 值不同,产生的熔解曲线不同,从而分析检测基因突变和多态性的方法。通过熔解曲线分析检测点突变时,可以直接在荧光定量 PCR 仪上对 PCR 扩增产物进行分析,具有简单快捷、重复性高、可同时进行大批量的样品分析等优点,因此该技术在遗传性疾病的致病基因突变检测、基因多态性分析、病原微生物的基因型分析等方面应用非常广泛。

3. 测序技术

对于单基因遗传性疾病来讲,分离出患者的基因组 DNA,通过 PCR 扩增相应的基因,再通过 Sanger 测序找出致病突变,是基因诊断在临床疾病诊断中最直接的应用。随着 PCR 技术的发展以及测序成本的降低,PCR 联合 Sanger 测序技术逐渐取代传统的限制性内切酶酶切图谱分析,正在成为临床上应用最广泛的诊断方法。对于一些致病基因及其突变类型已经明确的遗传病来说,通过 PCR 扩增基因片段并对其进行测序是临床检测致病基因突变的金标准。

随着新一代测序技术（NGS）的发展,测序通量的不断提高和测序成本的不断降低,新一代测序技术可用于病原微生物基因组测序,使得病原微生物的分型鉴定更加快捷和准确。此外新一代测序技术还可以应用于个体基因组测序和 SNP 分析中,使临床医生了解患者的遗传信息和 SNP 位点,对疾病的预防、诊断和治疗提供指导。

4. 基因芯片技术

基因芯片是将寡聚核苷酸探针固定在芯片上形成微阵列,与标记的生物样品进行杂交,通过分析杂交信号的强弱和分布情况,对基因序列及功能进行大规模、高通量分析。与传统核酸杂交技术相比,基因芯片技术具有样品需要量少、灵敏度高、通量大等优点,目前在临床广泛使用的基因芯片有单核苷酸多态性芯片、表达谱芯片、DNA 甲基化芯片和微小 RNA 芯片。

基因芯片技术在一些常见的单基因遗传性疾病(比如地中海贫血、苯丙酮尿症、血友病)的诊断中的应用已经很成熟,能够做到早期、快速诊断。在肿瘤的诊断中,利用基因表达谱芯片可以快速筛选出早期肿瘤标志物,对肿瘤的早期诊断、早期治疗具有重要作用;通过肿瘤分型基因表达谱芯片可以帮助临床医生判断肿瘤的分型、恶性程度和转移情况;通过基因芯片技术做的 SNP 分析、甲基化分析在肿瘤的诊治及研究中也发挥着重要的作用。

13.1.4　基因诊断的应用

随着生命科学和分子生物学技术的发展,以及基础医学向临床医学的转化,人类基因组的信息和人类疾病的关系越来越明确,对基因序列的分析在遗传病的基因诊断、感染性疾病的基因诊断、肿瘤的基因诊断、临床用药的指导以及疾病的预后等方面均得到了广泛的应用。

1. 遗传病的基因诊断

遗传学的发展,使人类开始对自身疾病的遗传基础开始进行研究。人类基因组计划及后基因组计划的完成,使我们获得对人类基因组精确的基因序列和基因表达的时空信息的认识。人类自身基因序列或结构的异常或表达水平的异常均可导致遗传性疾病的发生,所以使得基因诊断在人类遗传病的诊断方面变得可能,而且发挥着越来越重要的作用,直接检测患者基因水平的变化。

遗传性疾病的诊断性检测和症状前检测是基因诊断在临床应用的主要方面。对于单基因遗传病来说,基因诊断的结果可以为疾病的最终确诊提供依据。对于多基因遗传病来说,也可以给出患病的风险,从而为疾病的预防提供依据。

(1) 单基因遗传病的基因检测

① 血红蛋白病的基因诊断。

血红蛋白病(hemoglobinopathy)是由编码血红蛋白的基因变异导致的一类常见的遗传性贫血,可分为两类:一类是由珠蛋白结构异常导致的异常血红蛋白病,比如镰状细胞贫血;另一类是由珠蛋白多肽链合成速率不平衡导致的珠蛋白生成障碍性贫血,比如地中海贫血。

a. 镰状细胞贫血的基因检测。

镰状细胞贫血(sicklemia)是由 β 珠蛋白基因的错义突变引起的溶血性贫血。该疾病是第一个"分子病",是由 β 珠蛋白基因中的第 6 个密码子发生单碱基突变,使密码子由 GAG 变成 GTG,导致第 6 个氨基酸由谷氨酸突变为缬氨酸,突变后的血红蛋白结构异常,导致氧结合能力降低,红细胞变成镰刀形,弹性大大降低,无法变形,不能通过毛细血管。

镰状细胞贫血最常用的基因检测方法是限制性酶谱分析。通过设计引物、PCR 扩增包含 β 珠蛋白基因第 5~7 个密码子的 DNA 片段,进行 MstⅡ限制性内切酶酶切,再对酶切片段进行电泳分析或者 Southern 分析。应用该方法能够区分纯合子和杂合子。

b. 地中海贫血的基因检测。

地中海贫血(thalassemia)是由珠蛋白基因缺陷引起珠蛋白的 α 链与非 α 链合成数量不均衡导致的一种遗传性溶血疾病,可分为 α 珠蛋白生成障碍性贫血和 β 珠蛋白生成障碍性贫血。

α 珠蛋白生成障碍性贫血是由 α 珠蛋白基因缺陷导致 α 珠蛋白链合成速度明显降低或几乎不能合成引起的。α 珠蛋白生成障碍性贫血的基因检测方案首选 PCR,大片段缺失可以选用 Southern 印迹杂交。

β 珠蛋白生成障碍性贫血是由 β 珠蛋白基因功能下降或缺失导致的遗传性溶血疾病。该疾病目前并无有效治疗方案,因此产前诊断非常重要。β 珠蛋白基因缺陷主要是点突变和移码突变,因此 PCR 及测序技术是诊断 β 珠蛋白生成障碍性贫血的主要方法。

② 血友病的基因检测。

血友病(hemophilia)是一种由于凝血因子缺陷所导致的凝血机制异常而引起的出血性遗传病。根据缺乏的凝血因子的不同,可分为血友病 A(或称为甲型血友病)和血友病 B(或称为乙型血友病),血友病 A、B 的遗传方式是 X 染色体隐性遗传,患者多为男性,其母亲通常从上一代获得发病基因,为携带者。

a. 血友病 A 的基因检测。

血友病 A 是由缺乏凝血因子 Ⅷ 引起的,是临床上最常见的血友病,占血友病患者的 80%~85%。凝血因子 Ⅷ(F Ⅷ)基因于 1984 年被克隆,由 AHG 基因编码抗血友病球蛋白。50% 的血友病 A 是由 FⅧ 基因倒位导致的,PCR 和测序均可检测出基因倒位。另外,点突变是非基因倒位引起血友病 A 的主要原因,且无明显的突变位点,利用 PCR 及测序技术可以直接寻找突变。

b. 血友病 B 的基因检测。

血友病 B 是由凝血因子 Ⅸ 缺乏引起的,临床症状与血友病 A 一样,占血友病患者的 15%。导致血友病 B 的 FIX 的基因突变具有显著的异质性,不同的家系都有其特异的基因突变类型,可以采用 DNA 测序的直接方式检测,也可以采用 RFLP 等间接方式检测。

③ 脆性 X 综合征的基因检测。

脆性 X 综合征(fragile X syndrome)是人类最常见的一种遗传性智力缺陷疾病,遗传方式为 X 染色体连锁的显性遗传,因此该疾病在外显率和临床表现上具有性别差异。1991 年,Verker 等人分离并克隆了脆性 X 综合征的致病基因——*FMR-1* 基因。

FMR-1 基因编码一种 RNA 结合蛋白,在 *FMR-1* 基因的 5′ 非翻译区存在一段三核苷酸 CGG 重复序列,在重复序列上游 250 bp 处存在一个 CpG 岛。正常人三核苷酸 CGG 重复序列的拷贝数为 6~50。脆性 X 综合征患者的拷贝数大于 200,最多可达 2000 以上。当拷贝数大于 200 时,*FMR-1* 基因 5′ 端的 CpG 岛发生高度甲基化,导致基因转录关闭,翻译产生的 RNA 结合蛋白减少,这是导致脆性 X 综合征的分子机制。99% 的 *FMR-1* 基因突变是 CGG 重复序列的不稳定扩增并伴有 CpG 岛异常甲基化。

目前脆性 X 综合征主要是通过 Southern 印迹杂交进行的,根据 CpG 岛异常甲基化选用甲基化敏感的限制性内切酶进行切割,再用探针进行杂交检测。该方法因为造价较高,仅适用于患者、携带者的诊断及家族内突变的追踪,不太适用于高危人群的筛查。

高危人群的筛查、产前诊断等通常首先用 PCR 方法进行基因扩增,拷贝数小于 200 的可以有效扩增,大于 200 的无法有效扩增;无法进行有效扩增的再进一步用 Southern 印迹杂交检测。

（2）多基因遗传病的基因检测

多基因遗传病由多个微效基因协同和环境共同作用决定表型。也有研究认为多基因遗传病的遗传因素除了微效基因，还可能存在着主基因的作用。许多常见疾病比如精神分裂症、躁狂抑郁症等属于多基因遗传，发病率为 $0.1\% \sim 1\%$，具有家族聚集现象，即患者亲属的发病率（$1\% \sim 10\%$）比该疾病在群体中的发病率高，发病同时还受环境因素的影响。

精神分裂症是一类具有思维、情感和行为等多方面的障碍，以精神活动和环境不协调为主要特征的功能性精神障碍，其病因尚不明确。精神分裂症的临床症状比较复杂，具有特征性的思维、情绪和行为互不协调，在急性阶段以幻觉、妄想等症状为主；在慢性阶段以思维贫乏、情感淡漠、意志缺乏和孤僻内向为主。但是该疾病一般无意识和智力障碍。

目前精神分裂症一般仅凭临床症状做出诊断，并无特异性的实验室检查方法，因此很可能出现漏诊或者误诊。该疾病是一种多基因遗传病，其遗传度为 80%，即在精神分裂症的发生过程中，遗传因素起到了重要的作用，而环境因素起到的作用较弱。故定位和克隆该疾病的易感基因，不仅有助于该疾病分子致病机制的研究，也为临床上该疾病的基因诊断、基因治疗及靶向治疗等提供科学依据。

精神分裂症属于多基因遗传病，具有很强的遗传异质性，不仅取决于多个易感基因的累加效应，还受环境的影响。基于人类基因组计划的完成和人类疾病组计划的进行，应用连锁分析、全基因组关联分析（genome-wide association study，GWAS）及新一代测序技术等方法，已经定位和克隆了一些和精神分裂症相关的基因，包括多巴胺系统（*DRD* 基因）、5-羟色胺系统（5-*HTR* 基因），还有多个易感基因的候选区域，供进一步扩大样品量去验证。

多巴胺是一种重要的神经递质，在人体的精神-神经活动的调节过程中具有重要作用。一直以来，多巴胺过量被认为是导致精神分裂症的主要原因，多巴胺受体（dopamine receptor，DR）基因则被认为是精神分裂症的重要候选基因，如 *DRD*3 基因。

5-羟色胺是通过其受体介导神经调节活动的，5-羟色胺受体（5-hydroxytryptamine receptor，5-HTR）是由多个蛋白组成的蛋白质家族。其中，5-*HTR*2A 基因编码的是 G 蛋白偶联受体，一些临床上用于治疗精神分裂症的药物，均是作用于 5-HTR2A 而发挥作用的，故该基因可能与精神分裂症的发生有关。

（3）染色体病的基因检测

染色体病属于遗传性疾病的一种，包括染色体数目异常、染色体结构异常、微结构异常等种类。染色体数目异常导致的疾病常见的有三体型（trisomy）和单体型（monosomy）。三体型染色体数目异常在临床上最常见，包括常染色体三体型和性染色体三体型，性染色体三体型对机体的影响显著低于常染色体三体型。例如 X 染色体三体型女性，因为 X 染色体的异染色质化，对机体的影响更小，机体很可能并无明显的异常。关于单体型，临床上能见到 X 染色体单体型，仅有少数存活，称为 Turner 综合征。

染色体病的检验除了依靠传统的核型分析之外，近年来发展的技术荧光原位杂交（FISH）、多重连接依赖性探针扩增技术（MLPA）和新一代测序技术（NGS）等在临床上应用越来越广泛，这些技术直接针对 DNA 进行检测与传统方法相比具有快速、高通量和无创等优势。

虽然核型分析是产前诊断的金标准，能够准确检测出胎儿染色体是否存在数目和结构异常,但该方法需要穿刺后培养羊水或者绒毛细胞,制片和显微镜观察时间较长,并且要求操作者实践经验丰富,完成整个产前诊断的流程需要 2~4 周的时间。对分裂间期的细胞进行 FISH 检测,不需要进行体外培养,可以直接快速检测,对不同的染色体进行不同颜色的荧光标记,同时进行多重杂交,在荧光显微镜下确定染色体数目是否存在异常。MLPA 可以直接取少量的标本进行检测,无需体外培养,能够针对临床常见的非整倍性改变的染色体(13、18、21、X、Y)上几个基因的序列设计特异性探针,即可根据拷贝数的改变确定染色体数目是否发生异常。1993 年以来,荧光定量 PCR 也可用于 21 三体综合征的产前诊断。

但是上述这些检测方法均需对羊水和脐带血细胞进行检测,取材方法具有创伤性,具有感染、流产的风险,许多孕妇不愿意接受产前诊断。近年来发展起来的无创产前诊断,通过提取孕妇外周血中胎儿的游离 DNA 片段,然后采用新一代测序技术,结合生物信息学分析来确定胎儿患非整倍染色体疾病的风险。因为无创产前基因诊断具有无创性、特异性和准确度高达 99%的特点,在临床应用迅速推广,在 Down 综合征筛查高风险或临界值的孕妇、胎儿超声波检查结构异常(NT 增厚)的孕妇均可进行无创产前基因诊断。

(4) 线粒体病的基因检测

线粒体病是指因线粒体 DNA 变异而导致的线粒体结构、功能异常,氧化呼吸链及能量代谢障碍而导致的以脑和肌肉受累为主的多系统疾病。线粒体病的遗传特征是母系遗传。线粒体病相关的突变以点突变为主,因此用于点突变检测的技术均可用于线粒体病的基因检测,但 DNA 测序技术是目前鉴定突变的金标准。

① MELAS 相关的 mtDNA 突变检测。

MELAS 是指线粒体脑病伴乳酸中毒及卒中样发作综合征,是最常见的母系遗传的线粒体病。早期 MELAS 的诊断过程非常复杂,通常根据疑似患者的临床症状、家族史,再通过影像学、电生理、肌肉活检等辅助检查进行诊断。目前通过基因诊断即可最终确诊。

mtDNA 突变是导致 MELAS 发生的重要原因,其中 80%患者存在 mtDNA A3243G 突变,其次是 T3271C 突变。今年来还发现编码 tRNA、rRNA 的 mtDNA 发生突变与 MELAS 的发生相关,这些突变多具有异质性。当 mtDNA 累积的异质性突变超过临界值,线粒体产生的能量无法满足细胞的生理功能,则会导致出现临床症状,最先累及脑、骨骼肌、心肌等对能量要求比较高的器官,导致出现慢性乳酸中毒,诱发脑卒中样发作。

该疾病的基因诊断可以提取外周血或肌肉组织 DNA 作为模板进行 PCR,对 PCR 产物测序后进行序列分析突变位点是否存在。

② 耳聋相关的 mtDNA 突变检测。

线粒体 12SrRNA 基因突变 A1555G 和 C1494T 是氨基糖苷类抗生素导致的药物性耳聋的分子致病基础,还有相应 tRNA 基因突变影响耳聋的表型。开展耳聋相关基因的筛查,可以作为听力筛查的有效辅助,预测早期的听力障碍,同时可预测下一代耳聋的概率。检测点突变和单核苷酸多态性的方法均可用于耳聋相关基因的突变检测。

2. 感染性疾病的基因诊断

微生物学、免疫学等基础学科的发展,使我们对病毒性感染疾病和细菌性感染疾病的认识更加清楚,通过定性及定量检测病毒或细菌的特异性基因在人体的存在,可以使临床医生更早的确诊疾病并及时制定合适的治疗方案。

（1）乙型肝炎病毒的基因检测

乙型肝炎是一种由乙型肝炎病毒（hepatitis B virus，HBV）引起的传染病，能够导致肝脏炎性病变，并可能引起多器官的损伤。乙肝病毒感染的实验室诊断目前主要是基于血清特异性抗原抗体的免疫学方法和 HBV DNA 的荧光定量 PCR 方法。二者更具优势，通常在临床上互相结合使用。与血清学标志物相比，HBV DNA 检测可以在更早的时间检测到 HBV 的感染，能够做到乙型肝炎的早期诊断。

通过对 HBV 基因组中的高度保守序列设计引物，通过实时荧光定量 PCR 定量检测 HBV DNA 的含量，反映 HBV DNA 的存在、复制水平及传染性的大小，可以为乙型肝炎早期诊断、病情估测、疗效监测等提供有效的数据参考。

（2）结核分枝杆菌的基因检测

结核分枝杆菌简称结核杆菌（tubercle bacilli，TB），是结核病的病原体。它生长缓慢，培养周期长，一般 4～6 周才能出现肉眼可见的菌落，故培养法检测 TB 无法满足临床早诊断、早治疗的需要。基于结核分枝杆菌基因组 DNA 的基因检测方法能够克服上述缺点，能够快速、特异、准确地检测出 TB，不仅能满足 TB 感染的快速诊断，而且能够用于抗结核用药指导。

临床上常通过实时荧光定量 PCR 方法检测 TB 特异的基因，检测 TB 感染的存在和定量 TB 的拷贝数。另外，通过检测 TB 的耐药基因，能够为结核病的临床治疗提供用药指导。

3. 肿瘤的基因诊断

（1）肺癌的基因检测

肺癌是全球发病率最高的恶性肿瘤之一，肺癌的诊断主要依靠组织细胞病理学和影像学，而且对于肺癌早期的诊断具有一定的灵敏性。然而基因检测用于肺癌不仅能够做到早期诊断，而且可以用于指导药物靶向治疗和评估肺癌患者的预后，还可以提早发现微小转移病灶。

① *EGFR* 基因检测。

在大部分非小细胞肺癌（nonsmall-cell lung cancer，NSCLC）中，均能发现原癌基因表皮生长因子受体（epithelial growth factor receptor，EGFR）的过表达，其中鳞癌为 85%，腺癌和大细胞癌为 65%，小细胞癌的占比较少。EGFR 是表皮生长因子 EGF 相关酪氨酸受体家族成员，与配体结合后，发生受体的同源或异源二聚化，激活受体内源性的酪氨酸激酶，介导下游的信号级联反应，包括 Ras-Raf-MAPK 信号通路、PI3K-Akt 信号通路和 STAT 信号通路。EGFR 蛋白过表达在 NSCLC 患者中非常普遍，与肺癌的侵袭性和预后不良有关，EGFR 蛋白水平与其基因的拷贝数相关。

② *K-ras* 基因检测。

K-ras 基因与肺癌的发生和预后相关，20%～30% 的 NSCLC 患者存在 *K-ras* 突变，其中 80%～90% 的突变是第 12 位的密码子的突变，导致 K-ras 蛋白组成性活化。*K-ras* 基因突变会导致患者对 EGFR-酪氨酸激酶抑制剂治疗效果不佳，因此对该基因突变的检测有助于临床医生制定治疗策略。

（2）乳腺癌

乳腺癌的发生具有遗传性或者家族性和散发性两种，与乳腺癌的发生发展密切相关的基因有 *BRAC1*、*BRAC2*、*HER2*、*p53* 等。乳腺癌的易感基因的检测对于乳腺癌诊断、靶向治疗等具有重要的指导意义。

① *HER2* 基因检测。

HER2 基因也称为 *c-erbB-2* 基因，属于表皮生长因子受体家族成员，具有酪氨酸激酶活性。该基因是乳腺细胞中比较常见且比较容易激活的基因，激活后仅在乳腺癌细胞中发生扩增和 RNA 及蛋白质水平的过度表达，正常乳腺上皮细胞不会出现基因扩增或者过度表达。研究表明 *HER2* 基因在早期乳腺癌中的表达量较高，因此可以作为乳腺癌早期诊断的参考。

临床上有证据表明 *HER2* 基因过度表达的乳腺癌患者，生存率较低、恶性程度较高、进展比较迅速、容易发生转移，适宜进行大剂量蒽环类、紫杉类药物治疗。因此，*HER2* 基因过度表达不仅影响乳腺癌细胞的生长与转移扩散的能力，也影响治疗策略的制定。

目前已有多种靶向 HER2 的肿瘤药物，HER2 作为乳腺癌的分子标志物用于指导乳腺癌的个体化治疗，在治疗策略的制定和治疗效果的预测方面发挥着重要的作用。

② 乳腺癌复发基因的检测。

近年来，利用 DNA 微阵列技术和多基因定量 PCR 技术，可以对乳腺癌复发基因进行检测，从而预测乳腺癌复发转移风险及治疗效果。目前已有商品化乳腺癌复发基因检测方法问世，但是该检测方法仍存在一些问题，比如可重复性的问题、标本取材的问题和检测结果统计分析及标准化的问题等。

乳腺癌基因检测具有重要的意义：① 筛选易感人群和预后差的患者，从而可以指导易感人群自身采取相应的预防措施，也可以对预后差的患者采取相应的措施。② 预测乳腺癌复发、转移的风险。③ 筛选适合进行内分泌、化疗及靶向治疗的患者。

13.2　基　因　治　疗

13.2.1　基因治疗的概念

经典概念（狭义概念）：运用 DNA 重组技术，将具有正常功能的基因置换或增补患者体内缺陷的基因，使细胞恢复正常功能从而达到治疗疾病的目的。

广义概念：将某些遗传物质转移至患者体内，使其在体内表达，或者在基因水平改变基因的表达，最终达到治疗某种疾病的方法，均称为基因治疗。

13.2.2　基因治疗策略与基本方法

遗传病的种类繁多，发病机制各不相同，依据疾病发生的分子机制差异，选用不同的基因治疗策略。

1. 针对治病基因的策略

(1) 基因矫正(gene correction)

是指原位纠正缺陷基因的单个碱基突变,而无需替换整个基因,即可达到治疗的目的。此法适用于对单个碱基突变引起的单基因遗传病治疗,但技术难度大,目前仍处于研究阶段。

(2) 基因置换(gene replacement)

是将外源性正常基因定点导入靶细胞的基因缺陷部位,原位替换异常基因,使治病基因得到永久修正。该法避免了发生新插入突变的潜在风险,是最理想的基因治疗方法,但技术难度大,目前尚处于研究阶段。

(3) 基因增强(gene augmentation)

是指利用基因转移技术,将正常功能的基因转移到有基因缺陷的细胞中以表达正常产物,从而弥补缺陷基因的功能。该法适用于基因缺陷或功能缺陷等引起的遗传性疾病,其技术较为成熟。目前临床上开展的基因治疗多采用此法,但缺陷基因本身无法去除或修复,且向靶细胞基因组的随机插入有可能会造成新的基因突变。

(4) 基因失活(gene inactivation)

是指封闭疾病相关基因从而阻止其产物的形成。主要技术有反义核酸技术、反基因策略、核酶、基因敲除和 RNA 干扰等,适用于基因突变产生异常蛋白或基因过量表达蛋白质而导致的遗传病。

① 反义核酸技术:应用碱基互补配对原理,人工合成与目的基因 mRNA 序列互补的反义 RNA,与体内特异的 mRNA 互补结合后阻止 mRNA 与核糖体结合,从而阻断基因的表达。有的反义核酸还能切割杂交分子,从而摧毁异常 mRNA。但不断补充反义核酸费用高而且麻烦,故其临床应用受限。如果选择功能强大的启动子构建真核表达载体,可在细胞内源源不断地转录产生反义核酸片段,是一种较理想的反义核酸治疗途径。

② 肽核酸(peptide nucleic acid,PNA):是一类以多骨架取代糖磷酸主链的 DNA 类似物,即以中性的肽链酰胺 2-氨基乙基甘氨酸键取代 DNA 中的戊糖磷酸二酯键骨架。PNA 通过 Watson-Crick 碱基配对形式识别并结合 DNA 或 RNA 序列,形成稳定的双螺旋结构。PNA 具有特异性强、稳定性好、细胞容易吸收的特点,可在基因的复制、转录和翻译等环节抑制或下调靶基因的表达,达到治疗疾病的目的。

③ 反基因策略:人工合成的富含嘌呤或嘧啶的脱氧寡核苷酸可与双链 DNA 内特定的同聚嘌呤、同聚嘧啶序列结合,形成稳定的三螺旋结构(三链 DNA)。目前,科学家已证实在靶基因内形成的局部三链 DNA,可在基因复制或转录水平上调控基因表达。这给肿瘤和病毒感染性疾病的治疗提示了新的方向,人们称之为反基因策略。

④ 核酶(ribozyme):是天然的具有催化功能的小分子 RNA,能像酶一样识别并切断异常 mRNA 的特定序列,从而阻断蛋白质合成,减少有害基因产物。与一般的反义 RNA 相比,核酶具有较稳定的空间结构,不易受到 RNA 酶的攻击。更重要的是,核酶在切断 mR-NA 后又可从杂交链上解脱下来,重新结合和切割其他的 mRNA 分子。

⑤ RNA 干扰(RNA interference,RNAi):是指向细胞中导入与内源性 mRNA 同源的外源性双链 RNA(double-stranded RNA,dsRNA)时,该 mRNA 发生降解而导致基因表达沉默的现象(具体内容见第 10 章)。其机制为外源 dsRNA 进入细胞后可产生小分子干扰RNA(small interfering RNA,siRNA),siRNA 与多种核酸酶组成 RNA 诱导沉默复合物(RNA-induced silencing complex,RISC),激活的 RISC 通过碱基配对与细胞内核酸酶作用,高效特异地降解同源 mRNA 序列。RNAi 是机体抵御外来基因和病毒感染的进化保守机制,在维持基因组的稳定性方面发挥了重要作用。

2. 针对非致病基因的策略

(1) 自杀基因(suicide gene)

自杀基因又称为前体药物酶转化基因,这种基因导入受体细胞后可产生一种酶,它可将原来无细胞毒性或低毒药物前体转化为细胞毒性物质,将细胞本身杀死,这种基因被称为"自杀基因",可以通过整合位点等选择目标细胞(图 13.3)。

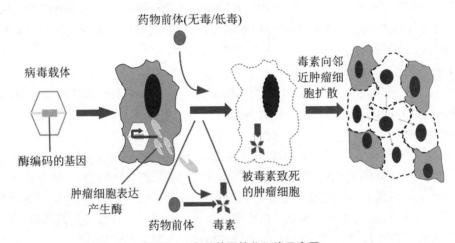

图 13.3 自杀基因转化细胞示意图

(2) 免疫基因治疗(immunogene therapy)

通过将抗癌免疫增强细胞因子或 MHC 基因导入肿瘤组织,以增强肿瘤微环境中的抗癌免疫反应。如细胞因子(cytokine)基因的导入和表达等。

(3) 耐药基因治疗(drug resistance gene therapy)

耐药基因治疗是在肿瘤治疗时,为提高机体耐受化疗药物的能力,把产生抗药物毒性的基因导入人体细胞,以使机体耐受更大剂量的化疗。如向骨髓干细胞导入多药抗性基因中的 mdr-1。

13.2.3 基因治疗的基因载体

基因治疗中常用的载体主要有非病毒载体和病毒载体两大类。

1. 非病毒载体

非病毒载体不受基因插入片段大小的限制,使用简单且容易获得,但转染效率低,稳定性差。采用的方法有磷酸钙共沉淀、电穿孔、显微注射、脂质体介导、受体介导、直接注射及基因枪等。

2. 病毒载体

病毒载体要求低毒、高效、容量大,可控制基因转导及表达。用作载体的病毒主要有逆转录病毒、腺病毒、单纯疱疹病毒和腺相关病毒等,其中腺相关病毒(adenovirus associated virus,AAV)是一类单链线状 DNA 缺陷型病毒,其基因组 DNA 小于 5 kb,自然缺陷、无包被和无致病原性,作为基因治疗载体安全性高、宿主范围广(分裂和非分裂细胞)、免疫源性低,可用于介导长期性的基因表达,被认为是最有希望的病毒载体系统之一,在世界范围内的基因治疗和疫苗研究中得到广泛应用。

13.2.4　基因治疗的基本程序

1. 制备目的基因

目的基因分两类:一类是与致病基因相对应的有功能的特定正常基因;另一类是参与致病基因及其表达产物调控的基因如自杀基因、细胞因子基因等。目前,制备目的基因的途径有:① 从染色体 DNA 中分离。② 从基因组 DNA 文库中分离。③ 从 cDNA 文库中分离。④ 用 PCR 技术从基因组 DNA 中分离。

2. 选择靶细胞

靶细胞是能够接受目的基因的细胞,目前,已有多种类型的体细胞被选作基因治疗的靶细胞,包括骨髓细胞、造血干细胞、成纤维细胞、淋巴细胞、肌细胞、肝细胞、内皮细胞及肿瘤细胞等。p 细胞应符合以下条件:① 取材容易,自体移植无排斥反应,具有增殖优势且生命周期长。② 较为坚固,能耐受处理,经转化和一定时间培养后输回体内仍能成活。③ 易被外源基因转化。④ 具有外源基因表达的组织特异性,以便于转移的目的基因能持续表达。

3. 目的基因转移

目的基因转移主要是通过基因转移载体将目的基因安全有效地转移到靶细胞内,这是基因治疗成功的关键。

4. 目的基因在受体细胞中表达

外源基因的表达与调控是目前基因治疗的难点和研究热点,虽然外源基因导入靶细胞并在靶细胞中表达已获得成功,但表达效率仍有很大的差别。位于目的基因前端的启动子常常是表达效率的关键。所以,要使目的基因高效表达,关键在于选择合适的载体,尤其是寻找适合目的基因的高表达启动子。目前,人们正在通过定点插入以及连接强启动子等方法来提高目的基因的表达水平。

13.2.5 基因治疗的应用

1. 单基因病的基因治疗

（1）腺苷脱氨酶缺乏症

腺苷脱氨酶（adenylate deaminase，ADA）缺乏症为常染色体隐性遗传病,患者因缺乏ADA 使个淋巴细胞内相应代谢产物累积,导致重症联合免疫缺陷症（SCID）,通常婴儿在出生几个月后死亡。该病是 1990 年世界首例实施临床基因治疗并获得成功的遗传缺陷病。受治者是一名 4 岁女童,因 *ADA* 基因缺陷,体内不能合成 ADA,患儿出生后只能待在特殊的封闭环境内生活。美国园立健康研究院（NH）的研究人员用含有正常 *ADA* 基因的逆转录病毒载体转染离体培养的患儿淋巴细胞,然后将转染后的淋巴细胞经静脉回输到患儿体内。经反复几次治疗后,患儿体内 ADA 水平达正常值的 25%,并能在室外正常活动,这种治疗方法获得了较长时间的治疗效果。1991 年、1999 年先后又有 3 名患者接受了这一基因治疗,并取得了良好疗效。近年来,ADA 缺乏症已成为遗传病基因治疗的首选疾病。

（2）血友病 B

血友病 B 是一种 X 连锁隐性遗传病,因基因突变导致凝血因子区（FIX）缺乏。传统治疗该病的手段为替代治疗（输血浆提取物或重组 FIX 制剂）,但反复输注外源性 FIX 可引起机体形成 FX 抑制物,血制品输注易导致相关疾病,且医疗费用昂贵。基因治疗则为血友病的长期缓解乃至治愈带来了希望。1991 年,我国复旦大学遗传研究所的薛京伦等人对两例血友病 B 患者进行了基因治疗。他们将正常人 FIX 因子基因经逆转录病毒导入患者离体培养的皮肤成纤维细胞中,再将这些细胞回输到患者体内。经几次治疗后,一例患者体内凝血因子成倍上升,凝血活性提高,出血症状得到了明显改善,不需再进行输血治疗;另一例患者体内凝血因子也增高,但凝血活性并未提高。

（3）α-抗胰蛋白酶缺乏症

是血中 α-抗胰蛋白酶（简称 α-AT）缺乏引起的一种先天性代谢病,临床上常导致新生儿肝炎,婴幼儿和成人肝硬化、肝癌和肺气肿等;晚期 α-AT 缺乏性肝病患者需要进行肝移植。近年来采用基因治疗取得了好的疗效,即向患者肝细胞内导入正常的 α-AT 基因,使肝细胞合成正常的 α-AT。应用腺病毒载体把 α-AT 基因转移到呼吸道上皮细胞,可阻止慢性阻塞性肺病的发展。

（4）囊性纤维化

囊性纤维化（cystic fibrosis，CF）是一种在白人中最常见的致死性常染色体隐性遗传病,致病基因定位于 7q31-q32。患者因全身外分泌腺细胞分泌的黏液不能被及时清除,引起阻塞和感染,患者 98% 死于肺部感染,其次为肝硬化、糖尿病等。1987 年,华裔科学家徐立致等人得到了 CF 致病基因克隆,该基因编码囊性纤维化跨膜调控子（cystic fibrosis transmembrane regulator，CFTR）,为 *CF* 基因治疗奠定了基础。1994 年美国科学家利用经过修饰的腺病毒载体,成功地将治疗遗传性囊性纤维化病的正常基因 *CFTR* 转入患者的肺组织中。

（5）家族性高胆固醇血症

家族性高胆固醇血症（familial hypercholeslerolemia，FH）是低密度脂蛋白（LDL）受体缺陷引起的疾病，既是脂类代谢疾病，也是受体病，其遗传方式为常染色体显性遗传。把LDL 受体基因转移到肝细胞表达是治疗该病的有效方法。在临床研究中，应用逆转录病毒载体已经把 LDL 受体基因转移到 FH 患者的肝细胞中，使患者的症状得到缓解。

2. 肿瘤的基因治疗

近年来，肿瘤的基因治疗迅速发展为肿瘤治疗领域中最有希望的热点。用基因转移技术将正常外源基因导入宿主细胞，直接修复或纠正肿瘤相关基因的结构和功能缺陷，或者通过增强宿主的免疫防御功能杀伤肿瘤细胞。在肿瘤的基因治疗中，目的基因的选择余地很大，可以采用反义 mRNA 降低肿瘤基因的表达，或采用野生型 *p53* 基因抑制肿瘤的生长并缓解因 *p53* 突变导致的耐药性，或将细胞因子/肿瘤相关抗原基因转入靶细胞以增强机体抗肿瘤免疫能力。如用 HLA2B7 治疗直肠癌，用抑癌基因 *p53* 治疗头颈部肿瘤、非小细胞肺癌，用细胞因子基因Ⅱ-2 治疗转移性乳腺癌等。肿瘤的基因治疗只需要较短的疗程，甚至一过性表达也可达到杀伤肿瘤细胞的目的。以下介绍几种肿瘤的基因治疗方法：

（1）自杀基因治疗

自杀基因治疗是一种特殊形式的基因治疗，通过定向导入某些病毒或细菌药物前体转化酶基因，使原来无毒的化疗药物前体在肿瘤细胞内转换为强毒性产物，从而导致肿瘤细胞自杀。该基因只在肿瘤特异启动子控制下进行转录和翻译，而在肺肿瘤组织中不表达，限制其对正常组织的毒性。由于这种药物对正常细胞无毒，而肿瘤细胞由于导入"自杀基因"编码的酶能把药物转化为有害物质，阻碍 DNA 复制，可选择性地杀伤肿瘤细胞。例如，碱基类似物更昔洛韦（ganciclovir，GCV）和阿昔洛韦（acyclovir，ACV）可在单纯疱疹病毒胸苷激酶（HSV-tk）作用下异常磷酸化，在参与 DNA 合成时阻断 DNA 的正常复制，导致细胞死亡。因此，人们将 HSV-tk 基因称为"自杀基因"。已有人用 HSV-tk 为目的基因对 8 例恶性神经胶质瘤患者进行了治疗，方法是先用逆转录病毒将 HSV-tk 转移到离体培养的肿瘤细胞（HSV-tk$^+$）中，再将这些 HSV-tk$^+$ 细胞回输给患者，然后用 GCV 或 ACV 进行治疗。因逆转录病毒载体只转染分裂细胞，而脑中肿瘤只有在肿瘤细胞及其供给肿瘤营养的血管内皮细胞进行分裂，因此用这种方法治疗脑肿瘤特别有效。"自杀基因"疗法还可产生一种"旁观者效应"（bystander effect），即转染自杀基因的肿瘤细胞被药物杀死后，未被转染的肿瘤细胞也会被杀死。研究表明，HSV-tk$^+$ 细胞中产生的毒性代谢物可通过细胞间隙连接对周围的 HSV-tk$^-$ 肿瘤细胞起作用，治疗时不需要向所有的肿瘤细胞中转移 HSV-tk 基因，一般只要对 10%～20% 的 HSV-tk$^+$ 肿瘤细胞进行基因治疗，就足以导致无 HSV-tk 基因转移的肿瘤细胞（HSV-tk$^-$）随之死亡，肿瘤完全消退。

（2）基因替代治疗

用抑制肿瘤或诱导凋亡的基因替代缺失或突变的基因，可达到抑制肿瘤细胞增殖的效果。许多肿瘤组织中抑癌基因缺失，导致抑癌基因编码的抑制肿瘤细胞生长和诱导肿瘤细胞凋亡的蛋白缺乏。目前研究较多的抑癌基因有 *p53*、*p16*、*Rb* 等，而最常用的抑癌基因是

p53。研究发现，人类恶性肿瘤中至少 50% 有 p53 改变。将野生型 p53 导入靶细胞，其表达的 p53 蛋白能将有 DNA 损伤的细胞阻断在 G 期并诱导细胞凋亡，使体外培养的人癌细胞的生长被抑制，并可使人活体组织中分离出来的恶性细胞失去对裸鼠的致瘤性。在临床实验中，*p53* 基因替代治疗联合放疗、化疗等常规治疗手段取得了较好的疗效。

近年来，基因治疗的产业化取得了突破性进展，如重组腺病毒-p53 抗癌注射液及基因疫苗的工厂化生产。基因疫苗是指将编码抗原的外源性基因插入质粒后导入宿主细胞，使其表达抗原蛋白，进而诱导机体产生免疫应答，抗原基因在一定时限内持续表达，不断刺激机体免疫系统，从而达到预防疾病的目的。基因疫苗的质粒无免疫原性，不引发自身免疫反应，而且制备简单，生产成本低，易于贮存和运输，使用方便。

（刘建红　马彩云）

第 14 章　肿瘤发生和转移

　　肿瘤是危害人类健康的一类杀手,根据现代细胞生物学的观点,肿瘤是一类细胞疾病,其基本特征是细胞的生长异常和分化异常。目前普遍认为,绝大多数肿瘤是环境因素和遗传因素相互作用所致。研究表明,肿瘤是多种基因突变累积的结果,包括癌基因(oncogene)、抑癌基因(tumor suppressor gene)和基因组维护基因(genome maintenance gene),最终表现为细胞失去控制的异常增殖,这种异常生长的能力除了表现为肿瘤本身的持续生长,在恶性肿瘤还表现为对邻近正常组织的侵犯及经血管、淋巴管和体腔转移到身体其他部位,多为肿瘤致死的原因。

　　自 20 世纪 50 年代以来,随着分子生物学的发展,肿瘤分子生物学成为肿瘤学基础研究领域最活跃的学科,极大地促进了人们对肿瘤的发生发展及转归机制的认识。在这一章节中,我们将重点阐述癌基因和抑癌基因在细胞癌变和肿瘤发生发展中的作用、调控机制以及肿瘤侵袭和转移的分子机制。

14.1　癌　基　因

　　癌基因在肿瘤的发生发展过程中扮演着重要角色,从理论上说,癌基因的研究说明,环境致癌物引起肿瘤的原因之一可能在于激活了细胞中内在的原癌基因(proto-oncogene),在实用意义上,由于癌基因的激活,使细胞合成相应的特异的转化蛋白,后者可能被用于诊断。而且如果能抑制癌基因的激活,或使转化蛋白失活,那么将有可能提供肿瘤治疗的新途径。

　　癌基因是基因中的一类,是人类或其他动物细胞(以及致癌病毒)固有的基因,又称转化基因,激活后可促使正常细胞癌变、侵袭及转移。癌基因激活的方式包括点突变、基因扩增、染色体重排、病毒感染等。癌基因激活的结果是其数目增多或功能增强,使细胞过度增殖及获得其他恶性特征,从而形成恶性肿瘤。癌基因可分为两大类:第一类是病毒癌基因(viral oncogene,v-onc),是反转录病毒的基因组里带有可使受病毒感染的宿主细胞发生癌变的基因;第二类是细胞癌基因(cellular oncogene,c-onc),因其在正常人及高等动物中普遍存在,因此又称为原癌基因(proto-oncogene)。在每一个正常细胞基因组里都带有原癌基因,但它不出现致癌活性,只有在发生突变或异常激活后才变成具有致癌能力的癌基因。

14.1.1 病毒癌基因 viral oncogene(概念、发现、起源及命名)

科学家们在肿瘤病毒(tumor virus)中首先鉴定了诱导肿瘤转化的基因,随后鉴定了细胞癌基因。但目前确认与人类有关的肿瘤病毒是有限的,包括 DNA 病毒和 RNA 病毒。有致癌能力的 DNA 病毒由 6 个不同的病毒基因家族成员组成,乙型肝炎病毒(HBV)、猴病毒(SV40)与多瘤病毒(polyomavirus)、人乳头瘤病毒(HPV)、腺病毒(adenovirus)、疱疹病毒(herpesvirus)和痘病毒(poxvirus),在 RNA 病毒中只有反转录病毒能够致癌。肿瘤病毒感染与 15%~20% 的人类肿瘤发生有关,现已成为继吸烟之后人类第二位高危致癌因素。

乙型肝炎病毒 HBV 是 DNA 病毒,其基因组很小,有 4 个开放阅读框架(open reading frame,ORF),分别编码核壳(C)、包膜蛋白(S)、基因多聚酶(P)和与病毒基因表达有关蛋白(HBx)。一般认为 HBV 慢性感染者发生肝细胞癌(hepatocellular carcinoma,HCC)的危险性比无感染者高 100~200 倍。HBV 的致瘤机制尚不清楚,可能通过 3 种不同机制致癌:① 病毒 DNA 整合入宿主细胞基因组引起染色体不稳定,进而在很多位点发生杂合性缺失。② HBV 整合入某些特定部位引起插入突变,激活原癌基因。③ 表达的病毒蛋白可以调控肝细胞的增殖和活性,其中最主要的是 HBx 蛋白。

猿猴病毒与多瘤病毒基因组小,约 5 kb,这类病毒在天然宿主中并不诱导肿瘤,其致瘤性是病毒感染自身不能在其中复制的异源种属时的一种实验现象。SV40 的早期基因编码小 T 抗原和大 T 抗原,其中大 T 抗原足以诱导细胞转化;多瘤病毒的早期基因同时还编码中 T 抗原诱导细胞转化,大 T 抗原只是在初始细胞的转化中与中 T 抗原共同作用。

HPV 是一种小的嗜上皮 DNA 病毒,可引起人体许多部位的肿瘤。HPV 的基因组为 8 kb,呈双链环状结构。根据其对机体的影响,HPV 分为高危型和低危型。HPV-16 型、HPV-18 型、HPV-31 型和 HPV-45 型整合于细胞基因组中,与宫颈癌的发生有关;其中最具攻击力的是 HPV-16 型和 HPV-18 型,约 90% 的宫颈癌与它们的感染有关。HPV 的致瘤过程既涉及病毒致瘤蛋白,也涉及其他辅助致癌因素,如性激素、吸烟、其他病原微生物的共感染等,它们的共同作用导致 HPV 感染细胞的癌变,HPV 的致瘤蛋白有 E6、E7 和 E5,其中 E6 和 E7 是主要致瘤蛋白,E5 有较弱的致瘤活性。

腺病毒基因组约 35 kb,与 SV40 类似,在天然宿主中并不致瘤,但可以诱导非许可性异源细胞的转化。腺病毒诱导细胞转化是由 2 个早期基因,*e1a* 和 *e1b* 联合作用而引起的,其编码的 E1A 蛋白与 *Rb* 基因作用,E1B 蛋白与 *p53* 基因相互作用,两者联合诱导细胞转化发生。

疱疹病毒是一类非常复杂的动物病毒,基因组为 100~200 kb。疱疹病毒家族中几个成员可在天然宿主中诱导肿瘤。EB 病毒(epstein-barr virus,EBV)为一种 γ 疱疹病毒,基因组为线性双链 DNA,172 kb。EBV 主要攻击 B 淋巴细胞,与鼻咽癌、传染性单核细胞增多症、Burkitt 淋巴瘤、霍奇金淋巴瘤等多种人类肿瘤的发生相关,其致癌机制比较复杂,尚未完全弄清,涉及病毒致瘤蛋白的持续表达,导致基因组的不稳定,干扰细胞信号传导和细胞周期。

痘病毒也是非常复杂的动物病毒，基因组约为 200 kb，与所有其他 DNA 病毒不同的是，痘病毒不在细胞核中复制，而是在被感染细胞的胞质中复制。痘病毒不诱导恶性肿瘤，但可诱导良性肿瘤。

RNA 肿瘤病毒中有能力诱导宿主细胞发生肿瘤性转化的是反转录病毒，依据反转录病毒感染宿主后，肿瘤发生的快慢分为两类：急性转化病毒和慢性转化病毒。急性转化病毒，如劳斯肉瘤病毒（rous sarcoma virus，RSV），其潜伏期短，被感染动物在几周内可发生肿瘤，并可使培养细胞发生转化，从这类病毒的基因组中分离到相应的病毒癌基因（v-onc）。慢性转化病毒，如禽类白细胞增生病毒（avian leukosis virus，ALV）可在宿主中进行病毒复制，并诱发肿瘤，但潜伏期较长，不能使培养细胞发生转化。RSV 是由 Rous 在鸡肉瘤中发现并分离的第一个急性转化病毒，并从中鉴定出第一个病毒癌基因 v-src。

RSV 和 ALV 关系很近，通过克隆和测序等分子生物学方法对其进行基因组分析，发现它们具有相同的基因组结构，然而只有 RSV 的感染才导致细胞转化。对两种病毒的基因组序列进行分析，显示 RSV 的 RNA 约为 10 kb，而 ALV 的基因组长度约为 8.5 kb，试验证实多出的这 1.5 kb 不是病毒复制所必需的，但对诱导鸡肉瘤和培养成纤维细胞转化是部分必需的，这一基因是 RSV 转化培养成纤维细胞和体内诱导肉瘤所必需的，称为 src，这是鉴定的第一个致癌基因。ALV 和 RSV 基因组比较如图 14.1 所示。

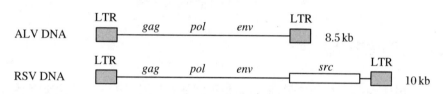

图 14.1　ALV 和 RSV 基因组比较

急性转化病毒的早期分离物来源于非转化反转录病毒慢性感染的动物肿瘤，这些动物偶然形成的肿瘤便是新的急性转化病毒的来源，并通过动物体或组织传代维持下去。这就意味着含有癌基因的急性转化病毒是从本来不含癌基因的病毒感染组织中分离得到，暗示反转录病毒癌基因可能是从宿主细胞得来并整合到非转化病毒基因组，从而产生具有更强致瘤性的新重组病毒。1976 年，Varmus 等人通过 src 特异性探针杂交实验（图 14.2）发现，正常鸡 DNA 中存在与 src 病毒癌基因紧密相关的 DNA 序列。以其他急性转化病毒癌基因做探针进行类似实验，发现在可转化的正常细胞中存在与反转录病毒癌基因同源的序列，而且这种同源序列在所有脊椎动物中都是保守的，这种被病毒获得而成为病毒癌基因的正常细胞 DNA 序列称为原癌基因，以区别于病毒中的癌基因。

虽然病毒癌基因是来自宿主本身的基因，但是它们的结构和功能有所差别，绝大多数病毒癌基因并不是简单地从宿主细胞中转移过来的细胞癌基因，而是经过拼接、截短和复杂重排之后形成的融合基因。病毒癌基因按功能可分为生长因子家族、跨膜酪氨酸激酶、膜相关酪氨酸激酶、丝氨酸-苏氨酸激酶、RAS 家族和核蛋白家族 6 类。

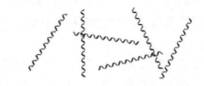

正常鸡的变性基因组DNA单链

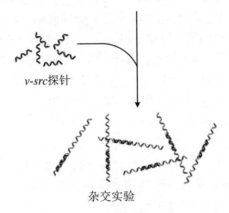

*v-src*探针

杂交实验

图 14.2　*src* 特异性探针杂交实验

14.1.2　细胞癌基因

细胞癌基因(c-onc)又称为原癌基因,是指正常细胞基因组中一旦发生突变或被异常激活后,可使细胞发生恶性转化的基因。每一个正常细胞基因组都带有原癌基因,但它不出现致癌活性,只是在发生突变或被异常激活后,才变成具有致癌能力的癌基因。原癌基因在进化上高度保守,从单细胞酵母、无脊椎生物到脊椎动物乃至人类的正常细胞都存在,其表达产物对细胞正常生长、增殖和分化起着精确的调控作用。

通过近 50 年的研究,科学家们在哺乳类动物细胞中已鉴定出数以百计与病毒癌基因高度同源的细胞原癌基因,并进一步明确这些原癌基因是调控细胞增殖、分化和凋亡等多种细胞生物学功能的基因家族。根据基因产物在细胞内的定位和生物学功能,可将其分为生长因子、生长因子受体、信号转导分子、转录因子、细胞程序性死亡及凋亡基因和细胞周期调控蛋白等类型。许多原癌基因在结构上具有相似性,功能上亦高度相关,可分为不同的基因家族,重要的有 *SRC*、*RAS* 和 *MYC* 等基因家族。

由癌基因蛋白为主要成员的信号分子组成了细胞内复杂的信号通信网络,将细胞外的各种刺激信号传递到细胞核内,让细胞做出应答。信号转导通路控制着细胞的生长、分化、凋亡、DNA 损伤修复、DNA 复制、基因转录和表达调控。

1. 原癌基因激活机制

原癌基因在各种环境或遗传因素作用下可发生结构改变(突变)而变为癌基因,或由于调节原癌基因表达的基因发生改变,使其过度表达,导致细胞生长刺激信号变得过分活跃,细胞生长和分裂加速。从正常的原癌基因转变为具有使细胞发生恶性转化的癌基因的过程，称为原癌基因的活化，这种转变属于功能获得突变（gain-of-function mutation）。原癌基因活化的机制主要有以下 5 种：

（1）点突变

大量的实验研究发现，点突变是导致癌基因活化的主要方式，原来基因可通过点突变方式激活成癌基因产生异常的基因产物，导致细胞癌变（图 14.3）。RAS 基因编码产物为 p21，具有 GTP 酶活性，RAS 基因的突变降低了 p21 的 GTP 酶的活性，使生长信号不断传导至细胞核。

原癌基因RAS		点突变	癌基因RAS		
密码子12	氨基酸	→	密码子12	氨基酸	肿瘤
GGC	甘氨酸		GTC	缬氨酸	膀胱癌
			GAC	天冬氨酸	结肠癌
			AGC	丝氨酸	肺癌

图 14.3　点突变是原癌基因 RAS 突变的主要方式

例如，原癌基因 RAS 的常见突变部位是密码子 12、13、59 或 61，膀胱癌患者的 12 位密码子 GGC 变成 GTC，编码氨基酸由甘氨酸变成缬氨酸；结肠癌患者的 12 位密码子 GGC 变成 GAC，甘氨酸变成天冬氨酸；肺癌患者的 12 位密码子 GGC 变成 AGC，甘氨酸变成丝氨酸，均导致细胞具有转化细胞的特征。20%～30%人类肿瘤中存在 RAS 基因突变，如膀胱癌、结直肠癌、肺癌、胰腺癌等。

（2）易位激活

染色体易位（chromosomal translocation）是复杂的生物学过程，首先 2 个 DNA 位点同时发生断裂，接着 2 个 DNA 断端相互靠近重新连接。此过程通常发生在临近的核内染色体或空间位置接近的基因。易位最终导致原癌基因的重排或融合，产生异常蛋白使细胞转化。

染色体易位对原癌基因的影响有 2 种方式：一是原癌基因与其他基因重组形成融合基因（fusion gene）并表达融合蛋白（fusion protein），如图 14.4 所示。如慢性髓细胞性白血病（chronic myelogenous leukemia，CML）中发现的 Ph 染色体，即为 9 号和 22 号染色体长臂易位的结果，形成 bcr/abl 融合基因，其表达的融合蛋白具有增高酪氨酸激酶活性的功能，且不受生长因子受体系统调节，与白血病发生有关。95%的 CML 病患中都可以出现。二是易位使得原癌基因置于其他强启动子的控制之下，导致其转录水平大大提高，如图 14.5 所示。如 Burkitt 淋巴瘤的易位发生是 8 号染色体的 C-MYC 基因易位到 14 号染色体的免疫球蛋白重链基因附近，使 C-MYC 基因置于免疫球蛋白的启动子控制之下，导致 C-MYC 基因转录水平明显增高，表达产物可促进细胞生长，导致细胞癌变。

（3）原癌基因扩增

基因扩增是癌基因活化的另一种主要方式。细胞内一些基因通过不明原因复制成多拷贝，多代表高度的染色体结构破坏与不稳定性。基因拷贝数增多往往会导致表达水平增加。

一个 DNA 扩增区往往涉及几十万个碱基对，因此一些肿瘤细胞 DNA 的扩增区中可能含有数个细胞癌基因，这些细胞癌基因的表达常因 DNA 扩增而活化，如在一些肉瘤病例中有 12 号染色体长臂的扩增,这些扩增常常活化 *MDM*2 和 *CDK*4 等基因。原癌基因的扩增常见于肿瘤的发展阶段,少见于肿瘤的始发阶段。

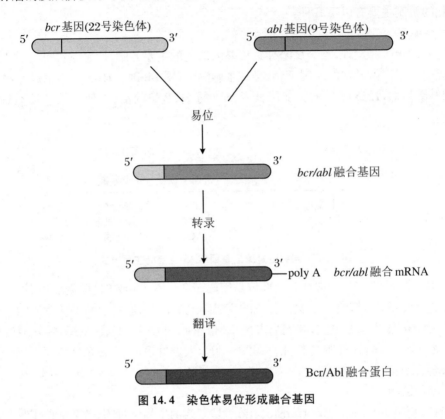

图 14.4　染色体易位形成融合基因

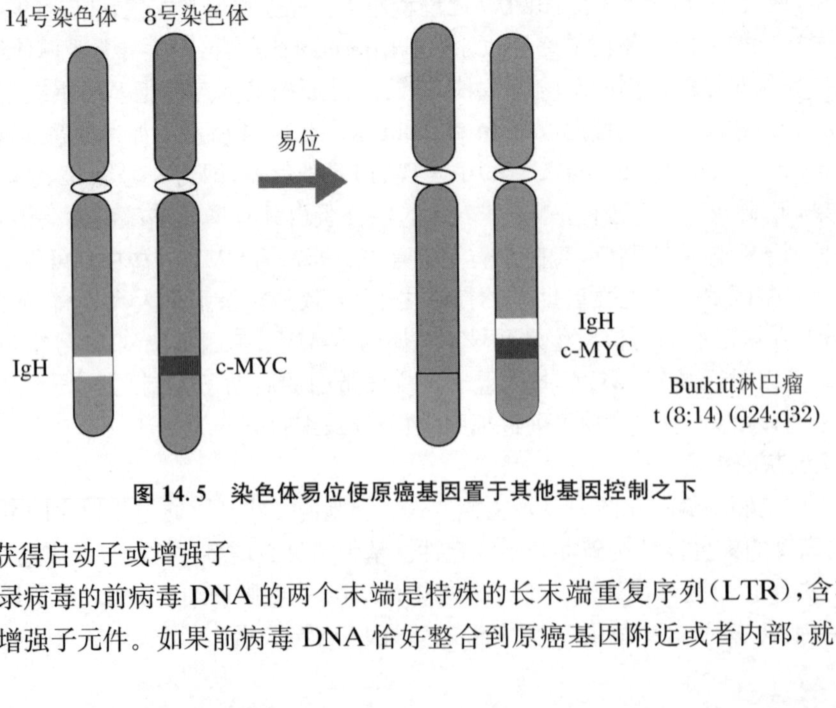

图 14.5　染色体易位使原癌基因置于其他基因控制之下

（4）获得启动子或增强子

逆转录病毒的前病毒 DNA 的两个末端是特殊的长末端重复序列（LTR）,含有较强的启动子或增强子元件。如果前病毒 DNA 恰好整合到原癌基因附近或者内部,就会导致原癌基因的表达不受原有启动子的正常调控,成为病毒启动子或增强子的控制对象,往往导致该原癌基因的过量表达。逆转录病毒的整合使原癌基因获得新的启动子或增强子,如图14.6所示。

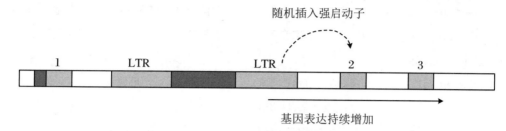

图 14.6　逆转录病毒癌的整合使原癌基因获得新的启动子或增强子

如鸡的白细胞增生病毒引起的淋巴瘤,就是因为该病毒的 LTR 序列整合到宿主的 *C-MYC* 基因附近,LTR 中的强启动子可使 *C-MYC* 的表达比正常高 30~100 倍。

(5) 甲基化程度降低

基因表达长于基因调节区内部,与其附近 CpG 岛的甲基化程度有关,在人的胃癌、肝癌、结肠癌和淋巴瘤等肿瘤组织中,科学家们相继发现 *C-MYC*、*H-RAS* 和 *AFP* 等癌基因的低甲基化,而正常组织中没有这种现象。

不同的癌基因有不同的激活方式,一种癌基因也可有几种激活方式,如 *C-MYC* 的激活就有染色体易位和基因扩增两种方式;而 *RAS* 的激活方式主要是突变。另外两种或更多的原癌基因的活化可有协同作用,使细胞更易发生恶性转化,在肿瘤细胞中常发现两种或多种细胞癌基因的活化。如白血病细胞株 HL-60 中有 *C-MYC* 和 *N-RAS* 的同时活化。

2. 常见的原癌基因及其功能

原癌基因编码的蛋白质涉及生长因子信号转导的多个环节,在不同层面刺激细胞生长,延长细胞存活期和抑制凋亡,根据其在细胞信号转导系统中的作用,可分为 5 类(表 14.1):

(1) 细胞外生长因子

生长因子是细胞外增殖信号,作用于膜受体,经各种信号通路,如 MAPK 通路等,引发一系列细胞增殖相关基因的转录激活。因此生长因子的过度表达会不断作用于相应的受体细胞,造成大量生长信号的持续输入,使得细胞增殖失控。

第一个证实癌基因编码生长因子的例子是 1983 年发现的猴肉瘤病毒中 *SIS* 癌基因编码血小板衍生生长因子(platelet-derived growth factor,PDGF),人的原癌基因 *c-SIS* 编码 PDGF 的 β 链,作用于 PDGF 受体,激活 PLC-IP$_3$/DAG-PKC 途径,促进肿瘤细胞增殖。癌基因 *INT*-2 的编码产物为成纤维细胞生长因子(fibroblast growth factor,FGF),也能刺激细胞生长,与乳腺癌等肿瘤的发生有关。目前已知与恶性肿瘤发生和发展有关的生长因子有 PDGF、表皮生长因子(Epidermal Growth Factor,EGF)、TGF-β、FGF、IGF-1 等。

表 14.1　癌基因的产物及功能

癌基因(染色体定位)	生物功能	细胞定位	相关人类肿瘤
生长因子类			
SIS(22q13.1)	PDGF-β 链同源	分泌蛋白	NSCLC、星形细胞瘤、骨肉瘤
INT-2(11q13)	FGF 家族	分泌蛋白	胃癌、膀胱癌、乳腺癌
生长因子受体类			
EGFR(7q12-q13)	酪氨酸激酶(EGFR)	胞膜	乳腺癌、卵巢癌、胶质瘤
MET(7q31)	酪氨酸激酶(HGFR)	胞膜	胃癌、肾癌
RET(10q11.2)	酪氨酸激酶(GDNFR)	胞膜	甲状腺癌、多发性内分泌肿瘤
FMS(5q33)	酪氨酸激酶(M-CSFR)	胞膜	白血病
GTP-结合蛋白			
K-RAS(11p15)	GTP 结合蛋白,信号转导	胞膜	多种人体肿瘤
非受体型胞质激酶			
ABL、SRC、YES、RET	酪氨酸激酶	胞质	白血病、乳腺癌、结肠癌
PIM、RAF-1、MOS	丝/苏氨酸激酶	胞质	多种人体肿瘤
转录因子			
C-MYC (8q24)	结合 DNA,影响转录	核	Burkitt 淋巴瘤
N-MYC (2p24-p25)	结合 DNA,影响转录	核	神经母细胞瘤、小细胞肺癌
FOS (14q24.3-q31)	转录因子(AP-1 复合物)	核	骨肉瘤
JUN(1p31-p32)	转录因子(AP-1 复合物)	核	淋巴瘤
抗凋亡蛋白			
BCL-1 (11q13)	活化细胞周期蛋白	核	B 细胞淋巴瘤
BCL-2(18q21)	抑制凋亡	线粒体蛋白	B 细胞淋巴瘤
TWIST(7p21)	抑制凋亡	核	乳腺癌、前列腺癌和胃癌

(2) 跨膜生长因子受体

第二类原癌基因的产物为跨膜受体,它们接受细胞外的生长信号并将其传入细胞内。跨膜生长因子受体的膜内侧结构域,往往具有酪氨酸特异的蛋白激酶活性。这些受体型酪氨酸激酶通过多种信号通路,如 MAPK 通路、PI3K-AKT 通路等,加速增殖信号在胞内转导。许多恶性肿瘤如非小细胞型肺癌、乳腺癌等均出现 EGF/EGFR 的过度表达,EGF/EGFR 的过度表达或者异常活化常能引起细胞恶性转化,而这与多种肿瘤的发生发展、恶性程度以及预后具有密切相关性。另外,表皮生长因子还参与了肿瘤的血管生成作用,因此其过表达或异常活化会促进肿瘤进展。

与细胞增殖调控有关的许多膜受体都是癌基因编码产物,如癌基因 HER1 编码的蛋白为 EGFR、MET 编码的蛋白为肝细胞生长因子(HGF)受体、TRK 编码的蛋白为神经生长因子(nerve growth factor,NGF)受体等,这些癌基因产物均属于受体酪氨酸激酶(RTK)类型。

(3) 细胞内信号转导分子

生长信号到达胞内后,借助一系列胞内信号转导体系,将接收到的生长信号由胞内传至核内,促进细胞生长。这些转导体系成员多数是原癌基因的产物,或者通过这些基因产物的作用影响第二信使,如 cAMP、DAG、Ca^{2+} 等。作为胞内信号转导分子的癌基因产物包括:非受体酪氨酸激酶 SRC、ABL 等,丝/苏氨酸激酶 RAF 等,低分子量 G 蛋白 RAS 等。

通常情况下,细胞内的 RAS 蛋白处于非活化状态(RAS-GDP),定位于细胞质膜内表面,当受到外界因子刺激,GTP 与 RAS 结合,RAS 蛋白构象改变,成为活化状态,实现生长因子的传递。原癌基因 RAS 激活的主要方式是点突变,多发生在 N 端第 12、13 和 61 密码子,其中又以 12 密码子突变最为常见,突变可减弱 p21 的 GTP 酶活性,使蛋白质始终处于兴奋状态,并向细胞内传递生长信号。

(4) 核内转录因子

另外一些癌基因表达的蛋白质属于转录因子,通过与靶基因的顺式作用元件相结合,直接促进细胞增殖靶基因的转录。EGF 促肿瘤发生的一个重要机制就是通过活化 MAPK 通路而使原癌基因 *FOS* 活化,FOS 蛋白增加。FOS 蛋白可与 JUN 蛋白结合形成 AP-1,而AP-1 是一种广泛存在的高度活化的异源二聚体转录因子,能促进肿瘤的发生发展。

MYC 是一种既能刺激细胞增殖又能诱导凋亡的转录因子,*MYC* 基因家族成员有 3 个,分别为 *C-MYC*、*N-MYC* 和 *L-MYC*,其中 *C-MYC* 编码蛋白是最早被发现与肿瘤细胞增殖活性相关的原癌基因产物之一。*C-MYC* 基因主要通过基因扩增和染色体易位重排的方式激活,最终使细胞脱离正常生长调节的限制而具有高度增生潜能,向恶性表型转化。

(5) DNA 损伤修复与细胞凋亡

许多参与 DNA 损伤修复的基因与肿瘤发生有关,例如抑癌基因 *brca*1 和 *brca*2 在同源重组修复中发挥作用,其失活会导致基因组不稳定、染色体畸变以及对辐射敏感等。

对 *BCL*-2 癌基因的研究发现,该基因在造血细胞中的过量表达并不刺激细胞增殖,但可以阻止细胞凋亡,从而延长细胞寿命。p53 作为转录因子可以通过诱导特定基因的表达,促进细胞凋亡。肿瘤细胞为了逃避细胞凋亡,通常通过基因突变使 *p53* 失活。抑制细胞凋亡的 *survivin*、*akt* 等基因在肿瘤细胞中也经常过量表达。

14.2　抑　癌　基　因

一般而言,癌基因与抑癌基因是有机体细胞在增殖、分化、凋亡等生命过程中的正、负两类调控信号,癌基因的调控属正调信号,而抑癌基因属负调信号,在细胞中行使正常的生物学功能,是机体生长发育不可缺少的。正常细胞中正负调节信号相互制衡,细胞维持正常的组织结构;而在肿瘤细胞中,两类信号平衡被打乱,细胞向生长方向倾斜。即当两类基因发生突变,原癌基因活化或抑癌基因失活,这些基因的结构、表达水平和生物学功能发生时间和空间的变化,均在肿瘤的发生、发展过程中起促进作用。

14.2.1 抑癌基因的概念与发现

肿瘤的发生是激活的细胞癌基因的显性作用,同时经过长期的研究,人们发现在肿瘤发生中,有一种通过染色体或基因水平缺失、表观遗传修饰导致编码的蛋白失活而引起细胞恶性转化的基因,称为抑癌基因(tumor suppressor gene),也称作隐性癌基因(recessive oncogene)、抗癌基因(antioncogene)。这类基因在控制细胞生长、增殖及分化过程中起着十分重要的负调节作用,并能潜在地抑制肿瘤生长;如果其功能失活或出现基因缺失、突变等异常,可导致细胞恶性转化而发生肿瘤。

Stanbridge 发现 Hela 细胞与正常成纤维细胞融合后失去在动物中的致瘤能力,暗示正常细胞中存在抑癌基因,可作为产生肿瘤表型的负调节物。抑癌基因存在的另一证据是Knudson 根据儿童散发性和遗传性视网膜母细胞瘤的遗传学分析,提出肿瘤发生的"两次突变假说"。第三个证据是在肿瘤细胞中经常发现有等位基因的杂合型丢失(loss of heterozygosity,LOH)现象,精确的染色体位点的 LOH 分析可提供抑癌基因存在位点的重要线索,并据此发现新的抑癌基因。

确定一种抑癌基因需符合 3 个基本条件:① 恶性肿瘤的相应正常组织中该基因必须正常表达。② 恶性肿瘤中这种基因应有功能失活,往往由结构改变或表达缺失导致(与癌基因的区别主要在于基因组 DNA 的缺失和高甲基化)。③ 将这种基因的野生型导入基因异常的肿瘤细胞内,可部分或全部逆转其恶性表型。到目前为止,已鉴定出数十种抑癌基因,它们的基因产物也广泛分布于细胞的不同部位,参与细胞的不同功能活动。而且在多种组织来源的肿瘤细胞中往往可检测到同一抑癌基因的突变、缺失、重排、表达异常等,说明抑癌基因的变异构成某些共同的致瘤途径。

14.2.2 抑癌基因的失活

抑癌基因的失活与原癌基因的激活一样,在肿瘤发生中起着非常重要的作用。但癌基因的作用是显性的,而抑癌基因的作用往往是隐形的,一般需要两个等位基因都失活才会导致其抑癌功能完全丧失。抑癌基因常见的失活方式有以下 3 种:

1. 基因突变

抑癌基因发生突变后,会造成其编码的蛋白质功能或活性丧失或降低,进而导致癌变。这种突变属于功能失去突变(loss-of-function mutation)。最典型的例子就是抑癌基因 *p53* 的突变,目前发现 *p53* 基因在超过一半以上的人类肿瘤中均发生突变。

2. 杂合性丢失

杂合性丢失(loss of heterozygosity)是指一对杂合的等位基因变成纯合状态的现象,发生杂合性丢失的区域往往就是抑癌基因所在的区域,是肿瘤细胞中常见的异常遗传性现象。

经典实例就是抑癌基因 *Rb* 的失活,某种原因导致正常的 *Rb* 等位基因丢失即杂合性丢失时,抑癌基因 *Rb* 彻底失活,失去抑癌作用,导致视网膜母细胞瘤。

3. 启动子区甲基化

真核动物基因启动子区域 CpG 岛的甲基化修饰对于调节基因转录活性至关重要,甲基化程度与基因表达呈负相关。抑癌基因的基因启动子区域 CpG 岛呈高度甲基化状态,从而导致相应的抑癌基因不表达或低表达。如家族性腺瘤息肉所致的结肠癌中,甲基化使转录受到抑制,导致 *APC* 基因失活。

以上这几种机制可能同时起作用,抑癌基因的失活比原癌基因的活化更加频繁和重要,尤其是遗传性肿瘤中,几乎全部是由抑癌基因的失活起作用。

14.2.3　几种重要的抑癌基因及其功能

1. *Rb*

视网膜母细胞瘤基因(retinoblastoma gene,*Rb*)是第一个被克隆和完成全序列测定的抑癌基因,为视网膜母细胞瘤易感基因。*Rb* 基因位于 13q14,全长约为 200 kb,有 27 个外显子和 26 个内含子,编码由 928 个氨基酸组成的核磷酸蛋白 RB。

RB 蛋白在多种组织中广泛分布,其功能调控主要通过转录后修饰途径,其中磷酸化修饰为最重要的蛋白活性调控机制。RB 通过其 C 端的特定结构"口袋结构域",与多种细胞蛋白(如 E2F 家族、cyclins)和某些病毒癌基因编码产物(如 SV40 大 T 抗原、腺病毒 E1A 蛋白和 HPV E7 蛋白)相互作用,发挥生物学功能。低磷酸化或非磷酸化修饰的 RB 更易与细胞蛋白结合并发挥功能,高磷酸化修饰的 RB 则失去与其他蛋白结合的能力。

RB 蛋白是细胞周期的重要调控者,可将细胞周期阻滞于 G_1 期,通过诱导细胞老化抑制肿瘤细胞的增殖。RB 蛋白是细胞周期依赖激酶(CDK)的主要磷酸化底物,处于非磷酸化或低磷酸化形式的 RB 可与几个转录因子结合,抑制它们的转录激活功能,从而控制细胞周期进程。其中,转录因子 E2F 能激活重要的细胞周期蛋白 E 和 A,启动 DNA 复制。处于非磷酸化活性状态的 RB 通过与 E2F 因子结合屏蔽其转录激活结构域,抑制了从 G_1 期进入 S 期所需的下游基因的表达,造成生长停滞。RB 蛋白主要通过参与 p16/RB 信号通路诱导细胞老化现象。p16 是一种 CDK 的抑制因子,它通过抑制 CDK4/6 与 Cyclin D 的结合,阻断 CDK4/6 对 RB 的磷酸化,使 RB 蛋白处于低磷酸化状态,从而抑制 E2F 的功能,促使细胞阻滞于 G_1 期,导致细胞老化。

在多种细胞类型中,生长因子可诱导 RB 的高磷酸化修饰,而细胞增殖抑制分子可降低 RB 的磷酸化修饰水平,去磷酸化的 RB 可与丝裂原刺激起反应的转录因子 E2F 或其他转录因子结合,使其活性降低,影响其促进靶基因转录的能力,使细胞不能越过 G_1 期进入 S 期,抑制细胞增殖。一般来说,处于静止状态的细胞,RB 处于低磷酸化水平,处于分裂增殖的肿瘤细胞只含有磷酸化的 RB。RB 在细胞周期的调节作用如图 14.7 所示。

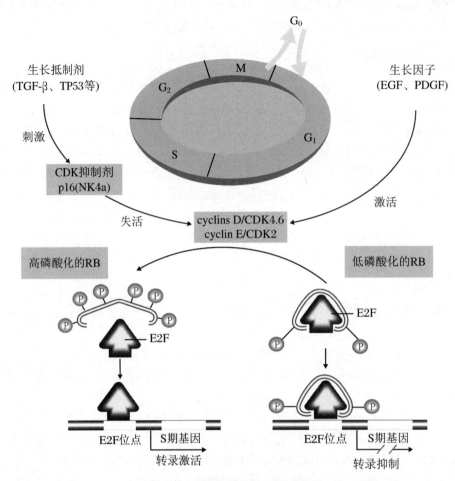

图 14.7　RB 在细胞周期的调节作用

RB 蛋白除了参与调控细胞周期外，对凋亡也有影响。凋亡是非常重要的细胞功能，它使受损细胞进入程序化死亡过程。*Rb* 基因的纯合缺失或失活，使 E2F 始终呈自由的形式存在，让细胞自由进入 S 期；同时因凋亡机制减弱或丧失而最终导致肿瘤的发生。

某些 DNA 肿瘤病毒蛋白，包括腺病毒的 E1A、猴病毒 40（SV40）的 T 抗原、人乳头瘤病毒（HPV）几种亚型的 E7 蛋白可以与 RB 蛋白结合，使其功能丧失，这也是 DNA 肿瘤病毒引起正常细胞发生恶性转化的重要分子机制。上述病毒蛋白的一级结构中均存在特定序列，这一序列是病毒蛋白与 RB 蛋白口袋结构 B 区进行结合的关键区域。病毒蛋白与 RB 蛋白结合，可替代 E2F 等转录因子的结合。因此，病毒蛋白通过与 RB 蛋白进行结合使 E2F 释放恢复转录活性，促进细胞周期调节相关蛋白因子的表达，并同时活化病毒癌基因的转录，导致细胞的恶性转化。这也表明，DNA 肿瘤病毒癌基因的作用方式与反转录病毒癌基因截然不同，它们不使细胞生长加速，而是解除对细胞生长的抑制。

基因的异常主要表现为等位基因缺失和基因突变。应用限制性酶切片段长度多态性（restriction fragment length polymorphism，RFLP）方法分析等位基因的杂合性丢失，发现 *Rb* 基因的高频率丢失不仅存在于视网膜母细胞瘤中，也存在于骨肉瘤、小细胞肺癌、非小细胞肺癌、膀胱癌、乳腺癌、软组织肉瘤和肝癌等肿瘤中。除了等位基因丢失外，*Rb* 基因的异常，特别是基因突变也在多种人体肿瘤中存在，其中以肺癌、乳腺癌、骨肉瘤和软组织肉瘤中出现率较高。*Rb* 基因的异常在小细胞肺癌中可达 47%，在骨肉瘤中可达 43%，在乳腺癌中可达 32%，在原发性肝癌中可达 18%。*Rb* 基因异常与某些肿瘤的发生存在一定的关系，除与视网膜母细胞瘤发生的关系比较明确外，与其他肿瘤之间的关系并不清楚。

2. *p53*

p53 基因是研究最为广泛深入的抑癌基因之一，人类肿瘤中约 50% 以上与 *p53* 基因变异有关。*p53* 基因位于 17p31.1，基因全长 20 kb，含有 11 个外显子，编码 393 个氨基酸组成的 53 kDa 的核内磷酸化蛋白。p53 蛋白以四聚体的形式存在，为其活性形式。

p53 蛋白的 N 端具有转录激活作用，还可与 Mdm2 结合，中央核心区含 DNA 结合域，能与特定 DNA 序列结合，p53 突变多发生于此区域。p53 蛋白为应激性蛋白，正常情况下，细胞内的 p53 维持在低水平，当细胞受到刺激后，细胞核内的 p53 蛋白水平升高，激活信号包括：① 基因毒应激，由 UV、X 射线、γ 射线、致癌物、毒物及一些药物等引起的 DNA 损伤。② 癌基因激活，如 *RAS*、*MYC* 等能够下调 Mdm2 蛋白，引起 p53 水平升高。③ 非基因毒应激，如应激、端粒缩短、缺氧及核苷酸耗竭等信号，可激活 p53。

p53 是一转录因子，通过调节许多靶基因表达从而实现多种功能，包括细胞周期阻滞、DNA 修复、凋亡、衰老和抑制血管生成等。

在 DNA 轻度损伤时，p53 诱导 CDK 抑制剂 p21，引起 G_1 期阻滞；同时 p53 蛋白还可诱导 DNA 修复基因 *Gadd45a* 的活化，进行 DNA 修复。如修复成功，p53 可活化 *MDM2* 基因，其产物抑制 p53，DNA 修复成功的细胞进入 S 期；如修复失败，则通过上调 *BAX*、*DR5*、*FAS* 等基因的表达使细胞进入凋亡，以保证基因组的遗传稳定。与 RB 蛋白不同的是，p53 引起的细胞周期停滞并不涉及 DNA 未受到损伤的细胞。而对于 *p53* 基因缺失或发生突变的细胞，DNA 损伤后不能通过 *p53* 的介导进入 G_1 期停滞和 DNA 修复，因此遗传信息受损的细胞可以进入增殖，最终发展成恶性肿瘤。

在多种人类肿瘤中已证实存在 *p53* 基因的缺失或突变，可能是细胞癌变的原因之一。自 1989 年以来，人们在越来越多的不同类型的肿瘤中发现 *p53* 基因的突变，其频率可达 50%～60%，突变的形式包括点突变、缺失突变、插入突变、移码突变和基因重排等。突变型 p53 蛋白可与猴病毒 40(SV40) 的 T 抗原、腺病毒的 E1A、人乳头瘤病毒(HPV)的 E6 和 E7 蛋白及 HBV 的 X 蛋白结合形成复合物，可使 p53 蛋白在细胞内含量显著增加，导致其正常的负调节功能丧失，细胞的分裂和增生能力增强。

p53 基因突变而失去抑制肿瘤的活性。研究发现，通过腺病毒将 *p53* 基因导入肿瘤细胞，可以诱导肿瘤细胞的死亡，从而抑制肿瘤的生长，达到治疗多种肿瘤的作用。我国自主研发的重组人 p53 腺病毒注射液于 2004 年 3 月获准上市，是世界上第一个用于多种恶性肿瘤治疗的基因治疗药物；该药物在联合放化疗方面具有显著的协同作用，极大地提高了治疗效果。研究显示，p53 腺病毒注射宫颈实体瘤后，可以明显增加放疗的敏感性，甚至对于多数中晚期、常规治疗方法(手术、放疗及化疗等)失败的恶性肿瘤，p53 腺病毒均表现出不错的疗效。*p53* 的抑癌机理如图 14.8 所示。

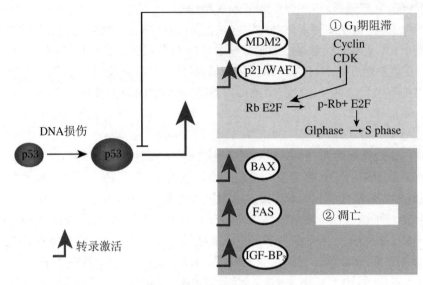

图 14.8　p53 的抑癌机理

3. *PTEN*

磷酸酶基因(phosphates and tensin homolog deleted on chromosome ten, *PTEN*),称为第 10 号染色体缺失的磷酸酶张力蛋白同源物基因,是一个具有蛋白性磷酸酯酶活性和脂性磷酸酯酶活性双重特性的抑癌基因,位于染色体 10q23.3,含 9 个外显子。PTEN 蛋白由 403 个氨基酸组成,相对分子质量为 55000,双重特异性磷酸酶能使磷酸化的 Tyr、Ser、Thr 都去磷酸化。因此 PTEN 可能与酪氨酸激酶竞争共同的底物,在肿瘤的发生发展过程中起重要作用。其功能是正常发育所必需的,包括细胞存活、增殖、能量代谢和细胞架构等。

PTEN 是 PI3K-AKT 信号途径的负调控因子,通过对磷脂酰肌醇的肌醇环 3 位的去磷酸化作用而关闭上述途径,最终通过对 PI3K-AKT 信号途径、FAK 及 MAPK 信号通路的负调控抑制肿瘤细胞的增殖、迁移,诱导肿瘤细胞凋亡,对维持细胞的正常生理活动发挥重要作用。

PTEN 的失活与一些肿瘤的发生和发展有密切关系,其突变频率接近 *p53* 的突变频率。PTEN 的体细胞性突变(somatic mutation)或缺失在胶质瘤、子宫内膜癌、乳腺癌、前列腺癌等多种肿瘤中被发现,生殖细胞性突变发生于某些常染色体显性疾病。PTEN 失活的原因有多种,常见的原因有 *PTEN* 基因的 LOH、基因点突变、基因启动子高甲基化状态和某些 miRNA 过表达(miR-21、miR-214)等。

由于 PI3K-AKT 信号激活广泛存在于人类不同类型的肿瘤中,因此该信号途径被认为是肿瘤治疗理想的靶点。目前有多种抑制剂在进行试验,有些已显示出不错的治疗效果,特别是和其他化疗药联合应用时。

14.3　肿瘤发生的分子机制

随着人类老龄化程度的提高、环境污染日趋加剧、生活环境的不断恶化,21 世纪以来,恶性肿瘤超过心血管疾病的发病率,成为威胁人类健康的第一位的疾病。目前认为,癌症(cancer)是一类由复杂因素引起某些基因突变导致细胞失去控制的异常增殖的疾病。

14.3.1　肿瘤与肿瘤细胞

癌症泛指所有的恶性肿瘤,而肿瘤(tumor)则包括良性肿瘤和恶性肿瘤;后者在希腊语中有坟墓(*tymbos*)之意,在拉丁语中意为肿胀(*tumere*)。词尾加-oma,多表示某种组织的良性肿瘤,如纤维瘤(fibroma)、软骨瘤(chondroma)和腺瘤(adenoma);但也有例外,譬如神经母细胞瘤(neuroblastoma)、黑色素瘤(melanoma)和肝母细胞瘤(hepatoblastoma)都是高度恶性的肿瘤。

根据其起源的组织和细胞类型,一般分为 4 大类:癌(carcinoma)、肉瘤(sarcoma)、神经瘤(neuroma)、白血病/淋巴瘤(leukemia/lymphoma)。对于上皮组织来源的恶性肿瘤称为癌,对间叶组织来源的恶性肿瘤则称为肉瘤;这种区分除了肿瘤外观形态上的区别,还在于前者易于经淋巴道转移,而后者多经血液循环播散。神经瘤起源于神经系统,血液系肿瘤多起因于白细胞的恶性生长,使外周血中出现大量肿瘤性白细胞,血液呈现乳糜样颜色,故名白血病。

肿瘤不管是良性还是恶性,也不管是上皮组织来源还是间叶组织来源,本质上都表现为细胞失去控制的异常增殖,这种异常生长的能力除了表现为肿瘤本身的持续生长之外,在恶性肿瘤还表现为对邻近正常组织的侵犯及经血管、淋巴管和体腔转移到身体其他部位,而这往往是肿瘤致死的原因。

异常增殖的肿瘤细胞在不同程度上有与其来源组织和细胞相似的形态和功能,这种相似性亦即肿瘤的分化程度。低分化的肿瘤组织和细胞除了与其来源的正常组织和细胞在形态上存在差异外,还能表现出一些正常组织和细胞所没有的功能,如分泌激素和表达癌胚抗原。

在动物体内能否形成肿瘤是正常细胞与肿瘤细胞的根本区别。在体内,肿瘤细胞的增殖失去控制,能够在正常细胞不能繁殖的条件下进行繁殖。在体外培养中,正常细胞与肿瘤细胞表现出一系列的生长差异,如对生长因子依赖性的降低、锚定非依赖性(anchorage independence)、无接触抑制特征,成为无限增殖细胞系,分化程度低。

14.3.2　肿瘤的发生与演进

通过对流行病学、肿瘤遗传家系的分析以及大量细胞与动物实验研究证明,肿瘤的发生受遗传因素的影响；目前已明确，肿瘤是环境因素与遗传因素交互作用导致的一大类复杂性疾病。

环境因素是指直接接触某些特定的致癌物质（化学性、物理性、生物性）和不良的生活方式（饮食、吸烟、生育）。环境致癌因素大致可分为化学致癌物、辐射致癌物和肿瘤病毒三大块，分别占环境致癌因素的 75%～80%、5% 和 15%～20%。大多数环境致病因素如饮食、病原微生物、化学物质和射线都是通过调控遗传基因起作用的。

肿瘤是由一个转化细胞不断增生繁衍而来的，即肿瘤的形成是一种单克隆性增生过程。肿瘤的单克隆性可以通过实验方法来证实，典型的例子是科学家对 6-磷酸葡萄糖脱氢酶（glucose-6-phosphate dehydrogenase，G6PD）的研究，G6PD 位于 X 染色体，是糖酵解的代谢酶，根据蛋白电泳技术可分为 A 和 B 两种形式。由于女性的两条 X 染色体在胚胎发育早期有一条随机失活，因而 G6PD 呈杂合状态，即一半细胞为 G6PDA，另一半细胞为 G6PDB。而对 G6PD 杂合子女性肿瘤患者的分析表明，肿瘤细胞只表达其中一个等位基因，而不是两个都表达，这说明肿瘤细胞是单克隆起源的。需要注意的是，失活 X 染色体的重新激活会增加患癌风险。

肿瘤细胞单克隆起源的生物学意义在于区别肿瘤性增生和反应性增生，特别是淋巴造血系统疾病，如 B 细胞淋巴瘤被证明是单克隆性的。抗体检测显示，瘤细胞只产生一种免疫球蛋白的轻链，κ 链或 λ 链，而反应性 B 细胞增生则两种轻链都可存在。

肿瘤的克隆性起源并不意味着产生的肿瘤细胞从一开始就已获得了恶性细胞的所有特征。相反，恶性肿瘤的发生是一个多阶段逐步演变的过程，肿瘤细胞是通过一系列进行性的改变而逐渐变成恶性的。在这种克隆性演化过程中，常积累一系列的基因突变，可涉及不同染色体上多种基因的变化，包括癌基因、抑癌基因、细胞周期调节基因、凋亡调节基因和 DNA 修复基因等。

有些肿瘤可能经一两次基因突变就可以获得恶变机会，但绝大多数恶性肿瘤需要多次突变才能形成。如良性肿瘤恶变，肯定是多次突变积累所导致的结果，起始的突变导致良性肿瘤的形成，然后经过一个漫长的多阶段演变过程，克隆中的某个细胞在增殖中再次获得一次突变，此细胞克隆可相对无限制地生长，进一步的突变获得浸润和转移能力，导致恶性肿瘤的发生。一般认为，肿瘤的发生需要 4～6 次基因突变，从癌细胞的诞生直到长成临床可触及到的肿瘤（1 cm 或 1 g 左右）要经历一个漫长的历程，一般要经历 10～20 年甚至更长的时间。

一般肿瘤的发生要经历多个阶段，包括启动、促进、进展等不同但又有联系的阶段。① 启动阶段：指致癌剂在细胞的基因组中引起某些不可逆的变化，导致启动细胞产生，时间很短。启动细胞并非已转化细胞，但又不同于正常细胞，常伴有干细胞的特征，当受促进因子刺激时会引起肿瘤发生。人体突变细胞很多，但大多并没有发展成肿瘤，提示正常组织有抑制突变细胞生长的功能。② 促进阶段：通过促进剂促进启动细胞的表型在组织水平表达的过程，肿瘤促进剂包括许多能改变基因表达的物质，如佛波酯可通过激活蛋白激酶 C 刺激细胞增生而起作用，促进剂本身无或仅有极微弱的致癌作用，反复使用可增加细胞分裂，使启动细胞产生肿瘤发生早期所需的增生细胞群。③ 进展阶段：肿瘤由低度恶性向高度恶性发展。由于更多的基因发生突变，肿瘤细胞的核型畸变和染色体的不稳定性增加，进而获得更多的恶性表型。表现为自主性和异质性增加、生长加速、侵袭性加强、逃避机体的免疫监视、出现浸润和转移的恶性生物学行为及对抗癌药物的耐药性等。

　　需要指出的是,肿瘤的演进有时并不一定按照描述的程序进行,重要的是了解多阶段致瘤概念后如何控制肿瘤。由于致癌剂无处不在,人们很难完全避免接触致癌剂,目前最可能控制肿瘤发生的环节是对促进剂进行化学预防。

　　目前科学家们认识到,细胞癌变和肿瘤的发生发展是癌基因和抑癌基因变异累积的结果,组织细胞从增生、异型变、原位癌发展到浸润转移癌,在细胞水平上要经过永生化、分化异常和恶性转化等多个阶段,使细胞的增殖分化平衡失调,导致细胞的失控性生长。

　　肿瘤的发生需要多个基因改变,经历多个阶段过程的学说已被普遍地接受了。最有代表性的例子是结直肠癌发生模型(markowitz and bertagnolli)。结直肠癌的发生包括细胞处于高危状态、小腺瘤、大腺瘤和腺癌等不同发病阶段,每个阶段均存在特定的基因事件和与之相应的病理形态学改变。早期由于 DNA 错配修复(*MMR*)基因突变和 *MLH1* 甲基化导致微卫星不稳定(MSI),肠上皮细胞增殖处于危险状态。随后位于第 5 号染色体上的抑癌基因 *APC* 失活,*APC* 基因的缺失可以发生于生殖细胞,也可以发生于体细胞,*APC* 失活可导致肿瘤蛋白 β-catenin 在细胞内浓度增加,它可刺激上皮细胞增殖,引发腺瘤形成。*APC* 的突变是结直肠癌最常见的事件,85% 的结直肠癌存在 *APC* 基因突变,接着 12 号染色体上的原癌基因 *K-RAS* 突变导致腺瘤进一步增大。有 35%～45% 的结直肠癌存在 *K-RAS* 基因突变,一般认为 *K-RAS* 基因突变有助于肿瘤的生长。*BRAF* 的突变也有助于腺瘤进一步增大,约有 10% 的结直肠癌存在 *BRAF* 基因突变。在此基础上,再发生 *p53*、*TGF-βR2* 和 *SMAD4* 的突变,可导致腺瘤变成腺癌。位于第 17 号染色体上的抑癌基因 *p53* 基因的缺失或突变,对促进腺瘤到腺癌的演变过程至关重要,有 35%～55% 的结直肠癌存在 *p53* 基因突变。对大肠癌的发生学研究充分说明肿瘤的发生是多阶段性的,有多个癌基因和抗癌基因的参与,涉及遗传和表观遗传的改变。结肠癌发生的多阶段模型如图 14.9 所示。

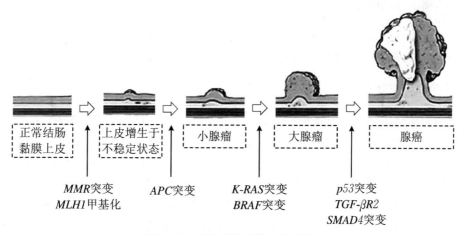

图 14.9　结肠癌发生的多阶段模型

　　在结肠癌分子模型的研究基础上,对胃癌、食管癌、肺癌和乳腺癌的研究都提出了可能相关的癌基因与癌变模型,进一步明确细胞癌变及肿瘤的发生发展是多基因、多模式变异累积的结果。

14.4　肿瘤侵袭与转移的分子机制

　　肿瘤在未发生转移前是可以治愈的,原发肿瘤可以手术切除或放射治疗,但已播散的癌症的治疗就非常困难,90%的肿瘤患者死于肿瘤转移和复发。肿瘤转移为细胞,脱离原发瘤,通过浸润在周围细胞间质中生长,并突入脉管系统或腔道被转运到靶器官,在穿透毛细血管或毛细淋巴管并在基质中不断增生,形成新的继发瘤。全过程受到肿瘤和宿主环境等诸多因素的影响,是一多步骤、多因素参与的复杂过程。

　　侵袭与转移是恶性肿瘤重要的生物学特征,两者是恶性肿瘤生长发展中密不可分的相关阶段,是临床上绝大多数肿瘤患者的致死因素。侵袭主要是指肿瘤细胞从原发瘤进入循环系统,即癌细胞侵犯和破坏周围正常组织,进入循环系统的过程,同时癌细胞在继发组织器官中定位生长也包含侵袭。转移是指肿瘤细胞从循环系统进入继发器官,即侵袭过程中癌细胞迁移到特定组织器官继续增殖生长,形成与原发肿瘤相同性质的继发肿瘤的过程。

14.4.1　肿瘤侵袭

　　侵袭与转移是同一过程中的不同阶段,侵袭贯穿转移的全过程,侵袭是转移的前奏,转移是侵袭的结果。侵袭和转移的实现取决于肿瘤细胞对正常组织的破坏能力、肿瘤细胞的运动能力以及对侵袭转移中所遭遇环境的适应性等因素。侵袭作为肿瘤转移的起始阶段主要包括以下几个过程。

1. 肿瘤细胞的增殖

　　是肿瘤侵袭的前提,随着细胞增殖,肿瘤组织不断增大,同时肿瘤细胞不断发生突变和进化,增强了肿瘤细胞的增殖活性和对周围正常组织的破坏能力。

2. 肿瘤细胞的分离脱落

　　肿瘤细胞从母体瘤分离的倾向与细胞结构的变化和黏附力下降密切相关。上皮细胞间质转化学说(epithelial-mesenchymal transitions,EMT)认为,当肿瘤细胞 E 钙黏着蛋白表达下调时,细胞形态改变,转变为间质细胞表型,纤维黏连蛋白(fibronectin)、N 钙黏连蛋白等表达上调,导致细胞间紧密连接及细胞极性被破坏,细胞间黏附减弱,细胞由多边形转变为梭形,运动性增强,可使非侵袭性肿瘤变为高侵袭性肿瘤。到达远处存活的肿瘤细胞会再次发生细胞形态的改变,恢复上皮细胞形态,进一步增殖成为转移瘤,这种逆转的过程称为间质-上皮转换(mesenchymal to epithelial reverting transition,MET)。

3. 恶性肿瘤细胞的运动性和趋化性

　　在侵袭过程中,各种溶解酶破坏肿瘤细胞外基质的同时,肿瘤细胞必须移动进入基质,组织特异性趋化因子和结合趋化因子能增强肿瘤细胞运动的方向性,但肿瘤细胞自身的运动也是必不可少的。促使肿瘤细胞运动的因子包括:刺激肿瘤细胞运动和侵袭的因子,如自分泌运动因子(autocrine motility factor,AMF);刺激肿瘤细胞生长和运动的因子,如表皮生长因子、类胰岛素生长因子、肝细胞生长因子(hepatocyte growth factor,HGF),以及多种细胞素包括 IL-1、IL-3 和 IL-6 等;刺激肿瘤细胞运动但抑制其生长的因子,如转化生长因子(transforming growth factor,TGF)、干扰素等。

4. 血管生成与肿瘤侵袭

新生毛细血管的形成对原发肿瘤细胞本身的增殖和生长是必不可少的,同时也是肿瘤侵袭转移的必需条件。肿瘤细胞和宿主多种细胞可分泌释放活性因子,诱导肿瘤血管形成,如 VEGF 是目前已知最强的血管生成因子之一,阻抑 VEGF 信号传递可以抑制肿瘤血管生成,是阻断肿瘤侵袭转移的重要手段。其他活性因子还包括成纤维细胞生长因子(fibroblast growth factor,FGF)、血管生成素、胰岛素样生长因子(insulin-like growth factors,IGFs)、肿瘤坏死因子(tumor necrosis factor-α,TNF-α)、基质金属蛋白酶等。

14.4.2　肿瘤转移

通过侵袭进入机体循环系统的肿瘤细胞在自身或宿主环境因素的影响下,绝大多数很快死亡。只有具有高度转移潜能的肿瘤细胞才能逃逸各种易损因素,通过循环系统到达继发脏器,锚定黏附,逸出血管,最终在继发脏器增殖生长形成转移癌灶。

1. 肿瘤细胞锚定黏附

肿瘤细胞在继发器官定位附着的关键环节是肿瘤细胞在循环系统转运过程中形成的肿瘤细胞-血小板簇可通过血小板与损伤内皮的黏附锚定在内皮表面,此过程受多种因素调节,脉管内皮细胞表面的选择素系列黏附因子、透明质酸裂解酶受体(CD44v)和相应的变异片段。

2. 肿瘤细胞逸出循环系统

逸出循环系统涉及脉管基底膜的降解和穿透及肿瘤细胞穿过脉管后在结缔组织中的移动。肿瘤细胞可以与细胞外基质的有机成分结合,包括纤维连接蛋白、层黏素和血小板反应素,它们可促进肿瘤转移定位于特定的脏器。

3. 肿瘤细胞定位生长

肿瘤细胞进入继发脏器基质后继续增殖形成转移瘤灶,并进行性长大才真正完成了转移。肿瘤转移细胞与继发脏器细胞接触时,可反应性产生多种信号因子,这些因子可以单独或联合调控肿瘤细胞的增殖生长。

有证据表明,不同来源的肿瘤细胞有其容易发生的特定脏器转移,即肿瘤转移的器官选择性,机制不明。随着现代分子生物学的发展,提示基因参与下的转移调控机制涉及恶性肿瘤细胞生长所具备的条件、宿主整体免疫和局部免疫对肿瘤侵袭和转移的影响，使我们对肿瘤转移的本质有了全新的认识。

14.4.3　肿瘤转移的分子机制

肿瘤转移的分子生物学本质是基因调控下多元体系的肿瘤转移机制。肿瘤的转移是癌基因与抑癌基因参与调节的复杂过程，通过肿瘤转移相关基因的过度表达，以及一系列基因产物的参与，对肿瘤转移整个过程进行调控，涉及肿瘤细胞遗传密码、表面结构、抗原性、侵袭力、黏附能力、产生局部凝血因子或血管形成的能力，分泌代谢功能以及肿瘤细胞与宿主、肿瘤细胞与间质之间相互关系的多步骤、多因素参与的过程。

1. 基因调控下的肿瘤转移

肿瘤转移涉及多个癌基因与抑癌基因的改变，并与癌基因及抑制基因之间的表达失衡有关。研究发现，有些基因产物有促进肿瘤转移的作用，即转移相关基因（metastases-association genes），有些基因产物有抑制肿瘤转移的作用，为转移抑制基因（metastasis suppressor）。

目前研究的资料表明，至少有 10 余种癌基因证实可诱发或促进癌细胞的转移潜能，如 *BCL2*、*MYC*、*RAS*、*MOS*、*RAF*、*FES*、*FMS*、*SER*、*FOS* 等。其中最具特征的是 *RAS* 基因，其活化可使多种细胞在产生肿瘤的同时伴有诱导转移的活性。Thorgeirsson 等人证实 *RAS* 癌基因能增强鼠源性成纤维细胞瘤（NIH3T3）细胞内在的侵袭性。在卵巢癌患者中，*K-RAS* 或可作为判断预后的指标之一，其过度表达往往提示病情已进入晚期或有淋巴结转移。

肿瘤转移抑制基因是近年来备受关注的研究领域，如对肿瘤转移起重要作用的 *NM23*，其为肿瘤转移抑制基因，产物是核苷酸二磷酸激酶（nucleotide diphosphate kinase，NDPK）。NDPK 通过参与调节细胞内微管系统的状态而抑制癌的转移。已确定 *NM23* 表达水平在不同转移能力的肿瘤细胞中差异很大，可高达 10 倍。对比各类肿瘤细胞 *NM23* 表达水平与转移特征，高 *NM23* 表达肿瘤多表现低肿瘤转移属性，两者为负相关。

近年来发现的基质金属蛋白酶组织抑制剂（tissue inhibitors of matrix metal-loproteinases，TIMPs），又称胶原酶抑制剂，其表达改变与肿瘤细胞侵袭及转移活性密切相关，对肿瘤转移的抑制作用主要表现在侵袭阶段。最近还有实验证明 TIMP 可能具有抑制血管形成的作用，故认为 TIMP 可能作为抑制肿瘤转移基因治疗的较好选择对象。

2. 黏附因子与肿瘤转移

肿瘤细胞的黏附性在肿瘤侵袭和转移中发挥着重要作用，包括肿瘤侵袭过程中肿瘤细胞从原发瘤脱落即为肿瘤细胞间黏附因子的损伤，肿瘤转移过程中循环肿瘤细胞与脉管内皮细胞及基质细胞的黏附。黏附因子种类繁多，主要包括以下几种：

（1）整合素

整合素（integrin）是一种膜镶嵌糖蛋白，由 18α 和 8β 两个亚单位非共价形成异二聚体复合物。由于亚单位的变异使整合素形成一个庞大的家族。整合素是多种细胞外基质成分的受体,几乎存在于所有细胞表面,介导细胞与细胞外基质的黏附;还可作为介导信号传递的膜分子通过独特的信号转导途径参与细胞的多种生理功能和病理变化。

由于各种肿瘤细胞表面整合素种类不同,而各类的整合素在肿瘤生长的各个阶段表达水平也不同,这种差异在一定程度上决定肿瘤细胞的转移潜能的高低。

（2）钙黏着蛋白

钙黏着蛋白(cadherin)是一种跨膜糖蛋白家族,主要参与同源细胞间的连接,分为 E、P 和 N 三种。其中 E 钙黏着蛋白是三者中影响肿瘤侵袭转移较重要的一种,基因位于第 16 号染色体,主要作用是维持上皮细胞间的密切接触,其表达量的减少有利于原发瘤向周围组织、血管的浸润。另外,在癌症发生过程中其表达量下调是上皮细胞间质转化(EMT)的重要标志。

3. 免疫球蛋白类黏附因子

这类黏附因子在结构上是同源的,主要参与细胞与细胞间的连接,与肿瘤侵袭和转移密切相关的黏附因子包括:

（1）细胞间黏附分子-1(intercellular adhesion molecule-1,ICAM-1)

是一种分子量为 90 kDa 的糖蛋白,有证据表明 ICAM-1 过度表达的黑色素瘤恶性度高,侵袭转移能力极强,患者预后差。

（2）血管细胞黏附分子-1(vascular cell adhesion molecule-1,VCAM-1)

是一种分子量为 110 kDa 的糖蛋白,已发现在黑色素瘤、横纹肌肉瘤、骨肉瘤和肾细胞癌细胞表面有 VCAM-1 的存在。VCAM-1 可能参与协助肿瘤细胞逸出循环脉管,进入继发器官,增大转移的概率。

（3）神经细胞黏附因子(neural cell adhesion molecule,NCAM)

是免疫球蛋白家族中的一种,起到转导信息调控细胞生长的作用,它的丢失有可能使细胞的生长失控。许多肿瘤如 Wilm 瘤、神经胶质瘤、小细胞肺癌,当出现 NCAM 丢失或功能不全时往往表现出高度转移倾向。

4. 选择素(selectin)

以上描述的细胞黏附受体都是通过蛋白与蛋白之间的结合,而选择素类黏附因子是通过碳氢键连接的,根据附属调节蛋白的不同可分为 L、E 和 P 三种。肿瘤转移的一些关键步骤都有选择素的参与,被认为在肿瘤转移器官选择性倾向中发挥重要作用。

14.4.4　血管生成与肿瘤转移

血管生成是肿瘤生长和转移的关键,无论是原发肿瘤还是继发转移肿瘤在生长扩散过程中都依赖血管生成。当肿瘤继续生长大于 2 mm,微血管逐渐形成,肿瘤实体随之迅速增大,进而发生扩散转移。肿瘤实体内微血管的数量与肿瘤转移的潜能呈正相关关系。

已证实有多种活性物可调节肿瘤血管生成,如酸性 FGF（aFGF）、碱性 FGF(bFGF)、PDGF、血管生成营养素、IL-1、IL-8 及一些小分子的脂类、核苷酸及维生素。这些血管生成因子极大地促进肿瘤血管生成,如 VEGF 是从黏液细胞或神经母细胞瘤中提取的较强血管生成因子,与肝素有较强亲和性,能特异结合血管内皮细胞,促进内皮细胞生长,并具有血管通透活性,可协助肿瘤细胞进入脉管系统。

恶性肿瘤不同于良性肿瘤的主要生物学特性是侵袭和转移,肿瘤转移过程复杂,是复杂的多步骤的瀑布级联过程,肿瘤细胞从原发部位的增殖生长到远处转移灶的形成需要漫长生物学应变阶段。从细胞周期调控、细胞分化、细胞凋亡、肿瘤干细胞、血管生成、肿瘤微环境等方面深入研究肿瘤侵袭、转移,建立干预肿瘤转移的有效措施,使潜伏在肿瘤患者体内的残留癌细胞的增殖分化与凋亡达到动态平衡,肿瘤患者处于健康状态下的带瘤细胞生存。通过功能效应和临床整体验证的角度来检验分子干预的有效性和实用性,达到有效控制肿瘤复发转移的目的。

(周继红)

第 15 章　病毒分子生物学

15.1　概　　述

半个多世纪前,美国微生物学家 Salvador Luria 在《普通病毒学》这本经典教科书的引言部分写下了下面的话:"自然界事物都具有简单性的一面,科学研究的最终贡献在于发现统一且简化的概括性规律,而不仅仅是描述相对孤立的情形——提炼出简单的总体性的特征,并不局限于对种种个案的追求。"

尽管 Luria 写下这段话后,生物学领域发生了信息爆炸,但是他多样性统一的观点在今天仍具有指导意义。现在,科学家不断认识和发现经典原理无法解释的、令人迷惑的关于病毒、基因和蛋白质的现象。事实证明,新病毒层出不穷(1988 年后新发现 50 多种),艾滋病、肝炎、流感、新冠肺炎等病毒性疾病仍然是世界难题。这一切纷繁芜杂的景象使得 Luria 早先提出的原理变得不那么显而易见,但如下文所述,这种原理仍旧存在:所有病毒遵循一个简单的三步战略来确保其生存。多年的观察、研究和争论都无法推翻这种观点。病毒学的研究历史丰富多彩而且颇具教益。

15.1.1　病毒的发现

最早在 1892 年报道了一种比任何已知细菌都要小的病原体。俄国科学家 Dimitrii Ivanovsky 观察到一种现象,即当使用未上釉陶瓷滤器(当时用来从培养物中除去细菌)时,烟草花叶病的病原体并未分离出来。6 年后,荷兰植物学家 Martinus Beijerinck 独立观察到同样的结果,重要的是 Beijerinck 给出了理论上的突破,即烟草花叶病的病原体非常小甚至可穿过能捕获当时所有已知细菌的滤器,它一定是一个特殊的病原体。

同年(1898 年),德国科学家 Friedrich Loeffler 和 Paul Frosch 发现口蹄疫的病原体也能通过滤器。烟草花叶病和口蹄疫的病原体不仅比任何已知的微生物都要小很多,而且它们只在宿主体内复制。例如,把感染病毒的烟草植株提取物稀释注入无菌培养基中并不产生更多的感染性病原体,而将其注入健康植株的叶子中,则新病原体产生,从而导致烟草花叶病。这些提取物稀释注射后产生的一系列感染的过程表明这些疾病并非由最初存在于感染的烟草或牛中的细菌毒素作用引起的。两种病原体都不能在易于培养细菌的培养基中扩增,它们都必须依靠宿主来复制的特性进一步将它们与病原性细菌区分开来。Beijerinck 将这种烟草花叶病的亚显微结构病原体命名为"contagium vivum fluidum"(传染性的活的流质),来强调其传染性质及其独特的复制和物理特性。穿透能截留细菌的过滤器的病原体被称为超滤过病毒,取 Virus(病毒)在拉丁文中"毒素"的含义,超滤过病毒最终简称为病毒。病毒无处不在,可以感染几乎所有具有细胞结构的生命体。

继烟草花叶病毒(tobacco mosaic virus,TMV)和口蹄疫病毒(foot and mouth disease virus,FMDV)的开创性研究工作之后,人们陆续发现了许多其他生物体内出现的与病毒相关的特异的传染病。这些早期的里程碑式的发现包括 Vihelm Ellerman 和 Olaf Bang 于 1908 年确认了导致白血病的病毒、Peyton Rous 于 1911 年确认了导致鸡实体瘤的病毒。对鸡肿瘤相关病毒(尤其是 Rous 肉瘤病毒)的研究,最终引起了人们对肿瘤分子机制的探索。

Frederick Twort 于 1915 年、Felix d Herelle 于 1917 年分别提出了细菌病毒。Herelle 将细菌病毒命名为"bacteriophage"(噬菌体),因为它们能在琼脂平板表面裂解细菌(phage 一词来源于希腊文,意为"吃")。一次有趣转变的实验,让善于发掘新现象的 Twort 发现了细菌病毒。这次实验原本是为了检测天花疫苗病毒能否在简单培养基上生长,结果他发现了细菌污染,其中一些细菌表现为不寻常的"玻璃样转化",后被证明是噬菌体裂解细菌的结果。对噬菌体的研究奠定了分子生物学的基础,同时也为病毒和宿主细胞的相互作用提供了总体思路。

15.1.2 病毒的定义

病毒(virus)是一类比较原始的、有生命特征的、能自我复制的、严格细胞内寄生的非细胞生物,是结构最简单、最微小的生命形式。它是介于生命体及非生命体之间的有机物种,它既不是生物亦不是非生物,目前不把病毒归于五界(原核生物、原生生物、真菌、植物和动物)之中。病毒由两到三个成分组成:病毒都含有遗传物质(DNA 或 RNA,只由蛋白质组成的朊毒体并不属于病毒);所有的病毒也都有由蛋白质形成的衣壳(capsid),用来包裹和保护其中的遗传物质不受核酸酶和其他理化因素的破坏;部分病毒(例如流感病毒和其他一些动物病毒)在到达细胞表面时能够形成包裹在蛋白质衣壳外的一层脂质包膜——病毒包膜(又称为被膜或外囊膜,envelope),这层包膜主要来源于宿主细胞膜(磷脂层和膜蛋白),但也含有一些病毒自身的糖蛋白。病毒包膜的主要功能是帮助病毒进入宿主细胞。首先包膜表面上的糖蛋白识别并结合宿主细胞表面受体,接着病毒包膜与宿主细胞膜结合,最后病毒衣壳和病毒基因组进入宿主,完成感染过程。借由感染的机制,病毒可以利用宿主的细胞系统进行自我复制,但无法独立生长和复制。

由此我们提供一个更精确的病毒定义,用以阐述病毒和宿主细胞的关系以及病毒颗粒的重要特征,病毒的定义特征总结如下:

(1) 病毒是具有感染性的专性胞内寄生物。

(2) 病毒基因组由 DNA 或 RNA 组成。

(3) 在合适的宿主细胞内,病毒基因组通过细胞内系统指导其他病毒成分的合成。

(4) 子代感染性病毒颗粒,称为病毒粒子(virions),是由宿主细胞内新合成的组分重新组装而来的。

（5）在感染周期中组装的子代病毒粒子作为病毒基因组载体传播到下一个宿主细胞或生物中，然后病毒粒子解离引起了下一个感染周期的开始。

15.1.3　动物病毒的分类

病毒分类学在 20 世纪中叶成为一门学科。1962 年，Lwoff、Robert W. Horne 和 Paul Tournier 根据经典的林奈（Linnaean）等级系统分类法，包括门、纲、目、科、属、种，对所有病毒（细菌、植物、动物）进行全面分类。国际病毒分类学委员会（the International Committee of Taxonomy of Viruses，ICTV）对病毒的分类采取非系统、多原则、分等级的分类法，其中对于动物病毒的分类仍采用科、属、种的分类方式。2020 年，ICTV 第十次会议中，国际病毒分类学委员会描述了一种新的、扩展的病毒分类方案，该方案按照生物分类学将病毒分为 15 个等级（8 个主要等级和 7 个派生等级），与 Linnaean 分类体系紧密结合，截至 2019 年，共有 5560 种病毒被鉴定（图 15.1），更好地涵盖了病毒多样性。

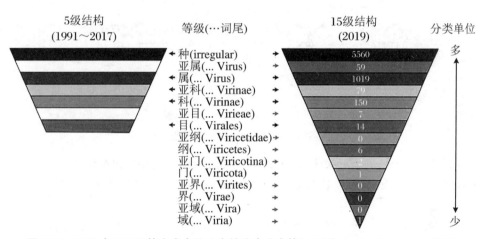

图 15.1　2020 年 ICTV 第十次会议公布的病毒分类等级（引自 Lefkowitz，et al.，2020）

美国病毒学家 David Baltimore 在 1970 年提出 Baltimore 分类系统，依据不同的病毒基因组产生 mRNA 方式的不同分成七类（图 15.2），即Ⅰ（双链 DNA，dsDNA）、Ⅱ（单链 DNA，ssDNA）、Ⅲ（双链 RNA，dsRNA）、Ⅳ（单正链 RNA，ss（＋）RNA）、Ⅴ（单负链 RNA，ss（－）RNA）、Ⅵ（正链 RNA 需要 DNA 中间体）、Ⅶ（有缺口的双链 DNA 需要双链 DNA 中间体）。这种分类方法简化了病毒特殊的生命周期的本质和内涵。

因为病毒基因组携带了病毒繁殖的完整蓝图，但 Baltimore 分类系统忽略了病毒基因组的一个普遍功能，也就是作为子代基因组合成的模板，故病毒学家一直想根据这一重要的特性对病毒进行分类。因此，根据经典命名方式将已知的不同科的病毒，按照其基因组组成及复制方式不同，分为如下 4 大类 8 组。

DNA 病毒（DNA viruses）。第一组：双链 DNA 病毒，如：疱疹病毒科（Herpesviridae）、痘病毒科（Poxviridae）、腺病毒科（Adenoviridae）和乳多空病毒科（Papovaviridae）。第二组：单链 DNA 病毒，如：圆环病毒科（Circoviridae）和细小病毒科（Parvoviridae）。

RNA 病毒(RNA viruses)。第三组:双链 RNA 病毒,如:呼肠孤病毒科(Reoviridae)和双 RNA 病毒科(Birnaviridae)。第四组:正链 RNA 病毒,如:星状病毒科(Astroviridae)、杯状病毒科(Caliciviridae)、冠状病毒科(Coronaviridae)、黄病毒科(Flaviviridae)、小核糖核苷酸病毒科(Picormaviridae)、动脉病毒科(Arteriviridae)和披膜病毒科(Togaviridae)。第五组:负链 RNA 病毒,如:沙粒病毒科(Arenaviridae)、正黏病毒科(Orthomyxoviridae)、副黏病毒科(Paramyxoviridae)、布尼亚病毒科(Bunyaviridae)和弹状病毒科(Rhabdoviridae)。

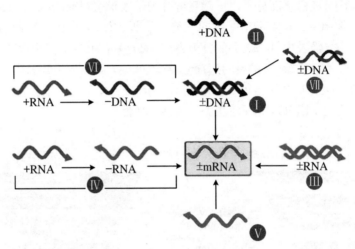

图 15.2　Baltimore 分类系统

逆转录病毒(reverse transcribing viruses)。第六组:逆转录 RNA 病毒,如:逆转录病毒科(Retroviridae)。第七组:逆转录 DNA 病毒,如:肝脱氧核糖核酸病毒科(Hepadnaviridae B)。

亚病毒(subvirus)。第八组:亚病毒感染因子,如:卫星(Satellites)、类病毒(Viroids)和朊病毒(Prions)。亚病毒属于不同于一般病毒的结构特殊的一类病毒。

15.1.4　噬菌体的分类

噬菌体能够杀死细菌的现象是在 1915 年由 Frederick W. Twort 发现的,但 Frederick W. Twort 并未进行深入研究也未命名。1915 年 8 月加拿大医学细菌学家 Felix d' Herelle 也发现了这种病毒并将其命名为噬菌体(bacteriophage or phage)。

噬菌体是感染细菌、真菌、藻类、放线菌或螺旋体等微生物的病毒的总称,因部分能引起宿主菌的裂解,故而得名。

噬菌体是病毒的一类,其特别之处是专门以细菌为宿主,以大肠杆菌为寄主的毒力株 T 噬菌体(T1~T7,T = type)中较为人知的是 T2 噬菌体。跟别的病毒一样,噬菌体只是一团由蛋白质外壳包裹的遗传物质,大部分噬菌体还长有"尾巴",用来将遗传物质注入宿主体内。噬菌体具有病毒的一些特性:个体微小;不具有完整细胞结构;只含有单一核酸。噬菌体基因组含有许多个基因,但所有已知的噬菌体都是细菌细胞中利用细菌的核糖体、蛋白质合成时所需的各种因子、各种氨基酸和能量产生系统来实现其自身的生长和增殖。

　　根据噬菌体内所含核酸特点进行分类,可将噬菌体分为 ssRNA(单链 RNA,如 MS2 噬菌体)、ds RNA(双链 RNA,如 φ6 噬菌体)、ssDNA(单链 DNA,如 φX174 噬菌体,M13 噬菌体)和 ds DNA(双链 DNA,如 T2 噬菌体,λ 噬菌体等)4 类(图 15.3)。

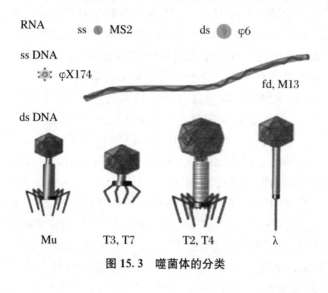

图 15.3　噬菌体的分类

15.2　病毒基因组的结构与特点

　　基因组(genome)泛指一个细胞或病毒所携带的全部遗传信息,含有一种生物的一整套遗传信息的遗传物质。病毒基因组是指病毒粒子中的核酸(DNA 或 RNA),病毒的 DNA 分子或 RNA 分子可以同蛋白质共同组成病毒颗粒,但每种病毒颗粒中只含有一种核酸,或为 DNA,或为 RNA,两者一般不共存于同一病毒颗粒中。病毒颗粒中的组成成分有简有繁,有的病毒自身带有其基因组复制所需要的部分酶,有的则完全需要依赖于宿主细胞。

15.2.1　病毒基因组的类型

　　组成病毒基因组的 DNA 和 RNA 有双链的,也有单链的,有闭环分子,也有线性分子。RNA 病毒基因组还有正链、负链之分。如人乳头瘤病毒(HPV)是一种闭环的双链 DNA 病毒,而腺病毒(adenovirus,AV)的基因组则是线性的双链 DNA,脊髓灰质炎病毒(poliovirus,PV)是一种单股正链的 RNA 病毒,流感病毒(influenza virus,IV)是一种单股负链的 RNA 病毒,而呼肠孤病毒(reoviruses,REOV)的基因组是线性的双链 RNA,含正、负两股链。一般说来,大多数 DNA 病毒的基因组为双链 DNA 分子,而大多数 RNA 病毒的基因组是单链 RNA 分子。

15.2.2　病毒基因组的大小

基因组的大小通常以其 DNA 含量来表示,单倍体基因组中的全部 DNA 量称为 C 值(C-value)。C 值是每种生物的一个特性,以基因组的碱基对来表示。在真核生物中,每种生物的单倍体基因组的 DNA 总量是恒定的,不同物种的 C 值差别很大。C 值一般随生物进化复杂程度的增加以及生物结构和功能复杂程度的增加而逐步上升。例如,原核生物大肠杆菌($E.\ coli$)的基因组含有 4.6×10^6 bp,单细胞真菌酵母(Saccharomyce)的基因组含有 1.3×10^7 bp,而某些哺乳动物的基因组含有的碱基对高达 10^9 以上。但也存在某些低等生物的 C 值比高等生物大,即 C 值反常现象。C 值反常现象产生的原因是真核生物基因组中含大量非编码序列。例如,人的 C 值只有 10^9 bp,而肺鱼的 C 值为 10^{11} bp,比人高出 100倍。另一个值得注意的现象是:基因组的大小与基因的数目并非直接的线性关系。如:酵母的第 3 号染色体含有 50000 个碱基对,携带有 28 个基因;而在玉米的基因组中,根据已知的部分序列的分析,其中一段 DNA 的 50000 个碱基对中,只有两个基因,其中一个基因的功能还是未知的。人类基因组包含 3.3×10^9 bp,有 3 万~3.5 万个编码特定蛋白的基因。

与细菌或真核细胞相比,病毒的基因组很小,但不同的病毒的基因组大小相差较大。如线性双链 DNA(dsDNA)病毒中,乙肝病毒(HBV)DNA 大小只有 3 kb,所含信息量也较小,只能编码 4 种蛋白质,而痘病毒(poxviruses,PV)的基因组有 300 kb,可以编码数百种蛋白质,不但为病毒复制所涉及的酶类编码,甚至为核苷酸代谢的酶类编码,因此,痘病毒对宿主的依赖性较乙肝病毒小得多。

15.2.3　DNA 病毒基因组的结构与特点

对于大多数含 DNA 基因组的病毒来说,基因组复制和 mRNA 合成并不是什么难题,与细胞一样,以 DNA 为基础复制和转录。

多数动物病毒的基因组为双链 DNA 或部分双链 DNA,共 24 种,如腺病毒科、疱疹病毒科、多瘤病毒科和痘病毒科等为线性双链 DNA 病毒,乳头瘤病毒科为环状双链 DNA 病毒,而嗜肝 DNA 病毒科(Hepadnaviridae)为缺口、环状、双股 DNA 病毒基因组。单链 DNA 动物病毒中仅微小病毒为单链病毒,噬菌体中仅含单链 DNA。DNA 病毒基因组也有单链、双链和正股、负股之分。由于单链 DNA 在转录之前都要合成互补 DNA。因此正股、负股DNA 的区别并没有真正显示出来。

1. 腺病毒科基因组的结构与特点

腺病毒是无囊膜的球形结构,线性双链 DNA 病毒,直径为 70~90 nm 的颗粒,其基因组 DNA 为 35.8~36.2 kb,基因组包含早期表达的与腺病毒复制相关的 E1~E4(E1A、E1B、E2A、E2B、E3、E4)基因和晚期表达的与腺病毒颗粒组装相关的 L1~L5 基因。基因组DNA 可以与某些病毒编码的蛋白质结合,在 DNA 分子末端还含有反向末端重复序列(inverted terminal repeat,ITR),因此在低浓度条件下,经变性、退火可以形成单链环状结构。

不同血清型的腺病毒均有 ITR 结构，但长度有所不同。在 ITR 结构中含有 AT 丰富区和 GC 丰富区。AT 丰富区 50～52 bp，位于 DNA 分子的最末端，有 10 个碱基的保守序列：ATAATATACC；GC 丰富区 50～110 bp，同源性较差，但有两个序列比较保守，一是 GGGCGG，至少在 ITR 中出现一次；二是位于 ITR 序列内末端的 TGACGT 序列。ITR 序列在病毒复制过程中具有重要作用。

2. 人乳头瘤病毒(HPV)基因组的结构与特点

乳头瘤病毒属于乳头瘤病毒科的乳头瘤病毒属，为球形无包膜的双链 DNA 病毒，二十面体立体对称结构，直径为 52～55 nm。病毒基因组为双链环状 DNA，以共价闭合的超螺旋结构、开放的环状结构、线性分子 3 种形式存在。HPV 基因组为 7.8～8.0 kb，编码为 9 个开放读码框架(open reading frames，ORFs)，分为 3 个功能区，即早期转录区、晚期转录区和非转录区(控制区)。早期转录区又称为 E 区，由 4500 个碱基对组成，分别编码为 E1、E2、E3、E4、E5、E6、E7、E8 一共 8 个早期蛋白，具有参与病毒 DNA 的复制、转录、翻译调控和细胞转化等功能。E1 涉及病毒 DNA 复制，在病毒开始复制中起关键作用。E2 是一种反式激活蛋白，涉及病毒 DNA 转录的反式激活。E3 功能不清。E4 与病毒成熟胞浆蛋白有关。E5 与细胞转化有关。E6 和 E7 主要与病毒细胞转化功能及致癌性有关。E8 为未知其产物或功能，可能参与复制。晚期转录区又称为 L 区，由 2500 个碱基对组成，编码 2 个衣壳蛋白，即主要衣壳蛋白 L1 和次要衣壳蛋白 L2 组成病毒的衣壳，且与病毒的增殖有关。非转录区又称为上游调节区、非编码区或长调控区，由 1000 个碱基对组成，位于 E8 和 L1 之间。该区含有 HPV 基因组 DNA 的复制起点和 HPV 基因表达所必需的调控元件，以调控病毒的转录与复制。

3. 人细小病毒 B19 基因组的结构与特点

灵长类红细胞细小病毒 1(primate erythroparvovirus 1)，通常称为 B19 病毒，人细小病毒 B19 或有时称为红细胞细小病毒 B19，是细小病毒科中的第一个[也是直到 2005 年唯一发现的，2005 年后又发现了腺相关病毒(adeno-associated virus，AAV)与博卡病毒(bocavirus)]已知的人类病毒，其病毒体和基因组 DNA 如图 15.4 所示。

人细小病毒 B19(human pavovirus B19，HPVB19)是微小病毒科中唯一能感染人类的病毒，无囊膜，单链，是目前已知最小、结构最简单的 DNA 病毒。基因组全长 5.6 kb，由澳大利亚病毒学家 Yvonne Cossart 于 1975 年在献血者的血清中偶然发现的。1981 年首次证实 HPVB19 与人类镰状细胞贫血患者发生再生障碍危象有关，此外还能引起传染性红斑(erythema infectiosum，EI)。人细小病毒 B19 是常见的病毒之一，病毒颗粒直径为 23 nm，无囊膜包裹，病毒基因组是由 3500 碱基组成的单链 DNA，该病毒属细小病毒科，是红细胞病毒属的成员。B19 病毒在分子生物学上有独特性，末端回文序列长达 365 个碱基，G、C 含量高，使得 B19 病毒二级结构牢固，而不易克隆入细菌中。B19 病毒同其他小 DNA 病毒一样有种属特异性。有两种壳蛋白：VP1(83 kDa)和 VP2(58 kDa)。VP2 占优势，VP1 位于壳体外部，易与抗体结合。此外 B19 病毒有一非结构蛋白 NS1，可引起细胞死亡，但其作用与细胞毒素或成空蛋白不同。其对热稳定，于 56 ℃ 30 min 仍可存活。

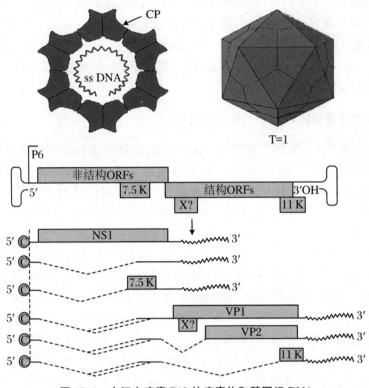

图 15.4 人细小病毒 B19 的病毒体和基因组 DNA

15.2.4 RNA 病毒基因组的结构与特点

1. RNA 病毒基因组有单、双链和正、负链之分

虽然大多数 RNA 病毒的基因组是单链 RNA 分子,但也有一部分 RNA 病毒的基因组为双链 RNA 结构。在单链 RNA 病毒中,根据基因组 RNA 是否可以作为 mRNA 模板,指导蛋白质合成,分为正链 RNA 病毒和负链 RNA 病毒两大类。正链 RNA 病毒可以直接感染宿主细胞,合成病毒核酸和外壳蛋白,组装成病毒体,而负链 RNA 病毒没有感染性,需要转录 mRNA 以后才具有感染性。

2. 单股正链 RNA 病毒基因组可以作为 mRNA 行使模板功能

有些单链 RNA 病毒,如某些 RNA 噬菌体、脊髓灰质炎病毒和鼻病毒(rhinovirus)等,病毒颗粒中的 RNA 进入寄主细胞后,可直接作为 mRNA,翻译出所编码的蛋白质,包括衣壳蛋白和病毒的 RNA 聚合酶,然后在病毒 RNA 聚合酶的作用下以基因组 RNA 合成出负链,再以负链为模板复制病毒 RNA,并以复制的病毒 RNA 和衣壳蛋白自我装配成为成熟的病毒颗粒。这些病毒称为单股正链 RNA 病毒。

SARS(severe acute respiratory syndrome,SARS)冠状病毒(coronavirus)也属于单股

正链 RNA 病毒,它的 RNA 分子不分节段,RNA 的 5′端具有甲基化帽,3′端有 poly(A)结构。基因组长度在 27000～30000 nt 范围,5′端约 2/3 的区域编码病毒 RNA 聚合酶蛋白,后 1/3 的区域编码结构蛋白,依次为刺突蛋白(spike,S)、包膜蛋白(envelop,E)、膜蛋白(membrane,M)、核衣壳蛋白(nucleocapsid,N),未发现有血凝素-乙酰酯酶蛋白编码序列。在结构蛋白编码区可能的开放阅读框(open reading frame,ORF)中,能编码在已有蛋白质序列数据库中未找到任何同源序列的未知蛋白(predicted unknown protein,PUP)。

2019 年 12 月以来,武汉市暴发新型冠状病毒肺炎(coronavirus disease 2019,COVID-19)疫情并迅速蔓延全国,2020 年 1 月 30 日被世界卫生组织(World Health Organization,WHO)列为"国际关注的突发公共卫生事件"(public health emergency of international concern,PHEIC)。核酸序列分析证明 COVID-19 由新型冠状病毒(2019 novel coronavirus,2019-nCoV)引起。2019-nCoV 为正链单链 RNA 病毒,基因组长约 30 kb,两端为非编码区,中间为非结构蛋白编码区和结构蛋白编码区。非结构蛋白编码区主要包括开放读码框架(open reading frame,ORF)1a 和 ORF1b 基因,编码 16 个非结构蛋白(non-structural proteins,NSP),即 NSP1～16。结构蛋白编码区主要编码刺突(spike,S)蛋白、包膜(envelope,E)蛋白、膜(membrane,M)蛋白和核衣壳(nucleocapsid,N)蛋白。

3. 单股负链 RNA 病毒需要先合成与其互补的 mRNA

还有另一类单链 RNA 病毒,它们的 RNA 序列与 mRNA 序列互补,进入寄主细胞后不能直接作为 mRNA 指导蛋白质的合成,而是先以基因组 RNA 为模板转录生成互补 RNA,再以这个互补 RNA 作为 mRNA 翻译出遗传密码所决定的蛋白质。这类病毒称为负链 RNA 病毒,如滤泡性口腔炎病毒(vesicular stomatitis virus,VSV)、流感病毒、副流感病毒(parainfluenza virus,PIV)等。流感病毒的基因组由 8 个节段的单链 RNA(single stranded RNA,ssRNA)分子组成,每个 RNA 分子都含有编码蛋白质分子的信息。所有的 RNA 分子均具有相同的 5′端,由 13 个核苷酸组成(5′-GGAACAAAGAUGA);而在 3′端有 12 个高度保守的核苷酸序列(3′-UCGUUUUCGUCC),而且每一个 RNA 分子的 3′端和 5′端有部分序列互补,所以形成锅柄环状的结构。由于病毒基因组是由多个节段的 RNA 组成,当两种不同的流感病毒感染细胞时,不同来源的基因节段就容易发生重组,导致新的血清型出现。

4. 双链 RNA 病毒基因组含有正、负两条 RNA 链

呼肠孤病毒、轮状病毒(rotavirus)的基因组都含有正、负两条 RNA 链。这两条链都有经复制产生互补链的功能,但只有正链是 mRNA,具有编码能力。这些病毒基因组的另一个特点是:它们都是 10～12 个节段的线性 RNA 分子,每段 RNA 分子都编码一种蛋白质。

双股 RNA 病毒:呼肠孤病毒;鹅细小病毒,感染引起的雏鹅的一种急性败血性传染病,其特征性症状是急性下痢,有时有神经症状。

15.2.5　逆转录病毒基因组的结构与特点

有一类特殊的单股正链 RNA 病毒,即逆转录病毒(retrovirus)。此类病毒是目前已知

的唯一基因组不是单倍体的病毒。逆转录病毒基因组为二倍体,两条相同的单股正链 RNA(＋ssRNA),其两端为长末端重复序列(LTR),内含有较强启动子和增强子,对病毒 DNA 的转录调控具有重要作用。病毒核心包含逆转录酶和整合酶。与其他 RNA 病毒不同之处在于,逆转录病毒的 RNA 不进行自我复制,进入宿主细胞后,RNA 经逆转录酶合成双链 DNA,双链 DNA 被整合酶整合至宿主细胞染色体 DNA 上形成前病毒,建立终生感染并可随宿主细胞分裂传递给子代细胞。该类病毒通常引起人和动物的肿瘤,如:导致艾滋病的人类免疫缺陷病毒(HIV)、可诱发 T 细胞白血病及淋巴癌的人类嗜 T 细胞病毒(human t-cell lymphotropic virus,HTLV)、rous 肉瘤病毒(rous sarcoma virus,RSV)等。在这些病毒颗粒中带有依赖 RNA 的 DNA 聚合酶(RNA-dependent DNA polymerase),即逆转录酶(reverse transcriptase),能使 RNA 反向转录生成 DNA。逆转录病毒基因组一般包括三个基本的结构基因,即 gag、pol 和 env,分别可以编码核心蛋白、逆转录酶和膜蛋白。在病毒基因组两端是完全相同的同向重复序列(R 序列);在 5′端有与真核细胞 mRNA 相同的甲基化帽子结构;在 3′端有 poly(A)序列;在 5′端独特区(U5)内侧有引物结合点(primer binding site,PBS)、剪接供体位点(splice donor sites,SD)和包装信号(y);在 pol 基因和 env 基因之间还有一个剪接受体位点(splice acceptor sites,SA)。

多数 RNA 病毒的基因组由连续的核糖核酸链组成,但也有些病毒的基因组 RNA 由不连续的几条核酸链组成,如流感病毒的基因组 RNA 分子是节段性的,由 8 条 RNA 分子构成,每条 RNA 分子都含有编码蛋白质分子的信息;而呼肠孤病毒的基因组由双链的节段性的 RNA 分子构成,共有 10 个双链 RNA 片段,同样每段 RNA 分子都编码一种蛋白质。目前,还没有发现由节段性的 DNA 分子构成的病毒基因组。

15.2.6　噬菌体基因组的结构与特点

从生物学的角度,自然界中的微生物可以分为真核微生物(eukaryotic microorganism)、原核微生物(prokaryotic microorganism)和病毒三类。我们常说的细菌属于原核微生物。在微生物界,同样存在类似动植物界的食物链一样的关系。"捕食"细菌的,正是科学家们研究微生物的一种强有力的工具:噬菌体。

噬菌体是在 1907 年和 1909 年分别由 Twort 和 D. Herelle 各自独立发现的。噬菌体是感染细菌、真菌、放线菌或螺旋体等微生物的病毒的总称,因部分能引起宿主菌的裂解,故称为噬菌体。21 世纪初在葡萄球菌和志贺菌中首先发现。1975~1977 年,美国人 Sanger 和 Gilbert 发明了快速 DNA 序列测定技术,并于 1977 年完成了噬菌体 φX174 基因组(5386nt)的序列测定,Sanger 和 Gilbert 与 Berg 分享了诺贝尔化学奖。

1. φX174 噬菌体的基因组及其基因

噬菌体 φX174 为 20 面体,无尾。其 DNA 为单链环状,其基因组含有 5386 个碱基。

φX174 基因组的特点:① 有 11 个基因,分别从 A、B、D 开始转录成 3 个 mRNA。② 非编码区 DNA 占基因组的 4%。③ 有重叠基因和基因内基因,基因内基因 B 在 A 内,E 在 D 内,部分重叠的基因为 K 和 C,只有一个碱基对重叠的基因是 D,它的终止密码子的最后一个碱基是 J 基因起始的第一个碱基,两者的 ORF 不同。

不同基因的核苷酸序列有时是可以共用的,即这些基因的核苷酸序列是彼此重叠的,这样的基因被称为重叠基因(overlapping genes)或嵌套基因(nested genes)。目前已在病毒、噬菌体和少数真核基因中发现了重叠基因。

基因重叠即同一段 DNA 片段能够编码 2 种甚至 3 种蛋白质分子,这种现象在其他的生物细胞中仅见于线粒体和质粒 DNA,所以也可认为是病毒基因组的结构特点。

2. λ 噬菌体的基因组及其基因

(1) λ 噬菌体的概况

一般情况:双链 DNA,共有 48502 bp。在不同的生长状态下,λ 噬菌体 DNA 可以环状分子(带切刻)和线性分子(具有两个黏性末端)两种形式存在。

λ 噬菌体的生活史如下:

① 溶菌(裂解)周期(lytic cycle)基本过程:吸附、注入、转变、合成、组装和释放 6 个阶段。噬菌体吸附到细菌表面的特殊接收器上;噬菌体 DNA 穿过细胞壁注入寄主细胞;被感染细菌功能发生变化,成为制造噬菌体的场所;寄主细胞大量合成噬菌体特有的核酸和蛋白质;噬菌体 DNA 包装头部和尾部蛋白质,成为噬菌体颗粒;新合成的子代噬菌体颗粒从寄主细胞内释放出来(图 15.5)。

② 溶原周期(lysogenic cycle):λ 噬菌体以环状分子存在于寄主的细胞质中,或寄主在染色体上,并与寄主染色体一起复制,这种状态成为溶原化(lysogenization)。此时,具有一套完整的 λ 噬菌体基因组的细菌,称为溶原性细菌(lysogen),存在于溶原性细菌内的整合的或非整合的噬菌体 DNA 则称为原噬菌体(prophage),溶原性细菌具有可以抵御同种噬菌体再感染的特性,即超感染免疫性(immunity)。

③ 溶原菌的诱发(induction):溶原菌因某种原因进入溶菌周期的现象。在诱发过程中,噬菌体基因组以单一 DNA 片段的形式从寄主染色体 DNA 上删除下来,然后环化成环形 DNA 分子。

(2) λ 噬菌体的基因组

基因簇:λ 噬菌体的基因除 N 和 Q 两个基因外,其余是按功能的相似性聚集成簇的。例如头部、尾部、复制及重组 4 大功能的基因各自聚集成 4 个基因簇。

左侧区:自基因 A 到 J,包括参与噬菌体头部及尾部蛋白质合成的全部基因。

中间区:介于基因 J 和 N 之间,占全基因组的 30%。部分基因与细菌整合到寄主 DNA 上和溶原生长有关。这部分的基因不是噬菌体裂解生长所必需的,用其他外源 DNA 片段代替该区域对噬菌体的感染和生长都不会有严重的影响。

右侧区:位于 N 基因的右侧,包括主要的调控成分、噬菌体的复制基因(O 和 P)以及溶菌基因(S 和 R)。

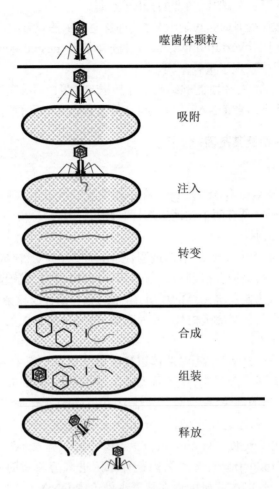

噬菌体颗粒

吸附

注入

转变

合成

组装

释放

图 15.5 λ噬菌体溶菌周期基本过程

15.3 病 毒 复 制

病毒只有进入活细胞后才能发挥其生物活性。由于病毒缺少完整的酶系统,不具有合成自身成分的原料和能量,也没有核糖体,因此,决定了它的专性寄生特性,病毒必须侵入易感的宿主细胞,依靠宿主细胞的酶系统、原料和能量进行病毒核酸的复制,借助宿主细胞的核糖体翻译病毒的蛋白质。病毒的这种特殊增殖方式称为"复制"(replication)。组成病毒基因组的 DNA 和 RNA 可以是单链结构,也可以是双链结构。病毒基因组的多种类型决定了其基因组复制的复杂性(尤其是 RNA 病毒)。DNA 病毒除痘类病毒外,全部都在核内进行基因组复制,RNA 病毒(除反转录病毒外)的基因组复制都是在细胞质中进行的。因此,了解病毒如何进入细胞而后增殖的知识是很有意义的。

　　所有动物病毒的复制都经过如下过程:病毒吸附到易感细胞的表面,与细胞表面存在的特异受体结合;通过融合、吞饮或直接进入等方式穿入细胞内;脱去衣壳后暴露核酸;生物合成;装配,成熟释放。复制又称为复制周期(replication cycle)。

1. 吸附(adsorption):病毒表面接触蛋白与宿主细胞表面受体相互作用

　　吸附是指病毒附着于易感细胞的表面,它是感染的起始期。病毒与细胞相互作用最初可由于偶然碰撞和静电作用而形成可逆疏松结合。当宿主细胞表面存在特异受体时,则可通过结构互补与受体结合蛋白(RBP)发生特异的、稳定的结合。根据这点可确定许多病毒的宿主范围,不吸附就不能引起感染。受体可能是糖蛋白或磷脂蛋白,如流感病毒 A 和 B 的细胞表面受体是含唾液酸(N-乙酰神经氨酸)的糖蛋白,它与流感病毒表面的血凝素刺突(受体结合蛋白)有特殊的亲和力,如用神经氨酸酶破坏该受体,则流感病毒不再吸附这种细胞。乙肝病毒(HBV)具有非常专一的自然宿主,人类肝细胞是 HBV 的主要靶细胞,HBV 的细胞表面受体是免疫球蛋白 A 受体,除人类肝细胞外,人类其他组织也有可能有 HBV 包膜蛋白的受体,如胆管上皮细胞、胰腺细胞、肾细胞、皮肤、外周血红细胞、骨髓细胞以及某些动物细胞(如非洲绿猴肾细胞)等。此外,HIV 受体为 CD4 和趋化因子;鼻病毒的受体为 CD54 和细胞黏附分子-1(ICAM-1);EB 病毒的受体为补体受体-21(CD21)。病毒吸附也受离子强度、pH、温度等环境条件的影响。研究病毒的吸附过程对了解受体组成、功能、致病机理以及探讨抗病毒治疗有重要意义。

2. 穿入(penetration):膜融合、病毒胞饮等

　　穿入是指病毒核酸或感染性核衣壳穿过细胞进入胞浆,开始病毒感染的细胞内期。穿入主要有 3 种方式:① 融合(Fusion):在细胞膜表面,病毒囊膜与细胞膜融合,病毒的核衣壳进入胞浆。副黏病毒以融合方式进入,如麻疹病毒、腮腺炎病毒囊膜上有融合蛋白,带有一段疏水氨基酸,介导细胞膜与病毒囊膜的融合。② 胞饮(Viropexis):因细胞膜内陷使整个病毒被吞饮入胞内形成囊泡。胞饮是病毒穿入的常见方式,也是哺乳动物细胞本身具有一种摄取各种营养物质和激素的方式。当病毒与其特异受体结合后,在细胞膜的特殊区域与病毒一起内陷形成膜性囊泡,此时病毒在胞浆中仍被胞膜覆盖。多数动物病毒有囊膜,如流感病毒借助病毒的血凝素(HA)完成脂膜间的融合,囊泡内低 pH 环境使 HA 蛋白的三维结构发生变化,从而介导病毒囊膜与囊泡膜的融合,病毒核衣壳进入胞浆。③ 直接进入:某些无囊膜病毒,如脊髓灰质炎病毒与受体接触后,衣壳蛋白的多肽构象发生变化并对蛋白水解酶敏感,病毒核酸可直接穿越细胞膜到细胞浆中,而大部分蛋白衣壳仍留在胞膜外,这种进入的方式较为少见。

3. 脱壳(uncoating):细胞溶酶体酶;病毒脱壳酶

　　穿入和脱壳是连续的过程,失去病毒体的完整性被称为"脱壳"。脱壳到出现新的感染病毒之间称为"隐蔽期"。经胞饮进入细胞的病毒,衣壳可被吞噬体中的溶酶体酶降解而去除。有的病毒,如脊髓灰质炎病毒,在吸附穿入细胞的过程中,病毒的 RNA 释放到胞浆中。而痘苗病毒当其复杂的核心结构进入胞浆中后,随之病毒体多聚酶活化,合成病毒脱壳所需

要的酶,完成脱壳。

4. 生物合成(biosynthesis):病毒核酸复制;病毒蛋白质合成

不同病毒 DNA 的复制方式不同,其共同特点包括都需要宿主细胞提供一套完成复制所需要的蛋白分子,DNA 合成起始的引物形式多样。虽然 DNA 病毒和 RNA 病毒的复制机理有区别,但复制的结果都是合成核酸分子和蛋白质衣壳,然后装配成新的有感染性的病毒。一个复制周期需要 6~8 h。

(1) 双股 DNA 病毒的复制——多数 DNA 病毒为双股 DNA

双股 DNA 病毒,如单纯疱疹病毒和腺病毒在宿主细胞核内的 RNA 聚合酶作用下,从病毒 DNA 上转录病毒 mRNA,然后转移到宿主细胞胞浆核糖体上,指导合成蛋白质。

病毒基因的 mRNA 合成(早期转录):病毒本身含有 RNA 聚合酶,可在胞浆中转录 mRNA(早期 mRNA),主要合成复制病毒 DNA 所需的酶及调控蛋白等,如依赖 DNA 的 DNA 聚合酶,脱氧胸腺嘧啶激酶等,称为早期蛋白。

病毒核酸复制:子代病毒 DNA 的合成是以亲代 DNA 为模板,按核酸半保留形式复制子代双股 DNA。DNA 复制出现在结构蛋白合成之前。

晚期转录(晚期 mRNA 和晚期蛋白):晚期 mRNA,在病毒 DNA 复制之后出现,主要指导合成病毒的结构蛋白(衣壳蛋白,包膜蛋白),称为晚期蛋白。

(2) 双链环状 DNA 病毒的复制

如嗜肝 DNA 病毒,该类病毒核酸为双链、环状,其中含有部分单链区,单链区长度不等,短链为正链,长度在整个基因组长度的 50%~100%范围。

首先经补链作用成为共价闭合的双链 DNA,在寄主细胞核内转录出 RNA,其中有前基因组 RNA 作为复制的模板,经反转录合成-DNA 链,RNA 随之被 RNase H 降解,再以-DNA 为模板合成+DNA(图 15.6)。

(3) 单股 DNA 病毒的复制

如细小病毒(parvovirus),它是一种无囊膜、单链的 DNA 病毒,可通过较小的抗原转移与自然突变而感染犬科动物。

病毒脱壳后首先形成双股 DNA(±DNA),称为复制型,以此为模板进行半保留型复制。DNA 的复制在寄主细胞核内,依赖于细胞的酶。mRNA 的转录和蛋白质的合成与双股 DNA 相似。

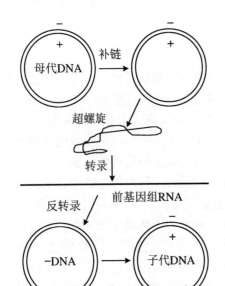

图 15.6　双链环状 DNA 病毒的复制过程

(4) 单股 RNA 病毒的复制——RNA 病毒核酸多为单股

病毒全部遗传信息均含在 RNA 中。单股 RNA 病毒又可分为:正链 RNA 病毒,即病毒 RNA 的碱基序列与mRNA 完全相同者;负链 RNA 病毒,即病毒 RNA 碱基序列与 mRNA 互补者。

正链 RNA 病毒的复制。以脊髓灰质炎病毒为例,侵入的 RNA 直接附着于宿主细胞的核糖体上,翻译出大分子蛋白,并迅速被蛋白水解酶降解为结构蛋白和非结构蛋白,如依赖 RNA 的 RNA 聚合酶。在这种酶的作用下,以亲代 RNA 为模板形成一双链结构,称为"复制型"(replicative form)。再从互补的负链复制出多股子代正链 RNA,这种由一条完整的负链和正在生长中的多股正链组成的结构,称为"复制中间体"(replicative intermediate)。新的子代 RNA 分子在复制循环中有三种功能:为进一步合成复制型起模板作用;继续起 mRNA 作用;构成感染性病毒 RNA。

负链 RNA 病毒的复制。流感病毒、副流感病毒、狂犬病毒和腮腺炎病毒等有囊膜病毒属于这一类型。病毒体中含有依赖 RNA 的 RNA 聚合酶,从侵入链转录出 mRNA,翻译出病毒结构蛋白和酶,同时又可作为模板,在依赖 RNA 的 RNA 聚合酶作用下合成子代负链 RNA。

(5) 双链 RNA 病毒的复制

包括呼肠孤病毒、双 RNA 病毒。病毒脱壳后首先不对称的转录出+RNA,+RNA 既能作为 mRNA,又能作为模板合成子代双链 RNA。复制过程如下:亲代病毒子通过吸附到易感细胞表面,穿入细胞,脱壳后暴露芯髓,不对称转录生成+RNA,转录生成早期 mRNA,合成 RNA 聚合酶和一些早期蛋白,以+RNA 作为模板进行半保留复制,形成两条子代病毒双链 RNA,+RNA 再转录生成晚期 mRNA,翻译合成病毒结构蛋白,与子代病毒 RNA 共同组装成子代病毒子。

(6) 逆转录病毒(retrovirus)的复制

又称 RNA 肿瘤病毒(oncornavirus),病毒体含有单股正链 RNA、依赖 RNA 的 DNA 聚合酶(逆转录酶)和 tRNA。逆转录病毒复制过程分两个阶段:第一阶段,病毒进入胞浆后,以 RNA 为模板,在依赖 RNA 的 DNA 聚合酶和 tRNA 引物的作用下,合成负链 DNA(即 RNA:DNA 杂化双链),正链 RNA 随即被降解,进而以负链 DNA 为模板形成双股 DNA(即 DNA:DNA),转入细胞核内,整合至宿主 DNA 中,成为前病毒。第二阶段,前病毒 DNA 转录出病毒 mRNA,翻译出病毒蛋白质。同时从前病毒 DNA 转录出病毒 RNA,在胞浆内装配,以出芽方式释放。被感染的细胞仍持续分裂将前病毒传递至子代细胞(图 15.7)。

5. 装配与释放(assembly and release):DNA 病毒(多数核内装配);RNA 病毒(多数胞浆内装配);囊膜病毒(出芽释放);无囊膜病毒(破胞释放)

新合成的病毒核酸和病毒蛋白在感染的细胞内逐步成熟。所谓成熟(maturation)是指核酸进一步被修饰,病毒蛋白亚单位以最佳物理方式形成衣壳。病毒核酸进入衣壳形成病毒子,这就是装配。那么病毒粒子是如何从细胞内转移到细胞外进行释放的?

大多数 DNA 病毒,在核内复制 DNA,在胞浆内合成蛋白质,转入核内装配成熟。而痘苗病毒的全部成分及装配均在胞浆内完成。RNA 病毒多在胞浆内复制核酸及合成蛋白并在胞浆内完成装配成熟。感染后 6 h,一个细胞可产生多达 1 万个病毒颗粒。病毒装配成熟后释放的方式有:宿主细胞裂解(lysis),病毒释放到周围环境中,见于无囊膜病毒,如腺病毒、脊髓灰质炎病毒等;以出芽(budding)或胞吐(endocytosis)的方式释放,见于有囊膜病毒。有囊膜病毒的释放过程也是病毒获得囊膜的过程。在胞浆内复制和装配的病毒,如痘病毒、副黏病毒、披膜病毒和反转录病毒等,在胞浆膜上出芽,获得囊膜;在胞核内复制和装配的病毒,如疱疹病毒等,在核膜上出芽,获得囊膜,以储泡形式释放;还有一些病毒,如黄病毒、冠状病毒、动脉炎病毒和布尼病毒等是在高尔基体或粗面内质网出芽时获得囊膜。也可通过细胞间桥或细胞融合邻近的细胞的方式释放。

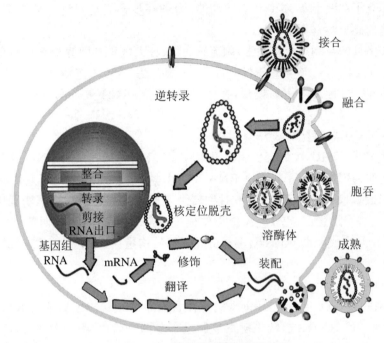

图 15.7 逆转录病毒复制的过程

15.4 病毒与疾病

病毒具有很长的生存历史,也具有一定的生命特征。在病原微生物引起的感染性疾病中,由病毒引起的约占 75%。动物病毒包括人类病毒、脊椎动物病毒、昆虫病毒,许多常见的人类感染性疾病,如肝炎、肺炎、脑炎、脊髓灰质炎、流行性感冒、狂犬病、艾滋病等,都是由病毒引起的,主要传播途径是通过病原体感染和空气、食物等。流感病毒可以通过动物以及人类自身进行感染,属于甲型流感。病毒引起的皮肤病主要分为:水疱型、新生物型、斑疹或者皮疹等。水疱型常见的有水痘、带状疱疹;新生物型主要分为各种扁平疣等一些疣状,主要症状是呈黄褐色疱疹;斑疹和皮疹主要有幼儿急疹和风疹等。同时病毒可能还会和先天性畸形、老年痴呆有一定的关系。还有一些病毒能够引起恶性肿瘤,比如 EB 病毒感染(epstein-barr virus,EBV)引起的鼻咽癌,HBV 感染引起的肝癌等,但是病毒不是产生癌细胞的唯一病因。主要还是要根据实际生活环境和遗传进行判断。

在病毒致病机制的研究中,主要集中在病毒基因产物对感染细胞的毒性作用、宿主对病毒基因表达产物的各种应答反应、病毒基因对宿主细胞基因的作用(如整合、抑制或激活部分基因)等方面。

15.4.1　DNA 病毒与疾病

1. EB 病毒(双股线性 DNA)

EB 病毒(EBV)又称人类疱疹病毒 4 型(HHV-4),是引起呼吸道感染、肿瘤的一种常见病毒。EB 病毒最常引起的疾病为传染性单核细胞增多症。

2. 非肿瘤性疾病

(1) 传染性单核细胞增多症(IM)

患者感染 EBV 后多数表现为 IM。1968 年,科学家首次发现该病毒是引起 IM 的病源,后经血清流行病学等研究得到证实。该病是所知道的由 EBV 直接引起的唯一疾病,有以下理论依据:① 此种病毒只能在淋巴网状系统的细胞中生长增殖。② 培养过程中该病毒能刺激淋巴细胞的增生。③ 急性期周围血淋巴细胞可培养出 EBV。④ 患者血清中具有高滴定度 EBV 的特异抗体,并可长期存在。⑤ 无此特异抗体者对此病易感,而抗体阳性者则不发病。IM 主要症状表现为:发热、咽痛、皮疹、肝脾淋巴结肿大,血液系统改变可以累及三系,但以白细胞改变为主,大多数患者白细胞总数增高,可出现异常淋巴细胞。

(2) 口腔白癍

多发生于免疫功能缺陷的患者。在病变上皮的上层可检测到 EBV 增殖期抗原及病毒 DNA。

(3) X 染色体相关的淋巴增生综合征(XLP)

XLP 是一种罕见的与 X 染色体相关的免疫缺陷性疾病,仅见于男孩。EBV 感染后常引发致死性 IM 或恶性淋巴瘤。

(4) 病毒相关性噬红细胞增多症

这是一种反应性组织细胞增多症。临床上主要表现有高热,肝、脾、淋巴结肿大,肝功能异常,凝血障碍,外周血常规全血细胞减少、无异形淋巴细胞,骨髓中吞噬红细胞现象多见。血清学检查有抗 EB 病毒壳抗原 IgG 抗体(抗 VCA-Ig)和抗 VCA-IgM、抗 EA-IgG 增高,但抗 EBNA 抗体缺乏,符合 EB 病毒急性感染表现。

3. 肿瘤性疾病

(1) Burkitt's 淋巴瘤

EBV 是英国病毒学家 Epstein 及 Barr 等人在 1964 年首次从非洲儿童 Burkitt's 淋巴瘤的细胞中分离出来的,与 Burkitt's 淋巴瘤的相关性毋庸置疑。Burkitt's 淋巴瘤分为地方性和散发性两种。前者主要见于非洲中部的儿童,病变部位多见于颌部,亦见于眼眶、中枢神经系统和腹部,小无裂 B 细胞为其形态特征。几乎所有的地方性病例都与 EBV 有关;而散发的 Burkitt's 淋巴瘤仅有 15%～20% 与 EBV 有关，近几年人们又发现了许多与 EBV 相关淋巴瘤的新亚型。

（2）霍奇金病（HD）

传统上将 HD 分为 4 型：以淋巴细胞为主型、混合细胞型、结节硬化型和淋巴细胞消减型。其中混合细胞型与 EBV 关系密切，病毒检出率可达 96%，而结节硬化型和以淋巴细胞为主型的检出率分别为 34% 和 10%。HD 与 EBV 的关系的密切程度有地域及年龄差别。秘鲁、洪都拉斯、墨西哥等拉丁美洲国家 HD 中 EBV 的阳性率高于欧美国家。在中国，90%以上的儿童 HD 与 EBV 有关，特别是在 10 岁以下的儿童病例中，有 95% 的患者检测到了EBV，且与组织亚型无关。

（3）鼻咽癌（NPC）

NPC 是与 EBV 密切相关的恶性肿瘤中最常见的一种，也是研究报道最多的一种，中国南方是 NPC 高发区，儿童鼻咽癌的早期症状中由鼻咽原发灶所引起的症状并不明显，且患儿对由此引起的不适不懂申诉，加上一般临床医师对儿童病例认识不足，容易漏诊。虽然EBV 与 NPC 的发生关系密切，但尚无动物实验证明单独 EBV 可引起上皮性癌，无法证明EBV 是 NPC 的唯一病因。

（4）NK/T 细胞淋巴瘤

NK/T 细胞淋巴瘤（natural killer/T-cell lymphoma）被认为是自然杀伤细胞来源的侵袭性肿瘤，约 2/3 的病例发生于中线面部，1/3 发生于其他器官和组织，如皮肤、胃肠道和附睾等。对于发生于鼻部的该肿瘤，旧称所谓的恶性肉芽肿，现已废弃，改称鼻 NK/T 细胞淋巴瘤（nasal NK/T cell lymphoma）；发生在其他部位者称为结外鼻型 NK/T 细胞淋巴瘤。在中国，该肿瘤约占所有 NHL 的 15%，属 EB 病毒相关淋巴瘤。该肿瘤的基本病理改变是在凝固性坏死和混合炎细胞浸润的背景上，肿瘤性淋巴细胞散布或呈弥漫性分布（图 9.15）。瘤细胞大小不等、形态多样，细胞核形态不规则，核深染，不见核仁或呈圆形，染色质边集，有1～2 个小核仁。瘤细胞可浸润血管壁而致血管腔狭窄或闭塞。免疫表型和细胞遗传学肿瘤细胞表达部分 T 细胞分化抗原如 CD2、CD45RO、胞质型 CD3（CD3s）；表达 NK 细胞相关抗原 CD56 以及细胞毒性颗粒相关抗原，如 T 细胞内抗原 1（T-cell intracellular antigen1，TIA-1）、穿孔素（perforin）和粒酶 B（granzyme B）等。T 细胞受体基因重排检测呈胚系构型。绝大多数病例可检出 EB 病毒的 DNA 的克隆性整合和 EB 病毒编码的小分子量 RNA（EBER）。NIUT 细胞淋巴瘤可出现多种染色体畸变，其中最常见的是 6q 缺失。

4. HPV 病毒

HPV 病毒是人乳头瘤病毒的缩写，是一种乳多空病毒科的乳头瘤空泡病毒 A 属，是球形 DNA 病毒感染引起的一种性传播疾病。主要类型为 HPV1 型、HPV2 型、HPV6 型、HPV11 型、HPV16 型、HPV18 型、HPV31 型、HPV33 型及 HPV35 型等，HPV16 型和HPV18 型长期感染可能与女性宫颈癌有关。

HPV 是一种嗜上皮性病毒，有高度的特异性，长期以来，已知 HPV 可引起人类良性的肿瘤和疣，如生长在生殖器官附近皮肤和黏膜上的人类寻常疣、尖锐湿疣以及生长在黏膜上的乳头状瘤。

HPV 病毒主要感染区域有人类表皮和黏膜鳞状上皮,至今已分离出 130 多种,该病毒只侵犯人类,对其他动物无致病性,经正规系统治疗后,该病毒会被人体清除。也有学者提出该病毒会终身携带,此项争论还需要科学研究和论证。

5. 痘病毒

痘病毒感染人和动物后常引起局部或全身化脓性皮肤损害,是病毒粒最大的一类 DNA 病毒,结构复杂。痘病毒的病毒粒呈砖形或椭圆形,大小为(300～450) nm×(170～260) nm。有核心、侧体和包膜,核心含有与蛋白结合的病毒 DNA。DNA 为线型双链。

6. HBV 病毒

乙型肝炎病毒(HBV)简称乙肝病毒,是一种 DNA 病毒,属于嗜肝 DNA 病毒科。根据目前所知,HBV 就只对人和猩猩有易感性,引发乙型病毒性肝炎疾病。完整的乙肝病毒呈颗粒状,1965 年由 Dane 发现,也被称为丹娜(Dane)颗粒。HBV 病毒直径为 42 nm。颗粒分为外壳和核心两部分。

HBV 自进入人体那一刻起,就被人体内的免疫细胞发现,这些免疫细胞便会立即投入追剿 HBV 的战斗,大家"群起而攻之",很快就把 HBV 剿灭了,人也恢复了健康。这场战斗可能是悄悄进行的,患者本人也没有察觉,但在检查他的血液时,留下了 HBV 曾经和人体免疫细胞发生激战的痕迹,血液中出现了抗击 HBV 的抗体,这个人今后永远也不会再得乙肝了。这些人的免疫功能非常健全,能把 HBV 彻底清除出去。

乙肝病毒携带者。人体感染了 HBV 后,由于免疫功能不够健全,或者由于 HBV 施展了"法术",比如 HBV 的 HBeAg 就能够麻痹人体的免疫功能,结果免疫细胞不能识别 HBV 的入侵,或对其入侵无动于衷,不追剿,不攻击,视而不见,麻木不仁,任凭 HBV 在人体内大量复制,这就称为"免疫麻痹",或称为"免疫耐受"。你不管我,我也不管你,形成"和平共处"的局面。那么,这个人就成了无症状 HBV 携带者。这种人约占我国总人口的 10%,就是平常人们所说的乙肝病毒携带者。

病毒性肝炎。感染了 HBV 后,由于 HBV 的疯狂活动,终于使人患上乙肝病,这时病人出现了各种症状,如乏力、厌食、尿黄、恶心、呕吐、肝区痛、眼睛发黄或皮肤发黄等。化验患者的血液发现谷丙转氨酶(ALT)升高,血液中 HBV 正呈复制状态。这一切都提示,其肝脏已经发炎,即发生病毒性肝炎。如果其病程超过 6 个月,就是慢性肝炎了,慢性乙肝的治疗难度也随之增加。

肝硬化。感染了 HBV 后,又使人发生了慢性乙肝,在病情进一步发展中,或得不到正确治疗,则可能发生肝脏的纤维化,并可能发展为肝硬化,慢性乙肝患者在 5 年的进展中可有 5%～15% 发展成为肝硬化。

肝癌。这是人们最为关心的一个问题,据调查,80%～90% 的肝癌都有 HBV 背景。现在已经确认,HBV 是致原发性肝癌的罪魁祸首。大家也不必无端惧怕,因为感染 HBV 后大多数肝癌是在肝硬化基础上发生的,乙肝带毒者一般不会直接变成肝癌。不过国内确有极少数乙肝带毒者演变为肝癌的报告,对此,大家也应提高警惕。

15.4.2 RNA 病毒与疾病

滤泡性口腔炎病毒、流感病毒、副流感病毒、RNA 噬菌体、脊髓灰质炎病毒和鼻病毒、呼肠孤病毒、轮状病毒、SARS、新型冠状病毒都是致病的 RNA 病毒。

1. 滤泡性口腔炎病毒(VSV)致病机制

VSV 呈嗜上皮性，一般认为，VSV 是通过上皮和黏膜侵入机体的。病毒的表面突起与细胞受体结合，然后囊膜与细胞膜融合进入细胞或直接被细胞吞入，形成吞饮泡，在酸性环境或细胞酶的作用下裂解，释放核酸，在细胞浆内依赖逆转录酶进行大量复制，在细胞膜或胞浆空泡膜上出芽，释放成熟的病毒颗粒，常聚集细胞间隙，并以同样的方式再感染相邻细胞。对于细胞的感染，VSV 可快速的关闭细胞的基因表达，阻止其新陈代谢能力，解聚细胞骨架，从而使组织快速破坏。

病毒一旦侵入上皮层，即在皮内发生原发病变，同时在较深层的皮肤中，尤其是棘细胞层，病毒的复制更活跃，从病毒复制到引起细胞溶解过程，会有渗出液蓄积，小水泡变成大水泡。VSV 感染动物可激发干扰素的产生和硝酸氧化反应，从而快速的控制病毒的复制，同时血清中的抗体也阻止了病毒的进一步复制。这一阶段常在实验感染 2~3 天内发生。当病毒扩散到整个生发层后，常破坏柱状细胞层和基底膜，但并不明显破坏这些细胞的再生能力。虽然在真皮和皮下组织中有出血、水肿和白细胞浸润，但并不造成原发性损伤。如果出现继发性感染，其损伤可能扩散到深层组织造成化脓和坏死，在无并发症的情况下，上皮细胞迅速再生，通常 1~2 周康复而不留疤痕。

病毒于感染 48 h 后到达血液，引起发热，病畜体温可高达 40~40.5 ℃，常可持续 3~4 天。病毒血症可渐渐消失，但水泡增大，水泡中病毒滴度可高达每毫升 10^{-10} 感染单位，此后病畜体温突然下降，病畜大量流涎，感染上皮发生腐烂脱落，出现新鲜出血面，偶尔形成溃疡。

在 VSV 属中已知有 Indiana、NJ、Alagoas、Piry 和 Chandipura 5 个毒株可使人致病。人感染后 20~30 h 开始发作，可能开始于结膜，而后出现流感样症状：冷战、恶心、呕吐、肌痛、咽炎、结膜炎、淋巴结炎。小孩感染可导致脑炎。病程持续 3~6 天，无并发症及致死。

2. 脊髓灰质炎病毒

脊髓灰质炎病毒属于微小核糖核酸(miRNA)病毒科(Picornaviridae)的肠道病毒属(enterovirus)。脊髓灰质炎病毒侵犯人体主要通过消化道传播。此类病毒具有某些相同的理化生物特征，在电镜下呈球形颗粒相对较小，直径为 20~30 nm，呈立体对称 20 面体。病毒颗粒中心为单股正链核糖核酸，外围 60 个衣壳微粒，形成外层衣壳，此种病毒核衣壳体裸露无囊膜。核衣壳含 4 种结构蛋白 VP1、VP3 和由 VP0 分裂而成的 VP2 和 VP4。VP1 为主要的外露蛋白至少含 2 个表位(epitope)，可诱导中和抗体的产生，VP1 对人体细胞膜上的受体(可能位于染色体 19 上)有特殊亲和力，与病毒的致病性和毒性有关。VP0 最终分裂为 VP2 与 VP4，为内在蛋白与 RNA 密切结合，VP2 与 VP3 半暴露具有抗原性。

脊髓灰质炎病毒自口、咽或肠道黏膜侵入人体后,一天内即可到达局部淋巴组织,如扁桃体、咽壁淋巴组织、肠壁集合淋巴组织等处生长繁殖,并向局部排出病毒。若此时人体产生多量特异抗体,可将病毒控制在局部,形成隐性感染;否则病毒进一步侵入血流(第一次病毒血症),在第三天到达各处非神经组织,如呼吸道、肠道、皮肤黏膜、心、肾、肝、胰、肾上腺等处繁殖,在全身淋巴组织中尤多,并于第四天至第七天再次大量进入血循环(第二次病毒血症),如果此时血循环中的特异抗体已足够将病毒中和,则疾病发展至此为止,形成顿挫型脊髓灰质炎,仅有上呼吸道及肠道症状,而不出现神经系统病变。少部分患者可因病毒毒力强或血中抗体不足以将其中和,病毒可随血流经血脑屏障侵犯中枢神经系统,病变严重者可发生瘫痪。偶尔病毒也可沿外周神经传播到中枢神经系统。特异中和抗体不易到达中枢神经系统和肠道,故脑脊液和粪便内病毒存留时间较长。因此,人体血循环中是否有特异抗体,其出现的时间早晚和数量是决定病毒能否侵犯中枢神经系统的重要因素。多种因素可影响疾病的转归,如受凉、劳累、局部刺激、损伤、手术(如预防注射、扁桃体截除术、拔牙等)以及免疫力低下等,均有可能促使瘫痪的发生,孕妇如得病易发生瘫痪,年长儿和成人患者病情较重,发生瘫痪者多。儿童中男孩较女孩易患重症,多见瘫痪。

3. 轮状病毒

轮状病毒是引起婴幼儿腹泻的主要病原体之一,其主要感染小肠上皮细胞,从而造成细胞损伤,引起腹泻。轮状病毒每年在夏、秋、冬季流行,感染途径为粪口途径,临床表现为急性胃肠炎,呈渗透性腹泻病,病程一般为 6~7 天,发热持续 1~2 天,呕吐 2~3 天,腹泻 5 天,严重者出现脱水症状。

轮状病毒(RV)是一种双链核糖核酸病毒,属于呼肠孤病毒科。它是婴儿与幼儿腹泻的单一主因,世界上每个约 5 岁的小孩几乎都曾感染过轮状病毒至少一次。然而,每一次感染后人体免疫力会逐渐增强,后续感染的影响就会减轻,因而成人就很少受到其影响。轮状病毒总共有 7 种,以英文字母编号为 A、B、C、D、E、F 与 G。其中,A 种是最为常见的,而人类轮状病毒感染超过 90% 的案例也都是该种造成的。

轮状病毒是借由粪口途径传染的。它会感染与小肠连结的肠黏膜细胞(enterocyte)并且产生肠毒素(enterotoxin),肠毒素会引起肠胃炎,导致严重的腹泻,有时候甚至会因为脱水而导致死亡。腹泻是肇因于轮状病毒的多重活动。因为称为肠黏膜细胞(enterocyte)的肠细胞遭到该病毒的破坏而导致吸收不良(malabsorption)。产生肠毒素的病毒蛋白质 NSP4 制造了依赖钙离子的氯化分泌物,破坏了钠-葡萄糖协同运输蛋白 1(sodium-glucose transport 1,SGLT1)载体居中调节的水分再吸收,这个显然降低了刷状缘(brush border)薄膜双糖酶素(disaccharidase)的活动,而且可能激化肠神经系统中依赖钙离子的分泌(secretion)的反射作用。健康的肠黏膜细胞会分泌乳糖酶进入小肠;所以因乳糖酶缺乏而造成的乳糖不耐症也是轮状病毒感染经常出现的症状,这个症状可以持续数周。

15.4.3　反转录病毒与疾病

1970 年,美国的 Temin 和 Baltimore 发现了 RNA 肿瘤病毒中存在逆转录酶,他们于

1975 年共享诺贝尔生理学奖。人类免疫缺陷病毒（HIV），即艾滋病毒，会导致获得性免疫缺陷综合征（AIDS）。当 HIV 感染宿主细胞后，病毒本身或由病毒编码的蛋白质间接地作为诱导因子引发细胞凋亡或被细胞毒 T 淋巴细胞诱导凋亡。

反转录病毒与多种多样的疾病相关联，这些疾病包括恶性的白血病、淋巴瘤、肉瘤、其他中胚层肿瘤、乳腺癌肿、肝和肾癌肿、免疫缺陷、自动免疫、低运动神经元病和其他几种涉及组织伤害的急性疾病。一些反转录病毒不是病原。反转录病毒通过多种途径进行水平传播，这些途径包括血液、唾液、性接触等。病毒的垂直传播通过直接感染发育的胚胎，或者通过奶或围产途径。内源反转录病毒能通过原病毒遗传。

15.4.4 朊病毒与疯牛病

是否存在核酸之外的遗传物质？ 1982 年，Prusiner 提出"感染性蛋白质颗粒"的存在；次年，他将这种蛋白颗粒命名为朊病毒蛋白（prion protein，PrP）。1997 年，Prusiner 获得了 1997 年的诺贝尔生理和医学奖，就是为了表彰其在研究朊病毒的性质及其致病机理方面所取得的突破性进展。

朊病毒（prion virus）又称为朊粒、蛋白质侵染因子、毒朊或感染性蛋白质，是一个 28 kDa 的疏水性糖蛋白，由细胞的核基因编码，在正常动物的脑组织中有表达。朊病毒是一类能侵染动物并在宿主细胞内复制的小分子无免疫性疏水蛋白质。朊是蛋白质的旧称，朊病毒的意思就是蛋白质病毒，朊病毒严格来说不是病毒，是一类不含核酸而仅由蛋白质构成的可自我复制并具感染性的因子。朊病毒是动物和人类传染性海绵状脑病的病原。早在 15 世纪发现的绵羊的痒病就是由朊病毒所致的，1986 年在英国发现的牛海绵状脑病（bovine spongelike encephalitis，BSE），俗称"疯牛病"，其病原也是朊病毒。

朊病毒大小只有 30～50 nm，电镜下见不到病毒粒子的结构；经负染后才见到聚集而成的棒状体，其大小为（10～250） nm×（100～200） nm。通过研究还发现，朊病毒对多种因素的灭活作用表现出惊人的抗性。对物理因素，如紫外线照射、电离辐射、超声波以及 160～170 ℃高温，均有相当的耐受能力。对化学试剂与生化试剂，如甲醛、羟胺、核酸酶类等表现出强抗性。能抵抗蛋白酶 K 的消化。在生物学特性上，朊病毒能造成慢病毒性感染而不表现出免疫原性（没有引起免疫系统察觉的原因是，它们的"安全形式"从个体出生的那一刻起就存在于体内，"危险"朊毒体与之的差别只是它们的折叠结构不同）。

朊病毒有感染性形式（PrP sc）和非感染性形式（PrP c）两种存在形式。二者一级结构相同。PrP c 分布在正常脑组织中，可被蛋白酶完全降解，可溶于水，二级结构中 40% 为 α 螺旋，功能不详；而 PrP sc 则分布在被感染的脑组织中，只能被蛋白酶部分降解，难溶于水，二级结构中 20% 为 α 螺旋，50% 为 β 折叠，可导致退行性神经疾病。PrP sc 发挥作用需要 PrP c 的参与，PrP sc 蛋白的错误折叠形式可以催化天然 PrP c 分子从正常的可溶性的 α 螺旋构象向不溶性的 β 折叠构象转化，最终导致了疾病和感染。

除提到的几种由朊病毒引起的疾病均发生在动物身上外，人的朊病毒病已发现有 4 种：库鲁病（Ku-rmm）、克雅氏综合征（CJD）、格斯特曼综合征（GSS）及致死性家族性失眠症（FFI）。临床变化都局限于人和动物的中枢神经系统。病理研究表明，随着朊病毒的侵入、复制,在神经元树突和细胞本身,尤其是小脑星状细胞和树枝状细胞内发生进行性空泡化、星状细胞胶质增生,灰质中出现海绵状病变。朊病毒病属慢病毒性感染,皆以潜伏期长、病程缓慢、进行性脑功能紊乱、无缓解康复、终至死亡为特征。发病机制都是因存在于宿主细胞内的一些正常形式的细胞朊蛋白发生折叠错误后变成了致病朊蛋白而引起的。朊病毒通过不断聚合,形成自聚集纤维,然后在中枢神经细胞中堆积,最终破坏神经细胞。根据脑部受破坏的区域不同,发病的症状也不同,如果感染小脑,则会引起运动机能的损害,导致共济失调;如果感染大脑皮层,则会引起记忆下降。变异型克雅氏病的致死率较高。

(刘　影)

参考文献

［1］　药立波,冯作化,周春燕. 医学分子生物学[M].3 版. 人民卫生出版社,2008.

［2］　Bchini R,Capel F,Dauguet C,et al. In vitro infection of human hepatoma (HepG2) cells with hepatitis B virus[J]. Journal of virology,1990,64(6): 3025-3032.

［3］　Gorbalenya A E,Krupovic M,Mushegian A R,et al. The new scope of virus taxonomy: partitioning the virosphere into 15 hierarchical ranks[J]. Nature Microbiology,2020,5(5): 668-674.

［4］　S.J.弗林特. 病毒学原理:分子生物学[M].3 版. 刘文军,许崇凤,主译.高福,吴建国,主校.北京:化学工业出版社,2015.

第 16 章　衰老的分子机制

机体衰老是生物体必经的自发性生命过程,伴随着机体形态结构和生理功能逐渐退化或老化。衰老过程在机体、组织、细胞,乃至分子水平皆有所体现。机体的衰老与物种的寿命密切相关。随着年龄的增加,组织器官的实质细胞数、细胞增殖能力、反应敏感性及功能均逐步下降,DNA 损伤修复能力和蛋白酶活性降低,染色体畸变及溶酶体增多,脏器萎缩,机能衰退。衰老与癌症、心脑血管疾病、神经退行性疾病和代谢性疾病等多种人类疾病的发生、发展密切相关。

随着医疗科技的发展和人均寿命的延长,全球人口老龄化日趋严重。根据世界卫生组织统计,大多数发达国家的预期寿命均超过 80 岁,预计到 2050 年,全球 60 岁以上的人口将会增长至 22%,其中我国的增长速度尤其突出。截至 2016 年,我国 60 岁以上老年人口已达 2.3 亿,占全国总人口的 16.7%,预计 2050 年,我国 60 岁以上老年人口将增至 2.5 亿。

衰老是自发的生理性过程,是典型的"内在"遗传因素和"外在"环境因素交互作用产生的结果。20 世纪 90 年代,人类病理性衰老相关基因的研究取得了重大突破。Werner 早老综合征是一种隐性遗传病,病人的 DNA 损伤修复、转录等都有异常表现,其细胞体外可传代数亦远低于同龄人。现知该综合征是位于 8 号染色体短臂的一种 DNA 解旋酶(helicase)基因突变所致。此外,不同研究者分别报道人的 1、2、4、6、7、11、18 号与 X 染色体各自存在着与衰老相关的基因。衰老并非单一基因决定,如同肿瘤发病过程中的癌基因与抑癌基因、凋亡过程中促凋亡基因与抑凋亡基因相互制约一样,衰老相关基因亦应有"长寿基因"与"衰老基因"之分。衰老相关基因很可能是一个基因群,例如阿尔茨海默病至少与淀粉样蛋白前体(APP)基因、早老蛋白 1(PS)基因、早老蛋白 2(PS)基因、载脂蛋白 $APOE$ Ⅳ基因和 A_2M 基因共 5 种基因突变或多型性相关。

环境因素既包括外环境,也包括体液、激素、免疫体系等共同形成的内环境。内外环境对衰老进程与寿限都有重要影响。同卵孪生子出生时基因表达谱几无差异,50 岁时 1/3 的基因表达出现差异,可见环境影响的重要性。环境常常通过损伤、负荷、疾病等方式影响衰老进程。环境中的氧自由基可损伤蛋白质、DNA、生物膜、线粒体等,加速衰老。

受遗传因素和内外环境因素的影响,细胞增殖能力下降,数量减少,从而可导致组织、器官衰老。反过来,组织、器官的功能性退化,又使细胞生存环境进一步恶化。二者相互影响,是引起机体衰老诸多因素中重要的一环。通过对线虫、果蝇等模式生物衰老现象的研究发现,机体衰老过程中会启动衰老相关信号通路,如基因组的不稳定性增加、细胞端粒缩短、机体代谢异常、氧化应激、慢性炎症及线粒体功能紊乱等。

衰老的作用已经通过抗衰老模型得到了证实。科学家最初在动脉粥样硬化斑块部位的血管平滑肌细胞中发现了衰老细胞。随后的研究表明,巨噬细胞是初级衰老细胞,具有较高水平的 SA-β-Gal 染色和 SASP 的产生。衰老细胞的消融改善了斑块的稳定性,降低了斑块形成的发生率。心肌细胞萎缩是老年人心肌梗死的潜在原因之一。目前尚不清楚衰老细胞消融如何保护老年小鼠心肌细胞肥大,并提供心脏应激抵抗。关节韧带的持续磨损是关节炎发展的重要危险因素。软骨细胞不能产生软骨,导致关节退化和磨损。研究发现,软骨细胞中 p16INK4a 的表达与疾病的严重程度和进程相关。在研究急性创伤模型骨关节炎小鼠时,发现衰老细胞在损伤部位积聚,使用抗衰老药物清除这些衰老细胞后,剩余的软骨细胞功能增强,不久软骨再生。

16.1　衰老与端粒的缩短

　　随着年龄的增长,体细胞的端粒长度会随着细胞增殖和分裂而逐渐缩短,端粒长度也成为了细胞衰老程度的一个重要标志。端粒是由富含 G 的 DNA 重复序列和特殊蛋白质组成的特殊异染色质,是位于真核生物染色体末端的膨大结构,负责维持遗传的完整性和基因的功能。端粒酶作为一种特殊的逆转录酶,利用其固有的 RNA 模板延长端粒。过短的端粒无法维持基因组的稳定性,细胞表现出不可逆的 DNA 损伤,引发基因突变、多系统功能紊乱甚至退行性疾病的发生。最常见的是先天性角化不良症(dyskeratosis congenita,DKC)。DKC 患者通常携带 *TERC* 基因以及 *TIN2* 基因的突变,机体表现出典型的功能障碍,包括指甲营养不良、皮肤色素沉着过度、脱发、骨质疏松、骨髓衰竭等。此外,特发性肺纤维化、家族性的肝硬化和自发性的白血病等,这些疾病均表现出端粒维持机制的缺陷。

　　在对酿酒酵母的研究中发现,端粒酶缺陷的细胞,通过扩增亚端粒 Y′ 元素(Ⅰ型)或端粒端 TG1-3 序列(Ⅱ型),再进行同源重组以逃避端粒极短引发的细胞衰老,而端粒蛋白是否在调节端粒稳态中发挥作用仍需进一步研究。SIR2、SIR3 和 SIR4 以及 RIF1 和 RIF2 通过结合 RAP1 的 C 端定位于端粒。而 RIF1 和 RIF2 是端粒酶向端粒募集的负调控因子,SIR4 通过与 RAP1 和 YKU80 相互作用,募集 SIR2 和 SIR3 参与染色质沉默。YKU80/70 与端粒酶 TLC1 和端粒 DNA 的结合是相互排斥的,而 SIR4 需要介导 YKU80-TLC1 向端粒的招募。因此,在端粒酶募集缺失的情况下,SIR2、SIR3 和 SIR4 以及 RIF1 和 RIF2 很可能参与了 Ⅱ 型存活寿命的调节。

　　研究人员给敲除端粒酶模板成分($mTerc^{-/-}$)的模型小鼠皮下注射缓释 TERT 的药物,小鼠体细胞中的端粒酶会被激活,进而修复端粒的长度并延长机体寿命。但激活体内端粒酶活性是具有两面性的,在延缓衰老的同时也会导致机体细胞的永生化。研究表明,约 95% 的人类肿瘤细胞启动了端粒酶的活性,另外 5% 的肿瘤细胞则启动了不依赖端粒酶的端粒维持替代机制(alternative lengthening of telomere,ALT)。在 ALT 肿瘤中,多种 DNA 损伤修复机制会被激活,复制叉重启,进而调控并延长端粒。

　　在端粒 DNA 损伤引发的衰老过程中,P16 和 P21 在细胞阻滞中发挥着关键作用。研究表明 P16 和 P21 在调节携带端粒 DNA 损伤的老鼠的寿命中起不同的作用,缺乏 P16 会显著缩短 POT1 缺乏或 POT1-端粒 RNA 亚基两者缺乏症小鼠的寿命,表明 P16 是端粒 DNA

功能障碍所必需的。而与之形成鲜明对比的是,P21 缺失显著延长了小鼠的寿命。研究发现,抑制 P38、破坏 p53 和 P16 或延长端粒都可以延缓衰老,但同时也会增加癌症的发病率。因此,选择性地消除衰老细胞是一种更安全的靶向途径。

ABT-263,也被称为 navitoclax,是一种 BH3 模拟物,可阻断抗凋亡 BCL-2 蛋白与其靶点之间的相互作用,从而释放细胞死亡机制,正被用于各种癌症的治疗中。其抗衰老机制是衰老细胞过度依赖 BCL-xL 和 BCL-w,这两种蛋白在衰老过程中的表达都会上调。然而,由于 ABT-263 具有严重的血小板减少和中性粒细胞减少的副作用,因此不太可能将其用作预防性抗衰老药物。最近的研究表明,FOXO4 将 p53 定位到细胞核可以防止 p53 参与p53-线粒体信号轴并在其中凋亡。用 FOXO4 抑制剂肽治疗小鼠可以延缓不同的衰老表型。

16.2　衰老与线粒体功能紊乱

线粒体功能障碍是衰老的一个重要特征,线粒体质量和功能变化都会直接或间接影响细胞的衰老。衰老和线粒体功能障碍之间的关系一直是研究的热点。线粒体电子呼吸传递链上不同的复合物对衰老的敏感程度是不一样的,复合物Ⅰ和复合物Ⅳ的活性随衰老而降低,而复合物Ⅱ的活性在衰老过程中维持较好。电子呼吸传递链上的复合物Ⅰ和复合物Ⅳ的活性降低与认知功能的衰退呈线性相关。

线粒体是活性氧(reactive oxygen species,ROS)的重要细胞内来源。ROS 大多数是源自于电子传递链的复合物Ⅰ和Ⅲ。逃逸的电子成为氧化呼吸的副产物,进而减少氧气的摄入,产生超氧化物,因此 ROS 是线粒体中氧化磷酸化的正常副产物以及其他代谢产物。

随着年龄的增长或环境诱因,线粒体功能障碍会增加 ROS 的产生,从而导致线粒体功能发生紊乱。不配对电子不断攻击细胞分子或蛋白质,从而对组织和细胞结构造成损害,进而引起器官功能的衰退。研究表明,衰老过程中线粒体电子呼吸传递链的效率降低,线粒体功能减弱,导致副产物 ROS 的量增加。慢性阻塞性肺疾病患者的气道平滑肌细胞在基础状态和炎症应激后,与对照组相比产生更多的线粒体来源的 ROS。另外,衰老大脑中抗氧化蛋白过氧化物歧化酶(superoxide dismutase,SOD)、过氧化氢酶和谷胱甘肽的活性降低,导致清理 ROS 的能力在衰老中逐渐降低,累积的 ROS 会进一步导致线粒体呼吸链上的蛋白复合物和线粒体 DNA 氧化损伤,进而导致线粒体功能继续失调。

衰老过程中线粒体功能降低主要是由于线粒体 DNA 突变累积所致,在人类大脑衰老过程中,线粒体 DNA 的突变是增加的。科学家在酵母和线虫的研究中发现,加入大量 ROS可以延长低等模式生物的寿命。然而在构建表达突变形式的线粒体 DNA 聚合酶转基因小鼠模型中,表现出明显的早衰表型,如毛发减少、驼背、生育力下降并且寿命显著缩短,其线粒体 DNA 突变累积明显增加,但有意思的是 ROS 水平和氧化损伤水平并没有增加。增加线粒体 ROS 的含量不会影响小鼠的寿命,同时增加机体内抗氧化的水平也不会延长转基因小鼠的寿命。因此,ROS 对机体的衰老调控作用还需要进一步验证。值得注意的是,这种转基因小鼠线粒体 DNA 突变累积的频率要比正常衰老过程中线粒体 DNA 突变累积的频率高得多,因此正常衰老过程中线粒体 DNA 突变所起的作用还有待进一步研究。

线粒体 DNA 主要编码与线粒体功能密切相关的电子传递链复合体蛋白及相关成分,与衰老相关的线粒体 DNA 常会发生突变、缺失和重排。在心肌细胞中,线粒体 DNA 的突变累积导致电子传递链功能组分合成发生障碍,进而影响心肌细胞的衰老。线粒体 DNA 的突变累积加剧了线粒体损伤,导致线粒体功能障碍,诱导细胞发生病变或衰老,从而引发多种疾病,如癌症,肠屏障功能障碍,慢性阻塞性肺病,糖尿病、动脉粥样硬化,神经退行性疾病和骨质疏松症等。

16.3　衰老与代谢功能障碍

代谢功能障碍在机体和分子水平上与衰老有关。多项研究表明,限制热量摄入可以延缓衰老,如 mTOR 或胰岛素途径。mTORC1 整合了营养和生长信号,调节蛋白质和脂质合成、自噬和代谢,且 mTOR 能够调节衰老相关分泌表型(senescence-associated secretory phenotype,SASP)、自噬和衰老生长阻滞。自噬和衰老之间的联系是复杂的,虽然衰老过程中自噬的增加可以调节 SASP 的产生,但抑制自噬可通过代谢和蛋白质抑制功能障碍诱导衰老。

衰老细胞分泌数百种因子,包括促炎细胞因子、趋化因子、生长因子和蛋白酶,称为 SASP 或衰老信息分泌组。SASP 的主要功能之一是招募免疫系统来消除衰老细胞。在肿瘤发生过程中,SASP 介导的免疫招募作为一种外在的肿瘤抑制机制,募集巨噬细胞是纤维化缓解的关键步骤。相反,SASP 介导的未成熟髓细胞招募对前列腺癌和肝癌有免疫抑制作用。此外,SASP 可以通过促进血管生成来刺激肿瘤发生或肿瘤生长。SASP 的特定成分具有其他生理功能,如促进纤维化组织重塑,基质金属蛋白酶(MMPs)有助于降解 ECM 中的纤维化斑块,这可能有利于肝纤维化和伤口愈合。

然而,SASP 及其调节机制的许多关键效应似乎是共享的。核因子 κB(NF-κB)和 CCAAT/增强子结合蛋白 β 是转录 SASP 的关键调控因子。DNA 损伤,p38α MAPK,mTOR、混合白血病 1 和 GATA4 也能够调节 SASP。近来发现 cGAS/STI NG 通路对细胞质染色质的感知是 SASP 诱导触发的。此外,mTOR 还间接调节 ZFP36L1 的活性,与炎症转录 mRNA 富含 AU 的 5′端结合,靶向降解其 5′端。

另一方面,衰老细胞分泌的因子可以强化衰老表型,从而加剧衰老。IL-8、GROα、IL-6 和 IGBP-7 是强化衰老的特异性 SASP 成分。此外,衰老细胞也可以诱发所谓的旁分泌衰老反应。这种衰老的自分泌强化或旁分泌传递可以潜在地解释衰老细胞在衰老过程中异常积累的一些有害影响。SASP 可以导致持续性慢性炎症,消除衰老肾脏中的衰老细胞、心脏、脾脏、肺、肝脏和骨关节表达的 IL-6 和 IL-1β 水平降低(两者都是慢性炎症的标志物)。可能抑制或调节 SASP 的药物包括雷帕霉素、BRD4、NF-κB 或 p38 抑制剂,其临床应用不仅有助于治疗特定疾病,而且还可以提高老年人的总体健康跨度。

16.4　衰老的信号通路与过程

　　尽管衰老具有多方面的特征,但诱导稳定的生长抑制是衰老的决定性特征。此外,稳定的抑制对于阻止功能失调细胞增殖是至关重要的。近年来,关于衰老研究已经从识别衰老表型转变为研究这些表型的遗传途径。衰老遗传学研究揭示了一个细胞内信号通路和高阶过程的复杂网络。

1. 胰岛素样信号通路

　　线虫 DAF-2 基因控制正常发育进程和滞育幼虫交替阶段之间的转换,当 DAF-2 发生突变时,其寿命是正常成年虫的两倍。DAF 家族基因中的 DAF-2 和 DAF-16 均处于一条信号通路,影响着幼体发育和成虫寿命。哺乳动物与线虫的同源基因是编码细胞内胰岛素和胰岛素样生长因子。在哺乳动物中,AGE-1 是一种磷脂酰肌醇-3 激酶,DAF-2 编码胰岛素样受体,DAF-16 编码 FOXO 样转录因子,该转录因子是胰岛素信号通路的下游信号。对果蝇、蠕虫和小鼠的进一步研究证明了抑制胰岛素信号传导途径可以延长寿命。人类中一些 DAF-16 同源基因的等位基因(FOXO 3)也与全球各地的百岁老人群体相关,这与动物中的研究一致。

2. 雷帕霉素-TOR 信号通路

　　雷帕霉素(rapamycin)是一种抗生素,属于新型大环内酯类免疫抑制剂,具有消炎杀菌、抗免疫反应的功效,可以抑制细胞的生长,充当免疫调节剂。研究发现,雷帕霉素有治疗阿尔茨海默病的作用。雷帕霉素的靶点蛋白(TOR)是一种丝氨酸/苏氨酸激酶。TOR 含有两种复合体,分别为 TOR1 和 TOR2,哺乳动物 TOR 基因被称为 mTOR。mTORC1 由 mTOR 蛋白、Raptor、MLST8、PRAS40 和 DEPTOR 组成,TTI1 和 TEL2 是 mTORC1 组装的关键因子。

　　TOR 是一种多功能酶,其作为一个主要信号中枢,整合来自生长因子、营养有效性、能量状态和各种压力源的信号。TOR 信号通路具有促进物质代谢、参与细胞凋亡、自噬的作用,在多种疾病中扮演着不可忽视的角色。例如,携带 TOR 和胰岛素信号通路基因 INS 双突变的线虫寿命增加了近 5 倍。两条关键通路 TOR 和 ILS 是平行且相互作用的保守营养感应通路,TOR 主要控制自主信号,ILS 是非自主生长的重要信号通路。

　　根据 KEGG 数据库的分类,mTORC1 上游主要有 6 条通路,分别是氨基酸、能量缺乏、缺氧、Wnt、TNFα 和胰岛素信号通路(INS/IGF)。其中,能量缺乏和缺氧抑制 mTORC1,其余均为激活 mTORC1。这些信号调节多个方面,包括 mRNA 翻译、自噬、转录和线粒体功能,这些功能已被证明是延长寿命的中间环节。

3. p53 信号通路

　　端粒磨损、化学诱变剂或氧化应激产物 ROS 导致 DNA 损伤,引发染色质中 γH2Ax 和

53BP1 沉积增加,进而激活 ATM 和 ATR,然后涉及 CHK1 和 CHK2 的激酶级联反应,最终导致 p53 激活。p53 诱导细胞周期蛋白依赖性激酶(cyclin-dependent kinases, CDK)抑制剂 P21CIP1 的转录。反之,P21CIP1 阻断 CDK4/6 活性,导致 Rb 低磷酸化和细胞周期的停滞,可以通过持续诱导 P21CIP1 来永久阻滞细胞周期。尽管 p53 表达水平的短暂上升可激活 DNA 修复过程,但在衰老过程中,p53 会持续诱导,这是修复基因组突变损伤 DNA 片段的结果。

p53 作为一个关键信号中枢,还存在其他层面的调控。例如,诱导 INK4/ARF 位点的产物 ARF,阻断泛素连接酶 MDM2,有助于 p53 水平的增加。叉头盒蛋白 O4(FOXO4)与 p53 之间的相互作用已被证明在调节 p53 衰老过程中的定位和转录活性方面发挥着重要作用。INK4/ARF 基因位点存在 3 种肿瘤抑制因子:CDKN2A 基因编码的 P16INK4a 和 ARF,以及 CDKN2B 基因编码的 P15INK4b。P15INK4b 和 P16INK4a 是 CDKIs,像 P21CIP1 通过结合和抑制 CDK4 和 CDK6 来影响细胞周期。ARF 抑制 MDM2,从而允许与 $p53/p21$CIP1 通路的串扰。p53 还以通过负反馈回路调节 ARF 的表达,$p53^{-/-}$ 小鼠胚胎成纤维细胞中 ARF 表达明显升高。

全基因组关联研究发现,INK4/ARF 位点的各种基因组突变是动脉粥样硬化、中风和糖尿病等疾病的主要危险因素。然而,其中大部分是在非编码区发现的,其确切的作用机制尚不清楚。

INK4/ARF 位点作为一个衰老传感器,抑制 H3K27me3 标记,在年轻的正常细胞中,INK4/ARF 位点在表观遗传学上被沉默。H3K27 甲基化受 Polycomb 抑制复合物(PRC2 和 PRC1)控制。通过破坏 PRC1 或 PRC2 的部分成分(如 BMI1、CBX7 或 EZH2)的表达来干扰 PRC1 或 PRC2 的活性,可以降低 P16INK4a 的表达并诱导衰老。相反,在衰老过程中,H3K27 组蛋白去甲基化酶 JMJD3 在消除 INK4/ARF 位点周围的抑制标记中发挥作用,促进其诱导。在自然衰老组织中可以观察到 INK4/ARF 的诱导。P16INK4a 是一种衰老生物标志物(如在发育过程中引起的衰老除外),其调控途径与调控发育的途径一致证实了衰老可能是由发育途径的功能逐渐衰退驱动的理论。

4. "长寿蛋白"——SIRTUINS

长寿信号通路中的核心之一,SIRTUINS 蛋白被认为是治疗代谢与衰老性疾病的潜在靶点。SIRTUINS 蛋白属于Ⅲ类组蛋白去乙酰化酶(histone deacetylases, HDACs),与酵母沉默信息调节因子 2(silence information regulator 2, Sir2)同源,是维持蛋白质乙酰化平衡的关键酶,在细胞核和细胞质中均发挥作用,如去乙酰化核酸、去乙酰化胞质蛋白、去乙酰化线粒体内蛋白,其可以从细胞层面调控糖脂代谢的相关分子,整体改善寿命和生存时间。这类 HDAC 的显著特点是酶的催化活性取决于 NAD^+,并受 NAD^+/NADH 比的动态变化调节,表明 SIRTUINS 蛋白可能已经演化为细胞中能量和氧化还原状态的传感器。

SIRTUINS 蛋白家族包括 SIRT1~SIRT7,其在器官和组织中普遍表达。SIRTUINS 蛋白家族可分为 4 型,SIRT1~SIRT3 为 1 型,SIRT4 为 2 型,SIRT5 为 3 型,SIRT6、SIRT7 为 4 型。SIRT1 在器官和组织中广泛分布,主要存在于胞质,需进入细胞核内才能发挥作用。有些药物可通过抑制 SIRT1 入核,调控一些基因的表达。SIRT2 存在于胞质中,在 G_2

期向 M 期过度时入核,影响细胞周期。SIRT3、SIRT4、SIRT5 具有线粒体信号肽序列,可进入线粒体影响细胞内的能量平衡。SIRT6 和 SIRT7 存在于细胞核内,其对代谢的作用还需要进行更深入的研究。

热量限制可以激活 SIRTUINS 家族蛋白,从而发挥抗衰老的重要作用。与年龄相关的 DNA 修复能力下降会导致损伤积累增加,进而导致细胞衰老。研究发现 SIRT1、SIRT6 和 SIRT4 对于 DNA 修复、控制炎症和抗氧化防御必不可少,这使其成为良好的抗衰老靶点。SIRT3 通过调控线粒体能量代谢相关酶,参与许多线粒体内部反应,例如 SIRT3 使线粒体复合物Ⅰ和Ⅲ去乙酰化导致电子传输效率提高,阻止 ROS 的产生,从而调节线粒体功能来抵御衰老相关疾病带来的危害。另外,SIRTUINS 可通过调节抗氧化酶的水平和活性来抵消氧化应激。

SIRTUINS 不仅是能量代谢的调控器,还能作为基因转录的调控因子,激活促进长寿的 AMPK、FOXO 等信号通路,抑制 mTOR 信号通路,调控除组蛋白外其他代谢相关分子的乙酰化,如直接激活过氧化物酶体增殖物激活受体 γ 共激活因子 1α(peroxisome proliferator activated receptor γ coactivator 1α,PGC-1α)、叉头蛋白转录因子 O1(fork-head box protein O1,FOXO1)的表达,通过影响代谢相关酶的表达和活性,影响细胞对糖脂的代谢功能。白藜芦醇是 SIRT1 的激活剂,通过发挥类似热量限制的作用缓解代谢性疾病的进展,对缓解代谢类疾病和延缓衰老具有积极作用。

(郭　侯)

第 17 章 退行性疾病的分子机制

随着干细胞技术和理论的发展,产生了一门新的学科分支——再生医学。它是一门使用多种修复技术使人体的组织器官功能能得以改善或恢复的新兴学科,其中细胞治疗是重要的组成部分,应用干细胞治疗各种疾病,为人类健康服务是研究干细胞的最终目的。自2016年起,科技部启动了国家重点研发计划"干细胞及转化研究"试点专项,并已连续资助5年。

然而,干细胞研究也受到伦理道德、免疫排斥、宗教、法律等诸多因素限制。2006年,日本科学家 Takahashi 等人首次利用 POU5F1(以前称为 OCT4)、SOX2、C-MYC 和 KLF4 四种转录因子成功将小鼠成纤维细胞重编程为诱导多能干细胞(induced pluripotent stem cells,iPSCs)。2007年,Takahashi 等人优化实验方案,通过逆转录病毒方式介导这4种转录因子,使成人皮肤成纤维细胞重编程为 iPSCs。从而解决了干细胞应用长期争论的伦理及免疫排斥问题,在整个生命科学领域引起了强烈的反响,掀起了干细胞和再生医学的研究热潮。而且,iPSCs 体外可诱导分化为不同类型的细胞,为研究人体各种重要疾病的发病机制、高通量筛选临床药物和自体细胞移植治疗提供理想的人体细胞模型。

2007年,Thomson 等人发现另一组转录因子(POU5F1、SOX2、LIN28 和 NANOG),利用慢病毒介导感染人成纤维细胞将其转化为 iPSCs。2008年,Park 等人用胎儿、新生儿和成年人原代细胞衍生了 iPSCs,并建立了一种产生患者特异性 iPSCs 的方法。2009年,Kang 等人认为 iPSCs 在四倍体互补后可以产生完整的个体。同年,周琪实验室成功地将小黑鼠的皮肤细胞转化为 iPSCs,并以此 iPSCs 产生了活体小黑鼠且存活下来。早期研究中,iPSCs 转化效率并不高且所用转录因子中 *C-MYC* 和 *KLF* 等是癌基因,具有一定的致瘤性。为解决这些问题,Hong 等人在未使用 myc 逆转录病毒的情况下,将 *p53* 基因缺乏的小鼠胚胎成纤维细胞转化为 iPSCs。Esteban 等人利用天然化合物维生素 C(VC),使 iPSCs 诱导效率显著提高,其原理是 VC 加速了基因表达,促进了 iPSCs 集落向完全重编程状态的转变。谢欣研究组研究发现,小分子化合物 CYT296 通过松开染色质结构,体细胞重编程效率非常高,促进了 iPSCs 诱导。2016年,Bai C 研究组发现高浓度 100 μmol Melatonin 能提高 miR-202/367 处理后 NSCs 向 N-iPS 重编程转换。2014年9月,日本神户理化研究所的眼科专家高桥雅代培育了可治疗使用的 iPSCs,并应用于与年龄相关的视网膜退化疾病的临床治疗。近年来,新基因编辑技术之一 CRISPR/Cas9 的研究有了长足的进步,可以高效地对基因进行修饰,使 iPSCs 产生基因突变细胞系,以便集中研究由特定突变引起的疾病的发生机制。

17.1　iPSCs 来源的神经元在神经退行性疾病研究中的应用

17.1.1　iPSCs 来源 DA 能神经元、GABA 能神经元与帕金森病

帕金森病(Parkinson's disease,PD)是由于黑质-纹状体通路的多巴胺能神经元变性大量死亡,脑内多巴胺合成减少,而引起的神经功能障碍。临床上以静止性震颤、运动迟缓、肌强直和姿势步态异常为主要特征。研究表明,全球 65 岁以上的老年群体有 1%～2% 的个体为帕金森病患者。据相关研究者估计,2030 年人群患病比例会上升至目前的 1 倍多。2011年,Rhee 等人研究发现,由蛋白诱导而来的人 iPSCs 能分化为有功能多巴胺神经元,移植后能有效治疗 PD 大鼠。Byers 等人利用两株帕金森病人的 iPS 细胞系,诱导分化为 DA 神经元,与野生型 DA 神经元相比对 caspase-3 激活途径更加敏感。2014 年,Hartfield 等人通过研究人 iPSCs 诱导多巴胺神经元的生理学特征,证实其具有多巴胺合成、分泌和再吸收的功能。Hallett 等人将食蟹猴 iPSCs 诱导而来的中脑 DA 能神经元,定点自体移植入猴帕金森动物模型,研究表明,食蟹猴 iPSCs 分化的 DA 能神经元能存活长达两年以上,并可见轴突生长和多巴胺的合成。移植后动物模型 PD 症状逐步改善,运动能力接近正常水平。2019年,Song 实验组将调节代谢的 microRNAs 与重编程因子相结合,开发了一种更有效地生成临床级 iPSCs 的方法,诱导产生的细胞表现 DA 能神经元的电生理特征,产生和分泌多巴胺,移植入啮齿类动物模型脑中,可以显著地恢复运动功能障碍。此外,有学者通过对 PD 患者 iPSCs 下调 PINK1 表达,研究多巴胺神经元死亡机制,发现神经元死亡的关键环节是线粒体功能受损。值得一提的是,2018 年,日本科学家 Kikuchi 将 240 万 iPSCs 诱导多巴胺前体细胞,首次移植入一名 PD 患者的左脑 12 个多巴胺活动的核心部位,6 个月后患者状况良好。由此表明,近年来利用多能干细胞诱导而来的 DA 神经元,移植治疗帕金森病取得了令人瞩目的治疗效果(图 17.1)。

PD 的发病与 DA 能神经元的缺失和黑质纹状体 DA 神经递质不足有着非常重大的关系,但 PD 确切的发病机制仍有待进一步思考和探究。尤其近年来,越来越多的学者认为,PD 的生化和病理改变不仅仅是由于 DA 能神经元缺失,可能与脑内其他的神经递质如重要的抑制性神经递质 GABA 的缺失也存在很大的关系。

研究表明,GABA 能神经系统的继发性改变,直接或间接地影响着 PD 的发病。目前认为,在基底节内非多巴胺递质通路中,丘脑底核(STN)到苍白球内侧部(GPi)、黑质网状部(SNr)属于谷氨酸能兴奋性投射,其他的被认为是 GABA 能抑制性投射。PD 患者表现为下降的 SNr 多巴胺能神经元,增加 GPi、SNr 传出冲动,最关键的因素可能是由于 STN 至 GPi、SNr 兴奋性通路活动的增强,另外加上 GPi、SNr 至丘脑的传出冲动属于抑制性的 GABA 通路的因素,抑制了丘脑皮层通路,最终使患者呈现出了诸多的 PD 症状。由于 GABA 对

STIN 的抑制引发了一系列的 PD 的症状，因此，理论情况下通过增加 GABA 就能实现治疗的目的，减轻患者的痛苦。Jia 和 Kim 实验组先后利用谷氨酸脱羧酶（Glutamic acid decarboxylase，GAD）基因，升高酶的活性，更好地促进 GABA 的合成，提高抑制性神经递质的水平，术后阿扑吗啡诱发旋转实验，帕金森大鼠运动功能显著改善。Hossein 等人总结了 PD 患者神经传递系统，如多巴胺能系统、谷氨酸和 γ-氨基丁酸能系统及胆碱能系统等的解剖生理学、病理学及其潜在的治疗靶点。Liu 等人通过一个特定的培养体系，无需转基因修饰和细胞分选，就能将人来源的 iPSCs 直接诱导分化为 GABA 能神经元，为 PD 的治疗提供候选细胞，给 PD 的修复和治疗带来新的希望。生长抑素（SST）被认为是 GABA 能抑制性传递的调节剂。2019 年，Iwasawa 课题组评估了 PD 患者诱导的 iPSC 衍生的 GABA 能神经元中 SST 表达的变化，研究发现，PD 的 GABA 能中间神经元中 SST 表达水平的降低可能部分地导致 PD 复杂的运动和非运动症状。

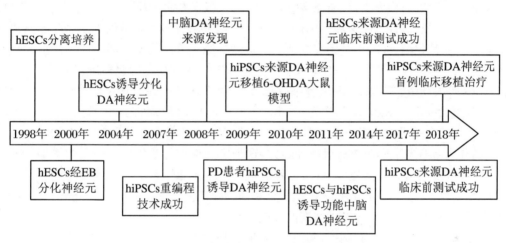

图 17.1　干细胞移植治疗帕金森病大事记

17.1.2　iPSCs 来源的胆碱能神经元与阿尔茨海默病

老年痴呆即阿尔茨海默病（AD）是一种神经退行性疾病，临床表现为痴呆、记忆丧失、学习能力下降以及人格和行为改变等，如今已影响到全球超过 4000 万人，并且预计在未来几十年内将呈指数级增长。AD 的发病机制尚不完全明确，多认为与基底前脑胆碱能神经元的缺失有关，影响空间学习记忆能力。Chang 实验组成功将 AD 患者的 iPSCs 转化为神经细胞，有助于探究 AD 患者神经元的疾病特征。2014 年，Duan 等人从偶发性 *APOE3/E4* 基因型（*AD-E3/E4*）的 AD 患者和正常对照组获得的诱导多能干细胞可有效分化为胆碱能神经元，与对照或家族性 AD 患者的神经元相比，*AD-E3/E4* 胆碱能神经元对 γ 分泌酶抑制剂治疗的反应有所改变，且增加了对谷氨酸介导的细胞死亡的脆弱性，产生具有 AD 表型的胆碱能神经元对于理解疾病机制和筛选促进突触完整性和神经元存活的药物是至关重要的。2016 年，Hu 等人通过添加 Purmorphamine（SHH 信号通路激动剂），并与人星形胶质细胞共同培养，将人 iPSCs 诱导为功能性的前脑胆碱能神经元，为 AD 的治疗提供丰富的细胞来源。Ortiz 等人应用 PSEN2 突变载体,使 iPSC 诱导为胆碱能神经元,具有 PSEN2^{N141I} 突变的细胞系显示出 Aβ42/40 的增加,流变电流注入时的第一动作电位高度显著降低,采用 CRISPR/Cas9 可校正消除 PSEN2 点突变的电生理缺陷。Moreno C L 研究组发现 iPSCs 来源的家族性阿尔茨海默病 PSEN2^{N141I} 胆碱能神经元表现出突变依赖的分子病理学特征, 可通过胰岛素信号纠正,表明胰岛素是阿尔茨海默病特定代谢的拮抗剂,在对抗 AD 病理生理方面具有重要作用。

17.1.3 iPSCs 来源的运动神经元与肌萎缩性脊髓侧索硬化症

肌萎缩性脊髓侧索硬化症(amyotrophic lateral sclerosis,ALS)是以上下运动神经元进行性丢失为特征的一种神经系统变性病,为最常见的成年发病的运动神经元疾病。但目前对该疾病的治疗以药物为主,只能减缓病情的进展。根据发病特征,ALS 可分为散发性和家族性,散发性占绝大多数,而家族性 ALS 仅占 5%～10%,且多为常染色体显性遗传,80% 是由于超氧化物歧化酶(SOD1)基因突变造成的运动神经元退行性改变,以肌无力、肌束震颤、延髓麻痹和锥体束征等为主要临床表现,一般于发病 3～5 年后因呼吸肌麻痹而死亡。2008 年,Dimos 等人利用家族性 ALS 患者细胞诱导产生了 iPSCs,并成功定向分化为运动神经元。次年,Karumbayaram 等人首先证明人 iPSCs 诱导的运动神经元具有电生理特性。Hester 等人组合使用转录因子神经生成素 2(*NGN2*),胰岛因子 1(ISL-1)和 *LIM*/*Lhx3*,将 iPSCs 诱导为具有电生理功能的运动神经元,这种定向编程方法将诱导时间显著减少至 30 天。Burkhardt 实验组将散发性 ALS 患者的成纤维细胞重编程为 iPSCs,并诱导分化为显示疾病表型的运动神经元,为 ALS 机理研究和药物筛选提供细胞模型。Imamura K 研究组利用 ALS 患者诱导的具有 SOD1 突变的多能干细胞,开发了一种表型筛查来重新定位现有药物,并读出运动神经元的存活率,超过一半的受试药物包含在 Src/c-Abl 相关的信号通路中。根据运动神经元的单细胞转录组分析,确定了一种药物可减少错误折叠的 SOD1 蛋白,提高 ALS 运动神经元的存活率,延长突变型 SOD1 相关,由此表明 *SRC*/*C-ABL* 可能是一个开发新药物治疗 ALS 的潜在靶点。Naomi 等人通过筛选大约 160000 种化合物来确定能够抑制 SOD1-DERLIN-1 相互作用的小分子化合物。该抑制剂能阻止 122 种类型的 SOD1 突变与 DERLIN-1 相互作用,并显著改善患者诱导的多能干细胞来源的运动神经元和模型小鼠的 ALS 病理,这阐明 SOD1-DERLIN-1 的相互作用在 ALS 的发病机制中起重要作用, 是治疗 ALS 的又一个有前途的药物靶点。

此外,人体 iPSCs 可诱导分化为多种类型的神经元,为研究神经退行性疾病的发病机制,开展病人自体细胞移植治疗,以及研发特异性新药提供了特异的人体细胞模型(图 17.2)。目前,多种神经退行性疾病及神经发育障碍疾病特异性的 iPS 细胞系,包括阿尔茨海默病、帕金森病、肌萎缩性脊髓侧索硬化症、亨廷顿病等相继被建立,概括总结见表 17.1。

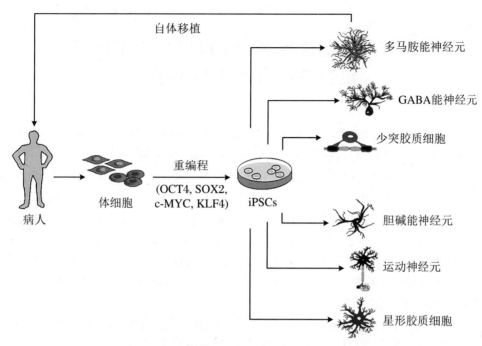

图 17.2 病人 iPSCs 用于研究神经退行性疾病的发病机制及自体细胞移植治疗

表 17.1 神经系统退行性疾病及神经发育障碍疾病特异的 iPS 细胞系

疾病类型	主要病变细胞	基因突变	主要治疗方法
阿尔茨海默病	大脑皮层神经元； 海马神经元	*APOE*、*PS*1、*PS*2、*APP*	药物治疗、辅助治疗
帕金森病	多巴胺能神经元	*SNCA*、*PINK*1、*LRRK*2、 未知基因	药物治疗、手术治疗、 康复治疗
肌萎缩性脊髓 侧索硬化症	运动神经元	*SOD*1、*VAPB*	药物治疗、呼吸治疗、 辅助治疗
亨廷顿病	皮层基底节神经元变性	*HTT*	药物治疗、支持治疗
脊髓性肌萎缩	运动神经元	*SMN*1	药物治疗、康复治疗
精神分裂症		*DISC*1	药物治疗
唐氏综合征	整体神经元病变	*Trisomy* 21	无有效治疗
脆性 X 染色体综合征	整体神经元病变	*FMR*	药物治疗、康复治疗

17.2　当前诱导多能干细胞应用于神经
退行性疾病面临的问题

目前,人体细胞来源的 iPSCs 已广泛用于构建神经退行性疾病模型,研究其发病机制、药物筛选和细胞移植治疗等,但仍存在以下几点亟待解决的问题。

（1）大多数人 iPSCs 是由逆转录病毒和慢病毒等病毒载体将重编程因子整合到宿主基因组中,可能会增加肿瘤形成的风险。现已报道了几种非整合方法来克服 iPSCs 相关的安全问题,例如使用腺病毒载体或质粒瞬时表达重编程因子以及直接递送重编程蛋白。这些瞬时表达方法虽然可以避免 iPSCs 基因组的改变,但效率较低。

（2）iPSCs 存在着重编程错误及基因组不稳定性的缺陷,这些缺陷将有可能导致 iPS 细胞的临床治疗潜能受到限制。一些关于基因表达、表观遗传修饰和分化的研究,提示重编程过程在数量和质量上都需要改进。

（3）iPSCs 及其诱导而来的神经元,体内移植可能会遭受免疫系统排斥,即便是将细胞注入供体内时,免疫反应也有可能会破坏移植物,导致治疗无效。

（4）iPSCs 及其来源的各种神经元,虽然体外检测具有与 ES 细胞和体内各种神经元相似形态、结构与表观特征,但体内移植是否具有相似的遗传与功能效应,仍有待进一步鉴定。

（郭　侯）

第 18 章　生物信息学

18.1　生物信息学的概述及发展历史

近 20 年来与 DNA 和蛋白质相关信息的大量涌现,使得利用这些信息促进分子生物学研究成为可能,生物信息学(bioinformatics)的形成则促使这种可能成为现实。生物学家面临的最主要的一个困难就是处理浩瀚的数据,序列数据并不等于信息和知识,却是信息和知识的源泉,关键在于如何从中挖掘它们,这就催生了一门新兴的交叉科学——生物信息学。21 世纪是生命科学的世纪,离不开生物信息学的发展。生物信息学是将计算机与信息科学技术运用到生命科学,尤其是分子生物学研究中的交叉学科。

生物信息学这一术语在不同场合下被赋予不同的含义。从一般意义上讲,生物信息学是以生物大分子为研究对象,以计算机为工具,运用数学和信息科学的观点、理论和方法去研究生命现象,组织和分析呈指数级增长的生物信息数据的一门科学。它综合运用生物学、计算机科学和信息技术来揭示大量而复杂的生物数据所赋予的生物学奥秘。具体而言,作为一门新的学科领域,生物信息学以基因组 DNA 序列信息分析为源头,在获得蛋白质编码区的信息后进行蛋白质空间结构模拟和预测,然后依据特定蛋白质的功能进行必要的药物设计。基因组信息学、蛋白质空间结构模拟以及药物设计构成生物信息学的三个重要组成部分。

18.1.1　生物信息学的发展历史

随着基因组计划的不断进展,海量的生物学数据必须通过生物信息学的手段进行收集、分析和整理,才能成为有用的信息和知识。人类基因组计划为生物信息学提供了兴盛的契机。目前,生物信息学已经深入到了生命科学的方方面面。

欧美国家一直非常重视生物信息学的发展,各种专业研究机构和公司如雨后春笋般涌现出来,生物科技公司和制药企业内部的生物信息学部门的数量与日俱增。但由于对生物信息学的需求如此迅猛,即使是像美国这样的发达国家也面临着人才匮乏、供不应求的局面。目前,各类生物信息学专业期刊门类繁多,包括纸质期刊和电子期刊两种,如《Bioinformatics》(前身为《Applications in the Biosciences》)《PLoS Computational Biology》《BMC Bioinformatics》《Nucleic Acids Research》《Briefings in Bioinformatics》《Genomics》《Proteomics & Bioinformatics》《Journal of Computational Biology》《Journal of Integrative Bioinformatics》等。

从网络资源来看,国外互联网上的生物信息学网点非常多,大到代表国家级研究机构,小到代表专业实验室。大型机构的网点一般提供相关新闻、数据库服务和软件在线服务;小型科研机构一般是介绍自己的研究成果,有的还提供自行设计的算法在线服务。总体而言,它们基本都是面向生物信息学的专业人士,各种分析方法虽然很全面,但却分散在不同的网点,分析结果也需要专业人士来解读。

目前,绝大部分的核酸和蛋白质数据库由美国、欧洲及日本的三家数据库系统产生,它们共同组成了 GenBank/EMBL/DDBJ 国际核酸序列数据库,每天交换数据,同步更新。其他一些国家,如德国、法国、意大利、瑞士、澳大利亚、丹麦和以色列等,在分享网络共享资源的同时,也分别建有自己的生物信息学机构、次级或者衍生的具有各自特色的专业数据库及自己的分析技术,服务于本国生物医学研究和开发,有些服务向全世界开放。

我国对生物信息学领域的研究也越来越重视,自北京大学于 1996 年建立了国内第一个生物信息学网络服务器以来,我国生物信息学的研究得到了蓬勃发展。较早开展生物信息学研究的单位主要有:北京大学、清华大学、浙江大学、中国科学院生物物理研究所、中国科学院上海生命科学研究院、中国科学院遗传与发育生物学研究所等。北京大学于 1997 年 3 月成立了生物信息学中心,中国科学院上海生命科学研究院也于 2000 年 3 月成立了生物信息学中心。如今,生命科学的基础研究与技术开发对生物信息学的科研与人才需求越发迫切,越来越多的高等院校、科研单位开展了生物信息学教育和科研工作,少数如哈尔滨医科大学专门设置了生物信息学学院,越来越多的生物信息学技术服务机构或公司也提供了相应的科技服务。

表 18.1 列出了生命科学、计算机科学及生物信息学相关大事记,从中可以看出其发展进程及中国的贡献。

表 18.1 生命科学、计算机科学及生物信息学相关大事记

生命科学	年份	计算机科学
	1642	Blaise Pascal 发明机械计算器
Robert Hooke 在其著作中描述了细胞结构	1665	
John Ray 提出了物种分类	1686	
	1858	电报
Darwin 的《物种起源》出版	1859	
孟德尔遗传定律提出	1865	
Nirenberg 和 Khorana 破译了遗传密码字典的全部 64 个三联体密码子	1966	美国计算机协会设立图灵奖
首次分离得到 DNA	1869	
	1876	电话
Walter Flemming 观察到有丝分裂	1879	

续表

生命科学	年份	计算机科学
确认孟德尔遗传定律	1900	
疾病可以有序遗传；遗传的染色体理论	1902	
术语"基因"的出现	1909	
染色体理论在果蝇中得到验证	1911	
Alfred H. Sturtevant 绘制了第一张遗传连锁图谱	1913	
"一个基因一个酶"假说	1941	
DNA 的 X 射线衍射	1943	第一台电子管计算机 ENIAC 研发并于 1946 年诞生
DNA 可以改造细胞的特性；跳跃基因的发现	1944	
O. T. Avery 证明 DNA 是遗传物质	1944	
	1945	第一个计算机 Bug
Lederberg 和 Tatum 证实了遗传重组现象	1946	
发现 DNA 配对法则	1952	第一个编译器的发明
Francis Crick、James Watson 和 Maurice Wilkins 发现 DNA 的双螺旋结构	1953	
人类 46 条染色体的确定；DNA 聚合酶的发现；第一个蛋白质序列（牛胰岛素）被测定	1955	
血红蛋白的一个氨基酸改变可以导致镰状细胞贫血	1956	
DNA 的半保留复制	1958	中国第一台电子管计算机诞生
染色体异常致病被发现	1959	
	1960	计算机 COBOL 处理电话交换
mRNA 将信息从细胞核内传递到细胞质	1961	
	1963	美国信息互换标准代码（ASCII）；鼠标
	1964	BASIC 语言
中国人工合成牛脑岛素结晶；Margaret Dakley Dag-hoff 收集蛋白质序列，并在随后一年提出 PAM 模型	1965	
发现第一个限制酶	1968	
	1969	UNIX 操作系统
	1070	Needlerman-Wunsch 序列比对算法
	1971	个人电脑

续表

生命科学	年份	计算机科学
第一个重组 DNA	1972	C 语言
第一个动物基因被克隆	1973	文件传输协议(FTP)出现
DNA 测序工作的开启	1975	微软公司成立
第一个遗传工程公司成立	1976	苹果公司成立
Sanger 研究小组完成了第一个噬菌体全基因组的测序;内含子的发现	1977	
	1978	第一个电子布告栏系统(BBS)的出现
	1979	新闻组(Newsgroup)的出现
中国人工合成酵母丙氨酸转移核糖核酸	1981	第一个计算机病毒 Eld Cloner 出现;Smith-Waterman 序列比对算法;MS-DOS1.0 发布
	1982	Sun 公司推出第一个工作站 Sun100;英特尔 80286 处理器
	1983	微软 Windows 系统命名
	1984	互联网节点数超过 1000 个
Kary Mullis 创立 PCR 技术;生物信息学专业期刊(CABIOS)创刊;德国生物信息学会议(GCB)举行	1985	Bjarne Stroustrup 创建 C++ 语言
日本核酸序列数据库 DDBJ 诞生;蛋白质数据库 Swiss-Prot 建立;中国开始实施"863 计划"	1986	标准通用置标语言(SGML)ISO 标准公布
	1987	Perl 语言
美国国家生物技术信息中心(NCBI)成立	1988	Pearson 实现 FASTA 程序
	1989	英特尔发布 486 处理器
国际人类基因组计划(HGP)启动;第一届国际电泳、超级计算和人类基因组会议在美国佛罗里达州会议中心举行	1990	Altschul 实现 BLAST 程序;HTTP1.0 标准发布
	1991	Linux 出现;Python 语言发布
欧洲生物信息学研究所(EBI)成立;第一届 ISMB 国际会议在美国举行;HGP 新 5 年计划,中国开始参与人类基因组计划	1993	英特尔发布奔腾处理器
Marc Wilkins 提出蛋白质组(proteome)的概念;细菌基因组计划	1994	雅虎公司成立;Perl5 发布

续表

生命科学	年份	计算机科学
人类基因组物理图谱完成；日本信息生物学中心（CIB）成立	1995	Sun 正式发布 Java；Apache HTTP 项目启动；微软（CIB）成立发布 Windows 95 系统
Affymetrix 生产商用 DNA 芯片；北京大学蛋白质工程和植物遗传学工程国家实验室加入欧洲分子生物学网络（EMBnet）	1996	微软发布 IE3.0
大肠杆菌基因组测序完成；北京大学生物信息学中心（CBI）成立；中国科学院召开"DNA 芯片的现状与未来"和"生物信息学"香山会议	1997	微软发布 IE4.0；IBM 深蓝计算机击败国际象棋世界冠军
亚太生物信息学网络（APBioNet）成立；瑞士生物信息学研究所（SIB）成立；美国 Celera 遗传公司成立线虫基因组测序完成；CABIOS 期刊更名为 Bioinformarics；中国人类基因组研究北方中心（北京）和南方中心（上海）成立	1998	W3C 发布可扩展标记语言 XML.1.0；微软发布 Windows 98
人类 22 号染色体序列测定完成；中国获准加入人类基因组计划，成为第 6 个国际人类基因组计划参与国	1999	英特尔发布奔腾Ⅱ处理器
德国、日本等国科学家宣布基本完成人体第 21 对染色体的测序工作；果蝇基因组测序完成；中国科学院上海生命科学研究院生物信息中心（SIBI）成立	2000	微软发布 Windows 2000 和 Windows Me 简单对象访问协议（SOAP）
美国、日本、德国、法国、英国、中国 6 国科学家和美国 Celera 公司联合公布人类基因组图谱及初步分析结果；中国首届全国生物信息学会议（CCB）举行；中国完成籼稻基因组工作框架图	2001	微软发布 Windows XP Linux 内核 2.4
小鼠基因组测序完成	2002	
HGP 完成	2003	微软发布 Windows Server 2003；Linux 内核 2.6
蛋白质组学；解码基因组；大鼠和鸡基因组草图完成	2004	
大猩猩和狗全基因组测序完成；人类 HapMap 项目完成	2005	
我国研制出全球首例骨髓分析生物芯片	2006	
世界首份"个人版"基因图谱完成	2007	谷歌和 IBM 合作推动云计算

续表

生命科学	年份	计算机科学
千人基因组测序计划启动；拟南芥 1001 株系测序启动	2008	英特尔发布酷睿 i7 处理器
黄瓜、高粱和两个玉米品种的基因组测序	2009	
外显子测序	2010	我国"天河一号"成为全球运算速度最快的超级计算机；苹果公司发布 iPad 平板电脑
体细胞重编程技术；"垃圾"DNA 得到正名	2012	
CRISPR 基因编辑技术将成为基因编辑的常用工具	2013	我国"天河二号"超越美国"Titan 号"，再次成为全球运算速度最快的超级计算机
癌症的 CAR-T 疗法和 HIV 的 T 细胞疗法	2014	
Roadmap Epigenomics Program 发布表观基因组图谱	2015	
中国国家基因库 CNGB 正式运营	2016	采用国产核心处理器的"神成·太湖之光"超过"天河二号"成为世界上运算速度最快的超级计算机，理论最佳性能约提升一倍
人类细胞图谱计划启动；首次合成包含两种人工碱基的生命体	2017	基于强化学习的 AlphaGO 程序击败围棋世界冠军

18.1.2　生物信息学的研究领域

虽然生物信息学可以理解为"生物学＋信息学(计算机科学及应用)"，但作为一门学科，它有自己的学科体系，而不是简单的叠加。需要强调的是，生物信息学是一门工程技术学科。必须注意到，生物信息学的研究内容与研究对象或客体(应用方面)是不同的概念。很显然，生物信息学的研究对象是生物数据。其中，最"经典"的是分子生物学数据，即基因组技术的产物——DNA 序列。后基因组时代将从系统角度研究生命过程的各个层次，走向探索生命过程的各个环节，包括微观(深入到研究单个分子的结构和运动规律)和宏观(结合宏观生态学，从大的角度来研究生命过程)两个方向，着重于"序列→结构→功能→应用"中的"功能"和"应用"部分，其涉及并参与生命科学各个领域的研究。

1. 分子生物学与细胞生物学

该领域以 DNA-RNA-蛋白质为对象，分析编码区和非编码区中信息结构和编码特征，以及相应的信息调节与表达规律等。由于生物功能的主要体现者是蛋白质及其生理功能，研究蛋白质的修饰加工、转运定位、结构变化、相互作用等活动将推动对基因的功能、表达和调控的理解，对细胞活动及器官、系统、整体活动的调控都很关键。

2. 生物物理学

生物物理学其实是物理学的一个分支,研究的是生物的物理形态,涉及生物能学、结构生物学、生物力学、生物控制论、电生理学等。但这方面生物数据的获取和分析也越来越依赖于计算机的应用,如模型的建立、光谱和成像数据的分析等。

3. 脑和神经科学

脑是自然界中最复杂的组织,长期以来,通过神经解剖、神经生理、神经病理和临床医学研究,科学家们获得了大量有关脑结构和功能的数据。近年来,神经生物学研究也取得了大量科研成果,但是这些研究大多是在组织、细胞和分子水平进行的,不能很好地在系统和整体水平上反映人脑活动的规律。随着核磁共振成像和正电子发射断层成像的发展,应用计算机技术,我们有可能在系统和整体水平上无创地研究人脑的功能定位、功能区之间的联系及神经递质和神经受体等。由此产生的神经信息学研究,将对我们了解脑、治疗脑和开发脑产生重大的作用。

4. 医药学

人类基因组计划的目的之一就是找到人类基因组中的所有基因。如何筛选分离各疾病的致病基因,获得疾病的表型相关基因信息的工作才刚开始。我们需要在现有的基因测序的工作平台上,强化生物信息学平台的建设,从而加快对突发性疫情、公共卫生的监控以及致病源进行快速有效的分析和解决。此外,结合生物芯片数据分析,确定药物作用靶,再利用计算机技术进行合理的药物设计,将是新药开发的主要途径。

5. 农林牧渔学

基因组计划也加快了农业生物功能基因组的研究,加快了转基因动植物育种所需生物信息学研究的步伐。通过比较基因组学、表达分析和功能基因组分析识别重要基因,为培育转基因动植物、改良动植物的质量和数量性状奠定了基础。通过分析病虫害、寄生生物的信号受体和转录途径组分,进行农业化合物设计,结合化学信息学方法,鉴定可用于杀虫剂和除草剂的潜在化学成分。此外,通过此方法可以进行动植物遗传资源研究,保护生物多样性;还可以对工业发酵菌进行代谢工程的研究,有目的地控制产品的生产。

6. 分子和生态进化

生物信息学的另一个重要的研究对象就是分子和生态进化,通过比较不同生物基因组中各种结构成分的异同,可以大大加深我们对生物进化的认识。从各种基因结构与成分的进化、密码子使用的进化,到进化树的构建,各种理论上和实验上的课题都等待着生物信息学家的研究。

18.1.3　生物信息学的主要应用

1．生物信息学数据库建设

生物信息学很大一部分工作体现在生物数据的收集、存储、管理与提供上，包括：建立国际基本生物信息库和生物信息传输的国际联网系统；建立生物信息数据质量的评估与检测系统；生物信息工具开发和在线服务；生物信息可视化和专家系统。比较著名的与生物有关的数据资源有 NCBI、EMBL、KEGG 等。

2．序列分析

（1）序列比对

生物信息学最基本的操作对象是核酸序列和氨基酸序列。序列比对的目的是发现相似的序列，得到保守的区域，它们可能有功能、结构或进化上的关系。对于一个感兴趣的 DNA 或蛋白质序列，寻找到与它同源的序列是基本工作。目前已开发了很多的算法，其中 BLAST 或 FASTA 都是不错的算法。在此基础上开发的 PS-BLAST 和 megaBLAST 等，针对不同情况有更好的性能。

（2）基因序列注释

越来越多的物种测序工作的开展，迫切需要全基因组的自动注释，这一直都是生物信息学的研究领域。Ensembl 是由 EBI 和 Sanger 研究院合作的一个项目，利用大型计算机根据已有的蛋白质证据来对 DNA 序列进行自动注释。自动寻找基因和调控元件的工作通常需要的步骤包括：翻译起始点和终止点的确定，潜在的阅读框、剪切位点的识别，基因结构的构建，各种反式和顺式调控元件的识别等。除此以外，转录起始位点和可变剪切体的鉴定等工作都可利用计算生物学方法从庞大的基因组数据中提取出生物学信息，把它注释并图形化显示给生物学家。

3．其他主要应用

（1）比较基因组学

各种模式生物基因组测序任务的陆续完成，为从整个基因组的角度来研究分子进化提供了条件。比较基因组学的核心课题是识别和建立不同生物体的基因或其他基因组特征的联系。利用比较基因组学方法可以研究不同物种间的基因组结构的关系和功能。发现基因组中新的非编码功能元件是很有前途的应用。起初，真核生物中基因预测依靠概率模型预测得到，该方法的缺点是会产生很多的假阳性。通过比较不同物种间的同源基因可以大大提高预测的精度和准度。例如，在人类基因预测上，老鼠的基因信息起到了很重要的作用。

（2）基因和蛋白质的表达分析

进入后基因组时代，高通量技术高速发展并得到广泛应用。多种生物学技术可以用于测量基因的表达，如微阵列、表达序列标签、基因表达连续分析、大规模平行信号测序、多元原位杂交法等。所有这些方法均严重依赖于环境并能产生大量高噪声的数据，而生物信息学致力于发展一套统计学工具,以从中提取有用的信息。通过蛋白质微阵列技术或高通量质谱分析对生物标本进行测量所获得的数据中,包含大量生物标本内蛋白质的信息,生物信息学被广泛地应用于这些数据的分析。

(3) 生物芯片大规模功能表达谱的分析

生物芯片因为其具有高集成度、高并行处理能力及可自动化分析的优点,可对不同组织来源、不同细胞类型、不同生理状态的基因表达和蛋白质反应进行监测,从而获得功能表达谱。此外生物芯片还可进行 DNA、蛋白质的快速检测及药物筛选等。由此可见,无论是生物芯片还是蛋白质组技术的发展都更强烈地依赖于生物信息学的理论与工具。鉴于生物芯片固有的缺陷及实验重复性等问题,以及有关表达谱的分析还不够精确,仍需大量的工作来提高对斑点图像处理的能力和系统的分析能力。

(4) 蛋白质结构的预测

蛋白质结构的预测是生物信息学最重要的任务之一。蛋白质的一级结构决定其高级结构,而后者又决定着它的生物学功能,目标是通过氨基酸序列来预测出蛋白质的三维空间结构。这方面的用途在医药工业上特别突出,如药物设计、设计各种特殊用途的酶等。对于序列同源性大于 25% 的蛋白质,可以使用比较同源模建的方法预测蛋白质结构,如 SWISS-MODEL 和 Modeller 软件。对于没有合适的模板的蛋白质预测可以使用折叠识别方法。折叠识别方法尝试寻找该目标序列可能适合的已知的蛋白质三维结构。如果前两种方法都无效,则要从头预测(de noro modu. ing)。它的缺点是计算量大、耗时,而且仅适用于长度为几十个氨基酸的蛋白质片段,因此该方法目前主要作为前两种基于模板预测法的补充。整体来看,蛋白质结构预测领域还有待发展。

(5) 蛋白质与蛋白质相互作用

蛋白质与蛋白质相互作用与识别是当今生命科学研究的前沿和热点。基因的复制与转录、蛋白质的翻译与加工、免疫识别、信号传导等重要细胞生理过程都是通过蛋白质相互作用实现的。能够鉴定特定蛋白质是否相互作用的生物学实验技术有很多种,如免疫共沉淀、酵母双杂交系统、双分子荧光互补等,但这些方法无法反映出蛋白质从空间结构的角度是如何相互作用的。X 射线晶体衍射和核磁共振等结构生物学技术可以高分辨率地展示蛋白质之间在空间上是如何结合的,但实验操作十分困难且昂贵。利用计算机技术有望基于蛋白质的各种性质,如理化性质、初级结构、三维结构等,来对蛋白质相互作用进行预测,但目前来看,这方面的工作还有很长的路要走。

(6) 生物系统模拟

生物体是个复杂的系统,整个系统可以分成多个亚系统。现在的生物学家越来越清楚地认识到网络涉及生物的方方面面,从而兴起了一个新概念——系统生物学。Leroy Hood 认为系统生物学是确定、分析和整合生物系统在遗传或环境的扰动下所有内部元件间相互作用关系的一门学科。模拟生物系统对于更好地理解生命的本质活动至关重要。细胞水平下的代谢网络、信号转导通路、基因调控网络的构建,以及分析和可视化工作都给生物信息学带来了挑战。另外,人工生命或虚拟进化的研究往往致力于通过计算机模拟简单的生命形式来理解进化过程。

(7) 代谢网络建模分析

代谢网络涉及生化反应途径、基因调控及信号转导过程(蛋白质间的作用)等。后基因组时代将研究大规模网络的生命过程,又称为"网络生物学"研究。通过预测调控网络、网络普遍性分析、建立模型分析等手段进行系统生物学研究,它将是后基因组时代最为突出的研究方向。EMBL(http://www.embl.de)2006~2015 年战略发展目标中已将系统生物学列为三大主要挑战之一。它要求我们看待生命活动过程要用系统的眼光,不能只盯住一个方面的数据分析而隔离联系。所谓的"Virtual Cell"(虚拟细胞)模型就是基于系统考虑的。

(8) 计算进化生物学

引入信息学到进化生物学中,使得生物学家可以通过测量 DNA 上的变化来追踪大量生物的进化事件。通过比较全基因组,还可以研究更复杂的进化事件,如基因复制、水平基因转移、物种形成等,为种群进化建立复杂的计算模型,以预测种群随时间的演化。

(9) 生物多样性研究

生物多样性数据库集合了物种的各方面信息。计算模拟种群动力学过程或计算人工培育下或濒危情况下的遗传健康状况。生物信息学在这方面一个重要的前景是保存大量物种的遗传信息,可以把自然的遗传信息保存成电子信息,为濒危物种建立基因库,将各物种的基因组信息保存下来,这样即便在将来这些物种灭绝了,人类也可能利用它们的基因组信息重新创造出它们。

(10) 合成生物学

"合成生物学"这个术语是由波兰遗传学家 Waclaw Szybalski 在 1974 年提出的。目前合成生物学仍然没有一个明确的定义,一般认为合成生物学是依据生物学、化学、物理学和工程学等原理设计的优越的或新型的生物系统。合成生物学涉及许多不同的生物学研究领域,如功能基因组学、蛋白质工程、化学生物学、代谢工程、系统生物学和生物信息学,它将自然科学和工程科学结合到一起进行生物学上的研究。由于近几年来在系统生物学和 DNA 合成与测序等新技术上取得了长足的进步,合成生物学逐步形成了自己的研究领域,广泛应用于医药、化学、食品和农业等行业。

18.2 生物信息学数据库

2003 年 4 月,人类基因组计划(Human Genome Project)的主要目标——获取完整、准确、高质量的人类基因序列终于完成了。这一目标的实现已经对生物学与生物医学研究的形式与走向产生了深远的影响。为了提高和加快研究水平与速度,在生物信息学者们的努力下,人类基因组序列数据连同其他多种模式生物的序列数据及各自相应的基因结构与功能信息皆可供众多生物学家们免费获取与使用,从而为他们更好地设计与解释实验提供丰富的背景知识。

18.2.1 生物信息学数据库概述

广义上讲,生物信息学数据库可分为两大类:初级数据库和二级数据库。

　　初级数据库贮存原始的生物数据包括：核酸和蛋白质序列数据库，基因组数据库，生物大分子（主要是蛋白质）三维空间结构数据库。序列数据库来自序列测定，基因组数据库来自基因组作图，结构数据库来自 X 衍射和磁共振结构测定。这些初级数据库是基本数据资源，也称为基本数据库或一次数据库。

　　根据生命科学不同研究领域的实际需要，对核酸和蛋白质序列、基因组图谱、蛋白质结构以及文献等数据进行分析、整理、归纳、注释，构建而成的具有特殊生物学意义和专门用途的数据库称为二级数据库。这种数据库是对初级数据库的信息进行分析、提炼并增加相关信息之后形成的，更便于特定专业人员的使用，因而也称为专门数据库或专业数据库、专用数据库。如真核生物启动子序列库（eukaryotic promoter database，EPD）和蛋白质序列中的共同结构和功能基序数据库（PROSITE）等。

　　一级数据库的数据量大、更新速度快、用户面广，通常需要高性能的计算机硬件、大容量的磁盘空间和专门的数据库管理系统支撑。例如，欧洲生物信息学研究所采用 Oracle 数据库软件管理、维护核酸数据库 EMBL。而基因组数据库 GDB 的管理、运行则基于 Sybase 数据库系统。Oracle 和 Sybase 均为流行的数据库管理商业软件。而二级数据库的容量则要小得多，更新速度也不像一级数据库那样快，可以不用大型商业数据库软件支撑。许多二级数据库的开发基于 Web 浏览器，使用超文本语言 HTMIL 和 Java 程序编写的图形界面，有的还带有搜索程序。逐类针对不同问题开发的二级数据库的最大特点是使用方便，特别适用于计算机使用经验并不丰富的生物学家。

　　一个典型的数据库记录（entry）通常包括两部分：原始（序列）数据和描述这些数据的生物学信息注释（annotation）。应当注意到，注释中包含的信息在重要性和应用价值上与相应序列的原始数据具有同等的价值。由于大量序列数据是运用自动测序仪产生的，对这些数据进行生物学功能的注释就会远远落后于数据的产生，所以通过序列同源性分析为这类缺乏注释的数据提供信息时，其信息的可用性则受到一定的影响。同时，不同的数据库的注释质量差别很大，因为一个数据库既要追求数据的完整性，同时也要顾及注释工作量的问题。某些数据库提供的序列数据很广，但这势必会影响序列的注释；相反，某些数据库数据覆盖面较窄，但它提供的注释非常全面。数据库记录的注释工作是一个动态过程，新发现不断被补充进去，所以，在所有的生物信息数据库中总会有一小部分的记录（包括原始序列数据和注释）会老化过时，这也是无法避免的。

　　除了上面介绍的几种类型生物信息学数据库外，还出现了专门收集现有生物信息学数据库目录的数据库。法国生物信息研究中心 Infobiogen 生物信息数据库目录 DBCAT（http://www.infobiogen.fr/services/dbcat/）搜集了 513 个主要数据库的名称、作者、内容、数据格式、联系地址、网址等详细信息，使用户对目前生物信息数据库有一个详尽的了解。DBCAT 本身也是一个具有一定数据格式的数据库，它按 DNA、RNA、蛋白质、基因图谱、结构、文献等分类，其中大部分数据库是可以免费下载的公用数据库。

18.2.2　初级数据库用于贮存 DNA 和蛋白质的信息

1. DNA 数据库主要贮存 DNA 一级结构信息

序列数据库以核苷酸碱基顺序或氨基酸残基顺序为基本内容,并附有注释信息。注释信息包括两部分:一部分由计算机程序经过序列分析而生成;另一部分则依靠生物学家通过查阅文献资料而获得。

目前国际上有 3 大主要核酸序列数据库:EMBL(网址:www. ebi. ac. ulk/embl/),Gen-Bank(网址:www. ncbi. nlm. nih gov/Genbank/GenbankSearch. html),DDBJ(网址:www. ddbj. nig. ac. jp)。1988 年,由这 3 个数据库共同成立了国际核酸序列联合数据库中心,建立了合作关系。根据协议,这 3 个数据库分别收集所在区域的有关实验室和测序机构所发布的核酸序列信息,并共享收集到的数据,每天交换各自数据库新建立的序列记录,以保证这 3 个数据库序列信息的完整性。

了解序列数据库的格式,有助于提高数据库检索的效率和准确性。DDBJ 数据库的内容和格式与 GenBank 相同。本节主要介绍 EMBL 和 GenBank 数据库格式。

EMBL 和 GenBank 数据库的基本单位是序列条目,包括核苷酸碱基排列顺序和注释两部分。序列条目由字段组成,每个字段由标识字起始,后面为该字段的具体说明。有些字段又分若干次子字段,以次标识字或特性表说明符开始。

EMBL 序列条目以标识字"ID"开始,而 GenBank 序列条目以标识字"LOCUS"开始,可理解为序列的代号或识别符,实际表示序列名称。标识字还包括说明、编号、关键词、种属来源、学名、文献、特性表、碱基组成,最后以双斜杠"//"做本序列条目结束标记。EMBL 数据库的所有标识字以 2 个字母的缩写表示,如图 18.1、图 18.2 所示。"ID"表示 Identification,"AC"表示 Accession,并都从第 1 列开始。GenBank 数据库的标识字则以完整的英文单词表示,主标识字从第 1 列开始,次标识字从第 3 列开始,特性表说明符从第 5 列开始,等等。

需要说明的是,序列代码"AC"或"Accession"具有唯一性和永久性,在文献中引用时,应以代码为准,而不是以序列名称为准。已经完成全序列测定的细菌等基因组在数据库中分成几十个或几百个条目存放,以便于管理和使用。例如,大肠杆菌基因组的 4639221 个碱基分成 400 个条目存放,每个条目都有一个唯一的编码。

除了上述通用的注释信息外,EMBL 和 GenBank 还包括大量与序列直接相关的注释信息,这些信息为数据库的使用和二级开发提供了基础。这些注释信息位于其他注释信息和序列之间,称为序列特征表(feature table),EMBL 序列特征以标识字"FH"引导,不同的特征表具有不同的说明符,以标识字"FT"开始。而 GenBank 的特征表则以标识字"FEA-TURE"引导。序列特征表详细描述该序列的各种特性,包括蛋白质编码区以及翻译所得的氨基酸序列、外显子和内含子位置、转录单位、突变单位、修饰单位、重复序列等信息以及与蛋白质数据库 SWIS-SPROT 和分类学数据库 Taxonomy 等其他数据库的交叉索引编号。应该指出的是,EMBL 和 GenBank 序列数据库中各个序列条目之间的大小相差极大,有的只有几个或几十个碱基,而有的则有几十万个碱基。

EBI Dbfetch

```
ID    AF111847   standard; mRNA; HUM; 2788 BP. (序列标识号)
XX    (字段分界标志)
AC    AF111847; (序列接受号)
XX
SV    AF111847.1  (序列版本)
XX
DT    14-MAR-2000 (Rel. 63, Created) (创建日期)
DT    09-MAY-2001 (Rel. 67, Last updated, Version 3) (最后更新日期)
XX
DE    Homo sapiens ARFGAP1 protein (ARFGAP1) mRNA, complete cds. (序列性质描述)
XX
KW
XX
OS    Homo sapiens (human) (种属来源)
OC    Eukaryota; Metazoa; Chordata; Craniata; Vertebrata; Euteleostomi; Mammalia;
OC    Eutheria; Primates; Catarrhini; Hominidae; Homo.
XX
RN    [1]
RP    1-2788
RX    MEDLINE; 20171380.
RX    PUBMED; 10704287.
RA    Zhang C., Yu Y., Zhang S., Liu M., Xing G., Wei H., Bi J., Liu X., Zhou G.,
RA    Dong C., Hu Z., Zhang Y., Luo L., Wu C., Zhao S., He F.;
RT    "Characterization, chromosomal assignment, and tissue expression of a novel
RT    human gene belonging to the ARF GAP family";
RL    Genomics 63(3):400-408(2000). (相关文献出处)
XX
RN    [2]
RP    1-2788
RA    Zhang C., Yu Y., Zhang S., Ouyang S., Luo L., Wei H., Zhou G., Zhang Y.,
RA    Liu M., He F.;
RT    ;
RL    Submitted (06-AUG-1999) to the EMBL/GenBank/DDBJ databases.
RL    Department of Genomics and Proteomics, Institute of Radiation Medicine,
RL    Beijing Taiping Road 27, Beijing, Beijing 100850, P. R. China
XX
FH    Key            Location/Qualifiers
FH
FT    source         1..2788
FT                   /chromosome="22"
FT                   /db_xref="taxon:9606"
FT                   /mol_type="mRNA"
FT                   /organism="Homo sapiens"
FT                   /map="22q13.2" (染色体定位)
FT                   /clone="FLB2127" (克隆编号)
FT    5'UTR          1..57  (5' 非编码区)
FT                   /gene="ARFGAP1" (基因名称)
FT    CDS            58..1608 (编码区)
FT                   /codon_start=1
FT                   /db_xref="GOA:Q9NP61"
FT                   /db_xref="Genew:661"
FT                   /db_xref="UniProt/Swiss-Prot:Q9NP61"
FT                   /evidence=NOT_EXPERIMENTAL
FT                   /gene="ARFGAP1"
FT                   /product="ARFGAP1 protein"
FT                   /protein_id="AAF40310.1"
FT                   /translation="MGDPSKQDILTIFKRLRSVPTNKVCFDCGAKNPSWASITYGVFLC
FT    . . . . . . . . . . . . . . . . . . . . . . . . . . . . . . .
FT                   PTARRKPDYEPVENTDEAQKKFGNVKAISSDMYFGRQSQADYETRARLERLSASSSISS
FT                   ADLFEEPRKQPAGNYSLSSVLPNAPDMAQFKQGVRSVAGKLSVFANGVVTSIQDRYGS"
FT    3'UTR          1609..2788 (3' 非编码区)
FT                   /gene="ARFGAP1"
XX
SQ    Sequence 2788 BP; 914 A; 531 C; 602 G; 741 T; 0 other; (序列开始标志)
      ttttcgtcga ctcttaccgg ttggctgggc cagctgcgcc gcggctcaca gctgacgatg     60
      ggggacccca gcaagcagga catcttgacc atcttcaagc gcctccgctc ggtgcccact    120
      aacaaggtgt gttttgattg tggtgccaaa aatcccagct gggcaagcat aacctatgga    180

      . . . . . . . . . . . . . . . . . . . . . . . . . . . . . . .

      agacagcatt agaatatatt gttcagcaca gtaaaatata tttgaaattt gataagccaa   2580
      aaatgtggtt ttgaatgaat attttgtgaa tctttcttaa aagctcaaat ttgtagactt   2640
      ctaaatagaa taaacacttg cagcagaaaa aaaaaaaaaa aaaaaaaaaa aaaaaaaaaa   2700
      aaaaaaaaaa aaaaaaaaaa aaaaaaaaaa aaaaaaaaaa aaaaaaaaaa aaaaaaaaaa   2760
      aaaaaaaaaa aaaaaaaaaa aaaaaaaa                                      2788
//    (序列结束标志)
```

图 18.1　EMBL 记录格式

```
LOCUS       AF111847            2788 bp    mRNA    linear   PRI 08-MAY-2001
DEFINITION  Homo sapiens ARFGAP1 protein (ARFGAP1) mRNA, complete cds.
ACCESSION   AF111847
VERSION     AF111847.1  GI:7211441
KEYWORDS    .
SOURCE      Homo sapiens (human)
  ORGANISM  Homo sapiens
            Eukaryota; Metazoa; Chordata; Craniata; Vertebrata; Euteleostomi;
            Mammalia; Eutheria; Primates; Catarrhini; Hominidae; Homo.
REFERENCE   1  (bases 1 to 2788)
  AUTHORS   Zhang,C., Yu,Y., Zhang,S., Liu,M., Xing,G., Wei,H., Bi,J., Liu,X.,
            Zhou,G., Dong,C., Hu,Z., Zhang,Y., Luo,L., Wu,C., Zhao,S. and He,F.
  TITLE     Characterization, chromosomal assignment, and tissue expression of
            a novel human gene belonging to the ARF GAP family
  JOURNAL   Genomics 63 (3), 400-408 (2000)
  MEDLINE   20171380
   PUBMED   10704287
REFERENCE   2  (bases 1 to 2788)
  AUTHORS   Zhang,C., Yu,Y., Zhang,S., Ouyang,S., Luo,L., Wei,H., Zhou,G.,
            Zhang,Y., Liu,M. and He,F.
  TITLE     Direct Submission
  JOURNAL   Submitted (06-AUG-1999) Department of Genomics and Proteomics,
            Institute of Radiation Medicine, Beijing Taiping Road 27, Beijing,
            Beijing 100850, P. R. China
FEATURES             Location/Qualifiers
     source          1..2788
                     /organism="Homo sapiens"
                     /mol_type="mRNA"
                     /db_xref="taxon:9606"
                     /chromosome="22"
                     /map="22q13.2"
                     /clone="FLB2127"
     gene            1..2788
                     /gene="ARFGAP1"
     5'UTR           1..57
                     /gene="ARFGAP1"
     CDS             58..1608
                     /gene="ARFGAP1"
                     /codon_start=1
                     /evidence=not_experimental
                     /product="ARFGAP1 protein"
                     /protein_id="AAF40310.1"
                     /db_xref="GI:7211442"
                     /translation="MGDPSKQDILTIFKRLRSVPTNKVCFDCGAKNPSWASITYGVFL
                     CIDCSGSHRSLGVHLSFIRSTELDSNWSWFQLRCMQVGGNASASSFFHQHGCSTNDTN

                     . . . . . . . . . . . . . . . . . . . . . . . . . . . . . .
                     SASSSISSADLFEEPRKQPAGNYSLSSVLPNAPDMAQFKQGVRSVAGKLSVFANGVVT
                     SIQDRYGS"
     3'UTR           1609..2788
                     /gene="ARFGAP1"
ORIGIN
        1 ttttcgtcga ctcttaccgg ttggctgggc cagctgcgcc gcggctcaca gctgacgatg
       61 ggggacccca gcaagcagga catcttgacc atcttcaagc gcctccgctc ggtgcccact
      121 aacaaggtgt gttttgattg tggtgccaaa aatcccagct gggcaagcat aacctatgga

          . . . . . . . . . . . . . . . . . . . . . . . . . . . . . .

     2581 aaatgtggtt ttgaatgaat attttgtgaa tctttcttaa aagctcaaat ttgtagactt
     2641 ctaaatagaa taaacacttg cagcagaaaa aaaaaaaaaa aaaaaaaaaa aaaaaaaaaa
     2701 aaaaaaaaaa aaaaaaaaaa aaaaaaaaaa aaaaaaaaaa aaaaaaaaaa aaaaaaaaaa
     2761 aaaaaaaaaa aaaaaaaaaa aaaaaaa
//
```

图 18.2   GenBank 记录格式

我国自主开发的核酸序列公共数据库是 BioSino 数据库,发表我国各基因研究中心提供的核酸序列,并接受我国核酸序列的注册登记。其中的 CDNAP 核酸公共数据库主要收集中国科研人员递交的核酸序列,可以从这个数据库中搜索序列,与 BLAST 序列比较,并可与 GenBank,EMBL,DDBJ 数据间进行格式转换。该数据库由中国科学院上海生命科学研究院生物信息中心维护,网址为:http://www.biosino.org/。

2. 基因组数据库主要贮存各种生物基因组信息

基因组数据库的初级数据源来自各种基因组计划。基因组数据库的主体是模式生物基因组数据库,其中最主要的是由世界各国的人类基因组研究中心、测序中心构建的各种人类基因组数据库。随着资源基因组计划的普遍实施,小鼠、河豚、拟南芥、水稻、线虫、果蝇、酵母、大肠杆菌等各种模式生物基因组数据库或基因组信息资源都可以在网上找到。除了模式生物基因组数据库外,基因组信息资源还包括染色体、基因突变、遗传疾病、分类学、比较基因组、基因调控和表达、放射杂交、基因图谱等各种数据库。

人类基因组数据库(The Genome Database,GDB)的网址为 http://gdbwww.gdb.org;http://www.gdb.org/;http://gdb.pku.edu.cn/。目前,该库包括多种内容:人类基因组,包括基因、克隆、断裂点、细胞遗传标记物、易断位点、重复片段等;人类基因组示意图,包括细胞遗传图、关联图、辐射杂交图、综合图等;人类基因组内的变异,包括基因突变和基因多态性;还有等位基因发生频次等数据资料。可通过名字、GDB ID、关键词、DNA 序列 ID 进行查询。

美国基因组研究所的数据库 TIGR(The Institute of Genomic Research,http://www.tigr.org/)包括了微生物、植物及人类的 DNA 及蛋白质序列,基因表达,细胞的作用,蛋白质家族及分类数据。由该页面可进入以下数据库:微生物库,人类基因索引,老鼠基因索引,水稻基因索引,人类基因组排序项目,人类 cDNA 图项目,表达的基因结构库等。

美国国家基因组资源中心基因组序列库(Genome Sequence DataBase,GSDB)(http://www.ncgr.org/research/sequence/)是美国国家基因组资源中心(NCGR)的基因组序列库,收集了 DNA 序列数据和有关的信息。由该主页可进入 NCGR 主页、基因组序列库、几套完整的细菌基因组等。

3. 蛋白质序列数据库贮存蛋白质一级结构信息

1984 年,"蛋白质信息资源"(Protein Information Resource,PIR)计划正式启动,蛋白质序列数据库 PIR(网址:www-nbrf.georgetown.edu/pir/)也因此而诞生。与核酸序列数据库的国际合作相呼应。PIR 数据库按照数据的性质和注释层次分为 4 个不同部分。分别是 PIR1,PIR2 PIR3 和 PIR4,PIR1 中的序列已经验证,注释最为详尽;PIR2 中包含尚未确定的冗余序列;PIR3 中的序列尚未加以检验,也未加注释;而 PIR4 中则包括了其他各种渠道获得的序列,既未验证,也无注释。

除了 PIR 外,另一个重要的蛋白质序列数据库则是 SWISS-PROT(网址:http://expasy.hcuge.ch/sprot/sprot-top.html),SWISS-PROT 数据库被称作蛋白质知识库,SWISS-PROT 蛋白质序列库是现在最为常用、注释最全、包含独立项最多的数据库,它包括其他蛋白质序列库中经过验证的全部序列、其注释及蛋白质的功能、结构域和活性位点、二级结构、四级结构、翻译后修饰、与其他蛋白质的相似性、相关的疾病、处理的冲突等。

PIR 和 SWISS-PROT 是创建最早、使用最为广泛的两个蛋白质数据库。随着各种模式生物基因组计划的进展,DNA 序列特别是 EST 序列大量进入核酸序列数据库;同时,把 EMBL 的 DNA 序列准确地翻译成蛋白质序列并进行注释需要时间,SWISS-PROT 的数据存在一个滞后问题,一大批含有开放阅读框(ORF)的 DNA 序列尚未列入 SWISS-PROT。为了解决这一问题,研究者们建立了 TrEMBL。

TrEMBL 数据库(网址:www.ebi.ac.uk/pub/databases/trembl)创建于 1996 年,意为"Translation of EMBL",包含对 EMBL 数据库中所有编码序列的翻译。TrEMBL 是 SWISS-PORT 的补充,包括了所有 EMBL 库中的蛋白质编码区序列,是一个非常全面的蛋白质序列数据源。与 TrEMBL 类似的 GenPept 是由 GenBank 翻译得到的蛋白质序列。由于 TrEMBL 和 GenPept 均是由核酸序列通过计算机程序翻译生成,这两个数据库中的序列错误率较大,均有较大的冗余度。

上述几个蛋白质序列数据库可以称为蛋白质序列初级数据库或基本数据库,它们各具特色。SWISS-PROT 的序列经过严格的审核,注释完善,但数据量较小。PIR 数据量较大,但包含未经验证的序列,注释也不完善。TrEMBL 和 GenPept 的数据量最大,且随核酸序列数据库的更新而更新,但它们均是由核酸序列翻译得到的序列,未经实验证实,也没有详细的注释。用户在使用蛋白质序列数据库时,不能只用其中一个,而必须根据实际情况进行选择,如有可能,则应该尽量选择几个不同的数据库,并对结果加以比较。

4. 蛋白质结构数据库贮存蛋白质三维结构信息

蛋白质结构数据库是随 X 射线晶体衍射分子结构测定技术的发展而出现的数据库,其基本内容为实验测定的蛋白质分子空间结构原子坐标。20 世纪 90 年代以来,越来越多的蛋白质分子结构被测定了出来,蛋白质结构分类的研究不断深入,出现了蛋白质家族、折叠模式、结构域、回环等数据库。目前主要的蛋白质结构数据库和信息资源的网址为:PDB 数据库,www.pdb.bnl.gov(美国);NRL-3D 数据库,www2.ebi.ac.uk/pdb(欧洲);HSSP 数据库,www.gab.org/Dan/protein/nrl3d.html;SCOP 数据库,www.sander.embl-heidelberg.de/hssp/scop.mrc-lmb.cam.ac.uk/scop/;CATH 数据库,www.biochem.uk.ac.uk/bsm/cath/。

实验获得的三维蛋白质结构均贮存在蛋白质数据库(protein data bank,PDB)中。PDB 是国际上主要的蛋白质结构数据库,储存由 X 射线和磁共振(NMR)确定的结构数据。NRL-3D 数据库提供了贮存在 PDB 库中蛋白质的序列,它可以进行与已知结构的蛋白质序列的比较。要想了解对已知结构蛋白质进行等级分类的情况可利用 SCOP(structural classification of proteins)数据库,在该库中可以比较某一蛋白质与已知结构蛋白的结构相似性。CATH 是与 SCOP 类似的一个数据库。

18.2.3 二级数据库提供更为专指和详细的信息

基因组数据库、序列数据库和结构数据库是最基本、最常用的分子生物信息学数据库。

以基因组、序列和结构数据库为基础,结合文献资料,研究开发更具特色、更便于使用的二级数据库,或专用数据库信息系统,已经成了生物信息学研究的一个重要方面。随着互联网技术的发展和普及,这些数据库多以 Web 界面为基础,不仅具有文字信息,而且以表格、图形、图表等方式显示数据库内容,并带有超文本链接。从用户角度看,许多二级数据库实际上就是一个专门的数据库信息系统。二级数据库和一次数据库之间,其实并没有明确的界限。GDB 基因组数据库、SCOP 和 CATH 结构分类数据库,无论从内容还是用户界面看,实际上都具有二级数据库的特色。即使是最基本的蛋白质序列数据库 SWISS-PROT,也已经增加了许多与其他数据库的交叉索引。蛋白质分析专家系统 ExPASy 提供的 SWISS-PROT 浏览网页,同样具有表格、图形等功能。

1. 基因组生物信息学二级数据库存储经过整理的基因组信息

网上有各类基因组生物信息学二级数据库,法国巴斯德研究所构建的大肠杆菌基因组数据库（http://genolist.pasteur.fr/Colibri/）就是基因组二级数据库的一个实例。该数据库除了具有浏览、检索和数据库搜索（BLAST/FASTA）功能外,还将大肠杆菌基因组用环形图表示,点击图中某个区域,就会显示该区域基因分布图。也可以用键盘输入起始位置和序列长度检索,使用十分方便。有关大肠杆菌和其他已经完成全序列测定的细菌基因组的二级数据库还有很多。巴斯德研究所还开发了枯草杆菌基因组数据库。

2. 蛋白质序列二级数据库存储经过整理的蛋白质序列信息

第一个蛋白质序列二级数据库是 PROSITE（protein sites and patterns database, http://www.expasy.ch/prosite/）数据库,包含了与蛋白质功能直接相关的序列。PROSITE 数据库是基于对蛋白质家族中同源序列多重序列联配得到的保守性区域,这样区域通常与生物学功能有关,例如酶的活性位点、配体或金属结合位点等。因此,PROSITE 数据库实际上是蛋白质序列功能位点、活性位点和模式数据库。通过对 PROSITE 数据库的搜索,可判断该序列包含什么样的功能位点,从而推测其可能属于哪一个蛋白质家族。

除了 PROSITE 外,蛋白质序列二级数据库还有蛋白质序列指纹图谱数据库 PRINTS、蛋白质序列模块数据库 Blocks、蛋白质序列家族数据库 Rfam、蛋白质序列概貌数据库 Profile、蛋白质序列识别数据库 Identify 等。这些数据库的共同特点是基于多序列联配,它们的不同之处是处理联配结果的原则和方法,PRINTS 和 Blocks 利用了序列中的多重保守片段,Profiles 着眼于构建序列概貌库,而 Pfam 采用了隐马氏模型,Identify 则利用模糊正则表达式的概念。应该说,这些方法各有一定的特色。

从某种意义上说,蛋白质序列二级数据库实际上也是蛋白质功能数据库,因为从这些数据库中,可以得到有关蛋白质功能、家族、进化等信息。

3. 蛋白质结构二级数据库存储整理过的蛋白质结构信息

蛋白质结构数据库 PDB 主要存放原子坐标,属于一次数据库。早在 20 世纪 80 年代,就已经出现了从 PDB 数据库的坐标数据中提取信息的程序,并在此基础上构建了蛋白质二级结构构象参数（definition of secondary structure of proteins, DSSP）数据库。DSSP 数据库根据 PDB 中的原子坐标,计算每个氨基酸残基的二级结构构象参数,包括氢键、主链和侧链二面角、二级结构类型等。20 世纪 90 年代以来,随着 PDB 数据库数据量的增长,出现了许多蛋白质分类数据库。FSSP(database of families of structurally similar Proteins, http://www. sander. embl-heidel-herg. de/dali/fssp/)是具有相似结构蛋白质家族的数据库,它把 PDB 数据库中的蛋白质通过序列和结构联配进行分类,通过三维结构对比,得到用一维同源序列对比无法获得的结构相似性。库中列出了相似 PDB 结构的三维结构对比参数,并给出了序列同源性、二级结构、变化矩阵等结构叠合信息。与 DSSP 和 FSSP 相关的另一个蛋白质结构数据库是同源蛋白数据库(homology de-rived secondary structure of proteins, HSSP),它是将已知结构的 PDB 的蛋白质与 SWISS-PROT 进行序列对比的数据库,对于未知结构蛋白的同源比较很有帮助。该数据库不但包括已知三维结构的同源蛋白家族,而且包括未知结构的蛋白质分子,并将它们按同源家族分类。这三个蛋白质结构二级数据库为蛋白质分子设计、蛋白质模型构建和蛋白质工程等研究提供了很好的信息资源和工具。

18.3　基因结构域功能的生物信息学分析

生物信息学分析往往可以获得与基因功能有关的重要信息,具有方便、快捷和经济等优点。研究者可利用该方法首先对目的基因的功能进行初步推测,然后制定进一步的实验室研究方案,目前生物信息学分析方法已成为基因功能研究的常用方法。

基因组研究的重点已从传统的序列基因组学转向功能基因组学,基因组功能注释(genome annotation)是功能基因组学的主要任务,包括应用生物信息学方法高通量地注释基因组所有编码产物的生物学功能。目前该领域已经成为后基因组时代的研究热点之一。

18.3.1　通过序列比对预测基因功能

有关基因或蛋白质的一个基本共识是:两个基因或蛋白质在序列水平上的相关性,预示着它们的同源性,也提示它们可能具有相同的功能。目前 NCBI 等公共数据库中已经保存了来自上千个物种的核酸和蛋白质的序列信息,对这些序列信息的相关性分析可以由序列比对来完成。

序列比对是生物信息学最基本的分析技术之一,最常用的方法是将目的 DNA 或蛋白质序列与已知的 DNA 和蛋白质序列数据库进行比对,搜索到与目的序列高度同源的功能已知的基因或蛋白质,用这些基因和蛋白质预测目的基因和蛋白质的功能。局部比对搜索工具 BLAST 是进行序列比对的基本工具,它允许用户选择一条查询序列与一个数据库进行比对,找到数据库中与输入的查询序列相匹配的项。BLAST 是一个序列数据库搜索程序家族,其中包括许多有特定用途的程序,见表 18.2。

表 18.2　BLAST 序列数据库搜索程序家族

程序	查询序列类型	数据库类型	注
BLASTN	DNA	DNA	
BLASTP	蛋白质	蛋白质	
BLASTX	DNA	蛋白质	将待搜索的核酸序列按 6 个阅读框翻译成蛋白质序列，然后与数据库中的蛋白质序列比对
TBLASTN	蛋白质	DNA	将数据库中的核酸序列按 6 个阅读框翻译成蛋白质序列，然后与待搜索的蛋白质序列比对
TBLASTX	DNA	DNA	无论是待搜索的核酸序列，还是数据库中的核酸序列都按 6 个阅读框翻译成蛋白质序列，然后比对

18.3.2　利用生物信息学方法分析基因芯片数据

基因芯片是一种可同时研究多个基因表达的高通量分析方法，基因芯片的结果提供了包括基因功能、信号通路和基因的相互作用等海量信息。如何处理和分析这些海量信息是目前研究的热点，最常用的方法有：差异表达分析（又称为基因表达差异分析）和聚类分析。

差异表达分析的目的是识别两个条件下表达差异显著的基因，即一个基因在两个条件中的表达水平，在排除各种偏差后，其差异具有统计学意义。常用的分析方法有 3 类：倍数分析，计算每个基因在两个条件下的表达比值；统计分析中的 t 检验和方差分析，通过计算表达差异的置信度来分析差异是否具有统计学意义；建模的方法，通过确定两个条件下的模型参数是否相同来判断表达差异的显著性。

聚类分析所依据的基本假设是：若组内基因具有相似的表达模式，则它们可能具有相似的功能，例如受共同的转录因子调控的基因，或者产物构成同一个蛋白复合体的基因，或者参与相同调控路径的基因。因此，在具体应用中可按照相似的表达谱对基因进行聚类，从而预测组内未知基因的功能。目前已经有很多种聚类的方法应用到基因芯片的研究当中，如层次聚类（hierarchical clustering）、K 均值聚类（K-means clustering）、自组织映射（self organizing map）、主成分分析（principal component analysis，PCA）等。

1．通过生物信息学方法分析蛋白质结构来预测蛋白质功能

如果将 DNA 类比成构筑生命的蓝图，蛋白质就是构筑生命的主体，而蛋白质的结构则是蛋白质执行生物学功能的基础。在氨基酸序列整体同源性不明显的情况下，对蛋白质的功能域进行分析将对预测基因功能提供极其有价值的信息。目前已通过多序列比对将蛋白质的同源序列收集在一起，确定了大量蕴藏于蛋白质结构中的保守区域或序列，如结构域（domain）和模体（motif），这些共享结构域和保守模体通常与特定的生物学活性相关，反映了蛋白质分子的一些重要功能。运用蛋白质序列模体搜索工具预测蛋白质功能的方法是：首先收集现有的蛋白质家族，构造模体数据库；而后通过搜索该数据库确定查询序列是否具

有可能的序列模体，判断该序列是否属于一个已知的蛋白质家族；然后根据该蛋白质家族的已知功能预测未知蛋白质的功能。常用的模体数据库有 INTERPROSCAN、PROSITE、SMART 等。基因组功能注释常用数据库如表 18.3 所示。

表 18.3　基因组功能注释常用数据库

数据库	网址	描述
AAT	http://genome,cs. mtu. edu/aat	基因组分析和注释工具
COG	http://www. ncbi. nlm. nih. gov/COG/	直系同源体簇分析数据库
EcoCyc	http://ecocyc. pangeasystems. com/ecocyc/ecocyc. html	大肠杆菌的基因与代谢
OMIM	http://www. ncbi. nlm. nih. gov/Omim/	在线人类孟德尔遗传资料
PEDENT	http://pedant. mips,biochem. mpg. de/frishman/pedant,html	完整基因组的生物信息学分析
SAS	http://www. biochem. ucl. ac. uk/cgi2bin/sas/query,cgi	结构为基础的基因组序列分析
WIT	http://www. cme. msu. edu/WIT/	基因组代谢途径重构

2. 利用生物网络全面系统地了解基因的功能

现在人们已经越来越清楚地认识到，生物功能大多不是只由一个或几个基因控制的，而是通过生物体内众多的分子（如 DNA、RNA、蛋白质和其他小分子物质）共同构成的复杂生物网络实现的。当前生物学面临的巨大挑战之一就是了解生物体内复杂的相互作用网络以及它们的动态特征。要想全面系统地解析这些复杂的生物网络需要大量相关数据的积累，现代基因芯片、蛋白质芯片等大规模数据采集技术大大加快了这一进程。目前人们已经利用生物技术和信息技术建立了各种生物网络数据库和网站，可为研究者提供基因调控、信号转导、代谢途径、蛋白质相互作用等方面的信息。常用基因转录调控数据库如表 18.4 所示。

表 18.4　常用基因转录调控数据库

数据库	网址	描述
EPD 真核生物启动子数据库	http://www.epd.idb-sib.ch	包含已被实验证明的转录起始位点和组织特异性等启动子的一般信息
TFD 转录因子数据库	http://www.ifti.org/	是转录因子及其特性的专门数据库，收集有关多肽相互作用的信息
TRANSFAC 数据库	http://www.gene-regulation.com/pub/database.html♯transcompel	提供转录因子结构、功能、序列、DNA 结合谱以及分类，还包括基因的转录因子结合位点的信息
TRRD 转录调控区数据库	http://www.bionet.nsc.ru/trrd/celcyc/	收集了关于真核基因整个调控区分级结构和基因表达模式的信息

（1）利用生物网络研究基因调控

生物体任何细胞的遗传信息、基因都是相同的，但同一个基因在不同组织、不同细胞中的表达却不相同。一个基因的表达既影响其他的基因，又受其他基因的影响，基因之间相互促进、相互抑制，构成一个复杂的基因调控网络。基因调控网络研究就是：利用生物芯片等高通量技术所产生的大量基因表达谱数据，以及蛋白质-DNA间的相互作用等信息，结合实验室研究结果，用生物信息学方法构建基因调控模型，对某一物种或组织的基因表达关系进行整体性研究，从而推断基因之间的调控关系，揭示支配基因表达和功能的基本规律。表18.4列举了一些常用的基因转录调控数据库。

（2）利用生物网络研究信号转导

信号转导是生物系统的重要生命活动过程，机体通过信号转导通路中分子之间的相互识别、联络和相互作用，实现整体功能上的协调统一。由于细胞内各种信号通路之间存在着紧密的联系和交叉调控，形成了非常复杂的信号转导网络。信号转导网络研究的目的是期望通过建立细胞信号传导过程的模型，找出参与此过程的各个蛋白质间的相互作用关系，阐明其在基因调控、疾病发生中的作用。

生物信息学方法利用已知数据和生物学知识进行通路推断，可以帮助阐释信号分子作用机制，辅助实验设计，节省大量的人力、物力。有关信号转导通路的网上数据库资源较多，表18.5中给出了该领域较常用的信号通路数据库。

表18.5 常用信号通路数据库

数据库	网址	描述
Reactome	http://www.reactome.org	生物核心通路及反应的挖掘知识库
PID	http://pid.nci.nih.gov	从其他数据库导入及文献挖掘的人信号通路数据库
STKE	http://stke.sciencemag.org	参与信号转导的分子及其相互作用关系的信息
AfCS	http://www.signaling-gateway.org	参与信号通路的蛋白质相互作用和信号通路图
DOQCS	http://doqcs.nebs.res.in	细胞信号通路的量化数据库，提供反应参数及注释信息
SigPath	http://sigpath,org	提供细胞信号通路的量化信息

（3）利用生物网络研究代谢途径

代谢网络处于生物体的功能执行阶段，其结构组成方式反映了生物体的功能构成。代谢网络将细胞内所有生化反应表示为网络形式，反映了代谢活动中所有化合物及酶之间的相互作用。

通过基因组注释信息可以识别出编码催化生物体内生化反应的酶的基因，结合相关的酶反应数据库就可以预测物种特异的酶基因、酶以及酶催化反应，由此产生了许多有用的代谢数据库，可以方便地检索某一生物代谢网络中的代谢反应，见表18.6。

（4）利用生物网络研究蛋白质相互作用

从某种程度上可以说，细胞进行的生命活动，是蛋白质在一定条件下相互作用的结果，若蛋白质相互作用网络被破坏或稳定性丢失，会引起细胞的功能性障碍。阐明蛋白质相互作用的完整网络结构，有助于从系统的角度加深对细胞结构和功能的认识。

表 18.6　常用代谢网络数据库

数据库	网址	描述
KEGG	http://www.genome.ad.jp/kegg/	包括700个以上物种的代谢、信号转导、基因调控、细胞过程的通路
BioCyc	http://www.biocyc.org/	包括260个物种的代谢通路及基因组数据
PUMA2	http://compbio.mcs.anl.gov/puma2/	存放预先计算的超过200个物种的代谢通路信息
BioSilico	http://biosilico.kaist.ac.kr:8017/biochemdb/index.jsp	整合信息的数据库,提供对多个代谢数据库的访问

近年来各种预测蛋白质相互作用的计算方法被不断提出,将这些方法与实验方法结合,挖掘出了蛋白质相互作用网络中更多的相互作用节点,目前已有多个蛋白质相互作用的数据库应运而生,可用来研究蛋白质相互作用的生物学过程,见表18.7。

表 18.7　常用蛋白质相互作用网络数据库

数据库	网址	描述
BIND	http://www.bind.ca	提供参与通路的分子的序列和相互作用信息
DIP	http://dip.doe-mbi.ucla.edu	专门存放实验确定的蛋白质之间相互作用的数据,既包括经典实验手段又包括高通量实验手段确定的蛋白质相互作用数据
STRING	http://string.embl.de	存储实验确定和预测得到的蛋白质相互作用数据,并对各种预测方法得到的结果的准确性给出了相应的权重
MIPS	http://mips.gsf.de	包括酵母和哺乳动物的PPI,可靠性很高,被作为准金标准使用
Yeast Interactome	http://structure.bu.edu/rakesh/my index.html	综合多种来源的由酵母双杂交技术确定的酵母PPI数据集,利用基因表达信息、蛋白亚细胞定位信息以及已知的各种知识对其进行验证形成高可信度的相互作用数据

3. 复杂疾病的生物信息学研究策略包括信息提取、分析和建模

癌症、糖尿病、高血压等复杂疾病对人类健康的影响巨大,这类疾病的发病机制一般与多种遗传或非遗传因素,以及它们之间的相互作用有关,不能通过单基因、单通路、单层次的变化解释。以系统的观点解释复杂疾病中遗传与环境的关系,描述复杂疾病中基因的特征,分析疾病基因型与表现型之间的关系,已成为生物信息学研究复杂疾病的基本观点,针对复杂疾病的研究模式,也开始从传统的"序列→结构→功能"向"相互作用→网络→功能"转变。

复杂疾病的基本研究策略:

（1）疾病的基因组合及相互作用信息的提取：即对复杂疾病相关靶基因的识别，以及利用 SNPs、基因、蛋白质等不同类型的信息，构建疾病驱使相关基因网络。

（2）生物信息分析及多层次信息的融合：即从不同层次对疾病的遗传复杂性进行分析，对不同遗传网络间的映射算法进行研究，进而将 SNPs、基因、蛋白质等不同水平的信息进行融合。

（3）分子调控网络建模：即综合生理病理相关的基因、SNPs、基因表达状况，蛋白质功能状态以及临床治疗等信息，以系统的方法将不同的测量数据、各种因素的辨识、各个层次上的相互作用关系进行整合，建立数学模型，深入了解疾病过程、揭示复杂疾病的发病机制。

总之，生物信息学不仅能够分析复杂疾病的多种生物分子数据，更适用于通过综合多种生物分子及其相互作用信息，了解生物系统的功能，使人们从获取对生命基本规律的认识并促进对复杂疾病的研究向功能、系统的方向发展。

（方基勇）

彩 图

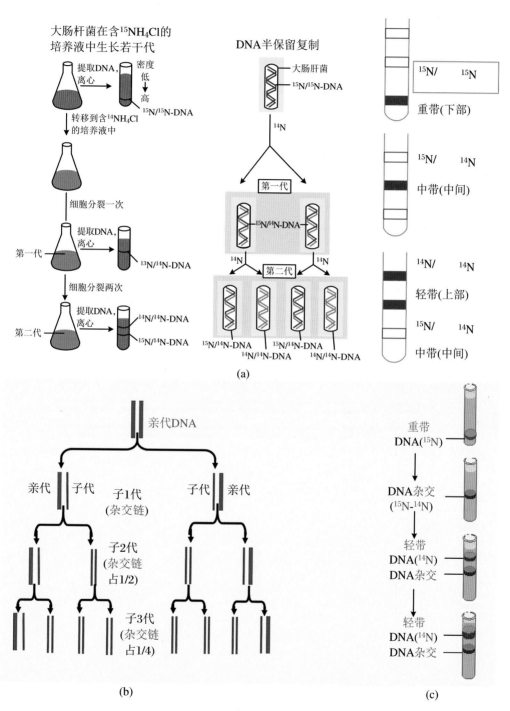

(a)

(b)

(c)

彩图1

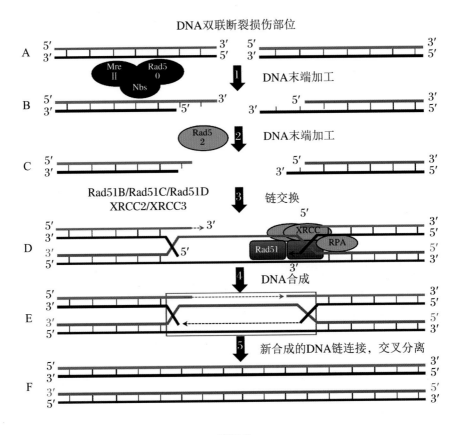

DNA双联断裂损伤部位

A

1 DNA末端加工

B

2 DNA末端加工

C

Rad51B/Rad51C/Rad51D
XRCC2/XRCC3

3 链交换

D

4 DNA合成

E

5 新合成的DNA链连接,交叉分离

F

彩图 2

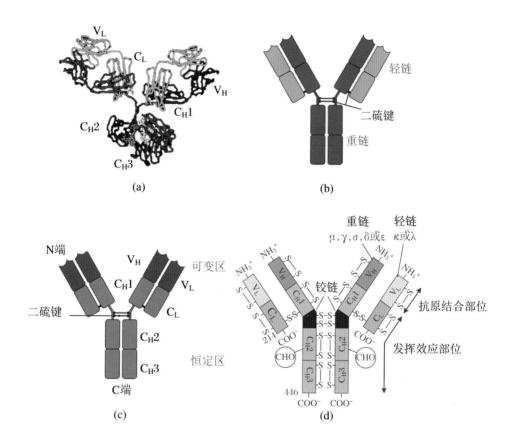

彩图 3